故宫文物保护工程体系构建与实施

GUGONG WENWU BAOHU GONGCHENG TIXI GOUJIAN YU SHISHI

基础设施建设

JICHU SHESHI JIANSHE

穆克山 著

天津大学出版社
TIANJIN UNIVERSITY PRESS

图书在版编目(CIP)数据

故宫文物保护工程体系构建与实施：基础设施建设 / 穆克山著. -- 天津：天津大学出版社, 2022.5
ISBN 978-7-5618-7176-8

Ⅰ. ①故… Ⅱ. ①穆… Ⅲ. ①故宫－古建筑－文物保护－研究 Ⅳ. ①K928.74②TU-87

中国版本图书馆CIP数据核字(2022)第083195号

GUGONG WENWU BAOHU GONGCHENG TIXI GOUJIAN YU SHISHI:JICHU SHESHI JIANSHE

出版发行 天津大学出版社
地　　址 天津市卫津路92号天津大学内（邮编：300072）
电　　话 发行部：022-27403647
网　　址 www.tjupress.com.cn
印　　刷 廊坊瑞德印刷有限公司
经　　销 全国各地新华书店
开　　本 185mm×260mm
印　　张 30
字　　数 793千
版　　次 2022年5月第1版
印　　次 2022年5月第1次
定　　价 131.00元

前　言

故宫旧称紫禁城，始建于1406年（明永乐四年），于1420年（明永乐十八年）建成，其后作为明朝的政令中心使用至1644年（明崇祯十七年）。之后，清朝沿用明紫禁城，作为清朝的政令中心使用至1912年（清宣统四年）。1925年10月10日，“民国”政府在原紫禁城旧址上成立了故宫博物院，对民众开放。1961年，故宫被国务院公布为第一批全国重点文物保护单位。1987年，联合国教科文组织将故宫列入《世界遗产名录》。故宫作为世界上现存规模最大、保存最完整的古代宫殿建筑群，不仅是我国最重要的一个世界文化遗产地，也是我们中华民族文化的重要载体和历史缩影。保护好、研究好、发展好、利用好故宫，对传承和弘扬中华文化具有重要的意义。

随着我国科技和文化不断发展，为了满足人民群众对文化的需求，加强文物保护利用和文化遗产保护传承，提高文物研究阐释和展示传播水平，故宫亟须实施科学的文物保护工程。我们迫切需要探索传统与现代并行、保护与发展并重的整体性保护方法。我们必须更换思路，不断谋新，这个“新”要求我们在探索文化遗产保护生成基因时，尤其是在保护过程中融入科学系统的方法去展开实践。因此，如何构建好适合故宫的文物保护工程建设体系是我们当下研究和探讨的问题。

本书共分六个篇章，对故宫文物保护工程各个阶段的主要实施内容进行了详细的叙述，并在附录章节摘选了文物保护和建设相关的法律法规和管理办法，主要内容如下。

第一篇为概述，主要介绍了故宫概况、工程项目管理、故宫文物保护工程项目管理等。

第二篇为文物安全论证阶段，主要介绍了故宫文物保护工程立项之前所实施的一系列确保文物安全的工作，包括项目方案设计，拟建场地考古调查、勘探和发掘，项目文物影响评估，项目环境影响评估，项目施工振动影响评估等。

第三篇为前期工作阶段，主要介绍了故宫文物保护工程前期工作阶段的工作内容，包括前期工作阶段的文物保护、建设项目场地的选择、项目建议书、项目可行性研究等。

第四篇为设计阶段，主要介绍了故宫文物保护工程设计阶段的工作内容，包括设计阶段文物保护、拟建场地岩土工程勘察、初步设计、施工图设计等。

第五篇为施工阶段，主要介绍了故宫文物保护工程施工阶段的工作内容，包括施工阶段文物保护、风险管理、质量管理、进度管理、合同管理、成本管理、安全生产管理、设计与技术管理、绿色建造与环境管理、应急救援及事故处置管理、沟通管理、施工其他管理等。

第六篇为收尾与竣工验收阶段，主要介绍了故宫文物保护工程收尾与竣工验收阶段的工作内容，包括收尾与竣工验收阶段文物保护、工程收尾、项目竣工验收、工程结算、工程项目档案、项目后评价等。

附录摘选了与文物保护和建设相关的法律法规和管理办法等内容。

笔者在故宫从事文物保护工程建设工作已有20个年头，积累了一定的文物保护工程建设经验，对如何做好故宫的文物保护工程建设体系构建与实施进行了深入的研究，获得了一些心得体会，在此基础上撰写了本书。本书丰富了世界文化遗产地文物保护工程建设体系构建与实施研究的内容，能够对更好地保护世界文化遗产有所佐助，为文物保护提供参考。

世界文化遗产地如何进行文物保护工程建设体系的构建与实施，还未有人进行系统的研究和论述。为了撰写本书，笔者查阅了数百万字的文献资料，走访了许多专家学者，数易其稿，历经六年之余，筚路蓝缕，最终完成了这部拙著。尽管本人做出了很大努力，但对有些问题的探讨仍然还不够深入，书中难免有不妥之处，我期待着方家的批评和指正。

在本书即将付梓之际，我真诚感谢帮助过我的领导、院士、专家，他们对本书提出了许多建设性的建议，感谢天津大学出版社对本书的出版给予的大力支持和帮助，对故宫同人提供的各种形式的帮助，在此也一并表示感谢。

穆克山

2022 年 3 月

目录
CONTENTS

第一篇　概述

本篇作为整本书的开篇，将主要对故宫概况、国内外工程建设体系的理论知识及故宫的文物保护工程建设体系进行简要的论述，以期让读者对世界文化遗产地故宫、国内外工程建设的理论知识及故宫文物保护工程建设实施的特殊性、重要性、复杂性等形成初步的认知，为后续深入了解故宫文物保护工程建设体系构建与实施打下基础。

第一章　故宫概况

故宫是世界文化遗产地，是全国重点文物保护单位，是全国 AAAAA 级旅游景区，承载着中华民族优秀的传统文化，是中华文明的瑰宝。本章将主要从故宫遗产介绍、故宫价值研究、故宫遗产构成、故宫现状评估、故宫现存的主要问题及故宫文物保护工程项目规划几个方面对故宫进行简要的介绍，以便让读者进一步了解故宫文化遗产及故宫文物保护工程项目建设实施的必要性和重要性。

第一节　故宫遗产介绍

一、遗产描述

（一）故宫遗产描述

故宫是中国明清两朝皇家宫廷所在，建成于明永乐十八年（1420 年），属 15 世纪至 20 世纪初中国的政令中心，由宫殿建筑群、宫廷生活各类遗存以及皇家收藏的艺术品组成。故宫于 1961 年被国务院列为第一批全国重点文物保护单位，1987 年被联合国教科文组织列入《世界遗产名录》。

故宫是以紫禁城为主体的中国明清皇家宫廷建筑群，有大小宫殿 70 多座，房屋 9 000 多间。故宫内建筑主要以木质结构建筑为主，这些建筑金碧辉煌、宏大壮美，是中国古代官式建筑技艺的最高典范。故宫宫殿沿着一条南北向的中轴线排列，这条中轴线与北京市中轴线重合，三大殿、后三宫、御花园都位于这条中轴线上。在中轴宫殿两旁，还对称分布着许多殿宇，也都宏伟华丽。故宫内的宫殿可分为外朝和内廷两大部分。外朝以太和、中和、保和三大殿为中心，文华殿、武英殿为两翼。内廷以乾清宫、交泰殿、坤宁宫为中心，东西六宫为两翼，布局严谨有序。故宫的 4 个城角均有精巧美观的角楼。宫城周围环绕着高 10 m、长 3 400 m 的城墙，墙外有 52 m 宽的护城河。故宫内主要建筑分布见图 1-1。

（二）故宫不可移动文物描述

故宫不可移动文物以紫禁城（含午门至端门地段）为主体，总计文物建筑面积 23.33 万 m^2。建筑群按照朝政礼仪、生活起居、宗教祭祀、园林休憩、内务管理等皇家的各种功能需求与礼仪制度，形成不同的功能片区与围合的院落单元，几乎包含了宫、殿、楼、阁、堂、亭、台、轩、斋、馆、门、廊等全部中国古代官式建筑类型与相关营造技艺。

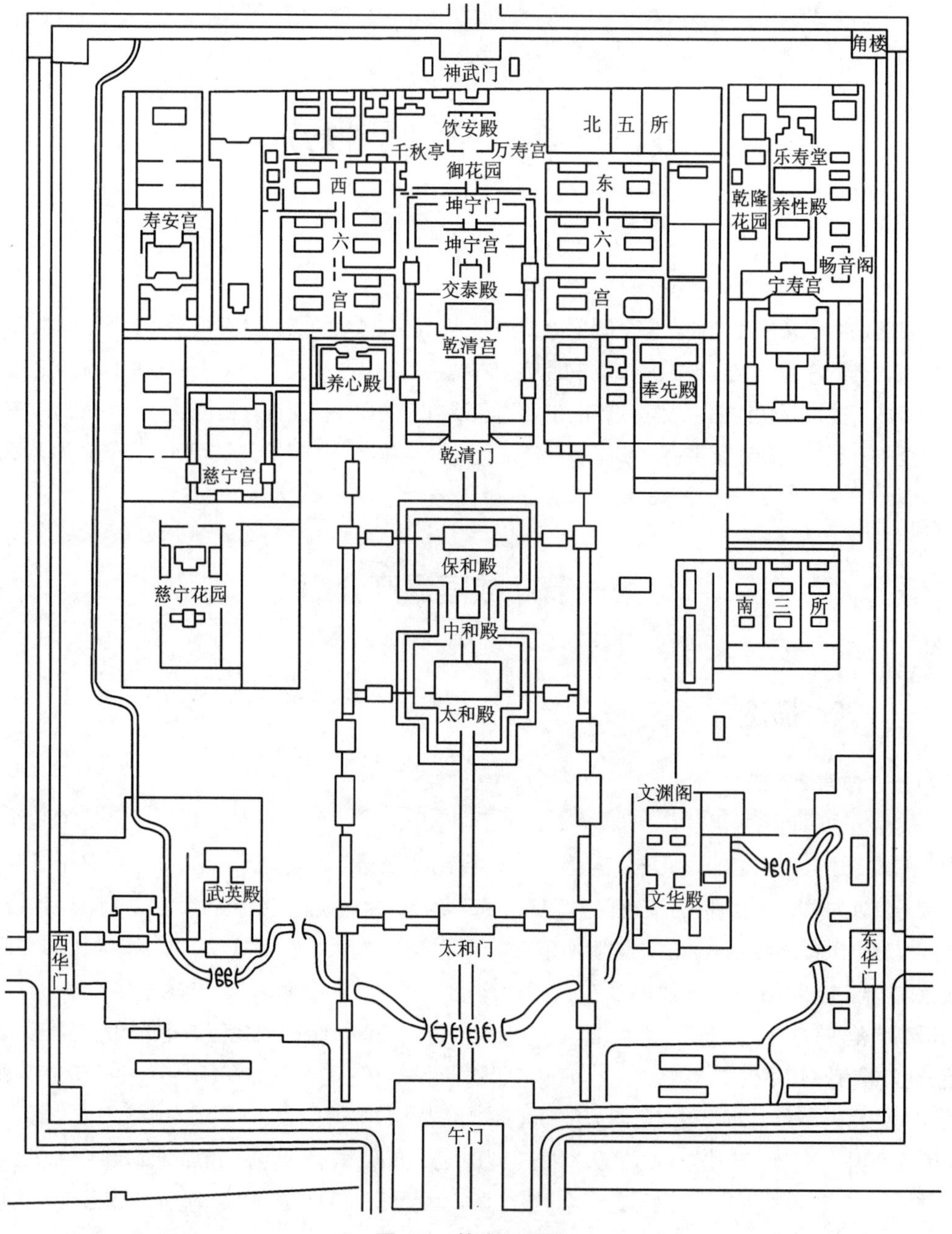

图 1-1　故宫平面图

（三）故宫可移动文物描述

故宫可移动文物以清宫旧藏为主，包括中国古代艺术精品、明清宫廷历史文物、明清宫殿建筑构件遗存与相关档案等三大类，总数计约 186 万件（套）。其依据目前管理现状分为 25 大类，其中除了与故宫遗产价值无关的“其他文物类”，其余 24 大类包含绘画、法书、碑帖、铜器、金银器、漆器、珐琅器、玉石器、雕塑、陶瓷、织绣、雕刻工艺、其他工艺、文具、生活用具、钟表仪器、珍宝、宗教文物、武备仪仗、帝后玺册、铭刻、外国文物、古籍文献、古建藏品等，可为

明清宫廷文化与生活方式、中国古代艺术的杰出成就提供特殊的见证。

二、历史沿革

（一）故宫历史沿革

1406年（明永乐四年），明朝在元代宫殿基址上筹建皇宫，工程历时15年，至1420年（明永乐十八年）建成。该皇宫作为明朝政令中心使用至1644年明末（明崇祯十七年）。

1644年，清朝沿用明紫禁城，作为清朝政令中心使用至1912年（清宣统四年），历时268年。

1912年，紫禁城内廷部分由政府清室善后委员会允许清逊帝溥仪“暂居宫禁”。

1914年，政府将热河（承德）行宫和盛京（沈阳）故宫的文物移至外朝，建立古物陈列所，以乾清门为界对公众开放。

1924年，溥仪被逐出紫禁城，内廷移交政府。

1925年10月10日，国立北平故宫博物院于紫禁城内廷成立，并对民众开放。此时，紫禁城内廷、外朝分为两片，部分向公众开放。

1930年，故宫博物院接收太庙为分院；同年，国立北平故宫博物院理事会向行政院呈送《完整故宫保管计划》提案，提出将紫禁城的外朝、内廷以及皇城内的一系列皇家御用建筑一并归为“故宫博物院”完整管理；提案获国民政府行政院指令批准。

1948年，《完整故宫保管计划》实施完成，古物陈列所归并故宫博物院。至此，紫禁城及周边部分重要皇家御用建筑统一划归故宫博物院管理。

1957年10月，故宫（含午门至端门地段）由北京市政府公布为北京市第一批文物保护单位。

1961年3月，故宫由国务院公布为第一批“全国重点文物保护单位”。

1987年12月，故宫被联合国教科文组织列入《世界遗产名录》。

故宫历史平面见图1-2。

（二）故宫可移动文物来源

故宫可移动文物以清宫旧藏为主体，包括清朝历代皇帝收集的中国古代艺术珍品和大量宫廷用品。藏品来源一般可分为“历代皇家收藏的承袭”“清宫征集”“清宫制作”“清宫编刻书籍”“明清档案”5种。

此外，故宫博物院还通过国家划拨、社会捐赠、收购等渠道获得部分其他藏品，与清宫旧藏文物共同构成故宫博物院馆藏文物，共计约186万件（套）。

三、故宫周边相关遗存

皇城内与紫禁城同期建造的主要皇家御用建筑与苑囿还有景山、太庙、社稷坛、北海、中海、南海。

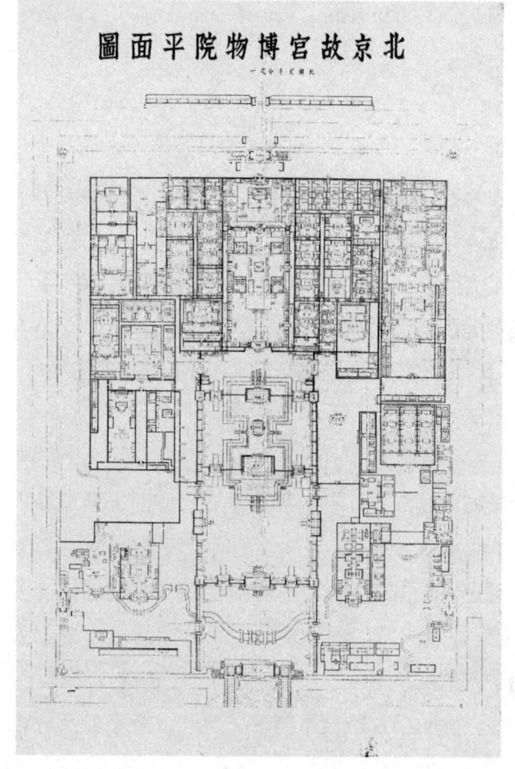

“民国”故宫
（20世纪初）

北京故宫博物院平面图

现代故宫
（1975年）

图 1-2　故宫历史平面图

景山是元、明、清三代的御苑。1928年景山对外开放，1930年按照《完整故宫保管计划》提案，景山被归入故宫博物院管理；1957年被公布为北京市文物保护单位，2001年被公布为全国重点文物保护单位，现为“景山公园”，归北京市公园管理中心管理。

太庙是明清两代皇帝祭奠祖先的场所。1930年按照《完整故宫保管计划》提案，太庙被归入故宫博物院管理，并作为故宫博物院分院对外开放。1950年，太庙划归全国总工会，作为“劳动人民文化宫”对社会开放；1988年被公布为全国重点文物保护单位。

社稷坛是明清两代皇帝祭奠土地神和五谷神之处，现为中山公园，归北京市公园管理中心管理。

北海是辽、金、元朝帝王离宫，明、清辟为御苑，现为北海公园，归北京市公园管理中心管理。

中海、南海在金、元时期就形成以太液池为中心的帝王离宫。1949年后，中南海成为党中央和国务院的驻地；2006年被公布为全国重点文物保护单位。

第二节　故宫价值研究

一、遗产价值标准

故宫作为中国 15—20 世纪明清两朝皇家宫廷所在和国家政令中心，是我国现存古代宫城的唯一实例和最高典范，也是世界现存古代宫殿建筑群中建筑基址占地规模最大、保存最完整者。1987 年和 2004 年联合国教科文组织世界遗产中心认定故宫符合《实施〈保护世界遗产公约〉操作指南》提出的“突出普遍价值的评估标准”之（ⅰ）、（ⅱ）、（ⅲ）、（ⅳ）条。

1）符合标准（ⅰ）——创造精神的代表作。故宫以其完整保存的中轴对称、外朝内廷等中国古代礼制文化的空间布局序列，成为我国古代宫城在建筑规制与技艺上的最高典范，可谓创造精神的代表作。

2）符合标准（ⅱ）——在一段时期内或世界某一文化区域内，对建筑、技术、古迹艺术、城镇规划或景观设计的发展产生过重大影响。故宫一方面以其重要的政治地位和恢宏、严整的格局对 15—20 世纪东亚及东南亚地区的重要建筑群（包括宫殿）产生过重大传播影响；另一方面以其室内空间布局、建筑壁画与装饰艺术方面呈现出的满族、藏族、蒙古族等民族文化特色与西洋风建筑、伊斯兰式穹顶等外国建筑艺术风格反映出 17—20 世纪清代宫廷中跨民族、跨文明的多元文化交流与融合之影响。

3）符合标准（ⅲ）——能为已消逝的文明或文化传统提供独特的或至少是特殊的见证。故宫见证了中国明清皇家的宫廷制度、生活方式以及宗教信仰，以其数量巨大的皇家旧藏、古代艺术精品见证了中国历史悠久的宫廷文化，并以皇家收藏精品的系统性、代表性为中国古代艺术发展史提供了特殊的见证。

4）符合标准（ⅳ）——是一种建筑、建筑整体、技术整体及景观的杰出范例，展现历史上一个（或几个）重要阶段。故宫以其宫殿廊庑、亭台楼阁、宫廷园林（含古树名木）等各种品类集成的建筑类型系统展现了中国传统木结构建筑体系，以其中国传统礼制文化的典型空间序列以及各类人工建造物与相关建筑历史档案、构件所承载的历史信息，完整传承了中国古代营造制度与传统技艺，展现了中国 15—20 世纪明清两朝官式建筑的最高等级，是中国古代官式建筑的最高典范。

二、遗产价值主题与特征研究

故宫作为中国明清两朝的皇家宫廷所在暨国家政令中心，其遗产价值主题主要体现在中国古代官式建筑的最高典范、中国明清宫廷文化的特殊见证、中国古代艺术的系列精品三个主要方面。它是明清官式建筑制度与样式的典范，是中国古代营建传统的集大成者，是明清宫廷制度、皇家生活方式及多元民族文化与信仰体系交融的特殊见证。

三、遗产价值潜在的整体特性

以紫禁城为中心的故宫及其山水格局与皇城内的其他重要礼制建筑、皇家御用场所等（景山、太庙、社稷坛及皇城内苑）在历史上曾作为一个整体，共同见证了15—20世纪中国明清皇家的营造理念、宫廷制度、生活方式以及宗教信仰，当视为一个完整的遗产整体。

第三节　故宫遗产构成

一、遗产构成要素与分类

（一）基于物质形态的遗产构成要素分类

故宫的价值载体包含了物质遗产与非物质遗产两大类。

1）物质遗产。其是由宫殿建筑群及相关构筑物等组成的不可移动文物，宫廷生活各类遗存、皇家藏品组成的可移动文物，以及由不可移动文物所承载的与北京古城历史空间格局关联的、由物质形态共同组成的礼仪文化空间和精神场所。

2）非物质遗产。其是与故宫不可移动文物直接相关的各种类型的中国古代传统技艺，其中以官式建筑传统技艺最为突出。

（二）基于遗产价值的构成要素分类

1.故宫遗产价值的三大主题

（1）最高典范——中国明清官式建筑

故宫是明清两代官式建筑制度与样式的典范，是中国古代营建传统的集大成者；是我国现存古代宫城的唯一实例和最高典范，也是世界现存建筑基址占地规模最大、保存最完整的古代宫殿建筑群；建筑群功能布局及其空间序列充分展现了中国传统礼制文化对官式建筑以及都城建设的影响；古建筑群展现了中国古代官式建筑在建筑形式、结构、用材与建筑装饰等方面的最高成就与营造制度；故宫的御花园、宁寿宫花园、慈宁宫花园等内廷园林展现了中国古代宫廷园林的杰出成就，是中国古典园林的重要类型；古建筑群承载了中国古代建筑传统技艺，包括“八大作”建筑技艺与《工程做法则例》等古代建筑营建的技艺传承与规范体系，展现了中国古代官式建筑的传统技艺；所藏建筑档案保存了中国古代营造制度和技艺的重要信息，是建筑史研究与文化遗产保护的宝贵资料。

（2）特殊见证——中国明清宫廷文化

故宫的外朝内廷空间格局及以院落划分的礼仪、朝政、生活、宗教祭祀、内务管理等不同功能空间，系统见证了明清宫廷制度；保存完整的规模庞大的明清宫廷建筑群，承载了包括宫廷习俗、日常生活、节事活动和有关制度等在内的丰富内容，与故宫整体空间格局共同见证了明清的皇家生活方式；建筑的形制、空间与功能反映出满族、藏族、蒙古族、汉族等不同民族的信仰、习俗和文化特征，是清代宫廷中多元民族文化与信仰体系交融的见证；现存于倦勤斋和玉粹轩内的巨幅通景画、长春宫围廊壁画、伊斯兰式的浴德堂以及西洋风格的延禧宫灵沼轩等中外文化在

宫廷中显著交融；典章文物、生活文物、宗教文物、清宫藏书与档案等宫廷历史文物完整记录并见证了明清宫廷文化与生活史，是极其珍贵的明清宫廷文化史和生活史资料。

（3）系列精品——中国古代艺术

故宫的皇家所藏中国古代艺术精品具有突出的系统性、代表性，是中国古代艺术发展史的最佳见证；馆藏历代书画碑帖汇集了历史上各门类和流派中的名家传世精品，是中国古代书画艺术发展历程的重要见证；馆藏艺术品汇集了中国历代不同材质、风格、工艺的古玩珍品，集中体现了中国传统工艺的最高水平，是中华文明乃至人类文明的瑰宝。

2. 基于遗产价值的构成要素分类

依据以上故宫遗产价值的三大主题及主要特征，结合各种类型的物质载体对其支撑关系，进行遗产构成要素辨认，将故宫遗产归纳为不可移动文物与可移动文物。

1）不可移动文物分为空间格局、城池遗存、宫苑遗存 3 大类、共 13 种构成要素，包括中国官式建筑传统技艺等非物质遗产。

2）可移动文物分为 3 大类、共 9 种构成要素，包括：中国明清宫廷文化类，含典章文物、生活文物、宗教文物、清宫藏书与档案、外国文物；中国古代官式建筑类，含宫殿建筑遗构和宫廷建筑档案；中国古代艺术史类，含书画藏品和工艺制品。

二、不可移动的遗产构成要素

故宫不可移动文物主要承载中国明清宫廷文化与中国古代官式建筑典范两大价值特征，占地约 106.09 hm^2，主要载体为面积约 23.33 万 m^2 的明清建筑遗存及其空间序列、相关设施、景观与其他相关遗存。构成要素按照空间格局、城池遗存、宫苑遗存、传统官式建筑营造技艺 4 个方面划分如下。

（一）空间格局构成要素

空间格局重在揭示各类实体遗存的空间层级和内在序列关系，属遗产价值的必要载体。故宫的空间序列格局以紫禁城为代表，分为下列 3 个要素。

1. 与城市格局的关系

紫禁城以“背山面水”“五门三朝”“左祖右社”等格局形式充分展现了中国古代的礼制文化，反映了中国古代都城的布局特征，成为明清北京城市中轴线的关键节点和都城的中心。紫禁城与西侧三海水系的布局关系沿袭了元大都时期的城市格局。

2. 宫城格局

紫禁城总体格局可依据功能分为城池、外朝、内廷、内务 4 大分区（见图 1-3），属中国传统宫殿的典型格局，其空间关系、规模与功能如下。

1）城池为防御功能区，由城垣城门、围房区、护城河共 3 片区域组成，占地面积 32.83 hm^2。

2）外朝为礼仪朝政区，由外朝中路、外朝西路、外朝东路共 3 片区域组成，占地面积 27.23 hm^2。

3）内廷为常朝寝居区，由内廷中路、内廷西路、内廷东路、内廷外西路、内廷外东路共 5 片区域组成，占地面积 28.14 hm^2。

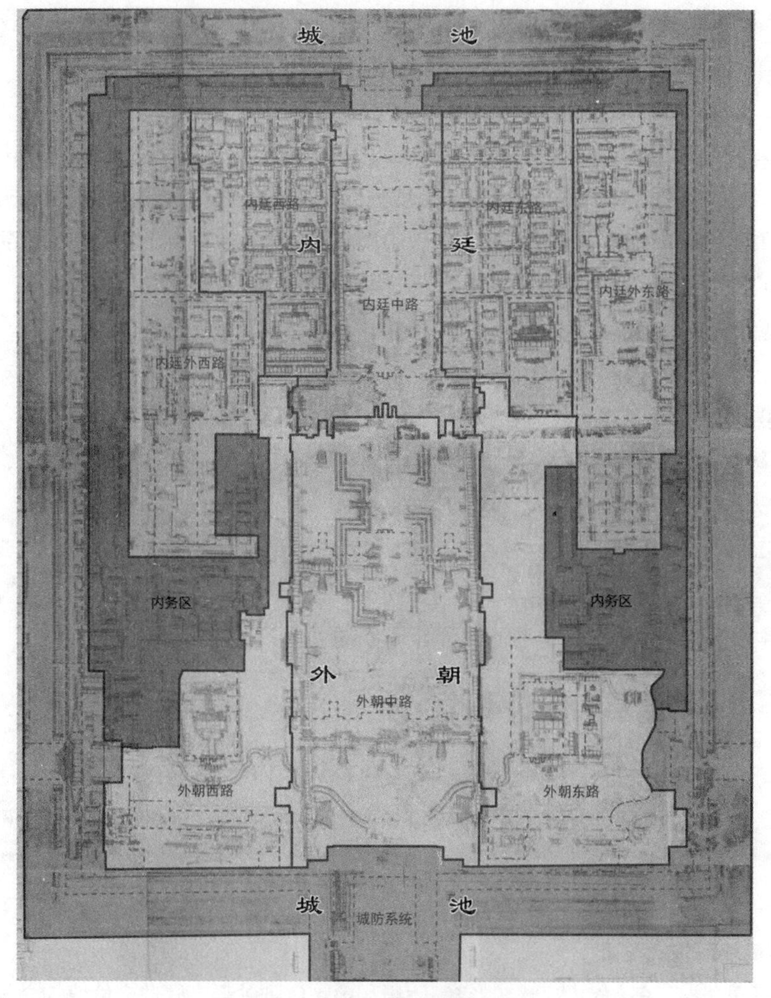

图 1-3 故宫内部空间格局图

4）内务区为皇家起居服务与管理的场所，大多散布在内廷边缘地带，主要有内务府、造办处、上驷院以及西河沿等院落，占地面积 12.26 hm²。

3. 院区布局

院区是由同一历史功能界定的空间单元，由若干或单一院落和地块组成。依据历史功能，故宫保护范围内相对独立的院区划分成 48 片，含现存有院墙围合的院落和相对独立的庭院、地块 168 处。其中，紫禁城可划为 44 片院区、164 处院落和地块；午门到端门、大高玄殿、清稽查内务府御史衙门、皇史宬各按 1 处院区暨 1 处院落划定，共 4 片。

（二）城池遗存构成要素

城池遗存为紫禁城的重要组成部分，功能区面积 32.83 hm²，由城垣、围房、护城河及出入紫禁城的通道等要素组成。

1）城垣。含四周城垣和 4 个角楼，以及午门、东华门、西华门、神武门；建筑面积 9 880 m²，占地面积 4.69 hm²，占功能区面积的 14.29%。

2）围房。其含故宫城垣与护城河之间的围房及其遗址，现存文物建筑面积 5 551 m²，占地面

积 6.9 hm^2，占功能区面积的 21.02%。

3）护城河。即筒子河，周长 3 530 m、宽 52 m、深 3.5 m，占地面积 18.45 hm^2，占功能区面积的 56.2%。

（三）宫苑遗存构成要素

宫苑遗存是宫廷活动和中国古代官式建筑之价值的主要载体，包括紫禁城、端门、大高玄殿、清稽查内务府御史衙门和皇史宬等处在 1925 年前的建造物遗存。

1）建筑物。其包含现存中国古代官式建筑的所有类型：宫、殿、楼、阁、堂、亭、台、轩、斋、馆、门、廊等，以及宫墙、院墙、台基栏杆和地面铺装等，面积总计 18.62 万 m^2。其中，紫禁城 17.40 万 m^2，紫禁城外 4 处地点共 1.21 万 m^2；主要分布于 48 片院区中的约 150 处现存院落与 20 处废毁院落中。

2）井渠水系。故宫传统排水方式经由内部暗渠体系导入内金水河和护城河，连接城市水系。本要素含内金水河、10 座桥梁、地下排水系统和 80 多口水井等遗存。

3）室外陈设。其直接支撑明清宫廷文化中的礼仪制度、生活情趣等各项内容。室外陈设内容包括社稷江山亭、日晷、嘉量、香炉、龙、麒麟、狮、象、龟、鹤、鹿、灯座、石屏、旗幡杆座、铜铁消防水缸、盆景陈设、花坛鱼池、假山等类别；按材质分为铜质、铁质、石质、玉质、陶质、嵌珐琅、木质等，总计 813 件。

4）宫廷园林。其直接反映中国古代官式建筑中的宫廷园林价值，并支撑明清宫廷文化中的生活情趣价值。遗存包含御花园、慈宁宫花园、建福宫花园、宁寿宫花园 4 处，占地面积 2.77 hm^2。此外在文渊阁、景福宫、寿安宫、十八槐等处含有庭园景观。

5）古树名木。古树是宫殿空间景观的重要组成，具有突出的历史和景观价值。其中，紫禁城已编号古树名木 448 棵，含一级古树名木 105 棵、二级 342 棵、未定级 1 棵。其中 49%分布于 4 处宫廷园林中。大高玄殿已编号古树名木 39 棵，其中 2 棵位于南侧院墙外，其余位于大高玄殿各进院落内，多沿中轴线对称分布。

6）建筑遗址。其为遗产分布范围内埋藏于地下的元、明、清三朝宫廷历代宫殿建筑遗存，可见证 13 世纪中期至 20 世纪初期中国皇家宫殿经历的王朝变迁、建制演变和营建沿革之历史，具有特殊的、无可替代的价值。

（四）传统官式建筑营造技艺构成要素

传统官式建筑营造技艺与故宫建筑营造过程密不可分，是中国古代官式建筑研究与保护的重要内容，简称“营造技艺”。该技艺包括八项主要工艺，统称“八大作”，分别为木作、石作、瓦作、土作、搭材作、油漆作、彩画作、裱糊作。此外，故宫作为官式建筑最高等级的代表，建筑营造技艺还包括其他类型。

三、可移动的遗产构成要素

故宫可移动文物承载了中国古代艺术的系列精品之价值特征，此外还承载了中国明清宫廷文化和中国古代官式建筑最高典范两大遗产价值主题。依据遗产三大价值主题，归纳为以下 9 类构成要素。

（一）中国古代艺术系列精品价值的构成要素

此类可移动文物亦属中国明清宫廷文化的重要内容，反映了皇家艺术品收藏活动、传承汉族江南士大夫为主的藏书文化传统以及朝廷的国际交往活动。其中部分文物与故宫建筑物功能有直接关联，主要包括如下内容。

1）书画藏品。其可与御书房、乾清宫、养心殿、重华宫等处建筑共同见证中国清代皇家收藏活动，包括绘画、法书、碑帖、铭刻、寺庙壁画等 5 种类型。

2）工艺制品。其是可见证明清宫廷文化的工艺品文物，包括陶瓷器、铜器、玉石器、珐琅器、雕刻工艺品、漆器、金银器、雕塑、钟表仪器、其他工艺制品等 10 种类型。

（二）共同见证中国明清宫廷文化的构成要素

此类可移动文物可与故宫不可移动文物完整见证中国明清宫廷文化和宫廷生活，主要包括如下内容。

1）典章文物。其包括武备仪仗、帝后玺册等，可与三大殿等各类礼仪空间共同见证中国明清宫廷礼仪活动。

2）生活文物。其可与故宫各类用房共同见证皇家生活方式，包括珍宝、金银用具、生活用具、织绣服饰、文具等，另有宫廷娱乐器物等可与畅音阁、漱芳斋等处的戏台共同构成宫廷娱乐活动的记忆空间和文化载体。

3）宗教文物。其可与钦安殿、坤宁宫、雨花阁、大佛堂、城隍庙等共同见证中国明清时期道教、萨满教、藏传佛教等宗教在宫廷中的传播与影响，包括上述建筑中保存的铜佛、祭法器、宗教原状陈设等。

4）清宫藏书与档案。其包含宫廷的藏书和档案两部分：一是故宫博物院原明清档案部存有的 1 000 万件（册）清宫档案（现划归中国第一历史档案馆管理），其是见证皇家政务与宫廷生活的第一手资料；二是现存于故宫博物院的古籍文献类文物和档案（含部分清内务府陈设档，帝后服饰、御用瓷器等器物制作前的绘画小样，百年前老照片，武英殿刻本原印书用书版等）。

5）外国文物。其为清朝外国使团、传教士等赠送的礼品，也是见证宫廷文化的重要组成部分，包括科技仪器、武器、餐具、洋瓷器、银器、铅制生活用品等。

（三）中国古代官式建筑最高典范的构成要素

此类可移动文物支撑故宫遗产的“中国古代官式建筑的最高典范”价值，属故宫遗产中不可忽略的部分，主要包括如下内容。

1）宫殿建筑遗构。其可为明清皇家官式建筑样式和细部提供珍贵的历史实物，主要包括紫禁城的建筑构件（木构件、砖石构件等）、装潢装饰构件（玻璃画、琉璃构件、匾额楹联等）及其他重要构件等。

2）宫廷建筑档案。其可为明清皇家官式建筑制度与设计手法、样式提供珍贵的直接物证，包括清代“样式房”建筑图档和烫样，以及紫禁城及其他皇家官式建筑的设计与管理文件。

第四节　故宫现状评估

一、不可移动文物保存现状评估

（一）城池遗存评估

1. 现状评估

紫禁城的城池遗存由 3 个部分组成，即城垣城门、围房（含遗址）、护城河。城垣城门含四向城垣与午门、东华门、西华门、神武门，以及城垣 4 个角楼，占地面积 4.69 hm²；护城河即筒子河，周长 3 530 m、宽 52 m、深 3.5 m，占地面积 18.45 hm²；围房现存建筑面积大于 5 551 m²。

虽然紫禁城的城池遗存格局保留较为完整，城池遗存的构成要素单体保存较好，防御功能体系整体保存较好，但城垣仍然存在局部墙体空鼓、受潮等现象。

2. 完整性评估

紫禁城的城垣城门和护城河等主要构成要素以及规模基本保存完好，围房地带大部分以遗址方式留存，保留了局部地面建筑，体现了较为完整的宫城防御体系格局和防御能力。由于西华门内建造“屏风楼”时拆除了城墙内城门两侧马道，致使该段城墙的传统交通系统缺失，因此对城池防御系统的完整性带来一定负面影响。

3. 真实性评估

城池遗存除了传统的防御功能发生改变外，其他构成要素保持了原有的位置关系，外形保持了历史的原貌，设计手法、材料等方面保留了真实的历史信息。但“屏风楼”给故宫城池防御体系形态以及西南部分空间景观的真实性带来了较大的负面影响。

4. 延续性评估

城池遗存受到外部影响较小，持续保存的状况较好。

（二）宫苑遗存评估

1. 建筑物评估

（1）现状评估

1）文物建筑。故宫文物建筑主要为 1911 年之前建造的所有古建筑和 1912—1925 年建造的含有一定历史信息的近代建筑，房屋间数约 9 000 间，面积约 23 万 m²。保存良好的文物建筑有 373 处，占总数量的 31.42%；保存较好的有 742 处，占总数量的 62.51%；保存一般的有 61 处，占总数量的 5.14%；保存较差的有 11 处，占总数量的 0.93%。

2）地面铺装。故宫现有地面铺装总面积 38.43 万 m²。经多年变迁和更换，现存地面保留条石、青石、青砖等传统材料的铺装面积 22.32 万 m²，占地面总面积的 54.11%；变更为混凝土、水泥方砖、沥青等非传统材料铺装的面积约 16.11 万 m²，占地面总面积的 39.05%。其余宫内地表为素土地面，面积 2.82 万 m²，占地面总面积的 6.84%。经规划评估，传统材料铺装面积 22.32 万 m²，其中保存良好的占传统材料铺装的 88.35%，保存较好的占 11.65%。

3）宫墙和院墙等。故宫现存台基、围栏、台阶、宫墙与院墙各类构筑物。规划分类评估院宫

墙与墙等保存状况，见表1-1。

表1-1 宫墙与院墙等评估表

序号	类型	保存良好		保存较好		保存一般		保存较差		总计	
		数量	比例/%	数量	比例/%	数量	比例/%	数量	比例/%	数量	比例/%
1	宫墙与院墙	310	64.72	160	33.4	9	1.88	0	0	479	100
2	随墙门	109	52.4	90	43.27	9	4.33	0	0	208	100
3	台基	17	80.95	1	4.76	3	14.29	0	0	21	100
4	假山	12	100	0	0	0	0	0	0	12	100
5	影壁、照壁	2	100	0	0	0	0	0	0	2	100

（2）完整性评估

故宫古建筑群完整地保存了紫禁城在使用时期的园林与戏台、起居、库房、药房、办公、教育、朝政礼仪、祭祀与宗教等所有建筑功能类型，见证了皇家宫廷文化和生活方式。其大部分地面铺装材料保持传统铺地材料，但铺地整体在规模上有缺失，完整性保存一般。

（3）真实性评估

故宫古建筑群真实保存了中国明清皇家宫殿建筑群的空间格局、建筑制度和官式建筑风格特征，真实保存了以木构为主体的中国传统建筑的位置、材料、样式、工艺等建造技术体系，反映了皇家的权力象征、等级制度、文化传统和审美观，展现了明清时期的宫廷建筑文化与价值观。

虽然使用功能及建筑内部装修发生改变，但整体上文物建筑真实性保存较好。因人流和交通方式的变化，在故宫地面铺装及地面维护的过程中，约41%的铺地材料发生改变，多采用水泥方砖、沥青等非传统材料铺装地面，使得真实性受到影响。

（4）延续性评估

开放展示及办公区域内的文物建筑保存较好，只存在表面残损等问题；未开放或库房区域内的文物建筑在建筑物的装修装饰部分易产生构造性的损坏。总体上，除大高玄殿、紫禁城附属院落内的少量文物建筑外，故宫现存文物建筑基本上没有严重的结构性损坏。文物建筑的彩画部分受自然力影响较大，保存状况普遍较差，延续性受到一定威胁。传统铺地材料的市场供给减少，其传统制作工艺逐渐消失，铺地材料质量下降，故宫铺地更换等日常维护工程材料补给受到影响。

2. 井渠水系评估

（1）现状评估

故宫现存包括80多口古井、完整的内金水河水系、10座古桥以及地下排水系统等的井渠水系。规划分类评估井渠水系遗存保存状况，见表1-2。

表 1-2　故宫井渠水系遗存评估等级表

序号	类型	保存良好		保存较好		保存一般		保存较差		总计	
		数量	比例/%	数量	比例/%	数量	比例/%	数量	比例/%	数量	比例/%
1	桥	8	80	0	0	2	20	0	0	10	100
2	井	44	52.38	28	33.33	12	14.29	0	0	84	100
3	水系（含内金水河及护城河）	37	82.22	8	17.78	0	0	0	0	45	100
4	排水暗渠	整体情况不详，有待考古工作进一步探查									

（2）完整性评估

井渠水系构成要素在本体、规模及相互关系上均保持各系统的完整性。由于故宫的传统排水系统属于隐蔽工程，布局错综，且历经不同历史时期的维修改造，保存状况复杂难辨，需要通过专题勘察，评估其保存的完整性。故宫的传统排水系统在常规的日常维护下，仍然保持了良好的功能。因此，从整体上讲，现存故宫的井渠水系仍然可以体现其在故宫的功能设施和建造体系中的意义。

（3）真实性评估

经过对故宫内构筑物数十年的维护修缮，特别是近十年较大规模的保护修缮工程，基于传统的维护和修缮理念，故宫现存井渠水系在外形和设计、材料、位置和精神感受等方面基本保持了明清故宫的历史状态，并且大部分井渠水系仍保持原有功能，真实性保存较好。

（4）延续性评估

故宫不可移动文物本体的保护和维护基本满足结构安全要求，大部分井渠水系的延续性较好。

3. 遗址类评估

（1）现状评估

根据各类文献记载、历次考古调查和局部基础设施考古发掘成果的综合评估，紫禁城地下遗存除元大内位置偏北并不确定外，明清两朝的宫城沿革均在现状紫禁城范围内。其中，紫禁城红墙范围内皇家朝、寝活动的区域是建筑等级最高、利用频率最大、遗址叠压最丰富的区域；红墙外与紫禁城城墙之间的区域，除文华殿、武英殿区域外，基本上属于皇家宫廷生活的辅助和服务功能分布区域，建筑等级和建筑密度较低，地下遗存埋藏较少、分布稀疏。

（2）真实性和完整性评估

由于明清之后，紫禁城内特别是红墙内基本上没有新的建设活动，紫禁城内最具研究价值的明清皇家宫殿建筑群遗址保存完好，能够反映多年间宫廷建筑演变的完整过程。因此，现存紫禁城地下遗址具有较高的完整性和真实性。

4. 宫廷园林评估

（1）现状评估

故宫宫廷园林评估对象包括紫禁城内的宫廷园林和庭园景观。宫廷园林包括御花园、慈宁宫花园、建福宫花园、宁寿宫花园，其中御花园因作为故宫核心疏散通道，观众密集，传统石子铺

地、古树名木等受到不同程度的破坏，其他宫廷园林保存较好。庭园景观包括文渊阁、景福宫、寿安宫、十八槐等，树木种类已更换，庭院园林景观有所变化，保存状况一般。

（2）完整性评估

构成园林景观元素的廊、轩、亭、假山、铺地、植被等单体要素保存较好，格局较为完整，能够体现其在宫廷文化中的特殊作用。

（3）真实性评估

宫廷园林庭园景观格局整体基本未受到干预，基本保持了原设计的园林意境。宫廷园林真实性较好。御花园常年作为故宫核心疏散通道，观众密集，意境和景观受到较大的负面影响。

（4）延续性评估

宫廷园林总体延续性良好，其中慈宁宫花园、建福宫花园未开放，相对稳定，延续性较好；宁寿宫花园部分在维修中，局部开放，园林建筑、构筑物和植被的延续性良好；御花园内传统花石子甬路、古树名木及园林植被，特别是皇家园林的景观氛围受超负荷观众量的威胁。

5. 室外陈设评估

（1）现状评估

故宫现存各类室外陈设文物 813 件，保存状况评估为良好的有 352 个，占总数的 43.30%；保存较好的有 363 个，占总数量的 44.65%；保存一般的有 98 处，占总数量的 12.05%。

（2）完整性评估

故宫室外陈设保存状态整体较好，绝大部分维持原位保存，基本能够展现其作为宫廷室外景观装饰以及礼仪、生活辅助设施的特殊功能。

（3）真实性评估

故宫室外陈设除部分功能已不存在，如消防、照明和仪式功能等，其空间位置、外形和设计、材料等基本上没有发生改变。

（4）延续性评估

故宫室外陈设由于单体受自然力的影响，均存在不同程度的表面残损，如金属锈蚀、鎏金脱落、石材风化等，因此总体上延续性一般。

6. 古树名木评估

（1）现状评估

故宫古树名木登记编号的有 448 棵，一级古树名木有 105 棵，二级的有 342 棵，未定级的有 1 棵。宫廷园林中有古树名木 217 棵，占全院古树名木总量的 48.44%，属古树名木保护重点地段。

古树名木长势良好的有 328 棵，占总数量的 73.22%；长势衰弱的有 107 棵，占总数量的 23.88%，濒危的有 13 棵，占总数量的 2.90%。古树名木生长环境良好的数量为 92 棵，占总数量的 20.54%，生长环境较差的为 356 棵，占总数量的 79.46%。

（2）完整性评估

古树名木保存状态基本完好，保持了故宫不同功能区内具有特色的、传统的树木种类，规模保存较为完整，能够体现植被在营造宫廷园林和宫内景观中的设计意象。

（3）真实性评估

古树名木真实地保持了历史植物品种、在宫廷内的位置和空间关系，真实地反映了所蕴含的

历史信息和文化内涵。

（4）延续性评估

大部分古树名木的生长状态稳定，只有少部分古树名木受生长环境的负面影响较为突出。

（三）文物建筑相对价值分级评估

故宫文物建筑中，属于一类文物建筑的占总量的 56.3%；属于二类的占总量的 27.8%；属于三类的占总量的 13.8%；属于四类的占总量的 2.1%。文物建筑相对价值评估情况见表 1-3。

表 1-3 文物建筑相对价值评估情况

分类	分类标准
一类	与明清政治统治、历史事件、典章制度、历史人物、宫廷生活密切相关；建筑位置和级别重要，建筑形制和内外装修具有典型性和代表性，建筑类型具有独特性
二类	与明清典章制度、宫廷生活有关；与一类文物建筑构成完整格局或有一定典型性和代表性
三类	明清宫廷中不具备独特性的附属服务性用房，建筑级别低下，内部装修陈设无存
四类	1911 年以后至故宫博物院初创时期添建和改建的近代建筑，与古建筑环境不抵触，或有一定纪念意义

二、可移动文物保护现状评估

（一）可移动文物保存环境现状评估

1. 可移动文物保存环境现状

故宫现有可移动文物中的明清宫廷文化类文物分别保存于地上文物建筑和地下库房中；古代官式建筑典范类文物主要保存于地上文物建筑中；古代艺术史类文物主要保存于地下库房中。

1）整个地下库房的文物保存空间已能控制在某一个温、湿度状态，但地库没有严格按照不同质地可移动文物保存条件的需求分别存放文物。

2）地上文物建筑用作库房存放可移动文物的环境基本没有配置环境控制设施，没有开展文物保存环境监测记录。地上文物建筑用作展厅摆放可移动文物的环境分为两类：珍贵文物主要存放于展柜中，按照文物保存环境标准予以保护；原状陈列类文物主要摆放于文物建筑中，没有配置环境控制设施，没有开展文物保存环境监测记录。

3）保护修复室的文物保存环境配备了一定的环境控制设备，但缺乏监测记录，且位于文物建筑之中，客观条件使可移动文物的安全存在较大隐患。

2. 评估结论

故宫保存的可移动文物材质品类众多，体量各异，存放环境复杂。而且，迄今为止，国际、国内的博物馆界在文物保存环境的标准问题上尚未形成统一的、权威性的标准。因此，保存规模与环境要求需进一步明确。

（二）可移动文物科技保护现状评估

1. 可移动文物科技保护现状

故宫可移动文物数量巨大、品类众多、年代久远，而且各类文物的保存环境、管理力量不足等原因导致了部分文物出现自然老化、开粘、开线、嵌件脱落、生锈、褪色、霉变、变形等现象。

2013年，故宫博物院将可移动文物的抢救性科技修复计划列入“平安故宫”工程项目，并获国务院批准。

2. 评估结论

目前，故宫可移动文物的科技修复工作处于被动抢救阶段，需要从工作环境改善、技术传承与提高、技术人才增加、设备更新配置等方面进行提升。

三、保护管理现状评估

保护管理现状评估是要满足故宫文物保存的真实性、完整性、安全性保护管理需求，以及故宫文物展示的社会公益性开放需求，对象为保护、利用、管理、研究相关的各类措施。

保护：主要评估保护区划、保护措施、安全防范、空间景观等方面。

利用：主要评估功能分区、遗产利用、遗产价值诠释等方面。

管理：主要评估遗产监测、运行管理、工程管网、交通组织、外围环境管理等方面。

研究：主要评估学术研究、交流合作等方面。

（一）保护区划现状评估

1. 全国重点文物保护单位保护区划现状评估

（1）保护范围现状评估

1984年，北京市《第一批划定六十项文物保护单位的保护范围及建设控制地带的四至说明》（北京市人民政府批转市规划局、文物局京政发〔1984〕128号，以下简称《四至说明》）划定了紫禁城、大高玄殿和皇史宬的保护范围。此次划定的紫禁城保护范围不含筒子河的南河道。

1996年，国家文物局批准的《关于故宫博物院管理的规定》（1996年12月24日“国家文物局令第1号”），再次明确故宫的保护范围，不含筒子河的南河道。2005年，国家文物局批准的《故宫保护总体规划大纲（2003—2020）》（下文简称《故宫保护总体规划大纲》），明确了故宫的保护范围分为紫禁城、皇史宬、大高玄殿与清稽查内务府御史衙门4处，总占地面积106.66 hm²（含皇史宬等院墙外扩 4 m 消防通道），保护范围含筒子河的南河道。目前，筒子河南河道的东、西两段水面，依然由北京市劳动人民文化宫和中山公园分别使用和管理；筒子河水体由北京市水务局管理；河床由故宫博物院管理。

（2）建设控制地带现状评估

2003年，《北京皇城保护规划》公布实施。该规划将皇城作为一个统一整体，对皇城范围内建筑高度控制、环境整治等方面的规定符合故宫周边历史环境和城市空间景观的保护要求。

2. 世界文化遗产保护区划现状评估

（1）遗产区现状评估

2005年7月，联合国教科文组织第29届世界遗产委员会通过了故宫保护范围即遗产区四至边界，占地86 hm²。世界遗产委员会通过的故宫保护范围沿用了北京市《四至说明》所划定的范围，故宫保护的完整性问题依然未能解决；最为重要的是，有关遗产价值的完整性没有受到应有的关注，已经包含在《故宫保护总体规划大纲》中的皇史宬、大高玄殿及清稽查内务府御史衙门等故宫文化遗产重要组成部分均未被纳入，明显影响了故宫文化遗产的完整性。

（2）缓冲区现状评估

世界遗产委员会通过的故宫缓冲区占地 1 377 hm^2。其划定参照了北京市《四至说明》中皇城建设控制地带的范围，在意向上增强了对故宫周边城市建设的控制力度，同时也延续了《四至说明》中存在的不完整问题，但尚未制定缓冲区有关管理规定，目前区域内管理参照旧皇城及其以北城区保护范围及建设控制地带有关规定、《北京皇城保护规划》《北京旧城 25 片历史文化保护区保护规划》等有关规定执行。

（二）功能分区现状评估

1. 管理空间分区现状评估

故宫实行开放展示与办公管理分区管理，两区交界处有专人值守，实现了空间隔离，有效保障了故宫安全。从整体来看，故宫的开放区域还需要进一步扩大，办公管理区域应进行适度缩减。

2. 功能分区现状评估

故宫院落根据其主要使用功能分为公众展示、限制展示、观众服务、文物库藏、办公管理、基础设施、外单位占用和空置 8 种类型。故宫各功能布局较分散，缺乏系统规划和内在有机联系。

（三）保护现状评估

1. 不可移动文物保护现状评估

（1）保护管理评估

故宫博物院对不可移动文物保护的管理机制分为机构设置和制度制定，基本满足保护和管理需求。在文物建筑监测方面，使用部门在上报文物建筑隐患的过程中，存在评估标准不统一、信息采集不全面、上报的偶然性大于计划性等问题。

（2）文物建筑及构筑物保护评估

故宫博物院自建院以来，对文物建筑及地面铺装等构筑物实施了数次大修工程及日常维护工作，基本使其整体安全得到保障。

（3）宫廷园林保护评估

为了修复宫廷园林的历史原貌，故宫实施了宁寿宫花园和慈宁宫花园的修缮工程，尝试了建福宫花园的“复建”，采取了御花园花石子甬路临时性保护措施，宫廷园林的保护基本得到了保障。

（4）古树名木保护评估

目前，紫禁城内古树名木的保护工作基本满足要求。

（5）室外陈设保护评估

故宫博物院已针对室外陈设建立了基础档案，档案包括文物编号、信息采集情况、保存状况评估等内容。

（6）不可移动文物的科技保护评估

2005 年，故宫博物院针对文物建筑及其修缮工程中的科技保护项目、文物建筑环境监测以及涉及新材料、新工艺的试验和使用工作开展了古建筑科技保护工作，并将研究成果运用于文物保护实践工作中。但故宫不可移动文物仍面临持续存在的自然力的侵害，如石质材料风化、琉璃构件破碎脱釉、彩画和内装修老化破损、墙面空鼓脱落等现象。

2. 建筑传统技艺传承保护现状评估

（1）传统建造技艺评估

2008年，“官式古建筑营造技艺（北京故宫）”被国务院列入第二批国家级非物质文化遗产名录，2014年“明清官式建筑保护研究国家文物局重点科研基地”成立。目前，故宫博物院已将建筑传统技艺的概念由修缮工程上升到被保护研究和传承的对象。

（2）古建筑修缮体制保障评估

故宫作为中国明清官式建筑的杰出代表，其建造与延续基于优秀的传统营造队伍、优质的传统建造材料以及严格的传统管理体制保障。目前，故宫古建筑修缮按照现行政策，执行工程项目管理程序，按照一般工程经验和经济指标实行招投标和政府采购，工艺和材料质量与故宫官式古建筑修缮工程的应有质量存在一定差距。

（3）人才培养机制评估

故宫博物院成立以来，一直拥有并培养专业的修缮队伍，该队伍按照传统的古建筑修缮模式维护、保养故宫古建筑群。

（4）传统建筑材料供应评估

目前，故宫博物院古建筑修缮材料采用招投标和政府采购的方式，按照一般质量标准和经济指标取得。

3. 可移动文物保护现状评估

故宫对可移动文物的分类方法与《国有可移动文物普查——文物分类标准（试行）》提出的分类方法不同，难以与全国、甚至全世界其他可移动文物分类做到统一。除地下库房外，故宫可移动文物保存环境缺乏监测数据，难以评估。地下库房的保存环境没有按可移动文物的不同材质设定不同的温、湿度控制。

4. 安全防范系统建设评估

（1）消防系统评估

对于不可移动文物，故宫博物院内驻有消防中队，其是负责故宫消防安全的机构，其车辆装备、供水保障和专业灭火工具等设施配置与现实需求尚有一定差距，急需补充与故宫消防特点相适应的灭火设备和提升灭火救援能力。同时，故宫博物院内的消防设施设备大多存在老化、功能不全等问题，不能满足安全工作需求。

对于可移动文物，地下库房在其建成时配备了先进齐全的消防设施。地上库房及展厅的主要消防设备为灭火器、灭火栓，不能满足卤簿仪仗等原状陈列文物以及古籍字画等各种不同材质的可移动文物对防火的特殊要求。对可移动文物的消防设备技术水平进一步提升的过程中，故宫应结合藏品自身的消防特点，制定具有针对性的消防措施。

（2）安防监控系统评估

故宫博物院编制了不可移动文物安防体系建设方案，已实施部分安防工程，安防体系建设工作尚需继续落实。故宫博物院制定了可移动文物安全管理制度，巡更任务频繁，路线密集，但管理措施主要依靠人力，防盗管理系统和巡更系统落后，难以满足防范要求，安全管理较为被动。

（3）防雷设施现状评估

故宫博物院已对近半数的文物建筑避雷区域设置了避雷设施，已安装的防雷设施存在方式落

后、能力较差等问题。因此，故宫文物建筑存在雷击隐患，防雷设施覆盖范围需扩大，水平需提升。

（4）高压消防管网评估

故宫内有约 29 hm² 的范围未覆盖高压消防系统，而且部分消防设施老化、陈旧，亟待更新。

（5）安检系统评估

故宫博物院对午门入口区的安检设施进行了全面更新升级，配置了专职安检人员，安检设施基本满足实际需求。

5. 文物防震措施现状评估

（1）不可移动文物评估

文物建筑的木构架具有较好的抗震性。管理人员通过日常检查及时发现隐患并维修，并根据不同文物建筑单体的特点进行地震安全隐患的评估。室外陈设文物尚未采取防震措施，石雕、铜香炉等大型文物在地震时有倾覆、破裂隐患。

（2）可移动文物保存环境评估

除地上、地下文物库房中的部分文物配备了囊匣外，少数可移动文物仍采用传统的简易防震措施，防震技术水平有待提高。原状库房内的可移动文物没有防震措施，防震能力较弱，相关科技措施尚待加强。

6. 空间景观现状评估

（1）宫墙内景观评估

宫墙内景观指由紫禁城城垣围合的内部空间景观，目前宫墙内景观总体保存较好。

（2）宫墙外景观评估

宫墙外景观指紫禁城城垣外至筒子河外沿之间的空间景观，目前宫墙外景观总体保存较好。

（3）周边城市空间景观评估

周边城市空间景观指筒子河外沿以外的城市空间。故宫外周边，特别是东侧和南侧体量超大、超高的建筑及组群，破坏了太和殿—中和殿—保和殿平台上环视周边的天际线轮廓。城市建设对故宫周边的空间格局和环境景观有较大影响。

（四）遗产管理现状评估

1. 管理体系现状评估

（1）管理机构评估

故宫的管理机构为故宫博物院，是全民所有制事业单位，上级主管部门为文化和旅游部。故宫博物院机构组织健全，部门设置和人才配置基本合理。

（2）管理制度评估

故宫博物院的日常运行管理工作均有规章制度可循，管理制度建设较为完善。

（3）保护规划评估

2003 年，故宫博物院与中国建筑设计研究院建筑历史研究所合作，编制了故宫保护史上的第一份专项保护规划文件《故宫保护总体规划大纲》，此大纲通过建筑历史、考古与文物保护等领域 30 多位专家学者论证，2005 年获国家文物局批准公布。《故宫保护总体规划大纲》公布实施以来，有效指导了故宫的整体保护工作，强化了故宫不可移动文物的保护管理力度，规划内容大多已获

得落实。为落实《故宫保护总体规划大纲》具体的规划内容，使规划更具可操作性，2012 年故宫博物院再次与中国建筑设计研究院建筑历史研究所合作编制《故宫保护总体规划（2013—2025）》。该规划于 2017 年获国家文物局批准公布，对进一步指导故宫的保护管理工作具有重要意义。

2. 运行管理现状评估

（1）管理经费评估

故宫博物院为差额拨款事业单位，保护管理资金的主要来源为国家财政专项拨款。故宫已制定了较为完备的资金审核监督制度，财务与资产管理比较规范。故宫目前预算经费充足，基本满足保护管理及各项事业的需求。

（2）职工队伍评估

目前，故宫博物院人员规模庞大，各专业人才配备基本齐全，基本能够适应遗产保护、利用、管理与研究工作的需求。但是，故宫现有的专业技术人员在学科结构、类别结构、同类梯次结构等方面存在配置不均衡的问题，特别是不可移动文物相关业务的人才队伍仍需加强，传统营造技艺的传承人缺乏，人才断档比较严重。

（3）资料建档评估

故宫已初步建立了一套资料档案系统，可分为 4 类：不可移动文物档案、可移动文物档案、工程修缮档案、管理档案。其中，不可移动文物档案和可移动文物档案不能够与国家相关标准保持一致，而且工程修缮和管理档案的制档、规范和保存工作需进一步完善。

（4）日常管理评估

故宫的管理运行在软、硬件建设方面均有提高；引进办公自动化系统，促使管理效率显著提高；管理执行能力较强，日常管理有序，管理水平能够满足日常运行要求。

3. 监测现状评估

（1）监测的内容框架与实施保障评估

故宫监测框架根据遗产价值载体及其影响因素制定，包括文物建筑、室外陈设、馆藏文物、植物动物、环境质量、安全防范、基础设施、非文物建筑、观众动态和监测保障 10 个部分，每个部分包含多个子项。故宫遗产监测在组织机构、制度保障、技术力量和前期工作方面具备良好基础。

（2）监测工作现状评估

监测工作现状评估根据故宫管理现状及监测项目需求与技术要求，经由基础调查、数据采集与评估，并开展典型试验后全面实施，根据实施情况和数据调整监测方案，制定保护策略。故宫制定的监测项目以基础信息采集评估和排除重大安全隐患为主，将成熟的监测工作转入日常管理程序，制定监测规划总体方案。

目前，故宫监测项目根据进展情况可分为全面实施、基础信息采集、典型试验和试验性预研究、需求调研项目等类别。技术和管理成熟度较好的监测项目被列为全面实施项目，包括涉及文物自然损坏、防雷、防火、观众众多、白蚁破坏等重大安全隐患的相关监测项目。基础信息采集类项目针对大量可移动文物及不可移动文物的基础信息进行收集或调查工作，建设基础数据库。已具备对应技术和产品但尚需实践检验的项目被列为典型试验项目，包括可移动文物防震、城台结构安全、防雷监测、无线网络等项目。系统技术需求复杂、需专门研发的监测项目被列为试验

性预研究项目，包括防雷预警系统、白蚁自动报警等。需求尚不明确，或技术手段、管理环节有待探索的项目被列为需求调研项目，如不可移动和可移动文物保存现状评估、文物建筑防震监控、非文物建筑监测、室外陈设病害监测等。

（3）应急反应能力建设

与故宫应急事件反应相关的遗产监测工作的整体统筹和协调尚待加强。

4. 工程管网现状评估

（1）给水及消防系统评估

目前，故宫使用的给水系统形成于20世纪中期，20世纪后期进行了局部更换和增建。由于年代久远，给水管线布局不合理，部分区域长期以来使用临时管线供水；管线直径普遍较小，用水高峰时水压不足；部分老旧管线经常跑、冒、滴、漏，亟待更换；大量管线露明，影响故宫的历史环境氛围。此外，故宫内给水系统和高压消防系统尚未进行完全覆盖，东西二长街部分地区的文物建筑未设置消防栓，西河沿路上没有消防干管，并且其他院落消防管道覆盖也不充分，存在安全隐患。

（2）排水系统评估

故宫的排水系统包括传统的雨水系统和1949年后建设的污水系统。雨水系统建于明代，与地上建筑统筹协调建造，后经历代改建、扩建，至今仍发挥着作用。故宫现有从保和殿向南、向北划分出的两路独立的污水系统。雨水系统覆盖较为完整，但污水系统覆盖范围不完整。

（3）供热管线评估

故宫的供热系统建成于20世纪中后期，主要为文物保护部门用房和主要展馆冬季供暖使用。热力外网的敷设方式有3种，包括地上明敷、地下直埋和地下管沟敷设。现有的热力外网管线在最初建设时未做整体规划，管线分布混乱。部分管线腐蚀严重、保温层脱落，导致常爆裂漏水，热损耗高，使供热末端达不到温度要求。部分露明管线严重影响故宫的历史环境风貌。

（4）供配电系统评估

故宫现有高压电缆主要采用直埋方式，在穿越道路和建筑的区段采用电缆沟敷设。低压配电线的敷设方式主要采用电缆沟敷设、混凝土排管敷设、直埋等，局部露明。低压配电干线主要沿通道敷设，部分通过院落。建筑配电多采用单路电源。目前，故宫供电容量已远远不能满足使用需要，需要重新进行改造。

（5）智能化系统评估

故宫现有的智能化系统包括5类：火灾自动报警系统、安全防范系统、广播系统、通信系统、信息网络系统。火灾自动报警系统、安全防范系统、信息网络系统、通信系统的管线主要敷设在管孔内，局部露明；广播系统管线部分埋地，部分沿墙明敷。智能化系统现有设施的容量远不能满足使用要求，特别是在未开放区域。各系统线路独立并缺乏统一规划，管理、维护成本高。弱电系统布线杂乱，管沟及管井常年积水，部件锈蚀，存在安全隐患。

5. 交通组织现状评估

（1）故宫内交通现状评估

故宫内的观众流线和管理流线间存在相互干扰。观众流线对管理区域存在干扰威胁。文物运输流线穿越开放区，存在安全隐患。

（2）故宫外交通现状评估

故宫自2011年起设定观众出入口，神武门和东华门两个出入口观众量集中，其中神武门出入口观众流量最大。目前，神武门、东华门外有公交车和其他机动车运送客流，但受道路条件限制，旺季出现观众大量滞留现象，使该区域交通状况极为混乱。

6. 故宫外围环境管理现状评估

故宫外围环境指紫禁城城垣外至筒子河外沿之间的保护范围，是体现故宫保护完整性要求的重要组成部分。

目前，该区域由9个部门管理，因管理权属分散，除故宫管理的东华门至南池子路段的景观和秩序较好之外，其余社会公共空间总体呈杂乱无序状态，不仅使故宫的各项保护措施难以全面实施，不符合故宫保护的安全性、完整性要求，也严重影响了遗产地风貌，给观众带来了极大的安全隐患。故宫外围周边环境管理权属见表1-4。

表1-4　故宫外围周边环境管理权属表

序号	区域或位置	管理部门
1	故宫四周筒子河水体	北京市水务局
2	故宫四周筒子河河床	故宫博物院
3	故宫东、西华门以北筒子河水面	故宫博物院
4	故宫东华门以南筒子河水面	北京市劳动人民文化宫
5	故宫西华门以南筒子河水面	中山公园
6	故宫东半部筒子河周边绿化	东城区园林绿化管理部门
7	故宫西半部筒子河周边绿化	西城区园林绿化管理部门
8	东华门至南池子路段	东城区政府
9	西华门至南长街路段	西城区政府
10	东华门至阙左门路段、西华门至阙右门路段、午门至端门广场	天安门管理委员会

第五节　故宫现存的主要问题

一、现存的主要综合性问题

故宫具备全国重点文物保护单位和世界文化遗产的双重身份，也是世界著名的、具有中国传统文化典范意义的重大遗产。通过对比世界同类文化遗产中具有可比性和代表性的“皇家博物馆”，结合故宫遗产保存现状评估和故宫博物院的保护管理工作现状评估，对照《实施〈世界遗产公约〉操作指南》以及当代国际遗产保护理念进行综合评述，故宫主要存在下列问题。

（一）明显的遗产完整性问题

1. 世界文化遗产层面

故宫的遗产区与法国的卢浮宫与凡尔赛宫、奥地利的美泉宫、俄罗斯的冬宫、土耳其的托普卡帕宫、西班牙的阿尔罕布拉宫以及韩国的昌德宫等 7 处世界文化遗产比较，是世界同类皇家文化遗产中唯一没有包含直接相邻的御用宫苑或御用建筑群者，且规模与 15—20 世纪中国政令中心的地位不符。目前，完整保存于故宫周边的中国明清皇家御用建筑与苑囿，包括了体现礼制文化传统的太庙、社稷坛及其“左祖右社”的格局含义，包括了作为皇家御苑的景山与北海、中海与南海。这些具有重大文化含义的建筑与景观载体也是中国明清皇家宫廷文化与生活方式的重要组成部分，与紫禁城共同构成了遗产的见证价值，对故宫遗产的完整性具有重大的支撑作用。

2. 全国重点文物保护单位层面

筒子河是明代始建紫禁城的重要城防遗存，也是故宫遗存分布的完整边界。现在政府公布的故宫保护范围、包括世界文化遗产的遗产区都缺失了筒子河南段，存在明显的完整性问题。

（二）错综复杂的遗产保护管理综合问题

故宫的遗产价值载体包含了规模巨大的不可移动文物和品类丰富、数量巨大的古代各类可移动文物，由此形成了保存与展示空间需求和庞大的保护管理机构管理用房需求，这些因素在 1 km^2 的遗产分布区内形成了错综复杂的甚至尖锐的矛盾，使得故宫的遗产在保存、保护、展示、管理与研究等各个方面都存在着明显的多方相互制约现象，工作难度非同一般。

（三）巨大的观众流量限定问题

与世界所有遗产地相比，故宫的观众流量以 1 500 万人次/年、18 万人次/日的最高纪录位居世界之首。这种超大规模的人流拥堵现象不仅对遗产保护和展示效果都造成严重的负面影响，同时也存在突出的观众安全隐患。与此同时，因故宫的位置与北京城市核心地点长安街天安门相邻，对于大量的观众人流聚散缺乏可以缓冲的辅助空间或交通卡口，这对遗产保护管理工作造成特大压力。

（四）突出的遗产保护管理用房问题

目前，故宫各类管理用房大多散布在文物建筑中，不仅布局分散、功能交叉，而且现代化办公要求与文物建筑保护之间矛盾十分突出。随着故宫博物院事业发展目标与任务的不断提升，包括加大各类文物的保护和监测管理力度、控制观众流量和提高参观服务质量、开展遗产价值研究和展示力度等，故宫博物院的办公管理用房还将存在扩增需求。面对因文物建筑保护提出的大面积保护管理用房腾退要求，面对故宫博物院的可持续发展要求，故宫亟须在确保遗产价值的完整性和真实性的前提下，在遗产区内严格遵守最小干预原则，尽快解决整个故宫博物院办公管理用房的院内调整和院外扩建需求。

（五）明显的遗产保护技术力不足问题

故宫作为我国最大的古代宫殿建筑群，故宫博物院作为我国最大的综合性艺术博物馆，其科技保护人员需要承担 186 万件可移动文物的保护与部分修复任务，其建筑遗产保护专业人员面临着 23 万 m^2 的古代建筑等多种不可移动文物的日常维护与修缮任务，使得其在专业配置、人员数量、设备配置以及场地规模等方面都面临大幅提升的需求，其中不可移动文物保护专业人才严重缺乏，特别是中国官式建筑的传统营造技艺直接面临人才传承断续问题。

（六）繁重的遗产价值阐释任务问题

故宫作为世界现存建筑面积最大、历史悠久的皇家博物馆，同时担负着古代宫殿建筑群、宫廷文化与古代艺术精品的展示任务，较之其他皇家博物馆在展示方面的任务更为全面、繁重。目前，与世界同类遗产比较，故宫的文物建筑面积居首，但展示开放的面积比例却不算大；故宫的可移动文物数量虽然很多，但也因受到各种限定，展出比例较小。内涵深厚、丰富的故宫三大文化遗产价值主题研究与阐释的系统性与传播力度也具有相当大的提升空间。

（七）亟须解决的遗产整体保护保障问题

故宫遗产价值的完整保护仅凭故宫博物院的权属范围不能实现，现存诸多突出问题，如故宫周边城市环境的管理、与旅游部门以及相关单位的协调、观众交通路线与聚散空间的组织、城市景观的控制以及事关博物院事业发展的用地与用房需求等重大问题，以及进一步落实完整故宫保护的《世界遗产名录》拓展项目等，均需在完整保护故宫的规划目标下，与北京城市规划、相关部门之间建立可持续发展的统筹协调机制。为此，需出台高等级的专项法规《故宫保护条例》，为实现遗产整体保护提供中长期管理保障。

二、现存的主要分项问题

结合故宫遗产现状保护利用情况，可将现存的主要问题细化为以下分项问题。

（一）功能分区现存主要问题

1）开放展示区域范围过小，办公管理区域过大，不能满足故宫的整体保护、故宫遗产价值的阐述和故宫文化的宣传教育等要求。

2）故宫管理、展示、保存、服务等功能设施和基础设施布局分散，院落功能交叉，缺乏系统规划和内在的有机联系。

（二）不可移动文物保护现存主要问题

1）在遗产保护和管理上，针对不可移动文物的价值定位不清，价值保护与维护的系统性不足。

2）针对不可移动文物的日常保养和修缮的制度与计划尚需完善。

3）针对不可移动文物本体保护管理的监测预警体系尚未建立。

4）不可移动文物缺少基于传统的、可持续的维护机制和政策。

5）故宫建筑群内外环境景观受到不同程度的影响。

6）许多古建筑被长期占用，不能得到及时修缮和保护。

（三）可移动文物保护现存主要问题

1）可移动文物的基础数据采集及档案建设尚未充分满足保护、研究、展示的需要。

2）可移动文物的保存环境尚未满足科学保护的需求。

3）可移动文物展示及修复工作环境现状有待改善。

4）可移动文物待修状况较为普遍。

（四）遗产管理现存主要问题

1）故宫遗产保护管理工作距离世界一流保护管理水平尚存在一定差距，文物保护方面的机构及人员配置有待进一步加强。

2）各部门布局相对分散，部门之间的沟通和协作有待进一步加强。

3）专业技术人员存在配置不均衡和人才断档问题，特别是不可移动文物保护技术人员和传统营造技艺传承人缺乏。

4）不可移动文物档案和可移动文物档案管理工作需进一步规范、完善。

（五）遗产监测现存主要问题

1）尚未建立系统的不可移动文物日常监测、评估、维护机制。

2）遗产监测方案有待完善，监测技术有待提高。

3）各部门间的管理协调有待加强，以提高监测数据采集的准确性和时效性。

4）各项监测工作亟待推进，特别是针对可移动文物保存环境的日常监测。

（六）遗产利用现存主要问题

1）文物建筑利用功能较复杂，办公管理用房占用文物建筑的比例过高。

2）管理用房使用需求与文物保护矛盾突出，管理用房占用大量文物建筑，布局分散，不利于日常工作中部门间的沟通协调。

3）大量可移动文物的现代化展示需求与不可移动文物保护之间存在突出矛盾。

4）可移动文物保存空间规模需求尚不明确，现有库房规划布局、保存条件不能满足文物保存要求。

5）观众服务用房布局和规模有待调整和改善。

6）基础设施用房布局分散，缺乏系统规划。

7）故宫内仍有部分外单位占用文物建筑，不利于遗产价值的展示，增加了保护管理的难度。

（七）遗产诠释现存主要问题

1）故宫的中国古代官式建筑的最高典范、中国明清宫廷文化的特殊见证、中国古代艺术的系列精品三大价值主题从展示内容的系统性、展示布局的合理性、展示线路的针对性、展示设施的有效性方面有很大提升空间。

2）以故宫文物建筑作为展示空间的情况下，故宫三大价值主题在现场展示布局中存在着互为干扰的负面影响。

3）遗产宣传教育等诠释活动的发展受到故宫场地条件的限制，并随科学技术的进步有持续提升的需求。

4）在诠释活动管理中，各部门协调工作尚需加强。

（八）观众管理现存主要问题

1）高峰时段观众数量的控制难以达到合理限度，参观压力对于保护和阐释遗产价值产生严重不良影响，不仅恶化参观环境，而且严重影响遗产的价值阐释效果。

2）故宫观众量在时间、空间上分布不均，造成潜在的、高度的观众安全风险。

3）为满足创造优质参观环境的需求，同时随未来开放范围的增加，观众管理、服务力度有待进一步提升。

（九）遗产研究现存主要问题

1）有待构建整体的、系统的故宫遗产价值体系学术研究框架与计划。

2）对故宫文物科技保护与遗产展示及宣传等方面的专题研究尚显不足；尚未开展对流散于院外、包括海外的清宫旧藏文物的档案记录工作。

（十）遗产所在地现存主要问题

1）故宫周边环境现存一系列不利于遗产保护的问题，包括交通、市政、绿化、水系、环境、业态等，有待在城市管理层面与相关管理部门进行统筹协调。

2）故宫的办公管理、特别是观众的集散交通问题与城市交通的衔接问题十分突出，人流车流的拥堵现象和内外停车服务设施不足的问题极为严重，缺乏与城市或城区层面的统筹规划。

第六节　故宫文物保护工程项目规划

通过上节对故宫现存问题的讨论，我们可以发现在故宫遗产保护、利用和管理方面还存在不少问题。比如许多古建筑被当作管理用房和库房使用，长期被占用，一直得不到修缮和保护，存在严重的安全隐患；文物库房满足不了各类文物分类保存、恒温恒湿的环境需求；管理用房相对分散，长期占用古建筑，其规模、数量、环境满足不了文物保护管理工作的需求；故宫的现状基础设施相对落后，存在较大的安全隐患，亟须进行系统的规划和改造；观众服务用房和设施还不够完善，满足不了日益增长的观众游览需求等。

为了解决这些问题，更好地保护古建筑和文物，消除故宫安全隐患，满足故宫可持续发展需求，为观众提供更好的参观环境，根据《故宫保护总体规划大纲》和“平安故宫”工程的总体要求，我们需要实施一系列文物保护工程项目，比如文物保护综合业务用房项目、地下文物库房改造项目、地下连接通道项目、武英殿北区改造项目（包括新建南热力站、应急指挥中心、基础设施控制中心和世界文化遗产检测中心）、基础设施改造工程等。通过这些工程项目的建设，可以腾退古建筑、改善文物保存环境、提高应急管理能力和对古建筑的监测能力、消除故宫基础设施安全隐患等，从而大大提高故宫文化遗产保护、利用和管理的能力，更好地保护故宫文化遗产，促进故宫的可持续发展。

一、规划目标

为了更好地保护文物建筑，满足故宫的可持续发展，为游客提供更好的参观游览环境，故宫亟须进行文物保护工程项目规划，规划目标主要有以下几个方面。

（一）腾退占用文物建筑的管理用房

故宫内部许多古建筑作为管理业务用房长期被占用，这些古建筑年久失修，亟须进行修缮和保护。而且，现代化办公对古建筑也会带来许多不良影响，加速古建筑的衰败。因此，需要根据故宫博物院的管理现状，新建一些临时性的管理用房，及时腾退被占用的古建筑，使它们得到及时的修缮和保护。

（二）全面系统调整管理用房布局

按部门业务与文物建筑的关联密切程度重新调整部门位置，故宫宫墙以内除保留必要的安全保卫和有关业务部门之外，逐步外迁其他职能部门、业务部门和研究部门。

与故宫遗产关联密切程度较高的 A 类部门（包括从事文物保护管理、展示利用的业务部门和安全保卫类部门）的管理用房可保留在故宫宫墙以内。其中：规划西内管理办公区由可移动文物

保护管理部门使用；规划东内管理办公区由不可移动文物保护管理部门使用；规划南、北管理办公区由展示利用和安全保护部门使用。

与故宫遗产关联密切程度一般的B类部门（包括行政管理、经营和研究部门）的管理用房应逐步迁出宫墙，规划安置于宫墙以外、筒子河以内的区域。其中：规划西外管理办公区由行政管理部门使用；规划东外管理办公区由经营和研究部门使用；规划清稽查内务府御史衙门由行政管理部门使用。

与故宫遗产关联密切程度较低的C类部门（包括与故宫遗产保护管理工作无关的其他部门和外单位）的管理用房应逐步迁出故宫。

（三）对地下文物库房进行改造，改善文物保存环境

目前，地下文物库房基本可以为文物提供一个恒温恒湿的保存环境，但是不能满足重要的可移动文物分区分类存放的需求，不能为各类文物分别提供最适宜的保存环境。同时，地下文物库房的规模和布局还存在许多不足，不能满足日益增长的文物储存需求。因此，需要重新测算库藏需求总量，对藏品进行分类评估，遵照国家标准，按照文物材质、品类及各类文物的保存环境要求，制定文物库房的全面调整计划，合理策划可移动文物的存放方式和位置。根据可移动文物藏品需求对地下文物库房进行改造和扩建，改善文物保存环境。

（四）改善基础设施现状，进行统一规划和改造

故宫内的现状基础设施和各类管线年代久远、错综复杂，存在许多安全隐患，需要进行统一的规划和改造。

1）全面优化、改造、升级基础设施，实现基础设施的完整覆盖，去除老旧管线安全隐患，解决景观干扰等问题。

2）以基础设施改造、维修为契机，面向未来，全面统筹、规划故宫基础设施建设，并分区、分期实施。

3）在进行基础设施改造的同时，重新规划基础设施管理用房，实现对基础设施运行情况的全方位监测。

（五）根据游客参观需求，合理进行临时服务设施建设

根据游客参观的需求，合理进行观众服务用房布局，在游客人流较大的地方适当新增服务用房及相关配套设施，如提供更多的卫生间和供游客休息的桌椅等。

二、项目建设必要性

（一）项目是贯彻落实《故宫保护总体规划大纲》和“平安故宫”工程的必然举措

党中央对故宫的保护工作给予了很大的关怀和重视，为了更好地保护故宫文化遗产，实现故宫的可持续发展，《故宫保护总体规划大纲》和“平安故宫”工程实施方案相继出台，获得了相关部门批复，成为指导故宫文化遗产保护工作的重要行动纲领。根据《故宫保护总体规划大纲》和“平安故宫”工程相关要求，故宫亟须实施一些文物保护项目，来改善文物建筑所处的环境，提高故宫的管理利用水平，消除故宫安全隐患，更好地保护文物建筑，保护故宫文化遗产。

（二）项目是保护文物建筑的必要措施

故宫内部的许多文物建筑被当作管理用房和文物库房，被长期占用，得不到及时的修缮和保

护。只有通过新建一些临时性过渡管理用房来满足日常的管理工作需求，腾退古建筑，才能使古建筑得到及时的修缮和保护。

（三）项目是为可移动文物提供科学的保存环境的重要举措

故宫现存约186万件可移动文物，如何保存好这些文物是故宫面临的一大难题。地上文物库房环境简陋，不能为文物提供恒温恒湿的保存环境，文物得不到科学的保护。地下文物库房能为文物提供较好的保存环境，可以达到恒温恒湿状态，但是并不能为不同类型和材质的文物分别提供各自最适宜的保存环境。而且，地下文物库房的规模和布局不能为这么多文物提供足够的保存空间。因此，通过地下文物库房的改造可以为文物提供科学的保存环境，更好地保护文物。

（四）项目是提高故宫保护管理利用能力的重要举措

故宫各类管理用房与文物建筑保护之间的矛盾十分突出。管理部门布局相对分散，不利于日常的沟通协调工作，加大了日常管理难度。同时，管理用房长期占用古建筑，给古建筑的安全带来很大威胁。而且，许多管理业务用房办公环境和设施相对落后，满足不了现代化办公的需求。通过进行故宫文物保护工程项目规划，合理进行功能分区，对管理用房进行重新规划，腾退古建筑，新建一批过渡性管理用房，提高文物保护环境和管理办公环境，将大大增强故宫保护、利用和研究文化遗产的能力。

（五）项目是消除故宫安全隐患，保护故宫文物遗产的必然举措

故宫现状基础设施相对落后，存在许多安全问题：①由于缺少整体规划、统一建设，现状管线均存在建设标准不一致、使用效率低下的问题；②部分管线建成于20世纪50年代，损坏严重，已不能正常使用；③系统的设置还不完善，不能满足全院规划要求和现有系统设置的规范要求；④开放区面积增加，系统的覆盖不充分，无法满足总体规划和功能使用的要求；⑤现状管线明露，对文物及文物建筑保护不利，影响历史环境景观。由于上述问题的存在，现状管线已严重影响了故宫的正常工作和可持续发展，迫切需要对全院现状管线进行统一的维修改造。同时，许多基础设施用房布局分散，也需要进行统一规划。通过进行基础设施改造和基础设施用房建设，可以消除基础设施安全隐患，提高故宫基础设施安全水平，保护文物和古建筑，实现故宫的可持续发展。

三、项目建设思路

故宫的文物保护工程项目属于文物保护工程范畴，是为了保护古建筑、保护文物、提高故宫的管理水平、消除故宫安全隐患、实现故宫可持续发展而实施建设的。所以，文物建筑的保护和合理利用是建设项目的核心内容。建设项目的出发点和落脚点就是文物保护，有利于文物保护的才具备建设的初始条件，不利于文物保护的坚决不能建设。故宫的文物保护项目严格贯彻“保护为主、抢救第一、合理利用、加强管理”的文物保护工作方针，坚持最小干预原则，确保文物安全和工程安全。故宫的文物保护项目建设的总体思路如下。

（一）项目建设前对设计方案进行充分论证，保证设计方案的科学合理

项目设计方案的科学性、合理性、必要性是保证工程质量安全和周边文物建筑安全的重要保障。为了确保故宫遗产本体的安全性，项目设计方案必须坚持“最小干预原则”，即将建设项目对周边文物建筑的影响降到最低，保持故宫的真实性和完整性。项目建筑设计风格应参照故宫历史上的空间格局、建筑尺度和建筑形式，尽可能满足遗产环境的和谐要求。在进行项目方案设计时，

要组织文物保护、建筑设计、工程勘察等方面的专家进行现场调研，在实地踏勘和调研的基础上，论证项目建设的必要性，分析项目建设是否会给周边的文物建筑带来不良影响，是否具有建设的可行性等。项目设计方案必须在文物影响评估、环境影响评估、抗震评估、消防设计评估等的基础上进行编制，其中文物影响评估是进行项目方案设计重点考虑的因素，文物影响评估是评价建设项目对周边文物建筑及地下文物遗存等的影响程度和评价项目能否建设的重要指标。只有文物影响评估结论显示建设项目不会对周边文物建筑带来不良影响时，该项目才具备建设的基本条件。同时，项目设计必须提交 2 个以上比选方案，设计方案必须经文物保护、建筑设计等方面的专家进行充分的论证，在专家的意见基础上进行优化，并选出最优的设计方案。只有对项目设计方案进行充分的论证，才能保证项目设计方案的科学性和合理性，确保工程质量安全和文物安全。

（二）在项目建设中加强项目管理，确保施工安全和文物安全

故宫文物保护工程项目由于位于文化遗产保护区内，具有施工难度大、施工环境敏感、建设标准高、施工周期长等特征。在项目建设中，不仅要保证项目本身的安全，更要保证周边文物建筑的安全，这就给建设项目管理提出了更高的要求。在项目建设过程中需要采取科学的、先进的项目管理手段，对项目的质量、安全、进度、投资等进行控制，确保工程建设的各项指标达到设计文件和合同内容要求的标准。同时，在项目建设过程中，要制定专项文物保护方案和措施，对周边文物建筑进行全方位 24 h 监测，保证周边文物建筑的安全。文物保护工作应贯穿项目建设的全过程中，一切建设施工活动都必须在确保文物建筑安全的前提下才能实施。只有在项目建设施工中，加强项目管理，严格按照相关法律法规、标准规范进行建设施工活动，制定严格的施工方案和文物保护方案，规范建设施工活动，才能圆满完成项目建设内容，确保施工安全和文物安全。

（三）项目完成后进行项目评价，总结经验和教训

建设项目按照设计文件和合同内容完成全部建设内容，并竣工验收合格，完成建设档案的归档和移交，就意味着建设项目的结束。建设项目结束后，需要对整个建设过程进行回顾，包括取得了哪些成绩、存在哪些问题等，对建设项目进行综合评价，以便指导今后类似项目的建设管理工作。项目评价应坚持客观性原则、全面性原则、公正性原则，评价工作应实事求是，保持客观性，应认真查看现场，广泛收集和深入研究建设项目的相关资料，进行客观分析，既要总结成功的经验，也要认真总结失败的教训和原因。故宫文物保护工程项目评价工作不仅要对建设项目本身的质量、安全、进度等指标进行分析评价，更要评价项目建设过程中所采取的文物保护方案和措施是否科学有效，是否对周边文物建筑进行了充分全面的保护，是否保证了文物建筑的安全。只有通过项目评价工作，全面认真总结项目建设的经验和教训，才能进一步提高建设工程项目管理的能力，为今后的文物保护建设工程项目管理提供方法借鉴，更好地保证项目建设安全和文物安全，保护好故宫文化遗产。

四、项目管理规划

故宫文物保护工程项目管理有其特殊性，不仅要保证建设项目本身的安全，更要保证周边地上、地下文物建筑的安全。故宫文物保护工程项目管理实际上包括两个方面的内容，一方面是建设项目本身的管理，另一方面是建设项目周边地上、地下文物建筑保护项目的管理，这两个方面相辅相成，互为表里，贯穿于项目建设的全过程。

（一）建设项目本身的管理

建设项目本身的项目管理是通过科学的、系统的管理手段和方法对建设项目实施阶段进行的全过程、全方位的管理活动。从管理职能、项目目标和约束等角度综合分析和归纳，建设项目管理的任务包括安全管理、成本控制、进度控制、质量控制、合同管理、信息管理、组织和协调等。项目单位通过建设项目管理确保建设项目的各项指标达到设计文件及合同内容的要求，确保工程的质量、进度、投资等符合预期的规划目标。

（二）周边文物建筑保护项目的管理

建设项目周边文物建筑保护项目主要是在项目建设的同时，对周边文物建筑进行保护工作，它与建设项目同步实施，直至项目结束。周边文物建筑保护项目的管理主要是在项目建设过程中采取科学的管理方法对建设项目周边的文物建筑进行有效的保护，主要包括制定专项文物保护方案和措施、对文物建筑现状进行调查、对文物建筑状态进行全方位全天候监测、制定文物保护应急措施等内容。通过周边文物建筑保护项目的管理，确保项目建设周边地上和地下文物建筑的安全，保证建设项目不会给周边文物建筑带来不良影响。

五、预期成果

根据《故宫保护总体规划大纲》和“平安故宫”工程的总体要求，故宫博物院将通过实施一批文物保护工程，如西河沿文物保护综合业务用房工程、地下文物库房改造工程、地下连接通道工程、基础设施改造工程、武英殿北区改造工程、内务府藏品管理用房等项目，改善故宫环境，提高对故宫保护、利用和研究的能力，预期取得以下成果。

1）腾退被占用的文物建筑，使文物建筑得到及时的修缮和保护。

2）合理规划管理用房布局，满足管理用房需求，改善管理办公环境，提高文物保护管理能力。

3）对故宫现状基础设施进行系统规划和改造，消除基础设施安全隐患。

4）改善文物库房的文物保存环境，提高文物藏品的保护能力。

5）适时增加观众服务设施，满足游客参观游览需求。

6）提高故宫安防能力，对故宫进行全方位无死角的监测和保护。

7）进一步提高保护、管理、利用、研究故宫的能力，实现故宫的可持续发展，更好地保护故宫文化遗产。

第二章 工程项目管理

要做好文物保护工程建设体系构建与实施工作，需首先了解和掌握工程项目管理相关的理论知识。因此，本章节将主要介绍现今国内外工程项目管理方面的理论知识，主要包括工程项目的含义和特点、工程项目的分类、工程项目建设程序、建设工程项目管理的含义和任务、国内外采用的工程项目管理模式等内容。只有深入学习和掌握工程项目管理的理论知识，才能将国内外最先进的项目管理理论运用到故宫的文物保护工程项目管理中，更好地指导故宫文物保护工程的建设与实施。

第一节 工程项目的含义和特点

一、工程项目的含义

（一）项目

“项目”一词应用十分广泛，大到一个国家，小到一个企业、部门、个人都不可避免地参与或接触到各类项目。在国家层面上，例如我国每个五年计划都有许多重点工程项目，如“南水北调”工程、“西气东输”工程等；在地区层面上，有经济开发区项目、城市改造项目、住宅小区建设项目等；在企业层面上，有新产品研制项目、技术改造项目等。由此可见，“项目”广泛存在于经济社会的各个方面，与每个人息息相关。

从不同的角度来看，“项目”有不同的定义，通过概括不同管理学家和标准化组织对其的定义，可以从以下几种角度来对“项目”一词进行描述。

1）《现代项目管理学》一书从综合角度出发，认为“项目是在一定时间内为了达到特定目标而调集到一起的资源组合，是为了取得特定的成果开展的一系列相关活动”，并归纳得出“项目是特定目标下的一组任务或活动”。

2）国家标准《质量管理 项目管理质量指南》（GB/T 19016—2000）定义“项目”为“由一组有起止时间的、相互协调的受控活动所组成的特定过程，该过程要达到符合规定要求的目标，包括时间、成本和资源的约束条件”。

3）德国国家标准 DIN 69901 将“项目”定义为“项目是指在总体上符合如下条件的具有唯一性的任务（计划）：具有预定的目标；具有时间、财务、人力和其他限制条件；具有专门的组织”。

4）世界银行从投资角度认为“所谓项目，一般是指同一性质的投资，或同部门内一系列有关或相同的投资，或不同部门内的一系列投资”。

由此可见，尽管不同组织、不同行业对项目概念的理解和表述不完全相同，但基本含义是一致的：项目是在时间、费用、质量、安全等约束条件的限定下，具有完整的组织机构，为实现特定的目的而进行的一次性活动。

（二）建设项目

建设项目是指需要一定量的投资，按照一定的程序，在一定时间内完成，符合质量要求的，以形成固定资产为明确目标的一次性任务。建设项目是最常见、最典型的项目类型，它属于投资项目中最重要的一类，是一种既有投资行为又有建设行为的项目活动，是项目管理的重点。建设项目从有人类历史以来就存在于人类生活和生产中，存在于社会的各个领域、各个地区，在社会生活和经济发展中起着重要的作用。

（三）工程建设项目

工程建设项目的兴建是国民经济建设的基础，我国高度重视建设项目的计划和管理。国民经济和社会发展计划在综合平衡和专题平衡的基础上，审慎地规划一定时期内国民经济各部门、各地区建设项目的类型、数量，以便合理地确定工程建设项目的规模、速度、比例和布局，并充分提高投资的经济效益。

工程建设项目是编制和实施工程建设计划的基层单位，指在一个总体设计或初步设计的范围内由一个或几个单项工程所组成、经济上实行统一核算、行政上实行统一管理的建设单位，一般以一个企业、事业单位或独立工程作为一个建设项目。

二、工程项目的特点

（一）项目的特点

1. 唯一性

项目的目标是唯一的，即完成的结果是唯一的，同时，也就确定了项目的工作范围、规模及界限。项目的目标可以是实体的，也可以是抽象的，可以用功能、范围和技术指标等描述，但是在一定的约束条件下，在取得成果之前，这个目标是不可以改变的。因此，可以通过项目对象来决定项目的最基本特性，对项目进行分类。

项目的目标可以分为成果性目标和约束性目标。成果性目标是指对项目的功能性要求；约束性目标是指对项目的约束条件或限制条件，一般约束条件为时间、质量、投资等要求。项目实施过程中的各项工作都是为完成项目的特定目标而进行的。

2. 一次性

项目的成本、组织机构、管理者都是一次性的，即当项目实现目标时，对项目整体而言的组织机构、管理者同时宣告任务结束。任何一个项目都有一个独立的管理过程，它的计划、控制和组织都是一次性的。正确认识项目的一次性对完善和发展项目管理理论和发挥项目管理的实践效力有着重要的作用。

3. 系统性

项目内部各种要素之间都存在着相互关系，通过系统将各要素有力地结合起来，才能实现既定目标。任何一个项目有且只有一个系统，项目内部的各个要素都受到其调配和管理，这些要素以什么方式、什么样的质和量结合都必须以项目总体目标的优化为原则。

4. 寿命周期性

项目具有明确的产生、发展和结束的时间，也就是项目具有寿命周期性。在项目寿命周期内，不同的阶段都有特定的任务、程序和内容。掌握和了解项目的寿命周期，就可以有效地对项目进行管理和控制。对于建设项目的寿命周期，目前国内大家一致认为可分为建设项目的决策评估阶段、设计阶段、招投标阶段、施工阶段、竣工验收阶段、投入使用阶段、项目后期评价阶段等。因此，掌握项目寿命周期，才能实现各阶段约束条件下的目标，直至实现项目总任务和总目标。

5. 相互依赖性与冲突性

项目依赖于特定的主体、组织而存在，项目常与组织中的其他项目、其他职能部门的工作相互作用，既有联系又有冲突，项目主管应清楚这些冲突，并与有关部门保持紧密联系。

（二）建设工程项目的特点

1）成果以固定资产为特定目标，且具有一定的约束条件，包括：有一定的生产成本、技术和质量限制；有一定的时间限制；有一定的人力、设备、材料等投入限制；有一定的自然条件、社会条件限制和法律约束。

2）生命周期需要遵循必要的程序。一个建设工程项目从提出建设设想、方案拟定、评估决策、勘察设计、施工到竣工投产是有特定的、完整的全过程的。

3）建设投资大、周期长。

4）需要统一的、独立的项目管理。由于建设工程项目是一次性的特定任务，需要由一次性的组织机构实行统一的行政管理、进行统一的财务核算。

5）现代工程项目常常会有几个、甚至几百个企业和部门参加，各参建单位之间主要靠合同作为纽带，以合同作为分配工作及划分责、权、利关系的依据，作为最重要的组织运作规则。同时，建设工程项目适用与其建设和运行相关的法律条件，如《中华人民共和国建筑法》（以下简称《建筑法》），《中华人民共和国合同法》（以下简称《合同法》），《中华人民共和国环境保护法》《中华人民共和国税法》《中华人民共和国招标投标法》（以下简称《招标投标法》）等。

（三）工程项目的特点

1）具有明确的建设目标。建设目标既有宏观目标，又有微观目标。政府审核建设项目，主要审核建设项目的宏观经济效益和社会效益。

2）具有一次性和不可逆性。投资建设地点一次性固定，建成后不可移动；设计具有单一性，施工具有单件性，不可能批量生产；工程项目建设一旦完成，一般不改变用途。

3）风险大。由于工程项目建设是一次性的，建设过程中各种不确定性因素很多，因此投资的风险性很大。

4）项目的内部结构存在许多结合部，是项目管理的薄弱环节，给参加建设的各单位之间的沟通、协调带来许多困难，这也是工程实施中容易出现事故和质量问题的地方。

第二节　工程项目分类

为了加强宏观管理和调控，更好地发挥项目投资的经济效益和社会效益，对工程项目可以从

不同角度进行分类。

1）按项目的建设阶段，工程项目分为前期工作项目、筹建项目、施工（在施）项目、竣工项目和建成投产项目。

2）按建设的性质，工程项目分为新建项目、扩建项目、改建项目、迁建项目和重建、技术改造工程项目。

3）按建设规模和对国民经济的重要性，工程项目分为大型、中型、小型项目。

4）按隶属关系，工程项目分为中央项目、地方项目、合资项目等。其中，合资项目有中央与地方合资，国内企业与国外企业合资，国内不同地区、不同行业、不同经济类型企业共同投资联合兴建项目等多种形式。

5）按投资效益，工程项目分为竞争性项目、基础性项目和公益性项目。

第三节　工程项目建设程序

一、我国现阶段的工程项目建设程序

建设程序是指一个建设项目从设想、选择、评估、决策、设计、施工、竣工验收以及投入生产使用的整个过程中各项工作要遵循的先后次序的法则，这个法则是人们在认识自然规律及经济规律的基础上制定出来的。一般建设项目的建设程序主要包括立项决策的项目建议书阶段、可行性研究报告编制阶段、建设地点选择阶段、编制设计文件阶段、建设准备阶段、建设实施阶段、竣工验收交付使用阶段及项目后评价阶段，如图1-4所示。这些工作阶段相互衔接和联系，是保障建设项目顺利实施的重要条件。

（一）项目建议书阶段

项目建议书主要是从总体及宏观上考察拟建项目建设的必要性、建设条件的可行性，并提出项目的投资建议与初步设想。这个阶段是项目周期内的最初阶段，项目建议书作为国家选择投资项目的初步决策依据和进行可行性研究的基础，其主要作用表现为以下几个方面。

1）从宏观角度来看，拟建项目是否符合国家长远规划、宏观经济政策及国民经济发展的要求，初步说明项目建设的必要性，分析人力、物力及财力投入等建设条件的可能性与具备程度。

2）对于批准立项的投资项目即可列入项目前期相关的工作计划，开展可行性研究工作。项目建议书的内容主要包括：使用功能的要求，拟建规模和建设地点的初步设想；建设条件、协作关系等初步分析；建设项目提出的必要性与依据；投资估算和资金筹措的设想；社会效益、经济效益和环境效益的估计。

3）各部门、地区和企事业单位应根据国民经济和社会发展的长远规划、行业规划及地区规划等要求，经过调查与预测分析后，提出项目建议书。一些部门在提出项目建议书前还增加了初步可行性研究工作，对拟进行建设的项目进行初步论证后，再编制项目建议书。项目建议书按要求编制完成后，按建设总规模与限额的划分审批权限报批。

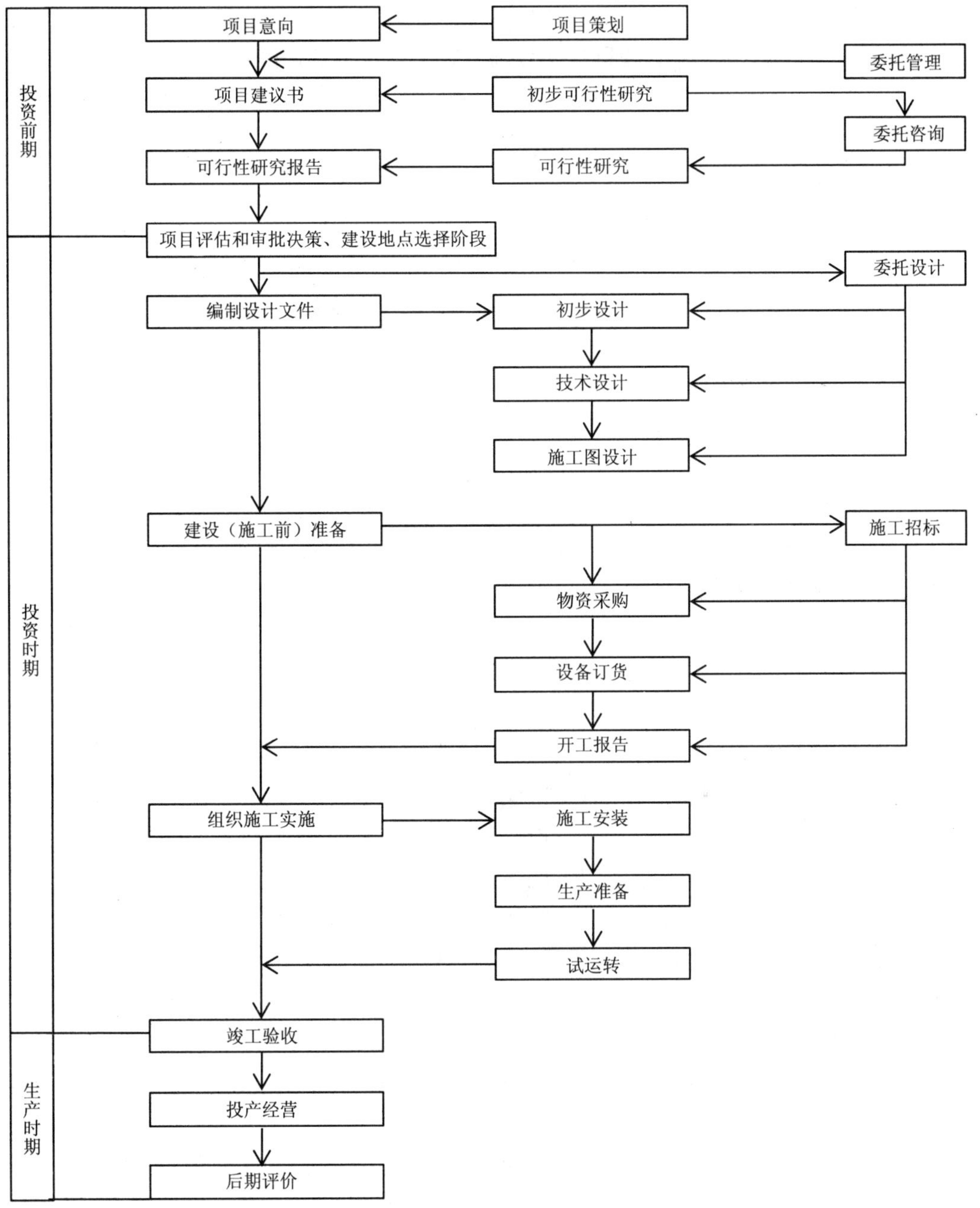

图 1-4　工程项目建设程序

（二）可行性研究报告编制阶段

1）项目建议书被批准后，便可着手进行可行性研究，对项目在技术上是否可行和经济上是否合理做科学的分析与论证。可行性研究未获通过的项目不得编制向上级报送的可行性研究报告和进行下一阶段工作。

2）可行性研究报告是确定建设项目与编制设计文件的重要依据之一，要有相当高的深度和准确性。

3）属中央投资、中央及地方合资的大中型和限额以上的项目的可行性研究报告要经国家发展改革委审批。总投资 2 亿元以上的项目，要经国家发展改革委审查后再报国务院审批。中央各部门限额以下项目，由各主管部门进行审批。地方投资限额以下项目，由地方发展改革委进行审批。可行性研究报告被批准后，不可随意修改或变更。

（三）建设地点选择阶段

建设地点的选择，应按拟建地点的隶属关系，由主管部门组织勘察设计等单位与所在地主管部门共同进行。凡在城市辖区内选点的均需取得城市规划部门的同意。选择建设地点主要考虑 3 个方面：工程地质、水文地质等自然条件是否可靠；建设时所需水、电、运输条件是否能落实；对服务半径与周围环境进行考虑。

（四）编制设计文件阶段

设计是建设项目的先导，是对拟建项目的实施，是在技术上与经济上进行全面且详尽的安排，是组织施工安装的依据。可行性研究报告经批准的建设项目要通过招投标择优选择设计单位。视建设项目的不同情况，设计过程通常可划分为两个阶段，即初步设计阶段和施工图设计阶段。重大项目或技术复杂的项目，可根据需要，增加技术设计或扩大初步设计阶段。

（五）建设准备阶段

项目在开工建设前，要做好各项准备工作，主要包括：征地、拆迁和场地平整；完成施工用水、电、路等工程；组织施工招投标，择优选定施工单位和监理单位；组织设备、材料订货；准备必要的施工图纸。

（六）建设实施阶段

建设项目经批准开工建设就进入建设实施阶段。按统计部门的规定，项目新开工时间是指建设项目设计文件中规定的任何一项永久性工程第一次正式开始破土开槽施工的日期。不需要开槽的工程应以建筑物组成的正式打桩日期作为正式开工时间。工程地质勘察、旧建筑物的拆除、搭建临时建筑、平整土地、设置施工用临时道路和水、电等施工不算正式开工。分期建设的项目要分别按各期工程开工的时间进行填报，如二期工程要根据二期工程设计文件规定的永久性工程开工填报开工时间。建设工期要从新开工时算起。

（七）竣工验收交付使用阶段

竣工验收是工程建设过程中的最后一环，但却不能忽视，这个阶段是全面考核工程项目建设成果、检验设计及施工质量的重要步骤，也是确认建设项目能否投入使用的基础。按照国家规定，所有建设项目按照上级批准的设计文件所规定的内容与施工图纸的要求全部建成，符合相关设计要求，可以正常使用前，都要及时组织验收。竣工验收的重要性主要表现为：通过竣工验收，检验设计和工程质量，确保项目能按照设计要求的技术经济指标正常使用；建设单位可以总结经验教训，为之后的工程项目提供依据；建设单位对经过验收合格的项目及时移交，投入使用。

建设项目的验收阶段根据项目的规模大小与复杂程度可分为初步验收和竣工验收两个阶段。规模较大的和比较复杂的建设项目应先进行初验，再进行全部建设项目的竣工验收。规模较小、较简单的项目可以一次进行全部项目的竣工验收。建设项目全部建成，经各单项工程的验收，符合相关设计要求，并具备竣工图纸、竣工决算及工程总结等必要文件资料，由建设单位向负责验收的主管部门提出竣工验收申请报告。

（八）项目后评价阶段

项目建成投入使用后进入正常使用，可对建设项目进行总结评价工作，编写项目后评价报告。后评价报告主要包括：项目各项指标的评价；项目管理的经验教训；社会、环境、经济效益；其他需要总结的经验。

二、坚持工程建设程序的意义

工程项目程序是客观规律的反映，是项目建设必须遵循的法则。只有坚持工程建设程序，才能保障项目顺利实施。坚持工程建设程序主要有以下意义。

1）保证建设项目顺利实施，确保工程质量。

2）保证建设项目进行科学决策，保证获得投资效益。

3）促进依法管理工程建设，以保证建设秩序。

第四节　建设工程项目管理的含义和任务

一、建设工程项目管理的含义

项目管理是一门新兴的管理学科，它的定义可以概括为：项目管理是指在一定约束条件下，为达到项目的目标，对项目所实施的决策、计划、组织、指挥、协调和控制的过程。作为一门学科，它是决策、管理、效益为一体的组织过程和方法的集合。项目管理的目的就是保证项目既定目标的实现，其主要职能包括计划、组织、指挥、协调和控制等。

工程项目管理是项目管理的一个重要类别，是指在工程项目的整个生命周期内，用系统的理论观点和方法对工程项目进行决策、计划、组织、指挥、协调和控制的管理活动，以实现工程项目全过程的动态管理及项目目标的综合协调和优化。

传统的建设工程项目管理主要注重施工阶段的管理，对质量、进度投资等目标进行管理，达到项目的既定目标。随着建设项目投资规模的增加、功能的扩大、要求的提高，建设工程项目管理已不限于实施过程，而是扩展到立项到交付使用以及后期维护的全过程管理。其目标已不仅仅是对进度、质量、投资的控制，还要与资金筹措、风险分析、使用维护以及所在地经济、环境等联系起来。建设工程项目管理的方法，除了具体的技术性方法，还要向前、后期的评价延伸，要考虑可持续、协调发展等问题。

二、建设工程项目管理的任务

（一）业主方项目管理的任务

业主方在整个建设工程项目的实施过程中起着总集成者、总组织者的作用，即对人力、物力和投资进行集成，是项目管理的核心。业主方的项目管理是项目实施阶段的全过程、全方位的管理活动，管理任务主要包括：安全管理、成本控制、进度控制、质量控制、合同管理、信息管理、组织和协调等。

业主方委托工程咨询服务机构承担部分项目管理工作，工程咨询服务机构的项目管理代表业主方的利益，属于业主方项目管理的范畴，是业主方项目管理的一部分。

随着建设工程项目投资规模、领域的扩大，要求的提高，业主方建设工程项目管理应该包括项目从决策立项到交付使用、维护全过程的管理，建设工程项目的采购也从单纯的施工承包发展到项目管理、工程总承包等多种形式。

（二）设计方项目管理的任务

设计方作为项目建设的重要参与方之一，设计工作关系着工程项目的投资目标是否能如期实现。设计方项目管理的目标包括设计的成本目标、设计的进度目标设计的质量目标以及项目的投资目标。其项目管理主要服务于项目的整体利益和设计方本身的利益。

设计方的项目管理工作主要在设计阶段进行，涉及设计前的准备阶段、施工阶段、动工准备阶段和保修期。设计方项目管理的任务包括：与设计工作有关的安全管理、设计成本控制，与设计工作有关的工程造价控制、设计进度控制、设计质量控制、设计合同管理、设计信息管理，与设计工作有关的组织和协调等。

（三）施工方项目管理的任务

施工方作为项目建设的一个重要参与方，其项目管理主要服务于项目的整体利益和施工方本身的利益。施工方的项目管理工作主要在施工阶段进行，但由于设计阶段和施工阶段在时间上往往是交叉的，因此，施工方的项目管理工作也会涉及设计阶段。在动工前准备阶段和保修期施工合同尚未终止期间，还有可能出现涉及工程安全、费用、质量、合同和信息等方面的问题，因此，施工方的项目管理也涉及动工前准备阶段和保修期。

施工方项目管理的任务包括：施工安全管理、施工成本控制、施工进度控制、施工质量控制、施工合同管理、施工信息管理、与施工有关的组织与协调等。

（四）供货方项目管理的任务

供货方作为项目建设的一个参与方，其项目管理主要服务于项目的整体利益和供货方本身的利益，材料和设备供应方的项目管理都属于供货方项目管理。供货方项目管理工作主要在施工阶段进行，但它也涉及设计前准备阶段、设计阶段、动工前准备阶段和保修期。

供货方项目管理的任务包括：供货的安全管理、供货方的成本控制、供货的进度控制、供货的质量控制、供货信息管理、与供货有关的组织与协调等。

（五）建设工程项目总承包方项目任务

建设工程项目总承包有多种形式，如设计和施工任务综合的承包，设计、采购和施工任务综合的承包等，它们的项目管理都属于建设工程项目总承包方的项目管理。当采用建设工程项目总承包模式时，建设工程项目总承包方作为项目建设的参与方，其项目管理主要服务于项目的整体利益和建设工程项目总承包方本身的利益。

建设工程项目总承包方项目管理工作涉及项目实施阶段的全过程，项目管理的任务包括：安全管理、投资控制和总承包的成本控制、进度控制、质量控制、合同管理、信息管理、与建设工程项目总承包方工作有关的组织与协调等。

三、建设工程项目管理主体的相互关系

我国建设工程项目管理体制的基本框架是以建设工程项目为中心，以经济为纽带，以合同为依据，以项目法人为工程招标发包主体，以设计施工承包商为工程投标承包主体，以建设监理单位为咨询管理主体，相互协作、相互制约的三元主体结构。建设工程项目管理主体间的相互关系如图 1-5 所示。

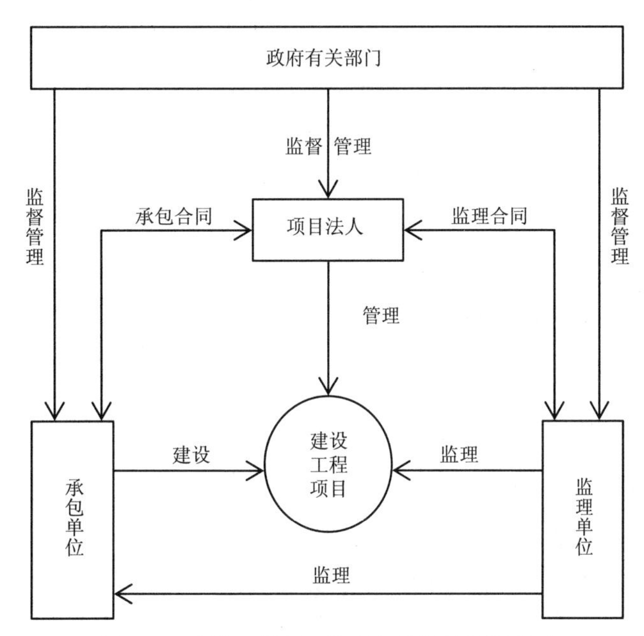

图 1-5　建设工程项目管理主体间的相互关系

（一）项目法人与政府部门的关系

项目法人是独立的经济实体，要承担投资风险，要对项目的立项、筹建、建设和生产运营、还本付息以及资产的保值增值进行全过程负责。随着社会经济的不断进步和发展，政府对工程项目的管理由原来的以直接管理为主转变为以间接管理为主，由原来的以微观管理为主转变为以宏观管理为主。项目法人代理人应拥有相应的自主权，政府不再直接干预项目法人代理人的投资与建设活动。

（二）项目法人与金融机构的关系

金融机构是指向工程项目提供贷款的各类银行、非银行金融机构和信用合作社，以及国际金融组织和外国商业银行等。项目法人和金融机构是平等的民事主体，双方通过借款合同，明确各自的权利和义务。

（三）项目法人与投资方的关系

投资方是项目法人的股东。各投资方必须按照组建项目法人时投资协议规定的方式、数量和时间足额出资，且出资后不得抽回投资。投资方作为股东，以其出资额为限对项目法人承担责任，同时按其投给项目法人的资本额享有所有者的权利，包括资产受益、做出重大决策和选择管理者等权利。

项目法人享有各投资方出资形成的全部法人财产权，对法人财产拥有独立支配的权利。项目法人以其全部法人财产，依法自主经营、自负盈亏、照章纳税，对出资者承担资产保值增值的责任。项目法人生产经营活动产生的盈利由项目法人依法获得应有的收益，项目法人因经营管理不善所造成的亏损由项目法人承担全部责任。如果项目法人的生产经营亏损严重，不能清偿到期债务时，应依法破产。

（四）项目法人与承包方的关系

承包方是指参与工程建设的管理、设计、监理、施工等单位。项目法人代理人与承包方是地位平等的民事主体，它们之间的关系是一种经济法律关系，相当于买卖双方的关系。项目法人代理人和承包商的责任、权利和义务由承包合同规定。生效的承包合同具有法律效力，对双方均有约束力，不得擅自变更或解除，任何一方违约，都要承担相应的违约责任。

承包商可以是独立的法人组织，也可以是联合集团。联合集团则是由几家公司联合起来投标承包一项或多项工程，并不一定要求它们以联合集团名义注册成为独立的法人，只要求各公司具有法人资格，各公司分别对所承担的工程任务负责。

（五）项目法人与监理单位的关系

项目法人与监理单位之间也是一种经济法律关系，即委托与被委托的关系。这种关系通过签订建设监理委托合同确定下来，双方各自负有一定权利和义务。监理单位接受项目法人的委托之后，项目法人就把工程建设管理权力的一部分授予监理单位，如工程建设组织协调工作的主持权，设计质量和施工质量以及建筑材料与设备质量的确认权和否决权，工程计量与工程价款支付的确认权和否决权及围绕工程建设的各种建议权等。监理单位在项目法人的授权范围内开展工作，要向项目法人负责，但并不受项目法人的领导，监理方与项目法人之间不是某种从属关系，而是一种委托协作关系。在工程的实施中，监理单位不是项目法人的代理人，不是以项目法人的名义开展监理活动的，而是作为独立于项目法人与承包商之外的第三方承担其职责和义务的。项目法人不得违约侵权超越合同，不得随意干涉监理方的工作，而监理方也应保持自己的公正立场，不仅要为项目法人提供高质量的服务，维护项目法人的合法权益，同时也要维护承包方的合法权益。

（六）监理单位与承包方的关系

监理单位与承包方之间没有也不应当有任何经济合同关系。它们在工程建设中是一种监理与被监理的关系，这种关系是通过项目法人与承包方签订的工程承包合同确定的，即承包方应接受监理方的监理和管理，并按照承包合同的要求和监理方的监督指导进行设计或组织施工。监理单位根据项目法人代理人的授权，监督管理承包方履行工程承包合同或设备材料供应合同。

项目法人代理人委托监理单位后，关于工程建设活动的具体工作，承包方不再与项目法人代理人直接沟通，而转向与监理单位直接沟通，并接受监理工程师对其所从事的工程建设活动的监督管理。监理工程师既要监督检查承包商是否履行合同中的职责，也要注意按照合同规定公正地处理有关索赔和工程款支付等的问题，维护承包人的合法权益。

第五节 工程项目管理模式

一、我国传统的建设工程项目管理模式

我国传统的建设工程项目管理模式有工程建设指挥部管理模式、建设单位自管模式等。

（一）工程建设指挥部管理模式

工程建设指挥部管理模式是我国计划经济体制下大中型工程项目管理所采用的一种基本组织形式。指挥部通常由政府主管部门指令各有关方面派代表组成，对建设工程项目的实施进行管理和监督。采用这种模式，可以依靠指挥部领导的权威和行政手段，集中大量人力、物力和财力打“歼灭战”，确保建设工程项目在较短的时间内完成。在进入社会主义市场经济的条件下，这种方式已不多见。工程建设指挥部管理模式如图 1-6 所示。

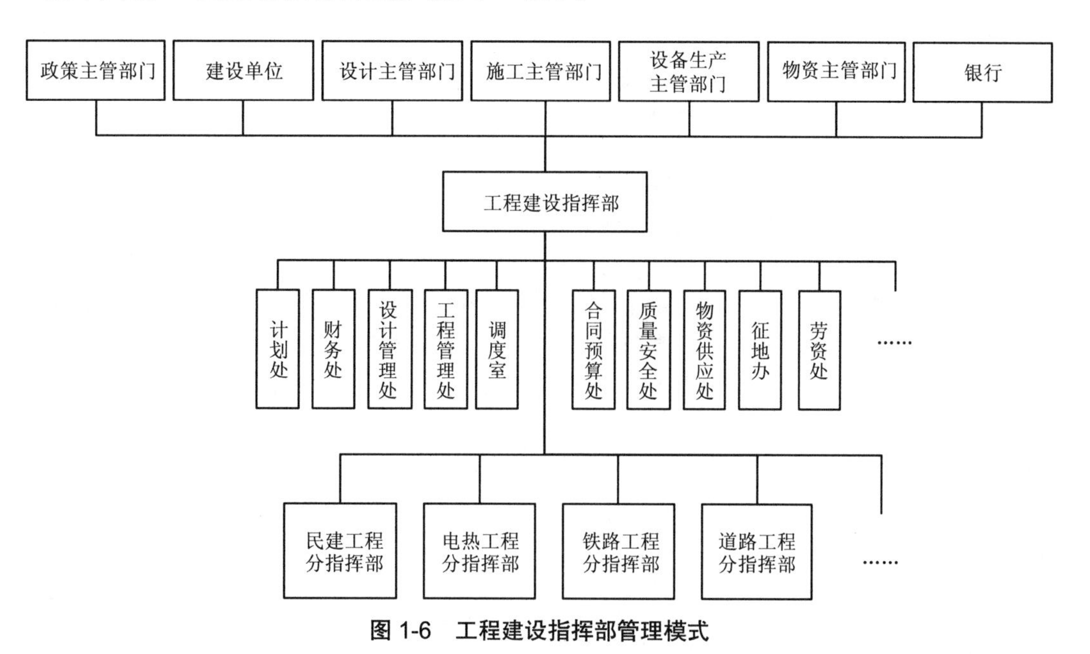

图 1-6 工程建设指挥部管理模式

（二）建设单位自管模式

建设单位自管模式是我国多年来常用的建设方式，它是由建设单位内部自己设置固定或临时的工程项目管理机构，负责支配建设资金、办理规划手续及准备场地、委托设计、采购器材、招标施工、验收工程等全部工作，有的还自己组织设计、施工队伍，直接进行设计、施工。建设单位自管模式如图 1-7 所示。

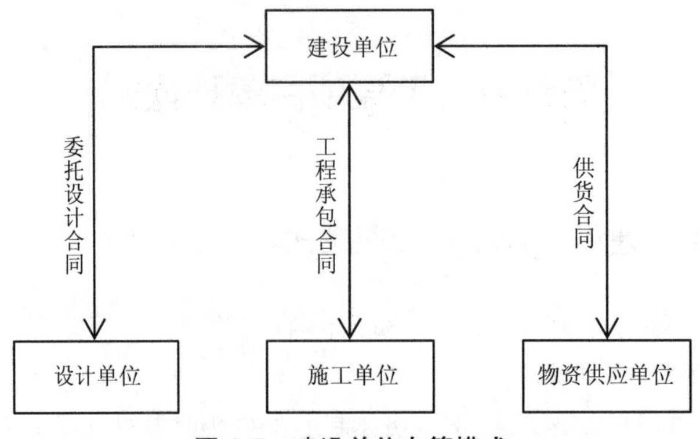

图 1-7　建设单位自管模式

二、当前常见的建设工程项目管理模式

目前国内外比较常见的工程项目管理模式如下所示。

（一）DBB 模式

DBB（Design-Bid-Build）模式，即“设计—招标—建造”模式，是全世界流行和通用的传统项目管理模式之一。顾名思义，这种模式的建设步骤必须按照设计→招标→建造的顺序进行。

首先由业主将前期相关工作委托给管理单位的咨询工程师及建筑师，待立项后，再开展设计工作。同时，准备施工招标文件，在设计单位的协助下，通过竞争性招标，选择出质量及合同价都满足要求或最具资质的投标人，委托项目的建设。DBB 模式具体包含两种比较典型的发包方式——施工平行发包方式和施工总承包方式。业主与施工总承包单位签订施工合同，同时承包商与分包商及供应商单独签订合同，来组织实施工程项目有关部分的分包及设备、材料的采购。

DBB 模式作为经典的项目管理模式，其主要优点如下。

1）项目的参与方都对实施程序十分熟悉，相互之间能够迅速建立良好的责权利分配原则和风险分担方式，非常有利于项目目标的实现和生命周期内的相互协调。

2）由于通过招标选择的设计单位和施工单位是相互独立的，因此，在项目的实施过程中，这两方能够起到相互监督和制约的作用，以确保项目完成的质量。

3）通过招标的公平竞争机制，能客观地评选出在技术上、经济上都较为合适的施工单位。

4）建设单位在项目建设过程中着重监督施工质量、安全，同时管理好每一时期过程价款的支付，不用过多地参与到施工技术上去，只需要通过选择合适的管理、设计、施工单位，就能完成整个项目的建设。

随着时代的发展及建设工程项目种类多样性的发展，这种管理模式在某些方面表现出了一些不适应性。

1）只能按照既定的程序实施，必须先设计，再招标，最后才能施工，这导致建设周期大为加长。

2）由于设计单位的具体施工知识和施工经验逊于承包方，设计单位独立决定所有的设计方案，会导致建设项目的施工可行性较差，也会导致工程变更的次数增加。

3）建设单位通过选择专业的管理机构来参与项目的计划和管理，加大了工程管理的费用，致

使项目的前期费用增多。

（二）建设工程项目总承包模式

建设工程项目总承包模式是业主将建设工程项目的全部设计和施工任务发包给一家具有总承包资质的承包商，也称工程总承包模式。

建设工程项目总承包的核心意义是通过设计与施工过程的组织集成，有效提高设计与施工的紧密结合度，最终实现项目建设增值的目的。这种模式可以采用总价包干的方式，但是一些项目难以用固定总价包干，大多数采用变动总价合同。建设工程项目总承包主要有以下两种模式。

1. DB 模式

DB（Design Build）模式，即设计—施工总承包模式，如图 1-8 所示。采用此模式时，投资方首先与专业的咨询公司签订合同，研究拟建设项目的特性，并授权专业程度较高的项目经理为业主代表。之后，通过公开招标或邀请设计—施工招标方式选定总承包商，由项目经理与总承包商进行沟通，提出要求或者提供设计大纲。最后中标的设计—施工的总承包商要对项目的成本负责，其中大部分的设计和施工任务需由中标单位独立完成，可以将个别专业性很强的设计、施工部分分包出去。这种模式可以使业主、总承包商在建设工程项目的整个过程中，始终保持密切的沟通、合作、交流。

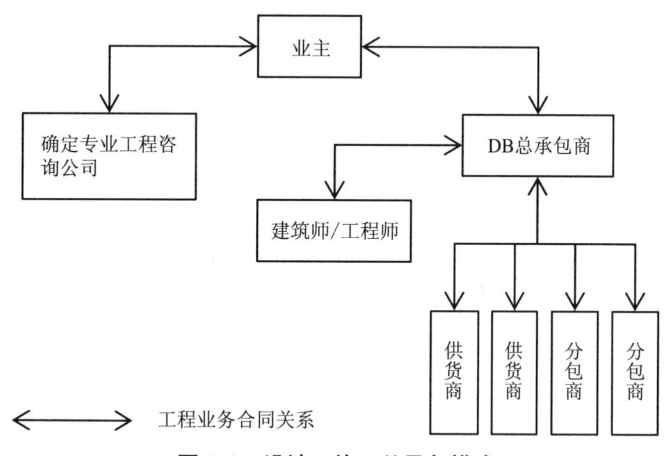

图 1-8 设计—施工总承包模式

2. EPC 模式

EPC（Engineering-Procurement-Construction）模式，即设计—采购—建造模式，如图 1-9 所示。在 EPC 模式中，“设计”不仅包括具体的设计工作，而且包括整个建设工程内容的总体规划以及整个建设工程实施组织管理的计划和具体工作，一般适用于规模较大、工期较长、专业技术要求较高的工程，如发电厂、石油开发等基础设施的建设。

在 EPC 模式下，业主只要大致说明一下投资意图和要求，其余工作均由承包单位来完成，业主不再聘请监理单位进行工程管理工作，而是自己或委托专门的管理公司来管理工程。承包商必须承担不可抗力风险、设计风险等大部分风险。该模式中投资方对项目整个实施过程的介入较少，可以充分发挥总承包商的主观能动性，使其管理经验得到充分发挥，为投资方创造更大的效益。

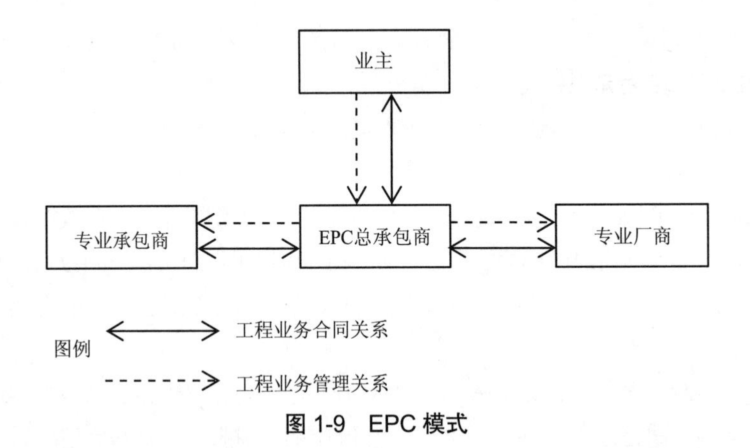

图 1-9　EPC 模式

3. PM 模式

PM（Project Management）模式，即项目管理模式，是以项目目标为导向，执行管理各项基本职能的综合活动过程，如图 1-10 所示。广义的项目管理，泛指为实现项目的进度、质量和投资目标，按照工程建设的内在规律和程序对项目建设全过程实施计划、组织、控制和协调。其主要内容包括项目前期的策划与组织，项目实施阶段进度、质量和投资目标的控制及项目建设全过程的协调。狭义的 PM 通常是指业主委托管理公司为其提供全过程项目管理服务，包括前期的各项工作、项目评估立项后的设计工作、施工招标文件准备工作、通过招标选择承包商等工作。项目实施阶段有关管理工作也由业主项目经理进行。项目经理和承包商没有合同关系，但承担业主委托的管理和协调工作。

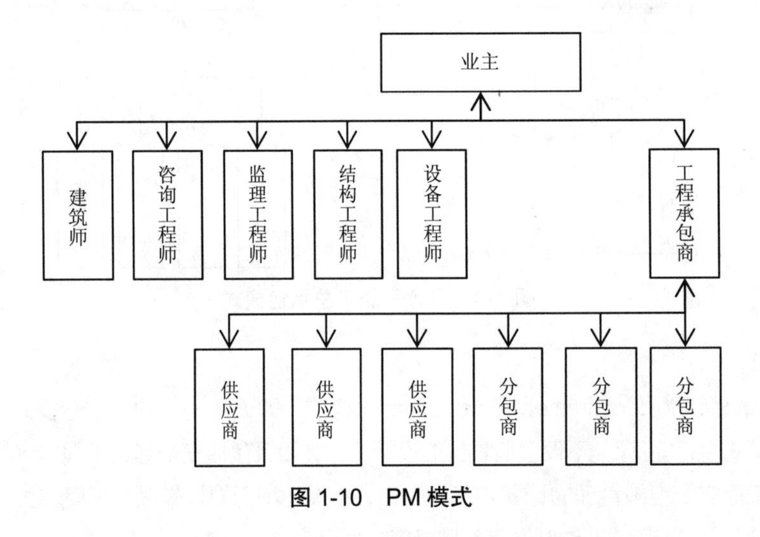

图 1-10　PM 模式

这种项目管理模式在国际上出现最早，最为通用，也被称为传统模式。但随着其他项目管理模式的快速发展，PM 的内涵也不断扩大，有时 PM 也泛指为业主提供的项目管理服务或者是 PM 单位，而且一个工程项目之中可能有 PM 模式和其他项目管理模式共存的情况。

这种项目管理模式最为突出的特征是业主不再自行管理项目，而是委托 PM 单位帮助其对项目进行管理，两者通过合同建立关系，PM 单位代表业主行使项目管理职能，为业主提供专业的项目

管理咨询服务。PM 单位不承包工程，除自己利益外主要考虑业主的各种利益。

4.BOT 模式

BOT（Build-Operate-Transfer）模式，即建造—运营—移交模式，如图 1-11 所示。在此模式下，东道主通过放开基础设施建设和运营市场，吸收外来资金，委托工程项目公司负责融资和组织建设，建成后负责运营及偿还贷款，在委托期满时，将工程移交给项目所在地区。BOT 是一种从开发管理到物业管理的全过程的项目管理。BOT 方式对所在地区、承包商、财团均有好处，近年来在发展中国家得到广泛应用，我国早已在 1993 年以 BOT 模式引进外资用于能源、交通运输基础设施建设。

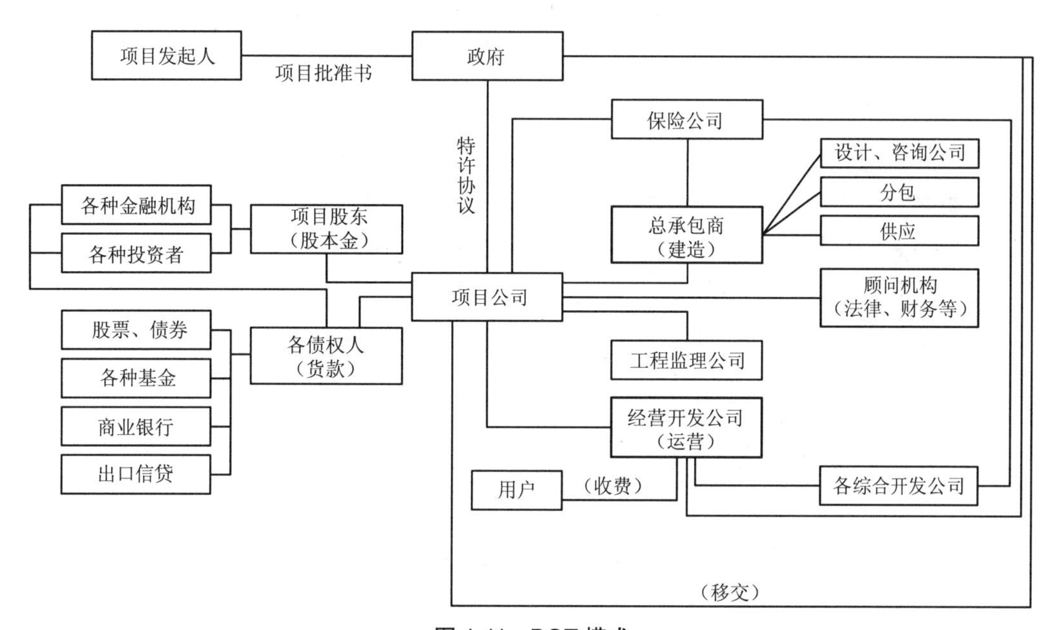

图 1-11　BOT 模式

通常所说的 BOT 至少包括以下 3 种模式。

1）标准 BOT（建设—经营—转让）。私人财团或国外财团愿意自己融资，建设某项基础设施，并在委托期内经营该公共设施，以经营收入抵偿建设投资，并取得一定收益，经营期满后将该设施转让给所在地区。

2）BOOT（建设—拥有—经营—转让）。其与标准模式的区别在于：BOOT 模式中特许承建商在委托期内既拥有经营权也拥有所有权，而且委托期更长一些。

3）BOO（建设—拥有—经营）。该方式特许承建商根据委托权，建设并拥有某项公共基础设施，但不将该设施移交给所在地区。

（三）建设项目管理的新模式

随着社会经济技术水平的发展，建设工程业主的需求也在不断变化和发展，总的趋势是希望简化自身的管理工作，得到更全面、更高效的服务，更好地实现建设工程预定的目标。与此相适应，建设项目管理模式也在不断发展，出现了许多新的项目管理模式。

1. PMC 模式

PMC（Project Management Contract/Contractor）模式，即项目管理承包/承包商模式，是指业主通过委托具有相应资质、人才和经验的项目管理承包商作为业主的代表，帮助业主在项目前策划、可行性研究、计划以及设计、采购、施工、试运行等各个实施过程中控制工程质量、进度和投资，保证项目成功实施，如图 1-12 所示。

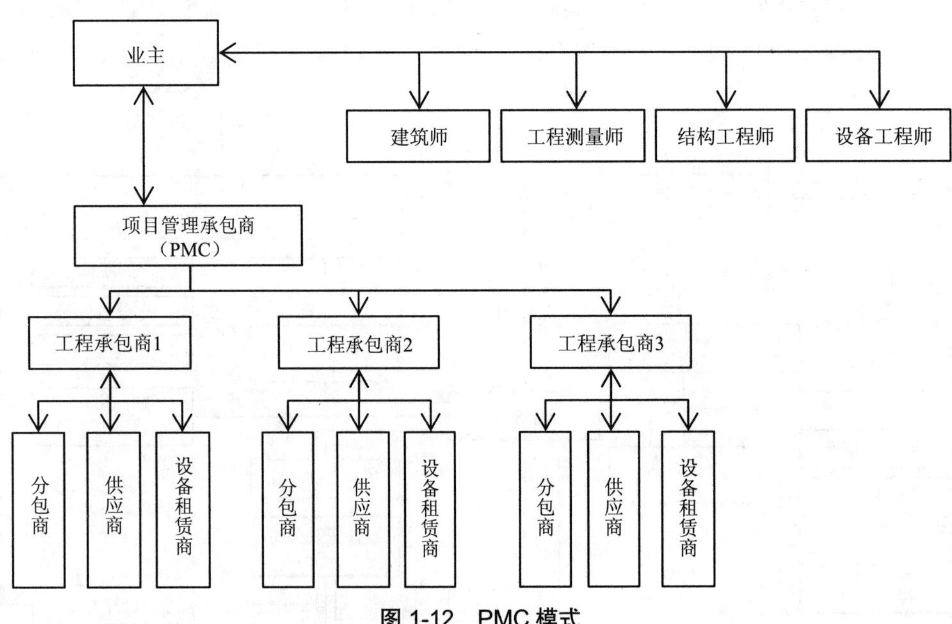

图 1-12　PMC 模式

PMC 模式由工程咨询公司或项目管理公司接受业主委托，代表业主对原有的项目前期工作和项目实施工作进行管理、监督、指导，可以充分发挥工程咨询公司或项目管理公司的管理经验和人才优势。

PMC 公司虽然对整个建设项目全生命周期进行管理，但其根本任务是管理而不是实施工程。因此，具体的实施过程还需要设计、施工等相关公司执行。

2. CM 模式

CM（Construction Management）模式即建造管理模式。业主和业主委托的项目经理、建筑师成立联合工作组，共同组织项目的设计及施工，建筑师进行设计，CM 经理起协调作用，在项目整体规划和设计之初考虑控制总投资。在初步方案确定后，随着设计一步步完善，当一部分设计完成时，就对该部分的工程任务进行招标，委托给一家承包单位，由不同的承包企业分别来完成项目的施工，CM 经理定期与承包商会面，监控项目成本、质量和进度。

根据不同的合同，这种模式可分为代理型建设管理（Agency CM）和非代理型建设管理（Non-Agency CM）两种方式。代理型 CM 方式即 CM 管理单位仅以“业主代理”的身份参与项目实施，没有权利与承包单位签订合同，属于业主的咨询单位，如图 1-13 所示。业主与 CM 单位签订咨询服务合同，与各承包商签订施工合同，CM 单位根据业主与各个承包商所签订的施工合同的约定进行工程管理。

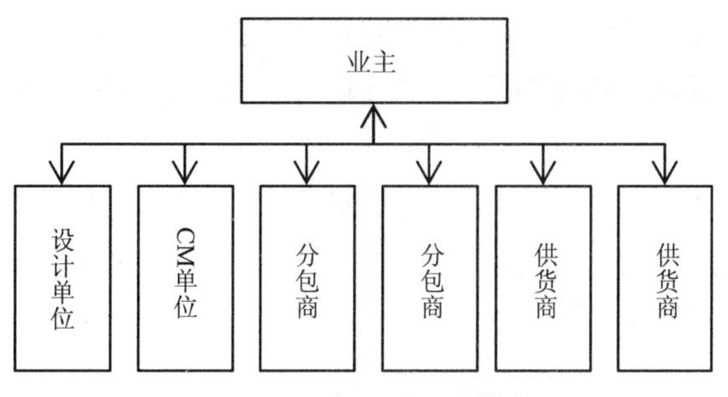

图 1-13　代理型 CM 模式

非代理型 CM 模式的管理单位不仅是业主代理人，而且多数情况下它以施工总承包商的身份来参与项目实施，如图 1-14 所示。在这种模式下，业主一般不与施工承包商签订工程施工合同，而是与 CM 单位签订包括咨询业务以及施工承包业务的合同，CM 单位再与施工承包商和材料设备供应商签订合同，并对其工作进行管理及安排。由于这种方式业主对工程投资不能直接控制，因此存在较大的风险。为了降低风险影响，提高 CM 单位对投资的控制，业主会在合同中预先设定一个具体数额 GMP（Guaranteed Maximum Price），以保证最高工程价格。如果实际工程费用超过了 GMP，超过部分将由 CM 单位承担，反之节余部分归业主与 CM 单位分成。在非代理型 CM 模式中，CM 单位和分包商订立合同的过程中，每签订一份合同，才会确定合同价，不会一次性把总价包干。

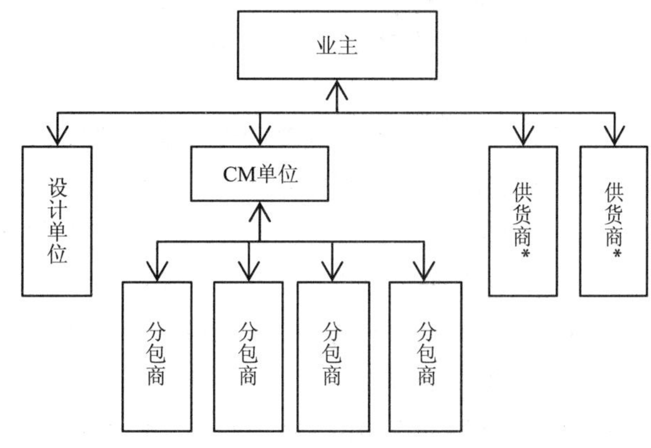

图 1-14　非代理型 CM 模式

3. 伙伴合作模式

伙伴合作（Partnering）模式是在充分考虑参建各方利益的基础上，确定建设工程项目共同目标的一种管理模式。它一般要求业主与参建各方要有一定的信任和资源共享的基础，各方通过组建工作小组，及时沟通，避免争议和诉讼的产生，共同解决建设工程项目实施过程中出现的问题，共同分担风险和有关费用，以保证参建各方目标和利益的实现。伙伴合作模式的协议不是传统意义上的合同，而会围绕建设工程的三大目标以及工程变更管理、安全管理、争议和索赔管理、信息沟通和管理等问题做出相应约定，而这些约定是合同中没有或无法详细规定的内容。

Partnering 模式具有双方的自愿性、信息的开放性、高层的参与性等特征，适用于业主长期有

投资活动的建设工程；不宜采用分开招标或邀请招标的建设工程；复杂的不确定因素较多的建设工程。对于国际金融组织贷款的建设工程，通常情况下其与其他管理模式结合使用。

4. 项目总控模式

项目总控（Project Controlling）模式，即PC模式，是为了满足大型和特大型建设工程业主高层管理人员决策需要而产生的，是将工程咨询与信息技术结合起来的产物，属于在项目管理基础上结合企业控制论的一种新模式。PC单位利用工程信息流处理的结果指导和控制工程的物质流等信息技术手段，科学、有效地为投资方的最高决策人给出战略性的咨询结果，可以看做是投资方的决策支持机构。这种模式不能取代常规的建设项目管理，因此不能单独使用，需要与其他管理模式配合使用。

5. 代建制模式

2004年《国务院关于投资体制改革的决定》出台后，代建制开始在全国范围内推行和设立试点。代建制是以财政性直接投资或以财政性直接投资为主的非经营性项目常使用的模式，由政府投资主管部门或其授权机构通过招标，选择专业化的项目管理公司，对项目实行全过程或分阶段管理，竣工验收后移交使用单位。至于私人投资项目是否采用代建制，应由投资者自行决定，若采用，可参照政府投资项目的代建制的具体做法来施行。

代建制从宏观层面上来看是政府投资体制及项目管理制度创新的产物。其通过竞争机制，明确选择专业化项目管理单位，还明晰了国有产权，纠正了“投资、建设、使用、管理”多位一体的弊端，因此，代建制将会逐渐成为政府投资管理的普适性的制度。从微观的层面看，代建制也可看做是类似于DBB模式的一种项目组织协调及管理安排的方式，因此代建制也是一种典型的项目管理模式。

目前，比较典型的代建制管理模式有两种，即全过程代建和建设期代建。

1）全过程代建是指在项目建议书批复后，投资主管部门即选择代建单位，该单位从可行性研究报告编制的工作开始，承担选择设计单位、对初步设计及施工图设计进行组织、选择施工和监理企业、进行施工及竣工验收等一系列任务，直到项目竣工后移交给使用单位。

2）建设期代建是由使用单位自行完成项目建议书及初步设计阶段的所有工作，在初步设计概算被批复后，由投资主管部门来委托代建单位，再由代建单位来负责完成组织施工图设计、选择施工单位、组织施工及竣工验收等所有工作，完工后将项目移交给使用单位。

第三章　故宫文物保护工程项目管理

故宫的文物保护工程项目位于世界文化遗产保护区内，有其特殊性，具有建设环境复杂、建设难度大、建设要求高等特点。项目建设过程不仅要保证建设项目的施工安全，更要保证周边地上地下文物建筑的安全，这就给建设工程项目管理提出了更高的要求。本章节将主要对故宫文物保护项目的建设背景、特点、建设原则及项目管理的重要性等进行简单论述，使读者对故宫文物保护项目管理有总体上的认识。只有运用科学系统的管理方法，才能更好地指导故宫文物保护工程的建设和实施，构建科学的文物保护工程建设体系。

第一节　故宫文物保护工程项目建设背景

一、故宫现状概况

故宫是中国明、清两代皇宫，是具有600多年历史的古建筑群。故宫遗产保护区范围现占地106.09 hm^2，建筑面积23.33万 m^2，房屋近9 000间，是世界上现存规模最大、保存最完整的古代宫殿建筑群，也是世界上规模最大的木结构古代建筑群。1961年3月，故宫被国务院批准为第一批全国重点文物保护单位，1987年12月被联合国教科文组织列入首批《世界遗产名录》。故宫博物院成立于1925年，既是故宫建筑群与宫廷史迹的保护管理机构，又是集文物收藏、保护、陈列、展览为一体的大型国家级博物馆。故宫现有馆藏文物186万件，其中包括我国博物馆系统60%以上的传世珍品，与古建筑群一起构成了故宫极高的综合文物价值。故宫博物院常年对中外观众开放，2008年超过法国卢浮宫，成为全世界年接待观众最多的博物馆，2019年客流量达到1 600万人次以上。

由于历史及时代的局限性，故宫内部的一些古建筑被当做管理用房和库房使用，被长期占用，得不到及时的修缮和保护；现有的文物库房规模、布局和功能无法为文物藏品提供最科学的保存条件；现有基础设施布局杂乱、硬件软件设施落后，存在严重的安全隐患；管理办公用房不足，满足不了日常管理工作的需求；观众参观所需的基础设施服务用房不足，满足不了日益增长的观众参观需求等。因此，故宫亟须实施一批文物保护工程项目来解决这些问题，以便更好地保护文物建筑，实现故宫的可持续发展。

二、文物保护工程项目的服务对象

故宫文物保护工程项目的服务对象主要包括古代建筑群的安全保护、文物藏品的安全保护、

中外观众的安全保护等。

（一）古代建筑群的安全保护

古建筑是人类历史文化的纪念碑。众所周知，故宫对于中国而言，就像金字塔之于古埃及、雅典卫城神庙之于希腊一样，是中国传统文化最有代表性的象征。故宫不只是一个古建筑群，其本身蕴含的深刻的历史文化意义也使它成为中华文明的重要载体和象征，具有独一无二、不可替代的特殊价值。由于时代久远，故宫内许多古建筑年久失修，面临着腐朽坍塌的风险，亟须实施一些古建筑保护工程，使古建筑得到完整保护。同时，一些古建筑长期被业务部门占用，得不到及时修缮和保护，因此需要新建一些临时性过渡管理用房满足业务部门日常办公需求，腾退古建筑办公用房，使得长期被占用的古建筑得到修缮和保护。

（二）文物藏品的安全保护

故宫博物院是我国文物藏品和文化资源最丰富的博物馆，其藏品及宫廷遗物数量巨大、种类繁多。从藏品数量上看，故宫珍贵文物的数量占93.2%，占全国文物博物馆系统馆藏珍贵文物的41.98%。从藏品种类来看，故宫藏品包括远古玉器、法书名画、陶瓷、珐琅、漆器、金银器、金铜宗教造像以及大量的清代帝后妃嫔服饰、衣料和家具等。藏品来源主要是明清皇家收藏，是几千年中国的器用典章、国家制度、意识形态、科学技术等积累的结晶，是中国传统文化的精髓。文物藏品对储藏条件要求苛刻，如果不能提供适宜的储藏条件，这些文物藏品就会发生“病变”，进而被腐蚀破坏。因此，针对不同的文物藏品，需要建设恒温恒湿的文物库房，为文物提供最适宜的储藏条件，保护好文物藏品。

（三）中外观众的安全保护

故宫是当今世界上来访观众最多的文化旅游目的地，拥有世界上最庞大、结构最复杂的参观群体。它吸引着每年约1 500万人次的海内外观众，并成为来访国宾首选参观地，成为当代人们学习、了解、感知、体验中华文明的场所和桥梁，也充分反映出中华文明的无尽魅力和巨大吸引力，展现了中华文化的滔滔活力和勃勃生机。为了更好地为观众游客提供良好的参观环境，满足游客的参观需求，需要建设一批临时性游客服务管理用房，包括餐厅、卫生间、文化产品售卖店等。同时，通过对故宫现状基础设施进行改造，消除安全隐患，提高故宫安防、消防安全等级，保护故宫安全和游客安全。

第二节　故宫文物保护工程项目的特殊性

一、建设目标的特殊性

故宫文物保护工程是为了保护古建筑、保护文物藏品、满足游客参观需求、满足故宫可持续发展要求而实施的，建设目标主要有以下几个方面。

1）腾退长期被占用的古建筑，使古建筑得到及时修缮和保护。

2）实现管理用房合理布局，满足故宫博物院日常管理工作的需要。

3）对现状基础设施进行系统改造和规划，消除基础设施安全隐患，提高故宫安全防范能力。

4）对文物库房进行扩建和改造，为文物藏品提供科学的储藏条件，增加文物储藏保管功能，整体提升文物藏品的保存条件。

5）完善游客参观设施，为游客提供良好的参观游览环境。

6）实现文化遗产完整保护，促进故宫价值的持续利用和永续保存，更有效地服务社会并满足人民群众的精神文化需求，切实担负起建设文化遗产强国、文化强国这一历史重任。

7）实现环境质量稳步提升，消除安全隐患，提升景观质量，净化文化环境，保持文化景观应有的气质。

8）实现开放区域持续扩大，有效缓冲中心区域的参观人流压力，强化博物馆的社会职能。

二、建设地点的特殊性

（一）处于政治核心区

故宫位于我国首都北京市东城区景山前街4号，天安门广场北侧，地理位置既特殊又敏感。全国两会、“一带一路”峰会、阅兵、国庆等政治活动都会在天安门区域开展，此外，故宫还经常承担国家政治接待活动，作为来访国宾首选参观地。这些都对项目建设的时段、周期、交通、物料运输、人员管控、安全管理等提出了十分严苛的要求。

（二）处于文物保护区

故宫是世界文物遗产地、全国重点保护单位，内部存在大量的古建筑和文物藏品，这些古建筑和文物藏品都是中华民族的瑰宝。故宫的文物保护工程项目位于故宫内部，周边存在大量的文物建筑，这就对建设项目提出了更高的要求。在建设项目的实施过程中，不仅要确保建设项目本身的施工安全，更要确保周边古建筑的安全，项目施工难度和管理难度大大增加。

三、建设要求的特殊性

故宫的文物保护工程项目因处于文物保护区，在实施中既要保证项目施工安全，又要保证文物及古建筑安全。

（一）确保项目本身的施工安全

建设项目施工安全是确保建设项目顺利实施和交付使用的重要因素，在项目的实施中应通过科学的管理技术和方法对施工安全进行管理，确保无安全事故的发生。为了保证施工安全，参建各方应建立施工安全管理制度，落实安全主体责任，加强安全管理，确保施工安全和人员安全。

（二）确保项目周边地上地下文物及古建筑安全

1）故宫内部木质结构建筑占到99%以上，且大都建于明清两代，具有十分珍贵的历史价值和建筑学研究意义。相较于一般的基建项目来说，为保护文物建筑安全，故宫的文物保护工程项目在设计、施工管理过程中对防火、防盗、避雷等提出更高的要求。

此外，故宫博物院现存文物186万件，珍贵文物的数量占九成以上，如何在项目建设过程中保护文物不受到振动、潮湿等不利因素的影响，又是一项具有挑战性的工作。

2）故宫地下赋存有重要的历史文物遗迹，已经发掘的文物包括铜、铁、玉、陶、骨、瓷、石、琉璃等各类质地，未能发掘的文物也是不计其数，这些文化遗迹对探讨明清两代宫廷器具使用制度、发展变化以及器具使用的兴衰等问题具有重要的学术价值。因此，在项目建设初期，不

仅要进行考古调查勘探，对文物种类、数量、形成时期等进行全面考虑，也要评估施工过程产生的振动影响，尽可能做好地下文物保护方案，减少对遗址层的影响，为文物的传承打下基础。

3）文物保护工作必须贯穿于故宫文物保护工程项目实施的全过程中，摆在项目建设的第一位。在项目建设的全过程都要针对周边地上地下文物保护的特点，制定专项文物保护方案和措施，确保文物和古建筑的绝对安全。

第三节　故宫文物保护工程项目的建设原则

故宫保护整体规划的指导原则是“整体保护、世代传承”，考虑故宫长远发展。故宫文物保护工程始终秉承“保护为主、抢救第一、合理利用、加强管理”的文物保护工作方针，在项目实施中坚持真实完整的保护原则、最小干预的保护原则、保护优先的利用原则、内外统筹的可持续原则等，确保文物安全和工程安全。

1. 真实完整的保护原则

通过文物保护各项工程实现对故宫文物本体及周边环境的有效控制，实现文物建筑的保护修缮和合理利用，保持故宫世界文化遗产的真实性和完整性。

2. 最小干预的保护原则

故宫文物保护工程项目在从项目启动到竣工的全过程，必须始终坚持最小干预原则和“原状保护”原则，尽可能减少对周边环境的影响，避免项目建设施工给周边文物建筑带来扰动，确保项目建设不会对周边文物建筑带来不良影响。

3. 保护优先的利用原则

从空间功能布局着手，合理调整遗产保护与利用之间的空间协调关系。采取相对集中、合理布局的对策，全面调整文物建筑利用功能，形成功能片区，实现合理布局。完善文物保护功能，更换陈旧老化的设备，增加文物储藏保管功能，提升文物藏品保存条件。

4. 内外统筹的可持续原则

根据世界遗产管理要求，全面加强故宫博物院的管理运行能力建设，实施消防系统、安防系统改造，完善风险预警、应急预警与监测管理措施，提升遗产安全保障能力。加强故宫保护的管理力度，统筹协调遗产利益相关方，促进可持续发展。

第四节　故宫文物保护工程项目管理的重要性

一、项目管理的范围和内容

为全面实现故宫文物保护工程项目各项管理目标，保证文物安全和施工安全，对工程项目组织实施的全过程或若干阶段进行质量、安全、进度、费用、合同、信息等的管理和控制，所做工作包括但不限于以下9项。

1）在项目决策立项阶段，进行考古调查、文物影响评估、环境影响评估、施工振动影响评估

等工作，组织专家进行论证。

2）在工程项目设计阶段，组织完成项目方案设计、初步设计、施工图设计等工作。

3）组织完成施工准备等工作和相关手续。

4）组织完成项目的设计、施工和重要材料设备的招标、采购等工作，组织签署相关合同和协议，并对其活动进行全面管理和协调。

5）负责取得工程建设相关部门的批复和手续。

6）负责项目施工、监理等单位的管理、协调和控制。

7）组织项目试运行、竣工验收、工程结（决）算、工程移交等管理和服务。

8）负责为项目运行管理提供培训。

9）负责提供保修管理等。

二、项目管理目标

（一）投资控制目标

按投资控制金额，在批准的投资范围内，严格控制工程总投资，优化设计，力争节约总投资额。

（二）安全管理目标

1）确保工程无重大安全责任事故，对建设工程安全生产依法承担建设单位责任和安全管理责任。

2）严格按照《中华人民共和国安全生产法》(以下简称《安全生产法》),《建设工程安全生产管理条例》和其他有关安全生产的规定，加强建设项目安全管理，保证建设工程安全生产，监督管理与工程安全生产有关的项目参建单位，依法落实安全生产责任。

3）在项目实施中严格落实《中华人民共和国文物保护法》(以下简称《文物保护法》),《中华人民共和国文物保护法实施条例》(以下简称《文物保护法实施条例》),《文物保护工程管理办法》等文物保护相关法律法规及管理办法，制定文物保护制度和文物保护施工方案，确保古建筑安全、文物安全。

（三）质量管理目标

严格执行国家工程质量验收标准，达到优质工程要求。

（四）工期管理目标

施工准备阶段，即从完成设计审批之日开始至取得施工许可证70个自然日；实施阶段，即从取得施工许可证开始至严格按合同工期竣工验收、交付使用；移交阶段，即从完成竣工验收之日开始至资料移交、资产交付、项目移交完成30个自然日。

（五）建设管理行为控制目标

1）项目管理全过程公开透明，杜绝暗箱操作，建设廉洁、优质、高效的工程，预防腐败，杜绝各类违法、违纪行为发生，确保“阳光工程”的实现。

2）加强项目管理和廉政建设，严格按照工程建设法律、法规、制度的相关规定，做好建设项目协调，确保做到项目管理各项业务活动公开、公平、公正、诚信。

三、项目管理的重要性

1）确保文物安全的需要。故宫文物保护工程项目的建设场地周边存在大量的古建筑、宫墙、古树等，必须通过项目管理，将施工对周边文物建筑的影响降到最低，制定文物保护方案和措施，保证周边文物建筑的安全。

2）确保施工安全的需要。故宫文物保护工程项目具有建设地点特殊、参建单位多、建设要求高、施工难度大、风险因素复杂等特点，只有加强项目管理，才能确保项目顺利实施，保证施工安全。

3）确保项目顺利实施的需要。现代仿古建筑项目因采用大量的新概念、新结构、新工艺、新材料，其技术构成日益复杂，技术的发展使得参与项目建设的设计单位、施工承包商、供应商越来越多，它们之间的工作衔接也日趋复杂。只有通过项目管理才能协调各方，加强各方的沟通交流，保证项目顺利实施。

4）确保建设项目各种预期目标顺利实现的需要。如何在限定的建设期内、限定的资源条件下确定并实现项目的质量目标、工期目标及成本目标，是每一个工程项目业主在项目建设初期不得不面对的难题。只有运用科学的项目管理方法和技术，才能保证建设项目顺利实施和完成。

5）规避项目建设风险的需要。项目管理是一门综合学科，涉及组织、管理、经济、技术、合同、法律、信息技术等多方面知识。故宫建设项目位于文物保护区，具有建设要求高、建设手续烦琐、施工难度大、施工环境复杂等特点，只有通过加强项目管理，提高项目管理水平，最大限度地规避项目建设过程中可能遇到的各种风险，才能确保建设项目的安全和周边文物建筑的安全。

第二篇　文物安全论证阶段

故宫文物保护工程项目比一般的建设工程项目多了文物安全论证阶段，即在编制项目方案设计时，必须进行文物安全论证。文物安全论证阶段的工作内容主要包括项目方案设计、拟建场地考古调查、勘探和发掘、文物影响评估、环境影响评估、施工振动影响评估等。项目应通过科学编制方案设计，组织方案设计专家论证，提前进行考古勘探，进行文物影响评估、环境影响评估、施工振动影响评估等工作，确保建设项目方案设计的科学合理，确保建设项目不会对周边文物建筑带来不良影响，确保项目安全和文物安全。

第四章　项目方案设计

建设项目方案设计是项目实施建设的“蓝图”，方案设计是否科学合理，将直接影响项目的成败。只有进行科学编制，充分论证项目方案设计的合理性，才能确保建设项目的安全和周边文物建筑的安全。

第一节　项目方案设计原则

故宫各项文物保护工程是集多种功能为一体、综合性强的专业性工程，包括文物保护、修复、研究、实验、办公与科技交流等。故宫文物保护工程的各项设计方案应符合以下几项基本原则：符合《故宫保护总体规划大纲》的原则；符合最小干预的原则；符合“安全、实用、经济、美观”的原则；符合绿色、节能、省地型建筑的原则；符合应用现代材料及工艺、技术的原则；符合以人为本、与环境协调的原则。

一、符合《故宫保护总体规划大纲》原则

《故宫保护总体规划大纲》的规划总目标为“整体保护、世代传承”。其要求全面保存并延续故宫遗产载体的完整性、真实性，充分阐释故宫作为中国明清皇家宫廷所在和国家政令中心的三大价值主题——中国古代官式建筑的最高典范、中国明清宫廷文化的特殊见证、中国古代艺术的系列精品。

故宫文物保护工程项目也遵循同样的原则，严格控制工程的建设规模与选址，要求：凡选址于遗址上的工程，规模原则上不得超过相关历史记载；凡选址于历史上未曾有过建筑的场地，在必要性充分的前提下，一律按照临时建筑进行设计，作为过渡性建筑使用，同时须具备明显的可逆性。对文物保护工程的合理规划可实现保护文物保护范围内的文物、遗迹及古建筑的目的。

二、最小干预原则

由于地理位置的特殊性，故宫文物保护工程项目从启动到实施再到竣工的全过程都始终秉持最小干预原则，尽可能减少对周边环境的影响，确保遗产保护区域内的古建筑及文物不受项目施工影响，最大限度地减少对周边古建筑及文物的扰动。

三、“安全、实用、经济、美观”原则

故宫文物保护工程项目必须确保遗产本体的安全性，工程设计必须提交 2 个以上比选方案，针对“不改变文物原状”或“最小干预原则”进行比选，避免对文化遗产造成不良影响。建筑结构的安全度、建筑物耐火等级及防火设计、建筑物的耐久年限等需要满足相应规范要求。凡在文物保护区域范围内的文物保护工程项目，必须充分论证项目建设的必要性，相关规划和设计方案都应有充分可靠的学术基础。

依据场地现状及规划条件，充分考虑文物保护工程项目各类建筑及设施的规模和项目本身的需求，合理确定建筑面积及功能布局。采用现行的技术设备设施，满足文物保护工程项目中建筑物保温、隔热及隔声的环境需求。同时充分考虑项目建设的经济效益，优化工程项目设计方案，节约国家投资，控制建筑及设施造价，降低能源消耗，缩短建设周期，减少运行、维修和管理等费用，达到安全、实用、经济的目标；注重建筑工程艺术，使建筑及设施外观与故宫内在空间相结合，与周边历史文物建筑环境相协调，体现建筑等坐落在明清皇城之内的地域特点，并处理好传统风貌与使用功能的关系。

四、绿色、节能、省地型建筑原则

对于故宫文物保护工程项目，绿色、节能、省地是对建筑设计的基本要求，项目人员应最大化地合理利用建筑场地空间，以建筑场地所处环境为出发点，采取多种措施，在建筑的全寿命周期内，最大限度地节约资源（节能、节地、节水、节材），保护环境和减少污染，营造健康、适用和高效的使用空间，建设与自然和谐共生的建筑，实现建筑的可持续发展；严格执行建筑节能标准，以节能降耗为重点，选取适宜的供热制冷方式；在满足建设场地规划条件的基础上，以容积率和建筑密度为控制指标，通过合理布局，提高土地利用的集约和节约程度；降低供水管网漏损率，采用节水器具，合理布局污水处理设施；采用新型建筑体系，使用高性能、低材（能）耗、可再生循环利用的建筑材料。

五、应用现代材料及工艺、技术原则

为完善故宫博物院基础设施，更加高效地对文物古迹进行保护，故宫博物院文物保护工程项目根据《故宫保护总体规划大纲》规定，凡位于故宫博物院用地范围内的建筑及设施，内部设计应满足现代使用功能要求。传统古建筑以木结构为主，在材料选用、平面处理和艺术造型等方面都有许多特点。但随着社会的进步与发展，与故宫博物院原有建筑风格相适应的传统木结构在防火与防腐方面的缺陷也日益明显。而新技术、新材料的运用使现在设计和建造的仿古建筑成为很好的实木结构建筑的替代品，这也是对中国古代建筑和文化遗产的继承和发展。

在文物保护工程项目中，现代仿古建筑通常以钢筋混凝土为主体结构，在钢筋混凝土结构上，保持传统中国古建筑风格的精华，外部檐口构件、门窗装修所用木材、露明构件均采用传统形式做法，以达到合理复原古建筑的目的。钢筋混凝土等现代材料的应用为获得较大开间的工作间创造了条件，同时，大大加强了结构的稳固性、整体性，提高了建筑物的耐脏、耐腐、耐火、耐渗

透能力，其造价较低，施工简便，节约木材。

六、以人为本，与环境协调原则

保证文化遗产保护区域古建筑及文物古迹的真实性及完整性是故宫文物保护的基本要求，也是故宫文物保护工程项目最基本的要求。根据《故宫保护总体规划大纲》及《文物保护法》相关规定，新建文物保护工程项目必须满足遗产环境的真实性、完整性要求；凡位于故宫博物院用地范围内的建筑及设施，其外观色彩、造型应与故宫古建筑群相协调，建筑风格与故宫拟建地段的历史文脉和建筑肌理相协调；充分考虑各部分功能的有机结合，内部设计满足现代使用功能的要求，分区明确，流线通畅，游线应便于观众游览及符合文物展示需求，强调以人为本和对个性的尊重，突出适用性、经济性。

第二节　故宫文物保护工程项目方案设计编制大纲

一、项目建设的必要性

故宫是中国15世纪初至20世纪初明清两朝沿用的皇家宫殿（紫禁城），1987年12月，被联合国教科文组织列入《世界遗产名录》。故宫博物院成立于1925年，是紫禁城及其周围若干地段古建筑群和馆藏文物的管理机构，下设文物管理处、文保科技部、开放管理处、展览部、书画部、器物部、宫廷部、资料信息部、图书馆、保卫处、修缮技艺部、基建处、安全技术处、消防处等部门。

由于历史原因和客观条件限制，故宫存在着基础设施陈旧、基础管线老化、文物储藏空间不足、古建筑经久失修、业务部门长期占用古建筑办公等现象。故宫文物保护工程项目的实施是落实《故宫保护总体规划大纲》的举措，其作用是：进一步消除故宫现有的安全隐患，提升游览与工作环境质量；改善故宫基础设施及文物保存条件，加强对文物及古建筑的有效保护和管理；恢复历史文脉和建筑肌理，恢复故宫整体的完整性；扩大开放区域，整合文物保护工作流程。同时，文物保护工程项目的开展是保护故宫文化遗产所需，是故宫事业发展所需，是提高国家软实力、展示中华文化历史魅力所需，是不断提升故宫文物保护理念、弘扬和传承民族文化所需，对国内、国际文化交流也有着积极的作用。

二、建设内容和建设规模

故宫内进行任何文物保护工程，应依照《文物保护法》《文物保护工程管理办法》《文物保护工程勘察设计资质管理办法（试行）》《北京市地下文物保护管理办法》等要求执行，严格控制建设内容与规模，及时向有关部门申请、报备。

三、文物保护管理规定

由于故宫博物院所处的地理位置重要，周边环境特殊，拟建场址的选择除应严格按照《文物

保护法》《文物保护工程管理办法》《北京市地下文物保护管理办法》的相关规定执行外，还应依照《故宫保护总体规划大纲》保护范围管理规定严格执行。

文物与古建筑的保护是故宫文物保护工程项目实施过程中需要格外注意的风险点，任何设计方案及施工作业都应在确保文物及古建筑安全的情况下进行。

四、《文物保护法》相关规定

《文物保护法》第二条规定："受国家保护的文物包括具有历史、艺术、科学价值的古文化遗址、古建筑等"。第二十条规定："建设工程选址，应当尽可能避开不可移动文物；因特殊情况不能避开的，文物保护单位应当尽可能实施原址保护。实施原址保护的，建设单位应当事先确定保护措施，根据文物保护单位的级别报相应的文物行政部门批准，并将保护措施列入可行性研究报告或者设计任务书……" 本条规定的原址保护、迁移、拆除所需费用，由建设单位列入文物保护项目建设工程预算中。

五、《故宫保护总体规划大纲》相关内容

（一）故宫保护区划分

根据《文物保护法实施条例》规定，故宫保护区被划为保护范围和建设控制地带；故宫地面下方赋存的元大都遗址被划为地下文物埋藏区。北京市人民政府公布的故宫保护范围为：紫禁城城垣外皮以内以及午门至天安门之间的地段。保护范围分为紫禁城、皇史宬、内务府御史衙门。其中紫禁城保护范围以筒子河外沿墙为界，南至端门南墙，包括午门外东、西朝房。保护范围又分为重点保护区和一般保护区；建设控制地带维持 1984 年《北京皇城保护规划》的公布范围，东至东皇城根，南至东、西长安街，西至西皇城根、灵境胡同、府右街，北至平安大街。

地下文物埋藏区的界定，南至太和殿脊线及其东西向延长线、北至筒子河北沿墙北扩 450 m、东西两侧至紫禁城城墙外皮及其北延长线。

（二）故宫保护区与文物保护工程有关的管理规定

按照规定，故宫重点保护区内，不得进行任何与保护措施无关的建设工程或者爆破、钻探、挖掘等作业；不得进行主动考古发掘。一般保护区内，因特殊情况需要进行其他建设工程或者爆破、钻探、挖掘等作业的，必须事先按国家《文物保护法》规定的相关程序要求办理考古调查、勘探手续，并经北京市人民政府和国家文物局同意后方可实施。故宫内进行任何工程活动，工程开挖的深度应由考古部门提出限定参数和依据，必须严格限定发掘规模。

六、文物保护原则

文物保护是故宫文物保护工程项目建设过程中必须遵守的第一原则，而在实际的工程实施中，如何实现文物保护，则需要遵守以下原则。

1）认真贯彻《文物保护法》，坚持"保护为主、抢救第一、合理利用、加强管理"的文物保护工作原则方针。尊重文物保护工作自身的客观规律，科学合理、实事求是地制定文物保护规划，并在具体工作中确保贯彻实施。任何以文物为主要内容的活动都应以保护文物为前提，合理利用

文物的特性，适度开发，让沉寂的文物“活”起来。保护是基础，利用也是为了更好的保护。

2）树立大局观念，加强服务意识，根据工程建设的进度合理进行文物保护工作。

3）坚持重点保护、重点发掘的原则，合理配置人力、物力资源，最大限度地抢救和保护历史文化遗迹，力争使工程建设对历史文物遗迹造成的损害程度降到最低。

4）坚持考古先行的原则，预留充足的时间，确保在工程建设之前实施对文化遗产的抢救和保护，使文物保护工作和建设工作协调进行。

七、文物保护方案

在故宫文物保护工程项目设计方案的编制中，文物是否得到充分的保护尤为关键。本着文物保护的指导思想，应践行“真实性”原则，保护故宫历史建筑及文化遗迹的完整性，保护不同类型、等级的建筑代表。文物保护方案应紧密结合工程项目方案设计，将文物保护有机融入项目方案设计当中，从功能布局、空间组织、外观设计、保护设施等多方面统一考虑，本项目主要通过采取以下方式和措施对文物保护工程项目中所涉及的历史文物遗迹进行保护。

1）对可移动文物进行妥善收藏保护。对出土的铜、铁、玉、陶、骨、料器、瓷、石、琉璃等各类质地的文物（质残碎片），集中放置在指定位置，可选择性地进行展示。

2）对不可移动的文物进行保护和展示。如采用钢结构承重安全玻璃罩对不可移动文物进行保护和展示，满足保护功能，但不影响游客视线，利于观赏，同时方便清洁。

3）有地下遗迹的区域采用桩基础进行保护。桩的位置要避开遗迹。遗迹与结构交叉的地方要进行有效支护和掩埋，妥善保护遗迹。

4）在施工措施的选择上，尽可能利用新型施工技术，减小土方开挖和回填的工程量，同时降低对周边古建筑及文物的影响。

八、建设方案

项目建设方案以《文物保护法》为指导，依据《故宫保护总体规划大纲》的相关原则，根据故宫文物保护工程项目的需求，在历史资料及国家有关工程项目规范的基础上，进行文物保护工程项目的方案设计，包括建筑布局、建筑造型、建筑高度、建筑进深、建筑方案总平面布置、建筑流线及绿化景观等；同时确定建筑类别、使用年限、耐火等级、建筑面积及建筑层数等。

设计人员应以最大限度地保护故宫古建筑、文化遗迹及其他设施为出发点，对项目进行合理规划设计。为实现保证工程质量及营造与周边环境相协调的设计，应注重建筑技术措施的处理，包括屋面、砖体、墙体材料、墙面装饰、油漆、门窗及无障碍设施的设计。

九、投资估算

根据前期投入及项目方案设计，对工程项目进行投资估算。投资估算是项目基本经济数据预测的重要环节，包括总投资估算与专项投资估算。编制投资估算时应按照实事求是的原则，从实际出发，深入开展调查研究，从而得到最终估算结果。

十、结论和建议

通过对故宫文物保护工程项目编制原则及编制内容的总结，提炼出适合拟建工程项目的建设方式及文物保护措施，同时不断总结出更加有利于文物保护工程项目顺利进行的方案建议。

第三节　项目方案专家论证

在故宫文物保护工程项目方案设计的编制过程中，为了保证文物安全，确保拟建场地地下无历史遗迹赋存，应提前报国家文物行政部门审批进行考古调查、勘探及发掘，编制考古勘探报告，并组织文物保护相关专家进行论证，确保拟建场地无历史文化遗迹赋存。同时，为了保证建设项目方案的科学性、合理性、可行性，需要组织文物保护、建筑设计、勘察设计等方面的专家对设计方案进行反复分析论证，通过多方案对比与论证，对设计方案是否科学可行、是否会对周边的文物建筑产生不良影响等问题进行解答并给出专业性建议，进而指导下一步设计方案的完善和优化。只有多次召开专家论证会，邀请专家进行现场踏勘并听取项目设计方案汇报，听取专家的建议，才能不断完善和优化设计方案，保证项目方案最优化、最科学、最合理，保证建设项目的总体设计方案科学正确，进而为后续工作的顺利开展打下坚实的基础。

第五章　拟建场地考古调查、勘探和发掘

故宫文物保护工程项目在实施前，必须提前对拟建场地进行考古调查、勘探或发掘，以查明拟建场地地下是否有历史文化遗迹赋存。只有确定拟建场地无历史文化遗迹赋存时，才能进行项目建设，保证拟建项目不会对地下历史文化遗迹带来不良影响。

第一节　考古调查、勘探和发掘的目的

因故宫是文物保护区，部分地下可能赋存有历史文化遗迹，遵循《文物保护法》第二十九条规定："进行大型工程项目，建设单位应当事先报请省、自治区、直辖市人民政府文物行政部门组织从事考古发掘的单位在工程范围内有可能埋藏文物的地方进行考古调查、勘探。考古调查、勘探中发现文物的，由省、自治区、直辖市人民政府文物行政部门根据文物保护的要求会同建设单位共同商定保护措施；遇有重要发现的，由省、自治区、直辖市人民政府文物行政部门及时报国务院文物行政部门处理。"在项目建设之前，需要对拟建场地进行考古调查、勘探和发掘，主要目的如下。

1. 查明地下文化遗迹赋存状态

通过对拟建场地进行考古调查、勘探和发掘，查明拟建场地地下是否赋存有历史文化遗迹。如果赋存有历史文化遗迹，需要进一步查明地下文化遗迹的赋存状态，包括历史文化遗迹的年代、规模、现状情况，是否具备考古发掘的条件等。

2. 为项目建设提供决策依据

通过考古调查，如果发现拟建场地地下赋存有重大的历史文化遗迹，为了保护历史文化遗迹，建设项目就不能在这个场地进行建设了，需要另选场地。如果无历史文化遗迹赋存，或者赋存的文化遗迹价值不大，可以通过考古发掘进行保护后，再进行项目建设。因此，考古调查、勘探和发掘是故宫建设项目建设的必要前置条件，是进行项目决策的重要依据。

第二节　考古调查、勘探和发掘的原则

一、原址保护原则

在考古勘探和发掘现场，公认的原则是"保护为主、抢救第一"，要求：必须进行原址保护，

尽可能地减少干预；定期实施日常保养，保护现存实物原状与历史信息，并按照要求使用保护技术。

二、及时报告原则

在考古勘探和发掘过程中，如有重大发现，考古发掘单位应立即对现场采取必要的保护措施，并第一时间上报国家文物行政管理部门。在对社会公开发表之前，需经市文物行政管理部门向国家文物局报告。

三、检查监督原则

国家文物行政管理部门对考古发掘工地实行检查与监督制度。国家文物行政管理部门可组织监督小组对考古勘探和发掘工地进行检查，包括工作规程执行情况、领队人员的工地日记、遗迹照片和绘图记录、经费使用情况及发掘工地的安全措施情况等。

第三节　考古调查、勘探和发掘的程序

一、考古调查

考古调查是对文物保护工程项目涉及和影响的区域进行专门的实地踏察，全面了解文物分布以及受影响的情况。《文物调查工作报告》应由文字、图纸、照片等组成，必要时应附以表格说明。文字应包括调查时间、工作过程、主要收获、初步认识、文物保护建议等；图纸应包括建设项目地理位置图、文物点与建设项目的关系图、文物分布图等；照片应包括调查工作场景、重要文物点的现状、采集的文物标本等。《文物调查工作报告》应于调查工作结束后10个工作日内完成。

二、考古勘探

考古勘探主要依据《文物调查工作报告》对文物保护工程项目涉及和影响区域内的已知文物点和有可能埋藏文物的地点进行考古勘探，查明地下文物的分布状况。《考古勘探工作报告》由文字、图片和照片等组成。文字内容应包括时间、地点、范围、面积、堆积深度、勘探结果、保护意见等；图纸包括文物点分布图、勘探平面图等；照片应包括工作场景、遗迹、遗物等。《考古勘探工作报告》应于勘探工作结束后15个工作日内完成。

三、考古发掘

考古发掘是指确因工程建设需要，对无法避让的文物埋藏点进行的抢救性发掘，主要依据《考古勘探工作报告》和经批准的《考古发掘工作计划》进行。考古发掘工作开展前应制定文物保护预案。

考古发掘应严格按照《考古发掘管理办法》和《田野考古工作规程》进行，要充分运用现代

科技手段开展多学科研究，尽可能提取更多的信息。要重视文物标本的采集、检测和鉴定工作。遇有重要发现，应及时上报文物行政管理部门，并采取保护措施保护好现场。

四、验收与评估

考古发掘工作的验收应根据工作需要进行。工作结束后7个工作日内，考古发掘单位应书面提请省级文物行政部门组织专家会同建设单位进行考古工地验收。验收工作结束后应及时形成书面验收意见并反馈给被验收单位。验收内容应包括考古发掘证照、资质资格，考古发掘资料，《田野考古工作规程》执行情况，发掘计划执行情况、经费使用情况以及文物和人员安全情况等。待考古工地验收工作结束后，省级文物行政部门应组织专家根据考古发掘结果，评估建设工程对文物的影响，研究对工程建设项目的意见。故宫属于全国重点文物保护单位，考古发掘报告应上报国家文物局。

《考古发掘工作报告》应全面反映发掘工作的过程和主要收获，由文字、图纸和照片等组成。文字内容包括工程概况、发掘时间、地点、经过、重要发现、保护措施及建议等；图纸包括工程位置图、考古发掘地点与工程的位置关系、考古发掘总平面图等；照片包括发掘地点地貌、发掘现场、重要遗迹遗物等。《考古发掘工作报告》应于考古工地通过验收后15个工作日内提交。

五、资料与文物移交

故宫院内的考古发掘资料严禁长期由个人保管，应在考古发掘工作结束后60个工作日内移交故宫博物院资料保管部门专门保管，在进行考古发掘资料整理工作时，可依据工作计划借阅相关资料。出土的文物及标本应按照相关规定上交国家行政管理部门。

第四节　考古调查、勘探和发掘实例

故宫文物保护工程项目实施前，必须查明建设场地是否有历史文化遗迹赋存，这就要通过考古调查、勘探和发掘来实现。下面介绍故宫文物保护综合业务用房项目考古调查、勘探和发掘的基本情况，以便读者进一步了解故宫文物保护工程项目的考古调查、勘探和发掘工作。

一、项目概况

（一）建设必要性

故宫文物保护综合业务用房项目的建设贯彻落实《故宫保护总体规划大纲》总体要求，清理、腾迁不合理利用的文物建筑，妥善安排腾迁部门的具体措施，基本解决文物保护综合业务用房的需求，使腾退出来的文物建筑得以修缮和保护，对故宫文物建筑的保护具有重要的意义。

（二）建设内容

故宫文物保护综合业务用房项目的建设内容包括办公用房和特殊业务用房，建设地点位于故宫西河沿地区，属于故宫保护范围的一般保护区，用地性质为文物管理用地。该地块北临城隍庙，南临第一历史档案馆，西临城墙，东临寿康宫、寿安宫西红墙，南北长约392 m，东西宽约50 m，

总面积约 19 675 m²。

二、考古调查、勘探和发掘的时间与经过

为支持故宫博物院文物保护综合业务用房项目建设，以保护地下文物为宗旨，根据《文物保护法》《故宫保护总体规划大纲》及国家文物局的要求，故宫博物院委托北京市文物研究所对西河沿建设用地范围进行考古发掘，并对建设用地范围遗迹的历史价值和保存状况进行科学论证和客观评价。发掘工作分两个阶段：第一阶段为 2007 年 10 月—2008 年 1 月，第二阶段为 2009 年 11 月—2010 年 6 月。

三、考古调查、勘探和发掘的工作程序及方法

在此次考古发掘过程中，严格按照《田野考古工作规程》中的工作规范进行发掘，由上而下，由晚及早，逐层发掘、清理、绘图、照相、登记、填写器物入库登记卡和发掘记录表，最后将档案装订成册，入档保存。

四、考古调查、勘探和发掘的情况

（一）基本情况

第一阶段考古发掘工作共布设探方 73 个，以 10 m × 10 m 为标准方，受临时建筑及地形影响，对部分探方进行了扩方和缩方。开挖探沟两条，总发掘面积 6 500 m²。经发掘，发现明清时期建筑基址 16 处、灰坑 96 个、灶 32 个、水井 3 眼、排水沟 3 条、渗水井 1 眼、现代坑 9 个；出土铜、铁、玉、陶、骨、料器、瓷、石、琉璃等各类质地文物 1 000 余件（质残碎片）。发掘现场局部见图 2-1。

第二阶段考古发掘工作发掘面积 1 280 m²，共布设探方 15 个、探沟 4 条，总布方面积 1 311.46 m²。其中，12 个探方是对 2007 年的探方重新布方发掘，每个探方为 10 m × 10 m，合计 1 200 m²。新开 2 个探方，位于本次发掘区的西北部，西临西城墙，北连临时库房，每个探方为 5 m × 5 m，合计 50 m²。新开探沟 4 条，位置在发掘区西部，合计 61.46 m²。共发现遗迹 48 处，其中房址 1 处、灶 8 处、井 2 口、灰坑 30 个、排水沟 3 处、灰池 2 个、砖基础 1 条、夯土基础 1 条。共出土遗物 30 余件，其中有栀子花纹方砖、罗地锦纹方砖、龙纹方砖（残）、琉璃瓦当、绿釉琉璃滴水、孔雀蓝筒瓦、灰陶筒瓦、灰陶板瓦、绿筒瓦、汉白玉石构件、青花瓷片、铜钱等。

（二）发掘结论

此次对故宫西河沿明清遗址的发掘，发现建筑基础、灰坑、灶、井、排水沟等遗迹多处，可分为明、清两个时期的遗迹。可确定为明代的遗迹仅有两处建筑基础，其他的遗迹均属清代。此次发掘表明，西河沿遗址始建于明初期，一直沿用至明亡。清初，明代房屋建筑遭到严重破坏、废弃，在明代废墟上，清朝统治者建了新的房屋院落，后屡有改建扩建。大体在清中期的道光朝，西河沿遗址的房屋建筑被毁，代之以垃圾坑，排水沟和水井也被淤塞填埋。该遗址被彻底废弃，直到今天。

图 2-1　发掘现场局部

目前基本可以断定，西河沿遗址是一处由多个单体房屋建筑和水井、排水沟共同组成的居住院落。从各单体建筑来看，地基处理草率，结构均较简单，组成的居住空间也仅仅是连间排房，建筑规格较低。西河沿遗址自清初以来，遭受的破坏十分严重。清初的大规模重建，使得明代建筑基础所剩无几。近现代人们的破坏性扰动，如开挖供水管道、铺设电线电缆、填埋垃圾等活动，更使得西河沿遗址，尤其是建筑基础，遭受了严重的破坏损毁，原有的建筑结构及布局已无法弄清。

《明宫史》卷一载："……自玄武门迤西……自北而南，过长庚桥至御酒房后墙，曰长连，可三十一间，再前曰短连，可三间……总曰廊下家，俱答应、长随所住"。此次发掘所揭露的排房，可能就是明代紫禁城内称为"廊下家"的西段。

此次发掘出土了大量的瓷片。其中属元代的数量极少，仅有个别卵白釉碗和磁州窑瓷器。遗存中明代瓷器多为景德镇瓷器，另有较多的明初时期的龙泉窑青瓷，均制作精细，官窑器物比例很高。出土的清代瓷器多为景德镇瓷器和磁州窑器，另有少量德化窑瓷器。它们大部分为制作粗糙的民窑产品。这些瓷器，对探讨明清两代宫廷瓷器的使用制度、官窑瓷器的发展变化以及各窑的兴衰等问题具有重要学术价值。

五、历史遗迹保护措施和方案

本工程本着文物保护的指导思想，践行"真实性"原则，保护故宫历史建筑的完整性，保护不同类型、等级的建筑代表，以西河沿遗迹保护为首要，紧密结合遗址保护进行建筑设计，将遗址保护有机融入建筑设计之中，从功能布局、空间组织、外观设计、保护设施等多方面统一考虑。对西河沿区域历史遗迹采取以下方式和措施进行保护。

1）对可移动的文物进行妥善收藏保护。对出土的铜、铁、玉、陶、骨、料器、瓷、石、琉璃等各类质地文物（质残碎片），集中在故宫文物库房内保存，可选择性地进行展示。

2）对不可移动的遗迹进行保护与展示。对建筑用地范围内的两口清代水井与建筑用地范围外的一段排水沟采用钢结构承重安全玻璃罩和仿清代青白石护栏进行展示，玻璃罩强调通风与清洗便利。

对古井（如图 2-2 所示），首先清理现场，对井底进一步淘浚。检查井圈结构，如有开裂松动，应灌注石灰浆加固，所有砖缝重新用白灰浆勾抹。地面铺地砖按照原来位置重新安装，所有砖缝重新用白灰浆勾抹。从保护井与地面砖石遗迹的方面考虑，可在现有柱础上加盖钢结构承重安全玻璃罩，高度以满足保护功能且不影响游客视线为宜。玻璃顶要考虑排水与清洗方便。游客在保护棚外侧参观，不可进入。

图 2-2　古井

对古排水沟（如图 2-3 所示），要求清理现场，对松动处灌注石灰浆加固，所有砖缝重新用白灰浆勾抹。地面铺地砖按照原来位置重新安装，所有砖缝重新用白灰浆勾抹。对排水沟遗迹加做玻璃保护罩，强调通风与外观简洁。

3）避免对故宫城墙产生不良影响。故宫城墙基础宽度自城墙向东侧延伸 4.8~5.5 m，平均宽度 5.15 m，埋深 1.7~2.2 m，平均埋深 1.95 m。为更好地保护城墙，拟建建筑西侧连房地下部分不设地下室，地下室西侧距城墙基础东侧最小距离达 12 m，西侧连房地下部分距城墙 6 m，做柱下条形基础，埋深在城墙基础之上。

4）施工措施。地下室开挖后应进行边坡支护，由于坡顶附近存在重要建筑物，边坡支护应由专业的岩土勘察设计单位设计施工。

具体保护措施需结合建设方案考虑。

图 2-3　古排水沟

第六章　项目文物影响评估

因故宫文物保护工程项目位于故宫遗产保护区内，在项目实施前，必须进行文物影响评估，充分论证建设项目对周边文物建筑的影响，对故宫整体环境的影响，并提出文物保护的建议和降低施工影响的措施。只有当文物影响评估结果表明建设项目不会对故宫遗产带来不良影响时，才能进行建设。

第一节　文物影响评估的目的

依据相关国际宪章、公约、宣言和导则等，依据国内现有法律、法规和文件，对故宫文物保护工程项目进行客观、全面的评价，通过资料收集、现场调研，同时参照《故宫保护总体规划大纲》的要求，评估文物保护工程项目对文物本体及环境的直接或潜在影响，特别是对世界文化遗产突出普遍价值（OUV）的影响，提出工程影响减缓措施建议，确保文物价值及其历史信息得以永续传承，为相关主管部门、管理使用单位、利益相关者的决策咨询提供评估意见。

第二节　文物影响评估的原则

一、文物保护单位的本体是保护的关键

文物按存在形式分为地面文物和地下文物两种。直接影响本体的切割、占压类建设项目要事先通过研究和考古，在评估文物保护单位的基础上，评价建设项目的可行性。间接影响文物本体的跨越、下穿类建设项目事先要分析跨越范围内的文物类别、性质、现状等，若具备建设实施条件，在方案设计阶段，需进行相应的文物保护规划。

二、在重大工程面前要准确、科学、现实地分析文保单位的价值

在重大文物保护工程项目中，应合理对待该工程为文物保护单位带来的价值。针对有重大意义的文物保护工程项目，可通过考古勘探、发掘、文物影响评估、专家论证会等方式，论证项目的可行性，使得项目顺利开展。在文物影响评估通过的前提下，保护工程可改善文物保护单位内部的基础设施，消除安全隐患，同样是对古建筑及文物的保护。

三、考古是一切评估的基础

在故宫等文物保护单位进行文物保护工程项目的施工，考古工作是一切评估的基础，也是一切文物工作的基础。考古工作需要进行到何种阶段是由评估重要性、深入性决定的。若拟建设场地已进行过考古勘探与发掘，则可以通过研究前期资料进行判断；有的拟建地点位于建设控制地带或保护范围内，尚未做过考古勘探和发掘，则需进行前期勘探。总而言之，在故宫等文物保护单位进行文物保护项目施工前，务必获得建设许可。

第三节　文物影响评估报告编制大纲

一、前言

文物影响评估报告前言部分主要包括项目概况阐述、评估范围划定、评估目标及评估内容的确定。通过对项目背景、必要性的概述，阐明文物影响评估报告的重要性，同时该报告应对项目级别、拟建地位置及相关依据做具体说明。

二、评估依据、方法和程序

（一）评估依据

1. 国际公约

◆《保护世界文化和自然遗产公约》（1972 年）（Convention Concerning the Protection of the World Cultural and Natural Heritage）

◆《实施〈保护世界文化遗产与自然遗产公约〉的操作指南》（2013 年）（Operational Guidelines for the Implementation of the World Heritage Convention）

◆《佛罗伦萨宪章》（1982 年）（The Florence Charter）

◆《考古遗产保护与管理宪章》（1990 年）（Charter for the Protection and Management of the Archaeological Heritage）

◆《国际古迹保护与修复宪章》（1964 年）（International Charter for the Conservation and Restoration of Monuments and Sites）

◆《保护考古遗产的欧洲公约》（1975 年）（European Charter of the Architectural Heritage）

◆《文化遗产阐释与展示宪章》（2008 年）（Charter on the Interpretation and Presentation of Cultural Heritage Sites）

◆《奈良真实性文件》（1994 年）（The Nara Document on Authenticity）

◆《西安宣言——保护历史建筑、古遗址和历史地区的环境》（2005 年）（Xi'an Declaration on the Conservation of the Setting of Heritage Structures，Sites and Areas）

2. 法律法规

◆《中华人民共和国文物保护法实施条例》

◆《世界文化遗产保护管理办法》

◆《中国世界文化遗产专家咨询管理办法》

◆《中华人民共和国文物保护法》

3. 相关文件

◆国际古迹遗址理事会（ICOMOS）《世界文化遗产影响评估指南》

◆《中国文物古迹保护准则》（2000 年）

◆国家文物局关于全国重点文物保护单位保护范围、建设控制地带内建设项目文物影响评估工作的要求

◆《关于加强和改善世界遗产保护管理工作的意见》

4. 工程设计、规划资料

◆《故宫总体保护规划大纲》（2005 年）

◆《北京城市总体规划》

◆《国务院关于〈北京城市总体规划〉的批复》

◆《北京历史文化名城保护规划》（2005 年）

◆《北京皇城保护规划》（2005 年）

◆《北京旧城二十五片历史文化保护区保护规划》（2005 年）

◆《明清故宫突出普遍价值申明（OUV）》

◆《故宫博物院五年发展计划（2021-2025 年）》

（二）评估方法和程序

评估方法与程序包括前期准备、评估分析及报告的编制与提交 3 个方面。

前期准备包括组建评估项目组和编制工作大纲。

评估分析包括明确评估区域及工作范围，分析评估重点和风险，收集数据及资料，进行数据整理与分析。此外，还需调查并识别、评估对象价值，特别是关联遗产 OUV 的属性，分析项目实施及其带来的变化和风险。建立影响评估模型和对比分析，提出直接的和间接的影响因素，影响因素分级、评估。同时提出缓解、避免、减少、修复或补偿的建议。

报告的编制与提交包括形成评估报告初稿、咨询专家意见。修改完善评估报告后，提交最终报告。

三、文物概述

文物概述包括明确遗产名称、编号、位置、类型、列入《世界遗产名录》的时间及文物价值陈述，同时需要列举出工程项目涉及的周边主要文物建筑。

故宫遗产名称为“明清故宫（Imperial Palace of the Ming and Qing Dynasties）”，编号为“200-003”，位置位于北京市东城区，文物类型为“建筑群”。1987 年，根据文化遗产遴选标准 C（Ⅲ）、（Ⅳ）其被列入《世界遗产名录》。

四、文物价值概述

（一）文物价值特征

文物价值特征主要针对文物核心价值进行阐述，表明文物的重要属性。

北京故宫是我国古代宫城发展史上的最高典范，是世界上现存规模最大、保存最完整的古代宫殿建筑群。在建筑群体布局、空间序列设计上，它传承和凝练了中国古代城市规划和宫城建设的传统，体现了中国古代宫殿建筑群特有的轴线布局、中心对称、前朝后寝等特征，成为中国古代建筑制度的集成典范。其宫殿建筑的技术与艺术亦可谓汇聚了中国古代官式建筑的最高成就，对清朝约 300 年间的中国官式建筑产生了广泛的影响。它作为明清两代的政治中心、权力中心和皇家住所，对 15—20 世纪中国古代社会的后期发展，特别是为中国传承几千年的礼制文化和皇家宫廷文化提供了独特的见证，在中国文明与文化发展史上具有杰出的历史文化价值。

故宫内的宗教建筑，特别是一系列的皇家佛堂建筑汲取了丰富的民族文化特色，见证了 14 世纪之后满族、汉族、蒙古族、藏族等民族在建筑艺术上的融会与交流。同时，它所拥有的各类典籍、家具、摆设等载体，特别是上百万件的珍贵皇家藏品，见证了中国明清时期的宫廷文化和典章制度。它所留存的大量的古代工程技术相关的文字、图纸、烫样等档案亦是极为珍贵的遗产。所有这些珍贵遗存与宫殿建筑群共同构成了突出普遍价值。

（二）适用价值标准

项目应确定建设区域内文物保护单位的适用价值标准，围绕此标准建立文物保护工程项目的目标价值。故宫的适用价值标准有以下 4 个方面。

标准 1：故宫作为世界上规模最大的古代木结构宫殿建筑群，是中国建筑发展史上的伟大作品。

标准 2：故宫的建筑，展示了不同民族传统建筑风格的融合，表现了中国宫殿建筑受到的民族文化交流的重要影响。

标准 3：故宫真实保存了景观、建筑、家具和艺术品，承载了明清之际中华文明的物证，同时为满洲人延续几个世纪的萨满教习俗与生活传统提供了特别的证明。

标准 4：故宫是中国宏伟、富丽建筑群的一个突出实例，说明了清代上溯至元、明的皇权体制的庄严，也诠释了满族的传统，并为 17—18 世纪此类建筑的发展历史提供了物证。

（三）真实性和完整性

1）真实性。明清故宫，特别是北京故宫真实保存了中国礼制文化在建筑群体布局、形制与装饰等方面的杰出表现；真实保存了以木结构为主体的中国官式建筑技术与艺术的最高成就，传承了传统工艺；真实保存了可见证明清皇家宫廷文化的各类载体，以及由此展现的中国明清时期皇家宫廷的生活方式与价值观。

2）完整性。明清故宫自清王朝覆灭之后，其保护一直受到人们的重视与关注，现已划定的遗产区完整囊括了承载遗产的创造精神、影响力、历史见证和建筑典范等价值的所有元素，完整保存了 15 世纪之后、特别是 17—18 世纪的中国宫廷建筑的技术与艺术成就，完整保存了明清宫廷文化各类载体以及满族、汉族生活方式的特征与交流融合的历史信息。缓冲区则完整保存了宫殿建筑群在城市历史上的空间序列和皇城环境。

五、建设项目概况

建设项目概况主要包括项目建设必要性、建设标准及工程的进度阐释。

故宫是世界文化遗产地，在建设标准上，故宫文物保护工程项目在选材和建设标准上应有较高的要求。在设计和选材上，需满足环境保护、抗震、防护、防水、防火、防腐蚀等工艺要求，同时兼顾相关专业标准，结构有足够的强度、刚度，满足耐久性要求。

六、建设项目涉及相关文物的价值评估

项目应对保护区内建设项目可能涉及的文物建筑进行价值评估。

以故宫为例，依据《故宫保护总体规划大纲》中文物建筑保护措施分级规划的要求，以文物建筑为单位，就各单体间的相对文物价值及其保存现状等综合情况进行分类评估。根据各文物建筑单体的保存情况和价值，故宫文物建筑共分为 4 类：属于一类的占总量的一半以上；属于二类的约占总量的 2/7 ；属于三类的占总量的近 1/7 ；属于四类的约占总量的 1/50。在此统计基础上，将施工区域内涉及的周边主要文物建筑进行列举，标明文物建筑等级并在图纸上进行区分。

七、建设项目对文物保护单位及保护范围和建设控制地带的文物可能造成影响的分析、预测和评估

（一）文物保护单位文物保护情况及其变化

故宫博物院现有的古建筑、文物遗迹、基础设施及文物库房等都是随着时代变迁和故宫发展逐渐形成和建设起来的，除了古建筑本身以外，全院现有的各种管线、相应的基础设施机房、文物库房各项设施是近几十年来陆续配置的，但是始终没有一个完整的、合理的系统规划。

故宫建设之初，由于当时条件的局限，仅有一些简单的、原始的设施，如水井、蓄水缸等，而照明和取暖问题只能采用明火解决，雨水主要采用明沟和暗沟进行排放。中华人民共和国成立初期，故宫博物院对基础设施进行了改造建设，开始铺设污水管线，建设水冲厕所；铺设消防管道，为古建筑安装避雷针等。20 世纪 70 年代，故宫开始铺设热力管线，敷设电缆，建设变电所，扩大防雷工程，延伸污水管线，增加厕所，成立专业消防队。20 世纪 80 年代至 90 年代后期，故宫又修建了临时高压消防管网水泵房和室外消火栓等设施。但当时的建设规模相对滞后，各种管材科技和施工工艺水平明显不足。

进入 21 世纪以来，随着旅游事业的发展和故宫的影响力不断扩大，故宫的参观人数已严重超过了安全合理的接待能力，同时文物藏品的数量远超过故宫文物库房的储藏能力，而现状的基础设施、文物库房等已经不能满足故宫的发展需要，亟须进行相应的改造。

（二）文物影响分析

文物影响分析是故宫文物保护工程项目特殊的，也是必须要进行的一项工作。文物影响分析包括拟建项目的影响内容分析、项目各个时期对文物可能产生的影响因素分析及文物影响可接受程度分析。

首先，项目需论证文物保护工程项目对文物本体是否存在影响。若存在影响，需提出在设计、

施工过程中的文物保护方案并进行专家论证，论证通过后方可实施，确保拟建项目范围内的文物不受破坏。同时需论证本项目对工程区域内建筑格局、潜在遗存、文物空间、景观环境是否存在不良影响，对工程区域内文物的使用功能、文化内涵阐释、文化传统传承是否起到有益的作用。

其次，项目需分析设计、施工和运营过程中可能对文物造成影响的因素，进行预判，同时提出相应的应对方案。在设计期项目人员通常希望工程对恢复文物景观有积极的作用。施工期可能造成环境污染，如施工中的粉尘、噪声、化学材料、建筑垃圾、生活垃圾以及其他废弃物的影响，水土流失、地下管线损坏等；也可能对保护管理工作产生不利影响，例如施工工地可能造成开放方面的管理难度，给游客正常参观带来干扰。运营期通常可以带来积极的影响，包括维护故宫整体环境，提高院内基础设施综合防灾、减灾的能力，加强对文物及文物建筑的有效保护和管理，直接保护故宫古建及文物古迹的完整性。

文物影响可接受程度分析建立在综合项目设计方案、价值评估情况、影响内容和影响因素等内容的基础上，梳理项目在施工中可能对文物建筑及古迹产生的影响，提出相应的管控措施。根据故宫文物保护工程项目施工期对文物可能产生的不利影响，以下列举具有共性的管控措施。

1. 施工期扬尘治理

目前对施工期间产生的扬尘污染治理，主要是通过施工现场的环境管理制度和采取一些降尘防尘措施来减少施工期间项目对大气环境的污染，通常可以通过以下措施达到目的：在施工现场加设围挡减缓扬尘污染；加强工地管理，注意建筑材料的堆放，尤其是加强水泥、石灰等易产生扬尘材料的管理，有条件的工地应把易产生扬尘的材料堆放在工棚内；避免在大风天气下装卸易产生扬尘的建筑材料；加强运输车辆的管理，对驶出施工区的车辆采取减少散落的措施；对施工场地、运输车辆和堆放的土堆应定期洒水，减少二次扬尘；开挖的土方如果在现场堆放要进行覆盖处理，尽量不要使地面裸露。

2. 施工期噪声治理

施工对周围环境的噪声影响会随着工程的完成而自行消失。由于在施工过程中，需动用大量的车辆及施工机械，它们的噪声强度较大，声源较多，而这些施工设备又多位于室外，在一定范围内，会对周边的环境产生一定的影响，因此在施工期应采取降噪对策。

3. 施工期建筑垃圾治理

施工期的建筑垃圾主要来源于开挖的土方、废弃的建筑材料等。对施工期产生的建筑垃圾应采取有效的防护措施，如及时清理建筑垃圾，严禁随意丢弃和堆放建筑垃圾，尽量避免使其风吹雨淋，在垃圾运输过程中避免洒落。在故宫内若开挖出文物或古建筑遗迹构件等不得擅自藏匿，应当报请文物行政主管部门处理。其他废料中的废旧木材可以由回收单位利用，砖及混凝土材料应集中收集外运至建筑渣场填埋处置。生活垃圾依托景区现有垃圾收集清运系统和外运城市生活垃圾填埋场进行卫生填埋。木材、加工木屑、边角料等可外售相关单位进行回收利用。通过以上处理处置措施，施工期产生的固体废物对文物保护区的环境影响可降到最低。

4. 水土流失防治措施

施工时应严格控制施工作业范围，避免过多地破坏地表植物；大规模的土石方工程应尽量避开多雨季节；土石方工程作业面在完工后，要及时采取措施，如平整路面、夯实、护砌、植草皮等；在主体工程完工后，应及时采取植草皮、绿化等措施，恢复裸露坡面的植被覆盖。无论对填、

挖方工程边坡还是取土点的开挖面来说，恢复植被覆盖率都是比较有效的保护措施。

5. 施工过程中文物及地下管线保护措施

故宫文物保护工程项目大多位于故宫博物院内，地理位置特殊，是古建筑密集的文物保护区。除地上有很多古建筑外，地面以下还有待考察发掘的文物遗迹。因此在进行文物保护工程施工时，应将对周边构筑物（文物）及地下管线的影响降到最低，重视地上建筑物及地下构筑物、文物遗迹、管线的调研，因地制宜，选择合适的施工方法。选址尽量避开重要的构筑物，以减小施工产生的不利影响。同时加强施工监控量测，建立安全预警机制，以应对突发事件。

在地下文物和重要地下管线附近施工时，尽量采取人工开挖，避免使用机械开挖，以减少机械开挖对周边环境的扰动和影响。施工时加强现场管理，并建立施工、监理、第三方监测、建设方、设计等多方联动机制，施工发现异常，及时向各方通报沟通，第一时间解决问题。同时特别强调对施工人员的安全教育培训，使其认识到故宫文物保护工程项目的特殊性，始终以安全施工为第一，以保护文物为己任。

综上所述，施工期的环境影响是短暂的，并且受人为和自然条件的影响较大，因此应加强施工现场管理，并采取积极有效的防护措施，最大限度地减少施工期对周边环境的影响。

八、关于文物施工和监测的建议

（一）加强文物施工监控与管理

故宫文物保护工程项目均位于世界文化遗产保护区域，因此施工过程应加强监控与管理，确保施工过程符合文物施工要求，避免对文物及古建筑造成不良影响。

（二）加强施工监控量测，建立安全预警机制

施工时加强对地面建筑物、构筑物、地下管线的变形监控量测，以便及时发现问题，并反馈给设计，指导施工。监控变形限值应满足建、构筑物（文物）及管线保护的要求，并根据监控量测的要求，建立安全预警机制，制定完善的应急预案，以应对突发事件。

（三）扩展监测内容，深化后续监测工作

2011 年故宫博物院成立遗产监测中心，并陆续开展了古建筑数据库建设、木构件勘察、树种鉴定、环境质量、游客数据、基础设施等各方面监测工作，于 2012 年度、2013 年度分别整理编撰了故宫年度监测报告，为遗产监测工作提供了很好的实践范例。

为更好地满足《保护世界文化和自然遗产公约》《文物保护法》和《世界文化遗产保护管理办法》等的要求，故宫博物院进一步扩展监测内容并深化监测工作，包括日常监测、定期监测、反应性监测，并进行巡视，为后续的保护管理和相关文物保护项目实施积累更多的实时记录与实践经验。

第七章　项目环境影响评价

环境影响评价是建设项目实施前必须进行的一项工作，通过调查研究，评价建设项目对周边环境的影响程度。故宫是世界文化遗产地、遗产保护区，内部的文物建筑对外界环境的变化十分敏感。因此，在进行工程项目建设时必须充分分析建设项目对周边环境的影响，确保不会给周边环境带来不良影响，不会给周边文物建筑带来不良影响。

第一节　环境影响评价的主要内容

按照国家现行规定，新建工程项目必须进行环境影响评价。尤其因故宫博物院所处的特殊地理位置，项目施工的环境影响更应受到重视。故宫文物保护工程项目环境影响评价主要内容包括环境条件调查、工程分析、环境影响因素确定、环境影响程度分析和环境保护措施。

一、环境条件调查

工程项目应对拟建项目所在地的环境条件做全面详细的调查，确定所在地的自然环境、生态环境、社会环境和其他特殊环境的环境状况，这样才能对建设项目引起的所有重要的直接或间接的环境影响进行评价。环境条件调查的重点因素和调查内容包括自然环境调查、社会环境调查及环境保护区调查。

（一）自然环境调查

自然环境调查指调查项目所在地的大气、土壤、水体、地貌等自然环境状况及其发展趋势。

1）说明拟建项目所在位置，并提供区域位置图和地形图，叙述区域周围地形、地貌及场地主要地质特征，如河堤冲刷、地震、土壤性质；工程地质对建筑物的影响大小，如地基由于建筑物的压力而下沉，土坡因挖掘而崩陷等结论性意见；水文地质是与工程现象中有关的地下水文现象，项目应调查对可能受到拟建项目运行影响的水体及其地下水的形成、含水厚度分布、水位等值线、水力坡度及运动规律等，提供理化性质及生物、水文特性、季节水位变化幅度的均值及极值。

2）叙述拟建项目区域的地表水，如金水河的相对位置、大小形状、流动方式及流域概况，给出温度、水位、流速、流量、洪水位、丰水期与枯水期水位、水体底部以及岸边构造等参数；对可能受污染的水体应给出平均宽度、深度、扩散系数和稀释的不均匀性等参数值。

3）提供对拟建项目区域有影响的暴雨、风暴等造成的洪水水位、流量、规模及作用的相关数据。

4）调查拟建项目所在地区的气候特征，包括年、月平均气温和极端温度、湿度、降水量、降

水和出现雾的小时数等；给出各类大气稳定度下适宜的大气扩散参数和现场必要的观测与实验资料。

（二）社会环境调查

本项工作调查项目所在地与周边居民生活、风俗习惯、文化教育卫生等有关的社会环境状况及其发展趋势。对于故宫博物院来说，即可将不同时期人们对故宫产生的政治、文化方面的影响作为社会环境调查的重点。

（三）环境保护区调查

本项工作调查项目拟建地周围地区的名胜古迹、风景游览区、绿地、公园、疗养地等环境保护区状况及其发展趋势。

二、工程分析

工程分析是环境影响预测和评价的基础，并且贯穿于整个评价工作的全过程，主要任务是对工程建设的一般特征、污染特征及可能导致生态破坏的因素做全面分析，从宏观上掌握建设项目与区域乃至国家环境保护全局的关系；从微观上为环境影响预测、评价和提出削减负面影响的措施提供基础数据。工程分析的主要内容需根据建设项目的特征以及项目所在地的环境条件来确定。对于环境影响以污染因素为主的大多数工程项目，工作内容一般包括以下几点。

1）工程概况描述。内容包括工程的一般特征、工艺路线、生产方法、物料能源消耗定额及主要的技术经济指标等。

2）污染影响因素分析。内容包括污染源分布和排放量分析，废水、废气和固体废弃物的处理与处置。

3）污染源分布的调查方法。

4）事故与异常排污的源强分析。事故和异常排污是非正常排污，具有不确定性。在源强分析中，不但要确定污染物排放量，还要确定与其对应的发生概率，因此属于风险评价的范畴。

5）污染物排放水平的检验。为了辨识以上工程分析的结果是否合理，应将本项目的结果与国外同类项目按单位产品与万元产值的排放水平进行比较。

6）污染因子的筛选。工业建设项目排放的废气、废水及固体废弃物中，存在多种不同的污染物，但对环境有重大影响的只是其中一部分，且影响程度也各不相同。所以，必须抓住重点，筛选出主要的污染因子并进行评价。

7）工程分析用于环境影响辨识。这一步的工作是辨识主要污染因子的污染影响特征、危害环境的途径及对象。

8）环境保护方案与工程总图的分析。

9）对生产过程和污染防治的建议。

三、环境影响因素确定及环境影响程度分析

在全面分析项目所在地的环境信息之后，即可根据工程项目类型、性质及规模来分析和预测该工程项目对环境的影响，找出其主要的影响因素，作为环境影响程度分析。在分析工程项目对环境的影响之后，即可对项目建设过程中破坏环境、生产运营过程中污染环境且导致环境质量恶

化的因素进行分析。

四、环境保护措施

在分析环境影响因素和其影响程度的基础上，根据国家有关环境保护法律、法规的要求，研究治理的方案。结合项目的污染源与排放污染物的性质，采取不同的治理措施。在进行措施比选后，提出推荐方案，并编制环境保护治理设施与设备表，同时列出用于污染治理所需的投资，此投资以可行性研究报告估算值为基础，必要时可做适当调整。

第二节　环境影响评价的作用

一、保障和促进国家可持续发展战略的实施

当前，实施可持续发展战略已成为我国国民经济和社会发展的基本指导方针。实施可持续发展的一个重要途径就是将环境保护纳入综合决策，转变传统的经济增长模式。国家制定环境影响评价的法规，建立健全环境影响评价制度，在建设项目实施前就综合考虑到环境保护问题，从源头上预防或减轻项目对环境的污染和对生态的破坏，从而保障和促进可持续发展战略的实施。

二、预防因建设项目实施对环境造成不良影响

以预防为主是环境保护的一项基本原则。如果等造成环境污染后再去治理，不但在经济上要付出很大代价，而且很多环境污染一旦发生，即使付出很大代价，也难以得到恢复。因此对文物保护工程项目进行环境影响评价，使其在兴建动工之前，就可根据环境影响评价的要求，修改和完善建设方案设计，提出相应的环保对策和措施，进而预防和减轻项目实施对环境造成的不良影响。

故宫是文化遗产地，对环境的要求更高，项目建设禁止对文物建筑、内金水河、外金水河等带来不良环境影响，因此在方案设计阶段应对不良影响进行综合评估，确保方案达到故宫建设环境标准。

三、促进经济、社会和环境的协调发展

经济的发展和社会的进步要与环境相协调。为实现经济和社会的可持续发展，必须将经济建设、城乡建设与环境建设和资源保护同步规划、同步实施，以此达到经济效益、社会效益和环境效益的统一。对文物保护工程项目进行环境影响评价在于避免和减轻环境问题对经济和社会的发展可能造成的负面影响，达到促进经济、社会和环境协调发展的目的。

第三节　环境影响评价的要求

具体的环境影响评价工作应体现政策性、针对性和科学性，并符合下列工作要求。

一、政策性

政策性是文物保护工程项目环境影响评价工作的灵魂，评价工作必须根据国家和地方颁布的有关法律、方针、政策、标准、规范以及规划，提出切合实际的环境保护措施与对策，使其达到必须执行的规定标准，符合国家环境保护法律法规和环境功能规划的要求。

二、针对性

环境影响评价工作者必须针对项目的工程特征和所在地区的环境特征进行深入分析，并抓住危害环境的主要因素，带着问题搞评价，使工作有的放矢，进而确保环境影响评价报告起到为主管部门提供决策依据、为设计工作制定防治措施提出建议、为环境管理提供科学依据的 3 个基本作用。

三、科学性

环境影响评价是由多学科组成的综合技术，其工作内容主要是针对文物保护项目的具体内容预测其未来的影响。由于这项工作在时间上具有超前性，所以开展这项工作时，从现状调查、评价因子筛选到专题设置、监测布点、取样、测试、分析、数据处理、模式预测以及评价结论都应严守科学态度，认真完成各项任务。

第四节　环境影响评价报告编制大纲

一、建设项目内容

在环境影响评价报告的编制中，需阐明文物保护工程项目的建设地点，建设或改造的具体内容，论证该项目的建设是否符合国家及市级的产业政策。由于文物保护项目位于故宫博物院内，同时需考虑工程是否符合《北京城市总体规划》及《故宫保护总体规划大纲》。

故宫博物院以《故宫保护总体规划大纲》为依据，根据总体规划的要求，将故宫文物保护项目进行统一规划、有序管理，以解决市政配套设施设备老化、历史文物及建筑存在安全隐患等问题。本项目依据《中华人民共和国环境影响评价法》《建设项目环境保护管理条例》等有关环境保护法律、法规的要求，以及北京市建设项目环境保护分类管理的有关规定，编制故宫文物保护工程项目的《建设项目环境影响报告表》。

二、建设项目所在地自然环境及社会环境简况

自然环境简况包括项目所在地地形、地貌、气候、气象、水文、植被、生物多样性等内容。社会环境简况包括社会经济结构、教育、文化、文物保护等内容。

（一）地理位置

东城区位于北京市主城区的中心，介于北纬 39° 51′ 至 39° 58′ 、东经 116° 22′ 至 116° 26′ 之间。北、东与朝阳区相接，南与丰台区接壤，西与西城区毗邻，东西最宽处 5.2 km，南北最长处 13.0 km。故宫的文物保护工程项目均位于故宫博物院内。

（二）地形、地貌

北京的平原主体为永定河、潮白河、温榆河、大石河等几条河流联合冲积形成的山前平原，沉积组构、空间相变规律具有较为明显的区域性特征和过渡、渐变性。东城区位于扇形地的脊背上，地貌类型为“北京缓倾斜冲积平原区”，地势平坦，由北向南缓倾，海拔 30~50 m，天安门广场海拔为 44.4 m。故宫文物保护工程项目所在地均地形平坦，地面标高为 44.5~45.95 m。

（三）气象、气候

东城区位于北京市中心，属于典型大陆性暖温带季风气候，四季分明。根据北京市气象局近 30 年统计数据，该地区年平均温度为 12 ℃，年平均最低温度为-9.4 ℃，年平均最高温度为 30.8 ℃，年平均相对湿度为 58%，年平均降水量为 640 mm，主要降水集中在七八月份。春、夏季主导风向为南风，平均风速为 3.4 m/s；秋、冬季主导风向为北风，平均风速为 3 m/s。

（四）地表水

东城区境内有北护城河、筒子河、内金水河、菖蒲河等河流。城内北护城河鼓楼外大街至原城东北角一段长 3 098 m，宽 26~30 m。筒子河又名紫禁城护城河，全长 3.5 km，宽 52.0 m，深 4.1 m。内金水河从宫城西北隅的筒子河引水入宫城，全长 2 000 m，宽 5~11 m。菖蒲河为北京最短的河流，源自皇城西苑中海，经天安门城楼汇入御河。故宫文物保护工程项目所在地区域涉及的地表水体主要为筒子河和内金水河。

（五）土壤和植被

东城区土壤为洪冲积物褐土性土，受地貌、气候、土壤等因素的影响，区内植被呈垂直性分布规律。海拔 800 m 的中山地区一般生长着刺玫等野生植物，覆盖率达 60%~70%；海拔 300~800 m 的低山地区，主要为油松、山杨等人工栽培的林木，覆盖率达 30%~40%；海拔 70~300 m 之间的区域多有人工栽培的苹果、梨、杏果树和油松、侧柏等；平原地带主要是农田，以蔬菜、水稻、小麦为主，此外还种植有杨、柳、槐、榆等树木。

（六）行政区划与人口

东城区建成区面积 41.84 km^2，现辖 17 个街道，205 个社区。根据《北京市东城区 2019 年国民经济和社会发展统计公报》（2020 年 3 月），2019 年年末全区常住人口 79.4 万人，比上年末减少 2.8 万人，降幅为 3.4%。

（七）经济发展

根据《北京市东城区 2019 年国民经济和社会发展统计公报》（2020 年 3 月），经济总量：初步核算，全年实现地区生产总值 2 910.4 亿元，按可比价格计算，比上年增长 6%，其中，第三产业

实现增加值 2 822.9 亿元，增长 6.2%，占全区经济总量的 97%；第二产业实现增加值 87.5 亿元，下降 0.6%，占全区经济总量的 3%。

全区一般公共预算支出（不含基金预算支出）完成 259.3 亿元，比上年增长 3.1%。城乡社区支出、教育支出、社会保障和就业支出是公共财政预算支出的主要方向，分别支出 66.9 亿元、70.6 亿元、34.5 亿元。

（八）文物保护

截至 2019 年，全区共有文物保护单位 164 个，其中国家级文物保护单位 37 个，市级文物保护单位 69 个，区级文物保护单位 58 个。其中包括天安门广场、人民英雄纪念碑、毛主席纪念堂、北大红楼、故宫、国子监、孔庙、钟鼓楼、雍和宫、劳动人民文化宫、中山公园中山堂、智化寺、普渡寺、东四清真寺、王府井天主教堂等著名建筑和名胜古迹。故宫的文物保护工程项目所在地——故宫博物院本身就是全国重点文物保护单位。

三、环境质量现状及环境保护目标

建设项目所在地区域环境质量现状包括环境空气质量现状、地表水环境状况、地下水环境情况及声环境质量状况。根据故宫文物保护工程项目现状条件调查，由于建设区域属于重点文物保护地区，主要以项目区域内的珍贵文物、历史建筑、古树名木及周边地表水体作为环境保护目标。

四、评价适用标准

评价适用标准包括环境评价适用标准和污染物排放评价适用标准，两类环境要素评价适用标准介绍如下。

（一）环境质量标准

1）环境空气质量：确保文物保护工程项目所在区域环境空气质量满足《环境空气质量标准》（GB 3095—2012）二级标准限值的要求。

2）声环境质量：确保文物保护工程项目所在区域满足《声环境质量标准》（GB 3096—2008）I 类标准限值要求。

3）水环境质量：故宫文物保护工程项目所涉及的地表水体均为人体非直接接触的用水区，水质分类为Ⅳ类，执行《地表水环境质量标准》（GB 3838—2002）中的Ⅳ类标准。所涉及的地下水执行《地下水质量标准》（GB/T 14848—2017）Ⅲ类质量标准，确保故宫文物保护工程项目不对周边地表水体、地下水水质产生不良影响。

4）生态环境：确保项目用地范围内的生态环境质量不因项目建设而发生恶化。

5）社会环境：确保项目建设不会对区内文物建筑造成不良影响，不会对周边居民环境造成不良影响。

（二）污染物排放标准

1）大气污染物：包括施工扬尘和焊接烟尘。故宫的文物保护工程施工严格按照《北京市建设工程施工现场管理办法》（北京市人民政府令第 247 号）中关于环境保护的有关规定及《防治城市扬尘污染技术规范》（HJ/T 393—2007）中的要求来实施施工扬尘的控制。焊接烟尘执行北京市《大气污染物综合排放标准》（DB11/ 501—2007）中焊接烟尘的无组织排放浓度限值规定。

2）噪声：施工期噪声执行《建筑施工场界环境噪声排放标准》（GB 12523—2011）中的排放限值规定。

3）固体废物：项目施工产生的固体废物及施工人员生活垃圾执行《中华人民共和国固体废物污染环境保护法》和《北京市生活垃圾管理条例》中的相关要求。

五、建设项目工程分析

本项目通过分析工程工艺流程、施工方案及重点节点处理方案等，确定施工期及运营期的主要污染源，总结建设项目主要污染物产生及预计排放的情况，同时阐明施工过程中对生态方面的影响，以形成环境保护预案，采取相应的环境保护措施。

六、环境影响分析

通过对施工期的环境影响分析，确定环境影响程度，同时提出相应的环境治理及污染防控方案。分析内容主要包括污染源分析、大气环境影响分析、声环境影响分析、水环境影响分析、固体废物影响分析及生态环境影响分析。

故宫文物保护工程项目在水、气、声、固方面均有不同程度的施工污染产生，施工污染源汇总如表 2-1 所示。

表 2-1　施工污染源汇总表

类别	施工期污染源
大气	1）各种运输车辆排放的尾气； 2）土方的挖掘、现场堆放及装运扬尘； 3）建筑材料的现场搬运及堆放扬尘； 4）施工垃圾的清理及堆放扬尘； 5）车辆往来造成的现场道路扬尘； 6）焊接烟尘
噪声	1）施工机械设备运转噪声； 2）施工土方、物料运输噪声；
废水	1）施工人员产生的生活污水
固废	1）施工废渣和弃土 2）废弃的各种施工材料 3）施工人员产生的生活垃圾

（一）大气环境影响分析

1. 施工扬尘

在施工中，土方堆放、施工材料装卸以及运输车辆行驶等极易产生扬尘。施工扬尘是施工作业中重要的污染源，其造成的环境污染程度和范围随施工季节、施工管理水平不同而差别很大，一般影响范围可达 100~300 m。

故宫文物保护工程项目均位于故宫博物院内，施工车辆通行及作业道路沿线两侧主要分布有古建筑及历史文物。由于施工扬尘属于无组织排放，建筑粉尘主要是黄土、水泥、沙子等密度大、

粒径大的粉尘，距施工工地距离不同，受其污染程度不同，随距离加大污染逐渐减轻，近距离污染则严重，因此，对施工扬尘必须采取严格的污染防治措施，最大限度地减少对环境的污染，减少扬尘对古建筑的污染。施工扬尘防治措施如下。

1）建设工程开工前，施工单位按照标准在施工现场周边设置围挡，并对围挡进行维护。

2）施工单位对施工现场土方集中堆放并采取覆盖或者固化等措施。

3）施工单位对可能产生扬尘污染的建筑材料进行库房存放或者进行严密遮盖。

4）对运输车辆进行密闭，防止内容物泄漏遗撒。

5）施工现场的建筑垃圾进行覆盖和洒水降尘，及时清运。

6）施工现场使用预拌混凝土，禁止现场搅拌混凝土。

7）遇有4级以上大风天气停止土石方施工；当空气质量预报为严重污染日时工地减少土方开挖规模、增加道路清扫保洁作业；当空气质量预报为极重污染日时，工地停止土石方作业。

8）施工现场设专人负责保洁工作，配备相应的洒水设备，及时洒水降尘。

要做好施工期扬尘的污染防治，同时注意以下几点。

1）施工期间应加强环境管理，贯彻边施工、边防护原则。

2）干燥季节和大风天气要适当增加洒水频率，保持土方表面潮湿，以避免扬尘。

3）施工现场道路应经常洒水、清扫，尽量保持路面湿润、整洁。

2. 焊接烟尘

项目敷设线路及管道施工中需要进行焊接，会产生少量的焊接废气。焊接时由于高温致使焊条、焊丝中部分金属氧化形成烟气，即焊接烟尘。焊接烟尘主要是含有铁、锰、铜的金属氧化物及一氧化碳等污染物。施工项目应采用间歇性焊接作业方式，分散焊接地点，使废气尽快扩散，在满足焊接要求的条件下选用先进焊接工艺和发尘量小的焊接材料。

（二）声环境影响分析

施工中噪声主要来源于施工机械设备，属强噪声源，大多为不连续性噪声。施工期噪声防治措施如下。

1）首选有减振降噪措施的施工机械，同时加强施工机械的基础固定，减少由于振动产生的环境影响，从根本上控制噪声源。

2）合理布局，临时工作场所和高噪声施工机械尽量远离周围建筑，并对施工区设置围挡。

3）将高噪声设备置于工棚内或设置临时隔声屏障，同时注意高噪声设备的运行时间，以最大限度降低施工设备噪声源对周围敏感点的影响。

4）适当调整运输载重车辆装卸行驶的时间，车辆进入施工现场应限制车速，等待时应熄火，禁止鸣笛，以最大限度降低施工运输噪声源对周边环境的影响。

5）合理安排施工时间，禁止夜间（22：00—次日6：00）施工。因特殊需要确需在夜间进行施工作业的，根据《北京市环境噪声污染防治办法》，应当取得工程所在地建设行政主管部门核发的准予夜间施工的批准文件，并公告施工项目名称、施工单位名称、夜间施工批准文号、夜间施工起止时间、夜间施工内容、工地负责人及其联系方式、监督电话等。

（三）水环境影响分析

建设项目施工期产生的废水主要有砂石料冲洗废水、混凝土的养护废水等。废水产生量较小，

成分主要含有泥沙，经临时防渗沉淀池沉淀处理后可循环使用或用于施工场地洒水抑尘，不外排。

故宫文物保护工程项目不设施工营地，施工人员日常生活利用周边现有建筑内的卫生间或公用设施，冲厕废水等纳入现有城市生活污水排放系统。通常情况施工期废水不直接外排至地表水体，因此，不会对地表水环境产生显著影响。

为保护地下水和保证施工安全，项目采用“注浆止水”措施，不进行人工降水。项目应加强施工监控工作，对基坑围护结构、周边建筑物的水平和垂直位移量、围护结构的受力变化情况、地下水位的变化情况、土压力的变化情况进行严密监测，以便对设计参数和施工方法及时进行调整，确保安全施工，减小对地下水环境的影响。加强施工管理，施工少量废水经收集沉淀后回用，不外排；严禁利用渗井、渗坑排放污水；切实做好污水处理、管道防渗工作，避免污染地下水水质。

（四）固体废物影响分析

施工期固体废物主要是施工人员的生活垃圾、施工渣土及废料。施工期固体废弃物处置应严格遵守《北京市人民政府关于加强垃圾渣土管理的规定》。

施工期产生的渣土虽不含有毒有害物质，但渣土运输及堆存易引起二次扬尘污染。因此，渣土应按有关管理部门的指定地点堆存并采取必要的防渗措施，渣土运输过程中应做覆盖，严禁遗洒。施工期产生的可回收废料如钢筋头等，应尽量由施工单位回收利用，其他废弃的土方、灰渣及边角料运往有关部门指定地点消纳处理。施工人员产生的生活垃圾集中收集，依托项目周边区域的生活垃圾处理设施，由环卫部门清运处理，对周边环境影响较小。

（五）生态环境影响分析

在文物保护工程项目施工过程中，可能需临时占用路面或绿地，以保证工程施工空间，将不可避免地会对土壤、植被等造成一定的影响。在施工完成后，尽快将周边生态环境进行原地貌（道路和植被）恢复，避免对区域生态环境造成影响。

七、文物影响分析

故宫文物保护工程项目位于故宫博物院内，区域范围本身就属于重点文物保护地区。项目区域及周边分布有文物建筑、宫墙、名贵古树等，施工过程有可能对它们造成一定的影响。为进一步减小项目施工对文物及建筑的影响，应采取以下文物保护措施。

1）选址尽可能避开重要构筑物，合理进行方案设计，根据实际情况优化调整，从根本上减小对周边文物的影响。

2）设计施工前对拟建地周边的建筑物、构筑物进行详细勘探调查，制定详细的保护方案。

3）建设项目实施前，应对拟建场地提前进行考古调查，查明地下历史文化遗迹的赋存状况，决定是否可以进行项目建设。

4）施工时加强拟建地周边地面建筑及地下构筑物、管线的变形监控量测，建立安全预警机制，以便及时发现问题并及时解决。

5）加强施工管理，在地下建筑基础、地下管线等施工时，尽量采取人工开挖方式，切实做好安全防护，避免使用机械开挖对周围环境的扰动和影响。

6）施工过程中一旦发现文物，须立即报告有关文物行政管理部门。

八、建设项目环境保护措施

为了保护周边环境，确保建设项目不对故宫整体环境和文物建筑造成不良的影响，故宫文物保护工程项目施工中拟采取的防治措施及预期治理效果如表 2-2 所示。

表 2-2　环境保护措施及效果

<table>
<tr><td>污染类型</td><td>排放源</td><td>污染物名称</td><td>防治措施</td><td>预期治理效果</td></tr>
<tr><td rowspan="3">大气污染物</td><td>施工扬尘</td><td>颗粒物</td><td>围挡、覆盖、洒水</td><td rowspan="3">对周围环境影响较小</td></tr>
<tr><td>运输车辆、机械设备</td><td>NO_x、CO、THC</td><td>使用达到尾气排放标准的车辆和机械</td></tr>
<tr><td>焊接</td><td>焊接烟尘</td><td>选用先进焊接工艺和发尘量小的焊接材料</td></tr>
<tr><td>水污染物</td><td>施工废水</td><td>pH、COD、BOD_5、SS、氨氮</td><td>施工废水经沉淀池处理后回用，施工人员生活利用现有建筑内卫生间</td><td>达标排放</td></tr>
<tr><td rowspan="2">固体废物</td><td>建筑垃圾</td><td>渣土、废料</td><td>废料回收，不可利用的统一送至渣土场处置</td><td rowspan="2">对周围环境影响较小</td></tr>
<tr><td>生活垃圾</td><td>生活垃圾</td><td>环卫部门清运</td></tr>
<tr><td>噪声</td><td colspan="4">施工期严格控制施工机械和运输车辆的运作时间，对噪声大的施工机械可以采取适当的隔声或消声措施，限制运输车辆车速、禁止鸣笛等。运营期高噪声设备尽量地下布置，采取隔声、减振、消声等措施</td></tr>
<tr><td>其他</td><td colspan="4">加强文物保护工作，加快施工进度，设置施工标识牌，提醒车辆绕道行驶等，尽量减少项目建设带来的交通问题</td></tr>
</table>

注：COD——化学需氧量；BOD_5——五日生化需氧量；SS——悬浮物。

第八章　项目施工振动影响评估

故宫文物保护项目在实施前，需要进行项目施工振动影响评估，评价项目施工过程中的机械振动对周边文物建筑的影响程度，并提出减少机械振动的措施和方法，以保证周边文物建筑不会因建设施工产生的机械振动而受到破坏，确保文物建筑的安全。

第一节　施工振动影响评估的作用

故宫作为重点文物保护单位，由于其特殊的地理位置，尤其重视古建筑及地上、地下文物的保护，将文物的安全放在首位。因此施工振动影响评估作为评估施工过程中机械振动可能对周边环境造成的影响程度的主要方式，是故宫文物保护工程项目中必不可少的环节。

进行施工振动影响评估后，将对古建筑及文物采取有效的防护措施，进行有针对性的、目的性的保护，减少施工振动对周边古建筑、建筑内馆藏文物、道路及地下文物的影响，保证文物安全。

第二节　施工振动影响评估的要求

由于故宫地理位置的特殊性，在具体的施工振动影响评估工作中应做到符合政策性、全面性及科学性，准确评估施工振动对古建筑、地上及地下文物的影响，以便及时提出防护和保护措施。

一、政策性

符合政策对建设项目的施工振动影响评估来说极为重要，与环境影响评估一样，施工振动影响评估也必须根据国家和地方颁布的有关法律法规、方针政策、标准规范以及规划，提出切合实际的施工振动防护对策，确保古建筑、地上及地下文物的安全，保证其不会因施工振动而受到破坏。

二、全面性

施工振动影响评估是评估施工过程对周边环境及文物是否造成影响及影响程度大小的过程，评估的内容和范围是否全面对文物的安全起着主要的影响。因此在评估过程中，应对工程可能影响的范围、可能发生的振动、可能产生振动的机械进行详尽的评估，并对评估结果做综合全面的分析，得出准确的结论。

三、科学性

施工振动影响评估是由多学科组成的综合技术，其内容主要是针对施工过程可能出现的振动进行预测，从而达到及时预防的目的。由于施工振动影响评估直接关系到文物的安全，因此在评估的各个环节都应秉持科学严谨的态度，确保各项数据的准确，消除施工振动给建筑及文物带来的安全隐患。

第三节　施工振动影响评估报告编制大纲

一、评估项目概况

评估项目概况部分主要包括待评估项目的基本情况、评估范围及评估内容。

二、评估依据、方法和程序

（一）评估依据

1. 国际公约

◆《保护世界文化和自然遗产公约》（1972 年）（Convention Concerning the Protection of the World Cultural and Natural Heritage）

◆《实施〈保护世界文化遗产与自然遗产公约〉的操作指南》（2013 年）（Operational Guidelines for the Implementation of the World Heritage Convention）

◆《佛罗伦萨宪章》（1982 年）（The Florence Charter）

◆《考古遗产保护与管理宪章》（1990 年）（Charter for the Protection and Management of the Archaeological Heritage）

◆《国际古迹保护与修复宪章》（1964 年）（International Charter for the Conservation and Restoration of Monuments and Sites）

◆《保护考古遗产的欧洲公约》（1975 年 ）（European Charter of the Architectural Heritage）

◆《文化遗产阐释与展示宪章》（2008 年）（Charter on the Interpretation and Presentation of Cultural Heritage Sites）

◆《奈良真实性文件》（1994 年）（The Nara Document on Authenticity）

◆《西安宣言——保护历史建筑、古遗址和历史地区的环境》（2005 年）（Xi'an Declaration on the Conservation of the Setting of Heritage Structures，Sites and Areas）

2. 法律法规

◆《中华人民共和国文物保护法实施条例》

◆《世界文化遗产保护管理办法》

◆《中国世界文化遗产监测巡视管理办法》

◆《中国世界文化遗产专家咨询管理办法》

◆《中华人民共和国文物保护法》

◆《古建筑防工业振动技术规范》(GB/T 50452)

◆《文物保护工程管理办法》

◆《中华人民共和国文物保护法》

◆《中华人民共和国环境保护法》

◆《中国文物古迹保护准则》

◆《工程隔振设计规范》(GB/T 50463—2019)

◆《地基动力特性测试规范》(GB/T 50269—2019)

◆《机械工业环境保护设计规范》(GB/T 50894—2013)

◆《建筑工程容许振动标准》(GB/T 50868—2013)

3. 相关文件

◆国际古迹遗址理事会(ICOMOS)世界文化遗产影响评估(HIA)指南

◆《中国文物古迹保护准则》(2000 年)

◆国家文物局关于全国重点文物保护单位保护范围、建设控制地带内建设项目文物影响评估工作的要求

◆《关于加强和改善世界遗产保护管理工作的意见》

4. 工程设计、规划资料

◆《故宫总体保护规划大纲》(2005 年)

◆《北京城市总体规划》

◆《国务院关于〈北京城市总体规划〉的批复》

◆《北京历史文化名城保护规划》(2005 年)

◆《北京皇城保护规划》(2005 年)

◆《北京旧城二十五片历史文化保护区保护规划》(2005 年)

◆《明清故宫突出普遍价值声明(OUV)》

(二)评估方法和程序

评估方法和程序主要包括前期准备、评估及分析、报告编制与提交 3 个部分。

前期分析包括组建评估项目组和编制工作大纲。根据评估需要，邀请相关领域专家及工作人员组建评估项目组，制定工作计划及大纲。

评估及分析主要包括明确评估工作范围，分析评估重点和风险，收集数据及资料，数据整理与分析，调查并识别施工影响因素，分析项目施工对文物的影响，提出减缓、避免、减少、修复或补偿的建议，建立影响评估模型和对比分析，总结直接的和间接的影响因素，影响因素分级、评估。

报告编制与提交包括形成评估报告初稿、咨询专家意见及修改完善评估报告，并提交最终报告。

三、文物概述

文物概述包括明确遗产名称、编号、位置、类型、被列入《世界遗产名录》的时间及文物价

值陈述，同时列举出工程项目涉及的周边主要文物。

故宫博物院，即“明清故宫（Imperial Palace of the Ming and Qing Dynasties）”，编号为“200-003”，位于北京市东城区，文物类型为“建筑群”。1987年，根据文化遗产遴选标准C（Ⅲ）、（Ⅳ）其被列入《世界遗产名录》。

故宫是我国古代宫城发展史上的最高典范，是世界上现存规模最大、保存最完整的古代宫殿建筑群。在建筑群体布局、空间序列设计上，它传承和凝练了中国古代城市规划和宫城建设传统，体现了中国古代宫殿建筑群特有的轴线布局、中心对称、前朝后寝等特征，成为中国古代建筑制度的集成典范。

四、建设项目概况

建设项目概况主要对文物保护工程项目的情况和建设方案进行阐述，体现拟建地与文物建筑的关系，以便进行施工振动影响分析。

五、施工振动影响因素识别

根据建设项目基本信息识别拟建场地与文物建筑的关系，在施工过程中注意避让。同时确定合理的施工工序及可能产生振动的工序与设备。

工程施工可能使用挖掘机、推土机、混凝土搅拌机、打夯机、风钻、电锯、破碎机、风镐、锚杆机、喷射混凝土设备、空压机、打桩机等施工机械，以及运输建筑材料、管线材料、施工机械和渣土的车辆等。

六、施工振动影响评估

施工振动是文物保护工程施工期间对古建筑及道路地面和地下文物遗址，尤其对邻近古建筑和馆藏文物影响最主要的因素。在施工前需确定古建筑保护级别及结构容许振动速度，确定古建筑水平固有频率及最大水平速度响应，在此基础上进行施工振动影响评估。

（一）古建筑保护级别及结构容许振动速度的确定

根据《古建筑防工业振动技术规范》（GB/T 50452—2008），故宫属世界文化遗产，其结构容许振动速度应按全国重点文物保护单位的规定采用。对施工区域及周边的文物古建，砖石结构的容许振动速度见表2-3。

表2-3　砖石结构的容许振动速度[v，mm/s]

保护级别	控制点位置	控制点方向	砖砌体 V_P/（m/s）		
			<1 600	1 600~2 000	>2 000
全国重点文物保护单位	承重结构最高处	水平	0.15	0.15~0.20	0.20

注：当 V_P 介于1600~2100 m/s时，v 可采用插值法取值。

对施工区域及周边的文物古建，木结构的容许振动速度见表2-4。

表 2-4　木结构的容许振动速度[v，mm/s]

保护级别	控制点位置	控制点方向	顺木纹 V_P/（m/s）		
			<4 600	4 600~5 600	>5 600
全国重点文物保护单位	顶层柱顶	水平	0.18	0.18~0.22	0.22

注：当 V_P 介于 4600~5600 m/s 时，v 采用插值法取值。

对砖石混合结构，主要以砖砌体为承重骨架的，按砖砌体控制容许振动速度进行评估；主要以木材为承重骨架的，按木结构控制容许振动速度进行评估。

（二）古建筑水平固有频率及最大水平速度响应的确定

根据《古建筑防工业振动技术规范》（GB/T 50452—2008），古建筑砖石钟鼓楼、宫门的水平固有频率按下式计算：

$$f_j=[1/(2\pi H)]\lambda_j\psi \quad (2\text{-}1)$$

式中　f_j——结构第 j 阶固有频率，Hz；

H——结构计算总高度（台基顶至承重结构最高处的高度），m；

λ_j——结构第 j 阶固有频率计算系数；

ψ——结构质量刚度参数，m/s，取 230。

根据《古建筑防工业振动技术规范》（GB/T 50452—2008），古建筑砖石结构在工业振源作用下的最大水平速度响应可按下式计算：

$$V_{\max}=V_r\sqrt{\sum_{j=1}^{n}[\gamma_j\beta_j]^2} \quad (2\text{-}2)$$

式中　$V_{\max}$——结构最大速度响应，mm/s；

V_r——基础处水平向地面振动速度，mm/s；

n——振型叠加数，取 3；

γ_j——第 j 阶振型参与系数，古塔按规范 GB/T 50452—2008 中表 6.2.3-1 选用；钟鼓楼、宫门按该规范中表 6.2.3-2 选用；

β_j——第 j 阶振型动力放大系数，按该规范中表 6.2.3-3 选用。

根据《古建筑防工业振动技术规范》（GB/T 50452—2008），古建筑木结构的水平固有频率按下式计算：

$$f_j=[1/(2\pi H)]\lambda_j\psi \quad (2\text{-}3)$$

式中　f_j——结构第 j 阶固有频率，Hz；

H——结构计算总高度（单檐木结构为台基顶至檐柱顶的高度，重檐殿堂、阁楼和木塔为台基顶至顶层檐柱顶的高度），m；

λ_j——结构第 j 阶固有频率计算系数，按该规范第 6.3.2 条的规定选用；

ψ——结构质量刚度参数，m/s，按该规范中表 6.3.1 选用。

根据《古建筑防工业振动技术规范》（GB/T 50452—2008），古建筑木结构在工业振源作用下的最大水平速度响应可按下式计算：

$$V_{\max}=V_r\sqrt{\sum_{j=1}^{n}[\gamma_j\beta_j]^2} \quad (2\text{-}4)$$

式中　V_{max}——结构最大速度响应，mm/s；

V_r——基础处水平向地面振动速度，mm/s，按该规范第 5 章的规定选用；

n——振型叠加数，单檐木结构取 1，其他木结构取 3；

γ_j——第 j 阶振型参与系数，单檐木结构取 1.273，两重檐木结构按该规范中表 6.3.3-1 选用，两重檐以上木结构按该规范中表 6.3.3-2 选用；

β_j——第 j 阶振型动力放大系数，按该规范中表 6.3.3-3 选用。

（三）古建筑振动核算

根据上述公式，对文物保护项目中产生的施工振动进行核算，综合分析施工振动带来的影响。需要指出的是，《古建筑防工业振动技术规范》（GB/T 50452—2008）主要适用于评估长期振源的影响。对于施工工期较短的工程项目，振动对文物建筑的影响会小于根据《古建筑防工业振动技术规范》计算的结果。

七、施工振动控制措施

施工期间应采取以下减振措施。

1）对重型设备及车辆行驶或停留区域的地面采取减振措施，如铺设减振橡胶板或钢板、木板等。

2）限制车辆行驶速度。

3）大型运输车辆应尽可能停放在远离古建筑的区域，必要时，运输材料可采用小型车辆倒运。

4）水泥路面破碎应采用静力破碎方式，避免使用风镐、破碎炮等机械冲击破碎方式。

故宫文物保护工程项目是为整治故宫文物保存环境，提升故宫安全、消防及管理综合能力而进行的工程。施工应加强管理，做好各项风险控制预案，在采取上述有效的防护措施后，可减少施工振动对周边古建筑、建筑内馆藏文物、道路及地下文物的影响，保障施工文物安全，将施工对文物的影响降到最低。

第三篇　前期工作阶段

建设项目前期工作是一项复杂的系统工作，主要包括建设项目场地的选择、项目建议书的编制和审批、项目可行性研究及可行性研究报告的编制和审批等。项目前期工作对建设项目的实施有着重要意义，它关系到建设项目能否得到上级主管部门及国家投资审批部门的批准，能否获得“立项”。项目前期工作的顺利开展是项目后续建设施工的重要保障，因此，项目的前期工作是十分重要的。故宫文物保护工程项目十分重视项目前期工作，经过深入细致的调查研究和充分的分析论证，严格履行前期工作的审批程序，确保项目决策立项的科学合理。

第九章　前期工作阶段的文物保护

由于故宫内部有大量的文物、古建筑、珍贵古树等，在文物保护工程项目实施的过程中，文物保护始终是第一位的，文物保护工作要贯穿项目建设的整个生命周期。在项目建设的各个工作阶段都必须制定文物保护方案和措施，确保文物安全。项目前期工作阶段即项目决策立项阶段，需要对建设项目进行全面的分析研究，确定拟建项目是否具有建设的必要性和可行性。其中，前期工作阶段的文物保护工作是十分重要的，对项目的成功立项及后期的建设施工都有着重要的意义。

第一节　文物保护措施

一、建设项目场地选择过程中的文物保护措施

1）成立建设项目场地选择工作小组。工作小组成员必须由文物保护、建筑设计、工程勘察设计、环境保护等多方面的专家组成，保证建设项目场地选择工作小组的专业性和权威性，确保建设项目场地选择的科学性和专业性，确保文物建筑安全。

2）收集拟建场地的历史资料信息，特别是历史文化遗迹方面的记载资料，在已有研究资料的基础上初步判断拟建场地地下是否赋存有历史文化遗迹。如果无法确定拟建场地是否赋存有历史文化遗迹时，应经国家文物局批准，对拟建场地进行考古调查、勘探和发掘，查明拟建场地的历史文化遗迹情况。如果拟建场地地下赋存有少量或者无重大历史文化价值的文化遗迹，应报国家文物局批准后，可进行考古发掘。在进行考古发掘时，工作人员应严格按照相关文物保护的法律法规和考古工作规范进行工作，应由上而下，由晚到早，逐层发掘、清理、绘图、照相、登记、填写文物入库登记卡和发掘记录表，最后将档案装订成册，入档保存。对地下的可移动文物要进行收集和整理，并移交给相关文物保护部门保管。同时，对不可移动文物要制定专项保护方案，达到施工中不破坏文物、施工后永久保护文物的效果。如果拟建场地地下赋存有大量的或者重大的历史文化遗迹，应进行原地保护，重新选择建设场地。

3）建设项目场地选择工作小组应对拟建场地进行实地踏勘和调研，查明拟建场地的地形地貌、地质、水文、气候等自然条件，查明建设场地周边的文物建筑、珍贵古树等的数量、保护等级、分布情况等，并一一登记在册，做好记录，全面掌握拟建场地周围文物建筑的基本情况。

4）在实地踏勘和调研的基础上，组织专家对拟建场地进行全面论证，分析拟建场地是否具备项目建设条件，评价拟建项目是否会给周边文物建筑带来不良影响。如果拟建项目不会对周边文

物建筑带来不良影响，则拟建场地可以进行项目建设，但必须制定专项文物保护方案和应急预案，确保文物绝对安全。如果拟建项目会对周边文物造成不良影响，则拟建场地不能进行项目建设，必须重新选择建设地点。

5）建设项目场地选择工作必须坚持“文物保护优先”原则，实行“一票否决制”，即只要拟建场地存在有重要的不可移动文物建筑，或者拟建项目会给周边文物建筑带来不良影响时，该场所就不能作为建设场地，需要重新选择建设场地。

6）在建设项目场地选择过程中，应建立文物风险防控机制，对拟建场地周边文物建筑进行风险预测、识别、评价，制定风险防控措施，确保拟建场地周边文物建筑的安全。

二、项目建议书编制过程中的文物保护措施

1）项目建议书是拟建项目的总体设想，需要对拟建项目的建设必要性、技术经济可行性进行初步评价，为国家投资审批部门提供决策依据。故宫的文物保护工程项目属于文物保护和利用工程范畴，其项目建议书不仅要对项目建设的必要性、可行性进行论证，更需要对拟建项目的文物保护工作进行论证。因此，故宫文物保护工程项目建议书必须要分析论证拟建项目对文物的影响，并制定文物保护措施，确保文物安全。

2）项目意见书的编制必须委托给具有相应资质的工程咨询公司或者设计院等单位，要求编制单位具有足够的文物保护方面的技术力量和丰富的文物保护实践经验，对拟建项目进行充分的分析和评价，确保项目建设的文物保护工作全面、科学、合理。

3）项目建议书的编制必须坚持实事求是原则，在编制项目建议书之前，必须组织文物保护、建筑设计、项目管理等方面的专家，深入实地进行调研，在已有文件资料及实地调研的基础上，进行分析评价，评价拟建项目是否具有可行性，是否会给文物建筑带来不良影响等。

4）项目建议书的编制必须要贯彻文物保护原则。一般的工程项目建议书主要侧重于分析项目建设的必要性，并对项目在技术上是否可行、经济上是否合理进行初步评价，最后得出结论和建议。而故宫的文物保护工程项目不同于一般的建设项目，它是为了保护文物或者满足故宫发展需求而建设的，故宫的文物保护工程项目不是以生产盈利为目的，而是以保护文物、保护故宫文化遗产、满足人们精神文化需求为目的，这就要求其项目建议书的编制必须要以文物保护为主，在分析项目必要性和可行性的基础上，必须要论证拟建项目对故宫的真实性、完整性的影响，对建设场地周边文物建筑的影响，并在此基础上制定文物保护的措施和方法，确保拟建项目周边文物建筑的安全。

5）项目建议书的编制必须要符合国家文物保护和建筑设计等方面的相关法律法规，满足规定的深度要求，保证项目建议书的分析论证全面、规范、科学。

6）项目建议书直接关系到拟建项目能否成功立项，是项目建设和文物保护的依据。项目建议书的编制过程应组织相关专家进行反复分析论证，确保项目建议书的科学性、专业性，确保文物保护措施的科学合理，确保文物建筑的安全。

三、项目可行性研究过程中的文物保护措施

1）项目可行性研究是在项目“立项”后，对拟建项目进行更深一步的分析研究，确定其是否

具有建设的可行性，并对建设方案进行充分的分析论证，是项目设计和施工的重要依据。故宫文物保护工程项目的可行性研究需要对建设方案、文物保护方案等进行综合的分析评价，确保项目质量安全和文物安全。

2）委托具有相应资质的工程咨询公司或者设计研究院进行建设项目可行性研究报告的编制，编制单位不仅要具备项目管理咨询资质，同时还必须具备文物保护资质，具备足够的文物保护方面的技术力量及文物保护项目管理的实践经验，确保其编制的项目可行性研究报告准确、科学、专业。

3）组织文物保护、建筑设计、勘察设计等方面的专家，深入建设场地进行实地调研，在调研的基础上，召开专家论证会，综合评价拟建项目的建设必要性及可行性，特别要分析和评价拟建项目对故宫现有状况的影响，对建设场地周边文物建筑的影响，确保故宫的完整性、真实性、建设场地周边文物建筑的安全。

4）在项目可行性研究工作中需成立文物保护小组，对拟建项目场地范围内及周边的文物建筑、珍贵古树等进行现状调查，调查内容应包括文物建筑、珍贵古树等的数量、年代信息、现状保存完整程度等。在调查的基础上，建立拟建项目周边文物数据库，将拟建项目影响范围内所有文物建筑等都一一登记，实现对拟建项目周边文物建筑的动态监控。

5）建立拟建项目周边文物建筑风险防控机制，对拟建项目周边文物建筑可能存在的风险进行预测、识别、评价和应对，制定风险防控措施和方法，提前做好文物安全应急预案，保证拟建项目不会给文物建筑带来不良的影响。

6）项目可行性研究报告编制单位应严格遵循国家文物保护、建筑设计等方面的法律法规和行业、地方标准规范，确保项目可行性研究报告达到应有的深度要求。项目可行性研究报告编制完成后，要组织相关专家进行反复论证，确保项目可行性研究报告的科学性和专业性，为项目的建设施工和文物保护工作奠定基础。

第二节　文物保护注意事项

故宫文物保护工程项目前期工作阶段的文物保护工作需注意以下几点。

1）由于故宫是世界文化遗产地，全国重点文物保护单位，内部存在大量的木质结构文物建筑群。因此，在进行建设项目场地选择时，必须要避开文物建筑，选择无历史文化遗迹和文物建筑的场所进行项目建设。为了确保拟建场所无历史文化遗迹，必须提前对拟建场所进行考古调查和勘探，以查明拟建场地的历史文化遗迹的赋存状况。

2）在进行建设项目场地选择时，应对拟建场地周边的文物建筑进行现状调查，建立拟建项目场地周边文物建筑数据库，对文物建筑进行动态监测。建立文物风险防控机制，对拟建项目场地周边的文物风险进行预测、识别、应对，制定文物保护措施及应急方案，确保文物建筑安全。

3）项目建议书和可行性研究报告的编制必须委托给具有相应工程咨询资质及文物保护资质的企业或者设计研究院来承担，编制单位必须具备一定的文物保护方面的技术力量及文物保护项目管理的实践经验，确保项目建议书和项目可行性研究报告的专业性和科学性。

4）在进行项目建议书和可行性研究报告编制时，应组织文物保护、建筑设计、工程管理等方面的专家进行实地考察，在已有资料和调研的基础上，对拟建项目进行全面的分析论证，重点评价拟建项目对文物建筑的影响，保证项目的建设符合国家建筑设计和文物保护方面的相关法律法规，确保建设项目不会给文物建筑造成不良影响。

第十章　建设项目场地的选择

建设工程项目场地的选择是指在一定范围内，选择、确定拟建项目建设的地点与区域，并在该区域内选定项目建设的坐落位置。建设项目场地的选择合理与否，直接影响到项目建成后的微观、宏观的经济效益和社会效益。建设项目场地的选择是一项涉及多方面、多因素、多环节的技术经济分析与论证工作。因此，在进行建设项目场地的选择时，必须经过充分的调研分析和全面论证，进行多方案比较，慎重选择项目建设的场地。

第一节　建设项目场地选择的原则

一、一般建设项目场地选择的原则

1）以城市总体规划为主要依据。建设项目场地的选择是一项政策性非常强的综合性工作，要以城市总体规划、分区规划、详细规划等为依据，并按拟建项目的技术经济要求，结合建设地区的自然地理特征、交通运输条件、水源和动力供应条件、建设施工条件与住宅及公用设施条件等，做多方案的技术经济比较。场址选择要视不同系统或行业的特点，选择能最大限度满足使用要求，并且能节省建设投资的建设位置。

2）原材料、能源、水和人力的供应要满足项目建设施工的要求。

3）建设项目场地的选择要以节约土地资源为准则，尽可能不占或少占农田。

4）注重环境保护原则。在选择建设场地时，要注意环境保护，以人为本，减少对生态与环境的不良影响。

5）在选择建设场地时，应对多个建设场地进行调查研究，科学地分析和比选。

二、故宫建设项目场地选择的原则

故宫作为世界文化遗产地和全国重点文物保护单位，建设工程项目场地的选择有着严格的要求，所有的建设工程项目必须位于故宫的建设控制地带或者故宫的一般保护区内，不得破坏故宫整体的历史风貌。在进行建设项目场地选择时必须严格遵循以下原则。

（一）以《故宫保护总体规划大纲》为根本依据

故宫的文物保护工程项目是为保护故宫文化遗产、实现故宫的可持续发展而实施的。所有的文物保护工程项目都是在《故宫保护总体规划大纲》的框架内进行的，在进行建设场地选择时，一定要充分考虑到今后故宫的发展，在确保文物的安全下，满足故宫中远期规划发展的需求。

（二）以文物保护为根本前提

故宫文物保护工程项目场地的选择首先要考虑的就是文物建筑的保护，即拟建场地地下是否赋存有历史文物遗迹、拟建场地周围是否存在重要的文物建筑等。在进行建设项目场地选择时，一定要保证拟建场地内无历史文化遗迹，项目建设范围内无重要的文物建筑，项目的建设不会影响周边的文物建筑，不会影响故宫的真实性和完整性。

（三）合理利用土地资源

故宫作为重点文物保护单位，建设控制地带区域及一般保护区面积有限，这就要求建设项目场地的选择要以节约用地为准则，在满足项目需要的前提下，尽量减少占地面积。

（四）应以节约资源和实现效益最大化为基本原则

在选择项目场地时要考虑尽量降低建设投资，节省材料运输费用，减少成本，实现建设项目效益最大化。

（五）注重保护环境原则

故宫内的建筑群主要以木质结构建筑为主，木质结构建筑对环境十分敏感，这就要求在选择建设场地时，一定要注意环境保护，减少对周围环境和文物建筑的不良影响。

（六）坚持实事求是原则

在进行建设场地选择时，必须经过深入的调查研究，专家论证，场地比选，实事求是，确保项目场地选择的科学化、专业化和合理化。

第二节　建设项目场地选择考虑的因素

一、一般建设项目场地选择考虑的因素

（一）自然因素

自然因素包括自然资源和自然条件两个方面。

1）自然资源。自然资源包括矿产资源、水资源、土地资源、海洋资源、气象资源等。一些大中型的工程项目受一种或几种资源制约。如大型水力发电厂需要选择水资源丰富、水流落差大的地方；矿山开采厂址需要选择在矿产资源丰富的地方。许多项目本身虽然并不直接使用矿产资源，但也要了解占地的矿产资源状况，非经国务院有关部门批准，不得覆盖重要矿床。

2）自然条件。自然条件主要是地形地貌、水文条件、地质条件等。建设项目应避免设在具有不良地质作用的地段，如断层带、地震带、滑坡处等，这些都会直接影响到建筑体的质量安全，给建设项目造成不可估量的损失。

（二）地理位置及交通运输因素

地理位置因素是指建设项目拟选地点与资源产地水陆交通干线及港口、大中城市、经济发达地区、消费市场等的空间关系。有利的地理位置通常有好的经济协作条件，从而能方便地获得原料、燃料、技术及信息。运输是生产成本的主要部分，便利的交通条件有利于减少运输成本，获取更多的经济效益。

（三）技术经济因素

技术经济因素包括经济实力、基础设施、协作条件、技术水平、人口素质和数量、市场潜力等。在经济实力强的地方建设企业，可以利用现有基础设施、协作条件、技术水平等，可以具有明显的经济聚集效益。对于劳动力要求高的企业，选址时应对当地的人口数量进行考虑。对于人才需求大的企业，选址时应考虑当地的技术水平、人口素质等因素。

（四）经济、社会、政治因素

建设项目场地的选择受国家经济发展总体战略、地区发展规划、国防安全、生态环境保护等因素的制约。项目选址时，首先要遵循国家法律法规，投资指南及开发战略，鼓励、限制与禁止政策等。其次，地方法律法规，经济特区、沿海城市、各类开发区的项目审批权限和程序及税费减免等鼓励和优惠政策对投资项目也很重要，都应进行考虑。

二、故宫建设项目场地选择考虑的因素

故宫文物保护工程项目场地的选择要综合考虑多方面的因素，首先需要考虑的是文物因素，即项目场地选择的首要任务是确保文物安全，其次还要考虑自然因素，交通及地理位置因素，社会、文化和政治因素等。

（一）文物因素

故宫的文物保护工程项目要始终坚持“文物保护优先”的原则，在进行建设场地选择时，首先考虑的是文物安全问题。选择项目建设场地时，首先要考虑拟建场地地上是否存在有文物建筑、地下是否埋藏有历史文物遗迹、场地周边是否存在重要的文物建筑等，必须要保证工程项目的建设不会对文物建筑带来不良的影响。

（二）自然因素

自然因素主要包括拟建场地的地形地貌、水文地质条件、工程地质条件、气象条件、场地面积等。建设项目应避免设于具有地震带、断层发育等不良地质作用的地段，不良地质作用会影响建筑体的质量安全，给建设项目造成重大损失。地下建筑物、构筑物、工程管线较多的项目应尽可能选在地下水位较低的地段。项目场地的选择应确保拟建场地的地形地貌、各种地质条件等都处于良好状态，这样才能保证建筑体的质量安全。另外，建设场地的面积要能满足建设项目规模要求和施工需要。

（三）交通及地理位置因素

拟建场地的交通和地理位置对项目建设施工具有十分重要的影响，便利的交通有利于施工材料的运输，保证项目施工进度目标的实现。

（四）社会、文化、政治因素

建设项目的实施必须符合国家的总体发展规划和政策要求，符合文化遗产保护的方针政策，符合故宫的中长期发展规划，满足人们的精神文化需求，有利于故宫文化遗产的保护，有利于故宫的可持续发展和优秀传统文化的传承和发扬。

第三节　建设项目场地选择的步骤

为了保证故宫文物保护工程项目场地选择的科学性、合理性、专业性，确保文物建筑安全，故宫文物保护工程项目场地的选择遵循以下步骤。

一、准备阶段

成立专门的建设项目场地选择工作小组，制定详细的项目场地选择工作计划。项目场地选择工作小组成员应由文物保护、建筑设计、勘察设计等多方面专家组成，确保项目场地选择的科学性、专业性。

根据拟建项目的技术经济特点，拟定拟建项目的建设规模、建设条件和技术指标，确定拟建项目对场地选择的相关要求。

1）根据拟建项目的建设规模，估算出所需的占地面积，确定土建工程内容与工程量，提出对用地外形、工程地质及水文地质等的要求，设想出若干建设方案，并绘制出总平面草图。在估算占地面积时，要考虑到将来文物的保护、故宫的发展规划需求，合理利用土地。

2）根据拟建项目的建设需求，确定建设项目所需的用水量与水质要求、用电量和负荷等级以及燃气概略需要量等。

3）收集拟选场地已有的历史、地质、人文、气象、地理、水文以及地形图、规划图等资料，对拟选场地的基本情况有初步的了解。

二、现场勘察阶段

在完成准备工作后，项目场地选择工作小组就要去拟选场地进行实地调查和勘测，进一步了解拟选场地的实际情况，完善相关基础资料，研究拟选场地进行项目建设的可能性。现场勘察的内容主要包括以下几项。

1）勘察拟选场地是否存在文物建筑、是否埋藏有历史文物遗迹，建设项目是否会给周围文物建筑带来不良影响。

2）勘察拟选场地的地形、地貌、地质、土壤、水文等情况，是否存在不良地质作用。

3）勘察拟选场地附近的供水，供电，供气等基础设施情况，是否能满足建设项目施工需要。

4）勘察场地的交通是否便利，能否满足建筑材料及机械设备的运输需求。

三、确立方案阶段

根据已收集的资料及现场勘察结果，组织文物保护、建筑设计等方面的专家对拟选场地进行综合分析论证，确定其是否具备建设的条件，并提出推荐方案，绘制出拟建项目规划示意图和总平面示意图。编制建设项目选址报告，报上级主管部门及城市规划行政部门审批。

第十一章　项目建议书

项目建议书是项目建设单位根据国民经济的发展、国家和地方中长期规划、产业政策、生产力布局、国内外市场、所在地的内外部条件、本单位的发展需要，就某一具体新建、扩建项目提出的项目的建议文件，是对拟建项目提出的框架性的总体设想。它要从宏观上论述项目设立的必要性和可能性，把项目投资的设想变为概略的投资建议。故宫的文物保护工程项目在国家文化事业的发展规划、故宫文化遗产的保护、故宫的发展需要、文物保护的需要的基础上，经过详细的调查、预测、分析，提出拟建项目的项目建议书，供上级主管单位及国家投资审批机关做出初步决策。

第一节　项目建议书的作用

项目建议书在整个工程项目程序中具有重要意义：投资决策前，通过对拟建项目建设的必要性、条件的可行性、利益的可能性的宏观性初步分析与轮廓设想，向决策部门推荐一个具体项目。项目建议书作为拟建项目的建议性文件，是工程项目程序中最初阶段的产物，不仅是项目建设的依据，也是具体设计的依据。项目建议书具有以下作用。

1）在宏观上考察拟建项目是否符合国家（或地区或企事业单位）长远规划、宏观经济政策和国民经济发展的要求，初步说明项目建设的必要性；初步分析人力、物力和财力投入等建设条件的可能性与具备程度，是向上级主管部门及国家投资行政主管部门申请项目立项的唯一规范性文书。

2）项目建议书经批准后，即纳入长期工程项目计划，即通常所说的“立了项”。项目“立了项”后，建设单位才能正式对外开展工作，进行项目的可行性研究工作。

3）项目建议书是建设单位向国家行政审批部门进行项目预审的基础依据。

第二节　项目建议书的内容

一、一般工业项目的项目建议书内容

（一）项目建设的背景与依据

1）阐述拟建项目的提出背景、拟建地点、与拟建项目相关的长远规划或者地区规划、行业需

求等资料，说明项目建设的必要性。

2）对于改建、扩建项目，要说明现有企业的概况。

3）对于引进技术与设备的项目，要说明国内外技术的差距与概况、进口的理由、工艺流程与生产条件的概要等。

4）产品方案设想包括主要产品和副产品的规模、质量标准等。

5）地点分析包括拟建场地的自然、经济和社会条件，论证拟建场地是否符合地区规划要求。

（二）资源、交通运输及其他建设条件和协作关系的初步分析

1）拟利用的资源的供应量及可靠性。

2）拟建场地的交通运输条件及其他建设条件是否满足项目建设需求。

3）主要协作条件分析。

（三）主要工艺技术方案的设想

1）说明主要的生产技术与工艺。拟采用国外技术的，要说明国内技术与国外技术的差距等。

2）主要设备来源。拟引进国外设备的，要说明引进的理由。

（四）投资估算与资金筹措的设想

投资估算要依据掌握的数据情况，既可详细估算，也可按单位生产能力（或类似企业）情况进行估算。资金筹措即说明项目建设资金的来源，利用贷款的，需要附上贷款意向书，分析贷款条件及利率，说明偿还方式，测算偿还能力。

（五）项目建设进度的安排

项目建设进度所需时间包括项目建设需要的时间及生产经营时间。

（六）经济效益和社会效益的初步分析

计算项目全部投资的内部收益率、贷款偿还期等指标及其他必要的指标，对盈利能力、清偿能力进行初步分析，对项目的社会效益与实际影响进行初步分析。

（七）结论与建议

综合以上研究，初步分析项目建设的可能性，提出建议，为项目的可行性研究工作提供依据。

二、故宫建设项目的项目建议书内容

故宫文物保护工程项目不同于一般的工业建设项目，是为了保护文物和古建筑、消除故宫安全隐患而实施的，其项目建议书的内容不仅包括项目建设的必要性、建设方案、环境保护、投资估算与资金筹措方式、组织计划和进度安排、结论和建议等，还要阐述建设项目对文物建筑的影响、项目建设采取的文物保护措施等。故宫文物保护工程项目的项目建议书内容包括以下几个方面。

（一）项目建设的背景与必要性

其主要阐述项目提出的背景，项目建设的必要性及紧迫性等。故宫的工程项目文物保护工程项目都是为了保护文物、解决文物安全隐患、实现故宫可持续发展而实施的。

（二）项目建设地点及周边文物建筑情况分析

1）对项目拟建场地的建设条件进行综合分析，包括自然条件、交通条件、经济条件和社会条件等。

2）对拟建场地的周边文物建筑状况进行分析，评价建设项目是否会给周边文物建筑带来不良影响。

（三）项目建设方案

主要介绍项目建设采取的技术方案、施工方案等。

（四）文物保护措施

1）介绍拟建场地周边文物建筑和古树等的保护措施。

2）介绍施工过程中的文物保护制度和文物保护方案。

（五）环境保护措施

主要分析建设项目对周边环境的影响，并提出解决措施和方法。

（六）节水、节能措施

主要介绍建设项目采取的节水和节能措施及坚持节约资源的建设原则。

（七）安全、消防措施

1）安全措施包括施工安全措施、人员安全防护措施、用电安全措施、文物安全措施等。

2）消防安全措施包括项目建设中实施的消防安全措施及项目运行时采取的消防安全措施。

（八）组织管理及进度安排

1）组织管理主要包括项目管理组织机构、人员组成、技术力量等。

2）进度安排即项目建设周期的时间计划、施工进度安排等。

（九）投资估算及资金筹措

1）根据计划的工程量、材料成本等，计算出项目建设需要的投资估算值。

2）说明建设项目资金的来源和筹措方式。

（十）结论和建议

通过综合分析，对建设项目进行评价，并提出相关建议。

第三节　项目建议书的编制要求

为了保证项目建议书达到应有的深度要求，故宫文物保护工程项目建议书的编制要严格按照以下要求进行。

1）项目建议书的编制要坚持科学性和真实性。在进行项目建议书的编制时，始终保持认真负责、实事求是的态度，广泛收集各种资料，进行充分的现场调研和专家论证，确保资料数据的真实性和可靠性。

2）项目建议书的内容要完整、文件资料要齐全、结构要合理、文本要规范，研究分析的深度要达到国家规定的标准要求。

3）项目建议书的编制涉及内容较多，收集资料面较广泛，有一定的深度要求。因此，项目建议书的编制应委托给具有相应资质证书的设计或者工程咨询管理服务单位承担，确保项目建议书达到应有的深度和要求。

4）项目建议书不仅要对项目的必要性和技术经济可行性进行分析和评价，还要分析建设项目

对文物的影响，阐述拟采取的文物保护措施，确保拟建项目不会对文物建筑带来不良影响。

第四节　项目建议书编制大纲

故宫文物保护工程项目建议书的编制比一般的建设项目更为复杂，不仅要对项目建设的必要性、技术经济可行性等进行分析和评价，更重要的是还要分析、预测和评价建设项目对文物建筑的影响及项目建设拟采取的文物保护措施等，确保建设项目在技术经济方面满足要求的同时，不会给文物建筑带来不良影响。故宫文物保护工程项目建议书的编制大纲如下。

一、概况

（一）项目概况

主要包括：①项目名称；②项目建设地点；③项目建设单位；④项目建设内容及规模；⑤项目总投资及资金筹措；⑥项目建设周期等。

（二）建设单位概况

主要介绍故宫的发展状况及机构设置等情况。

（三）编制依据

即项目建议书编制所依据的相关文件资料，如故宫发展规划文件、文物影响评估等资料。

（四）项目建设预期目标

即拟建项目要解决哪些问题，以期达到什么效果。

二、项目建设的背景及必要性

（一）项目建设背景

主要说明拟建项目产生的现实背景，即项目为什么要建？依据什么建？建设项目可以解决哪些问题和需要？

（二）项目建设必要性

从国家长期发展规划、故宫保护总体规划和故宫文物保护需要等方面详细阐述项目建设的必要性。

三、项目建设地点及建设条件分析

主要介绍项目建设地点及建设条件情况。建设条件包括自然条件、市政配套设施条件等。

自然条件主要包括：①气候条件；②水文地质条件；③场地地震安全性条件等。

市政配套设施条件包括：①给水条件；②消防条件；③污水条件；④供热条件；⑤供电条件；⑥电信条件等。

四、项目建设方案

主要介绍项目拟采取的建设方案，包括方案设计的原则、施工组织设计、文物专项保护方

案等。

五、文物保护措施

主要介绍在项目建设过程中采取的文物保护措施，包括对施工场地的文物保护及对周围文物建筑的保护，文物的保护要放在项目建设的第一位。

六、环境保护

主要分析建设项目对周围环境可能带来的影响及需要采取的环境保护措施。

环境影响分析包括施工阶段的环境影响分析和项目使用期的环境影响分析。施工阶段的环境影响分析包括：①大气污染分析；②施工噪声污染分析；③施工人员生活废水污染分析；④固体废弃物污染分析等。项目使用期的环境影响分析包括：①大气污染分析；②水环境影响分析；③声环境影响分析；④固废环境影响分析等。

环境保护措施包括施工阶段的环境保护和项目使用期的环境保护。施工阶段的环境保护措施包括：①施工期扬尘治理；②施工期噪声治理；③施工期建筑垃圾治理；④水土流失防治措施等。项目使用期的环境保护措施包括：①污水处理措施；②固体垃圾处理等。

七、节能和节水分析

主要介绍项目建设过程中采取的节能和节水措施，避免项目建设中产生资源浪费，实现绿色工程建造目标。

八、安全、劳动防护与消防

主要介绍项目建设中的安全、劳动防护措施和消防安全措施，具体包括对施工期及项目使用期的危害因素分析及拟采取的安全措施，施工期及项目使用期采取的消防安全措施等。

九、组织管理与进度安排

主要说明项目建设的组织管理情况和进度安排计划。组织管理包括组织保障、人员安排、技术力量等。进度安排计划包括项目实施各阶段的任务安排、项目建设时间进度表的编制等。

十、投资估算与资金筹措

主要介绍项目建设投资的估算额及投资金额的筹措来源。

十一、研究结论与建议

通过上述对建设项目的综合分析，得出结论，提出建议，供上级主管部门及国家投资审批机关进行决策审批。

十二、附件

即建设项目其他需要补充的文件资料或国家行政部门的审批文件等。

第五节 项目建议书的审批

一、一般建设工程项目建议书的审批

（一）审批程序

1）建设单位提出申请。

2）政府发展改革行政主管部门对该申请进行产业政策和行政规定方面的审查，不符合条件者退回，符合者转入技术性审查。

3）建设单位修改或者补充有关资料后，政府发展改革行政主管部门正式受理，并按照投资限额和审批权限，该转报上级政府审批的，转报上级计划部门；该自行审批的，下达审批批文。审批流程见图3-1。

（二）审批权限

1. 大、中型及限额以上工程项目

1）大、中型工程项目及限额以上技术改造项目，技术引进及设备进口项目的项目建议应按企业的隶属关系，送省、市、自治区、计划单列城市或国家主管部门进行审查后，再由国家发展改革委审批。

2）重大项目、技改引进项目总投资在限额以上的项目，由国家发展改革委报国务院进行审批。需由银行贷款的项目要由银行总行进行会签。

3）技术改造项目内容简单的、且外部协作条件变化不大的、无须从国外引进技术和进口设备的限额以上项目，项目建议书由省、市、自治区审批，国家发展改革委只做备案。

2. 小型及限额以下工程项目

1）小型工程项目及限额以下技术改造项目的建议书应按建设单位的隶属关系，由国务院主管部门或省、市、自治区发展改革委进行审批，实行分级管理。

2）项目建议书被批准，即为“立项”，立项的项目即可被纳入项目建设前期的工作计划，列入前期工作计划的项目可开展可行性研究。

3）建设项目“立项”只是初步的，因为审批项目建议书可以否决一个项目，但无法肯定一个项目。立项仅说明一个项目有投资的必要性，但还要进一步开展研究工作。

二、故宫文物保护工程项目建议书的审批

故宫博物院是故宫的管理机构，隶属于文化和旅游部，是文化和旅游部下属经费自理事业单位。因此，故宫的文物保护工程项目必须经主管部门文化和旅游部审批，限额以上的项目需经文化和旅游部转报国家发展改革委审批。故宫文物保护工程项目建议书的审批程序如下。

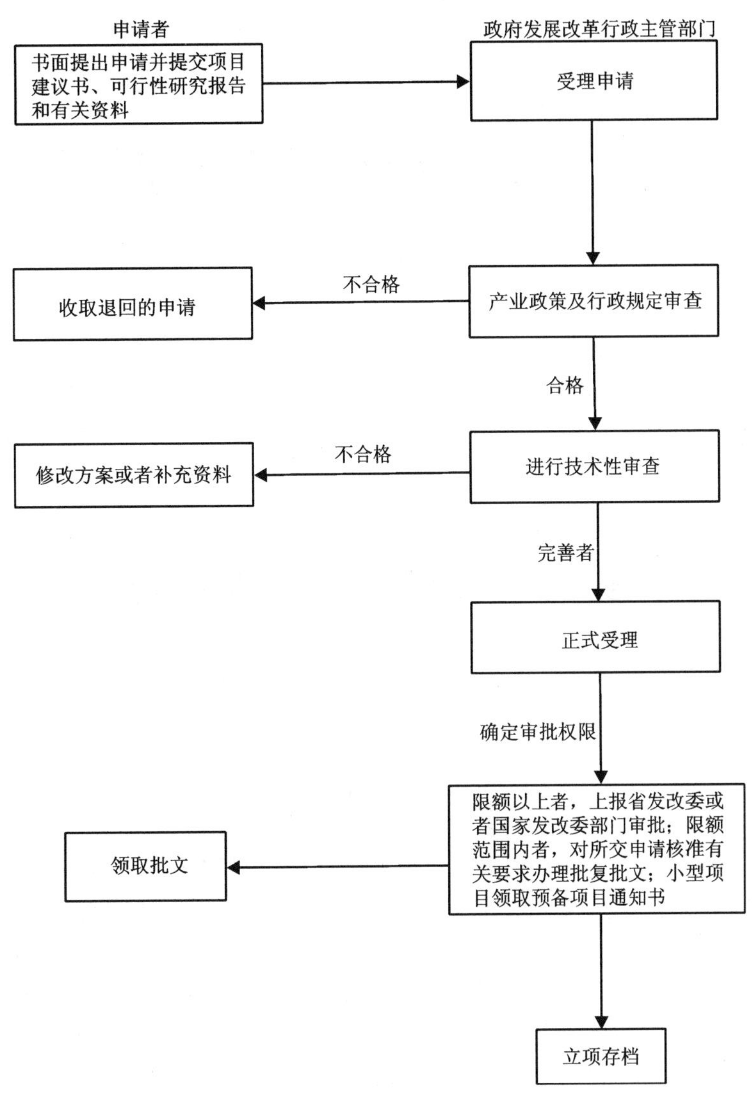

图 3-1　一般建设工程项目建议书（可行性研究报告）审批流程

1）委托具有相应资质的管理咨询公司或者设计研究院完成项目建议书的编制。

2）向上级主管部门文化和旅游部提交项目意见书的审批申请。对于总投资金额少于 3 000 万的项目，文化和旅游部可以直接予以审批。总投资金额超过 3 000 万的项目，经文化和旅游部转报国家发展改革委审批。

3）文化和旅游部或国家发展改革委根据相关法律法规和行业标准规范对项目建议书进行审批，审批完成后下达批文。

第十二章　项目可行性研究

项目建议书经批准后，建设单位就可以组织进行项目可行性研究工作。项目可行性研究是通过对拟建工程项目在技术、经济上是否合理进行全面分析、系统论证、多方案比较和综合评价，以确定某一项目是否需要建设、是否可以建设、是否值得建设及如何进行建设，其结论为最终的投资决策提供直接的依据。

第一节　项目可行性研究的作用

建设项目可行性研究的成果是项目投资决策的科学依据，是杜绝和减少决策失误、减少浪费、提高项目建设投资效益的前提和保证。建设项目的可行性研究具有以下作用。

1）可行性研究是建设项目投资决策和编制设计任务书的依据。

2）可行性研究是项目建设单位筹集资金的重要依据。

3）可行性研究是建设单位与各有关单位签订各种协议和合同的依据。

4）可行性研究是建设项目进行工程设计、施工、设备购置的重要依据。

5）可行性研究是向当地政府、规划部门和环境保护部门申请有关建设许可文件的依据。

6）可行性研究是国家各级计划综合部门对固定资产投资实行调控管理、编制发展计划、固定资产投资、技术改造投资的重要依据。

7）可行性研究是项目考核和后评估的重要依据。

第二节　项目可行性研究的内容

一、一般工业建设项目可行性研究的内容

（一）总论（项目概述）

1）建设项目的名称、主办单位、承担可行性研究的单位、投资的必要性和经济意义、投资环境。

2）项目调查研究的主要依据、项目提出的背景、工作范围和要求、项目的历史发展概况。

3）项目建议书及有关审批文件、可行性研究的主要结论概要和存在的问题与建议。

（二）产品的市场需求和拟建规模

1）调查国内外市场近期的需求状况，对未来趋势进行预测。

2）对国内现有工厂的生产能力进行调查估计，进行产品销售预测、价格分析，判断产品的市场竞争能力及进入国际市场的前景。

3）确定拟建项目的规模，对产品方案和发展方向进行技术经济论证比较。

（三）资源、原材料、燃料及基础设施情况

1）经国家正式批准的资源储量、品位、成分以及开采、利用条件的评述。

2）所需原料、辅助材料、燃料的种类、数量、质量及其来源和供应的可能性。

3）材料试验情况。

4）含毒、有害及危险品的种类、数量和储运条件。

5）所需动力（水、电、气等）、公用设施的数量、供应方式和供应条件。

6）外部协作条件以及签订协议和合同的情况。

（四）建厂条件和厂址方案

1）厂区的地理位置、与原料产地和产品市场的距离、厂区周边的条件。

2）根据建设项目的生产技术要求，应在指定的建设地区内，对厂址的地理位置、气象、地质、地形条件，地震、水文、洪水情况和社会经济现状进行调查研究，收集基础资料，了解交通、运输及水、电、气、热的现状和发展趋势。

3）厂址面积、占地范围、厂区总体布置方案、地价、建设条件、拆迁及其他工程费用情况。

4）对厂址进行多方案的技术经济分析和比较选择，提出选择意见。

（五）项目工程技术方案

1）在选定的建设地点内进行总图和交通运输的设计（须进行比较和选择，以确定项目构成的范围）、主要单项工程（车间）的组成、厂内外主体工程和公用辅助工程的方案。

2）项目土建工程总量估算，土建工程布置方案的选择，其中包括场地平整、主要建筑和构筑物与室外工程的规划。

3）采用技术和工艺方案的论证，技术来源、工艺流程和生产方法，主要设备选型方案和技术工艺的比较。

4）引进技术、设备的必要性及其来源国的选择比较，并应附上工艺流程图等。

（六）企业组织、劳动定员和人员培训

1）全厂生产管理体制、机构的设置，对选择方案的论证。

2）工程技术和管理人员的素质和数量要求、劳动定员的配备方案、人员的培训规划和费用估算。

（七）环境保护与劳动安全

1）对项目建设地区的环境状况进行调查，分析拟建项目“三废”（废气、废水、废渣）的种类、成分和数量，并预测其对环境的影响。

2）提出环境治理方案、三废的选择和回收利用情况，对环境影响进行评价。

3）提出劳动保护、安全生产、城市规划、防洪、防震、防空、文物保护等方面的要求以及相应的措施方案。

（八）项目施工计划和进度要求

根据勘察设计、设备制造、工程施工安装、试生产所需时间与进度要求，确定项目实施方案和总进度，并用网络图和横道图来表述最佳实施方案。

（九）投资估算和资金筹措

1）投资估算包括：项目总投资估算，主体工程及辅助、配套工程估算，流动资金估算。

2）资金筹措应说明资金来源、筹措方式、各种来源资金所占的比例、资金成本及贷款的偿付方式。

（十）项目的经济评价

项目的经济评价包括国民经济评价和财务评价，并通过有关指标的计算，进行项目盈利能力、偿还能力等分析，得出经济评价结论。

（十一）评价结论与建议

1）对建设方案做综合分析评价与方案选择。

2）运用各项数据，从技术、社会、经济、财务等各方面论述建设项目的可行性，推荐一个以上的可行方案，提供决策参考，指出其中存在的问题。

3）最终应得出结论性意见和改进的建议。

二、故宫文物保护工程项目可行性研究的内容

（一）项目概况

1）建设项目的名称，建设地点，建设规模和要求，项目总投资金额，建设周期等。

2）建设单位的基本情况，包括单位性质、机构设置、历史沿革等。

3）可行性研究承担单位基本情况，包括公司简介、资质证书、技术力量组成及工程管理实践经验等。

4）可行性研究所依据的法律法规、文件资料等。

（二）项目建设背景及必要性

1）建设背景，即项目提出的建设依据、项目建设的现实需求等。

2）建设必要性，即项目建设的意义和紧迫性。故宫建设项目都是为保护文物、消除故宫安全隐患、实现故宫可持续发展而实施的。

（三）建设地点及建设条件

1）建设地点的地理位置、交通运输条件。

2）建设场地的地形地貌、水文、地质、气候等自然条件分析，评价拟建场地是否存在有不良地质作用，是否具备建设条件。

3）在已有资料及实地调研的基础上，查明拟建场地的历史文化遗迹赋存状况，如有必要，需对拟建场地进行考古调查、勘探和发掘。对地下历史文化遗迹进行原地保护或者保护性发掘。

4）查明拟建场地周边历史文物建筑、珍贵古树等的现状情况，做好数据统计，制定保护方案和措施，保护文物安全。

（四）项目建设方案

项目建设方案主要包括施工方案和文物保护方案。

1）施工方案包括土建工程量的估计，主体、单项等工程量的估计，拟采用的工艺流程及技术方案等。

2）文物保护方案，即项目施工建设中所采取的文物保护措施和方案，其确保建设项目周边文物建筑的安全。

（五）文物保护措施

文物保护工作必须贯穿项目建设的全过程，项目建设的各个阶段都要制定相应的文物保护措施和方法，保护文物安全。

（六）环境保护和节能

1）分析建设项目对周边环境的影响，主要是确定“三废”的数量、成分、种类等，制定相应的环境保护措施。

2）介绍项目建设中采取的节水、节能措施，以达到节约资源的目标。

（七）安全、劳动防护和消防

1）介绍项目建设过程所采取的安全管理制度、安全管理的方法和措施等。

2）介绍项目施工中人员的安全保障和劳动防护措施。

3）介绍项目建设过程中消防安全的培训、消防器材的配备、消防安全措施的制定等情况。

（八）项目组织管理及进度安排

1）项目组织管理主要包括项目管理机构的设置、人员的配置及项目管理制度的制定等。

2）进度安排主要是介绍项目的实施计划及进度安排，编制项目进度计划表或者横道图。

（九）投资估算及资金筹措

1）投资估算主要包括项目总投资估算，主体工程及辅助、配套工程的估算，以及流动资金的估算。

2）资金筹措主要介绍资金来源及筹措方式。

（十）效益分析

分析建设项目所产生的经济、社会和文化效益等。

（十一）风险分析

主要是针对建设项目可能产生的风险进行预测、识别，并制定风险防控措施和方法。

（十二）评价结论和建议

综合以上内容，从技术、经济、文物保护等方面对建设项目的可行性进行综合评价，得出结论及改进建议，供上级主管部门决策及国家投资行政部门审批。

第三节　项目可行性研究应遵循的原则

故宫文物保护工程项目可行性研究始终遵循文物保护原则、科学性原则、客观性原则、公正性原则和全面性原则，确保项目可行性研究的科学、准确、全面。

一、文物保护原则

故宫的文物保护工程项目建设始终坚持“文物第一”的原则，所有的建设项目都是为了故宫的发展需要、文物保护的需要而提出的。因此，在进行项目可行性研究时，一定要对拟建项目对文物建筑带来的影响进行分析论证，要评估拟建项目是否会对已有的文物建筑带来不良影响，是否制定有科学合理的文物保护措施等，确保拟建项目不会对文物建筑带来不良影响。

二、科学性原则

按客观规律办事是可行性研究工作必须遵循的基本原则，在进行项目可行性研究时要做到以下几点。

1）以科学的方法和认真负责的态度来收集、分析和鉴别原始数据和资料，以确保数据、资料的真实性和可靠性。

2）每一项技术与经济指标都要有科学的依据，都是经过科学分析论证得到的。

3）必须保证可行性研究结论和建议的科学性，不能掺杂任何主观成分。

三、客观性原则

在进行项目可行性研究时，必须坚持从实际出发、实事求是的原则，根据项目的要求和具体条件进行分析论证，以得出项目可行与不可行的结论。因此，建设所需要的条件必须是真实存在的，而非主观臆造的。

四、公正性原则

在进行项目可行性研究时，各参与方要始终以事实为依据，保持评估程序的公开、公正，不弄虚作假，确保可行性研究的正确、公正，为项目的投资决策提供可靠的依据。

五、全面性原则

进行项目可行性研究要广泛收集各种资料，深入调研，听取多方的建议，对项目的建设要进行全方面论证，确保可行性研究的全面、详尽。

第四节　可行性研究报告的作用

可行性研究报告是项目可行性研究工作的主要成果表现形式，对于投资决策具有权威性的参考意义，是投资者进行项目最终决策的重要书面依据。经国家投资审批部门批准的项目可行性研究报告具有以下作用。

1）可行性研究报告是建设项目论证、审查、决策的依据。

2）可行性研究报告是编制设计文件的重要依据。

3）可行性研究报告是筹集资金，向银行申请贷款的重要依据。

4）可行性研究报告是申请专项资金，向有关主管部门申请专项资金的重要依据。

5）可行性研究报告是取得建设用地，向国土部门、开发区、工业园申请用地等的重要依据。

6）可行性研究报告是与项目有关的单位签订合作、协作合同或协议的依据。

7）可行性研究报告是引进技术、进口设备和对外谈判的依据。

8）可行性研究报告是环境部门审查项目对环境影响的依据。

9）可行性研究报告是施工组织、工程进度安排及竣工验收的依据。

第五节　可行性研究报告的内容

根据原国家计划委员会审定发行的《投资项目可行性研究指南》的规定，一般建设项目的可行性研究报告应按表 3-1 的内容进行编写。

表 3-1　可行性研究报告的主要内容

序号	项目	具体内容
1	总论	主要说明项目提出的背景、概况，可行性研究报告编制的依据，项目建设条件以及问题、建议
2	市场调查与预测	市场分析包括市场调查和市场预测，是可行性研究的重要环节。其内容包括市场现状调查、产品供需预测、价格预测、竞争力分析、市场风险分析
3	资源条件评估	主要评估内容为资源可利用量、资源品质情况、资源赋存条件、资源开发价值
4	建设规模与产品方案	主要内容为建设规模与产品方案构成、建设规模与产品方案比选、推荐的建设规模与产品方案、技术改造项目与原有设施利用情况等
5	场址选择	主要内容为场址现状及建设条件描述、场址方案比选、推荐的场址方案、技术改造项目当前场址的利用情况
6	技术方案、设备方案和工程方案	主要内容包括技术方案选择、主要设备方案选择、工程方案选择、技术改造项目改造前后的比较
7	原材料燃料供应	主要内容包括主要原材料供应方案、燃料供应方案
8	总图运输与公用辅助工程	主要内容包括总图布置方案、场内外运输方案、公用工程与辅助工程方案、技术改造项目现有公用辅助设施利用情况
9	节能措施	主要内容包括节能措施、能耗指标分析
10	节水措施	主要内容包括节水措施、水耗指标分析
11	环境影响评价	主要内容包括环境条件调查、影响环境因素分析、环境保护措施、技术改造项目与原企业环境状况比较
12	劳动安全卫生与消防	主要内容包括危险因素和危害程度分析、安全防范措施、卫生保健措施、消防设施、技术改造项目与原企业比较
13	组织机构与人力资源配置	主要内容包括组织机构设置及其适应性分析、人力资源配置、员工培训
14	项目实施进度	主要内容包括建设工期、实施进度安排、技术改造项目建设与生产的衔接
15	投资估算	主要内容包括投资估算范围与依据、建设投资估算、流动资金估算、总投资额及分年投资计划

续表

序号	项目	具体内容
16	融资方案	主要内容包括融资组织形式、资本金筹措、债务资金筹措、融资方案分析
17	财务评价	主要内容包括财务评价基础数据与参数选取、销售收入与成本费用估算、财务评价报表、盈利能力分析、偿债能力分析、不确定性分析、财务评价结论
18	国民经济评价	主要内容包括影子价格及评价参数选取、效益费用范围与数值调整、国民经济评价报表、国民经济评价指标、国民经济评价结论
19	社会评价	主要内容包括项目对社会的影响分析、项目与所在地互适性分析、社会风险分析、社会评价结论
20	风险分析	主要内容包括项目主要风险识别、风险程度分析、防范与降低风险对策
21	研究结论与建议	主要内容包括推荐方案总体描述、推荐方案优缺点描述、主要对比方案、结论与建议

第六节　可行性研究报告的编制要求

故宫文物保护工程项目可行性研究报告的编制要求主要有以下几点。

1）确保可行性研究报告的真实性和科学性。可行性研究是一项技术性、政策性、经济性都很强的工作。在编制可行性研究报告时，编制单位应站在公正的立场上，保持独立性，遵照事物的客观经济规律及科学研究工作的客观规律办事，在调查研究的基础上，根据客观实际情况实事求是地进行技术经济论证、技术方案比较与评价，不得主观臆断，行政干预、画框架、定调子，保证可行性研究的严肃性、真实性、客观性、科学性和可靠性，保证可行性研究报告的质量。

2）可行性研究报告的编制要委托给具有相应专业资质的咨询公司或设计院等单位来承担。故宫建设项目可行性研究报告的内容涉及面广泛，且具有一定的深度要求。因此，可行性研究报告的编制单位必须拥有足够的技术力量、技术手段和丰富的实践经验。参与可行性研究报告的编制成员需要由文物保护专家、经济学专家、工程技术人员、建筑设计专家、工程项目管理专家等组成，以确保可行性研究报告的专业性和全面性。

3）可行性研究报告的编制必须按照国家规定的标准规范，达到应有的深度要求。

4）可行性研究报告编制完成之后，应有编制单位的行政、技术、经济方面的责任人签字，并对可行性研究报告的质量负责。

第七节　可行性研究报告编制大纲

故宫文物保护工程项目的可行性研究报告编制大纲如下。

一、概况

主要包括项目概况、建设单位概况、可行性研究报告编制依据、建设项目预期目标等。

项目概况：项目名称、项目建设地点、项目建设单位、项目建设规模和内容、项目总投资、项目建设周期等。

建设单位概况：建设单位历史发展状况、单位性质、机构设置及人员组成情况等。

可行性研究报告编制依据：编制可行性研究报告所依据的文件资料，如故宫的规划文件、项目的立项文件等。

建设项目预期目标：即建设项目所要达到的效果、产生的经济、社会、文化效益等。

二、项目建设的背景及必要性

主要包括建设项目在什么样的背景下提出的，建设项目为什么要进行，建成后会产生什么积极影响，能解决什么问题。

三、项目建设地点及建设条件

主要介绍项目建设地点的选择及对建设地点条件进行的综合分析，包括地理位置、气象、水文、地质、供水、供电等，评价建设地点是否具备项目建设所需的条件。

四、项目建设方案

主要阐述项目建设方案，包括项目建设原则、方案设计、周边文物建筑保护方案等。

项目建设原则主要有：①保护故宫的真实性和完整性原则；②最小干预原则；③系统性原则；④科技保护原则；⑤注重保护管理原则；⑥近期的可操作性和远期的前瞻性相结合的原则等。

方案设计主要介绍项目建设采取的工艺流程、施工方法等。

周边文物建筑保护方案主要介绍项目实施中所制定的建设场地周边文物建筑的保护方案和措施等。

五、文物保护措施

文物保护是项目建设的重中之重，主要介绍项目实施中对建设场地周边文物建筑采取的保护措施，确保文物建筑的安全。

六、环境保护和节能措施

主要包括对建设场地的环境状况进行调查，分析建设项目产生的“三废”（废水、废气、废渣）的种类、成分和数量，并预测其对周围环境及文物建筑的影响；提出环境保护的方案和措施，对环境影响进行评价；介绍建设项目所采取的节能、节水措施。

七、安全、劳动防护和消防

主要包括项目建设中危险因素和危害程度分析，介绍建设项目施工期及使用期所采取的劳动及安全防护措施、消防安全措施。

八、组织管理与进度安排

主要分析建设项目的组织管理及项目实施进度安排。

组织管理包括组织管理机构的设置、人力资源配置、管理人员与技术人员的数量及质量、项目管理的制度保障等。

进度安排包括项目实施的各阶段任务安排、编制项目进度计划表、制定进度管理制度等。

九、投资估算与资金筹措

主要说明建设项目的投资估算及资金筹措。

投资估算包括：项目总投资估算，主体工程及辅助、配套工程的估算，流动资金的估算等。

资金筹措应说明项目建设的资金来源、筹措方式、各种资金来源所占的比例等。

十、效益分析

主要分析工程项目的建设会产生哪些影响，即项目建设所带来的经济、社会、文化等效益。

十一、项目风险分析

主要对建设项目进行风险分析、识别、应对。

风险分析：分析建设项目可能存在的风险，如文物区施工风险、质量风险、进度风险、投资风险等。

风险识别：制定风险识别措施和方案，及时识别项目风险。

风险应对：制定风险防范和应对措施，规避项目风险。

十二、研究结论和建议

通过深入调研，全面分析论证，从技术、经济、文物保护等方面对建设项目的可行性进行综合评价，得出结论及改进的建议，供上级主管部门决策及国家投资行政部门审批。

十三、附件

即建设项目可行性研究报告的补充资料或国家行政机关对本项目的审批文件等。

第八节　可行性研究报告的审批

一、一般建设项目可行性研究报告的审批

一般建设工程项目的可行性研究报告审批流程与项目建议书的审批流程类似，需经上级主管部门或者发展改革委审批，主要流程如下。

1）建设单位提出申请。

2）发展改革委对申请进行行业政策和行政规定方面的审查，符合要求的转入技术审查，不符合要求的退回，缺少资料的需补齐相关材料。

3）建设单位修改或者补充有关资料后，发展改革委正式受理，并按照投资限额和审批权限，该转报上级政府审批的，转报上级计划部门；该由自行审批的，下达审批批文。

二、故宫文物保护工程项目可行性研究报告的审批

故宫文物保护工程项目可行性研究报告的审批程序与项目建议书的审批程序类似，主要程序如下。

1）委托具有相应资质的管理咨询公司编制项目可行性研究报告。

2）可行性研究报告编制完成后，向文化和旅游部提交项目可行性研究报告的审批申请。

3）对于投资总金额不超过 3 000 万元的项目，文化和旅游部直接进行审批；投资总金额超过 3 000 万元的项目，由文化和旅游部转报国家发展改革委进行审批。

4）文化和旅游部或者国家发展改革委审批后，下发审批文件。

第四篇　设计阶段

设计阶段是工程项目实施过程中的一个重要阶段，主要包括工程项目岩土工程勘察、初步设计及概算的编制、施工图的编制等，是将工程项目的建设构思转化为技术文件及图纸的过程。设计阶段完成的设计文件及图纸是建设施工的主要依据，关系到工程项目的最终质量。因此，做好工程设计阶段的各项工作对工程项目的建设施工具有重要意义。

第十三章　设计阶段的文物保护

在故宫文物保护工程项目实施过程中，文物保护始终是第一位的，贯穿于项目建设的整个生命周期。项目设计阶段要以文物保护为根本前提，以保护故宫的真实性、完整性为原则，进行项目设计文件及图纸的编制工作，保证设计文件的科学性、合理性及专业性，保证建设项目质量安全及拟建项目周边文物建筑的安全。

第一节　文物保护措施

一、拟建场地岩土工程勘察阶段的文物保护措施

1）委托给具有相应文物保护资质及岩土工程勘察资质的工程勘察单位进行建设项目的岩土勘察工作，勘察单位必须要具备足够的文物保护、岩土勘察等方面的专家力量，同时要有丰富的文物保护工程项目的勘察经验，保证勘察工作的专业性。

2）在进行岩土工程勘察过程中，要严格按照岩土工程勘察的原则和步骤展开工作，岩土工程勘察工作应由浅入深、由表及里逐步进行。根据不同阶段的项目需求，设计相应的勘察任务，一般是项目可行性研究阶段进行可行性勘察，初步设计阶段进行初步勘察，施工图设计阶段进行详细勘察；严格遵循岩土工程勘察的原则和步骤，保证岩土工程勘察工作的科学性。

3）因故宫属于文化遗产保护区，地上地下都存在着重要的历史文化遗迹。在进行勘察工作前，需要广泛收集已有的勘察资料、历史文献资料等，初步了解和掌握拟建场地地下的基本情况。为了保护文物，严禁对埋藏有历史遗迹的场地进行勘察工作。对地下文物赋存状况不明的场所，应采用人工挖探槽的方式进行试验性勘探。如发现文物遗迹，应立即停止勘探，进行原地保护，并上报国家文物行政管理部门，由国家文物行政管理部门组织进行考古发掘。

4）岩土工程勘察工作必须坚持实事求是的原则。勘察单位要根据现有的原始资料及实际勘探资料，通过相关实验测试，进行详细分析论证，得出岩土工程勘察的结论，提出工程建设施工的建议，并按照国家和行业的标准规范编制岩土工程勘察报告。科学的、真实的、规范的岩土工程勘察报告是进行项目设计施工的重要依据，是保证拟建场地地下历史遗迹不受破坏的重要保障。

5）为了保护拟建场地地下及周边文物建筑的安全，在进行岩土工程勘察工作时，勘察单位必须制定文物保护方案及应急预案，对勘察工作可能带来的文物安全风险进行预测、识别、评估和控制，最大限度地降低勘察工作可能带来的文物安全风险。

二、初步设计阶段的文物保护措施

1）通过招投标将建设项目的设计工作委托给同时具有文物保护设计及建筑设计资质的设计单位，设计单位要有充足的技术力量，配备文物保护、古建筑设计、建筑设计、工程管理等方面的专业人才，同时还要有丰富的文物保护工程的设计经验，保证初步设计文件的科学性、专业性。

2）设计单位成立初步设计工作小组，小组成员由文物保护、建筑设计、项目管理等方面的专业力量组成，明确相关人员的责任、义务，做到分工明确，保证各专业人员之间的协调和配合。

3）设计单位在进行初步设计文件编制工作时，始终要把文物保护放在设计工作的首位，即新建筑物的外观、样式要符合故宫清式官制的建筑风格，必须和周围文物建筑的风格保持一致，保持故宫的真实性和完整性。

4）在编制初步设计文件时，设计单位要广泛收集各种原始资料，包括拟建场地的勘察资料、考古资料、历史资料等，在立足于拟建场地实际情况的基础上，实事求是地完成初步设计文件的编制。

5）初步设计文件的编制必须按照国家规定的标准规范进行，达到规定的深度要求。规范、严谨的初步设计文件是后续工作的重要依据，是保护拟建项目工程质量和周边文物建筑安全的重要保障。

6）初步设计文件编制完成后，组织文物保护、建筑设计等方面的专家进行论证，对初步设计文件的科学性、合理性进行评价，对发现的问题要求设计单位及时进行修改和完善，从而保证初步设计文件的质量。

三、施工图设计阶段的文物保护措施

1）由设计单位成立施工图设计工作小组，小组成员应由文物保护、建筑设计、古建筑设计等方面的专业人才组成，保证施工图设计的专业性。

2）设计单位在进行施工图设计时，要坚持文物保护优先原则、最小干预原则、保护故宫真实性和完整性原则。施工图设计应充分考虑拟建项目对周边文物建筑的影响，应将对周边环境的影响降到最低，如新建筑物的建筑样式、设计风格等都应与周边文物建筑的风格保持协调一致，保护故宫的真实性和完整性。

3）制定详细的施工图设计目标和计划，编制施工图设计进度方案，定期对施工图设计的内容进行检查，对发现的问题及时进行修改，保证施工图设计的时效性和准确性。

4）施工图设计应尽可能详细，各专业图纸要配备专业设计说明，各专业计算参数要准确，设计深度要满足国家规定的标准要求。规范、准确的施工图是保障项目质量安全和文物建筑安全的重要保障。

5）施工图设计完成后，组织文物保护、古建筑设计等专家对全套施工图进行论证，论证内容包括施工图的各部分内容是否符合规范要求，各专业图纸是否存在矛盾之处，建筑设计是否符合古建筑的要求等，保证施工设计图纸的科学性和规范性。

第二节　文物保护注意事项

为了更好地保护故宫内的文物建筑，故宫文物保护工程项目设计阶段的文物保护工作需注意以下事项。

1）项目勘察、设计工作必须通过招投标委托给同时具有相应文物保护资质及勘察、设计资质的勘察、设计单位进行，勘察、设计单位应具备足够的文物保护、工程勘察、建筑设计等方面的专业力量，具有丰富的文物保护工程的勘察和设计工作经验，确保勘察、设计文件的专业性、科学性。

2）项目岩土工程勘察工作必须坚持由表及里、由浅入深的原则逐步进行。对于可能赋存有历史文物遗迹的场地应先报国家文物行政管理部门申请进行考古勘探和发掘，待文物发掘后才能进行勘察工作。对于没有历史文物赋存的场地，要先开挖试验性探槽，确定地下无历史文物遗迹后，方可进行深部勘探工作。

3）在进行岩土工程勘察工作时，勘察单位应制定详细的文物保护措施及应急预案，对可能存在的风险进行预测、识别和评估，做好风险应对措施，尽可能地将文物安全风险降到最低。

4）项目设计工作应严格遵守文物保护原则、最小干预原则等，应充分考虑到新建项目对周边环境的影响。设计文件应参照周边文物建筑的建筑形式、结构样式等进行编制，保持和周边环境的协调一致，将对环境的影响降到最低，保护好故宫的真实性和完整性。

5）工程项目勘察、设计文件编制完成后，必须组织文物保护、工程勘察、建筑设计等方面的专家对勘察、设计成果资料进行反复的研究和论证，主要论证项目是否会对周边文物建筑带来不良影响，成果资料是否符合国家相关规范标准等，确保勘察、设计文件的科学性、可行性，确保工程建设质量安全和拟建项目周边文物建筑的安全。

第十四章　拟建场地岩土工程勘察

岩土工程勘察是指根据建设工程的要求，查明、分析、评价建设场地的地质、地理环境特征和岩土工程条件，编制岩土工程勘察文件的活动。岩土工程勘察是建设项目实施过程中必不可少的一个重要环节，是工程规划设计和建设施工的重要条件，其勘察质量的优劣直接影响着后续设计和施工工作能否顺利进行。在建设项目设计和施工之前，必须委托具有相应资质的工程勘察单位按照相关规范要求进行岩土工程勘察工作，为后续的规划设计和施工提供准确的依据和指导，促使工程建设能够充分利用有利条件，避免不利条件或将其转化为有利条件，为建设、施工的顺利进行提供有力保障。

第一节　岩土工程勘察的目的

建设项目岩土工程勘察主要是通过查明、分析和评价拟建场地的地质、地理环境特征和岩土工程条件，编制岩土工程勘察报告，为设计和施工提供依据。岩土工程勘察工作一般要完成以下工作。

1）查明拟建场地的地形、地貌，岩土层的成因、结构、埋藏深度、成因类型及分布特征等工程地质条件，尤其要查明基础下软弱和坚硬地层的分布及各岩土层的物理力学性质指标，确定卵石土的密实度和岩石的风化等级，并划定界限。

2）查明拟建场地的不良地质现象的分布情况，如地下障碍物、天然气和可能产生流砂、管涌、震动液化的粉性土、砂土的分布范围、厚度、埋深及性质；分析不良地质现象对工程设计、施工可能产生的不利影响和潜在威胁，并提供所需的计算参数和防治处理意见、措施。

3）查明拟建场地的地下水类型、埋藏条件、补给及排泄条件、初见及稳定水位，提供水位的季节变化幅度和主要地层的渗透系数，对地下水及地基土对建筑材料的腐蚀性进行评价，提供基坑开挖工程应采取的地下水控制措施，分析评价采用降水措施对周围环境的影响。

4）对地基土层的工程特征和地基的稳定性、适应性进行评价，提供各土层的地基承载力特征值、变化计算参数等设计所需的各类计算参数，论证分析可供采用的地基基础设计方案，对持力层选择、基础埋深等提出建议，提供经济合理的设计方案建议。

5）对拟建场地及地基土层进行抗震条件评价，提供建筑抗震设计基本参数，划分场地土类型和场地类别，划分对抗震有利、不利或危险的地段，提供抗震设计的有关参数。

6）对复合地基或桩基类型、适宜性、持力层提出建议，提供桩的极限侧阻力、极限端阻力和变形计算的有关参数，建议合理的桩尖持力层，预估单桩承载力，并对沉桩的可能性、施工时对

环境的影响及桩基础施工中应注意的问题提出建议。

7）对与基础施工有关的岩土工程问题（基坑开挖、边坡稳定、边坡支护）进行评价，并提供有关岩土的技术参数，论证其对周围已有建筑物、地下设施等的影响。

8）按照设计和施工要求对场地和地基的工程地质条件进行综合的岩土工程评价，提出合理的结论和建议。

第二节　岩土工程勘察的要求

为了保证建设项目岩土勘察工作的规范合理，故宫文物保护工程项目岩土勘察工作严格按照以下要求进行。

1）建设项目的岩土工程勘察是工程设计和施工的重要依据，岩土工程勘察的成果关系到建设项目能否顺利完成。因此，岩土勘察工作必须委托给具有相应资质的勘察设计单位来承担，勘察单位必须同时具备岩土工程勘察资质和文物保护资质，保证岩土工程勘察工作的专业性，确保勘察区域周边文物建筑的安全。

2）建设项目的岩土工程勘察工作必须严格遵守国家、地区和行业的规范标准，保证岩土工程勘察成果报告的规范性。

3）建设项目的岩土工程勘察工作必须坚持实事求是的原则，在经过收集资料、现场勘察、室内测试分析的基础上，对拟建场地进行工程评价，提出后续施工的建议，保证岩土工程勘察工作的科学性和真实性。

4）建设项目的岩土工程勘察工作必须遵循岩土工程勘察程序，由浅入深，由表及里，逐步深入，查明拟建场地的岩土工程特征，保证岩土工程勘察结果的准确性。

5）建设项目的岩土工程勘察报告必须按照规定的大纲内容和相关格式要求进行编写，保证岩土勘察工程报告达到规定的深度要求。

第三节　岩土工程勘察的内容

建设项目的岩土工程勘察阶段一般可以划分为可行性勘察阶段、初步勘察阶段和详细勘察阶段，分别对应建设项目可行性研究阶段、初步设计阶段和施工图设计阶段。对于单体建筑物如高层建筑或高耸建筑物，其勘察阶段一般划分为初步勘察阶段和详细勘察阶段。当工程规模较小或者建设要求不太高、场地的工程地质条件较好时，初步勘察和详细勘察可合并为一个勘察阶段去完成。当建设场地的工程地质条件复杂或者建设项目有特殊施工要求时，或基槽开挖后地质情况与原始勘察资料严重不符而影响工程质量时，还应配合设计及施工进行补充性的地质工作和施工岩土工程勘察。故宫文物保护工程项目岩土工程勘察工作一般按照可行性研究勘察阶段、初步勘察阶段、详细勘察阶段逐步进行，以确保岩土工程勘察工作的科学性、规范性。

一、可行性研究勘察

可行性研究勘察主要是在收集已有资料的基础上，对拟建场地进行实地调查，初步评价拟建场地的稳定性和适宜性，并配合相关人员，从工程技术、文物保护、施工条件、使用要求和经济效益等方面进行全面考虑，综合分析拟建场地是否满足项目建设的条件，主要包括以下内容。

1）收集区域的地质、地形、地貌、地震情况，拟建场地周围的工程地质资料及周边文物建筑的分布及现状情况。

2）在收集和分析已有资料的基础上，通过现场踏勘，了解拟建场地的地层、构造、岩石和土的基本性质、不良地质作用的现象和分布及地下水等工程地质条件。不良地质作用包括断层、滑坡、泥石流、岩溶、土洞、崩塌、洪水等。

3）工程地质条件复杂，已有资料不能符合要求，但其他方面条件较好且倾向于选取的场地，应根据具体情况进行工程地质测绘及必要的勘探工作。

4）在确定建设场地时，在工程地质条件方面，应避开下列地区或地段：①不良地质作用发育且对场地稳定性有直接危害或者潜在威胁的；②地基土性质严重不良的；③地震活动较为频繁的；④地下水对建筑物具有严重不良影响的；⑤地下具有矿产资源、历史文化遗迹及采空区的。

二、初步勘察

初步勘察是在可行性勘察的基础上，根据已掌握的资料和实际需要进行的工程地质测绘、调查以及勘探测试工作。其为确定建筑物的平面位置、主要建筑物的地基类型以及不良地质现象防治工程方案提供资料，对场地内的建筑物地段做出岩土工程评价，其主要内容如下。

1）搜集可行性研究阶段岩土工程勘察报告，取得拟建场地的地形图及有关工程性质、规模及要求的文件。

2）初步查明拟建场地的地层、构造、岩土物理力学性质、地下水埋藏条件及冻结深度。

3）查明拟建场地内不良地质现象的类型、规模、成因、分布，对场地稳定性的影响及发展趋势。

4）对抗震设防烈度大于等于7度的场地，需对场地及地基的地震效应进行判断。

三、详细勘察

详细勘察是继可行性研究勘察和初步勘察之后进行的，针对具体建筑物地基或具体的地质问题，为进行施工图设计和施工提供设计计算参数和可靠的依据。详细勘察一般是在工程平面位置，地面整平标高，工程的性质、规模、结构特点已经确定，基础形式和埋深已有初步方案的情况下进行的，是各勘察阶段中最重要的一次勘察，主要是最终确定地基和基础方案，为地基和基础设计计算提供依据。该阶段应按不同建筑物或建筑群提出详细的岩土工程资料和设计所需的岩土技术参数；对建筑地基应做出岩土工程分析评价，并应对基础设计、地基处理、不良地质现象的防治等具体方案做出论证和建议，主要包括以下内容。

1）取得附有坐标及地形的建筑物总平面布置图，各建筑物的地面整平标高，建筑物的性质、

规模、结构特点，可能采取的基础形式、尺寸、预计埋置深度，对地基基础设计的特殊要求。

2）查明不良地质现象的成因、类型、分布范围、发展趋势及危害程度，并提出评价与整治所需的岩土技术参数和整治方案建议。

3）查明建筑物范围各层岩土的类别、结构、厚度、坡度、工程特性，计算和评价地基的稳定性和承载力。

4）对需进行沉降计算的建筑物，提供地基变形计算参数，预测建筑物的沉降、差异沉降或整体倾斜。

5）对抗震设防烈度大于或等于 6 度的场地，应划分场地土类型和场地类别；对抗震设防烈度大于或等于 7 度的场地，应分析预测地震效应，判定饱和砂土或饱和粉土的地震液化，并应计算液化指数。

6）查明地下水的埋藏条件。进行基坑降水设计时应查明水位变化幅度与规律，提供地层的渗透性。判定环境水和土对建筑材料和金属的腐蚀性。

7）判定地基土及地下水在建筑物施工和使用期间可能产生的变化及其对工程的影响，提出防治措施及建议。

8）对深基坑开挖应提供稳定计算和支护设计所需的岩土技术参数；论证和评价基坑开挖、降水等对拟建场地周边文物建筑的影响。

9）提供桩基设计所需的岩土技术参数，并确定单桩承载力；提出桩的类型、长度和施工方法等建议。

10）综合全部勘察资料，对拟建场地的岩土工程条件进行综合评价，提出建设施工的建议及周边文物建筑的保护措施。

第四节　岩土工程勘察报告的编制大纲

为了保证建设项目岩土工程勘察报告的专业性、规范性，故宫文物保护工程项目岩土工程勘察报告严格按照国家规定的规范要求进行编制，其编制大纲如下。

一、前言

主要包括工程概况、勘察工程等级、勘察工程任务及目的、勘察工作依据、勘察任务及完成情况等内容。

（一）工程概况

主要是介绍建设工程项目的基本情况，包括工程项目建设的背景、建设规模和要求等。

（二）勘察工程等级

依据《岩土工程勘察规范》（GB 50021—2009），确定建设项目的岩土勘察等级。

（三）勘察工程任务及目的

主要介绍进行岩土工程勘察的任务及目的要求。勘察工程的任务和目的一般是查明拟建场地内的工程地质和水文地质条件，分析评价地基基础形式和施工方法的适宜性，预测可能出现的岩

土工程问题，提供施工图设计所需的岩土参数，提出复杂或特殊地段岩土治理的建议，具体包括以下内容。

1）搜集拟建场地的地形图、拟建线路平面图、线路纵断面图、施工方法等有关设计文件及可行性研究报告资料。

2）查明拟建场地的地质构造、岩土类型及分布、岩土物理力学性质、地下水埋藏条件，进行工程地质分区。

3）查明特殊性岩土的类型、成因、分布、规模、工程性质，分析其对工程的危害程度。

4）查明拟建场地不良地质作用的类型、成因、分布、规模，预测其发展趋势，分析其对工程的危害程度。

5）查明拟建场地地表水的水位、流量、水质，河湖淤积物的分布，以及地表水与地下水的补排关系。

6）查明地下水水位，地下水类型，补给、径流、排泄条件，历史最高水位，地下水动态和变化规律。

7）评价场地和地基的地震效应。

8）评价场地的稳定性和工程适宜性。

9）评价水和土对建筑材料的腐蚀性。

10）对可能采取的地基基础类型、地下工程开挖与支护方案、地下水控制方案进行初步分析评价。

11）提供场地土的标准冻结深度。

12）对环境风险等级较高的工程周边环境，分析可能出现的工程问题，提出预防措施的建议。

（四）勘察工作依据

主要介绍进行岩土工程勘察工作所依据的国家、地区、行业的标准规范及相关立项文件资料等。

（五）勘察任务及完成情况

介绍本次勘察工作的主要任务及完成的情况。

二、拟建场地地质环境背景、气象条件及工程地质条件

（一）拟建场地的区域地质背景及地形地貌

主要介绍拟建场地的地质背景及地形地貌，包括地形地势、地貌单元、地层岩性等。

（二）构造背景

主要介绍拟建场地的构造背景，包括构造类型和构造格局等。

（三）场区气象条件

主要介绍场区的全年气候的变化特征。

（四）区域地面沉降

分析拟建场地周围是否存在地面沉降区。

（五）场区地层组成

主要介绍拟建场地的地层组成及其特点。

三、拟建场地的水文地质条件

（一）区域水文地质条件

主要介绍拟建场地所在区域的水文地质条件。

（二）场地勘察期间实测地下水位

通过实地勘察得到拟建场地的实测地下水位。

（三）场地历年及近 3~5 年最高地下水位

统计拟建场地历年及最近 3~5 年间的最高地下水位。

（四）场地地下水、土的腐蚀性评价

主要对拟建场地地下水、土进行腐蚀性分析与评价。

四、不良地质作用与特殊性岩土

（一）不良地质作用

主要对拟建场地内存在的不良地质作用进行分析和评价。

（二）特殊性岩土

主要分析拟建场地内特殊性土的类型及特征。

五、拟建场地的建筑抗震设计条件

（一）区域地震地质背景

主要介绍拟建场地的区域地震地质背景。

（二）建筑场地抗震地段划分

根据在现场踏勘及已有的拟建场地的工程、地震地质资料，依据《建筑抗震设计规范》（GB 50011—2010），对建筑场地的抗震地段进行划分。

（三）场地土地震液化趋势判别

根据室内土工试验结果、现场原位测试值以及《建筑抗震设计规范》，对拟建场地土地震液化趋势进行判别。

（四）拟建场地的场地类别

根据现场踏勘、已有资料及相关规范，对拟建场地的场地类别进行判断。

六、拟建场地、地基土的评价

（一）场地稳定性、适宜性评价

主要分析拟建场地的地层岩性，并对场地的稳定性和适宜性进行评价。

（二）场地均匀性评价

主要分析拟建场地的地层、岩性、沉积年代、沉积厚度等，对场地均匀性进行评价。

（三）场地地基土的物理力学性质分析

通过现场勘察，取得原土试样，并进行室内土工试验，分析地基土的物理力学性质。

（四）天然地基承载力、变形计算参数评价

通过室内试验分析，对天然地基的承载力和变形计算参数进行评价。

（五）岩土特殊指标综合评价

根据土工试验、原位测试结果，结合区域土层力学参数的经验数值，确定和提供主要土层的岩土特殊指标参数建议值。

七、拟建场地内建（构）筑物的调查

主要对拟建场地内的建筑物进行调查分析，评价建设项目对它们产生的影响。

八、围岩分级和岩土施工工程分级

（一）围岩分级

根据相关规范标准，结合实地勘察所揭露的岩土性质、工程地质及水文地质条件对拟建场地内的围岩进行综合划分。

（二）岩土施工工程分级

根据国家、地方、行业相关规范标准，结合实地勘察结果，对各土层进行岩土施工工程分级。

九、对工程设计的建议及施工过程中应注意的问题

根据岩土工程勘察的结果，对工程设计方案提出相关建议，并指出施工过程中应注意的问题。

十、结论及建议

综合以上所有研究，对拟建场地的岩土工程特征进行评价，得出结论，并提出项目建设施工的相关建议。

第五节　岩土工程勘察报告的审查

为了保证故宫文物保护工程项目岩土工程勘察报告的专业性、规范性、准确性，勘察报告编制完成后，先由工程勘察单位项目负责人对成果资料进行自检，然后交由相关审核人员进行互检，最终由总工程师进行审定，审定合格后由相关负责人签字，并加盖单位公章。故宫文物保护工程项目管理部门组织项目管理、监理公司对勘察报告的质量进行进一步审查，对不符合规范要求的地方要求工程勘察单位重新修改，直至符合工程建设的规范和要求。岩土工程勘察报告经过工程勘察单位及建设单位审查完后，需要报建设行政主管部门进行施工图审查。在报审时一般需要提供以下资料。

1）经政府有关部门批准的作为岩土工程勘察依据的文件及附件。

2）岩土工程勘察文件（详勘阶段），包括岩土工程勘察报告、原始资料及计算书等。

3）审查需要的其他文件资料。

故宫文物保护工程项目岩土勘察报告的审查，严格按照北京市建设项目施工图审查的要求及

程序进行。北京市建设项目岩土工程勘察报告的审查一般需遵循以下步骤。

1）由于北京市建设行政部门推行“多审合一”，大大简化了施工图审查的程序。勘察单位首先需要进入“北京市投资项目在线审批监管平台”网站，然后进行登录。

2）登录完成后，按照要求上传所有数字化勘察文件资料，勘察文件资料应有项目相关负责人、审核人签字并加盖勘察单位电子公章。

3）将所有勘察资料上传后，等待审核。一般 15 个工作日后，审查机构会返回审查意见，审查合格的可以进行下一步设计工作。审查不合格的，返回修改。对于违反国家建设工程强制性标准的，按照相关规定给予一定的处罚。

第十五章　初步设计

建设项目初步设计在方案设计的基础上进一步深化，编制各专业的设计图纸，保证各专业能够相互配合，并对项目投资概算进行计算。初步设计主要包括设计说明、各专业图纸及设计概算等内容。项目初步设计文件是施工图设计的基础，其质量的好坏将会影响项目最终的质量效果。因此，在文物保护工程的实施过程中，必须高度重视项目的初步设计工作。

第一节　初步设计程序

为了保证建设项目初步设计工作的科学性、专业性，故宫文物保护工程的初步设计工作主要遵循以下步骤。

1）委托具有相应资质的设计单位编制建设项目初步设计及概算文件。

2）将建设项目的批复文件及需要调整、修改的书面意见等提交给设计单位。

3）设计单位建筑专业设计人员按照建设方案审批意见，将设计方案修改调整好，向各专业设计人员提交方案的平、立、剖面图纸（内部作业图），供各专业人员进行各自的专业设计。内部作业图的深度，要标明各轴线间尺寸、门窗编号，能反映其洞口尺寸、各层层高尺寸、房间名称，各部位装修材料等。

4）各专业设计人员就需要相关专业配合之处互相提出要求，提交设计草图和资料，并就需协调之处做好协调。

5）各专业设计人员需要向概算人员提交概算资料，包括文字资料和草图等。

6）对各专业设计图、材料设备清单、概算书、说明书进行校对、审核、审定，在图纸上签字、盖章。

7）晒图、装订、出图。

初步设计文件需经上级主管部门及国家投资行政部门审批，设计文件必须满足相关规范要求，装订应讲究整齐美观。设计文件的排列顺序如下。

1）封面。列出工程的名称、建设单位的名称、设计院名称及法人代表、总工程师、设计总负责人、资质证书编号并加盖公章。

2）扉页。列出工程专业负责人、各专业设计人（视条件在扉页前面可加工程的彩色透视照片）。

3）设计文件目录。按照主、次单项工程的建筑平、立、剖面顺序编制。

4）设计说明书。

5）设计图纸。按照目录顺序装订图纸，图纸较多时，建筑图以外的其他专业图纸另成一册。

6）主要设备、材料清单。

7）工程概算书。

第二节　初步设计深度

初步设计文件的编制必须满足一定的深度要求，早在1992年，原建设部就已要求设计单位按照中南建筑设计研究院总结整理的“建设工程设计文件编制深度规定”，对初步设计和施工图设计进行编制。故宫文物保护工程的初步设计严格按照此深度要求进行编制，主要包括以下内容。

一、设计总说明书

1）工程设计的依据。主要包括：①项目经主管部门批准的计划批文号及内容摘要，方案批准机关及批准内容摘要；②工程所在地的气象、地理、地形、位置、地质、水文情况概述；③水、电、气、燃料等能源供应及公共交通运输、道路条件；④城市用地、规划、环保、消防、人防、抗震等要求和依据资料；⑤建设单位提供的使用要求或生产工艺要求。

2）工程设计规模、面积、项目组成情况、工程分期情况。

3）设计指导思想和设计特点，其中包括国家有关法律法规、方针政策的贯彻，新技术、新材料、新设备的采用以及新布局、新造型、新结构的特点。

4）环境保护内容以及节约用地、节约资源、防灾抗震的主要措施。

5）设计选用技术标准方面的概述，单体建筑的使用、采光、通风等方面的简述，装修装饰标准介绍等。

6）项目建设的各项指标。主要包括：①占地总面积、房屋建筑总面积、绿化面积、密度、容积率、绿化率、人均绿化面积、停车面积等；②项目投资总概算、投资影响分析等；③用水量、用电量、燃气用量、供暖用量，主要建材消耗总量等。

7）在设计审查时需要提请解决和协调的问题。主要包括：①项目建设有关的用地规划、调整、红线、拆迁问题等；②水、电、气、燃料等的供应和交通、道路、运输等协作问题；③项目投资问题；④设计选用的标准、基础资料及施工技术要求等问题。

二、各专业说明书

参照总说明书内容并进行简化，简述设计的依据、采用的技术与标准、技术处理特点、经济技术指标等问题，后面一般要附上主要材料设备表。

三、总平面布置图

总平面布置图要有以下要素。

1）项目所在城市的坐标图及坐标值。

2）建设场地四界的城市坐标值和建筑坐标值（或注尺寸表示）。

3）新旧建筑物、构筑物的布置、名称（或以编号列表表示）、层数、设计标高等。

4）道路、明沟的起点、变坡点、终点标高、坡向、曲线半径、宽度等。

5）场地基础设施、绿化布置等。

6）指北针、风玫瑰图、图例、比例尺、表格、简易说明等。

对于规模大、地形复杂的工程，根据需要应增加设计图和场地断面图，将土方平衡、变化点的竖向标高、建筑物标高、道路等专门绘制和表示出来。

四、建筑设计图纸

1. 平面图

1）建筑物墙线、门窗、门窗编号，楼梯、踏步、洞口、轴线及轴线编号等；

2）总尺寸、洞口尺寸、轴线间尺寸等；

3）房间名称、主要房屋设备布置等；

4）各层楼面标高，比例、图名、指北针、首层加室外标高等。

如果各楼层有不同的平面设计，应给出不同的各层平面图。

2. 立面图

1）墙面、建筑物两端部的轴线及编号；

2）立面外轮廓、门窗、洞口、阳台、台阶踏步、天窗、雨棚、檐口、女儿墙等；

3）墙面装饰、线脚、各种留缝、雨水管。

根据建筑物特性、立面繁简，选择有代表的主要立面绘制立面图。

建筑物的立面尺寸或者标高标注应简单明了。应注明建筑物的首层室内外标高、主楼及裙楼屋顶檐口的标高；每一层的层高也应该标注在立面图的一侧。

3. 剖面图

1）剖切墙轴线及其编号、剖切的地面、楼板、屋面、地沟、坡道、踏步、挑板、雨棚、阳台、檐口；

2）视线前方的投影部分；

3）外地坪至檐口之间的门窗高度、各层层高、高度尺寸；

4）标高标注同立面。

剖面图应选择剖面有楼梯、屋层层高、空间组合比较复杂之处绘制。

4. 透视图

通常情况下只要条件许可、需做初步设计的工程，都应该绘制建设工程的彩色透视图和鸟瞰图，尽量使用电脑绘制彩色图并打印或者人工绘制，图幅应用 A2 以上纸张。对于有特殊要求的工程，还要制作建筑模型。

五、其他各专业图纸

1. 结构专业

绘制出结构草图（包括结构布置、构件截面估计、混凝土编号和其他采用的结构材料等）作为内部作业图，供做概算使用。通常情况下，在初步设计阶段，结构专业是以设计说明书作为对

外交付的文件。个别需要概略图表示的，可提供有关资料，由建筑专业设计人员在图上表示。

2. 给水排水专业

一般情况下，简单的工程不需要出图，但应该绘制草图，提供编制概算，并提出主要设备和材料。大型复杂工程，特别是大型工业建设工程，必须要绘制出给排水管道总平面图，水源、水处理工艺流程，室内给排水系统图等。

3. 电气专业

一般工程需要绘制供电总平面图，标出建筑物名称、电力、照明容量、进线方位、线路走向和敷设方式，还需高低压供电系统图、变配电所设备布置平面图。对于大型的复杂工程，需要增加电力系统图、照明系统图、自动调节和自动控制方框图或原理图、控制室设备布置平面图及各种弱电系统图。

4. 采暖通风专业

一般建设项目需要在设计说明后面附上主要设备及材料表。对于技术复杂的除尘和空调净化项目应绘制送排风平面图、空调冷冻及净化装置平面图、空调制冷系统图和自控原理图等。

5. 动力专业

动力设施主要包括锅炉房、空压站等，应绘制出设备布置平、剖面图与系统图，室外动力管道布置图等。

六、概算文件

建设项目设计概算文件包括概算编制说明，建设项目总概算书，单项工程综合概算书，单位工程概算书，其他工程和费用概算，钢材、木材、水泥等主要材料表。设计概算由分部工程计算起，各分部工程概算组成单位工程，各单位工程概算组成单项工程，各单项工程概算组成建设项目总概算。

第三节　初步设计文件的编制要求

为了保证建设项目初步设计文件的质量，故宫文物保护工程初步设计文件的编制需要满足以下要求。

一、专业性

初步设计文件的编制必须委托给具有相应资质的设计单位，设计单位需同时具备建筑设计及文物保护设计资质，要具备足够的建筑设计、文物保护、古建筑设计等方面的专业技术力量；同时，相关人员必须有丰富的文物保护工程的设计经验，精通古建筑的设计及保护业务，设计工作应最大限度地减少对周边文物建筑的影响，外观设计应与故宫的整体建筑样式协调一致，保护故宫的真实性和完整性。

二、规范性

初步设计文件必须严格按照国家法律法规、行业规定的标准和规范进行编制，各专业图纸必须符合建设工程强制性标准，保证初步设计文件的各部分无相互矛盾之处，各图例要保持一致，文件资料要符合相关要求，保持整齐、规范、美观。

三、准确性

初步设计文件的各计算参数必须经过严密的计算，图纸和各计算参数必须经过反复的推演和计算。各专业图纸上的技术参数必须要准确，要保留原始的数据资料以供核查。只有各计算参数准确无误，才能保证初步设计的质量，为后期的工作打下坚实的基础。

第四节　初步设计的审批

建设项目初步设计文件编制完成后，需报上级主管部门进行审批，审批通过后方可进行后续的施工图设计工作。故宫博物院是故宫的管理机构，隶属于文化和旅游部，是文化和旅游部下属经费自理事业单位。故宫的文物保护工程初步设计需报文化和旅游部进行审批，对于限额以下的建设项目初步设计由文化与旅游部直接进行审批，限额以上的建设项目初步设计由文化和旅游部转报国家发展改革委进行审批，具体步骤如下。

1）委托具有相应资质的设计单位完成建设项目初步设计文件的编制。

2）向文化和旅游部提出建设项目初步设计的审批申请，并提交全套初步设计文件及其他需要提供的资料。对于限额以下（项目总投资不超过 3 000 万元）的建设项目，由文化和旅游部直接进行审批。对于限额以上（项目总投资超过 3 000 万元）的建设项目由文化和旅游部转报国家发展改革委进行审批。

3）文化和旅游部或国家发展改革委根据提供的初步设计资料，组织相关专家进行评审，评审完后下达审批文件。

第十六章　施工图设计

施工图设计是建设项目设计阶段的一项重要工作，是对方案设计、初步设计的深部优化，主要通过编制施工图纸，把设计者的意图和全部设计结果表达出来，作为项目建设施工的依据。它是连接设计和施工工作的桥梁。施工图设计的质量直接影响着建设项目的质量，必须高度重视，严格按照国家标准规范要求进行设计工作。

第一节　施工图设计的准备

施工图设计作为建设施工的依据，设计的每一个细节都会影响到建设项目的最终效果。因此，在编制施工图设计前必须要做好充足的准备，认真仔细完成施工图的设计工作。故宫文物保护工程在进行施工图设计之前通常需要做以下准备。

1）通过招投标委托具有相应文物保护设计及建筑设计资质的设计单位承担施工图设计的编制任务，设计单位应具备足够的各专业技术力量，包括建筑设计、文物保护、古建筑设计等方面的专业人才，同时具备丰富的文物保护工程设计经验，保证施工图设计符合国家相关建筑设计规范及文物保护工程的标准规范。

2）提供给设计单位所需的各项资料，包括工程勘察资料、项目立项批复资料等。其中初步设计的批复文件具有重要意义，初步设计的批复代表着建设项目投资已被列入年度投资计划，建设资金已落实，相关的建设协作条件及技术疑难问题已经解决。初步设计的批复文件内包含有需要调整、优化的问题，应作为施工图设计修改调整的依据。

3）根据合同内容约定施工图设计费用和出图时间。合理的费用和时间限制可以更好地调动设计单位人员的积极性，保证施工图设计的质量和时效性。

4）向设计单位提出具体的施工图设计要求，主要是建筑的样式、功能等方面的要求，如建筑的样式要与现有周边建筑的样式相协调，保护故宫的真实性和完整性等，与设计人员建立定期沟通协调机制，及时解决施工图设计过程中遇到的问题。

第二节　施工图设计的编制要求

为了保证施工图的质量，施工图设计必须按照相关要求进行编制。故宫文物保护工程施工图设计的编制必须满足以下要求。

1. 专业性

施工图设计的编制必须委托给具有相应资质的设计单位或设计院来完成。施工图设计单位需要具备足够的技术力量，如建筑设计人员、古建筑设计人员、文物保护人员等。同时，设计单位还应具有丰富的文物保护工程设计经验及古建筑设计经验，保证施工图设计的专业性。

2. 准确性

施工图设计作为建设施工的依据，首先要保证其准确性。不但各部位的构造尺寸要准确，其用料、强度、受力、耐火、耐腐蚀等技术要求都要十分准确。要保证施工图各技术参数的准确，需要经过反复详细的参数计算和绘图修改，这就要求设计人员必须具备足够的专业素养，以认真负责的态度进行施工图的设计工作。

3 . 详细性

施工图设计是将设计人员脑海中的房屋建筑及其构建组成反映到图纸上，立足于设计人员不在施工现场的情况下，由另一批技术人员通过读懂图纸完全、准确地理解设计意图，并按照施工图纸进行施工。设计人员在将脑海中的三维房屋构件转化为二维图形时，不仅要详细注明二维平面图的尺寸，还要详细注明用料、构造方案和其他要求等。因此，施工图设计要尽可能详细，保证施工人员能够准确理解施工图纸内容。当然，保证施工图详细的前提下，也要注意简单扼要，言简意赅。

4. 对应性

对于施工图设计图纸，本专业的平、立剖面图应完全能够准确对应，无相互矛盾之处。同一建筑部位的各专业图纸也要相互准确对应，无相互矛盾。要做到各专业图纸相互对应，这需要设计中的各专业设计人员加强协调交流，做好图纸的校对和审核。

5. 统一性

施工图设计的编制应严格按照国家、行业和地方的标准规范，做到各专业图纸的图幅大小统一，制图图例符号统一，文字标注形式统一，采用的标准和标注图统一等。规范、统一、整齐的施工图是保证施工任务顺利进行的重要保障。

第三节　施工图设计深度

根据原建设部批准的，由中南建筑设计研究院编制的建筑工程设计出图和深度相关规定，建设工程施工图设计的深度需满足一定的要求。故宫文物保护工程的施工图设计严格按照国家规定的设计深度要求进行编制，相关深度要求如下。

一、图纸目录

在专门印制的出图目录上注明各图纸名称，一般要求先列新绘制的图纸，再列选用的标准图纸或重复利用的图纸。

二、设计说明

设计说明主要是对施工图设计进行总的概述，主要包括：建设项目名称、设计依据、建设地点、建设规模、建设单位、建筑面积、占地面积、建筑层数、防火等级、抗震设防等级、结构形式、特殊做法（如防火、防腐、防虫、防震、防尘、防辐射等）、相对标高与总图绝对标高的关系，装修表、门窗表应列出选用的标准图集号、图号编号。设计说明可分别写在有关图幅上，主要是对技术问题处理的附加说明。

三、总平面图

总平面图包括以下内容。

1）建设场地内的地形及地物。

2）建设场地测量坐标网、场地施工坐标网、坐标值。

3）建设场地四界的测量坐标和场地建筑坐标（可标注尺寸）。

4）建筑物、构筑物的名称、层数及设计标高。

5）道路、排水沟的坐标或位置尺寸、路面宽度、平曲线要素等。

6）指北针、风玫瑰。

7）建筑物、构筑物名称，使用编号时应列出名称和编号对照表。

8）说明，包括设计依据、尺寸单位、比例尺、高程系统、施工坐标网与测量坐标网的关系、补充图例等。

四、竖向布置图、土方图

竖向布置图和土方图根据地形复杂程度和规模需要绘制，一般简单的工程可以直接在总图上表示。

1）建筑物、构筑物、场地坐标、设计标高等。

2）挡土墙、护坡的顶底部设计标高。

3）道路排水沟的起点、变坡点、转折点、终点的设计标高、坡度、坡向、平曲线要素、竖曲线半径。

4）土方图上有 20 m 或 40 m 见方的方格网，各方格点的原地面标高、设计标高、填挖高度与填挖分界线、各方格内土方量、总土方量、土方平衡表。

5）指北针、尺寸单位、比例、高程系统名称、补充图例。

五、管道布置图、绿化布置图

管道布置图、绿化布置图根据建设需要，按照设计意图进行绘制，需要注明布置尺寸、材料名称、说明和图例等，必要时可在总图上加详图、断面图。

六、建筑图

1）首页主要为设计说明、装修表、门窗表。

2）平面图。施工图设计的建筑平面图深度应在初步设计内容和深度的基础上加上：门垛、墙垛、柱子、洞口、楼梯、卫生器具、池台柜板、明暗沟、坡道步级等设施设备自身的大小尺寸及其与轴线的关系尺寸；剖切线及编号；自绘节点详图编号索引和节点采用的标准图集索引号。屋顶平面图应包括：墙柱、檐口、天沟及其坡度坡向、屋顶坡度坡向、屋脊、泛水、变形缝、天窗挡风板、其他绿化设施设备、详图索引号、标高等。

3）立面图。施工图设计的立面图深度应在初步设计深度的基础上增加：初步设计未绘制的立面，主要包括各立面外墙上的装饰、细部、洞口的自身尺寸，材料做法、详图索引号、雨水管径、贴面分格与线脚尺寸。

4）剖面图。施工图设计的剖面图深度应在初步设计深度的基础上增加：所有剖切、可视的构件、设施，主要包括门窗洞口的高度尺寸、层高尺寸、楼梯分段分级尺寸，地下地面各层、楼台平台、屋面板、女儿墙、机房及室外地面的标高，节点构造的详图索引号。

5）详图。在平、立、剖面图上因比例与视图的关系无法表示的、又必须交代的、同时无标准图可套用的局部构造、装饰处理，应专门在另外的图纸图幅上，绘制详图。详图比例根据构造的繁简、构件尺寸的大小确定，一般为1∶50、1∶20、1∶10，甚至1∶1。

七、其他各专业施工图设计

其他各专业施工图设计应严格按照各自的技术要求和深度要求进行编制，这里不再一一赘述。

第四节　施工图审查

施工图是建设项目施工的依据，施工图设计的质量、安全标准直接关系建筑工程本身的质量安全标准和人们的生命财产安全。所以，施工图设计编制完成后必须经过严格审查，保证其质量达到规定的要求。为了保证故宫文物保护工程的质量，保护故宫文化遗产，故宫文物保护工程施工图的审查严格按照以下步骤进行。

一、设计单位内部进行施工图自查

1）施工图设计完成后，设计单位要进行内部审查，保证施工图纸的质量。设计出图后，一般遵照四级审查、签字制度，即设计人自查、校对人核对、技术审核人审查、出图审定负责人审查制度。后面一级的审查发现的质量问题，交由设计人按照质量标准要求，逐条逐项进行修改，修改完后方可交至后面一级审查。如此依次审查、修改完毕，直至出图审定负责人认为符合设计质量要求了，方可从设计人开始，依照设计、审查顺序签字出图。

2）各专业经过四级审查、签字后，设计图纸再由有关工种会签。

3）设计各阶段的设计依据资料、地质勘探资料、计算书都要经整理、归档，妥善保存，以备

查阅。

二、专门的审查机构进行施工图审查

1）施工图经设计单位自查，相关人员签字及加盖单位公章后，还需报建设主管部门认定的施工图审查机构按照有关法律法规要求，对施工图涉及公共利益、公众安全和工程建设强制性标准的内容进行审查。

2）审查机构对施工图审查的内容包括：施工图质量是否符合工程建设强制性标准；地基基础和主体结构是否安全；勘察设计企业和注册执业人员以及相关人员是否按规定在施工图上加盖相应的图章和签字等。

故宫文物保护工程施工图的审查，严格按照北京市建设项目施工图审查的要求及程序进行。北京市建设项目施工图审查一般遵循以下步骤进行。

1）由于北京市建设行政部门推行“多审合一”，大大简化了施工图审查的程序。首先需要进入“北京市投资项目在线审批监管平台”网站，然后进行登录。

2）登录完成后，按照要求上传全套数字化施工图设计文件，施工图上应有项目相关负责人、审核人的签字，并加盖设计单位电子公章。

3）上传施工图设计依据及项目获得批准的相关文件资料。

4）将所有施工图资料上传后，等待审核。一般 15 个工作日后，审查机构会返回审查意见，审查合格的可以进行后续的施工工作。审查不合格的，返回修改。对于违反国家建设工程强制性标准的，按照相关规定给予一定的处罚。

第五篇　施工阶段

建设项目施工阶段是项目建设生命周期中耗费时间最长、任务最繁重、过程最复杂的阶段，是将全部建设投入要素进行组合、形成工程实物形态、实现投资决策目标的阶段。本阶段工作量最大，投入的人力、物力和财力也最多，因此工程管理的难度也最大。故宫文物保护工程施工阶段不仅要对工程的质量、进度、安全、投资、合同、沟通等方面进行管理，还要做好文物保护工程周边地上地下文物建筑的保护工作，确保工程各项建设指标按照预期的目标实现，保证工程安全和文物安全。项目质量、进度、合同、安全、沟通等方面的管理内容贯穿于项目建设的全周期，因此施工阶段的管理内容最为繁重，所以，本书对施工阶段进行重点论述。

第十七章　施工阶段的文物保护

在故宫文物保护工程施工过程中，文物保护工作始终是第一位的，只有在确保文物建筑绝对安全的情况下，才能进行各项施工活动。在项目施工阶段需要制定专门的文物保护制度、文物保护方案和措施，确保建设施工活动不会对周边文物建筑带来破坏。

第一节　施工阶段文物保护管理制度

在故宫文物保护工程施工过程中，为了确保施工不会给周边文物建筑带来不良影响，必须要做好文物保护工程施工过程中的文物保护管理工作。文物保护管理工作的主要依据是《文物保护法》《文物保护法实施条例》及有关文物保护、发掘等方面的法律法规和规章制度。

一、建立健全文物保护组织机构

施工现场的文物保护管理组织机构主要由施工单位项目经理部，管理、监理及建设单位相关负责人构成。项目经理部设置文物保护领导小组，项目经理为组长，技术负责人为副组长，组员由安全生产经理、项目副经理、文物保护督察员等组成。其中项目经理是施工现场文物保护的第一责任人，对项目施工过程中的文物保护工作负全面责任。技术负责人负责审核文物保护技术方案、文物保护交底文件等，贯彻落实国家文物保护方针、政策，严格执行文物保护技术规程、规范、标准及上级文物保护技术文件。安全经理全面负责现场文物的安全管理，贯彻和宣传有关文物保护的法律法规，组织落实上级颁发的各项文物保护管理规章制度，并监督检查执行情况。项目副经理协助项目经理贯彻文物保护等法律法规和各项规章制度。文物保护督察员主要负责监督场内文物保护的执行情况，将施工现场的文物保护工作情况及时反馈给文物保护领导小组。监督员必须热爱本工作，具有一定的文物保护知识，由责任心强、讲原则、能吃苦的先进工程师或职工担任。监理、管理及建设单位相关人员负责监督施工现场的文物保护工作，进行必要的协助和支持。

二、文物保护职责

（一）建设单位职责

1）按照文物法规的要求统筹建设项目的地下文物保护工作，负责协调施工单位、监理单位。

2）发现地下文物要求立即停工，采取有效保护措施并立即通知文物行政管理部门。

3）负责落实考古调查、勘探、发掘等的相关工作费用。

4）负责配合建设工程进行的考古调查、勘探、发掘工作。

5）配合文物行政管理部门商定地下文物保护措施等。

6）组织相关单位和人员进行文物法规学习培训。

（二）监理单位职责

1）负责监督施工单位是否依法保护地下文物。

2）发现施工单位未依法保护地下文物继续施工的，及时制止并通知建设单位及文物行政管理部门。

3）组织开展本单位人员的文物法规学习培训工作。

（三）施工单位职责

1）负责配合建设单位做好施工现场的地下文物保护工作及周边文物建筑的保护工作，积极配合文物部门组织的文物发掘抢救和搬迁保护工作。

2）施工过程中发现地下文物立即停工，采取有效保护措施并负责第一时间通报建设单位及文物行政管理部门。

3）在参加设计交底会议时详细了解施工现场环境的特点、施工图中列入的文物保护工程内容，掌握文物保护工程的措施及要求。

4）施工单位项目经理部主要负责具体文物保护方案、措施的制定和实施落实。施工前，要制定施工期间详细的文物保护措施并报有关部门批准。

5）在开工前要有针对性地制定文物保护措施和应急预案，报有关部门批准。

6）组织管理人员、施工人员学习文物保护的有关法律、法规，提高工作人员对文物保护工作重要性的认识。

7）经常进行施工现场巡视调查，发现问题及时上报。

三、施工现场文物保护管理办法

1）根据项目建设需要，向文物行政管理部门提出文物考古调查、勘探申请并组织考古发掘单位对项目建设工程范围内有可能埋藏文物遗址的地方进行文物考古调查，必要时进行文物考古勘探。

2）熟悉掌握文物保护的工作程序和措施，加强现场文物保护监督检查，有针对性地制定文物保护措施和文物保护预案。

3）加强教育、提高全员的文物保护意识。开工前组织全体施工人员进行文物保护重大意义和文物保护知识方面的教育，增强施工人员保护文物的自觉性和责任感。

4）开工前要有针对性地制定文物保护措施和文物保护预案。涉及文物保护的工程施工，要制定详细的施工方案，施工现场须做出标志说明，并安排专人负责现场管理。

5）施工过程中一旦发现文物或疑似文物，必须遵守国家与地方的有关法律规定，采取以下必要的防护措施：①在施工过程中发现地下文物或疑似地下文物情况的，应当立即停工，采取有效措施保护好现场并立即通知监理单位、管理公司、业主、当地文物主管部门，防止任何人员移动或损坏任何疑似文物，防止文物流失，防止哄抢、私分、藏匿文物；②在文物行政管理部门和考古发掘单位到达现场后，积极配合做好现场调查工作，按照相关部门的指令，指定专人负责接洽

地下文物保护工作具体事宜，不得妨碍考古调查、勘探、发掘工作的正常开展；③文物保护部门处理完现场，并接到可以继续施工的通知后方可重新开工；④对施工现场人员进行实名登记，明确对全体参与人员的法规培训要求，宣传文物保护法规，明确告知施工人员所发现的文物属于国家所有，任何单位或者个人不得哄抢、私分、藏匿；⑤对文物保护工作重视或采取措施不力的单位或个人给予通报批评，并责令改正，破坏或损坏文物的，按有关法律、法规、规定承担相关法律责任。

第二节　施工现场不可移动文物的保护

一、不可移动文物的范畴

不可移动文物（或称古迹、史迹、文化古迹、历史遗迹）是先民在历史、文化、建筑、艺术上的具体遗产或遗址，包含古建筑物、考古遗址及其他历史文化遗迹，涵盖政治、军事、宗教、祭祀、居住、生活、娱乐、劳动、社会、经济、教育等多方面领域，可弥补文字和历史等纪录不足之处。

根据历史、艺术、科学价值，我国的不可移动文物可以分别被确定为全国重点文物保护单位，省级文物保护单位，市、县级文物保护单位。故宫是我国第一批全国重点文物保护单位，是我国现存保存最完整、规模最大的木质结构古建筑群。故宫内的不可移动文物包括古建筑、古井、古排水沟及地下赋存的历史文化遗迹等。这些不可移动文物都是历史的见证者、历史文化的承载者，需要得到完整保护。

二、施工现场可能对不可移动文物造成的影响

施工现场由于进行基坑开挖、使用机械设备、施工现场产生扬尘、施工人员的文物保护意识不强等原因都可能会给施工现场周边的不可移动文物带来不利影响。

1）基坑开挖可能带来的影响。施工现场进行基坑开挖，可能会扰动周围的土层，如果防护措施和安全措施不到位，可能会引起周边土层的不均匀沉降，进而威胁到周边文物建筑的安全。

2）机械设备振动可能带来的影响。施工过程避免不了要使用一些机械设备，机械设备在使用过程中会产生振动，如果没有采取减少振动的措施，振动会对周边文物建筑的结构产生不利影响，威胁到不可移动文物建筑的安全。

3）施工现场扬尘可能带来的影响。施工过程中会产生扬尘，如果没有采取较好的防护措施，会污染周边的环境，影响古建筑的外部环境，给古建筑的彩绘、构件等造成伤害。

4）施工人员文物保护意识不强可能带来的影响。施工过程中，人员是主要的因素，施工人员文物保护意识的强弱对文物保护工作有着重要的影响。施工人员的文物保护意识不强，在施工中就不会采取必要的安全措施保护文物建筑，甚至会造成文物建筑的破坏。故宫内部存在大量的不可移动文物，在文物保护工程施工过程中，必须加强文物保护管理工作，制定文物保护方案，将施工对周边文物建筑的影响降到最低，确保文物建筑的安全。

三、施工现场不可移动文物的保护措施

（一）施工前的文物保护准备工作

在文物保护工程施工前，由施工单位项目经理部主持编制施工前不可移动文物保护准备工作计划。准备工作主要包括以下内容。

1. 成立文物保护工作小组

开工前施工现场成立以项目经理为主要负责人，管理、监理、建设单位为小组成员的文物保护工作小组。文物保护工作小组应邀请文物保护方面的专家作为小组顾问，指导施工现场的文物保护工作。文物保护工作小组的主要职责包括以下内容。

1）建立文物保护管理组织机构和文物保护管理制度，制定文物保护工作方案及应急预案。

2）熟悉施工现场周边环境的特点，掌握文物保护的工作程序，落实设计文件中文物保护工作的措施和要求。

3）组织施工、管理人员学习文物保护的有关法律、法规，增强施工人员的文物保护意识，提高他们对文物保护工作重要性的认识。

4）负责施工现场文物保护工作的指挥与协调，处理突发事件，监督落实文物保护措施。

2. 制定文物保护管理规章制度

“无规矩不成方圆”，要想做好施工现场的文物保护管理工作，必须建立健全施工现场文物保护管理规章制度，通过规章制度来约束施工人员的工作行为，提高施工人员的文物保护意识，严格按照规章制度开展文物保护工作，做好施工现场周边文物建筑的保护工作。

3. 进行不可移动文物的调查统计

施工前，文物保护工作小组应组织工作人员对施工场地周边的不可移动文物的状况进行摸底调查，做到心中有数。调查的内容主要包括不可移动文物的数量、位置、分布情况和现状情况等，做好统计工作，编制施工现场周边不可移动文物现状统计表，全面掌握施工现场周边文物建筑的状况。

1）调查范围及重点。根据地质、结构埋深等确定施工的影响范围，对施工影响范围内的所有地面建筑物进行调查，调查的重点是施工场地周边的古建筑、古树、古井、古排水沟等，记录这些不可移动文物的现状情况。

2）调查方法。在施工前，文物保护工作小组需制定详细的不可移动文物的调查计划，编制不可移动的调查图表。通过现场实地调查，对施工现场周边的不可移动文物进行一一统计，记录好每个不可移动文物的状况，最后进行资料整理分析，列出图表，将调查结果进行存档，作为编制文物保护方案的主要依据。

4. 编制专项文物保护方案

根据施工现场周边不可移动文物的调查统计表，分析施工可能对不可移动文物带来的影响，根据施工现场的实际情况制定专项文物保护方案，方案应具有针对性、可行性、实际性等。专项文物保护方案编制完成后，需经专家进行论证。论证结果表示其具有可行性时，才能实施。在编制专项文物保护方案的同时，还需要编制应急预案，提前预测可能遇到的问题，并进行模拟解决，确保施工过程中不可移动文物的安全。

（二）施工中的文物保护管理措施

1. 对施工人员进行文物保护安全教育

在工人进场前，施工单位组织进场工人集体学习文物保护的相关法律法规、规章制度等，并进行统一考试，考试合格后方能进入施工现场。施工现场的安全经理需要在每天的班前讲话上对工人进行文物保护安全教育，要求工人树立“文物第一位”的保护意识，在施工中自觉做好文物保护工作。

2. 严格执行文物保护管理制度

1）按安全文明施工的要求，对施工区域实行全封闭管理，非施工相关人员严禁进入施工现场，施工现场入口处设置 24 小时值班岗亭，并安排安保人员进行 24 小时安全值守。

2）所有施工人员进场后，在接受安全知识教育的同时，还要进行文物保护知识的学习。

3）所有施工人员无特殊情况一律不得进入古建筑内部，不得损坏、污染古建筑。所有施工人员要统一服装，佩戴工卡。

4）施工现场成立文物保护工作巡查小组，负责监督施工现场的文物保护工作是否落实到位。

5）成立古建筑监测小组，由项目负责人及有经验的专业监测人员组成，制定切实可行的古建筑监测实施方案和相应的测点埋设保护措施，按照计划有步骤地实施。

6）古建筑监测组与监理工程师应密切配合工作，及时向监理工程师报告情况和问题，并提供切实可靠的数据记录。

7）测量员建立质量责任制，确保施工监测质量，并要相对固定，保证数据资料的连续性。使用仪器进行观测前，对所有仪器设备必须按有关规定进行检验和校核，确保仪器的稳定可靠性，保证观测的精度。

8）设定监控测量管理基准值，当发现数值超过基准值时，应立即报告给项目经理、监理及管理公司，并向监理报送应急补救措施。

9）定期对施工现场周边不可移动文物的现状进行汇总，分析文物保护措施是否有效、可靠。

10）对施工现场存在的不可移动文物，如古井、古排水沟、古树等，要制定专项保护方案，经专家论证后上报文物管理行政部门审批，审批通过后才能实施。

11）施工中一旦发现文物遗迹，应立即停工，保护好现场，上报文物管理行政部门。对破坏文物的人员，要依法移交公安机关，进行相应的处罚。

3. 严格落实不可移动文物保护措施

1）做好施工现场及周边的不可移动文物的统计调查工作，记录不可移动文物的数量、位置、年代、健康状况等信息，做好不可移动文物的台账统计工作。

2）针对不同的不可移动文物制定相应的保护方案，保护方案应经文物保护专家论证通过后才能实施。

3）做好不可移动文物的监测测量工作，包括古建筑、古井等的基础沉降监测、结构变化监测等，一旦发现检测内容出现异常时，要立即停止施工，组织专家进行论证研究，采取补救措施，确保文物安全。

4）在不可移动文物的周围应建造可拆卸的防护栏杆，对不可移动文物进行隔离保护，同时应悬挂警示标识，如“注意保护”“严禁靠近”等内容。

5）施工中应采用振动及噪声较小的设备，减少对周边土层的扰动，保护文物安全。

6）加强现场用火管理，严禁在不可移动文物建筑周围堆放易燃易爆物资及使用明火或电焊作业，确需用火或电焊时必须按要求办理审批手续，并采取防火措施。

7）对不可移动文物一般采取“原状保护”的原则，尽量不改变其原有的状态，现场做好防护和隔离措施。

8）监理单位要跟踪检查不可移动文物的保护是否按照批准的保护方案和措施进行，相关人员是否落实文物保护的规章制度等，对文物保护不到位的要提出整改意见，敦促施工单位进行整改落实，必要时，可以采取一定的处罚手段。

第三节　施工现场周围文物建筑的保护

一、总体措施

由于故宫文物保护工程位于文物保护区内，施工现场周边分布着许多文物建筑，因此在施工过程中要高度重视施工现场周边文物建筑的保护，一切施工活动必须在确保文物建筑安全的前提下才能进行。为了保护施工现场周边文物建筑的安全，需要制定切实可靠的文物建筑保护措施。总体措施包括以下内容。

（一）成立文物保护领导小组

高效有力的组织机构是保障各项工作顺利开展的必要条件。为了保护施工现场周边文物建筑的安全，施工现场成立以施工单位项目经理为组长，建设单位、管理单位、监理单位等项目负责人为组员的文物保护领导小组，负责全面指挥施工现场的文物保护工作。其中，施工单位项目经理为文物保护小组第一负责人，全面领导施工现场文物保护工作，对施工现场文物保护工作负总责。建设单位、管理和监理单位项目负责人全面配合和协助施工现场的文物保护工作。为了使文物保护工作领导小组更具专业性，施工单位项目经理应邀请和聘用一名或者多名文物保护专家为小组顾问，对施工现场的文物保护工作进行指导。文物领导小组成员之间应相互配合，团结一致，履行各自职责，确保领导小组能够充分发挥领导指挥作用，保障文物保护工作的顺利进行。

（二）编制专项文物保护方案

在施工过程中，根据文物保护工程的施工特点、周边文物建筑的状况等内容，需要制定相应的文物保护方案。文物保护方案应具有针对性、科学性、可实施性，能够有效地指导文物保护工作。施工单位项目部负责编制文物保护方案，文物保护方案的编制要坚持最小干预原则、可行性原则、经济合理原则，确保文物保护方案的科学有效。施工单位编制完文物保护方案后，需要邀请文物保护、建筑设计等各方面的专家对专项文物保护方案进行论证，主要评价文物保护方案是否科学有效、是否具有可行性、是否经济合理等。文物保护方案经专家论证通过后还要报监理单位、管理单位和建设单位审批，审批通过后才能实施。

（三）加强人员文物保护安全教育

施工人员进场前，需要统一进行安全学习教育，主要学习安全生产、文物保护等法律法规、

规章制度等。因为故宫是文物保护区，尤其要组织人员深入学习文物保护相关的法律法规和故宫博物院的相关规章制度，提高施工人员的文物保护意识，在施工过程中自觉做好文物保护工作，保护好施工现场周边的文物建筑。

（四）监督跟踪落实文物保护制度和方案

文物保护工作的关键在于落实，只有严格执行文物保护制度和文物保护方案才能确保文物建筑的安全。在施工过程中，施工单位要严格落实各项文物保护制度和方案，进行自查自纠，将文物保护制度和方案落到实处。监理单位、管理公司要担负起监理和管理的职责，要定期检查和随机抽查施工单位施工过程中是否存在不执行文物保护制度和方案的情况，一旦发现，立即进行通报，发整改通知单，要求施工单位限期整改完成。管理、监理公司要全程监督跟踪文物保护制度及方案的落实情况，确保各项文物保护制度和方案落实到位。

（五）总结文物保护工作经验

在施工中，不仅要严格执行文物保护制度和文物保护方案，还要及时对文物保护工作进行回顾、总结、评价，分析文物保护工作中存在的不足和问题，同时，也要总结成功的工作经验。对于问题，要制定相应的解决方案，弥补不足。对于成功的经验，要深入分析，进行提炼和升华，进一步提高文物保护的能力。只有通过不断的总结和升华，才能完善文物保护的制度和方案，提高施工过程文物保护的管理能力，保护好施工现场周边的文物建筑。

二、一般措施

对施工现场周边的文物建筑采取的一般保护措施如下。

1）在重点保护的构筑物和公用设施周围设置安全防护围栏，围栏外悬挂“严禁进入”“注意保护”等明显警示标志，夜间设醒目的警示灯。

2）古建筑周边禁止堆放易燃物品，禁止停放、行驶卡车及小平车、搅拌机、砂浆机等机械设备。

3）测量保护建筑的地势，如果保护建筑的地势较低，则应在其周围开挖适当的排水沟，避免施工中的污水、废水流入建筑物附近。

4）如果施工地点距保护建筑较近，则应在保护建筑附近，严禁振动较大的施工作业。

5）在保护建筑的合适地方设置沉降、位移观察点，在邻近建筑施工过程中，要隔一定时间或根据工程情况进行建筑物的沉降、位移观察，如果有异常情况，则应暂停施工。

6）根据工程施工情况，经常观察保护建筑的墙面、地面、门窗等，以及建筑周围的情况，是否有开裂、变形、沉降、移位等，如果有异常，则应暂停施工。

7）施工现场安排专人负责对周边古建筑进行每日巡视检查，记录古建筑的状况，如发现异常，应立即报告施工现场的文物保护工作小组。文物保护工作小组应立即组织人员进行调查，分析原因，采取措施保护古建筑。

8）对施工人员进行文物安全教育，提高施工人员的文物保护意识，使其在施工过程中自觉保护好文物和古建筑。

三、周边地上文物建筑的保护

（一）古城墙的保护

故宫的古城墙历经沧桑，已有几百年的历史，是故宫文化遗产的重要组成部分。在古城墙附近进行施工活动，一定要注意保护好古城墙。施工过程中进行基坑开挖，可能会扰动附近土层，打破原有的力学平衡，进而影响到古城墙的安全。施工中由于使用机械设备，可能会产生较大的振动，进而会影响到古城墙的结构安全。所以，在施工的过程中需要采取一定的措施，保护好古城墙。一般采取的保护措施如下所示。

1）对古城墙进行加固。由于古城墙建造的时代久远，内部结构或多或少都遭到不同程度的破坏，对于古城墙出现裂缝、结构遭到破坏的部位要进行加固，进行及时修缮和维护，保护古城墙的安全。

2）在古城墙外部设置安全围挡。为了减少施工活动对古城墙的影响，在距离古城墙 3.5 m 处设置安全围挡，将古城墙与施工现场隔离开来，保持安全距离。安全围挡的施工必须高质量、严标准，严格按照相关规范标准实施，确保安全围挡质量优良、牢固可靠。同时，为了保持与故宫整体的协调性，安全围挡的颜色应与宫墙的颜色保持一致，同时要保持整洁美观。

3）对古城墙进行全方位监测。为了及时准确地掌握古城墙的状况和施工活动对古城墙的影响，需要委托具有相应资质的测量单位对古城墙进行全方位的监测。根据施工现场的条件，结合古城墙的现状，制定古城墙的监测方案，布置监测点位，设置报警值，实时汇总监测成果。测量单位要将每日监测结果进行汇总，分析监测数据是否有异常，一旦发现监测数据达到报警值，要立即通知施工单位、管理及监理公司、建设单位，说明监测数据异常的原因，制定应急方案和措施，第一时间采取措施，消除古城墙的安全隐患，保护古城墙安全。

4）施工现场设置值班人员对古城墙进行巡查。为了防止施工人员在施工过程中破坏古城墙，随时掌握古城墙的状况，施工现场安排专门的安保人员对古城墙进行 24 小时不间断巡视，一旦发现有人破坏古城墙或者发现古城墙在外观、结构等方面有较大的变化时，要及时上报施工现场文物保护工作小组，第一时间对古城墙进行安全保护处理。

（二）古井、古排水沟的保护

对于施工现场周边的古井、古排水沟的保护，以原位保护为主，即不改变现有古井、古排水沟的位置及状况，保护好现有的面貌，主要采取的保护措施如下。

1）在古井、古排水沟四周设置安全防护围栏。为了保护古井、古排水沟的现状，在古井、古排水沟的四周搭设安全围挡，一般在距古井、古排水沟 1.0 m 处搭设封闭钢管脚手架，立杆间距为 1.5 m，搭设高度为 2.5 m，脚手架两侧采用压型钢板进行封闭，并挂广告布进行美化，钢管端部采用橡塑材料进行包裹，避免引起车辆、人员剐蹭。通过设置安全围挡，可以有效防止施工过程对古井、古排水沟产生干扰和破坏。

2）安排值班人员对古井、古排水沟进行安全巡视。施工现场安排值班人员，对古井、古排水沟进行 24 小时的巡视和检查，防止工人施工中破坏古井、古排水沟，同时，可以随时掌握古井、古排水沟的状况，实现动态监控，确保古井、古排水沟的安全。

（三）古树的保护

故宫内有许多珍贵的古树，许多都有上百年的历史，是重要的活文物。因此，在施工过程中，需要采取一定的措施保护好施工现场周边的古树。为了保护古树，一般在施工前先进行调查统计，记录每棵古树的信息，包括名称、种属、年代、有无病害、生长情况等。在施工中，在古树的周围设置围挡，防止人接近或者破坏它。在围挡的上面应悬挂标牌和警示标语，标牌上应注明古树的名称、年代等信息，警示标语可以为“请保护古树，严禁接近”等内容。施工中产生的废水、生活污水等严禁乱排，必须排入现有的市政污水管道，防止污染周围土壤，影响古树的生活环境。对古树最好的保护，就是做到不接近、不干扰、不破坏，做好施工人员的教育工作，严禁人员随意接近和破坏古树。

（四）内金水河的保护

内金水河是故宫排水、泄洪的重要渠道，具有重要的历史价值和实用价值。距离内金水河比较近的施工场地一定要注意对内金水河进行保护，确保内金水河的安全。对内金水河采取的保护措施如下所示。

1）在内金水河河壁周围搭设安全围挡。在内金水河的河壁外围设置防护栏杆，钢管端部采用橡塑材料进行包裹，避免对车辆、人员剐蹭，并采用压型钢板作为围挡，围挡的颜色要和周边宫墙的颜色保持一致。通过搭设安全围挡，能有效防止人员及来往车辆对内金水河造成破坏。

2）减少施工活动对内金水河基底的扰动。对于距离内金水河较近的施工场地，在进行基坑开挖和使用机械设备施工时一定要注意对内金水河基底的扰动。基坑开挖必须做好基坑支护工作，与内金水河保持安全距离，防止基坑开挖影响到内金水河河床的稳定。使用机械设备施工时，要做好降振工作，防止施工振动对内金水河河床和基底造成不良影响，对内金水河造成破坏。

3）保护内金水河的水质环境。施工过程中，严禁将施工现场的废水排入内金水河，施工现场的废水严格按照北京市废水处理标准进行处理。同时，严禁工人将生活垃圾、生活废水倒入内金水河。加强对工人的教育工作，使其自觉保护内金水河的水质环境。

4）安排人员对金水河进行巡视。施工现场需安排专职人员每日对内金水河进行巡视，巡视河道有无问题、水质有无变化等，一旦发现异常情况，立即向文物保护工作小组报告，第一时间采取措施进行抢救保护。

（五）古建筑的保护

故宫内的古建筑是重要的不可移动文物，是中华传统文化的重要载体，在施工过程中要尤其注重对施工场地周边古建筑的保护。对古建筑的保护主要是进行隔离防护、全方位监测、定期进行巡视等，确保古建筑的安全。主要采取的保护措施如下所示。

1）在古建筑周围设置安全防护栏杆。为了保护古建筑的安全，减少施工活动对古建筑的影响，在古建筑靠近施工场地的地方搭设安全防护栏杆，并设置围挡，把古建筑和施工现场隔离开来。安全防护栏杆和围挡的搭设严格按照施工相关标准规范进行施工，同时，围挡的颜色要和古建筑原有的围墙颜色一致，保持整洁美观。

2）委托第三方监测单位对古建筑进行全方位监测。为了及时准确地掌握古建筑的状态，需要委托第三方监测单位对古建筑进行全方位的监测，监测内容包括位移监测、沉降监测等。通过设置监测点位、监测频率、报警值等，定期统计分析监测结果，及时掌握古建筑的状态。一旦发现

古建筑的监测数据出现异常，达到报警值，要第一时间通知施工单位停工，分析异常产生的原因，制定抢救方案和措施，保护好古建筑的安全。

3）安排专职人员对古建筑进行巡视。施工现场要安排专职人员每日对古建筑进行巡视检查，主要检查内容为古建筑有没有明显的破坏，古建筑的墙面、地面、门窗等是否有开裂、变形、沉降、移位等问题，如果发现异常，应第一时间上报文物保护工作小组，由文物保护工作小组分析原因，制定保护措施和方案。

4）加强施工人员的管理。人是施工现场最主要、最活跃的因素，仅仅对古建筑做好安全防护是不行的，更重要的是加强人员的安全教育，加强人员的管理。工人进入施工现场前一定要统一进行培训学习，学习文物保护的相关法律法规及与故宫安全相关的规章制度，提高文物保护意识。施工工人严禁擅自进入古建筑内部，严禁破坏古建筑，对违反相关法律、法规及规章制度的要进行处罚，并清退出施工现场。只有加强人员的管理，才能使文物保护观念深入人心，工人们自觉在施工过程中做好文物保护工作，确保周边古建筑的安全。

四、周边地下历史文化遗址的保护

紫禁城是在元大都的遗址上修建的，部分地下空间可能赋存有元大都的历史文化遗迹，这些历史文化遗迹是重要的文物，承载着重要的历史信息，在文物保护工程的实施过程中一定要注意保护好地下赋存的历史文化遗迹。采取的保护措施如下。

1）项目建设前，要对建设场地提前进行考古调查、勘探和发掘，查明建设场地地下是否赋存有历史文化遗迹，掌握地下历史文化遗迹的信息，包括年代、类型、赋存深度等，必要时报文物行政部门审批后进行考古发掘。通过考古调查，对建设场地地下是否有文物初步做到心中有数，以便超前地、有针对性地做好工作。

2）根据建设场地的考古调查报告确定文物保护工程是否可以实施，对于赋存有重要历史文化遗迹的场地，严禁在其上方建设施工；对于无重要历史文化遗迹赋存的场地，可以在其上方进行项目的建设。

3）加强人员的安全教育，提高全员的文物保护意识，增强全体人员保护文物的自觉性和责任感，在施工中自觉做好文物保护工作。

4）在施工过程中，一旦发现文物，如古墓、钱币、化石等有考古、地质研究价值的物品，或其他有价值的地下构造物，要立即停工，采取有效措施保护好现场，防止任何人员移动或损坏任何现场物品，并及时向施工现场文物保护小组和文物保护管理部门汇报，积极协助相关部门处理和保护现场文物。

第四节　施工运输道路周围文物建筑的保护

一、车辆运输过程中可能涉及的文物建筑

（一）古城墙

施工运输车辆一般需从神武门或者西华门进出，因此会涉及古城墙的保护。在车辆运输过程中，需要防止车辆剐蹭、碰撞古城墙的情况发生。

（二）城门

施工运输车辆需通过城门进出故宫，在进出故宫的时候，需要注重对故宫城门的保护，防止车辆进出对城门造成破坏。

（三）古道路

施工车辆在运输中，需要注意古道路的承载能力，车辆载重不能超过道路的承载限制，注意对古道路的保护。

（四）古排水沟

故宫内部道路两旁一般都分布有古代建造的用来排水的古排水沟，在车辆通过的时候，需要注意对道路两旁的古排水沟进行保护。

（五）古建筑

故宫内部存在大量的木质结构古建筑群，它们分布在道路的两旁，包括古院墙、古院落等，车辆在运输过程中需注意对古建筑的保护。

二、车辆运输过程中采取的保护措施

（一）车辆限速

车辆进入故宫后，必须限速，最高时速不能超过 30 km/h。运输车辆必须严格限制速度，缓慢平稳通行，确保道路周边文物建筑的安全。

（二）执行严格的车辆行驶路线

施工单位需要根据施工现场的条件制定严格的车辆行驶路线，并将车辆行驶路程报监理单位审批，审批通过后，才能安排运输车辆的通行。车辆通行必须按照事先确定的路线行驶，绝不能随意更改路线。

（三）车辆限重

根据道路的实际状况计算出道路的最大承载力，运输车辆的载重必须限制在道路的最大承载力以下，确保车辆不会压坏道路，给道路造成破坏。

（四）成立车辆运输引导小组

因为材料运输一般都是夜间，为了保证车辆夜间行驶安全，施工单位需成立车辆运输引导小组。车辆进入故宫后，由安全员进行接车，负责在道路两旁设置锥桶，在转弯处设置专人进行指挥，防止夜间光线不足、司机路线不熟出现失误的情况。车辆运输小组负责全程引导车辆，确保

车辆行驶安全，确保道路周边文物建筑的安全。

（五）对道路两旁的文物建筑采取隔离保护

在距离道路两旁的古建筑 50 cm 处设置防护栏杆和防撞锥桶，进行隔离防护。防护栏杆和防撞锥桶上应贴上反光条带，防止夜间光线不足、司机看不清道路而出现失误的情况。

（六）对司机进行安全教育

故宫内部存在大量的古建筑，古建筑的安全意义重大，必须对车辆司机进行安全教育，提高其文物保护的意识，提高对车辆行驶安全的重视，严格按车辆行驶规定驾驶，确保车辆运输安全，确保道路周边文物建筑的安全。

第五节　工程项目文物保护实例

一、故宫文物保护综合业务用房项目施工过程文物保护措施

（一）项目概况

故宫文物保护综合业务用房项目建设地点位于故宫院内西河沿地区，属于故宫保护范围的一般保护区，东侧距内金水河约 7.56 m（东侧的寿康宫、寿安宫西红墙在施工全过程中需予保护），南侧距第一历史档案馆 12.0 m，西侧距故宫西城墙 6.0 m，北侧距离城隍庙 18.8 m，且场地内有一古井排水沟和两古井属文物，需保护。根据现场实际情况，结合相关要求，在项目建设过程中主要从土方开挖、降水、沉降观测、基坑支护、防尘降噪、高空防护等方面对周边文物建筑进行全方位、全过程保护。

（二）保护措施

1. 建立文物保护组织机构

施工现场成立文物保护专家领导小组，向社会各界邀请古建维修及保护领域的专业人才对现场文物保护进行综合论证，由项目经理担任文物保护实施领导小组组长，负责对专家论证意见进行贯彻执行，组织机构示意见图 5-1。

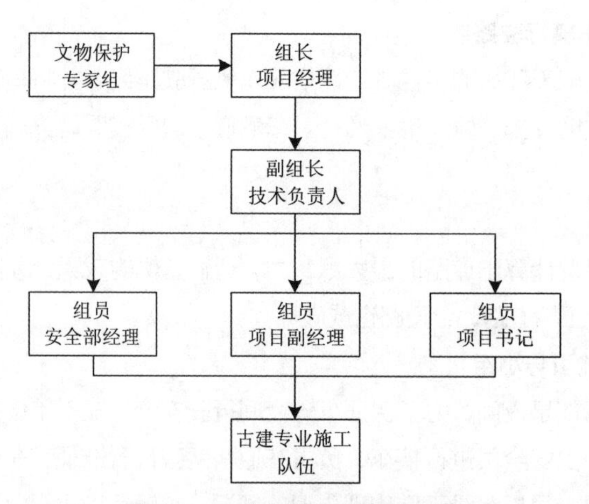

图 5-1　文物保护组织机构示意

施工现场文物保护组织机构主要人员的工作职责如表 5-1 所示。

表 5-1　文物保护组织机构人员职责表

人员	职责
项目经理	项目经理是场内文物保护的第一责任人，对项目施工过程中的文物保护工作负全面责任
安全经理	全面负责现场文物安全管理工作，贯彻和宣传有关文物保护的法律、法规，组织落实上级的各项文物保护管理规章制度，并监督检查执行情况
技术负责人	负责审核文物保护技术方案、文物保护交底文件等，贯彻落实国家文物保护方针、政策，严格执行文物保护技术规程、规范、标准及上级文物保护技术文件
项目副经理	协助项目经理贯彻文物保护等相关的法律、法规和各项规章制度
项目书记	做好安全后勤、外协工作

2. 安全防护措施

文物保护工程施工过程中需要对东侧内金水河及古井、南侧第一历史档案馆、西侧古城墙及古排水沟、北侧城隍庙、进出场道路附属文物等进行保护。

（1）内金水河及河道的安全防护

施工中对内金水河采取的主要安全防护措施如下。

1）距内金水河河道 50 cm 处搭设钢管脚手架，立杆间距 1.5 m，搭设高度 2.5 m，内侧采用八字撑，间距 3 000 mm，脚手架两侧采用压型钢板进行封闭，并挂广告布进行美化，钢管端部采用橡塑材料进行包裹，避免车辆、人员剐蹭，详见图 5-2。

2）安排 4 名交通疏导员在内金水河进行交通疏导，以免进出车辆碰撞、剐碰河道沿。安排 3 名保安 24 h 对内金水河巡视，防止工人向河内排放施工废水。

3）夜间设警示灯具，防止夜间施工车辆碰撞内金水河河道。

4）制定文物保护措施，禁止任何人在内金水河内洗澡，排放、投放任何杂物。

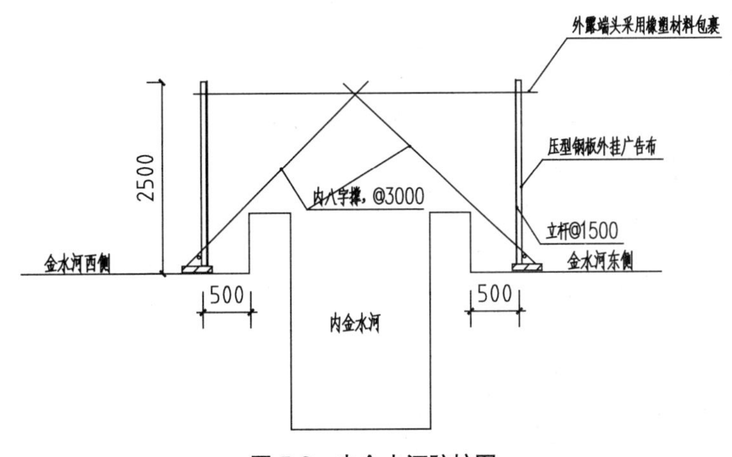

图 5-2　内金水河防护图

（2）西侧古城墙的安全防护

施工中对西侧古城墙采取的主要安全防护措施如下。

1）距古城墙 3.5 m 处设置围墙，围墙高 3.0 m。围墙做法：基础埋深 500 mm，截面尺寸为 500 mm × 300 mm × 300 mm（深 × 宽 × 长），间距 3.0 m，埋设 2 块带地锚的钢板，钢板规格为 100 mm × 100 mm × 10 mm。然后浇筑 C15 混凝土，采用 100 mm × 100 mm 的方钢管立柱与预埋板焊接。横向背楞为 60 mm × 60 mm，间距为 500 mm，竖向背楞为 60 mm × 60 mm，间距为 500 mm。具体做法详见图 5-3。

2）采用拉铆钉将压型钢板与钢骨架固定。采用 60 mm × 60 mm 的方钢管斜向支撑一端与预埋板焊接，一端与横向背楞焊接。

3）砌筑 300 mm 高的挡水台。内外抹 15 mm 厚水泥砂浆，刷面漆，详见图 5-4。

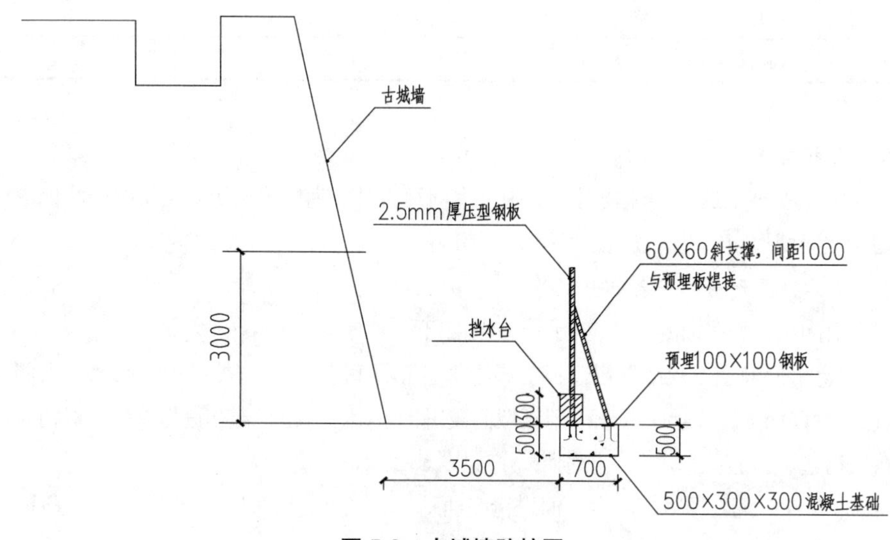

图 5-3　古城墙防护图

4）安排保安对古城墙进行巡视，防止工人破坏古城墙。

5）对古城墙进行加固，见图 5-5，并进行全方位的沉降、位移和变形监测，建立应急预案，确保古城墙安全。

（3）古井、古排水沟的安全防护

施工中对古井、古排水沟采取的主要安全防护措施如下。

1）距古井 1.0 m 处搭设封闭钢管脚手架，立杆间距 1.5 m，搭设高度 2.5 m，脚手架两侧采用压型钢板进行封闭，并挂广告布进行美化，钢管端部采用橡塑材料进行包裹，避免车辆、人员剐蹭。古井、古排水沟防护详见图 5-6。

2）安排交通疏导员进行交通疏导，安排保安 24 h 对古井进行巡视，防止工人破坏古井、古排水沟。

（4）第一历史档案馆、城隍庙安全防护措施

南侧第一历史档案馆、北侧城隍庙安全防护方法同西侧古城墙防护方法。

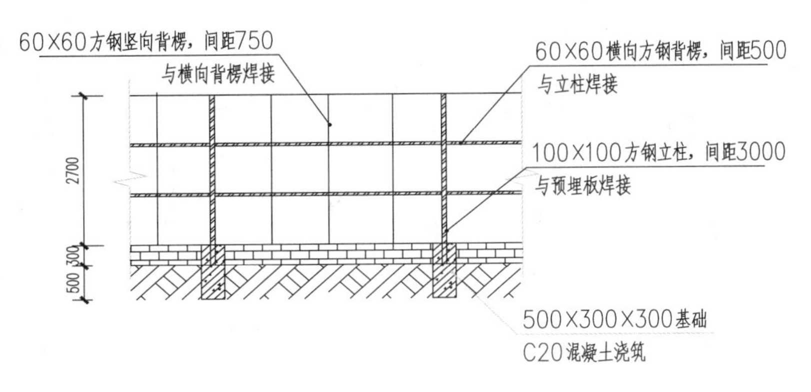

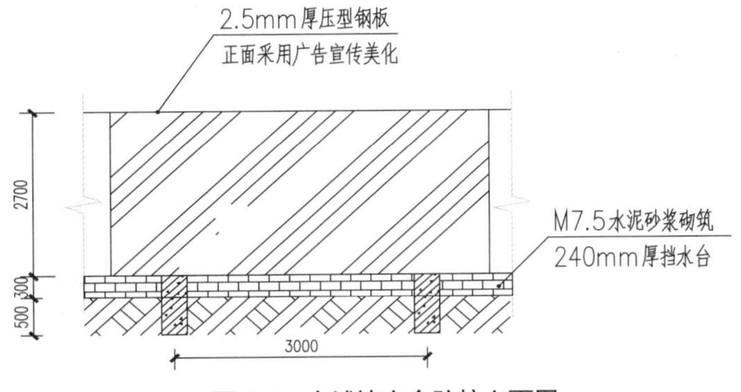

图 5-4　古城墙安全防护立面图

图 5-5　古城墙的加固防护

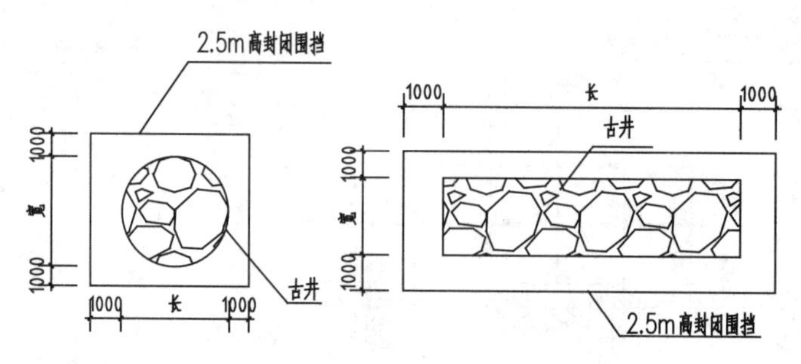

图 5-6　古井、古排水沟防护平面图

（5）故宫博物院院内施工道路附属文物的安全防护

因故宫院内道路狭窄，道路两旁分布着古建筑，车辆运输材料时要防止对道路两旁的古建筑造成损坏，防止磕碰、撞坏古建筑。

1）对道路两旁的古建筑进行安全防护，设置防护栏杆，防止车辆碰撞和剐蹭古建筑。

2）对容易磕碰的阳角、大门等制定文物保护方案，报监理方、甲方确认后进行保护。如对古建筑物阳角粘贴 PVC 板，施工完成后进行清理。

3）夜间运输材料时，在道路两旁距古建筑 50 cm 处设置路标灯，在转角处设置专人进行指挥引导，防止夜间光线不明、司机道路不熟，车辆对道路两旁的古建筑造成破坏。夜间道路防护措施见图 5-7 所示。

图 5-7　夜间道路防护措施

4）安排专人对施工车辆运输道路上的抛撒物进行清扫。

3. 土方开挖措施

为保护地下文物，在土方开挖过程中安装监控系统，对基坑内的情况进行 24 小时监控，一旦发现文物，立即停止施工，保护好现场，并将现场情况上报文物行政管理部门。

由于本工程基坑属于深基坑工程，根据建设部《危险性较大工程安全专项施工方案编制及专家论证审查办法》的要求及现场实际情况，对基坑支护及开挖中的各种安全因素进行识别，由于

本工程拟建建筑地下室结构外墙距原有文物建筑（西侧古城墙、古井、古排水沟、内金水河道等）较近，为确保原有建筑的结构安全，基坑支护和降水方案要充分考虑对其的影响。护坡桩施工前，对需要保护的原有文物建筑基础进行勘探，探明其基础情况，再根据勘探情况深化支护方案。

4. 降水措施

为了保护水资源和基坑周边文物及其他建筑物安全，根据《北京市建设工程施工降水管理办法》和《北京市建设工程施工降水管理办法实施细则》，考虑到东侧内金水河河道内有水，施工中基坑东侧、高低基础均布置止水帷幕，在高低基础交界面将地下水拦截在基坑外，并在坑内布设疏干井，以保证基础施工的正常作业，并能有效控制沉降。每天定时进行水位监测，制定紧急情况处理预案，一旦发现基坑周边路面沉降过大，或水位异常变化时及时采取相应措施。

5. 沉降观测措施

本工程基坑局部开挖深度达 7.9 m，属于深基坑，且地下室结构施工历时较长。为保证施工安全及文物建筑物及其他建筑的结构安全，应做好沉降观测、已有文物的位移监测、周边地面沉降监测、地下水位变化观测、基坑边坡挡土支护体系内力及变形监测、基坑内外土体位移监测等工作。利用信息化管理技术，对各项监测数据进行分析，反馈修改设计及采取加强措施，保障基坑安全及文物建筑物结构安全。制定基坑应急方案，一旦出现异常，立即对基坑采取相对应的应急措施。施工监测频率见表 5-2。

表 5-2　施工监测频率表

序号	监测项目	方法及工具	测点布置	量测频率				监测精度	备注
				基坑开挖	开挖 15 天	开挖 30 天	60 天后		
1	地层及支护情况观察	现场观察及地质描述	根据设计方案布置	随时进行					
2	基坑周围及周边建筑物地表沉降	DS1 水准仪	根据设计方案布置	1 次/天	1 次/2 天	1 次/3 天	1 次/1 周	1.0 mm	应测
3	古井、古排水沟、内金水河位移及沉降	DS1 水准仪	根据设计方案布置	1 次/天	1 次/2 天	1 次/3 天	1 次/1 周	1.0 mm	应测
4	桩顶位移	DT-02 C 电子经纬仪	根据设计方案布置	1 次/天	1 次/2 天	1 次/3 天	1 次/1 周	1.0 mm	应测
5	桩顶沉降	DS1 水准仪	根据设计方案布置	1 次/天	1 次/2 天	1 次/3 天	1 次/1 周	1.0 mm	应测
6	地下水位	SWJ—90 电测水位计	根据设计方案布置	1~2 次				4.0 mm	应测
7	桩体变形	Geokon-603 测斜仪	根据设计方案布置	1 次/天	1 次/2 天	1 次/3 天	1 次/1 周	0.1 mm	应测
8	桩体内力	振弦式钻孔应力计	根据设计方案布置	1 次/天	1 次/2 天	1 次/3 天	1 次/1 周	≤0.15%（F·S）	应测

说明：①现场监测将采用定时观测与跟踪观察相结合的方法进行；②监测频率可根据监测数据变化大小进行适当调整；③监测数据有突变时，监测频率加密到每天 2~3 次。

设置报警值：监测报警指标一般以总变化量和变化速率两个量控制，累计变化量的报警指标一般不宜超过设计限值。

6. 基坑支护措施

由于第一历史档案馆、西侧古城墙、城隍庙、内金水河均在基坑开挖边线距离 20 m 范围内，且本工程基坑局部开挖深度达到 7.9 m，根据以往类似施工经验考虑对土方开挖过程中护坡桩、锚杆支护形式、锚桩等进行深化设计，并加强后期的动态监控，确保基坑安全、文物建筑的结构安全和正常使用。

针对基坑深度较深且周边管网复杂的特点，根据地质勘查报告和边坡支护设计文件，在东侧采用护坡桩锚杆支护加锚桩结合的方式，一方面对边坡进行支护，一方面对文物进行保护。施工单位进场后派专人与市政相关部门联系了解施工现场及周围的地下管线和障碍物的分布情况，绘制详细的管线和地下障碍物分布图，并针对现场的实际探测情况对方案进一步修改和完善，以制定切实可行、科学合理的支护方案和管线的保护、拆除、封堵方案，并报送监理方、管理方、甲方等相关部门审批。

7. 防尘降噪、“三废”

本工程首层建筑北临城隍庙 18.8 m，南临第一历史档案馆 12 m，西距故宫西城墙 6 m，西城墙高约 10 m，东临寿康宫西红墙距离 19 m。施工现场紧临古建筑物，且在施工期间需保证故宫博物院正常运营，为防止在施工过程中扬尘、噪声、“三废”、光污染等对以上文物的影响，制定下列措施。

（1）扬尘对应措施

1）现场临时道路、材料堆场及办公区采用 C20 混凝土进行硬化。现场安排专人洒水降尘。

2）门口设置环境保护监督栏及洗车槽，所有车辆进出要清洗轮胎，不带泥上路。

3）土方开挖期间，随时用防尘网将土方、易飞扬物进行覆盖。

4）装修期间单独划分作业区，及时清理楼层内垃圾。地面装修之前，各分包队伍安排专人负责自己所属区域的洒水降尘。

（2）降噪对应措施

1）现场混凝土振捣采用低噪声混凝土振捣棒，振捣混凝土时，不得振钢筋和钢模板，并做到快插慢拔。

2）除特殊情况外，在每天晚 22 时至次日早 6 时，严格控制强噪声作业，对混凝土输送泵、电锯等强噪声设备用隔音棚遮挡，实现降噪。

3）在支设、拆除和搬运模板、脚手架时，必须轻拿轻放，上下、左右有人传递。

4）加强环保的宣传。采用有力措施控制人为的施工噪声，严格管理，最大限度地减少噪声扰民情况。

5）木工棚及高噪声设备实行封闭式隔音处理。木工棚及高噪声设备加工区棚采用夹心玻璃棉制作，并在房心内设置吸声帘布吸声。

6）在第一历史档案馆、城隍庙两侧设置吸声棚，以减少噪声污染。

（3）“三废”应对措施

1）施工现场设立专门的废弃物临时贮存场地，废弃物应分类存放，对有可能造成二次污染的

废弃物必须单独贮存，设置安全防范措施且有醒目标识，避免乱扔乱倒对文物造成污染及破坏。

2）运输废弃物确保不散撒、不混放，运送到政府批准的单位或场所进行处理、消纳。

3）对可回收的废弃物做到回收再利用。

4）进场后设置临时用水系统（包括排水系统），生产用水、消防用水做到随用随关，节约用水，并安排临水专业工程师每日管理、检修、督促。

5）对电焊、明火等产生的烟雾，施工阶段的涂料、油漆等对大气产生影响的材料应密封。

8. 高空防护措施

本工程在土方开挖阶段、地基与基础、主体结构阶段采用汽车吊进行垂直、水平倒运。施工现场东侧为内金水河河道，南侧为第一历史档案馆，西侧为古城墙，北侧为城隍庙，为防止在施工过程中大型机械剐碰、高空坠物对文物建筑造成不良影响，制定下列措施。

（1）使用过程控制

1）熟悉起重吊装的吊运范围。

2）夜间不得进行大型机械施工。

3）每班作业前，应认真检查吊钩及吊索完好情况，并对吊车的起吊性能进行空载试车。

4）在首次起吊重物时，应吊离地面 50 cm 进行制动性能试验，确保制动性能可靠。

5）操作汽车吊时，吊钩及吊索应尽可能保持距离 10 m 范围内操作，如需在 10 m 范围外操作时，应减速启动，缓慢谨慎操作，并确保吊重物端部与邻近建筑物的距离大于 3 m。较长重物应采用拉结溜绳保护。在起吊过程中，重物不得摆动、旋转。

6）注意汽车吊每次停机操作前，必须使吊钩或吊钩索底端距离建筑物 3 m 以外。

7）起重作业时，不得超载作业、将起重范围外的重物纳入吊运范围内。

（2）交叉作业应对措施

1）汽车吊司机和指挥人员上岗前，项目部应重点就交叉作业防碰撞措施对其进行交底。

2）汽车吊司机与信号指挥人员必须配备对讲机，对讲机经统一确定频率后必须锁频，使用人员无权调动频率，且要做到专机专用。信号指挥人员应与汽车吊相对固定，无特殊原因不得随意更换指挥人员。指挥人员未经主管负责人同意，不得私自换岗。

3）指挥过程中严格执行信号指挥人员与汽车吊司机的应答制度，即：信号指挥人员发出动作指令时，先呼叫被指挥汽车吊的编号，待汽车吊司机应答后，信号指挥人员方可发出汽车吊动作指令。

4）信号指挥人员必须时刻目视汽车壁吊钩与被吊物。转臂过程中，信号指挥人员必须环顾相邻汽车吊的工作状态，并发出安全指令语言。安全指令语言必须明确、简短、完整、清晰。

二、故宫地下连接通道项目施工过程文物保护措施

（一）项目概况

故宫地下连接通道项目建设地点位于故宫博物院内廷外西路，属于故宫保护范围的一般保护区，用地性质为非开放文物管理用地。施工过程中，施工场地、车辆运输路线临近故宫古建筑群体，为保护古建筑的安全，要对所涉及的文物建筑采取有效的监控和保护措施。

（二）施工措施

由于现场场地条件的因素，地下通道的施工工艺不宜采用盾构法施工，应尽可能减少地面开挖施工，故采用浅埋暗挖法，借鉴地铁施工的经验，先对松散土层范围进行注浆预加固，保证相关土层固结满足施工要求，再进行暗挖施工。采用浅埋暗挖法施工，其特点主要有如下几项。

1）机械化程度低，主要靠人工施工，对地下管线的影响较小。

2）地下通道暗挖成型，施工都在地下空间完成，对地面干扰小。

3）针对不同地质条件和地下管线、地下基础、地下文物等不可预见情况，结合施工期间反馈的监测数据，可以及时调整设计参数和施工工艺，工程的适应性较强。

4）不使用大型机械设备开挖，噪声将大大降低，所以施工对周围环境的干扰较小。

施工开挖要求在地层失去自稳能力前尽快开挖下台阶，支护之后形成封闭结构。要全程科学地掌握围岩动态和支护结构的工作状态，及时调整施工工艺，同时对水位变化有积极的备案，确保施工安全高效。

（三）施工注意事项

1）施工前应对地下管线、地下文物及地面设施做充分调查核实，尤其对影响地下通道埋深和出口布置的控制管线应逐一核实其类型、埋深、位置、尺寸。对施工过程中需要迁改、加固保护的管线应事先和主管部门取得联系。

2）衬砌混凝土施工要做到捣固密实，防止出现蜂窝麻面，并特别注意变形缝、施工缝的施工质量。衬砌混凝土的质量是结构防水体系的基础。

3）施工方案应减少对附近环境的影响，施工场地应做到整洁有序，施工中的废水、废渣不得随意排放，做到文明施工。

4）施工期间加强地下埋藏和地上沉降的监测，确保故宫相关设施及文物的安全。

地下通道在平面上三次穿越内金水河，参考西河沿文物保护综合业务用房的经验，暂时截流，减少内金水河与地下通道施工的相互影响，有效控制可能出现的渗水，在施工前及施工期间，应根据场地实际情况，采取有效的降排水措施，保证施工期间建筑场地的施工环境符合防水施工需要。引排水的标准应根据地面周围环境、地质水文资料进行考虑。

（四）文物影响评估

为了确定文物保护工程对周边文物的影响，委托具有文物影响评估资质的单位对该工程进行文物影响评估，评估项目建设对周边文物建筑的影响，判断影响程度和可接受程度，并提出减缓措施建议。根据文物影响报告，得出以下结论。

1）本项目符合《故宫保护总体规划大纲》的要求。

2）工程区域内文物建筑屋面、装修、地面、建筑格局等文物本体没有变化。

3）工程区域内文物空间及景观环境没有变化。

4）工程区域内文物的使用功能、文化内涵阐释无变化，文化传统传承有轻微的有益变化，变化程度可接受。

5）设计方案考虑了可能出现的风险，并提出了预防措施。

（五）施工振动影响评估

为了评估文物保护工程施工过程中产生的振动对周边文物建筑的影响，委托具有相关资质的

单位对该工程进行施工振动影响评估，评估工程施工振动对所涉及的相关古建筑及馆藏文物的影响，判断影响程度，并提出防治措施建议。根据施工振动影响报告，得出以下结论。

1）本项目符合《故宫保护总体规划大纲》的要求。

2）评估认为，本工程施工工期较短，在采取有效的防护措施后，可减少施工振动对周边古建筑、建筑内馆藏文物、道路及地下文物的影响，保障施工文物安全。

建议工程施工加强管理，做好各项风险控制预案，确保文物安全，将施工对文物的影响降到最低。

（六）运输过程中文物建筑的保护措施

1. 保护措施概述

由于地下连接通道位于故宫院内，根据规划施工行走路线，施工车辆、机械进入施工现场将由神武门进入、经由地砖地面通道及故宫原有拱桥进入施工现场，故施工机械及人员等纵向进深路径较长，因此文物保护工作重心主要集中于进入施工现场沿线道路的保护以及道路沿线的原有古建筑保护上。施工沿途古建筑所受的潜在威胁主要包括车辆对建筑撞击、剐蹭以及施工车辆超载对路面造成的破坏。因此保护措施主要包括设置混凝土防撞墩、金属防撞围挡、地面铺设保护钢板、桥身铺设引桥等方式。

结合现场实际情况，涉及的主要文物保护为神武门、西华门门洞保护，道路路面保护，西河沿红墙、慈宁花园红墙、沿途排水沟及古井保护，沿途桥身保护。

2. 具体保护措施

（1）道路路面保护措施

1）限制车辆载重。道路保护的核心是避免道路频繁承受过多荷载，因此道路保护首先应控制车辆自重，其次采用辅助措施。施工过程中应合理规划使用车辆，避免大型车辆进出施工现场。此外对于土方、施工材料的进出场运输过程，应控制车辆的装载容量，尽可能地少装少运。

2）铺设钢板。限制车辆载重的同时，应在地砖地面上铺设钢板进行保护。施工步骤为：①铺设钢板前，应先对路面面层进行清扫，清除路面石子颗粒；②铺设 20 mm 厚棉毡或铺设 10 mm 厚塑胶垫，加强地面面砖的软保护；③棉毡上铺 50 mm 厚细沙，细沙铺设应平整密实，可有效降低机械车辆行驶时对路面的冲击；④最后铺设 10 mm 厚钢板，钢板铺设时应错缝拼接，接缝处采用钢筋连接焊实。具体做法如图 5-8 所示。

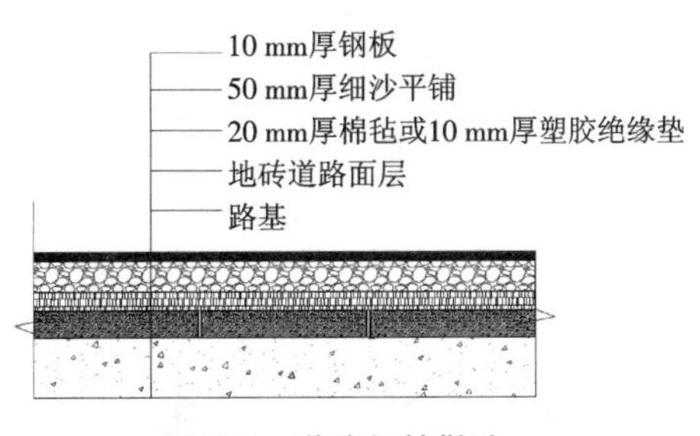

图 5-8　道路保护做法

（2）神武门、西华门保护措施

神武门（图 5-9）、西华门作为施工主要出入口，其主要保护措施为搭设钢管防护架及设置防

撞墩。

图 5-9　神武门

1）搭设轻钢防护架。由于神武门门洞为拱形，且作为施工车辆的主要出入口，为避免车辆出入对门洞造成剐蹭，因此对门洞两侧及门洞棚顶搭设封闭式双排轻钢结构围护措施。同时，在桁架上张拉警示灯带。具体做法如图 5-10 所示。

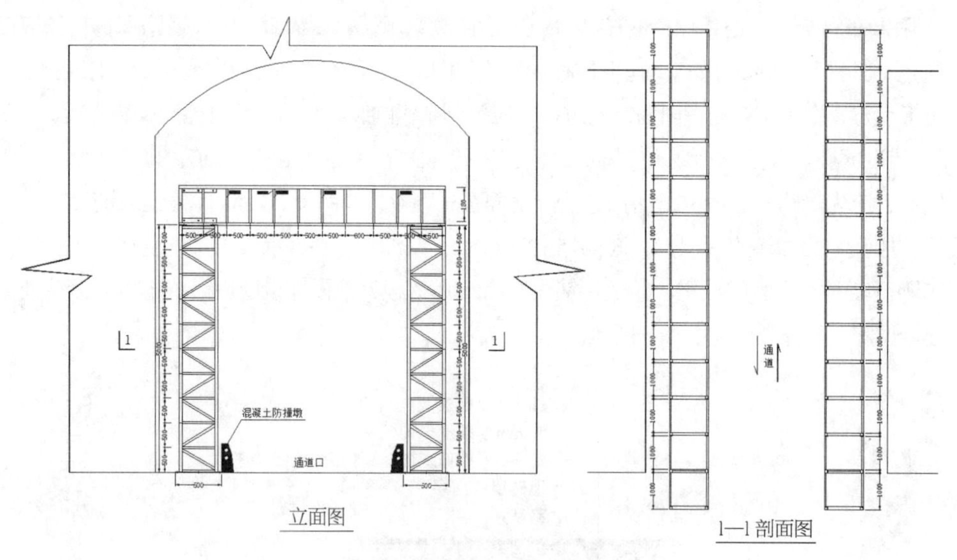

图 5-10　神武门防护示意

2）设置防撞墩。采用轻钢结构防护棚的同时，防护棚通道两侧亦需设置混凝土防撞墩，防护墩沿道路两侧布置，间距 2 m。防撞墩之间采用 50 mm 钢管穿插连接。做法示意见图 5-11 所示。

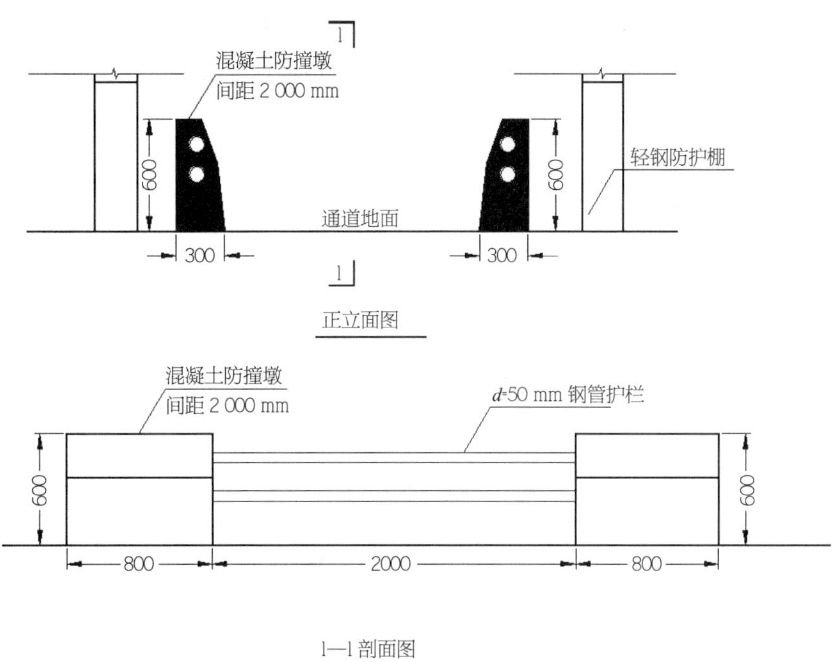

图 5-11　防撞墩设置示意图

（3）古井及排水沟保护措施

1）古井保护措施。沿途古井（图 5-12）需避免车辆剐蹭、撞击，防护同时采用软、硬防护措施，具体做法为：在距离古井外四周 500 mm 范围内，采用沙袋对古井进行软防护，避免车辆撞击对古井造成直接破坏，同时在沙袋外侧采用红砖砌筑 500 mm 宽的固定式防护墙，用于阻挡直接撞击，防护墙高出古井表面 500 mm 高度。防护砖墙亦可采用可移动式混凝土防护墩，具体需要根据施工现场情况而定。

图 5-12　古井

2）古排水沟防护措施。有盖排水沟防护方式同路面防护方式，排水沟顶盖铺设 10 mm 厚塑胶绝缘垫，塑胶垫上铺 50 mm 细沙，面层铺设钢板。具体做法如图 5-13 所示。

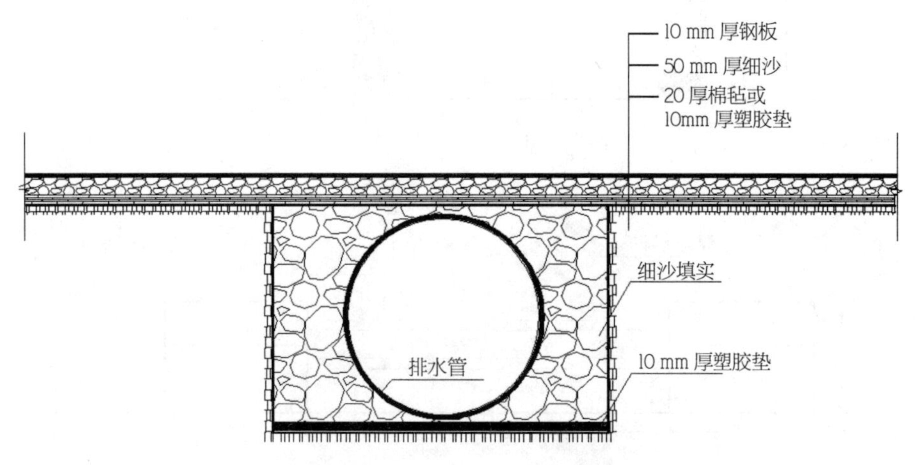

图 5-13　古排水沟防护剖面图

（4）桥身及桥栏杆防护措施

1）平面桥身防护。平面桥身防护采用覆盖钢板形式进行防护，防护做法同路面防护。在使用过程中应注重桥面观察与检测。

2）拱形桥身防护。拱形桥身采用在桥面上部搭设轻钢结构引桥进行防护，引桥坡度应与原桥面坡度相适应。引桥结构形式为焊接轻钢结构，做法为：在桥身上部设置 3 道与桥身坡度相适应的方钢主肋梁，主肋梁采用 50 mm × 50 mm 方钢，布置方向为沿桥身长度方向均匀布置。横向次肋梁采用 30 mm × 30 mm 方钢布置于 3 道主肋梁之间。采用焊接形式连接，保证结构平稳。引桥结构平面图详见 5-14。

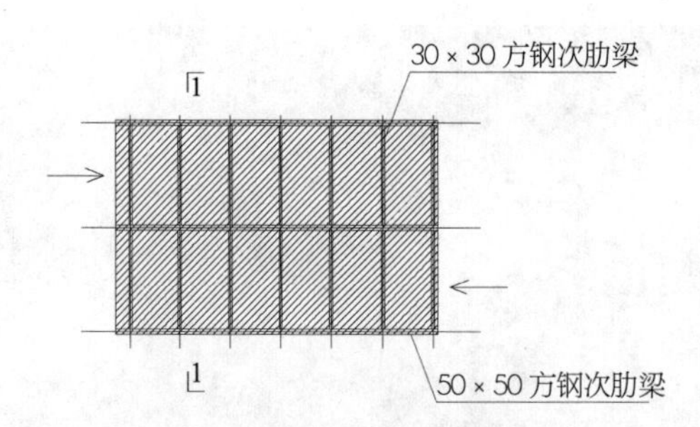

图 5-14　引桥结构平面图

引桥支撑点布置：肋梁两端支撑于桥头地面处，中间最高点支撑于原桥面最高点处，接触位置应铺垫 10 mm 厚塑胶绝缘垫，避免钢梁与桥面、路面直接接触。大样图如 5-15 所示。

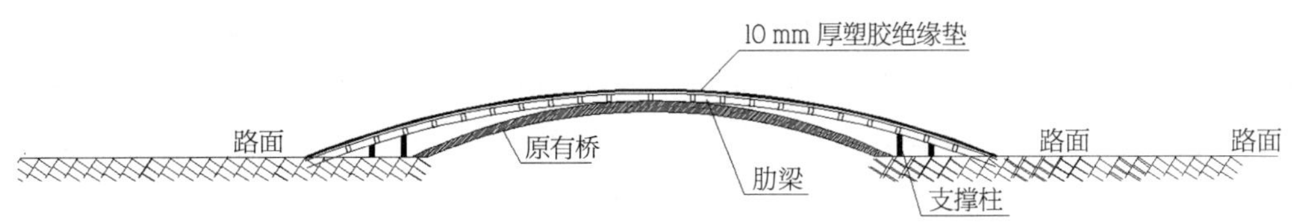

图 5-15　引桥大样图

（5）西华门北侧通道、西河沿红墙、慈宁花园红墙防护措施

西华门北侧通道、西河沿红墙、慈宁花园红墙采用夹心彩钢板进行围挡，围挡基础采用 400 mm × 400 mm × 400 mm 混凝墩，柱墩间距 1.8 m，围挡高度 2.5 m。围挡横向粘贴反光警示带。通道两侧设置混凝土防撞柱墩护栏，柱墩间距 2 m，柱墩采用 D50 钢管连接。具体做法如图 5-16 所示。

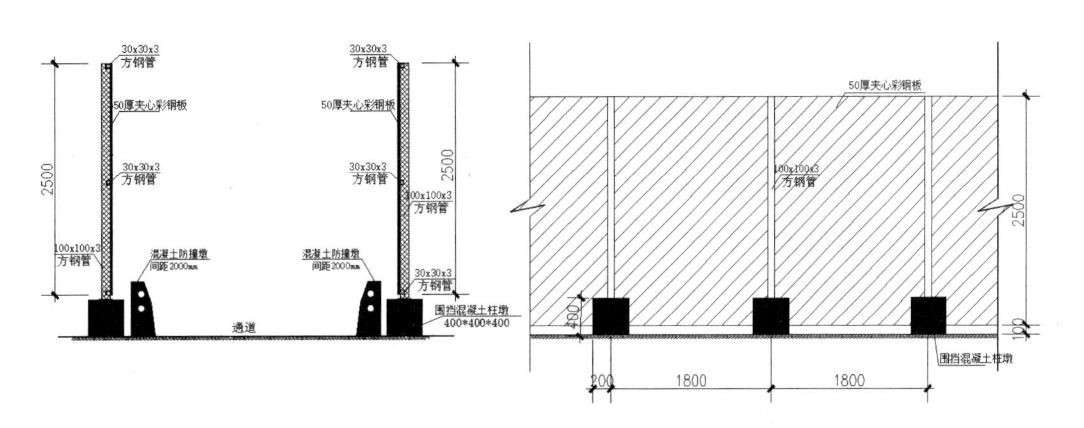

图 5-16　红墙防护图

（6）金水桥栏板防护措施

施工时采用防撞栏杆及铺设引桥等进行防护。具体措施同前面桥身及桥栏杆防护措施。

三、故宫基础设施维修改造一期（试点）项目施工过程文物保护措施

（一）项目概况

故宫建设已有 600 余年历史，虽经几朝修建，地面建筑物辉煌灿烂，但整体市政配套基础设施变化不大，如雨水排水系统至今仍沿用明清时期的系统格局。其他供水、供热、供电等系统，虽在 1949 年后经改造和增设，但出于当时的经济和文物保护、施工实施等多方面能力限制，始终没有得到全面的、系统的规划和改造提升。现有的给排水、供电、供暖等基础设施设备老化，供应能力不足，管线杂乱无章，监控存在盲区等问题更加突出，文物建筑存在安全隐患，已经无法满足故宫博物院的自身需求和日益增长的游客需求。

在此背景下，故宫博物院进行了故宫基础设施维修改造一期（试点）工程的规划和实施。故宫基础设施维修改造一期（试点）工程是贯彻落实《故宫保护总体规划大纲》和“平安故宫”工程要求的重要举措，是消除故宫基础设施安全隐患、实施故宫可持续发展的重要措施。本工程的

建设地点位于故宫南热力站区域，工程建设范围包括慈宁花园、造办处址、内务府署、咸安宫官学、西河沿、武英殿、西华门、屏风楼、南熏殿区、断虹桥等区域，总占地面积约 17 万 m^2。建设内容为对南热力站区域的给水、排水、消防、电力、热力等系统进行改造整合。新建综合管廊约 2 420 m，管廊内分两个舱室布置，分为水信电力舱和热力舱。标准断面净尺寸（宽 × 高）为 3.9 m × 2.3 m（平顶）/3.6 m（拱顶），支线标准断面净尺寸（宽 × 高）为 1.8 m × 1.2 m（单舱）。

（二）保护措施

本工程沿线影响范围内文物及文物建筑共计 22 处，其中一类文物 3 处、二类文物 8 处、三类文物 6 处、四类文物 5 处，还有地下文物建筑基础遗址 1 处，另有红墙、内金水河道、断虹桥、古雨水沟、古树名木等。针对不同文物，制定专项方案，主要内容包括古建筑群及地下文化层的保护、断虹桥的原位保护、古树名木的保护等。

1. 古建筑群及地下文化层整体保护

在工程建设之初，整理及研究大量资料，深入分析工程涉及范围内古建的基本情况、结构数据及现状条件。方案设计阶段组织建筑、文物、岩土等方面的专家进行现场踏勘，经过反复踏勘现场，摸清现场实际情况，对周边文物建筑进行安全性评估。管线路由的设置尽可能规避重要文物建筑，将建设对文物建筑及文物建筑格局的影响降至最低，并邀请文物、规划、建筑、市政工程等方面的业内知名专家对方案进行评审。初步方案确定后，对管廊路由及区域进行全方位考古调查和勘探。考古报告显示工程涉及区域内地下文化层为 2~4 m，并在慈宁宫区域发现大型元代宫殿基础遗址。因此，根据考古结果进一步完善管廊路由，设置合理埋深。同时，为保证文物建筑遗址完整性地取消慈宁宫区域管廊。

本工程综合管廊路由主要沿现状道路及绿地进行敷设，施工工作面基本不会对文物建筑造成直接影响。因此，施工期间文物建筑主要保护思路以监测预警、严格施工管理为主，并建立施工、监理、第三方监测、建设方、设计方等多方联动的预警机制，制定相关预案。一旦发现异常，及时向各方通报并沟通，及时反应，第一时间解决问题。

施工期间，严格控制施工机械扰动范围及强度，制定高标准安全文明施工制度，材料、机械远离文物建筑放置，杜绝大面积扬尘情况出现。同时特别加强参建人员的安全教育培训，组织相关人员学习《文物保护工程管理办法》及故宫博物院相关管理规定，使他们认识到工程的特殊性，始终以安全施工为第一，以文物保护为己任，遇到问题不蛮干，及时反馈。

2. 断虹桥的原位保护

断虹桥位于太和门外、武英殿之东，为单拱石券，横跨于内金水河之上。桥面铺砌汉白玉巨石，两侧石栏板雕刻穿花龙纹图案，望柱上有石狮。桥之建造年代为元代，桥跨度 8 m，桥面宽 8 m。其作为本工程穿越的重点文物建筑之一，具有建设年代久远、文物级别高、建筑结构资料缺失、施工难度极大等特点。为保证暗挖管廊施工时断虹桥的安全，参建各方搜集资料，深入研究，会同考古部门对其建筑构造进行勘探，制定了详细的专项施工方案并组织各方专家进行了方案评审，确定了穿越断虹桥原位保护施工相关措施。采取的保护措施如下。

（1）施工前的保护措施

1）组织人员对断虹桥进行全方位的调查，调查内容包含断虹桥的保存现状、存在的问题、结构情况等，记录好相关信息，并留影像资料，建立断虹桥现状档案资料，便于施工中及时对比和

掌握断虹桥的状况，指导施工活动。

2）为了便于后续管廊的开挖和施工，减少水下施工风险，对内金水河进行围堰截留，用沙袋等物围堰拦截河水，使断虹桥附近的水位保持较低水平，便于后续的管廊施工。

3）对断虹桥附近的河床进行清淤，方便后续的施工活动，保障水下施工安全。

（2）施工中的保护措施

1）为了保护断虹桥的结构安全，对断虹桥进行支护。采用满堂脚手架支托桥拱底，避免构件位移。支架两侧距桥洞内壁不超过 0.6 m。立杆排距为 0.6 m，立杆纵距为 0.6 m，横杆步距为 0.6 m。主节点的位置设纵向水平杆和横向水平杆。立杆上安装可调托撑，托撑上托 100 mm × 100 mm 的方木龙骨，龙骨与拱底顶紧。立杆下必须垫 200 mm × 50 mm 的脚手板，详见图 5-17。

图 5-17　断虹桥支护图

2）穿越断虹桥区域采用全断面注浆+超前小导管，注浆起始位置在桥中心南侧 16 m 处，注浆总长度为 31 m。在隧道拱顶、两侧及底板处钻杆外插角采用 18°，每 6 m 一个施工段，每次注浆孔深 6 m，开挖 4 m，每段纵向搭接 2 m 作为止浆墙。注浆孔径为 46 mm，孔中心距为 500 mm。注双液浆，注浆压力为 0.3~0.6 MPa。隧道注浆止水范围按照一衬外扩 2.0 m 计算。注浆施工完毕，土体达到一定强度再进行隧道开挖。在每次注浆前均要喷射混凝土封堵掌子面，注浆施工完毕后再破除，进行隧道开挖，如此反复。

3）对断虹桥进行全方位的监测，包括桥体水平位移及沉降监测、桥洞收敛监测、桥体裂缝监测、周边地表沉降监测等内容。布置各类监测点 45 处，加强水平位移监测及竖向位移监测，断虹桥变形预警值为 2.1 mm，报警值为 2.4 mm，允许值为 3 mm。变形达到预警值时应及时上报，通知设计、监理、甲方抵达现场，24 小时派相关人员观察现场，根据现场变化，调整设计、施工方案；一旦监测数据达到报警值时，立即停止施工，通知设计方、监理方、甲方抵达现场，制定抢险方案，及时进行抢救性保护。

（3）施工后的保护措施

1）管廊结构施工完成后，应继续加强对断虹桥的监测，验证施工方案是否有效。

2）将施工后断虹桥的监测结果与施工前的原始记录进行对比，如发现构件位置有变动，应及时报文物部门审批后进行修复。

3. 古树名木保护措施

故宫内的“活文物”——古树名木不但树龄古老、姿态奇绝，大多还有典故，有历史文化内涵，它们和故宫的其他文物一样，也是“国之瑰宝”。本工程涉及区域内的古树名木众多，经现场踏勘、量测，确定项目范围内以“紫禁十八槐”为首的各类古树名木约 69 棵（表 5-3），它们所制造的小气候也给故宫西路带来清新的空气与风景。因此，本工程施工前依据《北京市古树名木保护管理规定》及故宫博物院相关管理规定制定了古树名木专项保护方案，主要内容如下。

1）施工前划定保护区域，施工区域与保护区域严格隔离。

2）树冠投影 3 m 内禁止土方开挖、动用明火、排放烟气、倾倒污水废料等。

3）加强竖井影响范围内的树木保护，以八倍古树直径为保护范围打设钢管微型桩稳定土体。

4）土方开挖时一旦发现树根，及时用蒲包掩盖树根并向树根喷水，同时立刻向上反馈，联系树木养护部门现场决策制定保护措施。

5）加强施工人员教育，提高其保护意识，禁止刻、划、钉钉、攀树折枝、擅自采摘果实等损害古树名木的行为。

表 5-3　古树名木数量统计表

直径 D/mm	D<400	400<D<500	500<D<600	600<D
棵数	26	21	14	8
总数	47	0	22	0

四、故宫地库改造工程项目施工过程文物保护措施

（一）项目概况

故宫地库改造工程项目是贯彻落实《故宫保护总体规划大纲》的重要举措，是为了完善地库结构，消除地库潜存的安全隐患；对原有地下文物库房进行加建，适当增大文物库房储存面积；提升文物保存和保护的能力，对保护文物、实现故宫的可持续发展具有重要意义。建设内容主要包括对现有地库进行改造，设温湿度分区调控，完善挡土墙防水措施，提升地库功能；在原有地库的区域内进行加建。

（二）施工中地库内文物保护措施

地库保存有大量的文物，部分文物对振动十分敏感，例如瓷器、玻璃、钟表及绘画、织绣、碑帖等纸质文物。文物对振动的敏感表现为两种情况：一种是对振动大小（振幅）的敏感；另一种是对振动性质（频率）的敏感，即当振动幅度大时，可直接导致文物损坏，而当文物固有频率与振动频率一致或接近时，产生的共振也可导致文物损坏。因此，故宫地库改造工程实施时，必须考虑地库内文物的避振问题，采取适当的文物保护措施。

1. 保护原则

1）就地保护。尽可能不移动文物，以在库房内就地保护为首选方案。

2）尽量不出库。在需要移动文物的情况下，文物尽量不出地库，在地库内进行转移。

3）出库不出院。如在风险较大的情况下，需将文物转移出地库，考虑在院内地面选择适当场所进行文物周转存放。

4）综合考虑。根据文物的种类和实际情况在综合评估基础上，确定最优保护方案。

2. 地库改造施工对文物的风险

（1）产生施工振动的工序与设备

工程施工可能使用小型挖掘机、混凝土搅拌机、风钻、电锯、破碎机、风镐、锚杆机、喷射混凝土设备、空压机等施工机械以及运输建筑材料、管线材料、施工机械和渣土的车辆等。

本工程可能产生的振动主要包括土方运输车辆的振动、基坑支护各类设备的振动、混凝土运输车辆的振动、混凝土浇筑设备的振动、各类管线材料运输车辆的振动、回填夯实设备的振动、道路修复材料运输车辆的振动等。

（2）正常作业的机械振动对建筑和文物的影响

在地库改造工程实施过程中，各类工程机械的使用不可避免地会产生机械振动。在施工中可能产生机械振动的作业及其影响，主要包括土方开挖时挖掘机行走和取土时产生的振动，在对原地库外墙进行加固改造时对原结构进行某些处理可能产生的振动，加建地库结构施工时对原地库结构进行植筋及混凝土浇筑振捣等施工作业必然产生的振动，其他施工机械引起的振动等。其中，土方开挖和结构施工的振动持续时间久，对原地库与加建地库施工面相邻的区域影响较大。

（3）施工意外对建筑和文物的影响

1）碰撞。加建地库施工区位于原地库的狭长区域内，施工时，施工机械在操作过程中，极有可能因操作不当，发生与原地库外墙结构的碰撞，可能会对原地库和邻近库房内的文物带来不良影响。

2）顶层楼板塌陷存在可能性。同样，由于施工区域狭窄，施工时施工机械也可能移动到相邻区域的原地库顶板上方，形成局部的较大动荷载，即使采取必要措施，也存在顶板出现损伤甚至塌陷的可能。

3. 文物保护方案

（1）文物保护的备选方案

1）就地保护的方案。原地库的文物均不移出库房，仅在库房内进行就地保护。此方案可最大限度地减少文物搬运，保护工作量小，节省时间，费用较低。但库房内较难施工，特别是难以避免施工风险，一旦出现意外事故，文物损失难以估量，风险巨大。

2）库内周转方案。地库改造的施工顺序为：首先解决原地库的渗水漏水、结构裂缝问题；之后在原地库之间的区域加建地库；最后进行原地库的升级改造。根据施工的顺序，可对文物进行相应的转运安排。在加建地库建设完成后，将原一期地库的文物周转到加建地库，进行原一期地库改造；原一期地库改造完成后，将原二期地库改造分为两段实施，将原二期地库的第一段中文物周转到原一期地库，开始改造原二期地库的第一段；待原二期地库的第一段改造完毕后，将原二期地库的第二段中文物周转到原二期地库的第一段，进行改造原二期地库的第二段。此方案实

现了所有文物不出库区，库内改造时施工段内无文物，安保工作较易开展。但原一、二期库藏所有文物均需搬运两次，且加建地库时，对邻近库房的影响无法避免，风险也较大。

3）出库转运至地面库房。地库所有文物均转移至地面库房，可完全避免施工风险。但文物转运工作量巨大，文物搬运费用高、周期长，且故宫院内没有能够暂存全部文物的周转库房。

（2）文物中转及保护的优选方案

鉴于地库改造工程会影响文物安全，必须对地库文物采取保护措施。经综合分析和比较，拟采取相对稳妥的方案，即将风险影响程度最大的区域内的文物移出库区至地面临时库房，其余文物在库房内就地封存保护。具体方案如下：地库在加建过程中，将原地库与加建地库相邻的库房内文物周转出库区，在地上寻找适当场所进行妥善保护。进行原地库改造时，对剩余库藏文物进行就地封存，并在库房内采取围挡遮盖等施工保护措施；待工程实施完成后，库外文物再运回地库。对文物的周转和保护制定科学、妥善、合理的文物藏品管理方案，予以实施。

将文物收进库房时，应根据文物保护的要求、文物藏品管理规定等，对文物进行定位上架、加固等，以妥善、安全地存放。文物搬运之前，应制定详细计划，做充分的准备。文物的存放、移动必须依照《博物馆管理办法》和《博物馆藏品管理办法》，遵守相关规范，确保文物安全。文物转移工程主要参考的规范和制度如下。

1）《文物藏品档案规范》（WW/T 0020—2008）；

2）《文物运输包装规范》（GB/T 23862—2009）；

3）《馆藏文物登录规范》（WW/T 0017—2008）；

4）《馆藏文物出入库规范》（WW/T 0018—2008）；

5）《故宫博物院保密工作实施细则》；

6）《故宫博物院藏品管理规定》。

（3）地库文物中转的措施

本次地库改造工程涉及移动的文物数量巨大、等级高，建议在文物移动前针对文物中转设立专项进行研究，整体规划，合理实施，根据故宫博物院的实际需求和目标，完成地库文物中转搬运工作，并在工程完成后进行总体绩效评估。成立地库文物中转工作小组，下设文物库房搬移指挥部、物资材料准备组、文物包装组、核查登记组、文物搬运组等。依据整体中转方案，明确各级职责和任务。具体物流实施包括以下几个方面。

1）建立文物中转档案。对移动文物建立信息档案，搬运工程开始前需对全部文物的账、卡、物逐一清点对照，将相关情况详细记录在案备查。在工程开始之前要预估文物的包装后体积，根据存放位置和大小设计运输流线，运输通道和转存空间要满足运输和中转需求，尽量减少对文物的干扰，并满足短期文物储藏要求。

2）包装材料的准备。文物搬运需要大量的包装材料。包装主要分内包装和外包装，内包装是直接盛装文物的内包装容器，起保护、隔离作用；外包装主要起防振和方便取放的作用，分常规外包装箱和特殊外包装箱。视文物情况还要在包装过程中采取一定保护措施，实现防水、防潮、防霉、防振、缓冲等作用。

包装材料分主要材料和辅助材料。内包装和外包装的主体材料使用纤维板和瓦楞纸板。内、外包装箱的防振层最好选用质地柔韧、弹力好的高密度吹塑板或泡沫塑料。

辅助材料包括：衬垫材料，如各种棉垫、毡垫、绵纸等；防护、减振材料，如棉絮、海绵、各种密度的聚氯板等；黏合材料，如各种黏合剂等；密封材料，如防潮胶条等；隔离物，如各种隔离板、衬片等；紧固物，如各种捆扎带、胶带、铁钉等；标志物，如各种标志、标签等。

所需包装材料的名称、品种、尺寸大小及数量要根据文物的质地、构造特点和大小选择，由专人购买，保证质量。如易破碎的瓷器需按瓷器的大小量身定做囊匣或准备专门的箱子包装；书画按书画的尺寸准备木匣子包装。

3）搬运前的文物包装核查。此项工作主要包括各类文物藏品的整理、装箱；文物的封箱、加固、编号和运输前的检查。由于文物类别复杂、形体不一、材质各异、质量不等，这使文物包装增加了很大难度。

包装时要针对文物特点分别处理，如小骨针、玉器小件，先用棉纸包裹后，贴签标号，然后装入囊匣，囊匣里要垫上小棉垫，应薄厚适宜；字画卷轴不宜使用细长口袋，因为会产生摩擦且口袋易松动，宜用三角巾包装后用扣带扎紧，装入木匣，由于书画等纸类文物容易受潮，也容易遭虫蛀，就要在包装盒里放入防潮、防虫、防霉的材料；对于有刃的青铜器文物（如铜剑、铜刀、铜戈等）包装时，要在包装盒内设计囊芯，视情况放置固定，防止在搬运过程中文物移动；组合或套装类文物（如有盖鼎、有盖瓷罐等），应分解分体各个部件单独包装；大型文物，如石刻、木雕，需先放到量身定做的防振垫上，再放置到“底架”上，文物表面另覆泡沫等保护材料，最后才用布绳等捆绑固定。

封箱前应再次清点箱内文物、核对箱内文物状况，并填写文物包装清单，列出文物基本信息、附文物照片。对包装结构复杂的文物包装件，应在箱体上标出主要固定结构的位置及包装拆解的顺序。包装箱上盖与侧面或端面有明确的位置对应标记。最后还要检查外包装箱是否封牢，防止箱体破裂等意外情况对文物造成损害。

4）文物出库。根据中转方案使用指定运输工具，按设计运输路线，将文物搬运到指定位置。由于文物运输过程涉及地库内部和外部，因此运输工具的选用、沿途路径净空、转弯半径、边缘防护等都应整体考虑，以保障文物安全。

在出库工作实施前由文物转运专业人员和建筑设计人员协同调整路线，尽量选择最简单快捷的路线，避免复杂地形，水平搬运时应尽量降低箱体净空距离，装卸时倾斜角度不得超过 30°，质量超过 75 kg 的文物包装箱应使用机械设备移动，确保运输过程中的文物安全。

设计运输路线时应考虑到沿途温、湿度的变化，对不能满足特殊文物需求的，要使用带防火、保温夹层，并安装了温、湿度控制设备的封闭式车辆。文物存放及运输路线所经过的路面要求防滑有弹性，具有一定缓冲作用。

5）文物交接、清点和码放。将文物运送到指定地点后，应核查文物包装箱内外囊匣的密闭情况及其他相关信息，核实文物数量，并与原始记录、图片等信息进行比较核对，确认文物安全无恙。同一类别的文物最好摆放在同一位置，方便查找、整理、清点和再次上架。存放文物的库房应有环境控制设备，根据文物外包装箱的堆积荷载，码放不超过两层，一般体量大而重的放在下层，体量小而轻的放在上层。

6）安保与保险措施。为了保护文物的安全，大批专业人员需在封闭状态下有序地完成文物的核查包装、运输工作。文物转运过程中，可能会遇到意外事故，致使文物遭受损失。因此，有必

要投保文物运输保险。文物包装封箱前应列装箱清单，至少一式四份，由文物交接双方经手人（承运人、押运人、保险公司等）签字认可，一份随文物一起装箱，其余由各方持有。可考虑充分利用现代信息技术，通过射频识别（RFID）装置、红外感应器、全球定位系统（GPS）、激光扫描器等信息传感设备，实现对文物的智能化识别、定位、跟踪、监测监控、防盗抢报警和智能管理。

（4）地库文物就地保护措施

1）文物柜保护措施。①文物柜在库房内集中保存，施工过程中做好对文物柜的保护，避免施工和人为因素的破坏，重点控制硬物碰撞和其他破坏，施工前进行遮挡保护，原则是柜体一道防护、外围作业层一道防护；②文物柜体采用 50 mm × 100 mm 的木方制作骨架，外封石膏板；③外围作业层保护。

2）立面保护措施。根据现场文物柜形状和立面尺寸，用双排脚手架搭设围护结构，架体高度根据柜顶高度确定。脚手架搭设完成后用彩条布和围挡板整体封闭。立面保护详见图 5-18。

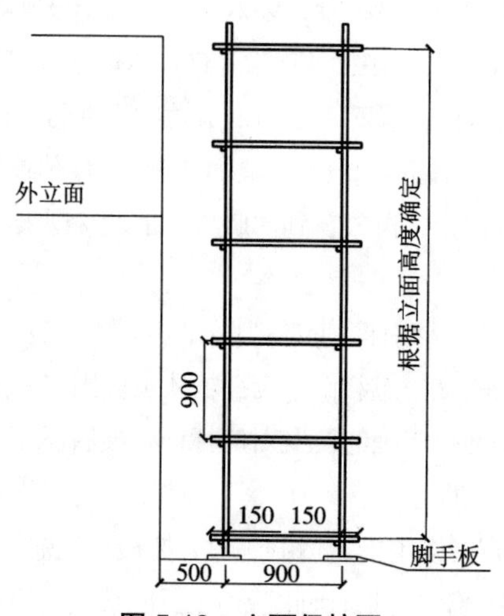

图 5-18　立面保护图

3）顶面保护措施。围护架体搭设完成后，根据架体实际尺寸在顶部搭设钢管，满铺两层彩条布，然后满铺脚手板，面层固定铁皮。

4）地面保护方案。施工过程中为了避免吊坠物、硬物、电焊火花对地面的破坏，需对地面进行保护。

地面保护措施：根据现场实际情况对需要进行保护的地面满铺两层彩条布，用透明胶粘贴，与地面铺贴固定；对施工主要区域和施工道路铺竹胶板，防止施工坠物损坏；竹胶板上满铺防火毯，防止电焊火花等对地面的破坏。地面保护示意见图 5-19。

（6）施工振动控制措施

为减少施工振动的影响，施工期间应采取以下减振措施。

1）将地库顶部杂填土挖除后，建议采用素混凝土回填，以减少在地库上方进行回填土夯实而产生的施工振动。

2）尽可能采用振动小的轻型机械，减少施工影响。

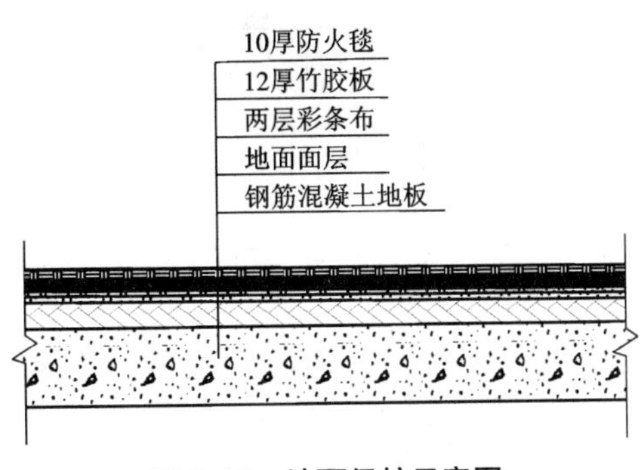

图 5-19 地面保护示意图

3）对重型施工设备及车辆行驶及停留区域的地面采取减振措施，如铺设减振橡胶板或钢板、木板等。

4）限制车行速度。

5）大型运输车辆应尽可能停放在远离保护区的区域，必要时，运输材料可采用小型车辆倒运。

6）开挖地基土方时，采用小型挖掘机，必要时，应采用人工开挖。

7）土方开挖、运输等振动较大的工序应与地库内文物的中转存储时间协调一致，避免直接在库存文物上方实施振动大的施工工序。

8）地库加固使用免振捣自密实混凝土。

9）对振动灵敏度高的文物进行统计分析，并提出振幅、频率限制要求。

采取上述有效的防护措施后，可有效降低施工振动对地库结构及内藏文物的影响。

（三）施工中对周边文物建筑的保护措施

施工车辆运输过程中涉及的文物建筑主要是宫墙，在施工中对宫墙进行原位保护，具体措施如下。

1. 成立文物保护工作领导小组

施工项目部成立以项目经理为组长，工程技术部、安全质量环保部及有关部门负责人组成的文物保护领导小组。同时，向社会聘请 1 位古建维修及保护领域的专家作为长期顾问，现场涉及文物保护工作的事务都要以文物保护专家的意见为主。施工前应和故宫文物保护部门联系，取得宫墙分布情况。严格按照《文物保护法》及当地政府部门有关文物保护的规定做好文物保护工作，如出现违规行为，将按照国家规定给予当事人处罚。

文物保护领导小组的职责如下。

1）建立健全文物保护管理组织机构、管理制度以及应急预案。文物保护小组组织机构见图 5-20。

2）熟悉环境特点，掌握文物保护的工作程序，落实设计对文物保护的工作措施和要求；组织施工、管理人员学习文物保护的有关法律、法规，提高对文物保护工作重要性的认识。

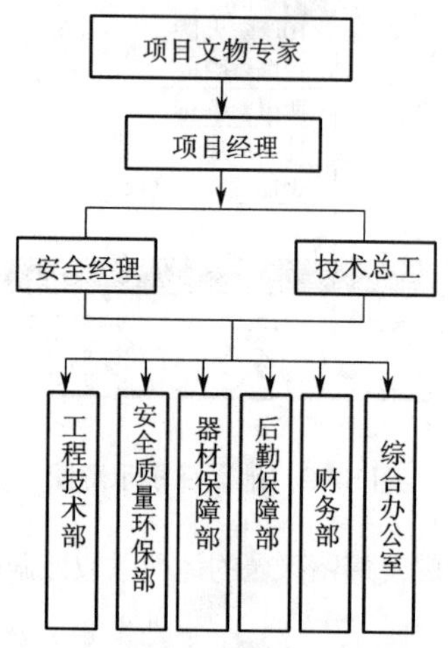

图 5-20　文物保护领导小组组织机构图

2. 对宫墙采取原位保护措施

此处对宫墙采取的主要保护措施是防止进、出场汽车碰撞、剐蹭宫墙，在道路两侧离宫墙 900 mm 处每 3 m 设置一个防撞路锥，路锥与路锥之间采用警戒线隔离，并在进出宫墙处设置 LED 慢行警示灯，在所有拐弯处增设减速板，当车辆较多时，安排专人进行引导、指挥。同时，在宫墙与锥桶之间设置一道围墙进行防护。

3. 加强对宫墙的监测

通过第三方监测单位，对宫墙进行 24 h 监测，监测内容有水平位移监测、沉降监测等，及时了解宫墙的状况，一旦发现监测数据出现异常，要立即停工，组织相关部门分析原因，采取应急措施，保护好宫墙安全。

第十八章　风险管理

故宫文物保护工程由于施工场地特殊，周边文物建筑众多，在施工过程中面临的风险更多，不仅包括施工本身的安全风险，还包括文物建筑的安全风险，因此必须做好风险管理工作，及时规避风险，消除风险。

第一节　风险管理计划

风险管理计划就是通过风险识别、风险分析、风险评价确定风险管理的职责，是项目计划中的一部分，以此为基础合理地提供各种风险的应对措施、管理方法技术和手段，妥善处理风险事件造成的不利后果。在故宫文物保护工程实施中坚持做好风险管理计划，提前对项目风险进行分析，并制定相应的对策和措施。

一、编制依据及主要内容

故宫文物保护工程风险管理计划的编制依据和主要内容如下。

（一）项目风险管理计划的编制依据

1）项目范围说明。

2）招投标文件与工程合同。

3）项目工作分解结构。

4）项目管理策划的结果。

5）组织风险管理制度。

6）其他相关信息和历史资料。

（二）风险管理计划的主要内容

1）风险管理目标。

2）风险管理范围。

3）可使用的风险管理方法、措施、工具和数据。

4）风险跟踪的要求。

5）风险管理的责任和权限。

6）必需的资源和费用预算。

二、注意的问题

（一）根据风险变化进行调整，并经过授权人批准后实施

风险管理计划帮助我们识别主要风险并制定相应的应对措施。风险管理计划不是重在编制，而是重在落实。

（二）对计划的实施情况进行监督和检查

由于风险具有可变性和阶段性等特点，应该安排专门人员负责跟踪监督，对风险管理计划的落实情况进行动态的监督和检查，如果项目出现变化，或在计划实施过程中与原计划不匹配，应及时调整项目风险管理计划。

三、计划编制方法

故宫文物保护工程风险管理计划的编制方法如下。

（一）确定项目风险管理目标

依据项目风险具有阶段性的特点，以及工作分解结构分解后的指标量化，将项目风险管理目标分为总体目标、阶段目标、具体目标。

1）总体目标。构建完善的风险管理组织机构，确立清晰明确的风险策略，制定明确的风险管理职责，建立包括能够快速反应、有效运行的风险管理系统的全面风险管理体系，以使项目效益价值最大化。

2）阶段目标。根据风险产生具有阶段性的特点，风险分为潜伏、发生和后果 3 个阶段，同时按照这个计划划分，进一步将风险管理目标细分为“四尽原则”，即尽早、尽力、尽量、尽责：尽早识别项目执行中可能出现的各种风险，这是风险潜伏阶段的管理目标；尽力避免风险事件的发生，这也是风险潜伏阶段的管理目标；风险发生，要尽量减少或降低风险造成的损失，这属于风险发生阶段的管理目标；风险发生后，要尽责任总结风险带来的教训，这是风险后果阶段的管理目标。

3）具体目标。对项目风险管理进行量化，分解具体的费用、进度、质量和安全目标，以使各项工作协调进行，确保项目的实施过程符合各方要求规定。

（二）设计项目风险管理组织结构

为了项目风险管理计划能够有序有效进行，成立结构健全、合理有序、稳固运行的组织结构。组织结构多种多样，包括职能式组织结构、项目式组织结构、矩阵式组织结构等。

（三）确定风险管理计划的编制原则

1）依据识别出的风险源，编制出适用性强、可行得当、具有可操作性的管理措施，保证管理措施的有效性，采用可行、适用、有效原则。

2）风险管理计划应简洁明了，信息沟通渠道通畅，操作手段先进，成本节约合理。

3）要有主动性的管理思想，如果外部环境变化或者出现其他新的问题时，应具备有效的应对措施，或者进行相应调整。

4）要结合风险管理组织机构，采取综合治理原则，合理科学地划分每个人的风险职责，共同

建立项目全周期、全方位和风险利益一体化的风险管理体系。

第二节　风险识别

风险识别是指风险管理人员在收集资料和调查研究之后，运用各种方法对尚未发生的潜在风险以及客观存在的各种风险进行系统归类和全面识别。

一、项目实施前应识别实施过程中的各种风险

风险识别是风险管理的第一步。这个过程需要全面调查和深入了解、研究文物保护工程面临的各种情况，从而识别潜在威胁。之后，应针对不同的风险类型进行分析，并采取决策措施。

风险识别是连续的过程，贯穿在项目实施的全阶段，而且风险也会因条件的变化发生改变。由于条件变化，可能产生新的风险，也可能原来处于弱势的风险因素会逐渐转化为风险。

二、项目风险识别

故宫文物保护工程不仅面临着一般建设项目常见的风险，同时还面临着文物安全风险，主要风险如下。

（一）费用超支风险

在施工过程中，由于通货膨胀、环境、新的规定等原因，致使工程施工的实际费用超出原来的预算。

（二）工期拖延风险

由于故宫地理位置的特殊性，在施工过程中，会遇到国家级别的会议、参观、庆典等政治活动，导致项目停工，工期延长。

（三）质量风险

在施工过程中，由于原材料等不符合要求，操作人员水平不高，违反操作规程等原因而产生质量问题。

（四）技术风险

在施工项目中使用的技术不成熟，或采用新技术、新设备、新工艺时未能掌握要点致使项目出现质量、工期、成本问题。

（五）自然灾害和意外事故风险

自然灾害是指由于疫情、暴风雨、地震等一系列不可抗力导致损失。意外事故是指由于人们的过失行为给项目带来损失。

（六）文物安全风险

由于施工项目位于文物保护区，施工场地周围存在大量文物建筑，施工振动可能会影响古建筑的结构安全，基坑开挖可能会造成周围土层的不均匀沉降等，进而影响到周边文物建筑的安全。

三、项目风险识别遵循的程序

故宫文物保护工程风险识别遵循以下程序。

（一）收集与风险有关的信息

一方面，项目管理者进行安全检查并记录检查结果。另一方面，分析工程资料，包括项目的设计方案、施工技术方案、水文地质资料、人力资源管理资料、财务报表、合同、物料供应资料等。

（二）确定风险因素

风险因素是指引起或增加风险事故发生的机会或扩大损失幅度的条件，是风险事故发生的潜在原因，风险因素引起或增加风险事故。风险因素可以依据性质分为实质性风险因素、道德性风险因素和心理风险因素。实质性风险因素指能引起或增加损失机会与损失程度的物理的或实质性的因素；道德风险因素指能引起或增加损失机会和程度的个人道德品质问题方面的原因，如不诚实、抢劫企图、纵火索赔图谋等；心理风险因素指能引起或增加损失机会和程度的人的心理状态方面的原因，如不谨慎、不关心、情绪波动等。

（三）编制项目风险识别报告

编制项目风险识别报告旨在对识别结果进行记录。

四、项目风险识别报告

故宫文物保护工程的风险识别报告包括下列内容。

1）风险源的类型、数量。

2）风险发生的可能性。

3）风险可能发生的部位及风险的相关特征。

最后，报告应由编制人签字确认，并经批准后发布。

五、风险识别的方法

常见的风险识别方法有核查表法、德尔菲法、头脑风暴法、面谈法、情景分析法、流程图法、因果分析图和工作分解结构等。故宫文物保护工程实施过程中采取的风险识别方法主要是核查表法。

（一）核查表法

核查表法是建筑工程中常用的分析方法，也是故宫文物保护工程实施过程中常用的方法，其优点在于方法简单，易于应用，节约时间。使用该方法首先要利用过程图识别出工程计划周期内可能的所有风险，见图 5-21，之后列出风险调查表，如表 5-4 所示，再利用专家的经验，对可能的风险因素进行重要性评估，综合形成整个计划风险清单。

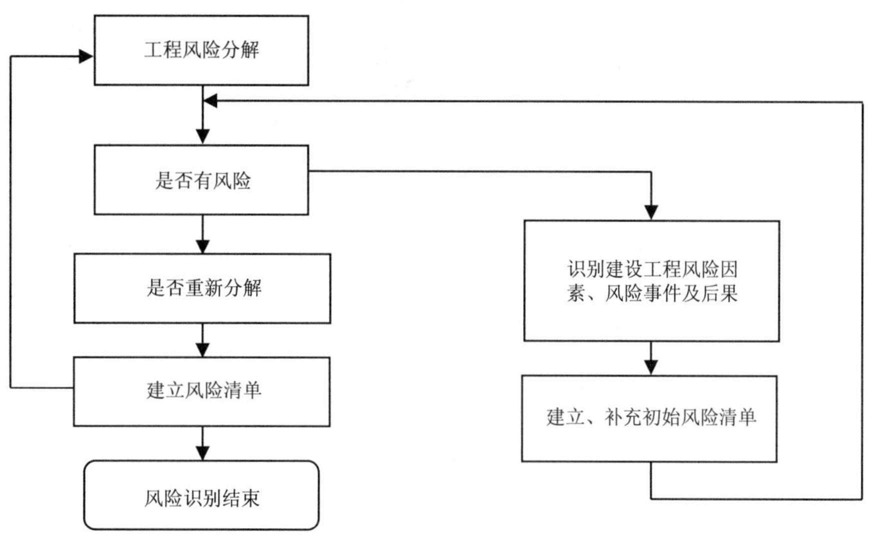

图 5-21　风险识别过程示意

表 5-4　故宫某文物保护工程风险调查表

风险因素		可能发生的风险事件	对　策
技术风险	设计	设计缺陷、错误和遗漏，出图时间滞后	制定落实出图计划，优化设计，图纸送审
	施工	工人技术水平低，施工安全措施不当，劳动力、材料投入不足	审查施工单位的施工组织设计并督促落实
非技术类风险	自然与环境	地震、火灾、雷电等不可抗拒自然力，不可预见地下障碍，气候异常等	提前做好应对措施
	外部	因故不能按时取得相关手续	积极与有关部门联系办理
	组织协调	项目管理部门和使用部门的协调，项目管理部门和设计方、施工方以及监理方的协调，项目管理部门内部的组织协调等，项目管理部门直接发包的单位与总包单位的配合问题	加强参建各方的协调工作
	合同	合同条款遗漏、表达有误，合同纠纷等	认真审核合同条款
	人员	各参建单位有关人员素质不高影响正常工作	撤换不称职人员
	材料设备	材料、半成品、成品或设备供货不足或拖延，数量差错或质量规格有问题，类型不配套，供货商工作不能满足计划要求，材料价格趋势不稳等	督促材料、设备供应商按计划提供

（二）德尔菲法

德尔菲法又称专家调查法，起源于 20 世纪 40 年代。这种预测方法已经在经济、社会、工程技术等领域中广泛采用。其采用匿名发表意见的方式，经过多次调查专家对问卷所提问题的看法，最后汇总专家的看法，作为预测的结果。这种方法具有广泛的代表性，较为可靠。

采用德尔菲法的重要一环就是制定调查表，调查表制定质量的高低直接关系到预测结果的质量。在制定调查表时，应该以封闭型的问句为主，将各种答案列出，由专家根据自己的经验和知识进行选择，在问卷的最后，往往加入几个开放型的问句，让专家充分表述自己的意见和看法。

对于调查表确定的主要风险因素，还可以设计更加详细的风险识别问卷，选择若干专家进行进一步调查，着重调查风险可能发生的时间、影响范围、风险的管理主体等问题。这一类的问卷往往采用开放式的问句，必须选择该领域具有丰富实践经验的专家进行调查，因此，人数不宜过多，由于回答工作量较大，可以由风险管理人员采用面对面提问的方式进行。

（三）头脑风暴法

这是最常用的风险识别方法，它是借助于专家的经验，通过会议集思广益，来获取信息的一种直观的预测和识别方法。这种方法通过与会专家的相互交流和启发，发挥创造性思维，达到相互补充和激发的效应，使预测结果更加准确。它是一种思想产生过程，鼓励提出任何类型的方案设计思想，同时禁止对各种方案的任何批评。这种方法可以在很短的时间内得出风险管理所需的结论。在项目实施的过程中，也可以采用这种方法，对以后实施阶段可能出现的风险进行预见性的分析。头脑风暴法是建筑企业进行工程项目风险管理最直接的且行之有效的方法。

（四）面谈法

风险管理者通过和项目相关人员直接面谈，收集不同人员对项目风险的识别结果和建议，了解项目执行过程中的各项活动，这有助于识别那些在常规计划中容易被忽视的风险因素。访谈记录被汇总成项目风险资料。如果需要专家介入，就可以组织专家面谈。面谈时注意以下问题。

1）准备一系列未解决的问题。

2）提前把问题送到面谈者手中，使之对要面谈的问题有所准备。

3）记录面谈结果，汇总成项目风险清单。

（五）情景分析法

情景分析法是一种假设分析法。首先总结整个项目系统内外的经验和教训，根据项目发展的趋势，预先设计出多种未来的情景，再结合各种技术、经济和社会影响，对项目风险进行识别和预测。这种方法主要适用于提醒决策者注意某种措施和政策可能引起的风险或不确定性的后果；建议进行风险监视的范围；确定某些关键因素对未来的影响；提醒人们注意某种技术的发展会给人们带来的风险。情景分析法是一种适用于对可变因素较多的项目进行风险预测和识别的系统技术，它在假定关键影响因素有可能发生的基础上，构造多种情景，提出多种可能结果，以便工作人员采取措施防患于未然。

（六）流程图法

流程图法是将建设工程项目的全过程，依据内在的逻辑关系制成流程，针对其中的关键环节或者薄弱环节进行整理、调查、分析，找出风险因素，发现潜在的风险原因，预估风险发生后将会造成的损失，以及该损失对施工项目全过程的影响。运用该方法可以明确地发现项目全过程中可能面临的所有风险。但流程图分析着重于流程本身，无法明确发生风险阶段的损失情况。

（七）因果分析图

因果分析图又称鱼刺图，该方法通过带箭头的线，明确显示了风险问题与因素之间的关系。因果分析图依据枝干的大小，划分出风险因素的大小。

（八）工作分解结构（WBS）

1）工作分解结构样板。其是由施工项目各部分构成的、面向成果的树形结构，该结构界定并组成了施工项目的全部范围。一个组织过去实施的项目的工作分解结构常常可以作为新项目的工

作分解结构的样板。虽然每个项目都是独一无二的，但是仍有许多施工项目彼此间存在着某种程度的相似之处。许多应用领域有标准的或半标准的工作分解结构样板，因为在一个组织内的绝大多数项目属于相同的专业领域，如土建工程或设备安装工程，而且一个组织的管理模式是相对稳定的。

2）分解技术。分解就是把项目的可交付成果分解成较小的、更易管理的组成部分，直到可交付成果界定得足够详细，如施工项目可分解为分项工程、分部工程和单位工程等。分解步骤如下：识别项目的主要组成部分；确定每一个组成部分是否分解得足够详细，以便可以对它进行费用和时间的估算；确定交付成果的构成要素；核对分解是否正确。工作分解结构图将项目按照其内在结构或实施过程的程序进行逐层分解形成结构示意图，如图 5-22 所示。

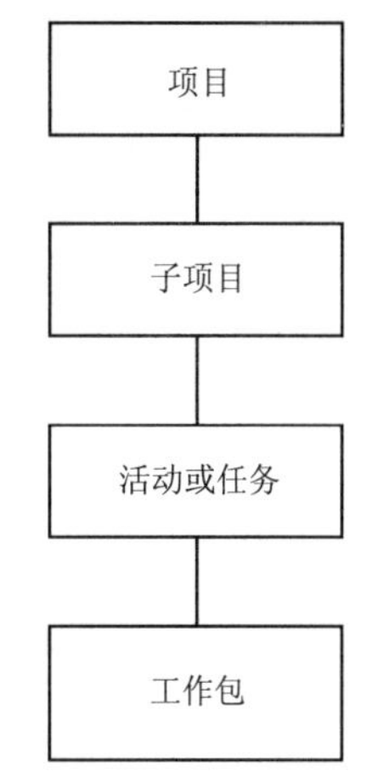

图 5-22　项目工作分解结构

第三节　风险应对

工程项目风险应对是指对风险进行定量分析，依据结果为降低项目风险的负面效应制定风险应对策略和技术手段。风险量化依据风险管理计划、风险条件排序表、历史资料、专家判断及其他计划成果，利用面谈、灵敏度分析、决策分析和模拟的方法和技术，得出量化序列表，为风险应对计划、剩余风险、次要风险、合同协议以及其他过程提供依据。

故宫文物保护工程的风险应对措施如下。

一、确定针对项目风险的应对策略

此阶段采用分析手段定量分析风险。通过建立项目管理信息系统，及时收集项目实施过程中的各种反馈信息，进行统计分析，确定其走势，并预测其对项目实施的影响。同时，密切关注市场形势和国家政策走向，分析其对项目实施的影响。在上述工作的基础上，写出评估报告，供决策参考。用风险量化结果对原项目进度和费用的计划进行分析，提出确认的项目周期、完工期和项目投资，并提出当前项目计划实现目标的可能性。

风险应对可从改变风险后果的性质、风险发生的概率或风险后果大小 3 个方面提出多种策略。风险应对策略是项目实施策略的一部分。对风险，特别是对重大的风险，要进行专门的策略研究。图 5-23 为故宫某文物保护工程风险应对流程。

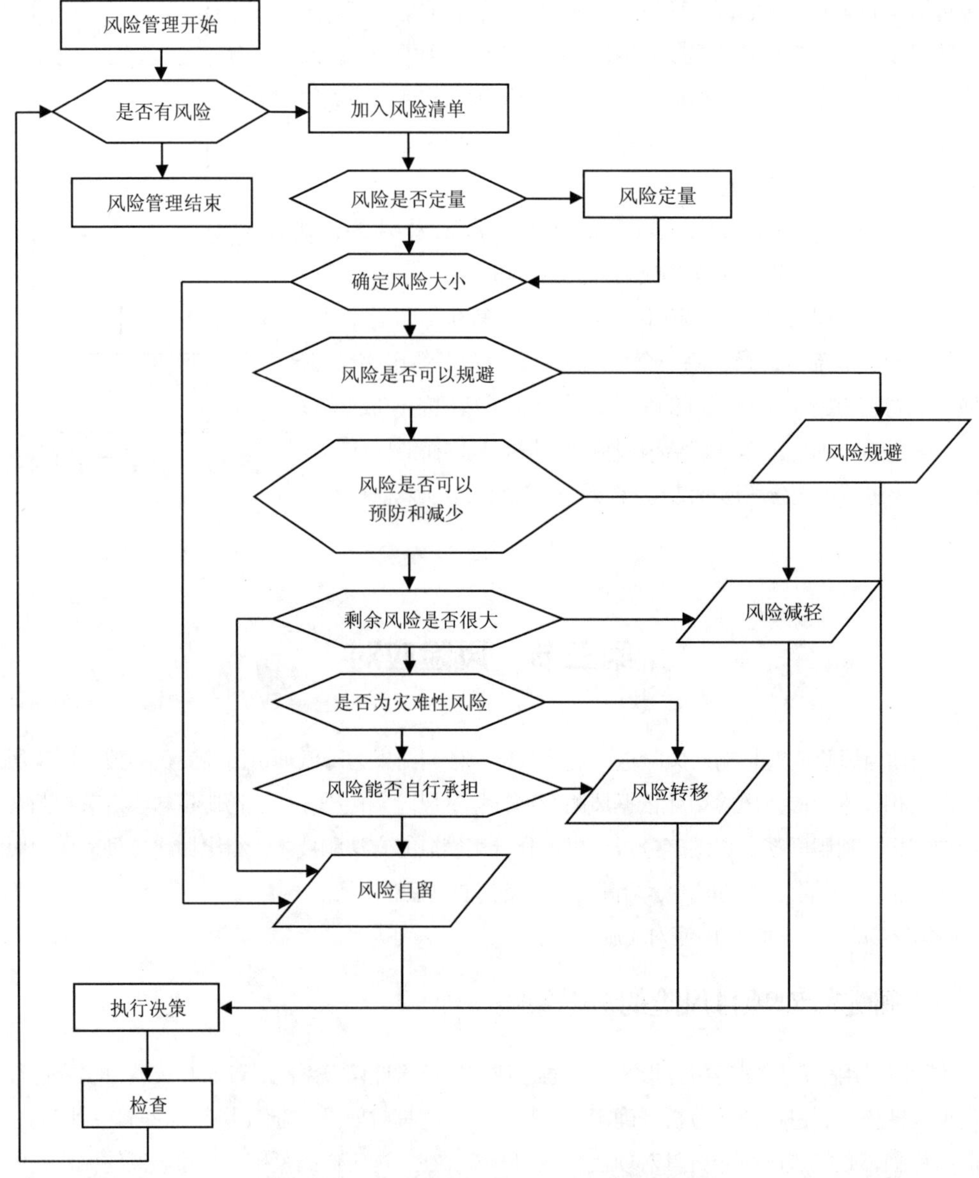

图 5-23　故宫某文物保护工程风险应对流程

二、应对负面风险或威胁的措施

（一）风险规避

风险规避就是通过规避产生项目风险的有关因素，从而避免项目风险产生的可能性或造成潜在损失，这是一种常用的处理方法。它侧重于消极回应或放弃、终止。风险规避主要是中断风险来源，使其不发生或遏制其发展。规避风险又分两种基本途径：一是拒绝承担风险；二是放弃以前承担的风险。采取风险规避时应该注意以下几点。

1）风险发生的概率较高，且后果较为严重，组织对该风险有足够的认识时通常采取风险规避

的方法。

2）当采用其他应对策略的成本或效益的期望值不理想时，可以采用风险规避。

3）有些风险无法采用风险规避策略，比如地震、台风、洪灾等不可抗力造成的风险。

4）规避了某种风险可能会带来新的风险，应该综合考虑规避措施的有效性。

5）虽然规避风险是一种防范性的措施，但是也是一种比较消极的方法。因为规避风险虽然能够避免损失，但是也失去了获取利润的机会。

（二）风险减轻

风险减轻是指通过技术、管理、组织手段，减少风险发生的机会或降低风险的严重性，设法使风险最小化。通常有两种途径：一是风险预防，指采用各种预防措施以减轻风险发生的可能；二是减少风险，指在风险损失已经不可避免的情况下，通过各种措施来遏制风险势头继续恶化或限制其扩展范围，使其不再蔓延。

（三）风险转移

风险转移是指组织为避免承担风险损失而将风险损失转嫁给其他组织。有些风险无法通过上述手段进行有效控制，需要通过合同、保险等转移风险，让第三者承担风险，如通过寻找分承包商转移相关风险。

（四）风险自留

风险自留又称承担风险，是一种由项目组织自己承担风险事故所致损失的措施。那些造成损失小、重复性较高的风险是最适合于自留的。因为不是所有的风险都可以转移，将风险都转移不是经济的，对于一些风险就不得不自留。除此之外，在某些情况下，自留一部分风险也是合理的。通常承包商自留风险都是经过认真分析和慎重考虑之后才决定的，因为对于微不足道的风险损失，自留比转移更为有利。

三、风险应对措施

项目管理机构应形成相应的项目风险应对措施并将其纳入风险管理计划。通常的风险应对措施有以下几种。

（一）技术措施

如选择有弹性的、抗风险能力强的技术方案，一般不采用新的未经过工程检验的不成熟的施工方案；对地理、地质情况进行详细勘察，预先进行技术试验、模拟，准备多套备选方案，采用各种保护措施和安全保障措施。

（二）组织措施

风险管理是承包人各层次管理人员的任务之一，应在项目组织中全面落实风险管理责任，建立管理体系。

1）建立风险监控系统，及早发现风险，及早做出反应。

2）对风险很大的项目加强计划工作，选派最得力的技术和管理人员，特别是项目经理。

3）对已被确认的有重要影响的风险应指定专人负责风险管理，并赋予相应的职责、权限和资源。将风险责任落实到各个组织单元，使大家有风险意识；在材料、设备、人力上对风险大的工程予以保证，在同期项目中提高它的优先级别，在实施过程中严密地控制。

4）通过项目任务书、责任书、合同等分配风险。风险分配应从工程整体效益的角度出发，最大限度地发挥各方的积极性；应体现公平合理，责权利平衡；应符合工程项目的惯例，符合通常的处理方法。

（三）工程保险

工程保险作为风险转移的一种方式，是应对项目风险的一种重要措施。工程保险按保障范围可分为建筑工程一切险、安装工程一切险、人身伤亡险、第三方责任、机械设备保险、保证保险、职业责任保险。按实施形式工程保险分为自愿保险、强制保险或法定保险。

工程保险是当风险发生时由保险公司承担（赔偿）损失或部分损失，其前提条件是工程单位必须支付一笔保险金，对任何一种保险要注意它的保险范围、赔偿条件、理赔程序、赔偿额度等。工程保险不仅具有防范风险的保障作用，还有利于对建筑工程风险的监管，有利于降低处理事故纠纷的协调成本，有利于发挥中介结构的特殊作用，为市场提供良好的竞争环境。

（四）工程担保

工程担保主要针对合作伙伴的资信风险，例如预付款保函、履约保函等。

工程担保和工程保险是建设工程管理的有效途径，工程担保和工程保险的推行将大大增强各行为主体的质量安全责任意识，有利于工程交易的优化和工程质量水平的提高，有助于按照市场经济的规则规范工程建设中的各方行为，形成有效的风险防范机制。

工程担保与工程保险的不同之处在于以下几点。

1）工程担保契约有三方当事人，即承包商、业主和保证人；而工程保险只有两方，即保险人和被保险人。

2）工程保险所赔偿的只能是由于自然灾害或意外事故引起的损失；而工程担保的是人为因素引起的风险，换句话说，其保证的对象是因资金、技术、非自然灾害、非意外事故等原因导致的违约行为，担保的是道德风险。

3）工程担保人向被保证人提供保证担保，可以要求被保证人提供反担保措施，签订反担保合同，一旦担保人因被保证人违约而遭受损失，可以向被保证人追债，工程保险一旦出现，保险人支付的赔偿只能自己承担，不能向被保险人追偿。

4）被保证人因故不能履行合同时，工程担保人必须采取各种措施，保证被保证人未能履行的合同得以继续履行，提供给权利人合格的产品，而投标人出现意外损失，保险人只需根据投保额度，支付相应的赔款，不再承担其他责任。

5）保证担保费用（如工程成本）一般包含在业主支付的工程款中；而强制保险的保险费由业主承担，自愿保险的保险费用由被保险人承担。

（五）风险准备金

风险准备金是从财务的角度为风险做准备，在计划（或合同报价）中额外增加一笔费用。例如在投标报价中，承包商经常根据工程技术、业主的资信、自然环境、合同等方面的风险的大小以及发生的可能性在报价中加上一笔不可预见风险费。风险越大，风险准备金越多。从理论上说，准备金的数量应与风险损失期望值相等，即为风险发生所产生的损失与发生的可能性之积。但风险准备金存在如下基本矛盾。

1）在工程项目过程中，经济、自然、政治等方面的风险的发生是不可估计的。许多风险的发

生很突然，规律性难以把握，有时仅5%可能性的风险发生了，而95%可能性的风险却没发生。

2）风险如果没有发生，风险准备金则造成一种浪费。例如合同风险很大，承包商报出了一笔不可预见风险费，结果风险没有发生，则业主损失了一笔费用。有时项目的风险准备金会在没有风险的情况下被用掉。

3）如果风险发生，这一笔风险金却不足以弥补损失，因为它是仅按一定的概率计算的，所以仍然会带来许多问题。

4）准备金的多少是一个管理决策问题，除了要考虑到理论值的高低外，还应考虑到项目边界条件和项目状态。例如对承包商来说，决定报价中的不可预见风险费，要考虑到竞争者的数量、中标的可能性、项目对组织经营的影响等因素。

如果风险准备金高，报价竞争力降低，中标的可能性就小，不中标的风险就大。

（六）采取合作方式共同承担风险

任何项目不可能完全由一个组织或部门独立承担，须与其他组织或部门合作。有合作就有风险的分担。但不同的合作方式风险不一样，各方的责权利关系不一样，例如管理、监理、施工等各单位有不同的合作紧密程度，有不同的风险分担方式。因此，应该寻找抗风险能力强的、可靠的、有信誉的合作伙伴。双方合作越紧密，则要求合作者越可靠。故宫文物保护工程多为政府投资，因此项目的抗风险能力会大大增强。在许多情况下通过合同排除风险是最重要的手段，合同中可规定风险分担的责任及谁对风险负责。

理论和实践都证明当多个项目的风险之间不相关时，其总风险最小，所以抗风险能力最强。现在故宫文物保护工程越来越多地采用合作管理的方式，一方面能够完成独自不能承担的项目，同时也能与许多组织共同承担风险，从而提高了抵抗风险的能力。

项目管理机构应形成相应的项目风险应对措施并将其纳入风险管理计划，见表5-5。

表5-5　故宫某文物保护工程风险管理计划表

风险种类	风险内容	影响结果	应对措施
技术风险	设计变更； 勘察设计缺陷	工期推迟； 工程缺陷	提前考察，确认功能； 配备有经验的设计人员
质量风险	施工缺陷	质量缺陷	配备专业技术较强的技术管理人员
费用风险	费用分配不当； 延期风险； 成本控制	工组效率低； 难保证进度； 超预算	合理分配费用； 提前指定预案； 控制费用
时间风险	工时、工序安排不合理； 进度控制不好	影响项目进度； 影响项目进度	加强项目实施过程中的管理和控制； 加强项目实施过程中管理和控制
管理风险	设计施工单位； 管理计划； 合同； 采购	影响进度、质量； 影响进度； 影响进度、质量； 影响进度、质量；	择优选择设计施工单位； 提前制定预案； 提前制定预案； 提前制定预案
人力风险	施工人员能力差； 管理人员能力差	影响进度、质量； 影响进度、质量	择优选择施工人员； 择优选择管理人员
组织机构风险	部门设置不当； 权责不清	影响工作效率； 影响工作效率	调整、优化组织结构； 进一步明确权责

第四节　风险监控

项目风险监控就是跟踪已识别的风险，监督剩余风险，识别新的风险，促进风险计划的执行，并评估、削减风险的有效性。

风险监控是建立在项目风险的阶段性、渐进性和可控性基础上的一种管理工作。通过对项目风险的识别和分析，以及对风险信息的收集，并且对可能出现的潜在风险因素进行监控，跟踪风险因素的变动趋势，就可以采取正确的风险应对措施，从而实现对项目风险的有效控制。

一、风险预警

通过收集和分析与项目风险相关的各类信息，可识别风险信号，预测未来的风险并提出预警。预警应纳入项目进展报告，可采用下列方法。

1）通过工期检查、成本跟踪分析、合同履行情况监督、质量监控、现场情况报告、定期例会等全面了解工程风险。

2）对新的环境条件、实施状况和变更，预测风险，修订风险应对措施，持续评价项目风险管理的有效性。

二、风险监控的内容

故宫文物保护工程风险监控主要包括以下内容。

1）风险应对措施是否按计划正在实施；是否如预期那样有效；是否需要制定新的应对方案。

2）对工程项目建设环境的预期分析以及对项目整体目标实现可能性的预期分析是否依然成立。

3）风险的发生情况与预期的状况相比是否发生了变化。

4）识别到的风险哪些已发生，哪些正在发生，哪些可能会在后期发生。

5）是否出现了以新的风险因素为核心的风险事件，它们是如何发展变化的。

三、工程项目风险的控制措施

根据对可能产生的风险的预测，制定防范措施，提出规避或转移风险、减少损失的建议。根据情况可综合运用防范措施使风险应对综合效果最优。故宫文物保护工程的风险控制措施主要包括以下内容。

（一）权变措施

风险控制的权变措施是未事先计划或考虑的应对风险的措施。建设工程项目是一个开放性的系统，建设环境较为复杂，有许多风险因素在风险计划时考虑不到，或对其没有充分认识，因此应对措施可能考虑不足，而在风险监控中才发现了某些风险的严重性或是生出一些新的风险。针对这种情况，就要求能随时应变，提出应急应对措施，并把这些措施置于项目风险应对计划之中。

（二）纠正措施

纠正措施是针对项目未来预计效益与原定计划不一致所做的变更。在项目风险监控过程中，一旦发现过程项目被列入控制的风险进一步扩展或出现了新的风险，则应对项目风险做深入分析的估计，并在找出引发风险事件影响因素的基础上，及时采取纠正措施。

（三）项目变更申请

项目变更申请就是提出改变工程项目的范围、工程设计、项目实施方案、项目环境、工程项目费用和进度安排的申请。

（四）风险应对计划更新

工程项目实施面对的开放环境是随时发生变化的，在风险监控的基础上，有必要对项目的各种风险进行重新评估，对项目风险的重要次序重新排列，对风险的应对计划也要进行相应更新，以使风险得到有效全面的控制。

四、风险监控方法

工程项目控制的三大目标——进度、质量和费用也是风险监控的主要对象，对不同的目标应采用不同的监控方法；对同一目标也应分层次，采取适当的方法分别进行监控。故宫文物保护工程常用的风险监控方法如下。

（一）工程项目进度分析监控方法

1）横道图法

这是施工中进行施工项目进度控制常用的一种最简单的方法，是把项目施工实际进度用横道线并列标于原计划的横道线之下，进行直观的比较。通过比较，为进度控制者提供实际施工进度与计划进度之间的偏差，为采取调整措施提供明确的任务。

利用横道图进行进度控制时，可将每天、每周或每月的实际进度情况定期记录在横道图上，用以直观地比较计划进度与实际进度，检查实际的进度是超前、落后，还是按计划进行。

2）前锋线法

前锋线法又称为实际精度前锋线，它是在网络计划执行中的某一时刻正在进行的各个活动的实际进度前锋的前线。前锋线一般是在时间坐标网线上标示的，从时间坐标轴开始，自上而下依次连接各线路的实际进度前锋，即形成一条波折线，这条波折就是前锋线。实际进度前锋线的功能包括两个，即分析当前进度和预测未来的进度风险。

（二）工程项目质量风险监控方法

工程项目质量风险监控主要发生在项目施工阶段，分为施工过程监控和工程产品监控两个层面。主要的控制方法是控制图法，也称管理图法，它既可以用来分析施工工序是否正常、工序质量是否存在风险，也可以用来分析工程产品是否存在质量风险。控制图一般有3条基本线：上控制线（UCL）为指标控制上限；下控制线（LCL）为指标控制下限；中心线（CL）为指标平均值。把控制对象发出的反映质量状态的质量特性值用图中某一相应点来表示，将连续打出的点顺次连接起来，形成表示质量波动的折线，即为控制图图形。工程人员可根据质量特性数据点是否在上下控制界限内和质量数据间的排列位置分析建设工程项目质量风险。

（三）工程项目费用风险监控方法

费用风险监控主要采用横道图法和挣得值分析法。挣得值分析法又称为赢得值法或偏差分析法，是对项目进度和费用进行综合控制的一种有效方法，工程项目实施中使用较多。该方法的核心是将项目在任一时间的计划指标、完成状况和资源耗费进行综合度量，将进度转化为货币或人工时、工程量，从而能准确描述项目的进展状态。挣得值分析法的另一个重要优点是可以预测项目可能发生的工期滞后量和费用超支量，从而及时采取纠正措施，为项目管理和控制提供有效手段。

第十九章　质量管理

工程质量是工程项目管理的核心内容，工程质量的好坏直接影响项目能否竣工验收，能否投入生产使用，能否发挥设计规划的功能要求。在故宫文物保护工程施工过程中，应高度重视工程质量管理，严格落实国家关于工程质量的相关要求，狠抓质量，确保工程质量达到优秀以上等级，满足文物保护的需要。

第一节　质量管理概述

一、质量管理的概念

《质量管理体系基础和术语》(GB/T 19000—2016)中对质量管理的定义是：“在质量方面指挥和控制组织的协调的活动，通常包括制定质量方针和质量目标以及质量策划、质量控制、质量保证和质量改进”。

质量方针是指管理质量的方针，即由组织的最高管理者正式发布的该组织总的质量宗旨和方向。它体现了该组织的质量意识和质量追求，是组织内部的行为准则。质量方针是总方针的一个组成部分，由最高管理者批准。

质量目标是指与质量有关的要实现的结果，即在质量方面追求的目标。它是落实质量方针的具体要求，从属于质量方针，应与利润目标、成本目标、进度目标等相协调。质量目标必须明确、具体，尽量用定量化的语言进行描述，保证质量目标容易被理解。质量目标应分解到各部门及项目的全体成员，以便于实施、检查、考核。

二、质量管理的原则

故宫文物保护工程质量管理的原则主要有以下几点。

1）要求管理和监理单位协调各方面，建立质量保障体系，明确管理层次，按照突出PDCA循环(质量环)、强调以事前控制、预控为主，同时加强中间过程监控、注重工作效果的质量工作原则，以履约担保为基本制约手段，做好项目建设的质量管理工作。

2）“质量第一”是故宫文物保护工程管理工作永恒的主题。

3）质量管理要贯彻“以人为本”的指导思想。施工人员的素质、职业道德、操作水平决定了质量的优劣。质量的控制就是针对以人为主的人、机、料、法、环5个环节开展质量的监督。

4）坚持以“预防为主”，把质量问题和质量事故消灭在萌芽状态，实行全员参与，进行全过

程、全方位的有效监督。督促承包单位的质量保证体系和监理质控体系有机结合，确保质保体系有效运转。

5）以设计文件、施工及验收标准等为依据，督促承包单位和监理单位全面实现工程承包合同约定的质量目标。以施工的各类规程规范为主体，以验评标准为依据，把好每一关，对没有国标、部标、行标的分项工程，要以企业标准为依据进行质量管理。

6）严格要求承包单位执行有关材料试验制度和设备检验制度。坚持不合格的建筑材料、构配件和设备不准在工程上使用。上百种产品、上千种规格的建筑材料质量是质量管理的基础，不合格的材料不可能实现合格的工程。

7）督促和检查监理单位对隐蔽工程的质量验收工作，坚持上道工序质量不合格或未进行验收不予签认，下一道工序不得施工的原则。要坚持按工序把关，特别是隐蔽工程，使每道工序都不失控，才能确保质量，不留任何质量隐患。

第二节　质量管理制度

为加强故宫文物保护工程项目质量管理工作，保证建设工程质量，根据《中华人民共和国建筑法》《建设工程质量管理条例》《北京市建设工程质量条例》《房屋建筑工程质量保修办法》等国家和北京市相关法律、法规及有关规定，制定故宫文物保护工程质量管理制度。

一、一般规定

1）依法对建设工程质量负责。落实法律、法规规定的相关责任，负责组织协调建设工程各阶段的质量管理工作，督促有关单位落实质量责任，对建设工程各阶段实施质量管理，处理建设过程和保修阶段建设工程质量缺陷和事故。

2）根据工程特点和技术要求，按有关规定通过招投标方式择优选择具备相应资质等级的勘察、设计、监理、施工等单位，并签订建设工程承包合同，明确质量责任。

3）加强对勘察、设计、施工、工程监理、材料设备生产单位的资质等级、生产许可证和业务范围的审查，监督各相关单位在资质等级和允许的业务范围内从事活动。

4）依法应当申请建设工程施工许可的，应当在开工前依法申请领取施工许可证。领取施工许可证后，施工单位方可进行施工。

5）建设工程质量严格按现行国家标准、行业标准规定的质量要求进行验收，严格执行“三检”制度，未经验收或验收不合格的工程不得交付使用，实行“质量一票否决”制。

6）按照国家有关规定办理工程质量监督手续。施工中应按照国家现行的有关建设工程法律法规、技术标准及合同规定，对工程质量进行监督检查。工程竣工后，应及时组织有关部门进行竣工验收。

7）严格按照国家有关档案管理的规定，及时收集、整理建设项目各环节的文件资料，建立、健全建设项目档案，并在建设工程竣工验收后，及时向建设行政主管部门移交建设项目档案。

二、质量管理

（一）质量管理内容

1）制订项目质量目标分解任务。

2）组织各参建单位建立适宜的质量管理体系。

3）编制质量控制实施计划。

4）评审设计方案的质量。

5）会审施工图设计的质量。

6）审核监理单位的监理大纲、监理规划、监理细则。

7）审核施工单位的施工组织设计、专项施工方案、质量保证措施。

8）巡视检查现场施工质量。

9）跟踪检查重点施工工序、部位。

10）检查监理、施工单位的质量管理体系和工作质量。

11）参加对材料、设备进场的检查。

12）参加分部工程的验收。

13）参加设备及系统调试和验收工作。

（二）勘察设计质量管理

督促勘察、设计单位按照国家现行的有关规定、技术标准和合同进行勘察、设计工作，加强勘察、设计过程的质量控制，认真做好设计文件的技术交底工作。

（三）监理质量管理

督促监理单位依照法律、法规以及有关技术标准、设计文件和建设工程承包合同，采取旁站、巡视和平行检验等形式，对建设工程实施监理。

对监理单位的质量管理将主要从审核监理细则、现场工程质量抽查、核查监理记录、定期评价与交流4个方面进行。

（四）施工质量管理

督促施工单位按照法律、法规以及有关技术标准、设计文件、施工技术标准和建设工程承包合同约定施工，要求施工单位建立、健全施工质量的检验制度，严格工序管理，做好隐蔽工程的质量检查和记录。在质量控制过程中，跟踪、收集、整理实际数据，与质量要求进行比较，分析偏差，采取措施予以纠正和处置，并对处置效果进行复查。

三、质量保修

1）竣工交付使用的建设工程实行质量保修制度。建设工程承包单位在提交工程竣工验收报告时，应同时出具质量保修书，质量保修书中应当明确建设工程的保修范围、保修期限和保修责任等。

2）建设工程由于缺陷必须进行维修的，其维修的经济责任由责任方承担：①因设计方面的原因造成的缺陷，由设计单位承担经济责任，由施工单位负责维修，其费用按有关规定向设计单位

索赔；②因施工单位原因造成的缺陷，由施工单位负责维修；③因使用部门使用不当造成的缺陷，由使用部门自行负责；④因地震、洪水、台风等不可抗力造成的经济损失，由相关单位各自承担。

第三节　质量检查工作制度

一、质量检查工作制度

为了进一步落实《建筑工程质量监督条例》，使质量检查工作明确职责，严格制度，群专结合，预防为主，充分发挥质量检查人员的积极作用，故宫文物保护工程制定了质量检查工作制度。如图 5-24 为故宫某文物保护工程的质量检查工作制度。

1）贯彻“质量为先”的方针，为国家、人民把好工程质量关。

2）根据国家规定的技术标准、验收规范、操作规程和设计要求，对整个施工过程中的各个环节进行全面的检查和监督。

3）及时掌握质量信息，分析质量动态，为上级及有关部门提供质量数据。

4）质量检查人员应由责任心强、坚持原则、作风正派，具有一定技术水平和施工经验，身体健康，适合现场管理的人员担任。质量检查人员应被列为生产人员，并保持相对稳定，以便其积累经验，提高技术业务水平。

5）质量检查工作的职责范围如下。

①根据国家法律、规范和各项技术管理制度，对技术准备、技术交底、材料检验、施工操作和隐蔽工程等重要环节进行监督检查；参加图纸会审会和设计交底会，掌握技术要点，督促按图施工。

②参与施工方案、技术措施的讨论与质量要求的制定，并督促贯彻执行。

③经常深入现场，检查施工操作原材料、成品及半成品的质量证明和设计要求，发现问题，及时反映，及时纠正。

④参加隐检、预检、样板鉴定、结构验收、施工预验收，并进行记录，提供质量资料，负责分项、分部工程质量核定，积累资料，并对分项工程的质量进行检查。处理工程质量事故，督促对重大质量事故的处理。对凡构成质量事故的，则应督促责任者填报质量事故报表。

⑤参加上级和本项目的定期、不定期质量检查活动。掌握工程质量情况，定期进行分析，及时向上级汇报。建立质量台账，并定期填写质量报表及分项工程质量评定情况月报表、单位工程质量评定表、质量事故表、质量目标设计表等。

6）质量检查工作方法如下。

①必须坚持以预防为主，对关键部位、薄弱环节，应精心检查，一丝不苟，帮助生产技术部门强化工作质量，防止质量事故发生。如发生质量事故，应追究责任，吸取教训，绝不马虎了事。

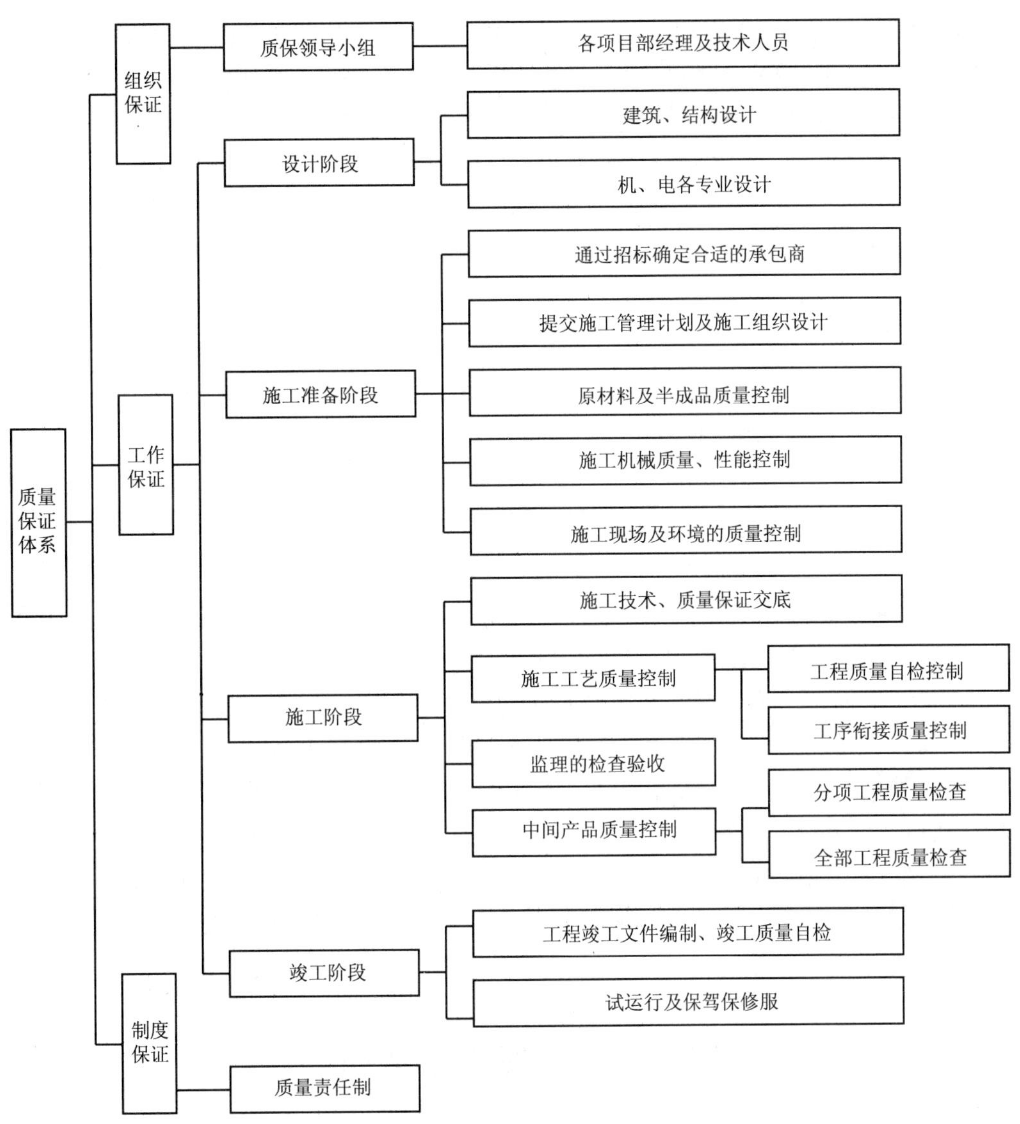

图 5-24　故宫某文物保护工程质量检查工作制度

②坚持群检和专检相结合，施工工长和班组搞好自检、互检和交检。必须经常深入现场，按图纸查，按标准检查，实测实量掌握第一手资料，做到发现问题早，反映问题准，解决问题快，为施工现场服务好。

③开展质量教育工作，强化施工人员质量意识，人人为质量负责。

④质量检查部门的权限：对进入现场的材料、预制品和设备的质量证明，检查人员对资料有怀疑时，有权要求进行复验，经复验合格后，方准使用。

⑤在施工过程中，如发现不按图纸、规范、规程施工的，不符合批准的施工方案，以及使用不合格材料、预制品、设备的，有权向现场施工人员提出纠正意见，必要时可以提出停工要求。当双方意见不一致时，应立即报请上一级领导或技术负责人处理解决。

⑥对不符合质量标准的分项工程、分部工程或预检隐患，有权拒绝签证，并要求施工部门进

行纠正，然后进行复检，复检合格后方可签证。未经质量检查部门检查签证的或不符合质量要求的工程，不得进行隐蔽和转入下道工序。

7）质量检查部门有权要求施工部门和其他有关部门提供施工技术情况和资料。凡有关图纸更改的订单，钢筋混凝土、砂浆等强度试验单必须抄送质量检查部门一份。

8）质量检查人员有权越级申诉自己的意见，任何部门和人员不得妨碍质量检查部门或人员行使职权，不得故意刁难或打击报复。

二、工人自检、互检制度

1）为确保工程质量，强化施工过程中的工序检验，在实行工人自检、互检情况下，辅以专业检查，做到以预防为主，防患于未然。

2）质量教育。必须对工人进行质量管理知识的教育，使其全面掌握质量管理知识，强化质量意识，提高技术水平。工人骨干和符合条件的工人必须经过全面质量管理教育，考试合格后方可上岗操作。

3）工人质量责任。工人应熟悉本工种操作规程、施工规范、质量标准，认真听取工长、班组长对技术、工艺、质量标准的交底。

4）检验内容。明确检验项目、检验标准、检验方案和检验方法，提供必要的条件和手段；对保证项目、基本项目和允许偏差项目，认真做好原始记录，操作时间、条件、操作人均须写明。

5）监理互检与交检制度。在同一岗位上操作的人员，相互检验，检验出来的质量缺陷应及时改正。上道工序交给下道工序时，必须要交检。如检验出质量缺陷，在下道工序应及时解决。

6）组织。成立质量控制小组，组长、不脱产的质量员、发布人各一名，开展 PDCA 循环，建立质量考核制度，使工作质量、产品质量同思想教育、物质鼓励相结合，奖优罚劣，认真开展“三检制”“三工序”活动。

第四节　质量管理的主要工作方式

故宫文物保护工程质量管理的主要方式如下。

1）在文物保护工程实施过程中，根据承包单位建立的完备质保体系，项目管理工程师利用关系型数据库，建立跟踪性强、准确度高的信息系统，有效地控制工程项目的质量。

2）对主要的建筑材料、成品、半成品及构件建立计算机台账，进行分析统计，以便于及时发现问题。

3）运用数理统计方法，对重点工序和重要质量指标的数据进行统计分析，绘制直方图、控制图等管理图表，从而实现对工程项目质量的动态控制。同时，根据质量监管人员的不同要求，提供多种质量报表和报告。

4）建立工程质量事故统计制度，并能根据不同要求提供多种工程事故统计分析报告。建立工程质量验收台账，根据有关质量验收标准和分项、分部工程验收结果，对分部工程、单位工程的质量进行验收，最终为文物保护工程的质量验收提供可靠依据。

第五节　质量管理的主要流程

故宫文物保护工程质量包括建设工程实体和服务这两类特殊产品的质量。工程项目实体的质量是指建设工程成果适合于某种规定的用途，满足要求所具有的质量特性的程度。此外，结合建设工程项目的特点，即设计、采购、施工以及投资额较大，建设工期较长，因此服务质量同样是工程项目质量中的主要因素。

项目质量管理的作用是保证工程满足承诺的项目质量要求，包括以下内容。

1）质量计划。识别与项目相关的质量标准，并确定如何满足这些标准。

2）质量保证。定期对项目整体绩效进行评估，确定项目是否满足相关的质量标准。质量保证应该贯穿项目的始终。

3）质量控制。对项目结果进行监控，确定这些结果是否遵循相关质量标准。若不符合，则要找出原因，进行修复，直至达到标准。

第六节　工程质量管理措施

在故宫文物保护工程实施中，针对不同项目的特点，为了实现工程项目的质量目标，采取一系列质量管理措施，具体如下。

1）配备业务素质高、具有同类工程经验的项目管理工程师，组成专业齐全、年龄结构合理的现场监理组织，为实现工程质量目标提供良好的组织保证。

2）严格执行 ISO 9001 质量管理体系程序文件，利用管理优势去保证工程目标的实现。

3）充分发挥技术专家组的技术优势，安排相应专家组成项目技术支持组，进一步保证项目管理的工作质量。

4）在常规质量管理的基础上，按照项目的特点，进场前编制质量管理要点表，将各分部工程、分项工程及重要工序的控制重点用表格形式汇总列出，做到事先心中有数，使项目管理人员的行为更加明确和有目的性。

5）在项目管理规划中对工程的各项质量目标进行分解，建立项目的分解结构，以控制各工序的质量来保证工程项目的整体质量目标的实现。

6）在项目管理工作中实行工程质量计划报审制。按照项目管理规划的控制目标，要求承包单位将分项、分部工程拟达到的质量标准、报验批次、报验时间等要求编制成工程质量计划报监理审批，使监理机构和施工方从施工一开始就沿着明确的质量目标开展工作。

7）实行项目管理规划交底制。项目管理公司将向施工单位、监理单位、造价咨询单位进行项目管理规划交底，使各参建单位明了项目管理的重点，明确项目管理意图，使其更有意识地保证质量管理重点目标的实现。

根据施工阶段工程实体质量形成过程的时间阶段划分，施工阶段的质量管理可分为事前控制、事中控制、事后控制 3 个阶段。

1. 事前控制

在各工程正式施工活动开始前，对各项准备工作及影响质量的各因素和有关方面进行质量管理，是施工阶段质量管理工作的重点，应制定切实可行的控制措施并加以落实。

（1）复查承包单位资质及施工人员素质

审查承包单位的施工队伍及人员资质条件是否符合要求，经监理工程师审查认可后方可进场施工。监理单位审批后须将审批意见提交给项目管理公司，项目管理公司对承包单位资质及施工人员素质进行复查并报甲方备案。

（2）对所需原材料、半成品、构配件和永久性设备进行质量管理

项目管理工程师督促监理工程师对责令各承包单位在采购主要施工材料、设备、构配件前提供样品和有关订货厂家的资料进行审核，在确认符合质量管理要求后书面通报项目管理公司和业主，在征得项目管理公司和业主同意后，方可由总监理工程师签署《建筑材料报审表》和《主要设备选型报审表》。材料、设备到货后及时复核出厂合格证、有关设备的技术参数资料，并对材料进行见证取样复试。由业主提供材料设备时，项目管理工程师将协助业主进行设备选型、订货，并参加业主对该设备安装质量的共同验收。

（3）审查施工组织设计或施工方案

对所有分项、分部工程要求承包单位在开工前报送详细的专项施工方案。监理工程师着重审查质量保证体系是否健全，主要技术组织措施是否具有针对性、是否安全有效，施工程序是否合理等。监理单位须将审查意见提交给项目管理公司复查。

（4）对施工机械设备进行质量管理

督促监理单位严格审查设备的选型（规格、性能、参数）和数量是否满足施工需要，是否满足质量要求和适合现场条件，凡不符合质量要求的严禁使用。

（5）严格审查分包单位的资质

审查分包单位的资质、能力、业绩、财务状况等，未经监理单位审查认可和经查不能保证施工质量的分包单位，不得进场施工；督促、检查各分包单位建立质量保证体系。

（6）做好施工图纸会审工作

项目管理部组织监理单位、施工单位、造价咨询单位的各专业工程师认真熟悉施工图纸及有关设计说明和技术资料，了解设计意图和各项技术要求；核对全套图纸及说明是否齐全、清楚，图中尺寸、坐标、标高及管线是否精确、一致；核对建筑、结构、水电、通信、设备安装等各种图纸相互之间有无矛盾。对重大分项工程和关键部位的特殊技术，应复核其能否满足施工要求。

（7）工程测量放线控制

督促监理工程师重点做好工程测量放线控制工作，监理工程师要求承包单位对给定的原始基准点、基准线和参考标高等测量控制点进行复核，并据以进行准确的测量放线、复测施工测量控制网。

2. 事中控制

（1）协助承包单位、监理单位建立和完善工序控制体系

把影响工序质量的因素都纳入管理之中，对重要工序建立质量管理点，及时检查或审核各分包单位提交的质量统计分析资料和质量管理图表。

（2）督促承包单位、监理单位、造价咨询单位分别做好施工工作、监理工作和造价咨询工作

按质量计划目标要求督促承包单位加强施工工艺管理，认真执行工艺标准和操作规程以提高项目质量稳定性；督促监理单位加强工序控制，对隐蔽工程实行验收签证制，对关键部位进行旁站监理、中间检查和技术复核，防止质量隐患。检查各专业监理工程师的监理日记，监理工程师应认真做好数据统计和数理分析，对不符合质量标准的提出专题报告，由总监理工程师签发送项目管理公司、业主及承包单位。检查承包单位是否严格按照现行国家建筑工程验收规范和设计图纸要求进行施工。检查监理单位、造价咨询单位是否严格按照现行国家建筑工程验收规范和设计图纸要求进行监理和造价咨询工作。

项目管理工程师经常深入现场检查施工质量，如发现有不按照规范和设计要求施工而影响工程质量时，及时向承包单位负责人和监理工程师提出口头整改意见或工地巡视单，如整改不力或坚持不改，向承包单位签发书面整改通知单。

（3）隐蔽工程的验收

项目管理机构将不定期核查监理单位的隐蔽工程验收记录，必要时将参加隐蔽工程的验收工作。在验收过程中如发现施工质量不符合设计要求的，必要时以整改通知书的形式通知各承包单位，待其整改后重新进行验收。

（4）审查技术变更和会签设计变更

凡因施工原因需修改设计的，应通过现场设计代表，请设计单位研究确定后提出设计修改通知，由总监理工程师参与会签并在项目监理机构内传阅，经项目管理公司和业主认可后交各承包单位施工。项目管理公司应对各种设计变更进行审查，应审查对工程质量、进度、造价是否有不利影响，必要时提出书面意见向业主反映。

（5）行使质量监督权，下达停工令

如各承包单位违反合同条件施工，使工程质量得不到保证时，监理单位的总监理工程师应向各承包单位签发停工令，要求停工整改。

（6）组织现场质量协调

及时分析、通报工程质量状况，并协调施工总承包单位、设计单位、监理单位、造价咨询单位和专业分包单位以及材料设备供应商之间的业务活动。

（7）坚持记好质量管理日记

认真做好统计数据处理分析，对不符合质量标准的提出报告，加以处理。

3. 事后控制

1）事后控制按规定的质量验收标准和方法，对完成的分项、分部工程进行检验。

2）对于工程验收，根据承包单位工程验收申请报告，总监理工程师组织有关专业监理工程师进行初验，项目管理部应派专业管理工程师参加初验，并将初验结果通告承包单位和项目管理公司。

3）对于单位工程竣工预验收，项目管理部在单位工程的各分部工程验收合格基础上，按国家验收规范，组织有关单位进行预验收，督促总监理工程师组织编写和签发工程质量评估报告，报请项目管理公司和业主确定组织正式竣工验收的日期和程序，并协助组织竣工验收工作。

4）审核承包单位提交的竣工资料和竣工图，并进行汇总。

5）整理工程项目技术文件资料，按要求编目、组卷、建档。

第七节　参建单位质量行为管理

一、前期阶段参建单位的质量行为管理

（一）招标工作质量管理

1）对设计、管理、施工、监理、造价咨询单位等单位进行资格预审，考察其业绩及服务能力；审查其质量管理体系及过程中质量管理能力、经验、技术水平。

2）对施工单位投标文件质量保证措施进行评审，对设备和材料的采购控制要做到：①采购招标过程中对设备和材料供应商的业绩及售后服务能力进行重点审查；②对设备和材料供应商在生产过程中的质量管理能力、生产技术水平进行审查，并要求提供形成文件的质量管理程序，该程序应明确标明设备招标过程中的质量要求、控制环节、检验标准、检验方法、检测设备等。

（二）设计单位的质量行为管理

此阶段主要从初步设计质量、施工图纸会审和施工过程中的变更、洽商控制等 4 个方面进行设计质量管理。

1）初步设计审核的重点放在使用功能、标准和方案经济可行性等方面，施工图纸会审的重点放在解决各专业施工图纸可行性及接口是否吻合等方面。设计单位对各专项、二次设计均应进行严格的审查，避免出现设计的重复或错漏，以免造成经济损失。

2）设计变更控制。①施工过程中的变更、洽商控制主要通过招标人与施工方的合同约定、审核、批准程序及项目管理公司与设计的充分沟通来实现；②建立设计变更审批制度，对设计修改与变更，应通过现场设计单位代表请设计单位研究审核，经项目工程师会签，报总监理工程师审核，审核完后报项目管理公司审查是否超出预算，由建设单位批准。对于可能引起超出投资概算的设计变更，必须严格控制，并密切注意对未完工程的工期影响。

二、实施阶段参建单位的质量行为管理

1）根据工程的特点与难点编制有针对性的质量管理计划、项目管理规划、质量管理制度等，以指导工程质量管理工作的开展。

2）认真学习有关规范、规程。在图纸会审前组织所有相关专业管理人员熟悉图纸及有关设计文件，并在此基础上参加图纸会审和设计技术交底，及时督促承包单位形成图纸会审纪要。通过这一工作，加深对设计意图的理解，尽可能发现和避免由于设计错漏对工程质量造成的影响，也便于调整自身的质量检查文件。

3）管理公司负责审查承包单位和监理单位的现场质量管理体系、技术管理体系和质量保证体系；组织各专业管理工程师审查经监理单位审批的、承包单位报送的施工组织设计和施工技术方案，对分包单位的资质进行审查等。重大施工技术方案采取集体会审制度，必要时请专家组有关专家参加。

4）向承包单位、监理单位、造价咨询单位进行项目管理交底，介绍项目管理工作程序及项目管理规划中关于质量管理的相关内容，以便各方协调配合，提高工作效率。

5）管理公司负责监督检查监理单位的质量管理工作质量和工作效果，充分发挥监理单位在现场对施工质量的监督作用。做到检查责任落实到人，检查内容落实到表，最大限度地减少工作疏忽。

6）核查施工单位和监理单位施工过程中的全部质量，对主要部位及隐蔽工程的施工质量履行验收制度。

7）复查工程采用的主要设备及材料是否符合设计文件或合同文件中所要求的型号、规格以及质量标准，在订货前根据工程需要对生产厂家进行了解考察。

8）及时验评已完分部、分项工程，对不合格或不符合要求的分部、分项工程，责成承包人返工。

9）组织有关单位进行工程质量事故处理，并督促事故处理方案的实施。

10）管理公司负责督促并检查承包单位、监理单位按规定及时收集和整理工程技术资料，做到与工程进度同步整理，保证工程资料的真实、完整、齐全。

11）组织承包人进行工程竣工验收，对工程的整体质量签署意见，督促承包人及时向政府质量监督站申报。

12）工程进入保修期后，管理公司应根据项目经理的安排对业主及有关单位定期进行回访；对工程质量及服务质量存在的问题，及时督促责任单位进行处理。

第二十章　进度管理

工程项目能否在合同规定的时间内交付使用直接关系到项目管理的成败，关系到项目经济效益的发挥，因此，建设项目的进度管理是项目管理的中心任务之一。故宫文物保护工程始终将进度管理作为重点工作，在确保工程质量安全的前提下，合理控制工程进度，确保文物保护工程在合同规定的工期内完成，按预期的时间要求投入使用。

第一节　进度管理概述

一、进度管理的概念

根据《建设工程项目管理规范》，项目进度管理是指“为实现项目的进度目标而进行的计划、组织、指挥、协调和控制等活动”。所谓“进度”，是指活动顺序、活动之间的相互关系，活动的持续时间和活动的总时间。

二、进度管理的原则

工程进度管理的目的是在保证项目按合同工期竣工、工程质量符合质量管理目标的前提下，达到资源配备合理、投资符合控制目标等要求的工程进度整体最优化，进而获得最佳经济效益。故宫文物保护工程进度管理的主要原则如下所示。

1）工程进度管理的依据是建设工程施工合同所约定的工期目标。

2）在确保工程质量和安全的前提下，控制进度。

3）工程进度管理必须符合业主经济利益最优化要求。

4）工程进度管理必须制定详细的进度管理目标或对总进度计划目标进行必要的分解，确保进度管理责任落实到各参建单位、各职能部门。

5）采用动态的控制方法，对工程进度进行主动控制。

三、进度管理的程序

进度管理程序就是一个 PDCA 管理循环过程。P 就是编制计划，D 就是执行计划，C 就是检查，A 就是处置。在项目管理时，其中的每一步都必不可少。因此，项目管理的程序、实施进度计划与所有管理的程序基本是一样的，通过 PDCA 循环，可不断提高项目管理水平，确保实现最终目

标。故宫文物保护工程进度管理程序如图 5-25 所示。

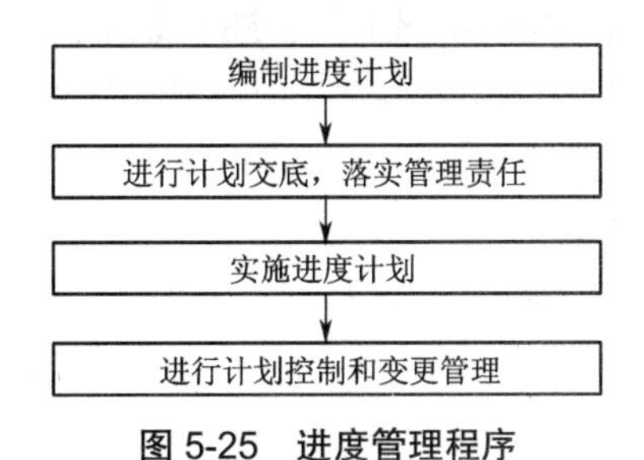

图 5-25　进度管理程序

第二节　进度管理制度

为加强故宫文物保护工程项目进度管理工作，有效控制项目实施各阶段的进度，确保目标进度的按时实现，根据《建设工程项目管理规范》等国家和北京市相关法律、法规及有关规定，制定了《故宫文物保护工程进度管理制度》。

一、进度管理原则和内容

（一）进度管理原则

1）保证合同文件约定的工期目标实现。

2）保证工程质量和安全文明施工。

3）保证工程进度实施的连续性和均衡性。

4）保证采用动态控制的方法，确保关键线路作业优先。

5）控制工程项目建设全过程的进度。

（二）进度管理内容

1）制订项目进度控制目标分解任务。

2）组织各参建单位建立适宜的进度管理体系。

3）编制进度控制计划：一是预测干扰因素，二是分析风险程度，三是采取预控措施。

4）监督进度计划的实施：一是跟踪检查，二是数据采集，三是偏差分析。

5）项目进度计划的调整：一是偏差分析，分析产生进度偏差的原因；二是动态调整，寻求进度调整的约束条件和可行方案；三是优化控制、决策，使进度、费用变化最小，能达到或接近进度的优化控制目标。

二、施工进度管理

1）根据合同的工期目标，检查施工单位编制的施工进度计划（具体应包括施工总进度计划、年度进度计划、月度进度计划、周进度计划等分级进度计划），以确定工作内容、工作顺序、起止时间和衔接关系，为实施进度控制提供依据。

2）根据经监理单位审批的施工进度计划和施工方案，检查施工单位人员、机械、材料、设备的供应计划，督促施工所需资源的落实，做到日掌握、周检查、月总结，监督施工进度计划的实施。

3）检查对比实际进度与计划进度的偏差，督促施工单位采取措施纠正偏差，保证实现总的工期目标。

4）总结分析项目及阶段进度控制目标的完成情况、进度控制中的经验和问题，积累进度控制信息，不断提高进度控制水平。

5）督促各参建单位采取组织措施、技术措施、经济措施、合同措施和沟通协调措施等进度控制措施，按照事前控制、事中控制、事后控制的方式，实行动态进度控制，重点抓进度计划的落实，力争做到“周保月、月保季、季保节点”，保持进度计划的严肃性。

第三节　进度计划编制

一、进度计划的编制依据

项目进度计划编制的基础依据包括合同文件和相关要求、项目管理规划文件、资源文件、内部与外部约束条件。故宫文物保护工程在编制进度计划时，还需要考虑特殊的依据，例如可行性研究报告、设计方案、文物保护、文物建筑监测等情况。

1）合同文件的作用是提出计划总目标，以满足需求。

2）项目管理规划文件是项目管理组织根据合同文件的要求，结合组织自身条件所作的安排。其目标规划是项目进度计划的编制依据。

3）资源条件、内部与外部约束条件都是进度计划的约束条件，影响计划目标、指标的决策和执行效果。

二、进度计划编制的方法及特点

根据不同的项目需要进度计划可以编制横道计划、里程碑计划、工作量表、网络计划。故宫文物保护工程多采用横道计划。

（一）横道计划

横道计划又称甘特图（Gantt chart），以图示方式通过活动列表和时间刻度形象地表现出任何特定项目的活动顺序与持续时间。这种方法是一种通用的体现进度的方法，通过图形或表格的形式体现活动，包括实际日历天和持续时间，但不会将周末和节假日算在其中。横道计划具有简单、醒目和便于编制等特点，是故宫文物保护工程常用的一种方法，见表 5-6。

表 5-6　故宫某施工项目横道计划

施工项目		时间/d																		
		2	4	6	8	10	12	14	16	18	20	22	24	26	28	30	32	34	36	38
1	施工准备																			
2	拆除准备																			
3	泥作台面、水池砖砌体施工			一般建设工程项目建议书																
4	轻质隔墙基框施工																			
5	轻质龙骨石膏板吊顶基层施工																			
6	木地板基层 1∶3 水泥砂浆找平施工																			
7	卫生间吊顶基层施工																			
8	水池防水层施工																			
9	强弱电及给排水管路暗埋敷设																			
10	卫生间信道等饰面砖工程施工																			
11	轻质隔墙及吊顶封板																			
12	室内装饰抹灰工程施工																			
13	木作细部施工																			
14	木材表面清漆涂饰施工																			
15	玻璃地弹门及套装门安装																			
16	涂料涂饰施工																			
17	灯具安装施工																			
18	复合木地板安装																			
19	卫生清扫																			

续表

施工项目		时间/d																		
		2	4	6	8	10	12	14	16	18	20	22	24	26	28	30	32	34	36	38
20	其他																			

（二）里程碑计划

里程碑计划通过建立里程碑，并检验各个里程碑的到达情况，来控制项目工作的进展情况，以保证总目标的实现。这种计划可以明确显示关键工作开始时刻或完成时刻的计划，如表 5-7 所示。

表 5-7　某文物保护工程里程碑计划表

序号	工程名称	进度（月末）															
		1	2	3	4	5	6	7	8	9	10	11	12	13	14	15	16
1	挖土开始	◎															
2	挖土完成		◎														
3	底板完成			◎													
4	地下结构完成					◎											
5	结构施工开始					◎											
6	结构封顶										◎						
7	屋面防水完成											◎					
8	室内装修开始											◎					
9	室内装修完成														◎		
10	室外装修开始												◎				
11	室外装修完成														◎		
12	水暖电煤热信智完成															◎	
13	室外工程完成															◎	
14	验收交付使用完成																◎

（三）工作量表

工作量表是对工程量分部分项工程、单位工程进行分解，对分解后每一项工程的工程量进行直接反馈。该方法的特点是可以明了地显示项目工作量的分解以及每一项的工程总量和已完成的工程量，便于进一步安排工程进度计划。工作量表的形式见表 5-8。

表 5-8　某建设工程工作量表

项目编号	项目名称	单位	总工程量	已完成的工程量	备注
一	主泵房				
1	土方开挖	m^3	709		弃土运距 2 km

续表

项目编号	项目名称	单位	总工程量	已完成的工程量	备注
2	混凝土垫层	m^3	5		
3					
二	进水池				
1	土方开挖	m^3	2 455		弃土运距 2 km
2	回填砂	m^3	2 011		
3					
三	出水池				
1	土方开挖	m^3	1 010		弃土运距 2 km
2	回填砂	m^3	537		
3					
四	进水渠				
1	土方开挖	m^3	440		
2					
五	出水渠				
1	混凝土垫层	m^3	20		
2					

（四）网络计划

网络计划即网络计划技术（Network Planning Technology），是指用于工程项目计划与控制的一项管理技术，分为关键路径法（CPM）与计划评审法（PERT）。关键路径法主要用于以往在类似工程中已取得一定经验的承包工程，计划评审法更多地应用于研究与开发项目。随着网络计划技术的发展，关键链法（CCM）也成为网络计划技术中的关键方法。

1. 网络图基本符号

单代号网络图和双代号网络图的基本符号有两个，即箭线和节点。箭线在双代号网络图中表示工作，在单代号网络图中表示工作之间的联系；节点在双代号网络图中表示工作之间的联系，在单代号网络图中表示工作。在双代号网络图中还有虚箭线，它可以联系两项工作，同时分开两项没有关系的工作。

2. 网络图绘图规则和编号规则

必须正确表达已定的逻辑关系；网络图中严禁出现循环回路；节点之间严禁出现无箭头和双向箭头的连线；网络图中严禁出现没有箭头节点和没有箭尾节点的箭线；绘图时可以使用母线法；网络图绘图时，为了减少交叉，可以使用过桥法或指向法；单目标网络图应只有一个起点节点和一个终点节点，必要时，单代号网络图可使用虚拟的起点节点或虚拟的终点节点；网络图的编号规则是一个节点一个单独的号，自起点节点开始从左到右、从 1 号编起，可连续或不连续，但是不重复编号，箭头节点的号数应大于箭尾节点的号数。

3. 网络计划的时间参数

参数包括：工作持续时间（D）、最早开始时间（ES）、最早完成时间（EF）、计算工期（T_c）、要求工期（T_r）、计划工期（T_p）、最迟完成时间（LF）、最迟开始时间（LS）、工作总时差（TF）、工作自由时差（FF）等。以上排列顺序也是它们的计算先后顺序。网络计划示意如图 5-26 所示。各个时间参数的概念如下。

工作持续时间：一项工作从开始到完成的时间。

最早工作开始 / 完成时间：各紧前工作全部完成后，本工作有可能开始 / 完成的最早时刻。

计算工期：根据时间参数计算所得到的工期。

要求工期：任务委托人所提出的指令工期。

计划工期：根据要求工期和计算工期确定的作为实施目标的工期。

最迟完成 / 开始时间：在不影响整个任务按期完成的前提下，本工作必须完成 / 开始的最迟时刻。

工作总时差：在不影响计划工期的前提下，本工作可以利用的机动时间。

工作自由时差：在不影响其紧后工作最早开始时间的前提下，本工作可以利用的机动时间。

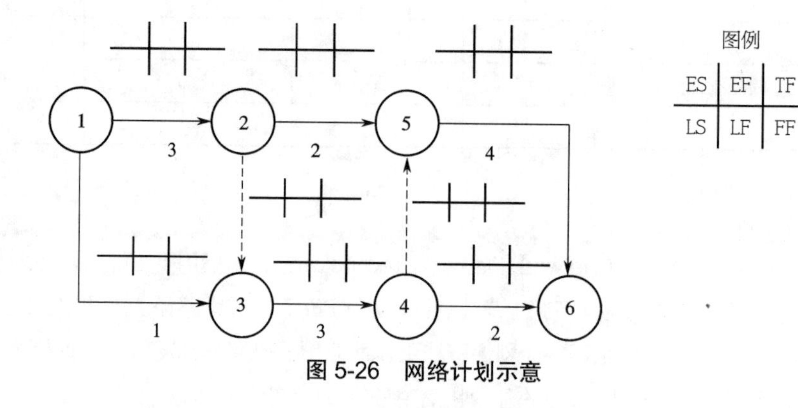

图 5-26　网络计划示意

第四节　进度计划实施

一、工程进度管理的内容

故宫文物保护工程的进程管理内容主要包括事前控制、事中控制、事后控制，具体如下。

（一）事前控制

1. 分析进度滞后的风险所在，尽早提出相应的预防措施

造成进度滞后的风险主要有以下几个方面：设计单位出图速度慢；设计变更得不到及时确认；装修方案和装修材料久议不决；设备定货到货晚；承包单位人力不足；进场材料不合格造成退货；施工质量不合格造成返工等。

将上述因素分类后，有针对性地向设计单位、承包单位、分包单位、设备供应单位、监理单位等提出"预警"信息和建议，使各方意识到造成进度滞后的潜在风险，从而采取相应的防范性

对策。

2. 认真审核承包单位提交的施工总进度计划

认真审核施工总体流程安排，分析所报送的进度计划的合理性和可行性，提出审核意见，由总监理工程师批准执行。管理公司复查监理单位的审核意见，复查时重点分析施工总工期目标是否合理地分解为分部、分项工程目标，检查各工序间顺序安排是否符合逻辑关系；根据工程规模、质量标准、工艺复杂程度、施工现场条件，审核承包单位的劳动力配备、施工机具配备、材料设备供应、水电供应等是否满足进度需要。另一方面以上述分析为基础，结合施工合同有关条款，施工图及经过批准的施工组织设计制定进度管理方案，对进度目标进行风险分析，确定防范性对策。

（二）事中控制

1）认真审核承包单位编制的周、月（季）、年进度计划。

2）检查进度情况，将实际进度与计划进度进行比较，及时发现问题。对滞后的工作，分析原因，找出对策，并调整可以超前的工序进行弥补，尽量保证总工期不受影响。

3）积极协调各有关方面的工作，减少工程中的内耗，提高工作效率。

4）无特殊原因，不能因个人工作的延误影响施工的正常进行。

（三）事后控制

1）根据工程进展的实际情况，适时调整局部的进度计划，使其更加合理和有可操作性。

2）当发现实际进度滞后于计划进度时，立即组织管理公司、监理单位、设计单位和施工单位召开专题进度协调会议，分析原因，制定赶工措施。必要时责令监理单位签发监理工程师通知单，指令承包单位采取调整措施。对承包单位因人为原因造成的进度滞后，应督促其采取措施纠偏，若此延误无法消除，则其后的周及月进度计划均须相应做出调整。

3）对由于材料设备、人员组织不到位导致的工期滞后，在监理例会上进行协调，并由责任单位采取措施解决。

4）如承包单位发生非自身原因的延误，监理单位应对进度计划进行优化、调整，如确属无法消除的延误，管理公司应在与业主协商后，审核批准工程延期，并相应调整其他事项的时间与安排，避免引起工程使用单位的索赔。

二、工程进度管理方法和措施

故宫文物保护工程借鉴国外先进的工程项目管理模式与手段，运用以统筹管理、系统工程、工程风险分析、项目盈余评估等科学理论为基础的PROJECT软件和P3计算机软件。根据工程项目的具体问题，如施工总包单位整体工程进度安排、工程项目所在地的地质及气象条件、各类合同条款等，制定详细的工程进度管理目标和方法，如下所示。

1）审核工程建设总进度计划，参与或协助目标分解进度计划的编制。

2）根据工程实际情况对每个（年进度、月进度、周进度）工程进度计划进行优化。

3）随着工程进展对工程建设进度进行动态控制，及时向各方反映进度信息。

4）在工程进度跟踪过程中，预测进度管理风险并采取有效防范措施。

5）将施工任务按层次结构组织起来，按照项目进展客观规律设置跟踪措施点，进行动态跟

踪，找出偏差，并对工程进度进行预测，采取有效措施，督促承包单位组织有效的人力、物力，达到对工程施工进度有效的控制，从而减少盲目性，提高效率，保证目标实现。

（一）设计阶段进度管理措施

设计阶段的工期保证是整个项目建设计划实现的关键环节，因此，对设计阶段的工期应严格控制。重点对设计工作实施过程所需要的设计人员投入和时间进程进行控制，确保设计工作在计划工期内完成，并根据实际情况采取以下措施。

1）制定本阶段的详细的工作计划表，确保符合工程总进度计划要求。

2）配备足够的有经验的技术人员，确保设计进度与设计质量。

3）制定详细的设计接口工作细则，并督促实施。

4）定期召开设计工作例会，保证项目工期如期实施。

（二）项目开工准备阶段进度管理措施

项目开工准备阶段主要完成项目程序文件的报批和招标，招标主要进行施工总承包单位招标。为完成此阶段一系列工作，要控制工期，保证计划的实施，还要根据实际情况采取以下措施。

1）制定各招标阶段的详细工作计划，根据项目周期，合理安排各招标工作的时间和顺序。

2）编制工程量清单及招标文件，进行审查，审核各招标阶段的详细工作计划和招标程序。

3）合理安排程序文件的报批，定期检查批件，协调有关方及时缴纳各项手续费。

（三）项目施工阶段进度管理措施

按工程承包合同签订的总工期和里程碑工期为进度管理目标，督促检查承包单位按批准的进度计划施工，确保工程按期竣工。

1. 进度分析与对策

制定业主、承包单位、设计单位三方的项目进度分析与对策，如表 5-9 所示。

表 5-9　文物保护工程进度分析与对策表

	影响施工进度的因素	控制对策
业主	资金投资不足，并不能及时到位	应及时汇报，研究对策使资金及时到位
	图纸未及时到位	及时与设计单位联系，将设计图纸按时交于承包单位，向业主汇报情况
	甲供的工程材料未及时到施工现场	提前做好采购订货的计划，并督促实施
承包单位	人力、技术力量不足	增加施工人员，增强技术力量，开展技术培训
	施工方案欠佳	进行必要的技术论证，提出整改意见
	出现施工质量问题	狠抓工程质量，杜绝工程返工
	所采用的工程材料、产品质量差	加强质量检查，采购好的优质产品
	工程材料不足	随进度核定材料供应计划，做到数量准确，供应及时
	资金调用失控	资金应专款专用

续表

	影响施工进度的因素	控制对策
设计单位	未及时向业主提交设计文件	督促设计单位及时出图
	现场施工与设计图纸有矛盾	设计单位派驻现场设计代表
	配套专业设计与土建设计有矛盾	通过设计代表加强设计各专业之间的相互协调
	变更设计较多	及时提供设计变更通知

2. 设置工期控制点（里程碑）

以已获批的总进度网络计划为依据，详细编制各分部工程网络计划和每月、季进度计划，在计划中确定各分项工程进度目标及分部工程竣工计划工期，分阶段进行控制，以保证总进度计划的实施。

3. 进度计划的划分

工程进度计划可根据项目实施的不同阶段分别编制进度计划，年、月进度计划及整个项目的总体进度计划；对于起控制作用的重点工程项目单独编制单位工程或单项工程进度计划。

总体进度计划的内容包括：工程项目的总工期，即合同工期或指令工期；完成各单位工程及各施工阶段所需要的工期、最早开始及最迟结束的时间；各单位工程及各施工阶段需要完成的工程量及现金流动估计；各单位工程及各施工阶段所需要配备的人力和设备数量；各单位或分部工程的施工方案和施工方法等。

年度进度计划的内容包括：本年计划完成的单位工程及施工阶段的工程项目内容、工程数量及投资指标；施工队伍和主要施工设备的转移顺序；不同季节及气温条件下各项工程的时间安排；在总体进度计划下对各单项工程进行局部调整或修改的详细说明等。

月（季）进度计划的内容包括：本月（季）计划完成的分项工程内容及顺序安排；完成本月（季）及各分项工程的工程数量及资料；在年度计划下对各单位工程或分项工程进行局部调整或修改的详细说明等。

单项工程进度计划的内容包括：具体施工方案和施工方法；总体进度计划及各道工序的控制日期；现金流动计划；施工准备及结束清场的时间安排；对总体进度计划及其他相关工程的控制、依赖关系和说明等。

（四）进度计划的管理措施

1. 严格管理进度计划的审批工作

在中标通知书发出后、合同规定的时间内，承包单位和监理单位书面提交以下文件：一份细节和格式符合要求的工程总体进度计划及必要的各项特殊工程或重点工程的进度计划；一份有关全部支付的年度现金估算及流动计划；一份有关施工方案和施工方法的总说明；监理单位对上述资料的审核意见。

2. 现场进度管理的具体表现

在将要开工以前或在开工以后合理的时间内，承包单位和监理单位提交以下文件：年度进度计划及现金流动估算；月（季）度进度计划及现金流动估算；分项（或分部）工程的进度计划；监理单位对上述资料的审核意见。

3. 进度计划的审查步骤

监理工程师组织有关人员对承包单位提交的各项进度计划进行审查，并在合同规定或满足施工需要的合理时间内审查完毕。审查工作按以下程序进行：阅读文件，列出问题，进行调查了解；提交问题，与承包单位进行讨论；对有问题的部分进行分析，向承包单位提出修改意见；审查承包单位修改后的进度计划，直到满意，并批准。

管理公司将对监理单位的审查意见进行复查，并提出相应的复查意见发放给监理单位和施工单位，同时上报给工程项目业主。

4. 进度计划审查内容

审查工期和时间安排的合理性：施工总工期的安排应符合合同工期；各施工阶段或单项工程的施工顺序和时间安排与材料和设备的进场计划相协调；项目必然经历冬季和雨季施工，易受炎热、雨季等气候影响的工程应安排在适宜的时间，并应采取有效的预防和保护措施；对假日及受天气影响的时间，应有适当的扣除并留有足够的时间裕量。

第五节　进度计划的检查和调整

一、进度检查

进度计划控制的一个重要内容就是决定进度的偏差是否需要采取纠正措施。例如，非关键线路活动的大延误对整体项目进度可能影响不大，而处于关键线路或接近关键线路上的活动即使有非常小的延误，也可能要立即采取纠正措施。

做好每日进度检查记录，按单位工程、分项工程或工序点对实际进度进行记录，并定期（日、周、旬、月）汇总报告，其结果作为对工程进度进行掌握和决策的依据。每日进度检查记录主要记录并报告以下事项：当日实际完成及累计完成的工程量；当日实际参加施工的人力、机械数量及生产效率；当日施工停滞的人力、机械数量及其原因；当日承包单位的主管及技术人员到达现场的情况；当日发生的影响工程进度的特殊事件或原因；当日的天气情况；每周、每月工程进度报告等。

项目管理公司根据监理单位提供的每日施工进度记录，及时进行统计和标记，并通过分析和整理，每月向公司和业主提交一份月工程进度报告，包括以下主要内容。

1）概括或总说明：应以记事方式对计划进度执行情况进行分析。

2）工程进度：应以工程数量清单所列项目为单位，编制出工程进度累计曲线和完成投资额的进度累计曲线。

3）工程图片：应显示关键线路上一些主要工程的施工活动及进展情况。

4）财务状况：应主要反映业主的资金储备、承包人的现金流动、工程支付及财务支出情况。

5）其他特殊事项：应主要记述影响工程进度或造成延误的因素及解决措施。

6）制作进度管理图表：编制和建立各种用于记录、统计、标记、反映实际工程进度与计划工程进度差距的进度监理图及进度统计表，以便随时对工程进度进行分析和评价，并作为要求承包

单位加快工程进度、调整进度计划或采取其他合同措施的依据。

二、进度调整

项目管理公司应根据进度管理报告提供的信息，纠正进度计划执行中的偏差，对进度计划进行变更调整。进度计划变更的原因是原进度计划目标失去作用或难以实现。进度计划变更包括下列内容：工程量或工作量的变更；工作起止时间的变更；工作关系的变更；资源供应的变更。

进度计划变更应根据项目进度实际情况具体确定上述内容的一项或数项。进度计划变更后应编制新的进度计划，并及时与相关单位和部门沟通。产生进度变更后，受损方可按合同及有关索赔规定向责任方进行索赔。进度变更索赔应由发起索赔方提交工期影响分析报告，以得到批准确认的进度计划为基准申请索赔。

（一）进度计划变更风险预防

项目管理机构应识别进度计划变更风险，并在进度计划变更前制定预防风险的措施，包括组织措施、技术措施、经济措施和沟通协调措施。当采取措施后仍不能实现原目标时，项目管理机构应变更进度计划，并报原计划审批部门批准。项目管理机构预防进度计划变更风险的同时应注意下列事项。

1）不应强迫计划实施者在不具备条件的情况下对进度计划进行变更。

2）当发现关键线路进度超前时，可视为有益，并使非关键线路的进度协调加速。

3）当发现关键线路的进度延误时，可依次缩短有压缩潜力且追加利用资源最少的关键工作。

4）关键工作被缩短的时间量需是与其平行的诸非关键工作的自由时差的最小值。

5）当被缩短的关键工作有平行的其他关键工作时，需同时缩短平行的各关键工作。

6）缩短关键线路的持续时间应以满足工期目标要求为止；如果自由时差被全部利用后仍然不能达到原计划目标要求，需变更计划目标或变更工作方案。

（二）进度计划调整方法

1）调整关键线路。当关键线路的实际进度比计划进度拖后时，应在尚未完成的关键工作中选择资源强度小或费用低的工作缩短其持续时间，并重新计算未完成部分的时间参数，将其作为一个新计划实施。当关键线路的时间进度比计划进度提前时，若不拟提前工期，应选用资源占用量大或者直接费用高的后续关键工作，适当延长其持续时间，以降低其资源强度或费用；当确定要提前完成计划时，应将计划尚未完成的部分作为一个新计划，重新确定关键工作的持续时间，按新计划实施。

2）调整非关键工作。非关键工作的调整应在其时差的范围内进行，以便更充分地利用资源、降低成本或满足施工的需要。每一次调整后都必须重新计算时间参数，观察该调整对计划全局的影响。可采用以下几种调整方法：将工作在其最早开始时间与最迟完成时间范围内移动；延长工作的持续时间；缩短工作的持续时间。

3）增减工作项目，应符合下列规定：不打扰原网络计划总的逻辑关系，只对局部逻辑关系进行调整；在增减工作后应重新计算时间参数，分析对原网络计划的影响；当对工期有影响时，应采取调整措施，以保证计划工期不变。

4）调整逻辑关系：本方法只有当实际情况要求改变施工方法或组织方法时才可进行。调整时

应避免影响原定计划工期和其他工作的顺利进行。

5）调整工作的持续时间：当发现某些工作的原持续时间估计有误或实现条件不充分时，应重新估算其持续时间，并重新计算时间参数，尽量使原计划工期不受影响。

6）调整资源投入：当资源供应发生异常时，应采用资源优化方法对计划进行调整，或采取应急措施，使其对工期的影响最小。

第二十一章　合同管理

建设工程由于投资大、参建方众多、持续时间长、经济关系复杂等特点，导致项目管理难度大。如果不事先明确各方的权利和义务，很难对后续工程的质量、安全、进度等方面进行良好控制。合同明确了各方的权责利，是各方行为的最高准则，是规范建筑活动的有力工具之一。故宫的文物保护工程高度重视合同管理，在项目的实施中，定期梳理与各参建方的合同关系，用合同条款来指导日常的项目管理工作，确保项目各方严格按照合同要求完成各自的工作任务。

第一节　合同管理概述

一、建设工程合同

（一）建设工程合同的概念

1）合同是有平等主体的自然人、法人、其他组织之间设计、变更、终止民事权利义务关系的协议。

2）按照合同法的规定，建设工程合同是承包人进行工程建设、甲方支付价款的合同。《中华人民共和国招投标法实施条例》对工程建设项目的内涵又做了扩展，即工程建设项目是指建设工程以及与工程建设有关的货物和服务。

建设工程包括建筑物和构筑物的新建、改建、扩建及相关装修、拆除、修缮等；工程建设有关的货物是指构成工程不可分割的组成部分，且为实现工程基本功能所必需的设备、材料等；工程建设有关的服务是指构成工程所需的勘察、设计、监理、咨询等服务。

因此，广义的建设工程合同是指包括完成新建、扩建、改建及其相关装修、拆除、修缮等工程项目以及与工程建设有关的货物、服务等合同，还包括勘察、设计、施工、监理、咨询以及重要设备材料采购等合同。

3）国家正在完善工程建设组织模式，工作包括：加快推行工程总承包，特别是装配式建筑原则上应采用工程总承包模式，而且强调政府投资工程应当带头推行工程总承包；培育全过程咨询，鼓励投资咨询、勘察、设计、监理、招标代理、造价等企业采取联合经营、并购重组等方式发展全过程工程咨询。这些改革方式，必将对建设工程合同从形式到内容都产生重大影响。

（二）建设工程合同的主体资格

1. 建设工程合同主体的分类

建设工程合同以合同主体的相对性分类，可分为甲方和承包人；以合同主体的身份和职责区

分，可分为建设方、勘察方、设计方、施工方、监理方等。

2. 建设工程合同的主体资格

根据我国法律规定，作为建设工程合同当事人，必须具备相应主体资格。

甲方必须具备的资格条件：已经办理了建设工程用地批准手续；在城市、镇规划区内进行工程建设的，已经取得建设工程规划许可证；在乡、村庄规划区内进行公共设施和公益事业建设的，已经取得乡村建设规划许可证。甲方不具备上述条件，就不具备甲方的主体资格，其订立的合同无效。

承包人必须具备的资格条件：应当是从事建筑活动的勘察单位、设计单位、施工企业或者工程监理单位。目前，我国法律不允许自然人作为建设工程合同的承包主体。承包人必须已经取得相应等级的资质证书，并在其资质等级许可的业务范围内承揽工程。法律禁止建设工程勘察设计单位、建筑施工企业、工程监理单位超越自身的资质等级许可的范围承揽勘察、设计、施工、监理业务，其超越资质等级订立的合同无效。

（三）建设工程合同的形式

合同在形式上分为书面形式、口头形式和其他形式。所谓书面形式，是指合同书、信件和数据电文（包括电传、传真、电子数据交换、电子邮件）等可以有形地表现所载内容的形式。其他形式合同法没有明确规定。《最高人民法院关于适用〈中华人民共和国合同法〉若干问题的解释（二）》第二条原则规定："当事人未以书面形式或者口头形式订立合同，但从双方从事的民事行为能够推定双方有订立合同意愿的，人民法院可以认定是以合同法第十条第一款中的其他形式订立合同"。

《合同法》明确规定"建设工程合同应当采取书面形式"。建设工程合同包括工程勘察、设计、施工合同，这些合同内容复杂、涉及面广、金额较高、履行期限较长。《建筑法》规定"建筑工程发包单位与承包单位应当依法订立书面合同，明确双方的权利和义务"。《招标投标法》也规定招标人与中标人应当按照"招标文件和中标人的投标文件订立书面合同"。所以，在我国境内订立的建设工程合同必须采用书面形式。

（四）建设工程合同的内容

故宫文物保护工程合同的内容按照《合同法》规定的相关内容设置，主要如下。

1）合同内容由当事人约定。一般包括：当事人的名称或者姓名和住所；标的；数量；质量；价款或者报酬；履行期限、地点和方式；违约责任；解决争议的方法等。

2）建设工程合同一般由合同协议书、通用合同条款、专用合同条款 3 部分组成。

合同协议书集中约定了合同当事人基本的合同权利与义务。主要包括：工程概况、合同工期或服务期限、质量标准、合同价格以及合同价格形式（总价、单价或阶段价格、成本加酬金）、项目负责人、合同文件构成、承诺、合同生效条件，甲方和承包人基本信息及签字盖章栏等重要内容。

通用条款合同是合同当事人根据我国《建筑法》《合同法》等法律法规的规定，就工程建设（勘察、设计、施工、监理）的实施及相关事项，对合同当事人的权利义务做出的原则性约定。例如：一般约定、甲方、承包人、监理人、工程质量、安全文明施工与环境保护、工期和进度、材料与设备、试验与检验、变更、价格调整、合同价格、计量与支付、验收和工程试车、竣工结算、

缺陷责任与保修、违约、不可抗力、保险、索赔和争议解决。前述条款安排既考虑了现行法律法规对工程建设的有关要求，也考虑了建设工程施工管理的特殊需要。

专用合同条款是对通用合同条款原则性约定的细化、完善、补充、修改或另行约定的条款。合同当事人可以根据不同建设工程的特点及具体情况，通过双方的谈判、协商对相应的专用合同条款进行修改补充。但是，也有的合同明确规定："专用合同条款"补充、细化的内容不得与"通用合同条款"强制性规定相抵触。

（五）建设工程合同的种类及缔约原则

故宫文物保护工程主要的合同种类及缔约原则如下。

1）施工合同。缔约原则：工程总承包方由具有一级资质的施工企业签署合同担任，要求其遵守本建设方案中的有关各项承诺。

2）设计合同。缔约原则：合同方为国内具备甲级设计资质及甲级文物保护设计资质的设计单位，设计方案符合使用要求。

3）监理合同。缔约原则：合同方为国内具备一级资质及文物保护工程监理资质的监理单位为投标资格单位；对工程资金准备、拨付、使用，施工进度、质量等进行全面控管。按照《招投标法》及有关规定，遵循公开、公平、公正和诚实守信的原则进行招投标管理。

4）材料、设备采购、加工、订货合同。缔约原则：国内具备相应供货能力和良好商业信誉及资信等级的单位竞标参加；在选购设备时，优先采用新材料、环保等技术的高新技术材料及给人提供更大便利性的材料，全面响应《施工总承包合同》《材料、设备采购、加工、订货合同》的承诺、标准和要求；按照《招投标法》及有关规定遵循公开、公平、公正和诚实守信的原则进行招投标管理。

5）技术服务合同（项目全过程管理咨询、勘探、监测、专业检验等）。缔约原则：参与缔约的单位、个人必须具有合法经营权，具备相应能力、良好的商业信誉及资信等级，同时应具备从事文物保护工程的相关资质和实践经验；全面响应管理方所签的其他合同中有关条款的承诺、标准和要求；按照《招投标法》及有关规定遵循公开、公平、公正和诚实守信的原则进行邀请招标。

二、合同的适用性

项目合同按照合同适用性可以分为强制实施合同和非强制实施合同。

（一）强制适用的合同文本

强制适用的合同文本依赖国家法律法规、部门规章、行业规范或者地方性法规、规章等强制推行实施的合同文本。2012 年 2 月 1 日起实施的《中华人民共和国招标投标法实施条例》第十五条第四款规定："编制依法必须进行招标的项目的资格预审文件和招标文件，应当使用国务院发展改革部门会同有关行政监督部门制定的标准文本"。因此，只要是依法必须进行招标的项目，都必须使用国家发展改革委等制定的"标准文本"。

最典型的标准文本是：国家发展改革委、财政部、住房和城乡建设部、铁道部、交通运输部、工业和信息化部、水利部、民航局、广电总局等九部委联合发布了标有"中华人民共和国"字头的《标准施工招标文件》《简明标准施工招标文件》和《标准设计施工总承包招标文件》。这些文件的第一卷第四章就是合同条款。国家发展改革委等九部委在其联合发布的第 56 号令和 3018 号

通知中，对于标准文本的使用都做了强制性的规定。例如：行业标准施工招标文件和试点项目招标人编制的施工招标资格预审文件、施工招标文件，应当不加修改地引用包括“通用合同条款”在内的标准文件；国务院有关行业主管部门可根据本行业招标特点和管理需求编制行业标准“专用合同条款”，可对“通用合同条款”进行补充、细化，但是除“通用合同条款”明确规定可以做出不同约定外，“专用合同条款”补充和细化的内容不得与“通用合同条款”相抵触，否则抵触内容无效。

根据以上内容可知，国家发展改革委等九部委制定的2007年版《标准施工招标文件》、2012年版《简明标准施工招标文件》和《标准设计施工总承包招标文件》，都属于必须强制适用的标准文件。

（二）非强制适用的合同文本

非强制合同适用的合同文本是由合同当事人自主选择的适用的合同文本。一般情况下，这种合同文本多数都是由主导签约的一方当事人即甲方来选择的。

住建部和国家市场监管总局联合发布的《建设工程施工合同（示范文本）》GF—2013—0201就属于非强制适用的合同文本。在该合同“说明”第一条第（三）款3项中写明：“在专用合同条款中有横道线的地方，合同当事人可针对相应的通用合同条款进行细化、完善、补充、修改或另行约定”。合同“说明”第二条中更加写明：“《示范文本》为非强制性使用文本”。这说明2013年版施工合同示范文本的通用合同条款是可以进行修改或另行约定的，当事人可结合建设工程具体情况修改《示范文本》合同。

三、项目合同管理的含义、目标、重要性、原则

（一）项目合同管理的含义

项目合同管理包括法人单位的组织从决策层、职能部门、项目负责人、项目管理机构等对项目合同的全方位、全过程的管理。

（二）项目合同管理的目标

根据项目管理的工作内容，故宫文物保护工程需要实现如下合同管理目标。

1）合同管理以法律为依据，在合法的前提下最大限度地通过合同手段维护业主的合法利益。

2）合同管理以该项目的实际情况为出发点和突破点，保证项目在实现质量、进度、成本三大目标的前提下顺利竣工并投入使用。

3）合同管理以预防为主，减少甚至避免纠纷和索赔的发生，在发生纠纷、索赔时最大限度地保护业主利益。

4）最大限度地将项目管理工作中的各种问题纳入合同管理的范围中，使参与项目建设的任何一方都能以合同为依据，享有权利，履行义务，共同保证项目的顺利竣工和投入使用。

（三）项目合同管理的重要性

项目合同管理要实现在建设全过程，合同双方的权利、义务、责任等一切行为都在合同的管理调控范围之内。

各类合同是实现项目目标、完成工程建设，建立一切体制、机制、程序的主要约束手段和法律依据。

合同双方通过签订合法、可行、全面的各类合同，建立分类合同管理体系，协调各类合同之间的相互联系、制约关系，配合有机的合同管理，实现成本、进度、质量各项指标的最佳效果。

管理单位通过组织系统化、管理具体化、程序规范化、防范严密化的有效手段，确保合同的严肃性，充分发挥合同的主导作用，形成依法管理的新局面。

（四）项目合同管理的原则

故宫文物保护工程的合同管理坚持以下原则。

1）合同高效原则。订立合同应保证内容合法、程序合规，同时注重合同的管理效率。

2）法人管理原则。合同订立的权利应集中在法人单位。分公司、项目机构未经授权不得对外签订合同。法人单位可根据下属单位的管理要素配备、风险管控能力、规模和效益等情况，对合同实行授权分级管理。

3）监督约束原则。合同管理应当贯彻全过程监督约束机制，合同主办、会商、审核、审批、监督等管理职权应在不同部门和人员之间进行有效配置。

4）管理留痕原则。在合同订立、履行等各环节应保存相关文件、图片、样品、电子资料等档案，以实现合同管理过程可追溯和可复原，保证有据可查。

四、项目合同管理的内容

（一）项目合同管理的要求

分析项目合同管理的一切影响因素，在与业主充分沟通的前提下制定出科学合理又符合项目实际情况的合同网络图，使之成为进行项目合同管理甚至整个工程管理的纲领性文件和最具指导性的文件之一。制定项目合同网络图也是进行项目管理的基础性工作，做好这项工作能为今后的管理工作创造非常有利的条件。

结合项目特点，由招标代理机构编制的合同文件力求合法、完善，从而建立起具有项目特色的合同文件体系。

合同网络体系中包含的合同管理思想必须通过具体的合同文件来实现，因此整个项目合同文件条款的严谨性、完善性、系统性是整个项目合同管理甚至是整个项目管理工作的决定性工作之一。而且，编制严密的合同文件不但能够最大限度地避免项目建设中的纠纷、索赔的发生，督促项目的参建各方严格按照合同约定参与项目建设，而且即使发生了纠纷、索赔，业主也能依据合同约定保护自己的合法权益。

合同履行管理是督促项目各参建方严格按照合同约定履行合同义务，顺利完成项目建设任务的阶段。该阶段是项目主要项目管理思想、项目管理方法的实施、实现阶段。制定严谨、可操作性强的合同履行管理方法，抓住合同履行管理的重点——总承包商管理，可减少甚至避免纠纷发生，最大限度地预防纠纷、索赔的发生。

（二）项目合同管理过程

故宫文物保护工程合同管理的目标是通过合同的策划、评审、订立、计划、实施控制等工作全面完成合同责任，保证工程项目目标的实现。合同主要管理过程见图 5-27。

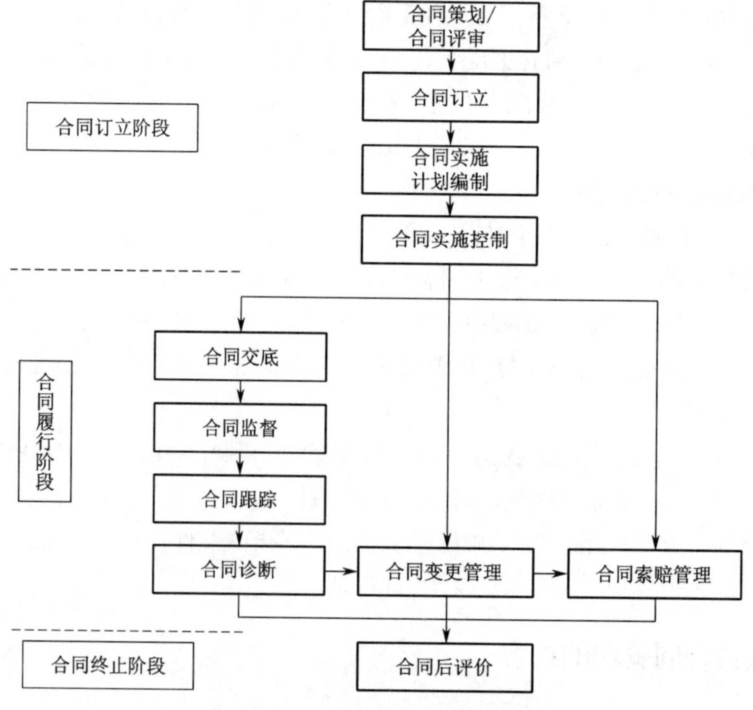

图 5-27　工程项目合同管理过程

在上述“合同策划 / 合同评审”管理程序中，甲方侧重于合同策划，而承包人侧重于合同评审。

五、法律禁止合同行为

根据我国建设工程相关法律规定，不得采用违法发包、转包、违法分包及挂靠等方式订立和履行合同。

（一）违法发包

违法发包指建设单位将工程发包给不具备相应资质条件的单位或个人，或者发生肢解发包等违反法律法规的行为。发生下列情形之一即属于违法发包。

1）建设单位将工程发包给个人的。

2）建设单位将工程发包给不具有相应资质或安全生产许可的施工单位的。

3）为履行法定发包程序，包括应当依法进行招标未招标，应当申请直接发包未申请或申请未核准的。

4）建设单位设置不合理的招投标条件，限制、排斥潜在投标人或者投标人的。

5）建设单位将一个单位工程的施工分解成若干部分发包给不同施工总承包或专业承包单位的。

6）建设单位将施工合同范围内的单位工程或分部分项工程又另行发包的。

7）建设单位违反施工合同约定，通过各种形式要求承包单位选择其指定分包单位的。

8）未办理建设工程规划许可证就进行工程施工发包的。

（二）转包

转包是指施工单位承包工程后，不履行合同约定的责任和义务，将其承包的全部工程或者将其承包的全部工程肢解后以分包的名义分别转给其他单位或个人施工的行为。发生下列情形之一即属于转包。

1）施工单位将其承包的全部工程转给其他单位或个人施工的。

2）施工总承包单位或专业承包单位将其承包的全部工程肢解以后，以发包的名义分别转给其他单位或个人施工的。

3）施工总承包单位或专业承包单位未在施工现场设置项目管理机构或未派驻项目负责人、技术负责人、质量管理负责人、安全管理负责人、经营管理负责人等主要管理人员，不履行管理义务，未对该工程的施工活动进行组织管理的。

4）施工总承包单位或专业承包单位不履行管理义务，只向实际施工单位收取费用，主要建筑材料、构配件及工程设备的采购由其他单位或个人实施的。

5）劳务分包单位承包的范围是施工总承包单位或专业承包单位的全部工程，劳务分包单位计取的是除上缴给施工总承包单位或专业承包单位"管理费"之外的全部工程价款的。

6）施工总承包单位或专业承包单位通过采取合作、联营、个人承包等形式或名义，直接或变相地将其承包的全部工程转给其他单位或个人施工的。

（三）违法分包

违法分包是指施工单位承包工程后违反法律、法规、规定或者施工合同关于工程分包的约定，把单位工程或部分分项工程分包给其他单位或个人施工的行为。发生下列情形之一即属于违法分包。

1）施工单位将工程分包给个人的。

2）施工单位将工程分包给不具备相应资质或安全生产许可的单位的。

3）施工合同中没有约定，又未经建设单位认可，施工单位将其承包的部分工程交由其他单位施工的。

4）施工总承包单位将房屋建筑工程的主体结构的施工分包给其他单位的，钢结构工程除外。

5）专业承包单位将其承包的专业工程中非劳务作业部分再分包的。

6）劳务分包单位将其承包的劳务再分包的。

7）劳务分包单位除计取劳务作业费用外，还计取主要建筑材料款、周转材料款和大中型施工机械设备费用的。

（四）挂靠

挂靠指单位或个人以其他有资质的施工单位的名义，承揽工程的行为，包括参与投标、订立合同、办理有关施工手续、从事施工等活动。发生下列情形之一即属于挂靠。

1）没有资质的单位或个人借用其他施工单位的资质承揽工程的。

2）有资质的施工单位相互借用资质承揽工程的，包括资质等级低的借用资质等级高的，资质等级高的借用资质等级低的，相同资质等级相互借用的。

3）专业分包的发包单位不是该工程的施工总承包或专业承包单位的，但建设单位依约作为发包单位的除外。

4）劳务分包的发包单位不是该工程的施工总承包单位、专业承包单位或专业分包单位的。

5）施工单位在施工现场派驻的项目负责人、技术负责人、质量管理负责人、安全管理负责人中一人以上与施工单位没有订立劳动合同，或没有建立劳动工资或社会养老保险关系的。

6）实际施工总承包单位或专业承包单位与建设单位之间没有工程款收付关系，或者工程款支付凭证上载明的单位与施工合同中载明的承包单位不一致，又不能进行合理解释并提供材料证明的。

7）合同约定由施工总承包或专业承包单位负责采购或租赁的主要建筑材料、构配件及工程设备或租赁的施工机械设备，由其他单位或个人采购、租赁，或者施工单位不能提供有关采购、租赁合同及发票等证明，又不能进行合理解释并提供材料证明等。

第二节　合同管理制度

为规范故宫文物保护工程项目合同管理工作，预防、减少和及时解决合同纠纷，维护合同双方合法权益，根据《中华人民共和国合同法》等国家和北京市相关法律、法规及有关规定，制定了故宫文物保护工程合同管理制度。

一、工作目标

1）合同管理以预防为主，减少甚至避免纠纷和索赔的发生，在发生纠纷、索赔时最大限度地保护建设方的利益。

2）运用合同手段使所有参建方按照项目目标的要求完成合同任务。

3）最大限度地将工程项目过程中各种问题纳入合同管理的范围中，明确合同工作内容及界面划分，做到不遗漏、不重复，使参与项目建设的任何一方都能以合同为依据，享有权利，履行义务，共同保证项目的顺利实施。

二、合同订立

1）合同订立前应进行合同评审，完成对合同条件的审查、认定和评估工作，并在院内征求相关部门意见。

2）合同评审应包括以下内容：①合法性、合规性评审；②合理性、可行性评审；③合同严密性、完整性评审；④与产品或过程有关要求的评审；⑤合同风险评估。

3）根据需要进行合同谈判，细化、完善、补充、修改或另行约定合同条款和内容。

4）依据合同评审和谈判的结果，按程序和规定订立合同。

三、合同管理内容

1）建立合同文件沟通方式、编码系统和文档系统。

2）监督合同双方按照合同约定履行合同义务，并定期进行合同跟踪和诊断，记录合同的实际履行情况。

3）对合同履行过程中的变更事项进行详细记录，必要时对履行过程中出现的问题给予解释、协调，对经常出现的问题加以研究、剖析，根据实际情况制定出切实可行且有效的处理措施和策略，并及时组织各方进行商谈，起草合同补充协议书，并在征求各方意见后监督完成补充协议书的签署。

4）及时收集、整理、保存有关合同履行中的书面签证、往来信函、会议纪要、文书、传真、电子邮件等资料。

5）加强合同文件资料的管理，建立健全合同文件台账，资料统一分类，统一编号，统一记录。

第三节　合同评审

故宫博物院设立有专门的合同审核机构，对各类合同、补充协议等进行全方面审核。项目建设机构也会依据审核结果，对合同进行修改完善。

一、合同评审事项和目的

（一）建设工程合同评审事项

故宫文物保护工程合同评审事项包括合同主体的资信调查和工程项目评估两部分。

1）资信调查主要调查合同主体及其注册登记情况、结构、财务状况、经营业绩、法律纠纷案件、行业声誉及以往履约记录等。

2）工程项目评估主要评估项目的性质和类型、项目前期报规报建手续等。

（二）合同评审要实现的目的

故宫文物保护工程合同评审要实现以下目的。

1）保证合同条款不违反法律、行政法规、地方性法规的强制性规定，不违反国家标准、行业标准、地方标准的强制性条文。

2）保证合同权利和义务公平合理，不存在对合同条款的重大误解，不存在合同履行障碍。

3）保证与合同履行紧密关联的合同条件、技术标准、施工图纸、材料设备、施工工艺、外部环境条件、自身履约能力等条件满足合同履行要求。

4）保证合同内容没有缺项漏项，合同条款没有文字歧义、数据不全、条款冲突等情形，合同组成文件之间没有矛盾。通过招投标方式订立合同的，合同内容还应当符合招标文件和中标人的投标文件的实质性要求和条件。

5）保证合同履行过程中可能出现的风险处于可以接受的水平。

（三）甲方与承包人对合同评审有不同的要求

故宫博物院作为甲方，在对合同文件进行评审时，除一般性评审内容外，更应重视对合同条款可执行性的评审。之所以如此，是因为甲方在合同订立过程中往往处于主导地位，合同主要条款一般是甲方编制的。甲方往往会提出对自己有利的要求，但却很容易发生合同争议，反而影响合同预期目标的实现，最终损害的是甲方的根本利益。所以，合同条款的可执行性应当是甲方合

同评审的重点。

承包人在对合同文件进行评审时，要特别衡量自身是否具备相应的履约能力。在现实中，乙方期望一切都得到甲方公平、公正、合理对待是不切实际的。特别是在招标投标活动中，不对招标文件的实质性要求进行相应响应就会导致废标。所以，承包人要想顺利履行合同，就应当对自身履行合同的能力进行评审，尽量减少合同违约情形的发生。

二、合同评审的组织机构

（一）合同评审组织形式划分

1）按照评审的机构层级和职权，合同评审可划分为常设机构评审、职能部门评审、项目经理部评审。有的将法务部门或者合约部门作为常设评审机构，其他部门及项目经理部按照职责分工负责相关合同评审。

2）按照评审机构范围，合同评审可划分为内部评审、委托专业机构或外聘专家评审。有的单位与社会众多专业咨询和研究机构建立了长期的委托合作关系，要求提供专题研究报告，以保证在新领域、新专业方面获得领先知识。

3）按照评审专业需求，合同评审可划分为多部门会商综合评审和单独评审。

（二）不同评审组织形式的优缺点

1）多层级、多部门的会商综合评审有利于发挥各职能部门的专业作用，有利于整体策划和全盘把控，但程序繁杂，期限较长，不利于快速处理合同问题。

2）单层级、单部门的管理人员评审，有利于快速解决某些专业问题，但专业局限性突出，容易疏漏非本专业的问题。

所以采取什么样的评审组织形式，要根据投资规模、专业技术难度、合同不同阶段等具体情况来选择。例如，对于重大工程项目合同，特别是对于不熟悉领域的合同，在招标投标阶段或者合同订立阶段，就需要各职能部门甚至外部专业机构进行综合评审；而对于熟悉领域的合同，则某少数业务部门或项目部负责人评审即可。

三、合同评审工作的内容

合同订立的方式不同，其需要评审的合同文件有所不同。需要评审的合同文件一般包括：招标文件及工程量清单、招标答疑、投标文件及组价依据、拟定合同主要条款、谈判纪要、工程项目立项审批文件等。故宫文物保护工程合同评审的主要内容如下。

（一）合同的合法性、合规性评审

合同必须建立在合法合规的基础上，否则会导致合同无效，或者因受到行政处罚而导致合同履行受阻。因此，合法性、合规性评审是合同评审的首要问题。

评审内容主要包括：对工程项目是否具备招标投标、合同签订和实施基本条件的评审；对工程合同的目的、内容（条款）和所定义活动是否符合法律要求的评审；对各主体资格的合法性、有效性的评审。

无效合同情形包括：一方以欺诈、胁迫的手段订立合同，损害国家利益的；恶意串通，损害国家、集体或者第三人利益；以合法形式掩盖非法目的的；损坏社会公共利益的；违反法律、行

政法规的强制性规定。《合同法》第五十三条还规定：合同中约定“造成对方人身伤害的”或者“因故意或者重大过失造成对方财产损失的”免责条款无效。

并非所有“违反法律、行政法规的强制性规定”的合同都一概无效。因为，法律、法规的“强制性规定”又可分为效力性强制规定和管理性强制规定。违反效力性强制规定的，应当认为合同无效；违反管理性强制规定的，应当根据具体情形认定其效力。关于效力性强制规定和管理性强制规定，其界定并不十分清晰。实践中，如果强制性规范规定的是合同行为本身，即只要该合同行为发生导致损害国家利益或者社会公共利益的，应当认定合同无效；如果强制性规定规制的是某种合同的履行行为而非某类合同行为，对于此类合同效力的认定，应当慎重把握。

1）违反效力性强制规定的情形有：没有取得规划许可或土地审批手续，合同主体不合格，未取得相应资质或超越资质承包工程，未取得安全生产许可，依法必须招标而没有招标，工程转包，违法分包及挂靠等，其所签订的合同无效。

2）违反管理性强制规定的情形有：合同未备案，未办理施工许可证，未办理环保审批，未办理验收手续等，这些行为虽然会影响合同履行，但一般不影响合同效力。

（二）合同的合理性、可行性评审

合同的合理性评审应当包括对合同结构是否合理、权利义务是否公平进行评审；可行性评审主要审查合同内容和条款是否可以正常有序地履行。

对合同条件的合理性、可行性进行评审的方法通常与使用的合同文本有关。

1）如果采用标准合同文本或者示范合同文本，例如国家发展改革委同有关部委制定的标准文本、住建部和工商总局联合发布的《建设工程施工合同（示范文本）》及《建设工程设计合同示范文本》、FIDIC条件等。这些经过多年社会实践的合同文本条款齐全、内容完整，一般可以不对通用合同条款做合同完整性分析，重点分析专用条款的合理性和可行性即可。

2）如果未使用上述标准文本或示范文本，但与前述合同类似，则可以标准文本或示范文本为标准，将评审的合同与前者相应条款进行对照，就可以发现该评审合同条款是否合理、公平。

3）如果采用协商签订的合同文本，而且该类合同没有标准文本或示范文本可比照，则应尽可能多地收集同类合同文本，或者参考合同没有标准文本和合同示范文本，将拟评审的合同按结构拆分开进行对比，分析出该合同条款是否合理、可行，以便进行调整、补充、修改。

在实践中，有的当事人希望在合同中更多地增加对方的合同责任条款和工作范围，减少自己的合同责任，认为这样做对自己有利，自己更有主动权；也有的当事人认为合同条件不完备可以增加自己的索赔机会。这些做法都是很危险的。合同条件不合理、不公平，只会造成合同双方权利和责任的理解偏差，容易引起双方对工程项目范围确定和实施计划的失误，最终造成工程不能顺利实施，导致合同争执。所以合同双方都应努力签订一个公平合理、操作可行的合同。

（三）合同的严密性、完整性审查

合同的严密性评审主要是审查合同每项条款是否具体明确，理解唯一，不产生歧义；条款之间是否存在矛盾、相互抵消等情形。

合同完整性评审包括对合同文件完整性和合同条款完整性的评审。合同文件完整性评审包括合同文本、立项及规划审批文件、环境和水文地质资料、设计文件、技术标准和要求、工程量清单或预算书等合同文件的评审。合同条款完整性评审评审合同条款是否缺失，对可能出现的情形

是否都有描述，是否漏项等。

合同文件及其条款出现缺失、歧义、矛盾等情形，会导致双方对合同理解发生偏差、工作失调及合同争执，使合同履行受阻。对于合同的主要内容没有约定或者约定不明确的，双方可以协商补充；不能达成补充协议的，可以按照合同有关条款或者交易习惯确定。

（四）与产品或过程有关要求的评审

所谓与产品或过程有关要求的评审，是指对合同发承包内容以外的但却与合同履行紧密关联的已知或者可预见的外部因素、事件出现的评审，如相关政策或标准的变化、重大社会事件的出现、项目资金来源变化对合同履行的影响、与合同其他相关方的资信及履约能力的变化等。这些情形虽然不是合同履行的主要内容，但这些情形一旦出现，都会对合同订立及履行产生重要影响，因此都应被列入评审和预测的范畴。

（五）合同风险的评估

1. 风险话题

市场经营活动中都存在一定风险。风险是指那些由于疏忽大意没有预见或者侥幸可以避免而又未能避免的难以克服、难以控制的客观情形。但风险不是不可抗力。我国《合同法》第117条规定的不可抗力是指不能预见、不能避免、不能克服的客观情况。

风险与不可抗力的本质区别是：风险存在疏忽大意或者侥幸等主观过错；而不可抗力没有主观过错。

2. 风险的识别与承担

根据不同情形，风险分成若干类型。从生产经营以及对风险承担的角度，风险分为经营风险和法律风险。

1）经营风险是指在经营活动中为了获得最大利益和效益而自愿加重责任、并通过自己的努力能够实现预定经营目标的情形。其特点是：经营风险与可能获得的机会效益成正比，所谓“高风险高效益”一般指的是经营风险；但经营风险与履约能力成反比，即履约能力越强，经营风险越低，反之就高。

2）法律风险是指在经营活动中出现的不受法律保护的行为，或者权利与义务极不平等、使自己始终处在只承担或多承担义务而不享有或少享有权利的情形。其特点是：法律风险一旦形成，就会使自己始终处于不利地位并且必然遭受损失，而且这种不利状况往往不能通过单方面继续履行合同予以避免。法律风险一旦形成，必须通过法律手段来解决。

所以，评估合同风险应当充分注意：经营风险可以适当承担，法律风险必须防范。

合同评审程序文件没有硬性法律规定，可根据实践经验来确定。

在评审过程中，合同双方应该针对任何不一致的问题进行持续的评价、评估，解决双方任何可能的不一致事项，直到合同双方的合同问题都已经有效解决。这样才能最终进入合同订立阶段。

第四节　合同订立

一、合同订立程序

建设工程合同主要是通过公开招标、邀请招标、竞争性谈判、询价、单一来源采购或直接发包、其他采购方式等订立的。甲方和承包人在完成合同评审和谈判结果的基础上签订合同。故宫文物保护工程按照以下程序订立合同。

1）确定中标人、供应商。故宫文物保护工程一般都是国有资金投资项目。国有资金占控股或者主要地位的依法必须进行招标的项目，中标人应当确定排名第一的中标人为中标候选人。排名第一的中标候选人放弃中标、因不可抗力不能履行合同、不按照招标文件提交履约保证金，或者被查实存在影响中标结果的违法行为等情形，不符合中标条件的，招标人可以按照评标委员会提出的中标候选人名单排序依次确定其他中标候选人为中标人。

非国有资金占控股或者主导地位而进行招标的项目，招标人既可以确定排名第一的中标候选人为中标人，也可以另行选择其他中标候选人为中标人。

通过竞争性谈判、询价等采购方式确定成交商的，若是属于政府采购项目，则采购人应当以最优条件排序原则确定成交供应商；若属于非政府采购项目，则采购人可以自主充分选择成交供应商。

通过单一来源采购、直接发包等方式确定成交供应商的，则采购人直接与成交供应商订立合同。政府采购项目、国有资金占控股或者主导地位的项目，只有在特殊情况下才能采用单一来源采购、直接发包等方式订立合同。

2）除单一来源采购或直接发包外，招标人或采购人应当向中标人或供应商发出中标、成交通知书，并同时将结果通知所有未中标、未成交的投标人。

3）应当在法定或者约定期限内签订书面合同。根据我国《招投标法》规定，招标人和中标人应当自中标通知书发出之日起 30 日内订立书面合同。

4）依法必须进行招标的项目，招标人应当自发出中标通知书之日起 15 日内，向有关行政监督部门提交招投标情况书面报告。招标人和中标人订立书面合同后 7 日，中标人应当将合同送当地建设行政主管部门备案。

二、合同的订立内容

故宫文物保护工程合同的订立内容如下。

1）招标人和中标人应当按照招标文件和中标人的中标文件订立书面合同。合同的标的、价款、质量、履行期限等主要条款应当与招标文件和中标人的投标文件的内容一致。招标人和中标人不得再行订立背离合同实质性内容的其他协议。

2）采用竞争性谈判方式采购的，采购人的谈判小组向参加谈判的供应商提供的谈判文件有实质变动的，应当以书面形式通知所有参加谈判的供应商。采购人提供的谈判文件与参与谈判的供

应商在规定的时间内的最后报价，构成合同订立的实质性内容。

3）采用询价方式采购的，采购人的询价小组向供应商提供的询价通知书与被询价的供应商一次报出，不得更改价格，构成合同订立的实质性内容。

4）根据故宫文物保护工程的特点，合同还应包括保密条款和廉政协议等内容。

三、合同订立形式

1）建设工程合同应当采用书面形式，包括合同谈判成果等也应以书面方式或法律规定的其他方式固定下来。

2）订立合同应当由法定代表人或者授权的委托代理人签字或盖章。合同主体是法人或者其他组织的，应当加盖单位印章。授权的委托代理人签署合同的，其交验的身份证明文件和授权委托文件应当作为合同附件。

第五节　合同实施计划

一、合同实施计划及其责任主体

合同实施计划是根据合同约定和法律规定，合同责任主体将合同总体目标以及权利、义务等内容进行层次化、专业化、岗位化分解，落实到具体部门和人员的实施方案。

为了保证工程质量、安全、进度和造价等合同总体目标的实现，我国《建筑法》以及相关法律对各方当事人在建设工程合同中的主体责任做了明确规定，包括以下几点。

1）建设单位负责办理用地、规划、拆迁、施工等各种许可、批准或者备案等手续；落实建设资金；提供与建设工程有关的原始资料；保送审查施工图设计文件；组织设计、施工、监理等有关单位进行竣工验收。

2）勘察、设计单位必须按照工程建设强制性标准进行勘察、设计，并对其勘察、设计的质量负责。设计单位应当就审查合格的施工图设计文件向施工单位做出详细说明。

3）施工单位对建设工程的施工质量和本单位的安全生产负责。建设工程总承包单位按照总承包合同的约定对建设单位负责；分包单位按照分包合同的约定对总承包单位负责。总承包单位和分包单位就分包工程对建设单位承担连带责任。

4）建筑工程监理应当依照法律、行政法规及有关的技术标准、设计文件和建筑工程承包合同，对承包单位在施工质量、建设工期和建设资金使用等方面，代表建设单位实施监督。

2017 年 2 月 21 日发布的《国务院办公厅关于促进建筑业持续健康发展的意见》（国办发〔2017〕19 号），强调要全面落实各方主体的工程质量责任，特别要强化建设单位的首要责任和勘察、设计、施工单位的主体责任。以上法律规定为合同实施计划的编制和落实提供了法律责任依据。

二、合同实施计划的内容及编制

故宫文物保护工程合同实施计划的内容如下

（一）合同实施总体计划

各方主体应当根据法律规定和合同约定编制合同实施总体计划。

1）建设单位是工程项目的牵头单位及合同实施计划的主导者。为保证各种许可、批准或者备案手续齐全，保证资金按时到位，保证具备施工条件，建设单位应当编制工程项目总体安排计划。

2）施工和勘察、设计单位是工程项目承包合同实施计划的编制和实施单位。其中施工单位应当编制《施工组织设计》，它是施工单位规划指导建筑工程投标、签订承包合同、施工准备和施工全过程的全局性的技术经济管理文件，具有组织、规划（计划）和指挥、协调、控制功能。施工单位应当根据《施工组织设计》编制合同实施总体计划；勘察、设计单位也要根据《施工组织设计》安排后续勘察、设计合同服务工作。

3）监理单位受建设单位委托对工程质量、安全、工期和资金使用情况实施监督，既要审查批准《施工组织设计》，同时也要围绕《施工组织设计》展开监理活动，据此编制监理合同实施计划。

（二）合同分解与分包策划

合同分解是实现合同目标的重要途径。建设工程合同因合作面广、合同关系复杂、专业性强，因此需要进行合同分解才有利于合同履行。只有对合同进行层次化、专业化、岗位化分解，将合同实施计划落实到具体部门和人员，才能实现合同目标。

分包合同策划是总包单位对于需要进行分包的工程进行策划。分包合同既是独立合同，又是总包合同的组成部分。因此，应当将分包合同的实施计划纳入合同实施总体计划，统一安排，统一协调。分包策划包括以下两点。

1）分包范围的规定。在项目范围内策划准备分包（分供）的项目，确定各分包合同的工作范围和界限，通过具体的专业分类，形成各个独立同时又相互影响的分包合同。

2）对分包工程的招标文件和合同文件的起草。包括分包队伍的选择方式、分包合同种类，合同风险分配等。

3）合同实施计划的编制。应当自上而下安排任务和实施重点，然后自下而上提出各自的实施条件及预计困难，再汇总平衡协调后形成完整的合同实施计划，并经过批准后实施。当然，根据我国法律规定，总承包单位将建设工程进行分包，应当经建设单位许可，或者在合同中明确约定，否则构成违法分包。

三、合同实施计划的保障体系

故宫文物保护工程合同实施计划的保障体系如下。

（一）建立沟通协调机制

合同主体与勘察、设计、施工、监理、供应商之间应建立沟通协调机制，保证各方的合同计划得到落实，主要包括以下工作。

1）定期召开协调会议，跟踪计划安排及落实情况。

2）及时提交各种表格、报告、通知。

3）提交质量管理体系文件。

4）提交进度报告。

5）对相关问题提出意见、建议和警告。

（二）落实合同责任

合同主体将分解后的合同实施计划分解落实到各层级、部门、项目部、人员或分包商，使他们对合同实施计划、各自责任等有详细具体的了解。

（三）建立合同实施工作程序

对于经常性工作应订立工作程序，有章可循，如请示报告程序、批准程序、检查验收程序、合同变更洽商程序等，将其落实到具体部门和人员。

（四）建立报告和行文制度

合同主体之间的沟通都应以书面形式进行，或以书面形式作为最终依据，这既是合同的要求，也是法律的要求，更是工程管理的要求。报告的行文制度包括如下几方面内容。

1）定期的工程实施情况报告，如日报、周报、月报等，应规定报告内容、格式、方式、时间以及负责人。

2）对于工程过程中发生的特殊情况及处理的书面文件，应有书面记录并由工程师签署。对在工程中合同双方的任何协商、意见、请示、指示等都应采取书面形式。因紧急情况下发布指示或采取措施的，应当在规定时间内补充提交书面文件。

3）工程中所涉及双方的工程活动，如材料、设备、各种工程的检查验收，场地、图纸的交接，各种文件的交接，都应有相应的手续，应有签收证据并建立台账。

（五）建立合同文档管理系统

由合同管理人员负责各种合同资料和工程资料的收集、整理和保存工作，同时应建立合同文件编码系统和文档系统，便于查询和共享信息。

（六）制定合同奖罚制度

对于合同主体之间，应通过合同奖励和违约条款分别保证合同履行，保证合同目标的实现；对于下属层级、部门、项目部、人员，则应通过奖励和惩罚制度来保证其按期、保质、保量完成计划目标。

四、分包合同应符合法律法规和总包合同的约定

（一）分包是工程建设的客观需要

1）技术需要。通过分包的形式可以弥补总承包商技术、人力、设备、资源等方面的不足，同时总承包商又可通过这种形式扩大经营范围，承接自己不能独立承担的工程。

2）经营需要。将专业工程进行分包，既能够维护长期的合作伙伴、增强自己的经营实力，又能够让报价低同时又有履约能力的分包商分担相应经营风险。

3）满足业主要求。分包可满足业主对于某些特殊专业或特殊技能的专业要求。

（二）分包应当依法进行

按照相关法律规定，除工程主体部分外，勘察、设计和施工单位对其承包的建设工程，可以根据法律规定和合同约定将部分承包任务进行分包。承包单位应当与分包单位签订分包合同。分包单位按照分包合同约定，对其分包的工程向总包单位负责。对于需要进行分包的工程任务，应当事先经建设单位认可，或者在合同中明确约定允许分包的范围，否则构成违法分包。

第六节　合同实施控制

一、概述

合同实施控制包括自合同签订至合同终止的全部合同管理过程。合同实施控制分为日常性工作和突变性事件。

合同实施控制的日常性工作是指日常性的、项目管理机构按照实施计划能够自主完成的合同管理工作。

突发性事件是指合同计划外发生的、与合同履行紧密相关的事件，例如重大设计变更、严重违约行为、重大索赔事项、重大质量安全事故、情势变更、不可抗力以及其他重大突发事件。前述事件往往不是项目管理机构自己单方面能够解决的，需要组织通过协商、调解、诉讼或仲裁等方式来解决。

二、合同交底工作

故宫文物保护工程合同实施前，必须对项目管理人员和各工程小组负责人进行“合同交底”，把合同责任具体地落实到各责任人和合同实施具体工作上。

“合同交底”就是由合同主体的相关专业部门及合同谈判人员针对合同文件以及合同总体实施计划向项目管理机构进行解析和说明，让实施者熟悉合同主要内容、各种规定、管理程序，了解合同责任和工程范围，各种行为的法律后果等，使大家都树立全局观念，工作协调一致，避免在执行中的违约行为。合同交底的意义在于以下几点。

1）现代施工管理必须从原有“按图纸施工”的技术型管理模式向“按合同施工”的经营型管理模式转变。特别是在使用非标准合同文本时，合同交底工作就显得更为重要。

2）职能部门在完成合同订立工作后向具体项目实施机构进行合同交底，就是要向实施机构介绍合同资料及签订过程细节等情况，防止合同订立与合同实施相脱节，同时也是对相关人员进行培训和各种职能部门沟通的过程。

3）合同交底是合同管理职责移交的一个重要环节。

4）通过合同交底，使项目实施机构清楚地了解项目管理规则和运行机制，同时加强项目实施机构与各个部门的联系，加强承包商与分包商，与建设单位、设计单位、咨询单位、供应商的联系。

合同交底内容包括以下几项。

1）解析包括工程范围和承包内容、合同主要权利义务、合同价格、计量与支付、工期与进度、质量要求及质量控制、安全文明施工与环境保护、试验与检验、变更与价格调整、竣工验收、竣工结算、缺陷责任与保修、违约与索赔条款、争执解决条款等在内的合同条款。

2）介绍在招投标和合同签订过程中的情况。

3）讲解合同条款中的问题、可能出现的风险和建议等。

4）说明合同要求与相关方期望、法律规定、社会责任等相关注意事项。

5）合同交底可以书面文件、电子数据、视听资料和口头形式实施，书面交底的应签署确认书。

三、合同跟踪

由于工程实施过程中的情况千变万化，导致合同实施与预定目标偏离的情况时有发生。合同跟踪就是通过对合同实施情况进行分析，不断找出偏差，及时采取措施，不断调整合同实施方案，使之与总目标一致。这是合同控制的重要手段。在这个过程中，及早对合同进行分析、跟踪、对比，发现问题并及早采取措施，则可以把握主动权，避免或减少损失。

故宫文物保护工程合同跟踪的依据如下。

1）合同和合同分析结果（如合同文件、合同变更、各种计划、价款收支等文件）是合同跟踪的基本依据。

2）各阶段的工程施工文件（如施工管理资料、技术资料、测量记录、物资资料、施工记录、试验资料、过程验收资料、竣工质量验收资料、会议纪要，情况报告、统计数据等）是合同跟踪的主要依据。

3）工程管理人员每天对现场情况的直观了解（如施工日志、现场巡视、谈话交流等）是最直观的认识，通常比报表、书面报告，更能直接、快速地发现问题，有助于迅速采取措施处理问题，是合同跟踪的直接依据。

一旦跟踪发现合同实施履行情况与预定计划出现较大偏差，应当在合同跟踪的基础上，针对合同履行过程中出现的偏差及时进行合同诊断。

四、合同实施诊断

合同诊断就是对合同执行情况所进行的评价、判断和趋向分析、预测。故宫文物保护工程合同实施诊断主要包括如下内容。

1）合同实施差异的原因分析。通过对不同监督和跟踪对象的计划和实施的对比分析，不仅可以找到差异，而且可以探索引起这个差异的原因。原因分析可以采用鱼刺图、因果关系分析图表、成本量差、价差分析等方法定性或定量地进行。

2）合同差异责任分析。分析这些原因由谁引起？由谁承担责任？一般只要原因分析详细，有根有据，就可以分清责任，并按照合同约定追究违约方的责任。

3）合同实施趋向预测。作为工程责任主体的承包人有义务对工程可能出现的风险、问题和缺陷提出预警，提出不同的调控措施，寻找实现质量、工期、成本三者目标的最佳契合点，以保证合同最终目标得以实现。

综上诊断分析，及时采取相关措施制定合同纠偏方案。

五、合同纠偏的措施和方案

故宫文物保护工程合同纠偏的措施如下。

1）组织和管理措施：包括调整和增加劳动投入、派遣得力的管理人员、调整或重新编制实施计划或工作流程等。

2）技术措施：包括变更技术方案，采用新的更高效的施工方法或施工机具等。

3）经济措施：包括调整投资计划、改变支付方式、加大经济奖励和惩罚力度等。

4）合同措施：包括变更合同内容、签订补充协议、提出合同索赔、追究违约责任，甚至终止合同等。

以上 4 方面的措施既可以单独采用，也可以综合考虑，具体应当根据合同偏差的大小、纠正的难易程度等情形来决定。现实中，导致合同偏差的原因往往是多方面的，因此调整合同偏差的措施也应当是综合的。

确定合同纠偏方案后，应当书面报授权人，批准后方可实施。同时，合同纠偏方案的实施应当注意以下方面。

1）纠偏防范的实施需要其他相关方予以配合的，应当事先征得各相关方书面同意。

2）纠偏方案的实施可能影响其他相关方的合同履行的，或者需要其他相关方调整计划加以配合的，则各相关方应当通过签订协议来确定各方权利、义务，以便在实施中协调一致。

六、合同变更管理

合同变更是指对原合同主体内容进行补充、修改、删减或者另行约定的合同行为。合同变更的范围很广，凡涉及生效合同内容或条款变化的，例如改变工程范围、工期进度、质量要求、价款结算、权利义务等合同条款的，都属于合同变更的范畴。

1. 故宫文物保护工程合同变更的处理要求

1）变更尽可能快地做出。在实际工作中，变更决策时间过长和变更程序太慢会造成很大的损失。这不仅要求提前发现变更需求，而且要求变更程序非常简单和快捷。

2）迅速、全面、系统地落实变更指令。变更指令做出后，承包商应迅速、全面、系统地落实变更指令；全面修改相关的各种文件，使它们反映和包容最新的变更。在相关各实施机构的工作中落实变更指令，并提出相应的措施，对新出现的问题做解释，提出对策，同时协调好各方面工作。

3）保存原始设计图纸、设计变更资料、业主书面指令、变更后发生的采购合同、发票以及实物或现场照片。

4）对合同变更的影响做进一步分析。对于合同变更涉及工期、价格、返工等内容的，还应在合同规定的索赔有效期内提交索赔意向和索赔申请。在合同变更过程中应记录、收集、整理涉及的各种文件，以作为进一步分析的依据和索赔的证据。在实际工作中，合同变更必须与提出索赔同步进行，甚至对重大的变更，应先进行索赔谈判，待达成一致后，再实施变更。

2. 合同变更的评审

由于合同变更协议与合同具有同等法律约束力，而且合同变更时间在后，其法律效力优先于先期的合同。所以，在对合同变更的相关因素和条件进行分析后，应该及时进行变更内容的评审，内容包括对合理性、合法性的评审及提出可能出现的问题及措施等。

3. 合同变更生效

合同变更一般由合同双方经过会谈，对涉及合同实质性内容的条款达成一致，双方签署备忘录、修正案、补充协议等变更协议后合同变更成立。但是，法律规定变更应当办理批准、登记手续的，依照其规定办理。涉及政府投资的项目，还需经过投资主管部门的批准。图 5-28 所示是工程的变更程序。

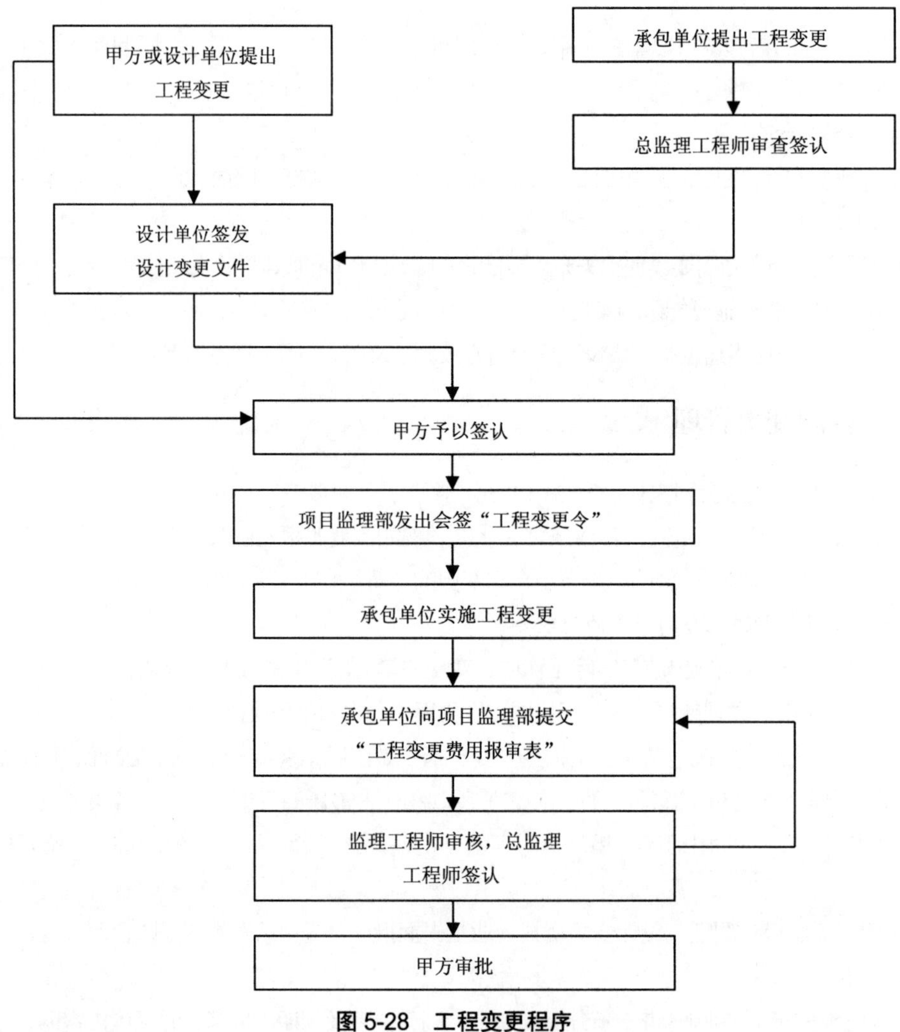

图 5-28　工程变更程序

七、合同中止

合同中止是指在合同义务履行之前或履行过程中，由于某种客观情况的出现，使得当事人不

能履行合同义务而只能暂时停止的情形。合同中止是在合同履行过程中经常发生的事件。

当事人可依据合同约定中止合同。所谓依照合同约定中止履行，是指当合同约定的中止履行的情形出现后就按照约定中止履行合同。

当事人可依据法律规定中止履行合同，即当法律规定的中止履行的情形出现后就依法中止履行合同。根据我国《合同法》规定，出现以下情形时可以中止履行合同。

1）应当先履行债务的当事人，有确切证据证明对方有以下情形之一的，可以中止履行合同：经营状况严重恶化；转移财产、抽逃资金以逃避债务；丧失商业信誉；有丧失或者可能丧失履行债务能力的其他情形。当事人一方依法中止履行合同的，应当及时通知对方。对方提供适当担保时，应当恢复履行合同。中止履行合同后，对方在合理期限内未恢复履行能力并且未提供适当担保的、中止履行的一方可以解除合同。

2）同时履行债务的当事人，一方在对方履行之前有权拒绝其履行要求。一方在对方履行债务不符合约定时，有权拒绝其相应的履行要求。

3）当事人履行债务有先后顺序的，先履行一方未履行的，后履行一方有权拒绝其履行要求。先履行一方履行债务不符合约定的，后履行一方有权拒绝其相应的履行要求。

4）《合同法》第十六章“建设工程合同”第二百八十三条进一步规定：“甲方未按照约定的时间和要求提供原材料、设备、场地、资金、技术资料的，承包人可以顺延工程日期，并有权要求赔偿停工、窝工等损失”。

综上，合同中止履行必须依照合同约定或者法律规定实施，否则构成违约，要承担违约责任。

八、索赔管理

1. 索赔的定义

索赔（包括反索赔）是合同和法律赋予合同各方的基本权利，索赔可分为广义索赔和狭义索赔。

1）广义的索赔，是指在合同履行过程中，因产生了可以归责为合同相对方的约定事由或者法定事由等原因，从而向对方提出超过合同约定的价款补偿、工期补偿的行为，包括但不限于因承包范围、合同内容、工程量等发生变化，或者出现了合同约定或者规定的价格调整情形，或者合同相对人违约的情形而引起的索赔。

2）狭义的索赔（习惯上所称的索赔），专指合同一方当事人在履行合同时，对于非自己过错出现的违约事件给自己造成损失时，向合同相对方提出补偿要求的行为，主要包括停（窝）工索赔和工期索赔。

在现实中，人们往往习惯将因对方违约而提出的赔偿要求称为“索赔”，而将因承包范围、工程内容、工程量等变化而引起的补偿要求，或者依据合同约定或者规定提出的价格调整要求，习惯地称为“洽商变更”或“签证”。在实质上，它们都属于合同索赔的范畴，应当按照合同约定的程序和期限向对方提出价款（费用）补偿、工期补偿。

2. 索赔的情形

在工程建设项目中，出现下列情形时一般会发生索赔。

1）工期延误。因施工质量问题发生返修事项的，甲方就有权要求承包人顺延工期、保修期限。

2）费用增加或预期利益损失。由于非自身的原因造成工期拖延和工程费用增加，造成守约方经济损失的，守约方可以根据合同约定或法律规定提出费用索赔或者预期利益损失索赔要求。

3. 索赔情形产生的主要原因

1）违约行为。违约行为是指违反合同约定，不履行合同或者履行合同不符合约定的行为。守约方有权要求违约方承担继续履行、采取补救措施、赔偿损失或者支付违约金等法律后果。这些都属于索赔范畴。

2）合同变更。合同内容的变更大多会涉及合同价款的调整，这是提出索赔的理由。

3）情势变更。情势变更是指合同成立后客观情况发生了当事人在订立合同时无法预见的、非不可抗力造成的不属于商业风险的重大变化，继续履行合同对于一方当事人明显不公平，不能实现合同目的的一方当事人可以请求变更或者解除合同。由此导致合同变更涉及合同价款调整的，就属于索赔的范畴。

4）不可抗力。其是指不能预见、不能避免并不能克服的客观情形。在履行合同中，因不可抗力不能履行合同的，根据不可抗力的影响，可部分或者全部免除责任。同时，因此发生的修复、减损、赶工等措施而支出的费用，则可以向受益方提出索赔。

以上违约行为、合同变更、情势变更、不可抗力等情形都是合同索赔的依据。

4. 索赔的提出

按照建筑行业相关规定及行业惯例，在发生索赔事件时索赔申请人认为有权得到追加付款和延长履约天数等索赔请求的，应当按照下列程序和期限提出索赔文件，否则可能丧失对该事件的索赔权利。

1）索赔意向书的提出。一般而言，索赔申请人要从知道或者应当知道索赔事件发生后的一定期限内，向索赔相对方（甲方或者承包人）递交索赔意向通知书，并说明发生索赔事项的事由。

2）索赔报告的提出。索赔申请人在发出索赔意向通知书后的一定期限内，向索赔相对方正式递交索赔报告。索赔报告应详细说明索赔理由以及要求追加的付款金额和（或）延长的履约天数，并附必要的记录和证明材料。

3）如果索赔事件具有持续影响，索赔申请人应按合理时间间隔持续递交延续索赔通知（或阶段索赔报告），列出累计的追加付款金额和（或）延长履约天数。

4）在索赔事件影响结束后的一定期限内，索赔申请人应当向索赔相对方递交最终索赔报告，说明最终要求索赔的追加付款金额和（或）延长的履约天数，并附必要的记录和证明材料。

5. 索赔的处理

对于索赔报告一般按照以下程序和期限处理。

1）索赔相对方在收到索赔报告后的一定期限内，应完成对索赔报告及相关文件的审查。对索赔报告存在异议的，有权要求索赔申请人提交全部原始记录副本。

2）索赔相对方应当在收到索赔报告或有关索赔的进一步证明材料后的一定期限内，将索赔处理结果书面答复给索赔申请人。索赔相对方逾期答复的，则视为其认可索赔申请人的索赔要求。

3）索赔申请人接受索赔处理结果的，索赔相对方应当在当期进度款中支付索赔款项，延长合同履行天数；索赔申请人不接受索赔处理结果，双方又不能通过协商达成一致的，应当按照合同约定的争议解决条款处理。

6. 承包人提出索赔的最后期限

1）限制承包人索赔权利的情形。按照约定，承包人在工程竣工验收合格后提交竣工结算申请单，并提交完整的结算资料；甲方在约定的期限内完成审批，并签发竣工付款证书。承包人对竣工付款证书无异议的，在接收甲方签发的竣工付款证书后，应被视为已无权再提出在工程接收证书颁发前所发生的任何索赔。

2）终止承包人的索赔权利的情形。按照约定，承包人应于缺陷责任期届满后，向甲方发出缺陷责任期届满通知；甲方应在收到缺陷责任期届满通知后，向承包人颁发缺陷责任期终止证书。

承包人在缺陷责任期终止证书颁发后，向甲方提交最终结清申请单，并提供相关证明材料。

承包人在提交的最终结清申请单中，只限于提出工程接收证书颁发后发生的索赔。提出索赔的期限自接受最终结清证书时终止。

九、合同收尾

1. 合同终止与合同收尾的关系

所谓合同终止，是指合同债务已经按照约定履行完毕，或者按照合同约定、法律规定，合同权利义务不再继续履行的一种法律结果或状态。根据我国《合同法》的规定，合同终止的情形有两大类：第一，债务已经按照合同约定履行完毕；第二，出现了合同解除（违约解除、不可抗力解除、情势变更解除）、债务相互抵销、债务人依法将标的物提存、债权人免除债务、债权债务同归于一人、法律规定或者当事人约定不再继续履行合同等情形。

合同收尾不是一个法律概念，而是人们为了实现合同终止而表现出来的必要的工作状态及工作流程。例如：建设工程完工后，合同当事人为了全面完成合同义务而进行的竣工验收、编制和提交竣工资料、进行竣工结算、整理和归档工程资料等工作，都属于合同收尾工作的范畴。

由此可见，合同终止是通过合同收尾来实现的，二者是结果与过程的关系。

2. 合同收尾与项目收尾的异同

对于建设工程项目而言，合同收尾与项目收尾在工作范围、实施主体、工作内容等方面都有所不同。

1）从工作范围上看，合同收尾是围绕本合同工作范围进行的。而一个项目却需要订立若干不同性质、不同类型的合同，可见项目收尾的工作范围要比合同收尾广泛得多。

2）从实施主体上看，合同收尾工作是由合同双方当事人（包括代理人）来完成的。而项目收尾工作涉及包括建设、勘察、设计、施工、监理、行政监督、主管部门等各个方面，需要通过众多不同职责的实施主体来完成。

3）从工作内容上看，合同收尾的工作内容一般都在合同中约定或者在相关规范中规定。而项目收尾的工作内容不仅包括合同收尾，还包括项目移交、项目保修、项目审计、项目资产登记与处置、项目公司清算、项目人员安置、项目工作总结、项目资料整理和归档、争议事项的解决等大量合同之外的工作。

由此可见，合同收尾与项目收尾属于两个不同层面的工作事项。一般而言，合同收尾包含在项目收尾之中。

3. 合同收尾的工作内容

合同收尾的工作内容一般由当事人双方在合同中约定，或者由法律、行政法规或规范明确规定。例如：对于建设工程而言，工程竣工验收、编制和提交竣工资料、进行竣工结算、整理和归档工程资料等合同收尾的工作内容，在施工合同中都有明确约定；当然，我国《建筑法》《建设工程质量管理条例》《建筑工程施工质量验收统一标准》《建设工程工程量清单计价规范》等法律、行政法规和规范文件中对此也有明确规定。因此，合同约定和法律规定都是合同收尾工作的依据。

如果合同就相关工作内容没有约定或者约定不明确，相关法律、规范、标准等的强制性条文也没有规定，但合同收尾又必须进行相关工作内容，则当事人应当补充协议，不能达成补充协议的，可以按照合同有关条款或者交易习惯来确定合同收尾工作内容。

4. 合同收尾的工作流程

合同收尾的工作程序因合同内容不同而不尽相同，但一般具有以下特点。

（1）合同收尾工作的启动必须符合约定条件

例如 2013 版《建设工程施工合同（示范文本）》第 13.2.1 就写明了承包人申请竣工验收的必要条件，如下所示。

1）除发包人同意的甩项工作和缺陷修补工作外，合同范围内的全部工程以及有关工作，包括合同要求的试验、试运行以及检验均已完成，并符合合同要求。

2）已按合同约定编制了甩项工作和缺陷修补工作清单以及相应的施工计划。

3）已按合同约定的内容和份数备齐竣工资料。

由此可见，如果不具备相应合同条件，合同收尾工作就不能启动。

（2）合同收尾工作一般都按照一定程序进行

例如 2013 版《建设工程施工合同（示范文本）》第 14 条规定了“竣工结算”工作的先后顺序，即申请人先提交“竣工结算申请”，甲方才进行“竣工结算审核”，否则承包人无权要求付款。而且，在每个具体工作环节都规定了严格的程序和责任，如“竣工结算审核”环节的程序如下。

1）除专用合同条款另有约定外，监理人应在收到竣工结算申请单后 14 天内完成核查并报送甲方。

2）发包人应在收到监理人提交的经审核的竣工结算申请单后 14 天内完成审批，并由监理人向承包人签发经发包人签认的竣工付款证书。

3）监理人或发包人对竣工结算申请单有异议的，有权要求承包人进行修正和提供补充资料，承包人应提交修正后的竣工结算申请单。

4）发包人在收到承包人提交竣工结算申请书后 28 天内未完成审批且未提出异议的，视为发包人认可承包人提交的竣工结算申请单，并自发包人收到承包人提交的竣工结算申请单后第 29 天起视为已签发竣工付款证书。

上述程序环环相扣，约定清楚，责任明确，充分体现了合同收尾阶段的程序性特点。

（3）合同收尾工作要求必须以书面形式体现

由于收尾工作具有明确的约定性、严格的程序性等特点，因此必须以书面形式记载合同收尾工作，才能分清责任，维护自己的合法权益。

十、合同争议解决

按照我国《合同法》的规定，合同争议解决有4种方式：和解、调解、仲裁、法院诉讼。4种解决争议方式各有优缺点，要根据争议案件的特点选择适当的解决方式。

1. 和解

和解方式解决合同争议是指合同当事人之间通过友好协商、谈判，自行解决合同争议并达成协议的行为。和解的主要优缺点如下。

1）和解的主要优点。和解不需要第三方参与，有利于保密及双方保持友好关系；不受调解、仲裁、诉讼进程的约束；双方当事人可以采取各种灵活手段在不同阶段、不同时间节点上友好地达成和解协议；和解协议经签字生效后具有民事合同的性质。

2）和解的主要缺点。争议各方在谈判陷入僵局时因无人劝和而容易导致谈判失败；生效的和解协议并不具备强制执行的法律效力。

2. 调解

调解方式解决合同争议是指经合同双方当事人共同确认，由第三方（机构或个人）居中调停，进行疏导和劝说，促使当事人自愿达成协议、解决合同争议的行为。根据调解主体性质不同，调解可分为民间调解、行政调解、仲裁调解、诉讼调解。调解的主要优缺点如下。

1）调解的主要优点。居中调解的机构或者个人都是争议双方认可的，具有一定的权威性、专业性、亲和性，其调解意见容易被接受而促成争议各方达成调解协议；调解具有信息保密、程序简便、快捷灵活、节约费用等优点；调解协议具有民事合同性质，且内容不受争议事项的限定；生效的民间和行政调解协议经人民法院司法确认有效后具有强制执行效力，也可以通过仲裁程序将生效的民间调解协议转化为具有强制执行效力的仲裁裁决书或仲裁调解书；生效的仲裁调解书和法院调解书具有强制执行法律效力。

2）调解的主要缺点。当事人一方拒绝调解，调解不得强制进行；民间和行政调解协议未经司法确认或者仲裁裁决，不具有强制执行效力。

3. 仲裁

仲裁方式解决合同争议是指合同当事人依据达成的仲裁协议，自愿将争议提交约定的中立第三方做出裁判的行为。这里讲的仲裁是指商事仲裁，即平等主体之间发生的合同纠纷和其他财产纠纷仲裁，不包括劳动争议和农业承包合同纠纷仲裁。仲裁分为机构仲裁和临时仲裁。我国法律规定的仲裁是机构仲裁，临时仲裁仅在我国“自由贸易试验区”试点进行。仲裁的主要优缺点如下。

1）仲裁的主要优点。没有地域、级别管辖、专属管辖等限制；当事人选定仲裁机构、仲裁庭成员、仲裁规则；程序时间较短，一裁终局；具有专业性、独立性、保密性强的优点；仲裁可以在当事人约定的地点开庭审理；生效仲裁裁决书和仲裁调解书具有直接申请人民法院强制执行的效力；涉外仲裁机构做出的裁决可以得到《承认及执行外国仲裁裁决公约》（简称《纽约公约》）成员国、双边条约或协定国家的法院承认和执行。

2）仲裁的主要缺点。仲裁机构仅在设区的城市设立，机构分布较少；仲裁机构不受理没有仲裁协议的争议案件；仲裁审理的争议事项不能超出当事人约定范围；第三人不得参加仲裁活动。

4. 诉讼

诉讼方式解决合同争议是指通过向人民法院起诉解决合同争议的行为。诉讼的主要优缺点如下。

1）诉讼的主要优点。审判机关具有国家权威性；法院在中国境内地域全面覆盖；解决争议范围广泛，诉讼事项不需事先约定；与案件争议有利害关系的第三人可以申请参加或者法院通知其参加诉讼。

2）诉讼的主要缺点。两审终审制的诉讼时间较长，一审终审仅限于民事诉讼法“特别程序”规定的特殊案件；级别管辖、地域管辖、专属管辖等限制了当事人对法院的选择权；当事人只能书面协议选择与争议有实际联系的地点的五类法院管辖；诉讼代理人不得超过 2 人，且对代理人身份做了法律限定。

在进行相关工作时，应注意启动仲裁和诉讼程序的前置条件。许多合同文本中都有关于申请仲裁或提起诉讼的前置条件的条款，只有满足了这些前置条款，才能进行后续的仲裁或诉讼程序。例如：国家发展改革委等九部委编制的 2007 年版《标准施工招标文件》和 2012 年版《标准设计施工总承包招标文件》的第四章第一节“通用合同条款”24.1 款“争议的解决方式”中都写明：“甲方和承包人在履行合同中发生争议的，可以友好协商解决或者提请争议评审组评审。合同当事人友好协商解决不成、不愿提请争议评审或者不接受争议评审组意见的，可在专用合同条款中约定下列一种方式解决：①向约定的仲裁委员会申请仲裁；②向有管辖权的人民法院提起诉讼。”从中可见，发生合同争议时，只有在“合同当事人友好协商解决不成、不愿提请争议评审或者不接受争议评审组意见的”情形下，才能申请仲裁或提起诉讼。如果没有启动前置条件就直接申请仲裁或提起诉讼，则构成违约，可以向仲裁机构或法院提出异议，终止仲裁、诉讼程序。

第七节　合同管理总结

一、合同总结概念

合同总结就是在合同终止后，对合同订立、合同履行全过程的实践活动进行回顾、分析、评价，从中得出经验教训，探索规律，使得合同管理更加科学化、规范化、合理化。

二、合同总结内容

合同终止后应当进行合同总结。合同总结的内容因其总结角度不同而有所不同。

从合同过程角度总结，合同总结包括合同订立情况评价、合同履行情况评价、合同管理工作评价、对合同履行有重大影响的合同条款评价等。

从合同主体角度总结，合同总结包括合同主体自我评价、合同相对方评价、合同相关第三方（合作方、消费方、监督方等）评价、社会公众评价等。

从合同管理体系角度总结，合同总结包括项目执行部门及管理人员的实施总结、业务职能部门的总结等。

三、合同管理的改进措施

合同总结的目的在于验证制度的科学性和计划的合理性，找出自身缺陷和漏洞，总结经验教训，提出改进措施和方法，完善管理制度和改进工作计划，用以指导后续工作。

合同总结应表彰奖励和惩罚批评相结合。通过总结，发扬成绩，发现问题，并采用经济和行政手段，表扬和奖励先行，惩罚和批评落后，最终使得总结成果与每个人的利益相联系，让总结成果变成促进合同管理工作的推动力。

四、合同档案的管理与利用

1. 合同档案资料的构成

1）从形式上看，合同资料包括书面资料、实物样品、电子数据和视听资料。

2）从内容上看，合同资料包含合同订立、合同履行、验收交付过程中的全部合同文件以及过程记录、合同总结等。

2. 合同归档

合同总结完成后，要按照各自职责进行合同资料的全面收集，统一归档。

1）合同订立阶段的相关合同资料，由业务部门负责收集和保管，并在合同总结完毕后移交档案管理部门。合同订立阶段的合同资料包括招投标文件、合同组成文件、合同交底、合同评审文件、业务部门的合同总结等。

2）合同履行阶段的相关资料，由项目部等执行单位负责收集和保管，并在合同总结完毕后移交档案管理部门。合同履行阶段的合同资料包括签证文件、索赔文件、往来函件、会议纪要、合同履约资料、经授权签订的分包合同和采购合同文件、合同实施的总结等。

3）档案管理部门应当将归档的合同资料编制统一编号，制作电子文档，编写摘要及关键词，便于人们查询、研究和交流，让合同资料变成管理的宝贵资源。

第二十二章　成本管理

在故宫文物保护工程项目的建设施工中，不仅要保证项目质量安全，项目进度满足合同规定要求，更要尽可能保证项目实际开支在上级批复的投资概算范围内。因此，项目各方应运用科学手段对成本进行管理，达到节省资金的目的，尽力保证文物保护工程项目的实际成本能够被控制在预算范围内。

第一节　成本管理概述

一、成本管理的定义

故宫文物保护工程项目成本管理以项目安全、质量为前提，要求工程项目的每一个步骤的成本估算、费用预算和成本控制尽可能在上级批复的预算范围内完成。因此故宫文物保护工程项目的成本管理贯穿于整个项目的前期准备、设计及施工阶段，乃至竣工阶段的工作中，使得项目在有限的预算内尽可能以更高的标准完成。

英国著名管理学家彼得·霍布斯在《项目管理》一书中提道："工程项目的成本管理即是在一定有效的时间范围内，以实现项目的工作目标为目的，针对工程项目所产生的支出采取一定的手段进行控制、调整。"故宫文物保护工程项目要求管理方、监理方、施工方在实际操作中通过项目的成本管理实现对整个项目的管理和监督，使项目实施过程中出现的问题得到及时解决。

二、成本管理的原则

在故宫文物保护工程项目的成本管理中，要求各参建单位通过适当的措施进行成本管理，并遵循以下几个方面的原则。

（一）适度控制成本原则

故宫文物保护工程项目要求项目中的成本控制所带来的经济收益必须大于为了进行成本控制所付出的代价。这样才能增加施工企业的收益，即落实"适度控制成本原则"。

在收入不变的情况下，降低成本可使利润增加；在收入增加的情况下，降低成本可使利润增长率更高。成本一旦不能受控，会使企业生存受到威胁，同时影响政府财政，加重纳税人负担，不利于国民经济的发展。因此，适度控制成本，能够使项目成本控制的结果对建设工程项目具有正面积极的影响。无论是建设单位、管理单位，还是施工单位，都应将合理的成本控制作为文物保护工程项目管理的重点，不可一味为了追求控制成本而威胁工程自身安全；也不可为了控制成

本而浪费更多的资源。

尤其是在故宫文物保护工程项目中，确保安全、质量是所有工作的重中之重。只有适度地对项目成本进行管理，才能保障工程安全，提高工程质量，创新设计，改善施工工艺，寻求新的开拓。

（二）个别化原则

故宫文物保护工程项目中没有两个同样内容和同样成本的项目，也没有同样的管理人员和方法，每个文物保护工程项目都有独特性。所以成本管理与控制系统必须个别化、独特化，根据特定施工单位和特定项目收支的具体情况，不断完善和汲取别人的经验教训，不能照搬别人的成本控制经验。

（三）持续性全面管理与控制的原则

故宫文物保护工程项目成本管理与控制可以从时间和内容两个方面进行。从时间上说，这既包括对施工过程中成本的管理与控制，也包括项目前期的地上、地下踏勘及竣工阶段的成本管理与控制，它贯穿于文物保护工程项目从开工到竣工，乃至到后续保修服务阶段全过程。

从内容上说，成本管理与控制的内容既包括施工建材生产成本的管理与控制，也包括方案设计及资金筹集成本、材料采购成本、管理费用、监理费用、使用寿命成本、人力资源成本及办公消耗品成本等方面。

1. 建筑材料成本的管理与控制

故宫文物保护工程项目对建筑材料的进购渠道和质量都有严格的要求，同时对建筑材料成本的控制也是成本管理的关键。在建筑材料生产成本总额中，大部分的材料种类在设计阶段已经确定，材料价格也在签订合同时基本确定。在具体的生产建设环节，除非偷工减料或者修改设计方案，否则想要大幅降低成本是不可能的。因此在工程施工过程中，当工程材料、质量和进度与目标成本发生冲突时，必须以保证施工安全为基础，运用一定的措施优化功能和设计，从而降低材料及施工成本。

2. 材料采购成本的管理与控制

材料采购成本的控制，主要是通过确保材料的质量、确定供应商来达到控制成本的目的。故宫文物保护工程项目的材料成本控制，是在确保质量、规格、型号符合生产要求的情况下，尽可能以市场较低的价格进行订购，以达到材料成本控制的目的。寻求材料好的供应商是控制成本的关键因素。同时，根据故宫文物保护工程项目采购标准，要求材料采购方时刻掌握市场动态，根据市场材料的供应量、需求量的变化，预估材料价格的变化趋势，以做好及时采购或保留库存量的准备。库存量过高会形成库存积压，导致储存成本上升；库存量低于需求量时又会导致停工待料，还要应对市场价格上涨带来的材料成本增加。因此采购方应随时关注市场价格走势，适量储存原材料，以应对市场价格的变化。

3. 工程建设项目成本的管理与控制

在故宫文物保护工程实际操作中，要严格执行标准成本制度，以标准成本为依据，以实际费用的产生为基础，生成差异产生的分析与报告，分析其原因，从根本上对项目成本进行控制，将成本差异的分析、目标成本的管理连接为一个有机整体，更加科学地进行成本管理。

4. 间接费用的管理与控制

在项目实施过程中，事先对公务开销、管理费用、监理费用、财务费用等间接成本进行预算控制，并在日常的管理中，严格按照预算进行支出，以达到文物保护工程项目的建设目标为最终目的，以此为前提尽可能减少此类间接费用的支出，从而达到控制成本的效果。

5. 质量成本的管理与控制

质量成本是指为了保证和提高工程质量而造成的费用增加，以及因工程未达标所造成的损失，包括预防风险费用、检验费用、内部损失费用、外部损失费用等。故宫文物保护工程项目对工程质量的要求非常严格，因此在质量成本的管理与控制中，一定以保证工程质量为先决条件。

6. 使用寿命周期成本的管理与控制

使用寿命周期成本是指客户为了取得所需要的产品，并使其发挥必要功能而付出的代价。它包括原始成本和运营维护成本两部分。故宫文物保护工程项目产品使用寿命周期成本的控制，就是在决定进行工程建设时，既要考虑原始成本（建造的价格等因素），也要考虑以后使用过程中的必要支出，使二者之和达到最低，同时也便于今后的管理。

7. 人力资源成本管理与控制

人力资源成本是指企业组织为了取得或重置人力资源而发生的成本，包括人力资源取得成本、保持成本、发展成本、损失成本。故宫文物保护工程项目要求各参建单位在进行人力资源成本控制时，不能只控制人力资源成本的绝对数，还要提高人才使用效率，整合资源，吸引高水平人才。

三、成本管理的内容

故宫文物保护工程项目的成本管理作为项目管理的一部分，包含成本预测，成本决策、成本计划、成本控制、成本核算、成本分析和成本考核等多个方面。故宫文物保护工程项目要求参建单位在工程施工的整个过程中，对各项目所发生的各种成本、费用信息做系统的分析和处理，使项目的各个部分有序进行，按照一定目标运行，使施工项目的实际成本能够控制在预算范围内。

（一）工程成本预测

工程成本预测是通过成本信息集合和项目实际中遇到的情况，运用一定的方法对未来所需要形成的开销及其发展趋势进行预估，其实质就是在建设工程项目施工以前对成本进行核算。通过成本核算和成本预测，可以使工程建设在满足施工要求的前提下，选择成本低、质量高、效果好的最佳成本方案。

（二）工程成本计划

工程成本计划是故宫文物保护工程各参建单位对工程成本进行管理的工具。工程成本计划编制的内容是项目工作中产生的费用、突发情况处理的手段及降低成本所采取的主要措施等。它是建立工程成本控制的基础，也是项目成本的指导性文件和设立目标成本的依据。成本计划是项目成本管理不可或缺的一部分。

（三）工程成本控制

做好成本控制是故宫文物保护工程项目对企业在施工中的基本要求，要求相关企业加强对成本有影响的内容的管理，并采取有效的措施，将施工中实际发生的各种消耗和支出严格控制在成本计划范围内，随时进行核验和审查，以期将各项费用指标控制在预定的范围内，实时发现问题

总结经验，及时消除实际支出与计划成本之间的差异。

（四）工程成本核算

工程成本核算是指工程施工过程中所发生的各种费用和形成工程成本的核算。它包括两个基本的方面：一是按规定核算工程项目施工费用的实际发生额；二是根据成本核算对象，采取适当的方法，计算出该工程项目的总成本和单位成本。工程成本的核算工作对及时发现工程开支问题、降低工程成本和提高企业的经济效益有积极的作用。

（五）工程成本分析

故宫文物保护工程项目中的工程成本分析是在成本费用形成的过程中，对工程成本进行的对比评价和剖析总结工作，主要利用工程项目成本核算的结果和相关数据与计划成本（预算成本）进行比较，这一步操作在工程成本核算之后进行。工程成本分析可通过比对，了解文物保护工程成本的变动情况和走势，系统地研究导致成本变更的因素，核验项目实施计划的可行性和成本计划的可完成度；及时有效地控制成本，减少施工中的浪费，促使参建单位按照成本计划按部就班地完成成本分析及控制。

（六）工程成本考核

故宫文物保护工程项目要求相关参建单位在工程完成后，对工程成本形成过程中的各责任人，按工程成本责任制的有关规定，将成本的实际指标与计划、定额、预算进行对比和考核，评定成本计划完成情况和各责任人的业绩，并以此给出相应的奖励和处罚。通过对项目成本的考核，评定各个项目负责人工作的完成情况，对其进行奖励和处罚，可有效地调动各岗位工作人员的积极性，为实现效益最大化奠定基础。

成本管理体系中每一个环节都是相互联系和相互作用的。成本预测是前提；成本计划是将预测的目标集中化，形成书面文字；成本控制是对计划的实行过程和结果进行监督和管理；而成本核算则是对计划是否实现进行的检验；成本考核是将成本目标划分到每个人的身上，调动各责任人的工作积极性。

四、成本管理的具体方法

（一）投标阶段的成本管理

故宫文物保护工程项目预算是确定投标报价的基本参考依据，在对项目成本进行管理时，这是一个重要的步骤。根据施工现场的实际情况，由参建单位提出施工所用到的技术措施、施工组织方案、设备配置、人员规模、施工耗材等来确定施工预算。同时根据招标文件的规定和要求，加上税金、利润等，构成承担该工程的全部费用支出，此项支出可作为投标的最低报价。

（二）施工准备阶段的成本管理

施工管理人员通常对工程缺乏整体的规划，在施工准备阶段对资金的控制较为薄弱，在前期工程物资采购时，动用大量资金，导致资金大量流失，影响成本计划的执行。或因故宫所处的特殊地理位置，施工企业没有做好提前规划，导致特殊节日、特殊活动等材料无法按时进场，耽误工期，导致施工计划变动，从而影响施工成本。因此施工企业需要在施工准备阶段根据成本计划文件对资金和采购方式进行详细部署和安排，编制成本管理责任文件，确保管理人员严格执行文件内容，进一步有效跟踪，控制成本。

（三）实行全员成本管理制度

故宫文物保护工程项目要求施工单位加强项目成本管理，树立成本控制意识；要使在保证工程质量和进度的前提下把降低成本作为每个员工成本控制阶段的精神指导，一方面通过教育和灌输使全员从思想上建立控制成本的意识，另一方面是从项目运作的体制机制上，落实全员成本管理的要求。

（四）制定健全的材料采购与设备租赁管理制度

施工单位在进行建筑材料采购及设备租赁的过程中，很容易因制度及人员管理不到位而出现资金未按计划使用的状况。一般情况下，建设工程项目材料费会占工程成本的60%~70%，故要严格控制材料采购和设备租赁费用的支出。故宫文物保护工程项目制定了严密的材料管理及采购制度，做到货比三家，比质量、比价格、比服务。

（五）与分包单位签订成本控制协议

对于实行劳务分包的施工总承包来说，材料由施工总承包负责采购。在施工过程中，可以在成本管理上为劳务分包传递压力，促使施工人员在施工过程中合理利用材料，避免浪费。

（六）通过技术管理来控制成本

故宫文物保护工程项目要求加强技术管理，减少返工损失及浪费。要通过技术管理来控制成本，在管理人员中强化技术就是生产力，技术就是效益的观念。技术的优化不仅能提高工程质量、工程效率，同样能带来经济收益，不论是通过技术管理来节省成本，还是通过技术提升来增加效益，都能使工程项目的成本得到一定的控制。

（七）加大成本核算力度

故宫文物保护工程要求在工程阶段性的节点进行项目成本核算，包括在临建完工、主体工程完工、附属工程完工等关键节点加大成本核算力度。根据核算结果，管理人员应能够清晰认识各分项工程及各项工序的盈亏，从而准确把握成本控制点，确保做好成本控制和管理。

（八）控制工程变更的数量

故宫文物保护工程项目要求项目开始时通过合同的方式对工程施工内容及范围进行清晰的界定，能够预估实际施工过程中工程量发生变化的规律和方向，形成综合报价，以应对突发的设计变更情况。若遇特殊情况需进行设计变更时，应按照“先变更后实施、先签字后实施”的原则，留有纸质版设计变更单及会议记录，避免口头更改。

（九）依据施工进度，进行材料成本控制

故宫文物保护工程材料成本是整个文物保护工程项目成本控制中最有潜力可挖的一项。因此控制资源消耗台账是控制资源消耗的重要途径。根据当月材料的消耗数，施工企业的材料管理部门进一步对材料消耗水平和节、超原因进行分析，同时结合项目经理制定的相应措施，把控施工进度，从总量上对今后消耗的材料种类及用量进行控制。

（十）加强质量管理，控制质量成本

质量成本就是为了项目的质量而发生的费用，包括质量控制成本和故障成本。为了保证工程质量以及未达到质量要求而造成的一切损失都应计入质量成本的范畴，因此通过质量控制的方法来达到项目成本控制的目的，是项目成本控制中非常重要的方法。

当然，因故宫的特殊性，工程的质量成本管理应以达到标准质量为原则进行成本控制，在保

障质量的基础上，尽可能降低建造成本。

第二节　成本计划

一、成本计划的编制

（一）成本计划编制依据

故宫文物保护工程项目与大部分建设工程项目成本计划编制的依据相同，主要包括各类合同文件、项目管理实施规划、相关设计文件、相关定额、同类型项目的成本资料等。

各类合同文件包括工程承包合同文件、招标文件、投标文件、设计文件等，合同中的工程内容、数量、规格、质量、工期和支付条款都将对工程的成本计划产生重要的影响。

（二）成本计划编制要求

首先，故宫文物保护工程项目要求项目成本计划的编制有明确的责任部门和工作方法，采取自下而上、逐级汇总的方法进行编制。成本计划对成本控制具有指导性作用，是降低施工成本的指导性文件。在实际建设过程中，如果总包单位达不到成本计划的要求时，应重新根据实际情况对成本计划进行调整，重新编制成本计划，找到降低成本的途径。这是一个挖掘降低成本潜力的过程，也是检验施工技术质量管理、工期管理、物资消耗和劳动力消耗管理效果的途径。

其次，工程成本计划应根据建设项目实际情况确定具体指标。这些指标根据工程项目管理和成本核算的需要，一般分为3类，包括成本计划的数量指标、成本计划的质量指标和成本计划的效益指标。通过成本指标的计算，能够判断成本计划编制的结果是否可行、有效。

（三）成本计划编制程序

故宫文物保护工程要求成本计划的编制目的以控制工程成本为主，编制程序主要包括以下几个步骤。

1）预测工程成本。

2）确定建设工程项目总体成本目标。

3）编制建设工程项目总体成本计划。

4）项目管理单位与组织的职能部门根据其责任成本范围，分别确定自己的成本目标，并编制相应的成本计划。

5）针对成本计划制定相应的控制措施。

6）由项目管理机构与组织的职能部门负责人分别审批相应的成本计划。

二、成本计划的内容

施工成本计划是建设工程项目十分重要的成本计划内容，主要包括以下几方面。

1）通过标价分离，测算目标成本。建设工程项目中标后，施工企业一般采用标价分离的方法进行成本测算，以确定施工项目的目标成本和施工项目部的计划成本。目标成本与中标价的差值即是该项目的所得利润，这样可以在中标后快速测算项目毛利率，便于管理者在工程实施过程中

做到心中有数，有据可依，使控制成本的责任目标分解落实。

2）编制工程总体成本计划。

3）根据成本目标，分解相关成本要求。

4）根据不同分解项的要求，编制相应的专门成本计划，包括各分项工程、单位工程成本计划等。

5）根据不同的成本控制需求，制定相应的控制方法、施工方案及组织措施等。

6）将成本控制的责任落到实处，明确施工的管理人员及责任人员。按照上述要求形成的工程施工成本计划经过施工企业授权人批准后方可实施。

三、成本计划的实施

故宫文物保护工程项目要求成本计划确保项目在计划投资范围内如期完成，施工单位应与成本控制相关岗位负责人签订成本控制协议书，以此调动成本管理人员的工作积极性，也可用绩效考核的方式对计划完成情况进行评估、奖惩。

成本控制协议书的内容可以包括专业分包工程责任成本控制协议书，人工费责任成本控制协议书，材料费、机械费责任成本控制协议书，措施费、临时设施及安全文明施工责任成本控制协议书，水电费、管理费、财务及其他费用责任成本控制协议书，管理人员工资及五险一金责任成本控制协议书，合同风险成本责任成本控制协议书。各协议书由工程概况简介、费用组成范围、经营目标、责任方式、奖惩规定等方面构成。

四、成本计划的改进方式

故宫文物保护工程项目的成本管理属于建筑工程企业自主负责的部分，是各个企业组织自主经营、自主决策、自负盈亏的管理行为，不同的建筑工程企业在面对成本计划编制的过程中，能力、做法和水平都不尽相同。从目前情况来看，改进项目成本计划，完善项目成本计划职能，需要从以下几个方面着手。

（一）增强工程项目成本目标的策划环节

工程项目目标成本是企业对其工程管理团队提出的责任成本目标。责任成本目标可以分为工程施工前期以勘察设计为中心的“设计经理责任成本目标”和施工阶段的“施工经理责任成本目标”。

故宫文物保护工程项目成本目标的确定过程和策划环节，要求企业充分发挥各部门的主观能动性。在确定项目经理人选之前，应组织中标项目的合同交底会，向意向人选传达项目基本信息、中标原因、合同条款及评审意见等。通过集思广益，分析有利条件和不利因素，以企业过去的类似工程作为借鉴，进行成本目标的策划。

（二）增强工程成本计划的审批环节

故宫文物保护工程项目所制定的成本计划按照责任目标成本的要求，在项目经理的组织领导下，编制施工组织设计的相关内容，形成最优的施工方案及技术组织措施，从而达到成本管理的目的。成本计划理论上说是人的意识的主观判断，要实现实际支出与目标成本相匹配的目标，还需要加强主管领导和相关责任人的审批流程，提前申请审批，预留出足够的时间进行成本计划的

实施。

（三）增强工程成本计划的落实环节

故宫文物保护工程项目要求成本计划一经批准，就必须按照成本目标管理的原则严格执行。由于故宫所处的地理位置特殊，如因客观条件出现成本计划的实施受到影响，需要调整总体成本计划或局部成本目标时，应逐级上报，严格把控目标成本调整程序，以提高贯彻落实工程成本计划的意识，增强执行成本计划的严肃性。同时应及时查找成本计划无法落实或超额支出的原因，对症下药进行计划调整，并在接下来的计划中打好提前量，预留出处理突发情况的时间。

第三节　成本控制

一、成本控制的内容及方法

（一）工程投标阶段的成本控制

自《招标投标法》出台以来，我国建筑工程市场招投标的方式趋于完善。故宫文物保护工程项目在招标投标过程中既要获得施工项目，又要加强项目成本控制。在编制适合企业施工管理水平、施工能力的投标文件时，要根据施工图纸进行工程分解，结合施工现场踏勘情况，按施工程序进行工程投标成本预测。同时投标报价的确定还需综合考虑竞争企业的实力情况，适当降低成本预测，最终确定具备竞争力的投标报价。

（二）施工准备阶段的成本控制

故宫文物保护工程项目在进行施工准备阶段的成本控制时，首先根据工程技术需求对施工技术措施进行选择，优化施工方案。其次，将施工成本计划责任进行分工，根据工程管理下达的成本目标，在优化施工方案的基础上，编制具体可行的成本控制计划，并按照部门、施工队和班组进行责任分解，一次确定各分项、各部门的成本控制责任。最后，在成本计划责任制实施前，要及时根据当地市场行情和资源供应情况，确保成本计划的可行性，使项目得以顺利实施。

（三）施工过程的成本控制

故宫文物保护工程项目施工过程的成本控制与大多数建设工程项目的成本控制方法相同，主要包括人工费、材料费和机械使用费的管理与控制。

1）人工费的控制。随着社会的发展，施工过程中人工劳动力成本随之提高，一般工程的人工费用通常会占到工程造价的15%~25%，因此控制人工成本相当关键，可根据项目的各分部分项工程内容，制定合理的人工用量定额，通过招标的方式，选择技术优良、价格合理的施工队伍，将人工费的成本控制压力分散到专业的工程施工队中。在招投标的过程中，应在合同中将工程完成度、工作时长、工作量、施工标准等内容进行具体阐述，在确保工程安全和质量的情况下，择优选择施工队伍，实现人工费用的控制。同时，应确保工人的稳定性。如果施工过程中经常出现施工人员变动的情况，人工成本是相当高的，特别是故宫文物保护工程中的人员变更，需要经过层层审批、重重检查，要想提高效率、控制成本，就务必在人员的选择上更加精准，选择技术精湛、稳定性高的人员进入故宫文物保护工程项目中参与施工。

2）材料费的控制。在大部分施工项目中，材料费占工程造价的60%~70%，因此，控制材料成本在成本的控制与管理中显得十分关键。材料费控制包括对材料价格的控制和材料数量的控制。首先，就工程主要材料的采购，须货比三家，及时把握政策动向，掌握材料价格波动趋势，在确保安全与质量的情况下，以最优的价格进行材料采购。其次，在施工过程中，若出现材料短缺的情况，应及时分析超支原因并采取纠正措施，严格避免材料浪费。同时，对于用量较少的材料要尽量利用供应商竞争的条件，实行代储代销式管理，用多少结多少，避免库存积压而导致成本增加。

3）机械使用费的控制。机械费用占工程造价的8%~10%。为了控制机械费用成本，在机械使用的过程中，尽量做到一机多用，合理搭配，充分发挥机械的各项功能。在施工过程中，合理安排机械操作人员，在条件允许的情况下，昼夜施工，采取人休机不休的方法，提高机械的使用率。对于现有的设备，要做好维修保养的工作，落实机械设备管理责任制，避免因机械操作问题导致工程质量下降或施工安全问题。

（四）竣工验收阶段的成本控制

竣工验收阶段是项目的收尾阶段，做好竣工决算工作是施工项目成本控制的最后一个环节。故宫文物保护工程项目要求工程计量人员将实际成本与预算成本进行对比，确认是否存在计划之外的费用；同时预算人员与财务人员进行全面的核对，确保取得工程结算收入。项目管理部财务人员要彻底进行材料及固定资产的清理，避免出现遗漏而造成二次复核，增加人力、时间成本。

二、成本控制的程序

故宫文物保护工程项目的成本控制一般遵循以下程序。

1）确定工程成本管理分层次目标。工程成本管理分为成本管理计划、成本估算、成本预算、成本控制 4 个层次。

2）收集成本数据，摸清建设项目过程中的实际支出，对成本形成的过程有深入的了解。故宫文物保护工程项目要求成本控制负责人根据施工进度对超支或节省的数量进行实时把控。不仅要检查数据本身的情况，还要对影响成本数据的各个因素进行考虑，包括设备使用情况、施工技术措施的应用、工人技术水平及施工环境等。

3）找出成本发生偏差的原因，并进行全方位分析。成本的偏差有 3 种：①实际偏差=实际成本 - 承包成本；②计划偏差=承包成本 - 计划成本；③目标偏差=实际成本 - 计划成本。在实际施工过程中，发生成本偏差的原因是多方面的，既有客观因素，也有主观原因。不论是在工程实施，还是在技术管理、组织管理、合同管理等任何方面出现问题，都会出现预算超支，导致成本增加。因此，找到成本控制不利的因素尤为关键。

4）制度措施，及时控制成本偏差。故宫文物保护工程项目要求成本控制负责人发现成本偏差后，根据工程的具体情况采取适当的措施，达到减小偏差甚至纠正偏差的目的。首先要找出预算超支严重的部分且成本下降潜力较大的部分，与相关部门人员进行研究和讨论，对重点部位提出多种解决措施，然后进行方案的对比分析，从中选出最优方案。确定成本控制的具体方案后，指定方案实施的执行部门和人员，切实将方案贯彻到底。

在成本控制计划执行的过程中，要求管理人员对全过程进行监督，确保方案实施后的经济效

益能达到预期的目标。最后根据方案的执行情况和工程实际情况，调整成本控制方案和成本纠正方案，对管理办法进行修正、完善，最终达到有效控制工程成本的目的。

第四节　成本核算

一、成本核算的原则

故宫文物保护工程项目成本核算是工程管理中一个极其重要的部分，也是成本管理中极其重要的部分。成本核算需要涉及的方面很多，核算的结果能够直接反映成本管理的好坏。坚持成本核算的基本原则对成本核算非常重要。成本核算原则主要包括以下几个方面。

（一）确认原则

故宫文物保护工程项目要求管理公司和施工单位在工程成本管理中，就各项经济行为和工程建设所发生的支出，都必须按一定的标准进行确认和记录。只要是为了经营目的和工程需要所发生的费用，都必须按照相关组织标准进行审核及认定。在后期进行成本核算时，须对经济行为进行多次确认。

（二）分期核算原则

为了确保在合同约定期限内完工，故宫文物保护工程项目要求施工单位除了特殊情况外，务必确保施工过程的连续性。那么在一段连续的施工过程中，为了取得一定时期的成本费用，必须分期按时进行项目成本核算。成本核算的分期处理应与会计核算的分期保持一致，这样便于及时导出费用，确保工程顺利进行。但不论生产情况如何，成本核算工作（包括费用的整合和分配等）都必须按月进行。

（三）权责发生制原则

凡是当期已经得到的收入和已经发生或应当负担的费用，不论款项是否收付，都应作为当期的收入或费用处理；凡是不属于当期的收入和费用，即使款项已经在当期收付，都不应作为当期的收入和费用。

（四）相关性原则

故宫文物保护工程项目的成本核算要与实际管理结合在一起，为成本管理的目标服务。在具体的成本核算方法的选择上，应与施工生产经营特点和成本管理特性相结合，并与项目一定时期的成本管理水平相适应，正确高效地将复核工程管理目标的成本数据进行挖掘和计算，让成本核算能够更顺利地进行。

（五）前后一致性原则

故宫文物保护工程项目所采用的核算方法在确定之后应保持前后一致、统一，以便相应的核算资料前后连贯，彼此之间能够相互比对。成本核算的前后一致性体现在成本核算的各个方面，包括耗材的计价方式、折旧的计提方法、施工产生间接费用的分配方式等。当然，运用前后一致性原则进行成本核算时，并不是绝对地不能改变，若有足够充分的理由解释改变成本核算方法的必要性，也可以对其进行改变，并阐释这种改变对成本核算的结果带来的影响以及为成本管理挽

回怎样的损失。

（六）区分收益性支出与资本性支出原则

故宫文物保护工程项目要求施工单位明确区分收益性支出和资本性支出，确保准确算出当期亏损和盈利。收益性支出是指该笔支出的发生是为获取本期收益，此项支出只与本期收益的取得有关，如工作人员工资的发放、日常生活用水用电支出。资本性支出是指不仅为取得本期收益而发生的支出，同时是指用于购买或生产使用年限在一年以上的耐用品所需的支出，如构建固定资产支出。

（七）明晰性原则

明晰性原则是指工程成本支出的记录应确保清晰、简洁、直观，便于理解和校对，使项目经理和管理人员了解成本信息的内涵，便于信息高效传递，达到控制本工程成本的目的。在实际建设当中，要对文物保护工程项目的各项支出进行便捷、有效的统计，确保每一项支出记录能够在第一时间进行查阅、核实。

（八）相互匹配原则

相互匹配原则是指营业收入与其对应的成本、费用应当相互匹配。若文物保护工程项目其中一项花销是为了实现当期的收入，那么与之对应的成本和费用应与本期收入盈利相匹配，在同一时间确认当期收入入账，对财务进行实时管理，确保不提前、不耽误，这样可以更加准确地计算项目的财务收支情况，以便准确地进行日常经营成果的考核。

（九）重点核算原则

在故宫文物保护工程项目的成本核算中，要求成本核算工作人员挑选出对成本有重大影响的业务内容作为成本核算的重点，力求精准。而对于不太重要的琐碎的经济业务，可以相对从简处理。坚持重点核算原则可以减少人力费用的支出，同时确保核算有重点，有助于项目管理者加强对重点核算内容的监督和管理，着重考虑重点核算内容对项目带来的收益，能够提高工作效率，简化核算程序。

（十）风险预判原则

风险预判原则是指在市场经济的环境中，进行成本核算时应提前对可能出现的损失和风险进行预估，并制定相应的成本应对方式，以增强抵御风险的能力。

由于故宫所处的地理位置特殊，成本的风险预判非常关键。故宫文物保护工程项目要求施工单位在成本核算中预留风险发生的成本损失，以免因考虑不周而造成更大的损失。

二、成本核算的作用

故宫文物保护工程项目成本核算是施工企业成本管理的一个重要环节。将成本核算工作做好，对成本管理的落实、对企业资源的控制都发挥着重要作用，具体体现在以下 3 个方面。

1）通过工程成本核算，可以将施工中实际发生的成本与预算成本进行对比，随时了解项目是否执行了成本计划，以及时调整成本管理方式。

2）通过工程成本核算，能够随时了解施工过程中人力、财力、物力的支出情况和消耗情况，在核算当中能检查出人工费、材料费、机械费的耗用情况，从而计算出成本计划的执行情况，挖掘降低建设工程项目成本的潜力，起到节约成本的作用。

3）通过工程成本核算，可以准确反映出各分项工程分包单位的盈利和亏损情况，有利于进行成本计划执行的责任划分，也有利于竞争机制的产生。

三、成本核算的内容

在故宫文物保护工程项目中，成本核算是成本控制和成本计划执行的一种手段，施工阶段的成本核算最为重要，通过将成本计划和实际发生成本相比较，可检查成本实际发生情况与计划存在怎样的偏差，以便更好地对成本进行控制和管理。

故宫文物保护工程项目的成本核算范围，是在建设工程合同的指定任务范围内，项目负责人所制定的目标成本，通常以分项工程作为单位核算对象，具体内容包括工程直接费用、间接费用和分包费用等各项成本。

（一）直接费用成本核算

故宫文物保护工程项目直接成本的核算内容与大部分工程项目相似，包括人工费、材料费、周转材料费、构件费和施工机械使用费等，下面对各种费用的核算进行详细阐述。

1）人工费核算。人工费又分为内包人工费和外包人工费。内包人工费是指企业所属的劳务公司与项目经理签订的劳务合同所结算的全部工程款；外包人工费是项目经理部与劳务基地或直接与单位施工队伍签订的包清工合同，以当月经过核算的实际完成工程量计算出定额工日数乘以合同人工单价确定人工费。

2）材料费核算。工程所消耗的材料，根据限额领料单、退料单、报损报耗单、大堆材料耗用计算单等，由专人负责，按单位工程编制“材料耗用汇总表”，通过这些单据的编制将相关的材料费用纳入成本进行核算。

3）周转材料费核算。故宫文物保护工程项目的周转材料实行内部租赁制，以租费的形式反映材料成本的消耗情况，按“谁租用，谁负责”的原则，租赁费按租用的数量、时间和内部租赁单价，进行成本核算并计入项目成本。周转材料在调配过程中，项目负责人需随时跟踪，了解现场情况，确保材料无短缺、无损坏，若出现丢失或损坏，也应计入周转材料费中进行核算。

4）结构件费用核算。故宫文物保护工程项目结构件的领取与使用必须要有严格的领发手续，并根据这些手续，按照单位工程使用对象编制“结构件耗用月报表”。结构件的单价以项目经理部与外加工单位签订的合同为准，若工程施工建设期间原材料发生变化导致成本增加，则由外加工单位自行承担。结构件随着施工进度的推进，消耗的品种和数量应与施工产值相对应，以便进行实时成本控制。

5）机械使用费用核算。故宫文物保护工程项目根据工程的需要，租赁的各类大小机械产生的费用应全部计入项目机械使用成本。机械设备同样实行内部租赁制度，租赁费用计入成本核算中。按机械设备租赁办法和租赁合同，由企业内部机械设备租赁市场与项目经理部按月结算租赁费，停用的机械设备同样计入项目成本。

6）其他直接费用核算。其他直接费用在实际发生的过程中，往往不那么“直接”。能够分单个直接受益对象的，计入受益者成本核算对象的工程施工——“其他直接费用”，如产生的收益与多个成本核算对象有关，那么则先统一归集到项目经理部，再按规定和比例进行成本分配，计入各自成本核算对象的工程施工——“其他直接费用”成本中。如施工过程中发生的材料二次搬运

费，生产工具、用具使用费等，都作为其他直接费用计入建设工程项目进行成本核算。

（二）间接费用成本核算

施工组织的管理费用、财务费用作为间接费用，不再构成项目成本，因此要与项目在费用上分开核算。劳务公司所提供的炊事人员代办食堂承包、服务，警卫人员提供区域岗点承包服务以及其他代办服务费用等计入施工间接费。

在成本核算中，施工间接费要在工程的“施工间接费”进行汇总，再按照责任标准进行分配，计入收益成本核算对象。

（三）分包费用成本核算

在故宫文物保护工程项目实际的工程建设管理中，施工单位总承包方会根据工程需要，在符合建设法规的前提下，将单位工程中的某些专业工程、专项工程，以单项工程的形式进行发包。此时，总承包方与分包方所签订分包合同的实际结算金额，应作为成本核算项目计入总承包方的成本核算范围。分包工程的合同款价和分包工程计划成本进行对比，能有效反映出分包费成本的计划控制效果；而对各分包工程实际结算的金额与成本计划做对比，能有效反映出分包费成本支出的实际控制效果。

四、成本核算的方法

故宫文物保护工程项目成本核算的方法主要包括会计核算法、业务核算法与统计核算法。会计核算法以传统会计手段进行核算，以会计记账凭证为依据，通过记录、计算、整理汇总工程各分项资金流动情况来进行成本核算。业务核算法是将项目中实际发生的各个环节，留存各种凭证、收据等进行核算管理，根据不同的业务分类进行核算。统计核算法是建立在以上两种核算方法的基础上，进行产值、物耗、质量和成本指标统计的一种核算方法。

第五节　成本分析

一、成本分析的意义

故宫文物保护工程项目的成本分析是成本管理的一个重要环节，经过成本核算后，需要分析成本管理中出现的一系列问题，包括额外的成本开支和盈利的部分。成本分析既是对施工过程中各种费用进行归集和如实反映的过程，也是响应工程成本管理信息反馈和汇总的需求，对工程成本计划的制定和调整起到决定性作用，对进一步开展施工工作有指导性作用。将成本分析做好，是有效降低工程成本、节约投资资金、增加企业盈利和提高工程管理水平的重要方式。

二、成本分析的内容

故宫文物保护工程项目成本分析以时间为线索，可以划分为 3 个阶段，即施工前准备阶段的成本分析、施工过程中的成本分析及工程结束后的成本分析。不同阶段所分析的内容也有所不同。

（一）施工前准备阶段的成本分析

故宫文物保护工程项目大都实行招投标制度，各个施工单位在投标过程中相互竞争，根据成本的概算将投标的价格尽可能压低，因此建设工程项目在开工初期，施工企业项目管理部会对工程成本进行分析，根据项目的规模、环境、装备和人员需求等情况，编制施工组织计划，征求各个专业不同的意见，进行成本分析，进而对成本进行控制；在保证安全、质量的前提下，尽可能对工程成本进行压缩，使施工企业利润最大化。

（二）施工过程中的成本分析

故宫文物保护工程项目对施工过程的成本分析主要针对直接人工费、直接材料费、机械使用费、其他直接费及管理费、税费等内容进行，在对不同类别的费用开支中寻找能够降低费用的途径。

1. 人工费的分析

人工费主要可以通过以下几个途径控制成本。一是控制工人使用的数量。故宫文物保护工程项目要求项目管理人员采取合理的施工工序和流程，提高工人的使用效率，从而达到控制人工费的目的。二是实行按劳分配的工作制度，充分发挥劳务人员的工作积极性，实行多劳多得的薪酬分配模式，从而提高单位时间内工人的施工力度。如果施工企业单纯以减少工人收入来降低人工成本，势必会造成工人出工不出力的情况，既造成人力资源浪费，又延长了工期，最后得不偿失。因此按劳分配的制度是提高工人劳动效率的关键，也是控制人工成本的重要方式。

2. 材料成本的分析

工程材料费用的使用情况对工程成本和经济效益有决定性的影响。施工企业项目部与材料供应商签订合同，要与供货商进行沟通协商，以最优的价格购置材料。故宫文物保护工程项目要求施工单位对市场进行充分调研，在确保质量的前提下，货比三家，选择价格最优惠的材料供应商进行材料采购，以达到节约成本的目的。

3. 机械费用的分析

故宫文物保护工程项目要求施工单位根据自身需要增减相关的机械设备，确保设备提前准备，如设备不能得到及时更新，则会影响施工进度，从而增加时间成本。因此提前进行下一步施工计划的设备购置或租赁，能够有效提高劳动效率，节约费用成本。

4. 现场管理的分析

工程项目的施工周期一般较长，少则数月，多则数年，管理费的支出也是影响项目效益的重要因素。因此，要节约管理成本，首先是精简管理人员，在满足基本安全需要的前提下，做到一人多岗或因事设岗；其次要根据施工进度合理安排施工方案，减少管理人员因公事离开工地的次数，以减少差旅费用；最后是建立施工技术指导小组，进行合理的施工组织设计，并利用创新的技术和管理方式，促使管理水平和现场安全文明施工水平的提升。

（三）工程结束后的成本分析

在工程主体施工基本完成后，项目部应及时对成本进行分析。一是对工程竣工后的成本支出进行合理估算，做好项目班子解体前的收尾工作，严格控制在最后时间里与项目无关的开支，保障工程最终利润。二是对工程整体的成本费用进行分析，将成本的实际发生情况与成本计划、成本预算进行对比，获得工程初步的盈利或亏损的情况统计。

若因故宫所处的特殊位置而出现政策性亏损较多，则项目相关人员应做好经验总结，在今后类似的工程中做好风险预判，提前规划材料、工期和工程进度。

三、成本分析的方法

施工成本分析的方法主要有比较分析法、相关分析法、差额计算法、比率分析法等。成本分析可以对总体工程进行分析，也可以对分项工程进行分析，具体分析频次和时间可根据工程进展情况和管理部的规定进行安排。同时，在工程竣工后，还要进行完工分析，这个分析不是单项的分析，而是要综合地分析、科学地分析，使项目生产经营和管理更科学合理，进而增加工程的经济效益。

故宫文物保护工程项目要求项目部合理利用成本分析方法对施工成本加以分析，总结盈利或亏损的经验教训，以便日后参考。

四、成本分析的处理

（一）成本盈利及亏损的处理方法

故宫文物保护工程项目要求项目部及时掌握工程的盈亏情况，当成本出现盈利或亏损时，特别是出现盈亏异常的情况，工程项目部经理应第一时间分析原因。成本盈利及亏损的分析要根据“三同步原则”进行，即该工程的进度进展情况、已获取的收入和实际的支出三者之间是否存在同步的关系，如果违背了三者同步的关系，就会出现盈亏异常。

（二）工期成本分析的处理方法

工期成本分析是将计划工期成本和实际工期成本进行对比，分析可能导致结果差异的原因，并对工期内的计划、施工方法、施工人员等进行调整。计划工期成本指的是在计划工期内所消耗的成本；实际工期成本则指的是在实际工期中所消耗的成本。

（三）质量成本分析的处理方法

故宫文物保护工程项目需要施工项目部对工程质量成本进行重点分析。质量是故宫文物保护工程项目重点把握的部分，质量成本分析是为了明确项目经理在工程材料质量方面问题应该承担的损失和责任，从而使工程在今后的作业中注意质量控制，降低质量成本。质量成本分析根据质量成本核算的资料进行归纳、比较和分析，主要包括以下分析内容：①质量成本总额的构成内容分析；②质量成本总额的构成比例分析；③质量成本各要素之间的比例关系分析；④质量成本占预算成本的比例分析。

这4项内容分析完成之后，就能看出质量成本与计划相比，哪些环节出现超支，哪些环节有节省；同时找出需要重点控制的要素，采取必要的措施，挽回因质量成本偏差而造成的损失。

（四）技术组织措施执行效果的处理方法

故宫文物保护工程项目要求施工单位通过施工技术组织措施来控制工程成本。在成本计划的编制期间，要定期对技术组织措施进行计划编制。在施工过程中，常常有一些技术组织措施因现场情况无法实现，因此在进行措施计划执行情况检查的时候，要分析节约和超支的原因，尽可能在今后的施工组织技术措施的选择上进行慎重考虑，确保技术和措施的可行性。

措施的节约效果是衡量施工技术组织措施执行效果的指标，计算公式为：措施节约效果=措施

前的成本－措施后的成本，以此进行措施节约效果分析。在结果分析中，要发扬、推广那些成本节省效果好、容易实施的技术措施，成本节省效果不明显的技术组织措施应选择性放弃。

第六节　成本考核

一、成本考核的依据

故宫文物保护工程项目的成本考核的依据主要以各类合同、文件为主，包括项目施工合同或工程总承包合同文件；项目经理目标责任书；项目管理实施规划及项目施工组织设计文件；项目成本计划文件；项目成本核算资料与成本报告文件。

二、成本考核的程序

故宫文物保护工程项目成本考核的程序包括以下几个步骤。

1）主管部门发出考评通知书，说明考评范围、具体时间和要求。

2）项目负责人按通知的要求，做好相关的成本管理情况分析和信息汇总，提出自评报告。

3）主管部门根据自评报告，进行审核评定。

4）及时进行项目审计，对工程整体效果和效益做出评估。

5）召开相应的组织考评会议，进行集体评价与审查并形成考评结论。

三、成本考核的方法

传统成本考核中指标的完成情况主要是以成本计划的完成情况作为衡量标准。传统的成本考核方法有利于发挥管理人员的积极性，不停地进行成本控制方式的更新。但随着时间的推移，传统的成本考核方式会出现缺乏全面性、准确性和科学性等问题。

现代成本考核方法则进行了升级，主要围绕责任成本设计成本考核指标进行计算。

成本降低率=（标准成本－实际总成本）/标准总成本 ×100%。

责任成本降低率=本期责任成本降低额/上期责任成本总额 ×100%。

现代成本考核法围绕责任成本设立了成本考核的指标，还包括成本岗位工作考核，同时与管理人员奖金相结合，很好地展现了成本考核与时俱进的特点。

四、成本考核的结论

成本考核的结论是故宫文物保护工程项目完成情况考核的指标之一，是成本管理的需要，也是控制项目预算、提高项目管理水平的需要。对于承包商来说，实行成本考核制度，有利于增强施工管理人员的主人翁意识，得到更高的投资回报，从机制上保证成本在过程中受控，提高建筑企业的市场竞争能力，对于建筑企业今后的生存和发展具有重大意义。对于建设单位来说，有助于控制项目预算，确保建设资金得到合理利用。

第二十三章　安全生产管理

安全生产管理是故宫文物保护工程项目施工阶段管理工作的重中之重，故宫内的一切施工活动都必须在保证项目安全生产的前提下进行。在工程项目施工阶段，必须始终把安全生产放在首位，严抓安全生产管理，确保项目施工安全、人员安全及文物安全。

第一节　安全生产管理概述

一、安全生产管理的定义

安全生产是指在生产活动中，通过职业健康安全的管理活动，对影响生产的具体因素的状态进行控制，使生产因素中的不安全行为和状态减少或消除，从而减少或消除安全事故，以保证活动中人员的健康和安全。

故宫文物保护工程项目的实施过程中，安全生产是所有生产要素的重中之重。从项目启动、勘察设计、招投标、施工过程到项目竣工，安全生产始终排在一切工作的首位。由于故宫地理位置和历史地位的特殊性，在安全生产管理中，管理者关注的不仅有施工人员的安全，同时还要关注施工过程中周边文物的安全、古建筑的安全及环境的安全等。

“安全”是指免除了不可接受的损害风险的状态。所有施工活动都存在着风险。要消除这些风险，使人们在毫无风险的环境下工作，有时是不符合实际的，因此要区分不可接受的风险和可接受的风险。所谓不可接受的风险是指超出了法律法规要求的，超出了组织的方针、目标和规定的，超出了人们普遍接受程度的风险。

当免除了不可接受的风险，就可认为还存在的风险是可以被接受的，是处在安全状态的。随着社会的发展和科技的进步，风险的不可接受程度也在不断发生变化。因此安全与否还要对照风险的接受程度来判定，因此安全是一个相对的概念。正确理解安全的定义将有助于树立符合实际的安全管理目标。

就故宫文物保护工程项目而言，从项目准备阶段开始到竣工结算阶段结束，各个方面都应该有着更高的安全管理标准，更好地保护人员、文物、古建筑的安全。

二、安全生产管理的原则

故宫文物保护工程安全生产管理的原则如下。

（一）安全第一原则

安全第一，将安全生产管理工作贯穿于故宫文物保护工程项目始终，正确处理安全与危害并存、安全与生产统一、安全与质量共促、安全与进度互保、安全与效益兼顾的辩证关系。

（二）以人为本原则

故宫文物保护工程项目坚持把人作为第一要素，调动人的积极性、创造性，增强人的责任感，强化“安全第一”的观念，提高人的素质，避免人为失误，以人的工作安全保证工序安全和工程安全；在制定建设方案和计划时，充分尊重人的存在，处处考虑人的方便和安全。

（三）安全预控原则

事先采取各种措施，避免“人、机、料、法、环”各方面不符合安全要求的因素出现，以保证人员、过程、产品安全。

（四）全过程安全管理原则

按照文物保护工程项目的不同阶段、不同专业的不同特点，对安全目标进行分解，制定相应的保证措施，实现无处不在的安全管理。将安全管理工作组织化、制度化、规范化、标准化，提高安全管理的可操作性，在项目各个层面全面落实安全管理保障体系。

（五）全员安全管理原则

通过教育培训，使全体参建人员具有“我要安全”“我会安全”的意识和能力，积极主动地进行安全防护，确保工程项目“零事故”。

三、安全生产相关法律法规

安全生产的法律法规可分为国家法律、行政法规、部门规章、工程建设标准和国际公约。

（一）国家法律

此处所指的是狭义的法律，是指全国人大及其常务委员会制定的规范性文件，在全国范围内施行，其地位和效力仅次于宪法，适用于所有工程项目。文物保护工程建设安全生产涉及的主要国家法律有《中华人民共和国建筑法》《中华人民共和国安全生产法》《中华人民共和国劳动法》《中华人民共和国刑法》《中华人民共和国消防法》《中华人民共和国环境保护法》《中华人民共和国行政诉讼法》《中华人民共和国突发事故应对法》等相关法律。

（二）行政法规

行政法规是指国务院制定的法律法规文件，颁布后在全国范围内施行。文物保护工程建设涉及的主要行政法规有《建设工程安全生产管理条例》《安全生产许可证条例》《企业职工伤亡事故报告和处理规定》《特种设备安全监察条例》《国务院关于进一步加强安全生产工作的决定》《工伤保险条例》等。

（三）部门规章

部门规章由于制定机关的不同可分为两类。一类是由国务院组成部门及直属机构在它们的职责范围内制定的规范性文件；另一类是由地方政府依照法定程序制定的规范性文件。规章只在各自权限范围内施行。文物保护工程建设涉及的主要部门规章制度有《工程建设重大事故报告和调查程序规定》《建筑安全生产监督管理规定》《建设工程施工现场管理规定》《建设行政处罚程序暂行规定》《实施工程建设强制性标准监督规定》《建设工程监理范围和规模标准规定》《建筑企业资质管理规定》《生产安全事故应急预案管理办法》等。

（四）工程建设标准

工程建设标准包括国家标准、行业标准、地方标准和企业标准。国家标准是指国务院标准化行政主管部门或其他相关主管部门在全国范围内统一的技术标准要求下所制定的技术规范。行业标准是指国务院有关部门对没有标准而又需要在全国范围内统一的技术要求所制定的技术规范。地方标准是指地方根据实际情况制定的技术规范，只在该地方使用。企业标准是指企业为了提高信誉，自行制定的技术标准，企业标准较之其他标准更为严格，只在企业中使用。文物保护工程建设涉及的主要标准有《建筑机械使用安全技术规程》《建筑拆除工程安全技术规范》《施工企业安全生产评价标准》《建筑施工高处作业安全技术规范》《建设工程施工现场供用电安全规范》等。

（五）国际公约

国际公约是指我国与外国缔结、参加、签订、加入、承认的双边、多边的条约、协定和其他具有条约性质的文件。国际条约的名称，除条约外，还有公约、协议、协定、议定书、宪章、盟约、换文和联合宣言等。除我国在缔结时宣布持保留意见不受其约束的以外，这些条约的内容都与国内法具有一样的约束力，所以也是我国法律的形式。《建筑业安全卫生公约》就是其中一个。

（六）单位规章制度

单位规章制度是企事业单位为了管理本单位的安全生产工作而制定的管理办法、制度章程等，对本单位的安全生产工作起约束作用。为规范故宫文物保护工程项目现场安全管理工作，贯彻“安全第一、预防为主”的安全生产管理方针，预防生产安全事故的发生，故宫文物保护工程项目根据《建筑法》《安全生产法》《建设工程安全生产管理条例》《危险性较大的分部分项工程安全管理办法》等国家和北京市相关法律、法规及有关规定，制定了故宫文物保护工程项目管理制度。同时，故宫的文物保护工程项目也要遵循故宫博物院的相关规章制度，包括消防制度、保卫制度、施工管理等方面的规章制度。

四、国内外的安全生产管理

（一）国内安全生产管理

目前，我国正处于历史上，同时也是世界上特大规模的基础设施建设时期。随着工程项目趋于大型化、综合化、高层化、复杂化、系统化，建筑施工企业安全形势面临更加严峻的挑战，建设工程行业也成为国家安全事故高发的行业。《安全生产法》彰显“以人为本，安全发展”的理念，坚持“安全第一、预防为主、综合治理”的方针，进一步强化企业安全生产主体责任，落实生产企业领导责任，从源头上把关，从根本上防止和减少安全生产事故的发生。

（二）国外安全生产管理

相比国内项目，国外项目安全管理工作面对的是完全不同的外部市场环境、社会环境、整治环境、经济环境、法律法规、风俗习惯、地理气候、工艺标准、惯常做法等，国外项目安全管理工作要求更高，挑战性更大。

国外工程项目的安全管理中，主要措施为全面加强工程安全保卫工作，并非把工作重点放在工程本身的安全生产管理上；制定并采取防范恐怖主义措施，严密预防和高效处置各种可能发生的恐怖袭击事件，及时应对各类突发事件，并有序地组织各类恐怖袭击事件的处置和其他突发事件的抢险救援，最大限度地减少损失和不良影响，维护正常的社会秩序和工作秩序，雇佣安全保

卫人员（24小时在岗），安装安全隔离装置、消防安防摄像机、探测电子设备，购买应急通信设备，检查外方进入工地的人员车辆，提供应急供电和供水设备、安全保障措施等，确保国外项目安全、顺利地进行。

第二节　安全生产管理制度

一、安全生产管理总则

安全生产长期以来一直是我国的一项基本方针，是保护劳动者安全健康和发展生产力的重要工作，必须贯彻执行；同时也是维护社会安定团结，促进国民经济稳定、持续、健康发展的基本条件，是社会文明程度的重要标志。

“施工项目安全控制”就是项目在施工过程中，组织安全生产的全部管理活动，通过对生产要素进行过程控制，使生产要素的不安全行为和状态减小或消除，达到减少一般事故、杜绝伤亡事故，从而保证安全管理目标实现的目的。

故宫文物保护工程项目安全生产管理坚持“以人为本”，做好安全预防预控，实施“全过程、全员安全管理”的安全生产管理目标。

二、故宫文物保护工程项目安全管理制度

在故宫文物保护工程项目安全管理中，成立以建设单位、设计单位、施工总承包方、专业承包方、供货商、监理公司等单位项目负责人组成的“安全管理委员会”，组织项目的安全管理工作。同时，为规范故宫文物保护工程项目现场安全管理工作，贯彻“安全第一、预防为主”的安全生产管理方针，预防生产安全事故的发生，根据《建筑法》《安全生产法》《建设工程安全生产管理条例》《危险性较大的分部分项工程安全管理办法》等国家和北京市相关法律、法规及有关规定，制定故宫文物保护工程项目安全管理制度。

（一）一般规定

1）新建、改建和扩建工程项目时，必须严格落实“三同时”制度，即工程项目中的安全设施设备必须与主体工程同时设计、同时施工、同时投入使用，以确保安全设施设备的合理配置和及时到位，为安全生产提供保障。

2）对工程项目安全实施进行全过程监督检查和指导，保证项目安全目标的实现。

（二）安全管理

1. 安全管理原则

1）安全第一原则。安全第一，将安全工作贯穿工程始终。正确处理安全与危害并存、安全与生产统一、安全与质量共促、安全与进度互保、安全与效益兼顾的辩证关系。

2）以人为本原则。以人为本，调动人的积极性、创造性，增强人的责任感，把人作为控制的动力，把人作为安全保护对象，确保事前、事中、事后全过程人的安全。

3）制度化、规范化、标准化原则。将安全管理工作组织化、制度化、规范化、标准化，提高

安全管理的可操作性，在项目各个层面全面落实安全管理保证体系。

2. 安全管理目标

1）实现北京市安全文明工地，争创北京市安全文明样板工地。

2）死亡事故为零。

3）重伤事故在5‰以下，尽量减少轻伤事故。

4）杜绝坍塌事故。

5）杜绝火灾事故。

6）杜绝高坠事故。

7）杜绝物体打击事故。

8）杜绝触电事故。

9）不发生重大机械事故。

3. 安全管理办法

1）全面落实《建设工程安全生产管理条例》规定的各参建单位的安全生产管理职责。

2）对安全管理危险源进行识别并制定相应对策。

3）审查合同单位有关安全生产的资质、体系、制度、规程等文件。

4）严格审查施工组织设计及专项的安全生产方案。

5）加强对人员的安全教育管理工作。

6）加强施工过程中的安全管理工作。

7）加强施工现场的消防安全管理工作。

8）防患于未然，做好安全隐患预控措施。

9）做好安全事故调查和处理工作。

10）在安全管理实施过程中“突出重点、严格控制”。

第三节　安全生产管理责任

建设单位、勘察单位、设计单位、施工单位、监理单位及其他与工程安全生产有关的单位，必须遵守安全生产法律、法规的规定，保证工程项目安全生产，依法承担安全生产责任。工程安全生产的重点是施工现场，其主要责任是施工单位，但与施工活动密切相关单位的活动也都影响着施工安全。因此，故宫文物保护工程项目要求勘察设计单位、施工总承包方、供货商、监理公司等参建单位负责人都要签订安全生产责任状。施工总承包方、供货商再与现场负责人、分包商签订安全生产责任状，使安全生产工作责任逐级分解，直至最基层的作业人员，建立层层责任明确的安全生产责任制度。同时，对所有与文物保护工程项目施工活动有关的单位的安全责任都做出了明确规定，具体如下。

一、施工单位安全生产职责

故宫文物保护项目安全生产要求在故宫范围内施工的安全生产由施工单位负责，其主要安全

责任包括下述内容。

1）施工单位从事故宫文物保护工程的新建、扩建、改建和拆除等活动，应当具备国家规定的注册资本、专业技术人员、技术装备和安全生产等条件，依法取得相应等级的资质证书，并在其资质等级许可的范围内承揽工程。

2）施工单位主要负责人依法对本单位在故宫范围内的安全生产工作全面负责。施工单位应当建立健全安全生产责任制度和安全生产教育制度，制定安全生产规章制度和操作规程，保证本单位安全生产条件所需资金的投入，对所承担的工程项目进行定期和专项安全检查，并做好安全检查记录。施工单位的项目负责人应当由取得相应执业资格的人员担任，对工程项目安全施工负责，落实安全生产责任制度、安全生产规章制度和操作规程，确保安全生产费用的有效使用，并根据工程的特点组织、制定安全施工措施，消除安全事故隐患，及时、如实报告生产安全事故。

3）故宫文物保护工程项目要求施工单位设立安全生产管理机构，配备专职安全生产管理人员。专职安全生产管理人员负责对安全生产进行现场监督检查，发现安全事故隐患，应当及时向项目负责人和安全生产管理机构报告；对违章指挥、违章操作的应当立即制止。

4）在故宫范围内进行垂直运输机械作业的人员、安装拆卸工、起重信号工、登高架设作业人员、动火电焊操作人员等特种作业人员，必须按照国家有关规定经过专门的安全作业培训，并取得特种作业操作资格证书后，方可上岗作业。

5）施工前，施工单位负责项目管理的技术人员应当对有关安全施工的技术要求向施工作业班组、作业人员做出详细说明，并由双方签字确认。

6）施工单位应当在施工现场出入口、施工起重机械、临时用电设施、脚手架、出入通道口、楼梯口、电梯井口、空洞口、基坑边沿及有害危险气体和液体存放处等危险部位，设置明显的安全警示标志，安全警示标志必须符合国家标准。

7）为保证故宫内的文物保护工程项目不会对毗邻的古建筑、构筑物和地线管线造成损害，应当采取专项防护措施。施工单位应当遵守有关文物保护法、环境保护法的规定，在施工现场采取措施，防止或减少粉尘、废气、废水、固体废物、噪声、振动和施工照明对人和环境的危害和污染。

8）施工单位应当在施工现场建立消防安全责任制度，确定消防安全责任人，制定用火、用电、使用易燃易爆材料等各项消防安全管理制度和操作规程，设置消防通道、消防水源，配备消防设施和灭火器材，并在施工现场入口处设置明显标志。

9）施工单位的主要负责人、项目负责人、专职安全生产管理人员经建设行政主管部门或其他有关部门考核合格后方可任职。施工单位应当对管理人员和作业人员每年至少进行一次安全生产教育培训，其教育培训情况记入个人工作档案。安全生产教育培训考核不合格人员，不得上岗。

二、建设单位安全生产职责

故宫文物保护工程项目的建设单位是项目的投资主体或管理主体，在整个工程建设中居于主导地位。根据安全生产管理相关规定，建设单位必须遵守安全生产法律、法规的规定，保证建设工程安全生产，依法承担建设工程安全生产责任。

1. 依法办理有关批准手续

《建筑法》规定，有下列情形之一的，建设单位应当按照国家有关规定办理申请批准手续：①需要临时占用规划批准范围以外场地的；②可能损坏道路、管线、电力、邮电通信等公共设施的；③需要临时停水、停电、中断道路交通的；④需要进行爆破作业的；⑤法律、法规规定需要办理报批手续的其他情形。

2. 向施工单位提供真实、准确和完整的有关资料

《建筑法》规定，建设单位应当向建筑施工企业提供与施工现场相关的地下管线资料，建筑施工企业应当采取措施加以保护。

《建设工程安全生产管理条例》规定，建设单位应当向施工单位提供施工现场及毗邻区域内供水、排水、供电、供气、供热、通信、广播电视等地下管线资料，气象和水文观测资料，相邻建筑物或构筑物、地下工程的有关资料，文物勘探、地质勘探报告等，并保证资料的真实、准确、完整。尤其是在故宫进行的文物保护工程项目，提供全面的资料才能使施工单位在施工过程中对周边古建筑、构筑物、地下文物、古树名木等进行有效保护。

3. 不得提出违法要求和随意压缩合同工期

《建设工程安全生产管理条例》规定，建设单位不得对勘察、设计、施工、工程监理等单位提出不符合工程安全生产法律、法规和强制性标准规定的要求，不得压缩合同约定的工期。

4. 确定建设工程项目安全作业环境及安全施工措施所需费用

《建设工程安全生产管理条例》规定，建设单位在编制工程概算时，应当确定工程安全作业环境及安全施工措施所需费用。实践表明，要保障施工安全生产，必须有合理的安全投入，以确保施工过程的安全。

5. 建设单位违法行为应承担法律责任

《建设工程安全生产管理条例》规定，建设单位未提供工程安全生产作业环境及安全施工措施所需费用的，责令限期改正；逾期未改正的，责令该工程项目停止施工。建设单位未将保证安全施工的措施或拆除工程的有关资料报送有关部门备案的，责令限期整改，给予警告。

根据条例规定，建设单位有下列行为之一的，责令限期整改，处 20 万元以上 50 万元以下的罚款；造成重大安全事故，构成犯罪的，对直接责任人员，依照刑法有关规定追究刑事责任；造成损失的，依法承担赔偿责任：①对勘察、设计、施工、工程监理等单位提出不符合安全生产法律、法规和强制性标准规定要求的；②要求施工单位压缩合同约定的工期的；③将拆除工程等发包给不具有相应资质等级的施工单位的。

三、勘察、设计单位安全生产职责

故宫文物保护工程项目安全生产是一个大的系统工程。工程勘察、设计作为工程建设的重要环节，对于保障安全施工有着重要影响。同时由于故宫的地理位置特殊，勘察单位、设计单位在进行地质勘探、文物勘探、方案设计时还承担着确保文物安全的职责。

（一）勘察单位的安全生产责任

《建设工程安全生产管理条例》规定，勘察单位应当按法律、法规和工程建设强制性标准进行勘察，提供的勘察文件应当真实、准确，满足建设工程安全生产的需要。勘察单位在进行勘察作

业时，应当严格执行操作规程，采取措施保证各类管线、设施和周边建筑物、构筑物的安全。

工程勘察是工程项目的先行官。工程勘察成果是工程项目规划、选址、设计的重要依据，也是保证施工安全的重要因素和前提条件。因此，勘察单位必须按照法律、法规的规定以及工程建设强制性标准的要求进行勘察，并提供真实、准确的勘察文件，不能弄虚作假。

此外，勘察单位在进行勘察作业时，也易发生安全事故。为了保证勘察作业的安全，要求勘察人员必须严格执行操作规程，并应采取措施保证各类管线、设施和周边建筑物、构筑物的安全，为保障施工作业人员和相关人员的安全提供必要条件。

故宫文物保护工程项目中的勘察作业必须严格遵守文物保护相关操作规程，确保地下及周边文物和古建筑的安全。

（二）设计单位的安全生产责任

工程设计是建设工程项目的灵魂。在建设工程项目确定后，工程设计便成为工程建设中最重要、最关键的环节，对安全施工有着重要影响。

1. 按照法律、法规和工程建设强制性标准进行设计

《建设工程安全生产管理条例》规定，设计单位应当按照法律、法规和工程建设强制性标准进行设计，防止因设计不合理导致安全生产事故的发生。

工程建设强制性标准是工程建设技术和经验的总结与积累，对保证工程质量和施工安全起着至关重要的作用。从一些发生过的安全事故的原因分析，涉及设计单位责任的，主要是没有按照强制性标准进行设计，由于设计不合理导致施工过程中发生安全事故。特别是在故宫文物保护工程项目施工过程中，所做设计既要关注外观设计与周围环境相协调，保持故宫的真实性和完整性，又要符合设计要求，因此，设计单位在设计过程中必须考虑施工生产安全，严格执行强制性标准。

2. 提出防范生产安全事故的指导意见和措施建议

《建设工程安全生产管理条例》规定，设计单位应当考虑施工安全操作和防护的需要，对涉及施工安全的重点部位和环节在设计文件中注明，并对防范安全生产事故提出指导意见。采用新结构、新材料、新工艺的建设工程和特殊结构的建设工程，设计单位应当在设计中提出保障施工作业人员安全和预防生产安全事故的措施建议。

设计单位的工程设计文件对保证工程项目结构安全至关重要。同时，设计单位在编制设计文件时，还应当结合工程项目的具体特点和实际情况，考虑施工安全作业和安全防护的需要，为施工单位制定安全防护措施提供技术保障。在施工单位作业前，设计单位还应当就设计意图、设计文件向施工单位做出说明和技术交底，并对防范生产安全事故提出指导意见。

3. 对设计成果承担责任

《建设工程安全生产管理条例》规定，设计单位和注册建筑师等注册执业人员应当对其设计负责。

“谁设计，谁负责”，这是国际通行做法。如果由于设计责任造成事故，设计单位就要承担法律责任，还应当对造成的损失进行赔偿。建筑师、结构工程师等注册执业人员应当在设计文件上签字盖章，对设计文件负责，并承担相应的法律责任。

四、监理单位安全生产职责

故宫文物保护工程项目的监理单位是受建设单位的委托，依照法律、法规和建设工程监理范围的规定，对工程建设实施监督管理。故宫文物保护工程项目一直秉承着“安全第一”的原则，因此，在实际操作中，需依法加强施工安全监理工作，进一步提高建设工程监理水平。

1. 对安全技术措施和专项施工方案进行审查

《建设工程安全生产管理条例》规定，工程监理单位应当审查施工组织设计中的安全技术措施或者专项施工方案是否符合工程建设强制性标准。

施工组织设计中应当包括安全技术措施和施工现场临时用电方案。在实际操作中，对故宫文物保护工程项目中的基坑支护与降水工程、土方开挖工程、脚手架工程等达到一定规模的危险性较大的分部分项工程，还应当编制专项施工方案。

工程监理单位要以故宫安全为前提，用更加严格的标准对这些安全技术措施和专项施工方案进行审查，重点审查是否符合工程建设强制性标准，对于达不到强制性标准的，应当要求施工单位进行补充和完善。

2. 依法对施工安全事故隐患进行处理

《建设工程安全生产管理条例》规定，工程监理单位在实施监理过程中，发现存在安全事故隐患的，应当要求施工单位整改；情况严重的，应当要求施工单位暂时停止施工，并及时报告建设单位。施工单位拒不整改或者不停止施工的，工程监理单位应当及时向有关主管部门报告。

工程监理单位受建设单位的委托，有权要求施工单位对存在的安全事故隐患进行整改，有权要求施工单位暂时停止施工，并依法向建设单位和有关主管部门报告。

3. 承担建设工程安全生产的监理责任

《建设工程安全生产管理条例》规定，工程监理单位和监理工程师应当按照法律、法规和工程建设强制性标准实施监理，并对工程安全生产承担监理责任。

五、其他单位安全生产职责

对于设备检验检测单位的安全责任，《建设工程安全生产管理条例》规定，检验检测机构对检测合格的施工起重机械和整体提升脚手架、模板等自升式架设设施，应当出具安全合格证明文件，并对检测结果负责。

对于提供机械设备和配件单位的安全责任，《建设工程安全生产管理条例》规定，为建设工程提供机械设备和配件的单位，应当按照安全施工的要求配备齐全有效的保险、安全设施和装置。

对于出租机械设备和施工机具及配件单位的安全责任，《建设工程安全生产管理条例》规定，出租的机械设备和施工机具及配件，应当具有生产（制造）许可证、产品合格证。出租单位应当对出租的机械设备和施工机具及配件的安全性能进行检测，在签订租赁协议时，应当出具检测合格证明。

第四节　安全生产管理计划

一、安全生产管理计划的内容

（一）安全生产资金保障

故宫文物保护工程项目要求参建企业制定安全生产资金保障计划并落实资金，安全生产费用应当按照“项目计取、确保需要、企业统筹、规范使用”的原则进行管理。财务应将安全费用纳入公司财务计划，保证专款专用，并督促其合理使用。

（二）安全教育、培训

根据我国有关法律、法规规定，故宫文物保护工程项目要求建筑工地项目经理、安全员及其他管理人员每年必须进行安全知识、安全技术方面的教育培训。新入场的工人必须经过企业、项目、班组三级安全教育培训，并经过考试合格后，方可上岗作业。

企业级安全教育由企业领导负责，企业安全管理部门会同有关部门组织实施，项目级安全教育由项目负责人组织实施，安全员协助。班组级安全教育由班组长组织实施。

（三）采购

故宫文物保护工程项目安全防护用品的采购计划由项目部提出，经项目经理审核后，由项目部材料员统一购买。为确保工程项目安全作业，采购的特种劳动保护用品质量必须达到国家或行业标准要求的合格标准，并在项目部入库、建账。

所购买的劳动保护用品必须符合国家或行业标准，必须有“三证一标志”，即生产许可证、安全鉴定证、产品合格证和安全标志，由安全部门验收后方可入库。

（四）施工过程控制

工程开工前，由项目部组织工程技术人员和管理人员开展安全技术交底活动。分部、分项工程在开工前，组织工程施工的一线员工、工程技术人员和现场管理人员开展安全技术交底活动。

技术比较复杂、施工难度较大或危险性较大的施工项目，开工前应当组织安全技术交底活动，新工艺、新设备、新技术、新材料使用前，应组织开展安全技术交底活动。

（五）危险源辨识

项目实施前和实施过程中应开展施工危险源辨识，对危险性较大的部分分项工程编制专项施工安全方案，并按规定进行审批。施工组织设计中必须有危险源认定和预防控制措施，并对涉及的人员进行施工组织设计安全交底。

（六）事故应急预案

故宫文物保护工程项目要求施工单位采取多种形式开展应急预案的宣传教育，普及生产安全事故预防、避险、自救和互救知识，提高从业人员的安全意识和应急处置技能。

故宫文物保护工程项目各参建单位都必须制定本单位相应的应急预案演练计划，根据故宫的事故预防重点，每年至少组织一次综合应急预案演练或者专项应急预案演练，每半年至少组织一次现场处置方案演练，以应对故宫内施工现场可能出现的突发状况。

（七）安全改进

项目管理机构应全面掌握项目安全生产情况，定期进行考核和奖惩，对安全生产状况进行评价、改进。

（八）安全资料收集

安排专人负责整理、更新安全操作规程在内的安全生产法律法规、规范标准、制度办法等。对安全资料分类装订、统一格式，需签字部分不得代签。重大危险源识别控制、事故紧急救援资料必须单独保管建档。

二、安全生产管理计划的编制

文物保护工程项目实行施工总承包的，安全生产管理计划应当由施工总承包单位组织编制。实行专业分包的，安全生产管理计划应当由专业承包单位组织编制。

三、安全生产管理计划的审核

故宫文物保护工程项目的安全生产管理计划应当由施工单位技术部门组织本单位施工技术、安全、质量等部门的专业技术人员进行审核。经审核合格的，由施工单位技术负责人签字。实行施工总承包的，应当有总承包单位技术负责人及相关专业承包单位技术负责人签字。计划经施工单位审核合格后报监理单位，由项目总监理工程师审核签字。如有重大修改的，施工单位应当重新进行审核、签字。

第五节　安全生产管理实施

一、安全技术交底

安全技术交底是故宫文物保护工程项目实施过程中非常重要的步骤，是确保安全生产的前提。安全技术交底是指施工负责人在生产作业前对直接生产作业人员进行的该作业的安全操作规程和注意事项的培训。根据《建设工程安全生产管理条例》规定，施工单位负责项目管理的技术人员应当对有关安全施工的技术要求向施工作业班组、作业人员做出详细说明，并由双方签字确认。所有参加交底的人员必须履行签字手续，班组、交底人、安全员三方各留执一份，并记录存档。

安全技术交底必须定期或不定期地分工种、分项目、分施工部位进行，一般情况主体施工同一工种每月进行一次。各班组每天要根据工长签发的安全交底、工序程序技术要求，进行有针对性的班前讲话，讲话应有记录。为了帮助工长及时对作业班组进行安全技术交底，应专为施工负责人编制一套常规安全技术交底资料供其在施工中参考，在使用中要根据施工环境、条件做一些调整或增加有针对性的交底内容，以保证施工作业中的安全。

二、安全生产教育与培训

故宫文物保护工程项目中，安全生产的法律法规、规章制度和方针政策，安全生产责任制、

安全技术标准和安全操作规程、文物保护的法律法规及规章制度是安全教育的主要内容。安全教育应根据教育对象、特点，有针对性地组织进行。

（一）安全生产教育

1. 项目班子必须先接受教育

安全生产工作是项目管理的一个重要组成部分，项目负责人是安全生产工作的第一责任人。树立安全思想是非常重要的，项目负责人在思想上重视了安全，就能将安全生产任务栏置入重要议事日程，带头遵守安全生产规章制度，这同样也会对班子的其他人员起到积极的教育作用。因此，项目领导班子首先要自觉地接受安全教育，学习安全法规、安全技术知识和文物保护法律法规，增强安全意识和文物保护意识，提高安全管理水平。项目经理应经常对项目管理人员进行安全生产教育、考核，强化项目管理人员的安全生产意识。

2. 思想和方针政策的教育

一是增强项目管理人员的法制观念，坚持不违章指挥。二是教育作业人员不违章作业，坚持按操作规程施工，从思想上、理论上认识到搞好安全生产的重大意义，以增强关心人、保护人的责任感。三是通过安全生产方针、政策教育，提高各级员工的政策水平，使之更好地贯彻安全生产方针、政策和法规。四是通过文物保护相关法律、法规的教育，使故宫文物保护工程施工人员增强文物保护意识，自觉保护文物建筑。

3. 劳动纪律教育

“反对违章指挥，反对违章作业，严格执行安全操作规程，遵守劳动纪律”是贯彻安全生产方针、政策和法规的举措。

4. 安全知识方面的教育

安全知识方面的教育包含以下几项。

1）施工生产性质，施工（生产）流程、方法，施工（生产）危险区域及其安全防护的基本知识和注意事项。

2）机械设备和场内运输的有关安全知识。

3）有关电气设备的基本安全知识，高处作业安全知识。

4）施工生产中使用的有毒有害原材料或可能散发出有毒害物质的原材料的安全防护基本知识。

5）消防制度及灭火器材应用的基本知识。

6）个人防护用品的正确使用知识。

7）文物保护知识等。

（二）安全教育制度

1. 综合教育

故宫文物保护工程项目要求各参建单位每周进行一小时定期安全教育，对参建人员进行班前教育和班后总结，进行安全、消防、保卫、文物保护等综合教育，教育要有书面交底和签字，做好日常安全行为的规定。同时，5月是全国安全生产活动月，各项目负责人在安全生产月活动中，要进行安全文明施工、“安全第一、预防为主”等相关政策、方针的宣传，强化各方人员的安全意识，营造安全生产的声势和气氛。

2. 违章教育

对三次违章指挥的管理人员进行停工教育；对三次违章作业的施工人员进行停工教育；停工期间工资待遇按有关规定执行，该人员经考试合格后方可上岗。

3. 换岗教育

对变换工种及换岗、新调入、临时参加生产的人员应视同新人进行上岗安全教育、换岗教育，考试合格后上岗，将其成绩填入教育卡。

4. 特殊工种培训教育

要求凡进场作业的电工、焊工、架子工、起重指挥、起重司机、机工、打桩工必须参加培训考试，除进行一般教育外，还需按《北京市特种作业人员劳动安全管理办法》执行，培训考试合格后，工人持证上岗。

（三）安全教育形式

故宫文物保护工程项目安全教育培训可以采取各种有效方式展开活动，如建立安全教育室，举办安全知识讲座、报告会、培训班，进行图片和典型事故展览，放映有关安全教育的宣传片，举办安全知识竞赛，出板报，印简报等。

总之，安全教育可采取各种生动活泼的形式，并要坚持经常化、制度化，突出实效。同时，应注意思想性、严肃性、及时性。进行事故教育时，要避免片面性、恐怖性，应正确指出造成事故的原因及防范措施。

（四）法制教育

故宫文物保护工程项目要求定期和不定期地对全体职工进行遵纪守法的教育，杜绝违章指挥、违章作业的现象发生。《北京市安全生产教育管理办法》对施工企业的班组和职工教育明确规定，企业的工段长、班组长的安全生产教育由企业负责组织实施，每年进行一次，每次不得少于16学时。企业一般职工的安全生产教育由企业负责组织实施，每年进行一次，每次不得少于8学时。新职工上岗前的安全生产教育，由企业、班组分别组织实施，总共不得少于24学时。换岗职工的安全生产教育，采用新技术、新工艺、新材料进行生产职工的安全生产教育，采用新技术的职工的安全生产教育，由企业负责组织实施。特种作业人员的安全教育，按《北京市特种作业人员劳动安全管理办法》执行，因工伤事故造成重伤以下的负伤职工复工前的安全生产教育，由企业负责组织实施，不得少于4学时，其他原因休假超过6个月的职工，复工前的安全生产教育由班组负责组织实施。

（五）安全技能教育

安全技能教育就是结合本工种专业特点，实现安全操作、安全防护必须具备的基本技术知识的教育。每个职工都要熟悉本工种、岗位的专业安全技术操作规程。安全技能知识是比较专门、细致和深入的知识。它包括安全技术、劳动卫生和安全操作规程。国家规定建筑登高架设、起重、焊接、电气、爆破、压力容器、锅炉等特种作业人员必须进行专门的安全技术培训，并经考试合格方可上岗。

与其他施工现场的要求相同，故宫文物保护工程项目工地也要求结合典型经验和事故教训进行安全生产教育。因此，要注意收集本单位和外单位的先进经验及事故教训。宣传先进经验，既是教育职工找差距的过程，又是学、赶先进的过程；事故教育可以让职工从事故教训中吸取有益

的东西，防止今后类似事故的发生。

（六）特种作业人员的培训教育

特种作业的定义是“对操作者本人，尤其是对他人和周围设施的安全有重大危害因素的作业”。直接从事特种作业者称为特种作业人员。

特种作业范围包括：①电工作业；②金属焊接切割作业；③起重机械（含电梯）；④企业内机动车辆驾驶；⑤登高架设作业；⑥锅炉作业；⑦压力容器操作；⑧制冷作业；⑨爆破作业；⑩矿山通风作业（含瓦斯检验）；⑪ 矿山排水作业；⑫ 国家规定的其他行业。

故宫文物保护工程项目要求从事特种作业的人员必须经国家规定的有关部门进行安全教育和安全技术培训，并经考核合格取得正式操作证者，方准独立作业。同时，除机动车辆驾驶等人员按有关规定执行外，其他特种作业人员两年进行一次复审，连续从事本工种 10 年以上的，经知识更新教育后，可每 4 年复审一次。

（七）三级教育

新工人三级教育是故宫文物保护工程项目施工单位必须坚持的安全生产基本教育制度。新工人都必须接受施工企业、项目、班组的三级安全教育和考试，教育要有详细的内容和记录，教育人与被教育人都必须签字。三级教育的具体内容如下。

1. 企业教育

企业进行安全基本知识、法规、法制的教育，主要内容包括：党和国家的安全生产方针、政策；安全生产法规、标准和法制观念；文物保护的相关法律法规及管理办法；本单位施工过程及安全生产规章制度、安全纪律；本项目安全生产形势，事故发生的原因及教训；发生事故后如何抢救伤员、排险、保护现场和及时报告。

2. 项目教育

项目教育由现场施工单位项目部组织进行，时间不少于一天，主要内容包括：施工特点及施工安全基本知识；施工安全规章制度、规定及安全注意事项；本工种的安全技术操作规程；施工现场周边古建筑、古树的保护；机械设备、电气及高处作业等安全基本知识；防火、防毒、防尘、防爆知识及紧急情况安全处置和安全疏散知识；防护用品发放标准及防护用具、用品使用的基本知识。

3. 班组教育

班组进行的安全生产教育由班组长主持，或由班组安全员及指定的技术熟练、重视安全生产的老工人讲解，主要讲解本工种岗位安全操作及班组安全制度、纪律。教育内容包括：本班组作业特点及安全操作规程；班组安全活动制度及纪律；爱护和正确使用安全防护装置、设施及个人劳动防护用品知识；本岗位易发生事故的不安全因素及其防范对策；本岗位的作业环境及使用的机械设备、工具的安全要求；签订安全责任合同。

班前安全教育活动制度的主要内容包括：严格按照故宫文物保护工程项目的安全生产要求进行，认真执行安全生产规章制度及安全操作要求，合理安排班组人员工作；班组要对所使用的机具、设备、防护用具及作业环境进行安全检查，发现问题立即采取改进措施；组织班组人员学习操作规程，监督班组人员正确使用个人劳保用品，不断提高自保能力；认真落实安全技术交底，组织班组安全活动日，做好班前讲话、班后总结；检查班组作业现场安全生产状况，发现问题及

时解决，并上报有关领导；检查的重点是班组使用的架子和设备，手动、电动工具，安全带、安全帽等，发现问题及时修复和更换，确保作业安全。

（八）经常性教育

故宫文物保护工程项目要求各参建单位将安全教育培训工作做到经常化、制度化，把经常性的普及教育贯穿于管理全过程，并根据接受教育对象的不同特点，采取多层次、多渠道和多种形式的教育方法，以取得良好的效果。经常性教育主要内容包括：上级发布的劳动保护、安全生产法规及有关文件、指示；部门、科室和每个职工的安全责任；遵章守纪要求；事故案例及教训，先进的安全技术、革新成果等。

班组应每周安排一个安全活动日，各班组可利用班前或班后时间进行。其内容是学习党和国家及企业随时下达的安全生产规定和文件，回顾上周安全生产情况，提出下周安全生产要求，分析班组工人安全思想动态及现场安全生产形势，表扬好人好事，批评违章作业，汲取事故教训。

此外，除上述基本教育制度外，项目部可将平时在施工过程中创造和积累的行之有效的安全教育方式应用到班组的安全活动中，例如以下根据工程项目建设的特点进行“五抓紧”的安全教育方式。

1）工程突击赶任务，往往不注意安全，要抓紧安全教育。

2）工程接近收尾，容易忽视安全，要抓紧安全措施的落实，防止发生意外安全事故。

3）施工条件好时，容易麻痹大意，要抓紧操作人员的安全措施标准化管理和安全措施的验收。

4）要抓紧季节气候变化前后对施工场所检查的教育。

5）节假日前后思想不稳定，要抓紧进行防止发生安全事故的教育，做到警钟长鸣。

要加强纠正违章教育，对由于违反安全操作规章规程而导致的险情，造成事故或未遂事故的职工，必须进行“三不放过”教育。针对违反的规章条文及事故事件，使受教育者充分认识自己的过失和应吸取的教训。对于情节严重的违章事件，除了教育外，还应通过适当的形式给予经济处罚以达到扩大教育面的目的。

三、危险源辨识、评估与控制

危险源辨识是故宫文物保护工程项目安全生产评估的重要环节，对保障安全生产起到重要的作用。做好危险源的辨识，可以有效地防止危险的发生。辨识危险源可以从判断以下 3 个方面入手：①有伤害的来源吗？②谁（什么）会受到伤害？③伤害如何发生？

危险源的辨识方法为：①根据风险的范围、性质和时限进行界定，以确保该方法是主动性的而不是被动性的；②风险确认、风险优先次序区分和风险文件形成。

进行危险源辨识时，如果危险源可能引发的伤害可以被明确忽略，则不宜被列入文件或进一步考虑。辨识的方法有询问交谈、现场观察、查阅有关记录、获取外部信息、进行工作任务分析、制作安全检查表、研究危险与可操作性、分析事故树、分析故障树等。这些方法都有各自的特点和局限性，因此一般使用两种或两种以上的方法进行危险源辨识。

对于辨识后的危险源要进行风险的评估，估算其潜在伤害的严重程度和发生的可能性，然后对风险进行分级。根据危险源的识别，评估危险源造成风险的可能性和损失大小，结果可分为 5

个风险等级，即可忽略的风险、可容许的风险、中度风险、重大风险和不可容许风险。控制措施宜与风险水平相称，基于风险水平的简单措施计划见表5-10。

表 5-10 基于风险水平的简单措施计划

风险水平	措施和时间表
可忽略风险	无须采取措施且不必保持文件记录
可容许的风险	无须增加另外的控制措施，宜考虑成本效益最佳解决方案或不增加额外成本的改进措施；需要监视以确保控制措施得以保持
中度风险	宜努力降低风险，但宜仔细测量和限定预防措施的成本，宜在规定的时间内实施风险减低措施。当中度风险的后果属于“严重伤害”时，则需要进一步评价，以便更准确地确定伤害的可能性，从而确定是否需要改进控制措施
重大风险	对于尚未进行的工作，则不宜开始工作，直至风险降低为止。为了降低风险，可能必须配置大量的资源，对于正在进行的工作，则在继续工作的同时采取紧急措施
不可容许风险	不宜开始工作或继续工作，直至风险减低为止。如果即使投入无限的资源也不可能降低风险，就必须禁止工作

四、安全生产档案管理

故宫文物保护工程项目安全生产档案管理是为建立良好的文字资料管理秩序，预防安全生产事故和提高文明施工管理的有效措施。故宫文物保护工程项目安全生产档案管理有以下几点注意事项。

1）项目管理机构应负责各自的安全管理资料和档案管理工作，逐级建立安全资料，保证档案的真实性、完整性和有效性。

2）项目管理机构应建立安全管理资料和档案管理制度，规范安全管理资料的形成、收集、整理、组卷等工作，并应随施工现场安全管理工作同步形成，做到真实有效、及时完整。

3）施工现场安全管理资料应字迹清晰，签字、盖章等手续齐全，计算机形成的资料可打印，手写签名。

4）施工现场安全管理资料和档案应为原件，因故不能为原件时，可为复印件。复印件上应注明原件存放处，加盖原件存放单位公章，有经办人签字并注明日期。

5）施工现场安全管理资料和档案应分类整理和组卷，由各参建单位项目经理部保存备查至工程竣工。

6）现场安全管理资料的分类和整理可参考《建设工程施工现场安全资料管理规程》进行编制。

五、安全警示标志管理

正确使用安全警示标志是确保故宫文物保护工程项目施工现场安全管理的重要内容。

安全警示标志是指在操作人员容易产生错误而造成事故的场所，为了确保安全，提醒操作人员注意所采用的一种特殊标志，其目的是引起人们对不安全因素的注意，安全标志应由安全色、

几何图案和图形符号构成。故宫文物保护工程项目要求工作人员正确使用不同类型的安全警示标志，确保施工安全、人员安全和文物安全。

国家规定的安全色有红、黄、蓝、绿4种颜色。红色：传递禁止、停止、危险或提示消防设备、设施的信息。蓝色：传递必须遵守规定的指令性信息。黄色：传递注意、警告的信息。绿色：传递安全的提示性信息。

六、安全防护管理

故宫文物保护工程项目要求各参建单位做好安全防护管理，熟知基本的安全防护知识，确保在施工过程中人员安全及文物安全。故宫文物保护工程项目的安全防护管理主要包括以下内容。

“三宝”是施工中必须使用的防护用品。“四口”和“五临边”是工程项目施工中不可少和经常出现的。为了预防高处坠落，从“口”“边”处坠落和物体打击事故的发生，在施工中被广泛使用的3种防护用具——安全帽、安全带、安全网被统称为“三宝”。楼梯口、电梯口、预留洞口、通道口被统称为“四口”。基坑周边、两层以上楼层周边、分层施工的楼梯口和梯段边、各种垂直运输接料平台边、井架与施工用电梯和脚手架等与建筑物连通的两侧边，被统称为“五临边”。

在“四口”和“五临边”作业时，容易发生高坠事故，而无“三宝”保护，又容易遭物打和碰撞事故。它们都可以转换能量，两者之间虽未有有机联系，但出事故是交叉的，既有高坠又有物打，所以防护一定要明确，防范技术要合理，并要经济适用。“三宝”“四口”“五临边”的具体注意事项如下。

1. 正确使用安全帽

故宫文物保护工程项目要求施工单位购置符合国家标准的安全帽，并监督施工企业给现场的作业人员正确佩戴安全帽。尤其是必须系紧下颚系带，防止安全帽坠落失去防护作用。

2. 正确选用安全网

安全网分平网和立网两种。安全网是预防坠落伤害的一种劳动保护用品，是为了防止高处作业人员或处于高处作业面的物体发生坠落时伤害事故的发生。故宫文物保护工程项目要求企业要购置符合国家生产标准的安全网。每张安全网都必须有国家指定的监督检查部门批量检验证和工厂检验合格证。在工程施工过程中，为防止落物和减少污染，必须采用密目式安全网对建筑物进行全封闭。安全网的类型不同，防范的目的和使用要求不同，在使用中不能混用。安全网的使用必须符合有关技术性能。使用过的安全网技术性能达不到要求，不得再次使用。

3. 正确使用安全带

安全带俗称“救命绳”。故宫文物保护工程项目要求施工单位监督架子工和登高作业人员必须使用安全带。使用安全带应做垂直悬挂，高挂低用较为安全。当做水平位置悬挂使用时，要注意摆动碰撞，不宜低挂高用，不应将绳打结使用，以免绳结受力后剪短；不应将挂钩直接挂在不牢固的地方和直接挂在非金属绳上，防止绳被割断。

4. 楼梯口、电梯井口防护

根据《建筑施工高处作业安全技术规范》的规定，在进行洞口作业或在因工程工序需要而产生的，使人与物有坠落危险或危及人身安全的其他洞口进行高处作业时，必须按规定设置防护措施。防护栏杆、防护栅门应当符合规范要求，整齐牢固，与现场规范化管理相适应。防护设施应

当在施工组织设计中有设计、有图纸，并经验收形成工具化、定型化的防护用具，其应安全可靠、整齐美观，可周转使用。

5. 预留洞口、坑、井防护

按照《建筑施工高处作业安全技术规范》的规定，应对孔洞口都要进行防护。各类洞口的防护具体做法应当针对洞口大小及作业条件，在施工组织设计中分别进行设计规定，并在一个单位或者一个施工现场中定型化，不允许出现作业人员随意找材料覆盖洞口的临时做法，防止由于洞口处理不严密、不牢固而产生安全隐患。

6. 通道口防护

在工程地面入口处和施工现场人员流动密集的通道上方，应设置防护棚，防止因坠落物产生的物体打击事故发生。

7. 楼板、屋面等临边防护

《建筑施工高处作业安全技术规范》规定，施工现场中，工作面边沿无防护设施或者围护设施高度低于 80 cm 时，都要按规定搭设临边防护栏杆，栏杆搭设应符合规范要求。

七、安全施工管理

故宫文物保护工程项目根据《故宫博物院施工现场安全管理规定》《故宫博物院安全用电管理规定》和相关政策法规、规范要求，制定文物保护工程项目施工现场安全施工检查清单，依照清单严格落实各项检查，立查立改。部分清单内容如下。

1）特殊部位的内外电线路采用安全防护措施。

2）电力施工机具有可靠接零或接地。

3）施工区实行分级配电，配电箱、开关箱安装位置合格，采用“一机、一闸、一漏、一箱”。

4）检查注浆是否定压力、定量，每日巡视。

5）检测竖井内空气质量，每日探查井内积水情况。

6）检查基坑临边防护情况、现场脚手架情况。

7）检查现场特种操作作业是否有安全员旁站。

8）检查机械传动外露部分是否有防护装置。

9）检查施工机具电源入线压接牢固，有无乱拉、扯、压、砸、裸露破损现象。

10）检查氧气瓶、乙炔瓶、明火作业之间距离情况、存放情况和巡检记录是否齐全。

11）检查检查设备停用后是否关机上锁，操作场所应悬挂操作规程。

12）检查钢丝绳是否顺畅运行。

13）检查灭火器配置数量是否充足，种类是否正确。

14）检查动火作业现场是否通风，是否配备灭火器材。

15）检查是否存在使用液化石油气或存放气罐现象。

16）检查是否存在易燃易爆漆料滞留院内现象。

17）检查注浆是否对消防通道有影响。

18）检查吊钩是否存在明显损伤等。

第六节　安全生产检查

一、安全生产检查的目的

安全生产检查是对安全管理体系活动和结果的符合性和有效性进行的常规监测活动，建设工程企业通过安全检查掌握安全管理体系运行的动态，发现并纠正安全管理体系运行活动或结果的偏差，并为确定和采取纠正措施或预防措施提供信息。安全检查的目的是如下。

1）通过安全生产检查，可以发现施工（生产）中的不安全（人的不安全行为和物的不安全状态）问题，从而采取对策，消除不安全因素，保障安全生产。

2）利用安全生产检查，进一步宣传、贯彻、落实党和国家的安全生产方针、政策和各项安全生产规章制度、规范标准。

3）安全生产检查实质是一次群众性的安全教育。通过检查，增强群众的安全意识，纠正违章指挥、违章作业，提高搞好安全生产的自觉性和责任感。

4）通过安全生产检查，可以互相学习、总结经验、吸取教训、取长补短，有利于进一步促进安全生产工作。

5）通过安全生产检查，了解安全生产动态，为分析安全生产形势、研究加强安全管理提供信息和依据。

故宫文物保护工程项目要求所有参建单位定期对施工现场及相关地段进行安全检查，包括施工安全、物品存放安全、人员安全及文物安全等，确保平日安全施工，节假日不留安全隐患。

二、安全生产检查的形式

施工安全管理与文明施工检查的主要形式一般可分为日常巡查、专项检查、定期安全检查、经常性安全检查、季节性安全检查、节假日安全检查、开工（复工）安全检查、专业性安全检查和设备设施安全验收检查等。检查的组织形式应根据检查的目的、内容而定，因此参加检查的组成人员也就不完全相同。

1）主管部门检查。其为主管部门（包括中央、省、市级建设行政主管部门）对下属单位进行的安全检查，这类检查能针对本行业特点、共性和主要问题进行检查，并有针对性、调查性，也有批评性。同时通过检查总结，扩大安全生产经验，对基层推动作用较大。

2）定期安全检查。故宫文物保护工程项目要求施工企业内部必须建立定期分级安全检查制度。公司每月组织一次安全检查；项目部每星期组织1~2次安全检查。每次安全检查应由单位领导或总工程师（技术领导）带队，有工会、安全、动力设备等部门派员参加。这种制度性的定期检查内容，属全面性和考核性的检查。

3）专业性安全检查。要求对垂直提升机、脚手架、电气、压力容器、防尘防毒等安全问题或在施工中存在的普遍性安全问题进行单项检查。这类检查专业性强，也可以结合单项评比进行，参加专业安全检查组的人员，主要应由专业技术人员、懂行的安全技术人员和有实际操作、维修

能力的工人参加。

4）经常性安全检查。在施工（生产）过程中应进行经常性的预防检查，能及时发现隐患、消除隐患，保证施工（生产）正常进行，通常由班组进行班前、班后岗位安全检查，各级安全员及安全值班人员进行日常巡回安全检查，各级管理人员在检查生产同时检查安全。

5）临时安全检查。其是在工程开工前的准备工作、施工高峰期、工程处在不同施工阶段前后、人员有较大变动期、工地发生工伤事故、其他安全事故发生后以及上级临时安全检查时所进行的安全检查活动。

开工、复工前的安全检查是针对工程项目开工、复工之前进行的安全检查，主要检查现场是否具备保障安全生产的条件。

6）季节性及节假日前后安全检查。季节性安全检查是针对气候特点（如冬季、夏季、雨季、风季等）可能给施工带来危险而组织的安全检查。节假日前后检查是为了防止施工单位纪律松懈、思想麻痹等进行的检查。节日加班，更要重视对加班人员的安全教育，同时要认真检查安全防范措施的落实情况。

7）施工现场还要经常进行自检、互检和交接检查。自检：班组作业前、后对自身所处的环境和工作程序要进行安全检查，可随时消灭安全隐患。互检：班组之间开展安全检查，可以做到互相监督，共同遵守纪律。交接检查：上道工序完毕，交给下道工序继续进行施工前，应由工地负责人组织工长、安全员、班组长及其他有关人员参加，进行安全检查或验收，确认无误或合格后，方能交给下道工序。

故宫文物保护工程项目通过严格的安全生产检查，不仅有利于规范施工人员的作业流程顺利进行，提升现有的故宫保护工程项目的安全性，同时也建立了长效的安全检查机制，为今后的安全检查流程提供借鉴和典范，实现故宫安全生产的目的。

三、安全生产检查的主要内容

安全生产检查是生产经营单位安全管理的重要内容，其工作重点是辨识安全管理工作存在的漏洞和死角，检查施工现场安全防护设施、作业环境是否存在不安全状态，现场作业人员的行为是否符合安全规范，以及设备、系统运行状况是否符合现场规程的要求等。通过安全检查，可不断堵住管理漏洞，改善劳动作业环境，规范作业人员的行为，保证设备系统的安全、可靠运行，实现安全生产的目的。

故宫文物保护工程项目的施工安全管理与文明施工检查主要是以查安全思想、查安全责任、查安全制度、查安全措施、查安全防护、查设备设施、查教育培训、查操作行为、查劳动防护用品使用和查伤亡事故处理等为主要内容。施工安全管理与文明施工检查要根据施工生产特点，具体确定检查的项目和检查的标准。

四、安全生产检查的方法

故宫文物保护工程项目的安全检查可以采用“听”“问”“看”“量”“测”“运转试验”等方法进行。

第七节　保卫管理

一、保卫管理的意义

就故宫博物院而言，针对国家重点文物保护区域的安全保卫工作，必须认真贯彻“预防为主，确保重点，打击敌人，保障安全”的方针，实行逐级安全岗位责任制，加强内部治安管理。在故宫博物院等文物保护区域中开展的文物保护工程项目位于保护区内，因其地理位置的特殊性，安全保卫工作与开放区域同样重要。

二、故宫保卫管理制度

针对特殊的环境和地理位置，故宫对文物保护工程项目管理、施工人员及施工车辆出入故宫提出了特定的保卫管理要求，其中相对特殊的要求有以下几个方面。

（一）来院管理、施工相关人员管理规定

1）因公在故宫院内临时工作 15 日以上的人员，应办理故宫临时工作证；在故宫院内临时工作两日以上 15 日以内的人员，应办理故宫临时放行卡。故宫临时工作证及故宫临时放行卡由院接待部门负责申办。

2）办理故宫临时工作证及临时放行卡的人员不得有刑事犯罪、治安拘留、劳改教养、犯罪在逃、精神病史等记录，应认真学习并严格遵守故宫各项安全管理规定。

3）来院管理、施工的相关单位，必须与消防处防火科签订《消防安全协议书》，与保卫处内保科签订《安保工作承诺书》，保卫处内保科凭有效期内的《消防安全协议书》复印件方可予以办理故宫临时工作证。

4）因工作需要临时来院的人员，需提前一天以上由接待部门向故宫保卫处申办，提交有关身份证件信息、说明来院事由，并由相关负责部门在大门处接入院内。未提前报备者不得进入。

（二）车辆管理规定

1）施工车辆需进入故宫，并在指定路段行驶时，需报故宫保卫处批准。临时会客、办事车辆，须由接待部门专人接送。

2）入院机动车必须配备灭火器。

3）来院施工机动车一律停放在停车场内，禁止在开放路线、办公室前或独立院内停放。因工作需要机动车夜间滞留院内的，需报保卫处批准后，按指定地点停放。车内不得存放易燃易爆物品。

4）车辆行驶前要认真检查车况（包括非机动车），严禁故障车进院，同时禁止故障车上路，防止发生交通事故及造成交通堵塞。

三、治安保卫教育

利用多种形式开展法制宣传教育，提高群众的法制观念和安全意识，增强群众的责任意识，

努力做好故宫安全保卫工作。定期对职工及施工人员进行保卫教育，提高其思想认识，一旦发生灾害事故，做到招之即来，团结奋斗。

工程项目负责人要教育所属人员遵守故宫规章制度及故宫各项安全保卫管理制度，加强所属人员主人翁意识、安全意识、责任意识教育，严格落实各项安全制度。加强对外地民工的管理，摸清人员底数，掌握每个人的思想动态，及时进行教育，把事故消灭在萌芽状态。非施工人员不得进入施工现场，特殊情况要报故宫保卫处相关部门批准。

每月对职工进行一次治安教育，每季度召开一次治安会，定期组织保卫检查，并将会议检查整改记录存入内业资料以备查验。施工现场重要出入口应设警卫室，昼夜有值班人员记录。

第八节　消防管理

一、消防管理的意义

文物保护工程项目施工现场的防火必须遵循国家有关方针、政策，针对不同施工现场的火灾特点，立足自防自救，采取可靠的防火措施，做到安全可靠，经济合理，方便适用。施工现场的安全管理由施工单位负责，实行施工总承包的，由总承包单位负责。分包单位应向总承包单位负责，并应服从总承包单位的管理，同时承担国家法律、法规规定的消防责任和义务。

二、故宫施工现场消防管理制度

针对特殊的环境和地理位置，故宫博物院对文物保护工程项目提出了特定的消防安全管理要求，其中相对特殊的要求有以下几个方面。

（一）防火责任制

1）故宫博物院的法定代表人应与来院的施工单位主要负责人签订防火安全协议书。

2）故宫实行三级断电制度以保证用电安全。三级断电即配电室各路分闸、各区域总开关、用电设备保护分闸断电。下班后施工现场务必做到人走电断。

3）文物保护工程项目施工的消防安全由施工单位负责。实行施工总承包的，由总承包单位负责，分包单位向总承包单位负责，总承包单位对分包单位的消防安全实施监督管理。消防处负责施工过程中对临时用火、灭火器材配备、消防通道有无堵塞、消火栓埋压、易燃物清理等情况进行监督检查。

4）部分文物保护工程项目（按照国家工程建筑消防技术标准需要进行消防设计的工程）应在施工前，由甲方或施工部门提出组织设计方案报北京市消防局审批，批复后送消防处备案方可开工。工程竣工后的验收工作由施工方或甲方负责组织，验收合格批件送交故宫消防处防火科备案。施工过程中实行隐患自查、责任自负的消防安全管理原则。

5）来院管理、监理、施工及各参建单位有关人员应掌握消防安全“四个能力”建设内容，即检查消除火灾隐患能力、扑救初期火灾能力、组织人员疏散逃生能力和消防宣传教育能力。做到“三懂三会”，即懂基本消防常识，会查改火灾隐患；懂消防设施器材使用方法，会扑救初期火灾；

懂逃生自救技巧，会组织人员疏散。

6）对火险隐患能够及时排除的应当立即排除，对不能当场排除的火险隐患，要有防范措施并按期限进行整改。重大火险隐患排除前或排除过程中无法保证安全的，消防处向主管院领导请示后责令从危险区域内撤出施工人员并责令停产。重大火险隐患排除后，经消防处审查同意后方可恢复施工。

7）施工用电需事先向故宫行政处电管科提出申请，领取临时《用电许可证》后方可使用。使用或安装电动工具、电气设备须严格遵守操作规程。其工具、设备及所属附件须完好无损并由专人管理，按规定维修检查，用毕及时拆除。

8）施工现场周围的人员聚集场所须设置疏散通道、消防安全疏散指示标志和应急照明设施，保持消防安全疏散指示标志、应急照明等设施处于正常状态，保证安全出入口畅通。

9）故宫文物保护工程项目参建各方人员如发现施工现场火情应立即报警。报警时要讲清楚失火部位的名称、地点、所燃烧的物质及火势大小。起火部位现场工作人员应在 1 min 内形成第一灭火力量，利用灭火器进行灭火，同时通过喊话、广播等方式疏导施工现场附近的游客。

（二）设备配置与维护

1）施工现场消防器材由施工单位负责配置和维护，相关施工人员必须熟悉现场范围内的消防设施存放位置、使用方法。

2）消防器材必须放置在明显、易取之处，消火栓应有明显的标志，消防水源不得兼做他用，特殊情况需使用时必须经消防处防火科批准，未经批准，不得使用。严禁埋压、圈占消防器材及设施。

（三）专项防火

施工现场大型建筑物、施工罩棚等必须按有关规定安装和完善避雷设施。已安装的避雷设施，每年需对避雷设施进行检测，保证其灵敏有效。

对于建筑、装饰等专项工程，施工单位不得擅自降低消防技术标准，必须使用符合国家或行业标准的材料。

装饰、装修改造工程中的吊顶、隔断、墙裙、展柜、地板应使用非燃或阻燃料；布匹、丝织品须做阻燃处理。

翻建、装修、装饰工程不得在古建筑内设置木工车间，禁止使用电锯、压刨等木工机械从事木料加工工作。

严禁将杂草、树叶、杂物等倒入水井内。严禁使用焚烧手段处理文件、废纸、垃圾、树叶等易燃物、杂物。

三、日常备防措施

（一）工地定期拔草

故宫墙高、殿大、房屋数量多，院落死角也多。由于历史原因每年各处杂草较多，除了屋顶和院落死角外，故宫文物保护工程施工现场钢筋码放区域也容易生出杂草，成为院内防火工作的一大难题。因此在施工现场会定期组织除草，为了使地面砖块、周边文物建筑不受损害，通常采用人工拔草的方式除草，消除杂草枯干带来的火灾隐患。

（二）及时清理消防通道

为保证安全应急通道和消防通道的畅通，施工现场应预留出宽度符合消防规范的应急通道，严禁在消防通道码放材料及建筑垃圾，每天安排专人进行监督检查和通道清理，确保消防通道无占用，宽度和高度符合规范，消防设备设施能覆盖整个工地范围。

（三）制定应急预案

为进一步保障故宫文物保护工程工地安全，故宫文物保护工程项目根据各工程实际情况，制定相应可行、有效的应急方案；坚持"安全第一，预防为主，综合治理"的安全工作方针，以《安全生产法》《突发事件应对法》《突发公共卫生事件应急条例》《安全生产责任制》《安全目标管理制度》及故宫博物院有关指示精神等部署要求为依据，提高人们的思想意识和强化安全施工生产保障管理工作。

应急预案主要包括各项目突发事件处置指挥机构的工作职责、应急相应级别及措施、应急物资与装备和工作程序网络图，并公示值班人员的信息和联系方式。施工现场发生突发事故后，第一发现人应立即向甲方汇报；施工现场主要负责人在接到报告后，应立即通知施工现场抢险应急队有关人员，抢险应急队有关人员接到应急抢险通知后，应严格按照本人在应急抢险中的有关职责进行活动。

（四）坚持消防安全检查制度

根据故宫博物院消防安全规定，按照相关要求落实每日消防安全检查制度，进行每日消防安全检查工作。故宫有健全的三级防火组织，实行防火安全责任制。各部门和各个施工单位所负责的区域，每日由专人负责日常和下班前的防火、防盗、封门检查，拉闸断电等工作。对工地的供电线路和电气设备，每周进行两次消防安全检查，并根据需要进行养护和维修。遇有重大政治活动时，还要进行针对性的重点检查，确保供电线路、用电设备不出问题。对防火、灭火设施，避雷针、灭火器定期检查，每年检测、检修一次。地下消火栓每年至少进行 4 次检查，对每座消火栓进行试出水。

安全是故宫文物保护工程项目的重中之重，文物保护工程项目管理部门每周对各个工地进行消防安全联合检查，包括对办公区、施工区和生活区的安全隐患进行排查，确保各工地安全。

（五）用火审批

在故宫范围内进行电工、焊工等电气设备安装和电、气焊切割作业，需要有操作证和当日动火证。动火前，要清除附近易燃物，配备看火人员和灭火用具。动火证当日有效。动火地点变换，要重新办理动火证手续。凡是进行电、气焊作业，必须先填用火申请表，施工单位、建设单位和相关管理人员共同签字后，并经故宫消防处批准后，动火证方才有效。

（六）开设消防安全培训班

故宫消防处针对入院工作人员和施工作业人员进行岗前消防培训，并定期举行消防安全知识培训班，加强人员的消防安全意识。培训主要针对《消防法》、施工用电安全制度、交接班制度、消防器材使用基本技能等进行培训。要求故宫工作人员具备消防安全的"四个能力"，即检查消除火灾隐患能力、扑救初期起火能力、组织人员疏散逃生能力和消防宣传教育培训能力。

四、消防安全技术交底

在故宫文物保护工程项目施工过程中要严格执行防火安全技术交底制度。特别是在进行电气焊、油漆粉刷或从事防火等危险作业时，要有具体防火要求。

以电工安全技术交底卡为例，内容主要包括如下14项。

1）所有绝缘、检验工具，应妥善保管，严禁他用，并应定期检查、校验。

2）现场施工用电高低压设备及线路，应按照施工设计及有关电气安全技术规程安装和架设。

3）线路上禁止带负荷接电或断电，并禁止带电操作。

4）融化焊锡、锡块、工具要干燥，防止爆溅。

5）喷灯不得漏气、漏油及堵塞，不得在易燃、易爆场所点火及使用。工作完毕，灭火放气。

6）有人触电，立即切断电源，进行急救；电器着火，应立即将有关电源切断，使用泡沫灭火器或干砂灭火。

7）现场变配电高压设备，不论带电与否，单人值班不准超越遮拦设施和从事维修工作。

8）在高压带电区域内部停电工作时，人体与带电部分应保持安全距离，并需有人监护。

9）电气设备的金属外壳必须接零，同一供电网不允许有的接地有的接零。

10）电气设备所用保险丝（片）的额定电流与其负荷内容相适应。禁止使用其他金属线代替保险丝（片）。

11）照明开关、灯口及插座等，应正确接入火线及零线。

12）进入施工现场要戴好安全帽，高空作业要系好安全带。

13）熟悉用电急救知识。

14）按施工用电组织设计做好资料档案包括：①检查验收表；②电工值班记录；③电工维修工作记录；④定期检查记录；⑤接地电阻检复查记录；⑥班前讲话及班后总结记录。

五、防火档案

由于故宫对于防火要求的特殊性，故宫文物保护工程项目要求建立防火档案。防火档案是防火管理的基础，是记载故宫施工现场消防安全基本情况的资料。同时，建立防火档案是消防工作十项标准要求之一，也是消防监督机关的规定。防火档案是各级消防安全委员会和防火安全主管部门的一项基本工作，也是提高各单位防火安全管理水平的一项措施，是防火主管部门考核各施工单位防火安全工作的重要依据。因此防火主管部门必须重视防火档案的建立和管理工作，使防火档案真正成为促进施工防火安全的工具。

故宫文物保护工程项目施工现场必须落实“谁主管，谁负责”的原则，确定相关领导干部负责防火档案建立工作，有总包、分包单位的工程，实行总承包单位负责的消防工作责任制，建立消防工作领导小组，与分包单位签订消防工作责任书，各分包单位应接受总承包单位的统一领导和监督检查。

施工单位应根据工程规模，建立消防组织，配备消防人员。施工组织设计要有消防措施方案及设施平面布置图，并按照有关规定，报公安监督机关审批或备案。

六、消防安全现代化技术

故宫的古建筑密集，材料、结构特殊，区域内道路狭窄，给消防工作造成了很大的困难，因而，故宫被北京市消防局列为“重点防火单位”。确保故宫安全，是重大的历史责任、社会责任。党和政府十分重视故宫的防火安全工作。为了消除火灾隐患，从20世纪50年代开始，故宫相继在高度在20 m以上的建筑物上安装避雷针。经过多年努力，发展至今，故宫内已形成了具有现代化水平的避雷网络。改革开放以来，国务院批准《北京故宫消防规划》。随着科学技术的发展，故宫防火安全技术装备的基础建设工作进入新阶段，设置了监控中心，科技防范的覆盖面不断扩大，使故宫的消防设施更加现代化，消防安全工作达到了前所未有的水平。

（一）架设现代化避雷网络

1984年6月2日，故宫内东路承乾宫遭雷击，引起了故宫领导对古建筑物及院内大型构筑物防雷的高度重视。

在故宫文物保护工程项目中，为了保护建筑物、机电设备、人、畜免受雷电破坏及伤害，一般采取装设避雷针、避雷带、避雷器、引下线及接地极组做防雷电保护。施工工地的临时工棚、施工作业平台、宿舍，要求按实际情况采取防雷接地保护措施，设置避雷针、引下线及接地极组做防雷电保护。

故宫要求避雷装置必须有良好接地，必须定期检查测量接地装置的接地电阻，其独立接地极接地电阻不大于4 Ω，否则应及时处理。对防雷接地装置进行定期巡查，并加强日常维护，重点检查接地线有无损伤、碰断及腐蚀现象。

（二）建成大型特种消防车库

为增强故宫的救灾能力，1992年9月22日，北京市消防局致电故宫博物院：“中日两国政府于今年4月16日签署了援助北京消防设备议定书，根据两国政府确定的关于无偿援助方案，拟援助的包括登高车在内的31部特种消防车，将分别配备在市区范围内的消防中队，以弥补该地区设备严重不足的缺陷。方案中确定，将为故宫博物院消防中队配备1辆30米以上的登高车。鉴于目前故宫消防中队车库无法存放该种登高车，特函请贵院新建一登高车库。”故宫博物院召开协调会，于故宫博物院内新建一处大型特种消防车库，为火警紧急状况提供后备力量。

（三）启动基础设施维修改造工程

为应对日益严峻的安全形势，彻底消除故宫基础设施硬件凌乱、无序、老化等安全隐患，故宫博物院自2006年开始启动基础设施维修改造工程。该工程分两期建设，故宫博物院西南区域作为一期（试点）工程先行启动，待一期工程竣工后开始实施二期工程。工程建成后将改善基础设施现状管线落后及布局混乱的情况，加强对文物及古建筑的有效保护和管理，最大限度地提高接待能力，消除现存安全隐患；集约地下空间资源，有效抵御地震、侵蚀等多种自然灾害，同时提高管理效率。

第二十四章　设计与技术管理

故宫文物保护工程项目设计与技术管理是项目能否顺利进行的根本条件，包括项目初期的工程设计、施工组织设计和施工过程中出现的工程洽商、设计变更等，都需要通过设计与技术管理对各个环节进行控制，运用合理的先进技术确保项目有序开展。故宫文物保护工程项目的设计与技术管理应在确保安全、质量的前提下，展开各项工程设计和施工组织设计。

第一节　设计与技术管理概述

一、工程设计

工程设计是项目实施过程的一个重要阶段，是将建设者对项目的功能、观感、形象等要求，通过现有的场地、水文地质、建筑材料、施工装备、建筑设备、施工工艺等一系列要素，用工程语言确定并表述出来的过程。设计工作实质上是项目策划的一种专业形式。

科学技术研究的成果需要通过工程设计来实现自身的价值。工程设计是科学技术转化为生产力的纽带，是推动技术进步的重要条件，是整个工程项目的先行和关键，在工程建设中处于主导地位。工程设计对于工程的功能实现、工程质量、建设周期、投资效益以及设计的项目整个寿命期的经济效益和社会效益等都起着决定性的作用。

二、施工组织设计

施工组织设计是指导现场施工准备工作和组织施工依据的技术、经济文件，是施工单位实现科学管理、提高施工水平和保证工程质量的主要手段，能够贯彻施工的科学性，使项目建设更加合理化地进行。

因故宫所处的特殊地理位置，故宫文物保护工程项目施工组织设计的计划编制一般应根据工程的规模、特点、技术繁简程度和施工单位所拥有的施工机具、技术力量条件及施工现场的环境等因素，在确保安全和质量的前提下，编制不同深度的技术管理方案，作为指导施工各个环节活动的依据。编制设计与技术管理计划时，要进行充分调查研究，广泛发动有文物保护区文物保护工程项目建设经验的技术人员、管理人员、施工人员制定措施，使技术管理的计划符合实际，切实可行。

（一）施工组织设计的分类

故宫文物保护工程项目施工组织设计的编制与大部分建设项目的分类相同，多是根据工程的

规模、特点等进行分类，施工组织设计按对象和范围不同，概括分类为施工组织总设计、施工组织设计和施工方案。

1）施工组织总设计。施工组织总设计是以大、中型等文物保护建设项目为对象，对整个建设项目从施工组织方面进行全面规划、周密部署，保证施工准备工作按照规划的程序合理有效地进行。施工组织总设计的内容比较概括、粗略。

2）施工组织设计。施工组织设计是在施工组织总设计指导下，以一个单位工程为对象，在施工图纸完成后，单位工程开工前，落实具体的施工组织、施工方法和具体的技术措施。内容较施工组织总设计更详细具体，能够用于指导某一项工程的进行。在单位工程施工组织设计编制后，可对施工组织总设计进行适当的调整和修改。

3）施工方案。施工方案是以单位工程中的一个分部工程或分项工程或一个专业工程为编制对象，它比施工组织设计更为具体。它主要是根据工程特点和具体要求对施工中的主要工序和保证工程质量及安全的技术措施、施工方法、工序配合等方面进行合理的安排布置，同时对施工的时间节点做出明确的规定。

（二）施工组织设计的编制依据

故宫文物保护工程项目主要根据不同工程的实际情况，结合地理位置、施工特点、安全性等综合考虑，进行施工组织设计。

1）工程概况和特点。简要介绍工程名称、地址、工程性质、工程内容特点、总工程量及工程造价等。简要叙述工艺流程，安装施工所涉及的主要专业，工程采用的新技术和工艺难关等。

2）施工进度计划以网络图形式或横道线的形式编制。工序安排应符合工程实际情况，工期安排应满足总工期要求。

3）施工技术方案根据工程特点和主要专业的施工特点，合理选择施工方案。按选择的施工方案，安排从施工准备到竣工全过程的施工工序，制定主要吊装机具选择及有关使用的说明，单位工程和主要分部、分项工程的施工技术措施。

4）质量技术保证措施。列出本工程的质量保证体系，制定保证质量的具体措施，内容包括施工措施方案及相应的材料和机具。

5）安全技术保证措施。列出本工程安全保证体系，提出保证安全施工的技术措施。

6）施工劳动力计划。列出劳动力计划表，包括工种、类别、人数、进场计划、计划用工量及组织形式等。

7）施工机具计划。列出公共机具计划表，内容包括机具品种、规格、数量、进场时间及使用期限。

8）降低成本综合措施。这包括技术措施、材料管理、劳动力管理等方面的措施。

9）施工现场平面布置图。画出平面位置图，注明方位和位置参数，标明施工场地，材料堆放场地，生活区临时用水、供电线路的布置，施工运输道路、消防设施的布置等。

（三）施工组织设计应注意的问题

故宫文物保护工程项目应在施工组织设计过程中严格按照相关规范要求、合同条款、设计规范，以落地为目标进行施工组织设计，同时注意以下容易出现的问题。

1）对施工现场不做实际、具体、细致的调查研究，致使施工组织设计或施工方案脱离实际，

使基层难以执行，使施工组织设计沦为一种应付开工的形式，失去了指导施工的具体作用。

2）负责编制施工组织设计的人员，搞烦琐哲学，不管工程规模大小、结构复杂程度，一律进行表格、文字堆积，重点不突出，成效甚微，未起到施工组织的作用。

3）只注重抓编制，不抓贯彻落实。不严格按照施工组织设计（或施工方案）要求组织施工，或抛开施工组织设计，盲目进行施工。

三、图纸会审和变更、洽商管理

在故宫文物保护工程项目的施工准备阶段，要求组织设计单位、施工单位、监理单位等召开设计交底与图纸会审会议，在施工之前将图纸中的问题尽量解决。

当确认将要发生图纸变更时，施工单位应及时联系设计变更的相关分包单位，负责做好各分包单位的所有设计变更转发、备案工作，并协调各分包单位进行处理。分包单位的工程洽商以及在深化图中所反映的设计变更，需由总包单位审核后上报，建设单位、监理单位和设计单位批准后由总包单位统一下发到各分包单位。

四、技术资料管理

故宫文物保护工程项目要求施工总承包单位根据工程需要，督促分包单位分阶段、定期指定资料自查计划，在分包单位自查的基础上进行内部检查。内部资料检查由施工总承包单位项目总工和分包技术负责人共同负责，组织总分包双方工程、技术、材料部门主要负责人及所有施工技术资料进行全面检查，出现问题及时整改，确保工程顺利进行。

五、技术协调

故宫文物保护工程项目对施工单位有较高的要求，除其对自身施工范围内的工程技术管理外，更重要的是对其他指定专业分包单位的技术协调管理。在施工中，不仅应该重视施工的内在质量，还应通过技术准备协调向前延伸到其技术思想的领会，向后延续到其使用功能和寿命的保护，通过技术的综合协调，确保工程达到应有的功能和寿命。在技术协调的过程中，项目团队应以建设更多优质的故宫文物保护工程项目为目标，注重新技术、新工艺、新材料的应用与推广，增加故宫文物保护工程项目的科技含量。

第二节　设计与技术管理范畴

一、设计与技术管理的主要内容

故宫文物保护工程项目管理过程中的设计管理工作，由项目管理组织负责，该组织任命相关资质人员，承担设计管理工作和技术管理工作。项目管理的任务是严格按照设计任务书的要求开展设计管理工作。设计任务书一般包括以下内容。

1）项目设计名称、建设地点。

2）批准设计项目的文号、协议书文号及其有关内容。

3）设计项目的用地情况，包括建设用地范围地形，场地内原有建筑物、构筑物、要求保留的树木及文物建筑的拆除和保留情况等，还应说明场地周围道路及可能对周边文物造成的影响等情况。

4）工程所在地区的气象、地理条件、建设场地的工程地质条件。

5）水、电、气、燃料等能源供应情况，公共设施和交通运输条件。

6）用地、环保、卫生、消防、人防、抗震等要求和依据资料。

7）材料供应及施工条件情况。

8）工程设计的规模和项目组成。

9）项目的使用要求或生产工艺要求。

10）项目的设计标准及总投资。

11）建筑造型及建筑室内外装修方面的要求。

二、设计与技术管理的组织机构

故宫文物保护工程项目都由专业设计单位承揽，由项目管理公司负责管理协调。

项目设计工作在项目实施的全过程中起主导作用。设计组织机构的设置不仅要考虑有利设计工作，还要根据故宫所处的特殊位置和性质，考虑有利于采购、施工和验收全过程的项目管理。

根据故宫文物保护工程项目的规模、性质和其他因素，项目设计组的成员可以集中办公，矩阵管理的原则和项目设计组成员的职责分工不变。项目设计工作需要有关部门或技术人员的支持，如行政部门等，这些人员不作为项目设计组的成员，由设计单位统一组织提供服务。

项目管理部门应对各工程技术部门推荐参加设计组的人员名单进行资格审核，在审核过程中，如发现设计人员的资格与所从事的工作不符时，应由项目管理组织工程技术部门重新调整参加设计组的人员名单。

三、设计与技术管理部门的主要工作内容

故宫文物保护工程项目设计与技术管理部门作为工程设计工作的协调者，对设计的步骤、时间、背景等都应有明确的调研和安排，其主要的工作内容如下。

1）进行设计项目建设地点的施工调查。

2）根据批准设计项目的文号及其有关内容，了解和处理相关联络工作。

3）调查设计项目的建设用地现状，包括建设用地范围地形，场地内原有建筑物、构筑物、要求保留的树木及文物建筑的拆除和保留状况等。

4）调查工程所在地的气象、地理条件及工程地质条件，场地周围道路及建筑等环境条件。

5）调查水、电、气、燃料等能源供应及增容情况，公共设施和交通运输条件可利用情况。

6）调查用地、环保、卫生、消防、人防、抗震等要求和依据，准备报批相关资料。

7）调查材料供应及施工条件情况。

8）调查工程设计的规模和项目组成的特点、相互关系、特殊要求等情况。

9）调查项目的使用要求和生产工艺要求。

10）调查项目的设计标准及总投资。

11）调查建筑造型及建筑室内外装修方面的要求。

12）组织本项目开工前的施工调查，编制施工组织设计及相关管理计划。

13）审核项目设计文件，计算工程数量，编制材料设备计划，办理变更设计。

14）向各业务部门和施工负责人进行技术交底。

15）负责项目范围内交接桩和施工复测、放线、放样、施工过程控制测量、竣工测量。

16）办理工程开工报告，认真填写工程日志，对于隐蔽工程先自检，再由监理工程师检查、签证。

17）编制特殊过程作业指导书，结合工程具体情况，完成临时设施方案的设计计算、上报鉴定工作。

18）制定安全质量措施，参加安全质量检查。

19）制定环境保护、职业健康安全具体措施。

20）制定工程项目的防洪、防寒具体措施。

21）组建工地实验室，推广新技术、新工艺、新材料、新设备。

22）做好技术资料的收集、整理和归档工作，编写工程总结和开发工法。

23）对施工人员进行技术培训。

第三节　设计与技术管理计划的编制与调整

一、计划的编制

故宫文物保护项目的设计与技术管理应时时把握以“文物保护”为核心的理念，在项目管理总控计划的框架下，编制项目设计与技术管理计划。在项目经理下达项目实施计划后，项目设计单位应根据项目设计采购合同约定的进度计划或项目管理总控网络计划总要求，与控制工程师一起编制设计计划，经项目经理批准后实施。

做好项目的设计工作与进度控制工作是项目设计单位的主要职责，项目设计单位对设计进度和进度控制工作负有直接的领导责任。设计经理有责任按照合同和项目部所确定的各级计划进行工作，并组织各专业工程师按计划与进度控制管理规定进行工作。设计经理根据故宫文物保护项目的实际情况，指导控制工程师编制主控制点计划，进行工程项目子项分解、人工时估算，编制设计条件进度控制计划等。通常采用的四级进度计划如下。

1. 第一级计划——项目总控网络计划

将与项目相关的各种要素及在项目中的位置、过程、作用、资源需求、影响，用网络节点的形式确定，用以指导项目全过程的实施。

2. 第二级计划——设计与技术管理计划

故宫文物保护工程项目的设计与技术管理计划，首先要明确项目总的建设进度要求，协助完成项目统筹网络计划，并以统筹网络计划为依据，完成设计与技术管理计划的具体工作。

1）根据故宫文物保护工程项目实际情况及往年出现特殊情况而导致停工的时间点，编制设计计划管理策略报告，确定设计总执行计划，打好提前量。

2）确定本项目关键线路的时长、重要节点的时间表。

3）确定每周或每月进展报告的格式和内容，确定对外报告的深度和发送方式。

4）参加编制项目主计划。

5）根据项目计划估算设计的工作量和人力负荷，进行设计文件的审查与修改工作。

6）制定主要设计文件出版计划。

7）制定长周期设备、材料规格书请购文件编制计划。

8）对计划执行过程中可能的风险因素进行分析评估，综合考虑故宫的实际情况，预留裕量。

3. 第三级计划——专业设计与技术管理计划

在设计与技术管理计划框架下，针对整体设计与各专业设计间的相关关系，制定详细的执行计划，做好各专业之间的沟通协调工作，明确各相关专业、整体和专业间的互提条件或结果的节点时间，编制：①各子项下各专业实施计划；②各类文件出版计划；③各专业设计条件控制表；④各专业人力分布计划；⑤设计专业季度实施计划。

4. 第四级计划——设计实施计划

设计工作不同于其他工程阶段的特点之一是往往需要分阶段出成果，第四级计划主要是各专业月作业计划或出图计划。

5. 其他说明

1）上述计划系统是总承包项目的计划体系，根据不同的项目内容，可做具体调整。

2）在编制项目设计计划时，应注意设计计划必须遵守设计程序，违背设计工作的程序只会引起设计的修改和返工，造成人力的浪费和时间损失，而且绝不可能加快进度。

二、计划的调整

（一）重要设计控制点的完成

在故宫文物保护工程项目中，对于已列入项目设计计划的控制线路节点，除不可抗力外，是不可变更的，必须按时完成。项目设计经理和控制工程师应定期检查控制线路节点完成情况，发现问题及时解决。对不能按期完成的控制线路节点，由控制工程师做出书面报告后，查明原因，并申请调整计划，调整计划以保证总控网络计划节点为原则，在确保安全和质量的前提下，尽快赶回时间。调整计划编制完成后，由控制经理（项目经理）批准。

（二）设计进度计划的调整

在故宫文物保护工程项目实施过程中，由于各种政治、天气等因素的影响，实际的设计进度不可能完全按照计划进度执行。在发生影响进度的重大因素时，控制工程师应及时向设计经理和控制经理书面报告。一般情况下，采用调整人力分配或其他措施来解决，只有在特殊情况下，才可由控制工程师上报控制经理（项目经理），请求调整进度计划。控制经理（项目经理）将根据工程总进展情况及调整设计进度对采购、施工进度的影响程度做出决定。

（三）进展报告

故宫文物保护工程项目要求项目经理在一定的期间间隔内，定期汇报项目设计的进展情况。

控制工程师应按规定的时间和格式要求完成进展报告，并上报控制经理和有关管理部门，使领导随时掌握设计的进展情况，及时协调解决发生的问题。

控制工程师在一定的期间间隔内，应对完成或正在进行的活动，按照条件控制表中规定的状态监测点进行评价，计算出进展百分比并填于作业计划表中。

第四节　施工安全技术措施的编制

一、施工安全技术措施的编制要求

故宫文物保护工程项目应以“安全第一，预防为主”作为编制安全技术措施的指导思想。一个工程从开工到竣工是一个极其复杂的活动过程，尤其是一些技术难度大、危险性作业多、进度要求快的工程更需要有一套周密的安全技术措施。从工程设计开始就要考虑施工的安全，对施工中每项部署，都必须首先考虑如何保证安全。

故宫文物保护工程项目对安全技术措施有很高的要求，安全技术措施既是具体指导安全施工的规定，也是检查施工是否安全的依据。在安全施工方面，尽管有国家、地区和企业的指令性文件，有各种规章制度和规范，但这些只是带有普遍性的规定要求，对故宫里具体的工程（尤其是较为复杂的工程，或某些特殊项目）来说，还需要有具体的要求，根据不同工程的结构特点，提出各种有针对性的、具体的安全技术措施，如土方开挖边坡坡度的规定，吊篮、挑架子的设计，安全网搭设的要求，防火、防雷的措施等规定。它不仅具体地指导施工，而且也是进行安全交底、安全检查验收的依据，同样也是施工人员生命安全的保证。因此，故宫文物保护工程项目安全技术措施在安全施工中占十分重要的地位，各级工程技术人员和安全技术人员要充分认识和高度重视。

故宫文物保护工程项目要求施工安全技术措施要在工程开工前编制，并经过审批。在工程图纸会审时，就必须考虑到安全施工。同时，开工前已编审了安全技术措施，因此用于该工程的各种安全设施能有较充分的时间做准备，从而保证了各种安全设施的落实。

编制安全技术措施的技术人员要有针对性，必须掌握工程概况、施工方法、场地环境和条件等第一手资料，并掌握故宫作为文物保护单位的特殊情况，熟悉文物保护和工程安全法规、标准等。编写有针对性的安全技术措施应注意以下几点。

1）针对不同工程的特点可能造成的施工危害，从技术上采取措施，消除危害，保证施工安全。

2）针对不同的施工方法（如立体交叉作业，支模、网架整体提升吊装、通道注浆等）可能给施工带来的不安全因素，从技术上采取措施，保证安全施工。

3）针对使用的各种机械设备、变配电设施给施工人员可能带来哪些危险因素，从安全保险装置等方面采取相应的技术措施。

4）针对施工中有毒、有害、易燃易爆等作业可能给施工人员造成的危害，从技术上应采取防护措施，防止伤害事故发生。

5）针对施工场地及周围环境给施工人员或周边文物建筑、居民带来的危害，以及材料、设备

运输带来的困难和不安全因素，应采取技术措施，给予保护。

6）要考虑全面、具体。安全技术措施均应贯彻于全部施工工序之中，力求细致、全面、具体。如施工平面布置不当，暂设工程多次迁移，建筑材料多次转运，不仅影响施工进度，造成浪费，有的还留下隐患。

7）故宫文物保护工程项目在面对面积大、结构复杂的重点工程时，除必须在施工组织总设计中编制施工安全技术总体措施外，还应编制单位工程或分部分项工程安全技术措施，详细地制订出有关安全方面的防护要求和措施，确保该单位工程或分部分项工程的安全施工，保证文物古迹、文物建筑、施工人员及游客的安全。注浆、吊装、水下、深坑、支模、拆除等大型特殊工程，都要编制单项安全技术方案。此外，还应编制季节性施工安全技术措施。

二、施工安全技术措施的主要内容

故宫文物保护工程项目要求重点工程（工程质量要求高、施工技术复杂的工程）必须编制单项的安全技术措施。由于工程项目施工技术复杂，施工对象多变，特别是安装工程，工程质量要求高、施工技术复杂等特点更为突出。这些工程施工前，必须编制单项的安全技术措施，确保安全施工。一般工程施工的主要安全技术措施根据相关规程进行规定，结合以往的施工经验和教训，编制相应的安全技术措施方案，并严格执行。

三、一般工程安全技术措施的主要内容

故宫文物保护工程项目针对不同的施工内容编制对应的安全技术措施，以确保周边文物建筑及施工人员的安全，主要内容如下。

1）土方工程。根据基坑、基槽、地下室等挖土方深度和土的种类，选择开挖方法，确定边坡的坡度或采取哪种护坡支撑和护地桩，以防土方塌方。

2）确定脚手架、吊篮、工具式脚手架等选用及设计搭设方案和安全防护措施。

3）确定高处作业的上下安全通道。

4）确定安全网（平网、立网）的架设要求、范围（保护区域）、架设层次、段落。

5）确定对施工用的电梯、井架（龙门架）等垂直运输设备的位置和搭设要求，以及对其稳定性、安全装置等的要求和措施。

6）确定“四口”“五临边”的防护和交叉施工作业场的隔离防护措施。

7）确定场内运输道路及人行通道的布置。

8）编制施工临时用电的组织设计，绘制临时用电图纸，确定建筑工程（包括脚手架）的外侧边缘与外电架空线路的间距没有达到最小安全距离采取的防护措施。

9）易燃、易爆、有毒作业场所，必须采用防火、防爆、防毒措施。确定季节性的措施，如雨期施工的防雨、防洪，冬期施工的防冻、防滑、防火、防中毒等。

10）凡高于周围避雷设施的施工工程、暂设工程及井架、门架等金属构筑物，都必须采取防雷措施。

四、特殊工程安全技术措施

在故宫文物保护工程项目中，遇到结构复杂、危险性大的特殊工程，应编制专项安全措施。如通道注浆、大型吊装、沉箱沉井、各种特殊架设作业、高层脚手架、井架和拆除工程等，必须编制单项的安全技术措施，并具有设计依据，有计算、有详图、有文字要求。

五、季节性施工安全技术措施

故宫文物保护工程项目季节性施工安全技术措施就是考虑不同季节的气候对施工生产带来的不安全因素可能造成的各种突发性事故，而从防护上、技术上、管理上采取的防护措施。季节性主要指夏季、汛期和冬季。

一般文物保护工程项目可在施工组织设计或施工方案中编制安全技术措施。对危险性大、高温期长的文物保护工程项目，应单独编制季节性施工安全措施。尤其是故宫所处的地理位置特殊，在编制施工安全技术措施时应更加谨慎且完备。

（一）夏季施工安全技术措施

1）夏季气候炎热，高温时间持续较长，主要是做好防止中暑工作。

2）合理调整作息时间，避开中午高温时间工作，严格控制工人加班加点，高处作业工人的工作时间要适当缩短。保证工人有充足的休息和睡眠时间。

3）对容器内和高温条件下的作业场所，要采取措施，搞好通风和降温。

4）对露天作业集中和固定的场所，应搭设歇凉棚，防止热辐射，并要经常洒水降温。对于高温、高处作业的工人，需经常进行健康检查，发现有作业禁忌症者应及时调离高温和高处作业岗位。

5）要及时供应合乎卫生要求的茶水、清凉含盐饮料、绿豆汤等。

6）要经常组织医护人员深入工地进行巡回医疗和预防工作。重视年老体弱、患过中暑和血压较高的工人身体情况的变化。

7）及时给职工发放防暑降温的急救药品和劳动保护用品。

（二）雨期施工安全技术措施

1）汛期进行作业，主要做好防触电、防雷击和防台风的工作。电源线不得使用裸导线和塑料线，也不得沿地面敷设。

2）配电箱必须防雨、防水，电器布置符合规定，电气组件不应破损，严禁带点明露。机电设备的金属外壳必须采取可靠的接地或接零保护。使用手持电动工具和机械设备时必须安装合格的漏电保护器。工地临时照明灯、标志灯，特别潮湿的场所以及金属管道和容器内的照明灯不应超过 12 V。电气作业人员应穿绝缘鞋，戴绝缘手套。

3）高出建筑物的吊塔、井子架、龙门架、脚手架等应安装避雷装置。搞好脚手架、井中架、龙门架的排水工作，防止其沉降倾斜。

4）坑、槽、沟两边要放足边坡，搞好排水工作，一经发现紧急情况，应马上停止土方施工。

5）准备好施工现场的防汛物资，做好防汛预案。

（三）冬期施工安全技术措施

冬季进行作业，主要应做好防风、防火、防滑的工作。

1）凡参加冬季施工作业的工人，都应进行冬季施工安全教育，并进行安全交底。

2）遇六级以上大风或大雪、大雨、大雾时，高处作业和吊装作业应停止施工。

3）搞好防滑措施。通道防滑条损坏的要及时补修。对斜道、通行道、爬梯等作业面上的霜冻、冰块、积雪要及时清除。

4）用热点法施工，要加强检查和维修，防止触电和火灾。

5）加强用火申请和管理，遵守消防规定，防止火灾发生。

6）现场脚手架安全网，暂设电气工程、土方、机械设备等安全防护，必须按有关规定执行。

7）必须正确使用个人防护用品。工程技术人员负责编制的安全技术措施，必须报经上一级技术负责人审查批准后执行。

第五节　四新成果的应用管理

故宫文物保护工程项目在施工过程中需要依靠科技创新来保证施工的关键技术、材料、工艺、设备紧跟国际发展趋势，与行业先进水平同步，靠增加科技含量来提高工程质量，降低生产成本，实现效益最大化。

由于科学技术的不断进步，在工程建设领域，新技术、新工艺和新材料也不断涌现。为了实现确保工程质量、降低工程成本、节约劳动消耗和缩短工期、提高工程建设的综合经济效果的目的，故宫文物保护工程项目在设计、施工过程中积极采用新技术、新材料、新工艺、新产品。

对“四新”成果的应用，项目管理机构应监督施工承包人实施方案的落实工作，根据情况指导相关培训工作。

在故宫文物保护工程项目中，运用新技术、新工艺进行施工前，应严格做到事前预控，经过实验得出有关数据，编制作业指导书，将施工设备、施工工艺、技术要点、验收标准等列入其中，下发给相关项目和操作人员，由技术员进行现场指导，以点带面逐步展开到工程每个环节。管理人员及技术员全程跟踪施工，确保文物古建筑及现场施工人员安全。

新技术的应用，必然使故宫文物保护工程项目的施工效率提高、成本降低、质量更有保障，但同时应权衡对文物安全带来的影响，综合考虑各方面因素，确定施工安全技术措施的方案。

对工序管理，采用个人自检、班组互检、技术员（或质检员）专检。下道工序检查上道工序，验收合格后进入下道工序，做到及时发现问题，解决问题。

第六节　技术应用成果的验收

一、拟应用技术的评价

在故宫文物保护工程项目管理实施过程中，发生拟采用应用技术成果的事项，项目管理机构

应组织对拟采用技术成果的评价活动，评估其是否具有推进实施的可行性、科学性和经济性。

对拟应用技术的评价，重点是评价拟应用技术的先进性、适用性、经济性，与替代技术的比较等内容，并应形成明确的结论。

二、拟应用技术的验收

依据故宫文物保护工程项目在技术管理中采取的措施，项目管理机构应在措施实施过程中或完成后进行技术应用结果验收活动，在拟应用技术评价的基础上，对拟应用技术的相关性能进行实操考核，进行全面评价。以技术规格书约定的内容和考核目标为基本依据，参考其他同类项目验收的各项任务指标完成情况，组织填报并形成技术应用成果验收报告，在此过程中，还应控制各种变更风险，确保施工过程技术管理满足规定要求。

三、拟应用技术的管理

项目确定使用拟应用技术后，应进行跟踪管理。严格记录相关数据和工作状态，进行分析评估。及时提出修正意见和建议，定期编制应用技术报告。

第二十五章　绿色建造与环境管理

绿色建造和环境管理是故宫文物保护工程项目管理工作的重要组成部分，是节约资源、保护环境、实现工程可持续发展的重要措施。故宫是世界文化遗产地，环境保护尤为重要。故宫的文物保护工程必须始终秉承“绿色建造，绿色施工”的理念，以可持续发展作为文物保护工程项目的建设目标，加强绿色建造与环境管理，实现故宫的可持续发展。

第一节　绿色建造管理

一、绿色建造的含义

绿色建造是在我国倡导“可持续发展”和“循环经济”等大背景下提出的，是一种国际通行的建造模式。面对我国提出的“建立资源节约型、环境友好型社会”的新要求及“绿色建筑和建筑节能”的优先发展主题，建筑业推进绿色建造已是大势所趋。

绿色建造是指在设计和施工全过程中，立足于工程建设总体，在保证安全和质量的同时，通过科学管理和技术进步，提高资源利用效率，节约资源和能源，减少污染，保护环境，实现可持续发展的工程建设生产活动。

在故宫文物保护工程项目中，始终秉承着“绿色建造，绿色施工”的理念，以可持续发展作为文物保护工程项目的建设目标，从项目设计开始就做到绿色、低碳、环保，从源头上为故宫的文物建筑奠定最坚实和最科学的基础。

绿色建造的内涵主要包含以下 5 个方面。

1）绿色建造的指导思想是可持续发展战略思想。绿色建造正是在人类日益重视可持续发展的基础上提出的，绿色建造的根本目的是实现建筑业的可持续发展。

2）绿色建造的本质是工程建设活动，但这种活动是以保护环境和节约资源为前提的。绿色建造中的资源节约是强调在环境保护的前提下的节约，与传统施工中的节约成本、单纯追求施工企业的经济效益最大化有本质区别。

3）绿色建造的基本理念是“环境友好、资源节约、过程安全、品质保证”。绿色建造在关注工程建设过程安全和质量的同时，更注重环境保护和资源节约，实现工程建设过程的“四节一环保”。

4）绿色建造的实现途径是施工图的绿色设计、绿色建造技术进步和系统化的科学管理。绿色建造包括施工图绿色设计和绿色施工两个环节。施工图绿色设计是实现绿色建造的关键，科学管

理和技术进步是实现绿色建造的重要保障。

（5）绿色建造的实施主体是工程承包商，并需由相关方（政府、建设方、总承包方、设计和监理方等）共同推进。政府是绿色建造的主要引导力量，建设方是绿色建造的重要推进力量，承包商是绿色建造的实施责任主体。

二、绿色建造组织体系建设

（一）组织机构

故宫文物保护工程项目的绿色建造的基本保证是组织体系的建设，最重要的工作是落实各方在绿色建造中的职责。

故宫文物保护工程项目建设单位应履行的职责包括：①在编制工程概算和招标文件时，应明确绿色施工的要求，并提供包括场地、环境、工期、资金等方面的条件保障；②应向施工单位提供建设工程绿色施工的设计文件、产品要求等相关资料，保证资料的真实性和完整性；③应建立工程绿色施工的协调机制。

故宫文物保护工程项目设计单位应履行的职责包括：①应按国家现行有关标准和建设单位的要求进行工程的绿色设计；②应协助、支持、配合施工单位做好建筑工程绿色施工的有关设计工作。

故宫文物保护工程项目监理单位应履行的职责包括：①应对建筑工程绿色施工承担监理责任；②应审查绿色施工组织设计、绿色施工方案或绿色施工专项方案，并在实施过程中做好监督检查工作。

故宫文物保护工程项目施工单位应履行的职责包括：①施工单位是建筑工程绿色施工的实施主体，应组织绿色施工的全面实施；②实行总承包管理的工程项目，总承包单位应对绿色施工负总责；③总承包单位对专业承包单位的绿色施工实施管理，专业承包单位应对工程承包范围的绿色施工负责；④施工单位应建立以项目经理为第一责任人的绿色施工管理体系，制定绿色施工管理制度，负责绿色施工的组织实施，进行绿色施工教育培训，定期开展自检、联检和评价工作；⑤绿色施工组织设计、绿色施工方案或绿色施工专项方案编制前，应进行绿色施工影响因素分析，并据此制定实施对策和绿色施工评价方案。

（二）流程管理

故宫文物保护工程项目要求管理公司建立项目绿色建造管理制度，确定绿色建造的责任部门，明确管理内容和考核要求。施工单位应强化技术管理，采用绿色设计，绿色施工过程技术资料应收集和归档。施工单位应根据绿色施工要求，对传统施工工艺进行改进。项目管理过程应选用绿色技术、建材、机具和施工方法，建立不符合绿色施工要求的施工工艺、设备和材料的限制、淘汰等制度。

三、绿色设计

绿色设计是指在文物保护工程项目整个生命周期内，着重考虑项目的环境属性并将其作为设计目标。在满足环境目标要求的同时，保证项目应有的功能、使用寿命、质量等要求。绿色设计的原则被称为“3R”原则，即减少环境污染、减小能源消耗、产品零部件循环利用。

故宫文物保护工程项目中的绿色设计主要可以从以下方面开展。

1）节地。在故宫博物院内进行的文物保护工程，必须充分进行用地评估、考古勘探、地质勘探等程序，选择环境适宜、对地上和地下文物不会造成伤害的区域进行工程建设；合理规划用地，高效利用土地，开发利用地下空间，提高建筑使用效率。

2）环境设计。故宫文物保护工程项目中涉及的绿化环境设计优先种植乡土植物，与周边环境相协调的同时采用少维护、耐候性强的植物，减少日常维护的费用。应对乔木、灌木和攀缘植物进行合理配置，构成多层次复合生态结构，达到遮阳、调节气候、降低能耗的效果。

3）节能。提高建筑围护结构的保温隔热性能，在确保与故宫周边环境相协调的前提下，采用高效保温材料的复合墙体、屋面及密封保温隔热性能好的门窗，采用有效的遮阳措施；充分利用场地自然资源条件，开发可再生能源等。

4）节材。采用高性能、低材耗、耐久性好的新型建筑体系；优先选用可循环、可回用、可再生、可节能的功能性建材；遵循模数协调原则，减少施工废料，减少不可再生资源的使用。

四、绿色采购

“绿色采购”是指企业通过适宜的采购方式，有限购买对环境负面影响较小的环境标志产品，促进企业环境行为的改善，从而对社会的绿色消费起到推动作用。

在故宫文物保护工程项目的产品材料采购中，要求材料采购部门提高产品质量和绿色化程度；提高能源效率，使产品能适应节约需求；提高资源效率，使单位耗费能源大大减少；提高产品使用寿命，使产品价值时间延长；注意产品安全，使产品成分中不含有对人体有害的物质。同时在采购中可以通过绿色包装管理和绿色物流管理来达到绿色采购的目的；减少包装材料、重复使用包装，使用再生材料或可再生材料包装、可降解包装，都是进行绿色采购的方式。在保证安全和质量的前提下，选用距离 500 km 以内的物资供应商，物流过程中引入环境标准，抑制物流对环境造成危害的同时，实现对物流环境的净化，减少资源的消耗，使物流资源得到最充分的利用。

故宫文物保护工程项目采购方应根据绿色采购反馈的情况，及时进行绩效改进，确保绿色采购的绩效不断提升。

五、绿色施工

绿色施工是指在故宫文物保护工程项目中，以保证安全、质量为前提，通过科学管理和技术进步，最大限度地节约资源与减少对环境负面影响的施工活动，实现“四节一环保（节能、节地、节水、节材和环境保护）”。绿色施工技术可概括为以下几点。

1）尽可能采用绿色建材（可循环）和设备。

2）节约资源，降低能耗。

3）清洁施工过程，控制环境污染。

4）在确保文物安全的前提下，积极采用“四新技术”（新技术、新材料、新工艺、新设备）。

工程在采取绿色施工措施后，应组织绿色施工评价。绿色施工评价是衡量绿色施工实施水平的标尺。这是一项系统性很强的工作，贯穿整个施工过程，评价的组织程序如下。

绿色施工评价的组织方是建设单位，参与方是项目实施单位和监理单位；企业应进行绿色施

工的随机检查，并对绿色施工目标的完成情况进行评估。项目部会同建设和监理方根据绿色施工情况，制定改进措施，由项目部实施改进。工程绿色施工评价结果应在有关部门备案。

第二节　施工现场环境管理

一、一般规定

环境保护是为解决现实的或潜在的环境问题，协调人类与环境的关系，保障经济社会的健康持续发展而采取的各种活动。为了保证故宫文物保护工程项目的有序进行，做好工程项目绿色施工的表率，施工单位应节约能源资源，保护环境，创建整洁文明的施工现场，保障施工人员的身体健康和生命安全，改善建设工程施工现场的工作环境与生活条件。

1）工程项目施工总承包单位应对施工现场的环境与卫生负总责，分包单位应服从总承包单位的管理。参建单位及现场人员应有维护施工现场环境与卫生的责任与义务。

2）为保证故宫整体环境和游客的游览环境的整洁，故宫文物保护工程项目的环境与卫生管理应纳入施工组织设计或编制专项方案，尤其是处于开放路线当中的工程，应明确环境与卫生管理的目标与措施。

3）施工现场应建立环境与卫生制度，落实管理责任制，应定期检查并记录。

4）文物保护工程项目的施工单位应根据法律的规定，针对可能发生的环境、卫生等突发事件建立应急管理体系，制定相应的应急预案并组织演练。

5）当施工现场发生有关环境、卫生等突发事件时，应按相关规定及时向施工现场所在地建设行政主管部门和相关部门报告，并应配合调查处置。

6）施工人员的教育培训、考核应包括环境与卫生等有关内容。

7）施工现场临时设施、临时道路的设置应科学合理，并应符合安全、消防、节能、环保等有关规定。施工区、材料加工及存放区应与办公区、生活区划分清楚，并应采取相应的隔离措施。

8）施工现场应实行封闭管理，并应采取硬质围挡。为了满足故宫内游客的观赏需求，院内围挡高度不应低于2.5 m，围挡应牢固、稳定、整洁，且颜色、外观与周边环境尽可能相协调。

9）施工现场应标有企业名称或企业标识。施工场地的明显处应设置工程概况牌，施工现场总平面图，安全管理、环境保护与绿色施工、消防保卫等制度牌和宣传栏。

10）施工单位应采取有效的安全防护措施，必须为施工人员提供必备的劳动防护用品，施工人员应正确使用劳动防护用品。劳动防护用品应符合现行行业标准《建筑施工作业劳动防护用品配备及使用标准》的规定。

11）有毒有害作业场所应在醒目位置设置安全警示标志，并应符合现行国家标准《工作场所职业病危害警示标识》的规定，施工单位应依据有关规定对从事有职业病危害作业的人员定期进行体检和培训。

12）施工单位应根据季节气候特点，做好施工人员的饮食卫生和防暑降温、防寒保暖、防中毒、卫生防疫等工作。

二、节约能源资源

节约能源是我国基本国策和可持续发展的要求。在故宫文物保护工程项目施工现场，要求施工总平面布置、临时设施的布置设计及材料选用应科学合理，节约能源。临时用电设备及器具应选用节能型产品。施工现场宜利用新能源和可再生能源。

故宫文物保护工程项目要求施工场地中的临时设施应利用既有建筑物、构筑物和设施。土方施工应优化施工方案，减少土方开挖和回填量。施工现场周转材料宜采用金属、化学合成材料等可回收再利用产品代替，并应加强保养维护，提高周转率。施工现场应合理安排材料进场计划，减少二次搬运，并应实行限额领料。

项目施工现场办公应利用信息化管理，减少办公用品的使用及消耗，施工现场生产生活用水、用电等资源、能源的消耗应实行计量管理。施工现场应保护地下水资源，采取施工降水时应执行国家及当地有关水资源保护的规定，并应综合利用抽排出的地下水。施工现场应采用节水器具，并设置节水标识。施工现场宜设置废水回收、循环再利用设施，宜对雨水进行收集利用。

施工现场应对可回收再利用物资及时分拣、回收、再利用。

三、大气污染防治

工程项目的扬尘污染，是指在房屋建设施工、道路与管线施工、物料运输、物料堆放、道路保洁等活动以及泥地裸露等产生粉尘颗粒物，对大气造成污染。

故宫文物保护工程项目要求施工现场的主要道路进行硬化处理。裸露的场地和堆放的土方应采取覆盖、固化或绿化等措施。施工现场土方作业应采取防止扬尘措施，防止扬尘对故宫环境造成破坏。主要道路应定期清扫、洒水。拆除建筑物或构筑物时，应采用隔离、洒水等降噪、降尘措施，并及时清理废弃物。

土方和建筑垃圾的运输必须采用封闭式运输车辆或采取覆盖措施。施工现场出口处应设置车辆冲洗设施，并应对驶出的车辆进行清洗。建筑物内垃圾应采用容器或搭设专用封闭式垃圾道的方式清运，严禁凌空抛掷。施工现场严禁焚烧各类废弃物。

施工现场的机械设备、车辆的尾气排放应符合国家环保排放标准。当环境空气质量指数达到中度及以上污染时，施工现场应增加洒水频次，加强覆盖措施，减少易造成大气污染的施工作业。

四、水土污染防治

故宫文物保护工程项目施工现场应设置排水管及沉淀池，施工污水应经沉淀处理达到排放标准后，方可排入市政污水管网。废弃的降水井应及时回填，并应封闭井口，防止污染地下水。

为确保安全和环保，施工现场临时厕所的化粪池应进行防渗漏处理。施工现场存放的油料和化学溶剂等物品应设置专用库房，地面应进行防渗漏处理。施工现场的危险废物应按国家有关规定处理，严禁填埋。

五、施工噪声及光污染防治

故宫文物保护工程项目施工现场场界噪声排放应符合现行国家标准《建筑施工场界环境噪声排放标准》的规定。施工现场应对场界噪声排放进行检测、记录和控制，并应采取降低噪声的措施。

施工现场宜选用低噪声、低振动的设备，强噪声设备宜设置在远离办公区、游览区的一侧，并应采用隔声、吸声材料搭设的防护棚或屏障。进入施工现场的车辆禁止鸣笛。装卸材料轻拿轻放，材料不准从车上往下扔，采用人扛下车或吊车吊运。为保证故宫内游客的游览体验，任何施工材料的堆放都不允许发出大的声响。因生产工艺要求或其他特殊要求，确需进行夜间施工的，施工单位应加强噪声控制。对施工人员进场进行安全文明施工及班前教育，在施工中或生活中，人员不许大声喧哗，防止给周围居民带来不良影响。

根据《环境保护法》和《中华人民共和国环境噪声污染防治条例》，施工单位对施工现场进行环境污染防治。表 5-11 中所列噪声值是与敏感区域相应的施工场地边界线处的限值，如有几个施工阶段同时进行，以高噪声阶段的限值为准。故宫内的噪声应在此基础上进行更加严格的控制。同时，施工现场应对强光作业和照明灯具采取遮挡措施，减少对周边居民和环境的影响。

表 5-11　等效声级 Leq

单位：dB

施工阶段	主要噪声源	噪声限值	
		昼间	夜间
土石方施工	推土机、挖掘机、装载机等	75	55
打桩	各种打桩机等	85	禁止施工
结构施工	混凝土搅拌机、振捣棒、电锯等	70	55
装修	吊车、升降机等	65	55

六、固体废物污染防治措施

故宫文物保护工程项目要求在进行土方运输装载时，土方装载高度须低于槽帮 15 cm，采取有效措施封闭严密，杜绝遗撒污染道路。土方开挖过程中运土车出入现场不得将土带上公路，同时有专人冲洗车轮胎和整理车厢内的土方棚布。有条件的现场和重点施工区可在出入门口设坡水道，车过坡水道时自动清洗。

垃圾清运不得装车过满（低于槽帮 15 cm），必须采取《建筑施工场界噪声测量方法》防止垃圾遗撒措施。现场土方储存时，要防止黄土露天，被大风吹土扬尘，可在土堆上浇水湿润、播种草籽，以使绿草尽快覆盖土堆。

第三节　施工现场卫生管理

一、施工区卫生管理

（一）环境卫生责任区

为创造良好的工作环境，养成良好的文明施工作风，确保施工人员的身体健康，故宫文物保护工程项目要求工程施工区域和生活区域有明确划分，把施工区和值班生活区分成若干片，分片包干，建立责任区，或设置专人对施工现场和值班生活区域进行卫生清理，道路、交通、消防器材、材料堆放、垃圾都有专人负责，使文明施工保持常态化。

（二）环境卫生管理措施

故宫文物保护工程项目施工现场要天天打扫，保持整洁卫生，场地平整，道路通畅，做到无积水，有有效的排水措施。

施工现场禁止大小便，发现有随地大小便现象要对责任区负责人进行处罚。现场应设置水冲式或移动式厕所，厕所地面硬化，门窗应齐全并通风良好。厕位应设置门及隔板，高度不应低于0.9 m。厕所面积应根据施工人员数量设置。厕所应设置专人负责，定期打扫、消毒，化粪池应及时清掏。

施工区、值班生活区要有明确划分，设置标志牌，标牌上注明负责人姓名和管理范围。施工现场零散材料和垃圾要及时清理，垃圾临时存放不得超过 3 d，如违反本条规定处罚工地负责人。

施工现场应配备常用药及绷带、止血带、担架等急救药品和器材。

二、办公区卫生管理

故宫文物保护工程项目施工现场办公室内做到天天打扫，保持整洁卫生，做到窗明地净。办公室的卫生由办公室全体人员轮流值班负责打扫，定期排出值班表。值班人员负责当日办公区域卫生，做好来访记录。定期将室内垃圾外运，保持办公区域干净、整洁。

三、故宫全面禁烟管理

2013 年 5 月 18 日《故宫博物院禁止吸烟规定》颁布，故宫博物院正式实行全面禁烟，要求故宫全体员工、院内所有参建单位、施工单位和个人自我约束，无论室内、室外，不论场馆和施工场地，不论开放区和工作区，一律禁止吸烟。因此，在故宫文物保护工程项目中，各项目单位务必做好所属人员的管理和教育，工地所有区域全面禁烟。

四、疫情防控管理

故宫文物保护工程项目要求办公区和值班生活区设置专职或兼职保洁人员，并应采取通风换气、消毒防疫、灭鼠、灭蚊蝇、灭蟑螂等措施。

施工现场一旦出现疫情或所在地区出现紧急疫情时，应急处置工作按照“早发现、早报告、

早隔离、早治疗”的原则，坚持科学应对，预防为主，建立疫情监测和快速反应机制，做到发现、报告、隔离、治疗等环节紧密衔接，第一时间上报疫情情况，迅速切断传播途径，有效控制疫情传播，确保施工现场人员的生命安全和身体健康。

故宫文物保护工程各项目施工总承包单位应按照《北京市突发公共卫生事件应急预案》和市、区住建部门相关文件规定，建立疫情防控组织体系，施工总承包单位项目负责人应对疫情防控工作负总责，建设单位项目负责人为施工总承包单位提供支持，其他各参建单位项目负责人配合施工总承包单位做好相关工作。施工总承包单位应牵头制定施工现场疫情防控应急措施和处置流程，把应急处置职责落实到岗，落实到人。在现场疫情防控指挥部内设立应急处置工作组，负责施工现场发生人员发热、发现疑似或确诊病例等突发情况的应急处置工作。组长由施工单位项目负责人担任，成员由管理公司、监理单位和各分包单位组成。

应急处置工作组应设立专职的体温检测员、消毒防护员、信息报告员、生活保障员等，明确各方责任，做到责任到人，分工负责，做好施工现场的疫情发现、信息报告、隔离观察、人员转运、现场消毒、排查筛查及隔离观察人员的生活保障等工作。

要求各参建单位必须把疫情的防控工作作为重要工作来抓，以对工人高度负责的态度，认真做好疫情防控工作，层层落实责任，严防施工现场疫情发生。施工现场发生突发情况，应严格执行应急处置流程，按照疫情信息报告的要求，第一时间向有关部门报送信息，不得迟报、瞒报、谎报、漏报。

对因工作不力、不负责任、措施不当造成施工现场疫情扩散传播或对施工人员健康造成严重后果的，将按照有关规定倒查责任，依法追究相关单位和责任人员的责任。

第四节　文明施工管理

文明施工是指保持施工场地整洁、卫生，施工组织科学，施工程序合理的一种施工活动。故宫文物保护工程项目文明施工的基本要求包括：有整套的施工组织设计（或施工方案）；有严格的成品保护措施和制度；大小临时设施和各种材料、构件、半成品按平面布置图堆放整齐；施工场地平整；道路通畅；排水设施得当；水电线路整齐；机具设备状况良好，使用合理；施工作业符合消防和安全要求。故宫施工现场文明施工及管理的主要内容包括以下几个方面。

一、现场围挡

故宫文物保护工程项目要求工地必须沿四周连续设置封闭围挡，围挡材料应选用砌体、金属板等硬质材料，并做到坚固、稳定、整洁和美观。故宫文物保护工程项目工地围挡需特别注意与周围的环境相协调，工地围挡尽量使用红色金属板，方便拆卸、稳固且与周围红墙环境相一致。

二、封闭管理

故宫文物保护工程项目要求施工现场出入口设置大门、门卫室、企业名称和标识、车辆冲洗设施等，并严格执行门卫制度，人员持工作证进出现场。

1）施工现场进出口应设置大门，并应设置门卫值班室，值班人员应提前在故宫保卫处报备。

2）应建立门卫值守管理制度，并应配备门卫值守人员。

3）施工人员进入施工现场应佩戴工作卡，无工作证人员禁止进入施工现场，现场不得留有无工作证人员、非施工人员。

三、施工现场

故宫文物保护工程项目要求施工现场主要道路必须采用混凝土、碎石或其他硬质材料进行硬化处理，做到通畅、平整，其宽度应能满足施工及消防车辆进出等要求。对现场易产生扬尘污染的路面、裸露地面及存放的土方等，应采取合理、严密的防尘措施，主要措施如下。

1）施工现场的主要道路及材料加工区地面应进行硬化处理。

2）施工现场道应通畅，路面应平整坚实。

3）施工现场应有防止扬尘措施。

4）施工现场应设置排水设施，且排水通畅无积水。

5）施工现场应有防止泥浆、污水、废水污染环境的措施。

6）施工现场严禁吸烟。

7）温暖季节应有绿化布置。

四、材料、物资管理

故宫文物保护工程项目要求施工单位根据施工现场实际面积及消防安全要求，合理布置材料及物资的存放位置，并将其码放整齐。现场存放的材料（如钢筋、水泥等）和物资，为了达到质量和环境保护的要求，应有防雨水浸泡、防锈蚀和防止扬尘等措施。

建筑材料、构件、料具应按总平面布局进行码放；材料码放应整齐，并应标明名称、规格等。施工现场材料码放应采取防火、防锈蚀、防雨等措施；建筑物内施工垃圾的清运，应采用器具或管道运输，严禁随意抛掷；易燃易爆物资应分类储藏在专用库房内，设置专人看管，并制定防火措施。

五、公示标牌

故宫文物保护工程项目各工程公示标牌在使用中应注意以下问题。

1）施工现场应设置“七牌一图”公示标牌，主要内容应包括：工程概况牌、施工人员概况牌、安全十大纪律牌、安全生产技术牌、十项安全措施牌、防火须知牌、卫生须知牌与现场平面布置图。

2）标识牌应规范、整齐、统一。

3）施工现场应有安全警示标语。

4）应有宣传栏、读报栏、黑板报。施工现场的进口处应有明显的公示标牌，如果认为内容还应增加，可结合本地区、本企业及本工程特点进行要求。

5）夜间进出车辆的道路两旁应摆有防撞锥桶、警灯，并设置指挥人员。

第二十六章　应急救援及事故处置管理

故宫文物保护工程项目因其施工场地特殊、施工环境复杂、施工风险因素较多等特点，在工程施工阶段，不可预见的危险源较多，所以要加强应急救援及事故处置管理，预防和减少可能出现的危险事件，保证政治安全、工程安全、人员安全和文物安全。

第一节　应急救援预案的制定

一、应急救援与应急预案的定义

应急救援是指危险源、环境因素控制措施失效的情况下，为预防和减少可能随之引发的伤害和其他影响，所采取的补救措施和抢救行动。故宫文物保护工程项目应急救援预案是指事先制定的关于故宫文物保护工程项目实施过程中生产安全事故发生时进行紧急救援的组织、程序、措施、责任及协调等方面的方案和计划，是应急救援相应的行动指南。

《安全生产法》明确规定生产经营单位要制定并实施本单位的安全生产事故应急救援预案；建设施工单位应当建立应急救援组织，生产经营规模较小的也应当配备兼职的应急救援人员。当发生事故后，为及时组织抢救，防止事故扩大，减少人员伤亡和财产损失，建筑施工企业应按照《安全生产法》的要求编制应急救援预案。

二、应急救援预案编制的目的

编制应急救援预案的目的是避免紧急情况发生时出现混乱，确保按照合理的响应流程采取适当的救援措施，预防和减少可能随之引发的职业健康问题和环境影响。

尤其是以故宫为代表的文物保护单位、世界遗产地，由于位置及性质的特殊性，突发情况发生的概率大大增加。应急救援预案编制的重要目的正是在意外发生时，如何在最短的时间内将损失降到最低，对文物损坏程度最小，将社会负面影响降到最低。因此应急救援预案是建设工程项目过程中必不可少的部分，对保障工程安全、降低意外风险起到至关重要的作用。

三、应急救援预案编制的原则

故宫文物保护工程项目应急救援预案的编制应当遵循“以人为本、依法依规、符合实际、注重实效”的原则，同时兼顾“文物保护、抢救第一”的理念，加强应急事故中的文物保护措施。

以应急处置为核心，明确应急职责，规范应急程序，细化保障措施。

四、应急救援预案编制的基本要求

故宫文物保护工程项目各参建单位应当根据有关法律、法规、规章、相关标准或实际需要，结合故宫自身管理体系、生产规模和可能发生的事故特点，征求相关应急救援队伍、公民、法人或其他组织的意见，以“以人为本，保护文物”为中心思想，确立应急预案体系，编制相应的应急救援预案，并体现自救、互救和先期处置等特点。应急救援预案的编制应当符合下列基本要求。

1）满足有关法律、法规、规章和相关标准的规定。

2）符合本地区、本部门、本单位的安全生产实际情况。

3）符合本地区、本部门、本单位的危险性分析情况。

4）应急组织和人员的职责分工明确，并有具体的落实措施。

5）有明确、具体的应急程序和处置措施，并与其应急能力相适应。

6）有明确的应急保障措施，满足本地区、本部门、本单位的应急工作需要。

五、应急救援预案分类

故宫文物保护工程项目应急救援预案分为综合应急预案、专项应急预案和现场处置方案。

综合应急预案是指故宫文物保护工程项目为应对各种生产安全事故而制定的综合性工作方案，是故宫文物保护工程项目应对生产安全事故的总体工作程序、措施和应急预案体系的总纲。综合应急救援预案应当规定应急组织机构及其职责、应急救援预案体系、事故风险描述、预警及信息报告、应急响应、保障措施、应急救援预案管理等内容。

专项应急预案是指故宫文物保护工程项目为应对某一种或多种类型生产安全事故，或者针对重要生产设施、重大危险源、重大节事活动防止生产安全事故而制定的专项性工作方案。专项应急救援预案应当规定应急指挥机构与职责、处置程序和措施等内容。

现场处置方案是指故宫文物保护工程项目根据不同生产安全事故类型，针对具体场所、装置或者设施所制定的应急处置措施。现场处置方案应当规定应急工作职责、应急处置措施和注意事项等内容。

六、应急救援预案的备案与评审

故宫文物保护工程项目按规定制定急救援预案应报当地主管部门备案，并通报相关应急协作单位。应急救援预案应定期评审，并根据评审结果或实际情况的变化进行修订和完善。

第二节　应急救援预案的演练

故宫文物保护工程项目要求施工单位和建设单位根据建设工程施工的特点、范围，对现场易发生重大事故的部位、环节进行随时监控，建立应急救援组织或配备应急救援人员，有必要的应急救援器材、设备和物资，且进行经常性维护、保养，并定期组织演练。

一、应急救援预案演练的作用

故宫文物保护工程项目应急救援预案的演练是为了检验、评价和保持故宫文物保护工程项目应急能力及预案的有效性，对综合性较强或风险较大的应急演练，要组织相关专家对应急演练方案进行评审，确保方案科学可行。演练达到的作用应当符合下列基本要求。

1）在事故发生前暴露应急预案的缺陷。

2）发现应急资源不足，包括人力、设备和物资等。

3）发现并改善各个应急部门、机构、人员之间的沟通与协调问题。

4）增强现场人员应对突发事故的救援意识，提高其救援熟练程度和技术水平，进一步明确各自的岗位与职责。

二、应急救援预案演练的注意事项

故宫文物保护工程项目应急演练计划和方案编制应充分征求相关部门和单位的意见，尽量减少对故宫游客游览的正常秩序和公众正常生活的影响。对可能影响公众生活、易于引起公众误解和恐慌的应急演练，应提前向社会发布公告，告示应急演练时间、地点、内容和组织单位，并做好应对方案，避免造成负面影响。

在进行故宫文物保护工程项目应急演练前，应根据需要对所有应急演练参与人员进行必要的动员和培训，确保参演人员明确演练目的、演练科目和演练任务等内容，保证应急演练安全顺利实施。

根据应急演练形式的不同，应急演练的实施可包含不同环节。桌面应急演练一般包括演练动员、规则讲解、演练情境介绍、事件处置讨论和现场点评等环节。实战应急演练一般包括演练动员、规则讲解、演练情境介绍、演练执行和现场点评等环节。

应急演练组织单位应安排专人负责应急演练过程控制工作，确保应急演练进程按照预定方向进行。当应急演练与计划目的或内容出现较大偏差时，甚至可能发生某种危险时，或者应急演练过程中出现突发事件，需要参与人员参与应急处置时，应立即进行直接干预或中止演练。

三、救援预案演练的评价

故宫文物保护工程项目应急演练负责人应根据实际需要，组织相关专家和第三方人员，按照事先确立的评估标准和评估方法，在全面分析演练过程相关工作的基础上，对演练目标实现、应急能力表现、演练组织工作等情况进行全面评价，并形成评估报告。

应急演练实施过程中，应急演练组织单位应安排专门人员，采用文字、照片和音像等手段记录演练过程，在演练结束后应将演练相关文件和资料归档。

应急演练组织单位应根据实际需要，安排专门人员，在应急演练评估的基础上，组织开展应急演练总结，对应急演练活动进行全面评价，汇总分析演练发现的问题与原因、可能造成的后果，提出系统可行的改进措施和建议。

应急演练组织和参与单位应针对应急演练中暴露出来的问题，及时采取措施予以改进，包括

修改完善应急预案、健全应急联动机制、完善应急技术支撑体系、有针对性地加强应急人员的教育和培训、对应急物资与装备进行更新等。

第三节　工程事故等级与常见类型

一、工程事故等级

工程事故等级可分为一般事故、较大事故、重大事故和特别重大事故 4 个等级。

1）一般事故，是指造成 3 人以下死亡，或者 10 人以下重伤，或者 1 000 万元以下直接经济损失的事故。

2）较大事故，是指造成 3 人以上 10 人以下死亡，或者 10 人以上 50 人以下重伤，或者 1 000 万元以上 5 000 万元以下直接经济损失的事故。

3）重大事故，是指造成 10 人以上 30 人以下死亡，或者 50 人以上 100 人以下重伤，或者 5 000 万元以上 1 亿元以下直接经济损失的事故。

4）特别重大事故，是指造成 30 人以上死亡，或者 100 人以上重伤，或者 1 亿元以上直接经济损失的事故。

二、工程事故常见类型

按照我国《企业职工伤亡事故分类标准》（GB/T 6441）的规定，职业伤害事故分为 20 类，其中与建设工程领域有关的有以下 12 类。

1）物体打击：指落物、滚石、锤击、碎裂、崩块、砸伤等造成的人身伤害，不包括因爆炸而引起的物体打击。

2）车辆伤害：指因车辆挤、压、撞和车辆倾覆等造成的人身伤害。

3）机械伤害：指被机械设备或工具绞、碾、碰、割、戳等造成的人身伤害，不包括车辆、起重设备引起的伤害。

4）起重伤害：指从事各种起重作业时发生的机械伤害事故，不包括上下驾驶室时发生的坠落伤害，起重设备引起的触电及检修时制动失灵造成的伤害。

5）触电：指由于电流经过人体导致的生理伤害，包括雷击伤害。

6）灼烫：指火焰引起的烧伤、高温物体引起的烫伤、强酸或强碱引起的灼伤、放射线引起的皮肤损伤，不包括电烧伤及火灾事故引起的烧伤。

7）火灾：指发生火灾时引起的人体烧伤、窒息、中毒等。

8）高处坠落：由于危险势能差引起的伤害，包括从架子、屋架上坠落以及从平地坠入坑内等。

9）坍塌：指建筑物、堆置物倒塌以及土石塌方等引起的事故伤害。

10）火药爆炸：指在火药的生产、运输、储藏过程中发生的爆炸事故。

11）中毒和窒息：指煤气、油气、沥青、化学、一氧化碳中毒等。

12）其他伤害：包括扭伤、跌伤、冻伤、野兽咬伤等。

以上12类职业伤害事故中，在建设工程领域中最常见的是高处坠落、物体打击、机械伤害、触电、坍塌、中毒和窒息、火灾7类。

第四节　工程现场常见事故伤害的急救

故宫文物保护工程项目根据施工现场可能出现的事故伤害情况，总结出各类伤害情况的紧急处置方法，并进行详细解释说明。

一、创伤止血救护

出血常见于割伤、刺伤、物体打击和碾伤等。如伤者一次出血量达全身血量的30%以上时，生命就有危险，因此，及时止血是非常必要和重要的。遇有这类创伤时不要惊慌，可用现场物品如毛巾、纱布、工作服等立即采取止血措施。如果创伤部位不在重要器官附近，可拔出异物，处理好伤者伤口。如无把握就不要随便将异物拔掉，应立即将伤者送医院，经医生检查，确定未伤及内脏及较大血管时，再拔出异物，以免发生大出血。

二、烧伤急救处理

在生产过程中，有时施工人员会受到一些明火、高温物体烧烫伤害。严重的烧伤会破坏身体防病的重要屏障，血浆液体迅速外渗，血液浓缩，体内环境发生剧烈变化，产生难以抑制的疼痛。这时伤员很容易发生休克，危及生命。所以烧伤的紧急救护不能延迟，要在现场立即进行。基本原则是：消除热源、灭火、自救互救。烧伤发生时，最好的救治方法是用冷水冲洗，或伤员自己进入附近水池浸泡，防止烧伤面积进一步扩大。

衣服着火时应立即脱去，用水浇灭或就地躺下，滚压灭火。冬天身穿棉衣时，有时明火熄灭，暗火仍燃，衣服如有冒烟现象应立即脱下或剪去，以免其继续燃烧。身上起火不可惊慌奔跑，以免风助火旺，也不要站立呼叫，免得造成呼吸道烧伤。

烧伤经过初步处理后，要及时将伤员送往就近医院进一步治疗。

三、吸入毒气急救

当施工人员进入通道或管廊内进行施工作业时，一氧化碳、二氧化氮、二氧化硫、硫化氢等超过允许浓度，均能使人吸入后中毒。如发现有人中毒昏迷后，救护者千万不要贸然进入现场施救，否则会导致多人中毒的严重后果。遇有此种情况，救护者一定要保持清醒的头脑，首先对毒区进行通风，待有害气体降到允许浓度时，方可进入现场抢救。救护者施救时切记，一定要戴上防毒面具；将中毒者抬至空气新鲜的地方后，立即通知救护车送医院救治。

四、触电急救

遇触电者，施救人员首先应当切断电源，若来不及切断电源，可用绝缘体挑开电线。在未切

断电源之前，救护者切不可手拉触电者，也不能用金属或潮湿的东西挑电线。把触电者抬至安全地点后，立即对其进行人工呼吸，具体方法如下。

1）口对口人工呼吸法。方法是把触电者放置仰卧状态，救护者一手将伤员下颌合上，向后托起，使伤员头尽量向后仰，以保持呼吸道通畅。另一手将伤员鼻孔捏紧，此时救护者先深吸一口气，对准伤员口部用力吹入。吹完后嘴离开，捏鼻手放松，如此反复实施。如吹起时伤员胸臂上举，吹气停止后伤员口鼻有气流呼出，表示有效。每分钟吹气16次左右，直至伤员能自主呼吸为止。

2）心脏按压术。方法是使触电者仰卧于平地上，救护人将双手重叠，将掌根放在伤员胸骨下部位，两臂伸直，肘关节不得弯曲，凭借救护者体重将力传至臂掌，并有节奏性地冲击按压，使胸骨下陷3~4 cm，每次按压后随即放松，往复循环，直至伤员能自主呼吸为止。

五、手外伤急救

在施工过程中，工人发生外伤时，首先采取止血包扎措施。如有断手、断肢，应立即将其拾起，用干净的毛巾、手绢将其包好，放在没有裂缝的塑料袋或胶皮袋内，将袋口紧扎，然后在口袋周围放冰块、雪糕等降温。做完上述处理后，施救人员立即将伤员和断肢送医院，让医生进行断肢再植手术。切记千万不要在断肢上涂碘酒、酒精或其他消毒液，这样会使组织细胞变质，造成不能再植的严重后果。

六、骨折急救

骨骼受到外力作用时，发生完全或不完全断裂时叫骨折。按照是否与外相通，骨折分为两类——闭合性骨折与开放性骨折。前者骨折端不与外界相通，后者骨折端与外界相通。从受伤程度来说，开放性骨折一般伤情比较严重。遇有骨折类伤害，应做好紧急处理后，再送医院抢救。

为了使伤员在运送途中安全，防止断骨刺伤周围的神经和血管组织，加重伤员痛苦，对骨折处理的基本原则是尽量不让骨折肢体活动。因此，要利用一切可利用的条件，及时、正确地对骨折处做好临时固定。临时固定应注意以下事项。

1）如有开放性伤口和出血，应先止血和包扎伤口，再进行骨折固定。

2）不要把刺出的断骨送回伤口，以免感染和刺破血管和神经。

3）固定动作要轻快，最好不要随意移动伤肢或翻动伤员，以免加重损伤，使伤员疼痛。

4）夹板或简便材料不能与皮肤直接接触，要用棉花或代替品垫好，以防局部受压。

5）搬运时要轻、快、稳，避免震荡，并随时注意伤者的病情变化。没有担架时，可利用门板、椅子、梯子等制作简易担架运送伤员。

七、眼睛受伤急救

发生眼部伤害后，可做如下急救处理。

1）轻度眼伤如眼进异物，可叫现场同伴翻开眼皮用干净手绢、纱布将异物拨出。如眼中溅进化学物质，要及时用水冲洗。

2）严重眼伤时，可让伤者仰躺，施救者设法支撑其头部，并尽可能使其保持静止不动，千万不要试图拔出插入眼中的异物。

3）见到眼球鼓出或从眼球脱出的东西，不可把它推回眼内，这样做十分危险，可能把能恢复的伤眼弄坏。

4）立即用消毒纱布轻轻盖上伤眼，如没有纱布可用刚洗过的新毛巾覆盖伤眼，再缠上布条，缠时不可用力，以不压伤眼为原则。

做出上述处理后，立即将伤者送医院做进一步的治疗。

八、脊柱骨折急救

脊柱骨包括颈椎、胸椎、腰椎等。对于脊柱骨折伤员，如果现场急救处理不当，容易增加其痛苦，造成不可挽回的后果。特别是背部被物体打击后，均有脊柱骨折的可能。对于脊柱骨折的伤员，急救时可用木板、担架搬运。无担架、木板需众人用手搬运时，抢救者必须有一人双手托住伤者腰部，切不可单独一人用拉、拽的方法抢救伤者。否则，把受伤者的脊柱神经拉断，会造成其下肢永久性瘫痪的严重后果。

第五节　工程事故的处理程序

一、迅速抢救伤员，保护事故现场

故宫文物保护工程项目发生应急事故后，现场人员切不可惊慌失措，要有组织，听从统一指挥。首先抢救伤亡人员和排除险情，尽量控制事故蔓延。同时注意，为了事故调查分析的需要，应保护好事故现场。如因抢救伤亡人员和排除险情而必须移动现场构件时，还应准确做出标记，最好拍出不同角度的照片，为事故调查提供可靠的原始事故现场资料。

二、组织调查组

故宫博物院及故宫文物保护工程项目上级管理部门和企业接到事故报告后，根据事故现场情况，相关负责人、总经理、主管经理、业务部门领导和有关人员应立即赶赴现场组织抢救，并迅速组织调查组开展调查。发生人员轻伤、重伤事故，由企业负责人或指定的人员组织施工生产、技术、安全、劳资、工会等有关人员组成事故调查组进行调查。死亡事故由主管部门会同现场所在地区的市（或区）劳动部门、公安部门、人民检察院、工会组成事故调查组进行调查。重大伤亡事故应按企业的隶属关系，由省、自治区、直辖市企业主管部门或国务院有关主管部门，公安、监察、检察和工会组成事故调查组进行调查，也可邀请有关专家和技术人员参加。调查组成员中与发生事故有直接利害关系的人员不得参加调查工作。

三、现场勘查

故宫文物保护工程项目事故调查组成立后，应立即对事故现场进行勘查。因现场勘查是一项

技术性很强的工作，它涉及广泛的科学技术知识和实践经验。因此勘查时必须及时、全面、细致、准确、客观地反映原始面貌。勘查的主要工作包括做笔录、实物拍照、现场绘图。

四、确定事故的性质和责任

故宫文物保护工程项目进行事故分析时，首先整理和仔细阅读调查材料，按《企业职工伤亡事故分类标准》，对伤员受伤部位、受伤性质、起因物、致害物、伤害方法、不安全行为和不安全状态等七项内容进行分析，在分析事故原因时，应根据调查所确认的事实，从直接原因入手，逐步深入到间接原因。通过对原因的分析，确定出事故的直接责任者和领导责任者，根据在事故发生中的作用，找出主要责任者。

工地发生伤亡事故的性质通常可分为责任事故、非责任事故和破坏性事故。事故的性质确定后，也就可以采取不同的处理方法和手段了。

五、编制事故调查报告

事故调查组在完成上述几项工作后，应立即把事故发生的经过、原因、责任分析和处理意见及本次事故的教训，估算和实际发生的损失，对本事故施工及管理单位提出的改进安全生产工作的意见和建议写成文字报告，经全调查组人员会签后报有关部门审批。如组内意见不统一，应进一步弄清事实，对照政策法规反复研究，统一认识；不可强求一致，但报告上应言明情况，以便上级在必要时进行重点复查。

第六节　故宫文物保护工程项目应急预案

一、指导思想

为进一步保障故宫文物保护工程项目施工安全，规范工地突发事件的应急管理、应急响应程序和应急预案体系建设，有效预防和妥善处置突发事件，针对故宫文物保护工程项目特点，制定本预案。制定预案时，坚持“安全第一，预防为主，综合治理”的安全工作方针，以《安全生产法》《建筑法》《突发事件应对法》《突发公共卫生事件应急条例》《北京市突发公共事件总体应急预案》《建设工程安全生产管理条例》及故宫博物院相关指示精神等为编制依据，提高思想意识，强化安全文明施工管理工作，确保各项目安全生产。

二、编制目标

编制应急预案的目的是避免紧急情况发生时出现混乱，确保按照合理的响应流程采取适当的救援措施，预防和减少可能随之引发的职业健康安全和环境影响。各项目部班子成员全动员，全力以赴做好故宫文物保护工程项目安全生产保障工作，落实安全生产保障各项措施，防止一切事故发生，确保各项目施工安全、人员安全。

三、编制原则

编制应急预案时，遵循“以人为本、依法依规、居安思危、预防为主”的原则，以应急处置为核心，统一指挥，分级响应，明确应急职责，规范应急程序，细化保障措施。

四、应急处置小组工作职责

施工现场发生突发事故后，第一发现人应立即向故宫博物院主管部门及施工现场主要负责人汇报；施工现场主要负责人在接到报告后，应立即通知应急处置小组，有关人员接到应急抢险通知后，应严格按照本人在应急抢险中的有关职责进行活动。应急处置小组的主要职责如下。

1）执行国家有关事故应急救援工作的法规和政策。

2）分析事故特点，确定事故抢险措施和方案。

3）发生事故时，负责抢险工作的组织、指挥，向各部门发出各种抢险行动的指令。

4）负责向上级管理部门做事故和抢险报告。

5）建立健全应急抢险档案，内容包括：应急抢险器材、设备目录，抢险记录，事故发生后上报上级管理单位的联系方式等。

项目部应急处置小组的具体分工如下。

1）总指挥：负责组织项目部的抢险工作。

2）副指挥：协助指挥负责应急抢险的具体指挥工作，并在发生事故时，迅速召集抢险人员到场。

3）安全负责人：负责查明险情性质、影响范围等基本情况；参加事故抢险、事故分析、调查工作，上报对口管理部门；组成事故调查组，组织落实事故防范措施和事故处理工作。

4）施工员：协助副指挥负责事故现场抢险方案的制定工作，根据事故现场情况迅速提出抢险方案，减少抢险时二次伤害事故的发生。

5）行政负责人：负责抢险物资的供应工作，组成善后工作组，负责伤亡人员善后处理工作。

五、应急响应

（一）响应分级

施工安全事故按照事故等级进行分级，分为三级应急响应。所有应急响应均应第一时间向故宫博物院主管部门汇报。

1）Ⅰ级应急响应。发生Ⅰ级施工安全事故，向故宫博物院主管部门汇报后，由国家或北京市级应急管理部门统一指挥，应急处置小组配合政府应急管理部门开展应急救援工作。

2）Ⅱ级应急响应。发生Ⅱ级施工安全事故，向故宫博物院主管部门汇报后，由上级管理机构统一指挥，协调处理。

3）Ⅲ级应急响应。发生Ⅲ级施工安全事故，向故宫博物院主管部门汇报后，施工安全事故发生单位启动本单位的应急预案，并进行应急抢险处置。

（二）响应程序

1. Ⅰ级应急响应

当事故达到Ⅰ级应急响应标准时，国家或北京市级应急管理部门启动相关应急预案，项目部应急处置小组配合各级政府应急管理部门开展应急救援工作。

2. Ⅱ级应急响应

当事故达到Ⅱ级应急响应标准时，按照如下程序进行响应。

1）现场应急处置小组成员到位，先期开展现场应急救援工作。

2）上级管理部门领导到位，及时掌握事态发展和现场救援情况，并向现场应急处置小组下达关于应急救援的指导性意见。

3）按照应急报告程序上报上级有关应急管理机构，并及时续报事态发展和现场救援情况。

3. Ⅲ级应急响应

当事故达到Ⅲ级应急响应标准时，应急处置小组立即启动本单位的应急预案，组织实施应急救援，并按照如下程序进行响应。

1）立即向事故发生单位的应急处置小组报告，事故发生单位的应急处置小组接到报告后，应急处置小组成员必须立即到位，按照应急报告程序向上级管理部门速报事故情况，报告内容包括事故发生的时间、地点、事故类别、事故可能原因、危害程度和救援要求等内容，并及时续报事态发展和现场救援情况。

2）由事故发生单位的应急处置小组研究、制定决策救援方案，统一指挥和调配本单位一切有效资源进行事故的应急处理；必要时请求政府支持保障部门采取应急行动，防止事故的进一步扩大。

4. 扩大响应

项目部应急处置小组应及时掌握事故应急处置情况，当事故灾难或险情的严重程度以及发展趋势超出自身应急救援能力时，应及时报请上级管理部门或应急指挥机构启动高等级的应急预案。

六、应急处置程序和措施

（一）信息报告程序

1. 信息报告与通知

施工安全事故发生后，事故现场有关人员及时、主动将事故报告项目部的应急处置小组。项目部应急处置小组应及时上报上级管理部门。应急处置过程中，要及时续报有关情况。

2. 信息上报

施工安全事故发生后，应根据事故等级向上级管理部门报告事故情况，报告内容包括：事故发生的单位及事故发生的时间、地点；事故的简要经过、遇险人数、直接经济损失的初步估计；对事故原因、性质的初步判断；事故应急处理的情况和采取的措施；需要有关单位协助事故抢险和处理的有关事宜。

（二）处置行动

事故发生后，由现场应急处置小组根据事故情况开展应急救援工作的指挥与协调。

1. 召集、调动救援力量

各成员接到现场应急处置小组指令后，立即响应，派遣应急抢险人员、物资设备等迅速在指定位置聚集，并听从现场总指挥的安排。事故发生地的应急救援力量由现场总指挥直接召集调用。

现场总指挥应按本预案确立的基本原则，迅速组织应急救援力量进行应急救援，并且要与参加应急救援行动成员保持通信通畅。

当现有应急救援力量和资源不能满足救援行动要求时，及时向上级管理部门报告，请求调动其他应急救援力量或资源。

2. 现场处置

事故发生单位必须保护现场，严密封锁周边危险区域，按本预案营救、急救伤员和保护财产。

3. 医疗卫生救助

项目部应急处置小组根据应急预案，应及时赴现场开展抢险处理及医疗卫生救助工作。

4. 应急人员的安全防护

现场应急救援人员应根据需要情况，携带相应的专业防护装备，采取安全防护措施，严格执行应急救援人员进入和离开事故现场的相关规定。

现场应急处置小组根据情况具体协调、调集相应的安全防护装备。

（三）各个事故的专项应急处置措施

1. 火灾事故处置措施

1）立即报警。当接到施工现场火灾发生信息后，应急处置小组指派专人立即拨打故宫火警电话，并及时通知上级管理部门，以便及时扑救火灾事故。

2）组织扑救火灾。当施工现场发生火灾后，除及时报警以外，应急处置小组要立即组织故宫消防队员和职工进行扑救。扑救火灾时按照“先控制、后灭火、救人重于救火；先重点、后一般”的灭火战术，并派人及时切断电源，接通消防水泵，组织抢险伤亡人员，隔离火灾危险源和重点物资，充分利用施工现场的消防设施器材进行灭火。

3）协助消防队灭火。在自救的基础上，当专业消防队到达火灾现场后，施工主要负责人应简要地向消防队负责人说明火灾情况，并全力支持消防队员灭火，要听从专业消防队的指挥，齐心协力，共同灭火。

4）现场保护。当火灾发生时和扑救完毕后，应急处置小组要派人保护好现场，维护好现场秩序，等待对事故原因及责任人的调查。同时应立即采取善后工作，及时清理，将火灾造成的垃圾分类处理并采取其他有效措施，将火灾事故对环境造成的污染降到最低。

5）火灾事故调查处理。按照事故报告分析处理程序规定，项目部火灾事故应急处置小组在调查和审查事故情况后，应做出有关处理决定，重新落实防范措施，并报上级主管部门。

2. 触电应急处置措施

1）应急处置小组总指挥负责现场事务，了解掌握事故情况，组织现场抢险指挥。

2）副指挥负责联络，根据应急处置小组命令，及时进行现场抢险，保持与上级管理部门等单位的沟通。

3）维持现场秩序，保护事故现场，做好当事人周围人员的问讯记录，妥善处理善后工作。

4）触电事故发生后，事故发现第一人应立即大声呼救，报告工地值班人员。

5）应急处置小组确认触电事故发生以后，应立即采用绝缘器材使触电人员脱离带电体。组织项目施工人员自我救护，联系当地急救中心，向上级管理部门进行电话报告。应急处置小组全体成员在第一时间赶赴现场，了解和掌握事故情况，进行抢险和维护现场秩序，保护事故现场。当事人被送入医院接受抢救以后，工作小组做好与当事人家属的接洽善后工作。

3. 高处坠落应急处置措施

1）应急处置小组总指挥负责现场调度，了解掌握事故情况，组织现场抢救。

2）副指挥负责联络，根据指挥部命令，及时进入现场抢救，保持与上级主管部门沟通，并及时通知公司应急领导小组和当事人的家属。

3）维护现场秩序，保护事故现场，做好当事人及周围人员的问讯记录。

4）高处坠落事故发生后，事故发现第一人应立即大声呼救，报告工地值班人员。

5）应急处置小组确认高处坠落事故发生以后，应立即开展施救。联系当地急救中心，向公安部门（拨打 110）进行电话报告。

6）上级管理部门接到电话报告后，应立即在第一时间赶赴现场，了解和掌握事故情况，进行抢险和维护现场秩序，保护事故现场。

7）做好与当事人家属的接洽善后处理工作。

4. 一般电气及设备事故处置措施

1）立刻切断电源。

2）记录现场事故信息，包括电火花、烟雾、火苗等直观现象。

3）上报事故情况，向供电部门（行政处电管科）和上级主管部门报告。简要说明事故部门、地点、名称、事故范围及性质。上级主管部门接报后，按顺序通知有关部门和人员（如值班领导、保卫处等），供电部门及时通知相关单位组织抢修工作，同时按规定答复有关部门的询问。

4）查找原因。用专业设备进行检查并向使用人员询问具体情况。

5）上报处理情况。将现场应急处理的过程、结果和现状，上报应急处置小组人员、本部门负责人和相关院领导。

6）事故后期分析。组织相关专业技术人员、相关生产厂家等分析、判断事故原因，提出今后的防范措施。

5. 防盗应急处置措施

1）发生盗窃案件时，当事人或发现者做好现场保护工作，在第一时间向项目部应急处置小组报案或直接拨打故宫报警电话。

2）立即布控案发现场各出口，在可能的情况下抓住嫌疑人。

3）接到报案后，有关部门负责人应立即赶赴失窃地，积极开展现场保护等工作；安全部要迅速组织人员到达现场进行勘察，并视情况向公安机关报案。

4）当事人或发现者和相关部门应积极配合公安机关做好现场勘察和案件调查、侦破工作。

5）协助有关部门处理善后工作，并做好记录。

七、应急物资与装备

（一）物资保障

项目部应建立科学规划、统一建设、分开管理、统一调度的应急物资储备保障体系。项目部施工安全事故应急常用物资和设备包括如下内容。

1）常备药品。包括消毒药品、急救物品（创可贴、绷带、无菌敷料等）及各种常用夹板、担架、止血带等。

2）抢险工具。包括铁锹、撬棍、千斤顶、气割工具、消防斧、灭火器、灭火桶、小型金属切割机、电工常用工具等。

3）应急器材。包括架管、扣件、木方、脚手板、安全帽、安全带、对讲机、水泵、灭火器、消防水带等。

（二）医疗卫生保障

项目部应急处置小组根据应急预案和职责，及时赴现场开展医疗救治等卫生应急工作。

（三）交通运输保障

项目部应急处置小组应保证紧急情况下应急交通工具的优先安排、优先调度、优先放行，确保运输安全畅通。

（四）治安维护

项目部应做好应急处置和治安维护工作，对重点地区、重点场所、重点人群、重要物资和设备的安全保护依法采取有效管制措施，严厉打击违法犯罪活动。

工人进场施工前必须经过审查和安全教育，之后方可入场施工，且必须持证上岗。

（五）人员防护

项目部应急处置小组要完善紧急疏散管理办法和程序，明确防护责任人，确保在紧急情况下的公众安全，确保人员有序转移或疏散。

（六）通信保障

项目部应急处置小组应保证项目部内、外通信的正常。

八、节假日值班人员职责与工地检查要求

（一）值班人员职责

1）提高政治站位，高度重视，加强管理，强化措施；做到思想认识到位、组织领导到位、责任落实到位，发现并处理各类事故隐患，确保安全措施落到实处。

2）值班期间，坚持领导带班和节假日24小时值班制度。值班人员要严肃纪律、坚守岗位、尽职尽责，杜绝脱岗、漏岗现象。

3）值班人员工地检查次数不少于早、中、晚3次，检查时必须“走到、看到、摸到”，不走过场；每日务必查出施工现场及办公区域各类安全隐患至少10项，并落实当日整改完成情况。

4）值班人员每天向基本建设工程项目主管部门领导汇报当天情况，遇有重大突发事件或紧急情况，要立即请示报告，切实做到及时发现问题，及时纠正问题，消除安全隐患。

5）值班人员要会使用灭火器材，会扑救初起火灾，会正确报警。

6）各工地应急处置小组人员必要时及时到达现场。

（二）工地值班检查要求

1）各参建单位务必每日对施工现场和办公区域用电设备及线路进行安全排查，确保用电安全。

2）节日期间各工程管理单位项目（副）经理、监理单位总监、总代，施工单位项目（安全）经理、总工、质检员必须每日到岗，重点部位施工要做好旁站监督。

3）各工地值班人员佩戴安全袖标，禁止游客进入、拍照、摄像。

4）每日检查工地消防器材设施、消防栓是否运行正常，消防通道是否通畅。

5）值班人员严格执行班前交接、班后总结制度，主动做好风险预测及防范。

6）加强易燃、易爆物品的管理工作，设置专门区域存放，确保消防器材配备齐全。

7）切实做好工地安全文明施工管理，对重点部位、重点设备、重要环节采取有力的安全防护措施，特殊工种操作人员务必持证上岗，确保人员及施工安全。

8）做好各工地疫情防控工作，落实每日上报制度。

9）值班人员按要求每日安全检查，认真填写《安全巡查登记本》，对查出的问题及时整改。

10）节日期间严格管理施工人员出入证，严禁将出入证借于他人使用。

11）施工现场应根据安全值班制度设立值班室，并保证 24 小时有管理人员值班。各工地要在醒目位置张贴故宫博物院应急电话表和故宫文物保护工程项目应急通信录。

第二十七章　沟通管理

项目沟通管理是参与项目的人员与信息之间建立联系、项目各方面管理的纽带，是实现项目有效进行、保障项目各方合理权益的重要手段，可以及时发现并解决技术、过程、逻辑和管理方法和程序中存在的矛盾和不一致情况，对项目的成功有着重要意义。在故宫文物保护工程项目的实施过程中，工作人员始终把沟通管理放在重要位置，通过沟通管理及时解决项目实施中遇到的问题，保证项目的顺利运行和实施。

第一节　沟通管理的内容

沟通管理的内容涉及与项目建设有关的所有信息资源，尤其是需要各参建单位共享的核心信息，主要包括内部关系、近外层关系、远外层关系等。内部关系指企业内部（含项目经理部）的各种关系。近外层关系指企业与同发包人签有合同的单位的关系。远外层关系是指企业与项目管理有关但无合同约束的单位的关系。沟通应能排除障碍、解决矛盾、保证项目目标的顺利实现。

一、沟通管理的特征

1. 复杂性

在工程项目建设的各个阶段，项目的各相关方在所建立的组织模式下不仅要进行组织间的相关沟通，还要与政府有关机构、企业、公司、居民等进行有效的沟通，同时由于项目各相关方的利益和角色不同，沟通途径、方式方法与技巧也千差万别。另外，由于工程项目的一次性的特点，项目建立的管理机构也具有临时性，所有这些都注定了工程项目沟通的复杂性。

2. 系统性

工程项目的建设是一个复杂的系统过程，涉及的各参建方众多，涉及政治、经济、文化等领域，对环境和社会等都会带来或大或小的影响，这决定了工程项目沟通管理需要从整体利益考虑出发，运用科学、系统的思维和方法，进行相关建设过程中的沟通管理，保证建设项目的顺利实施。

二、沟通管理的过程

沟通管理的主要过程包括沟通计划编制、信息发送、信息绩效评价、管理收尾等方面。

1）沟通计划编制。确定项目相关方的信息和沟通需要，即谁需要什么信息，什么时候需要，怎么把信息发送给他们。

2）信息发送。即及时将信息发送给相关方。

3）信息绩效评价。收集并发布项目相关的信息绩效评价，包括状态报告、进展报告及预测等。

4）管理收尾。生成、收集和分发信息，使阶段项目的完成正规化。

三、沟通方式

信息的传递需要沟通方式，应用最广泛的沟通方式是口头沟通，其次是书面文字沟通及视频、音频沟通，还有一些肢体语言沟通，如眼神、手势沟通等，另外，一些具有特殊含义的事物或者标志物也可以用来传递信息。

（一）口头沟通

口头沟通是应用最为广泛的沟通方式，也是最直接、有效的方式。口头沟通是一种高度个人化的交流思想、内容和情感的方式。口头沟通与文字沟通相比，为沟通双方提供了更多的平等交换意见的可能性。人们通过沟通信息的内容培育相互之间的理解。为了保证口头沟通更加有效，信息需要简洁和清晰，这要求沟通双方均具有一定的口头表达能力，能把信息通过逻辑关系组织起来，清楚地表达出来；同时，需要对沟通的内容和语境进行充分的把握，沟通者要通过反馈测试接受者是否正确理解其内容。在进行口头沟通时，同样一句话，用不同的语气或者不同的表达方式，可以获得不同的效果。因此，口头沟通需要沟通者和听众保持思想境界一致，这样才能保证信息资源准确、完整地传递。

（二）书面文字沟通

书面文字沟通也是进行信息传递的主要方式，主要用于各单位或部门之间进行信息的沟通和协调，就某一问题进行协调，达成一致意见。当所传达的信息需要进行留档保存时，书面文字沟通就显得尤为重要。沟通者在传递信息之前可以有足够的时间构思自己要表达的内容，并有机会在给接受者发送信息前充分准备、组织这一信息。工程项目实施过程中，与行政部门的沟通、各参建单位的沟通、单位与单位之间的沟通常用书面沟通传递信息，协调和解决问题。书面文字沟通具有正式性、权威性，白纸黑字是各单位往来沟通的凭据，便于进行信息资料的存档和查阅。

（三）音频、视频沟通

随着网络信息的快速发展，通过音频、视频等进行沟通已经尤为普遍。通过高度发达、高效的通信、音频、视频辅助设备使得沟通变得更为有效。网络信息传递具有高效性和及时性的特点，大大提高了信息传递的效率。与语言、文字相比，图片和视频等信息载体对人的视觉性刺激更大，更便于大脑进行理解和存储。所以，音频、视频等现代网络化信息沟通是项目建设过程中进行信息沟通的主要方式和途径之一。现代信息网络的高速发展为信息沟通提供了良好的技术支持。

四、沟通类别

（一）项目经理部内部的沟通

项目经理部是施工现场主要的管理组织，而项目经理在组织中发挥领导核心作用。一般情况下，项目经理不直接控制资源和具体工作，而是通过项目经理部其他职能人员实施具体控制，这就使得项目经理和职能人员之间及各职能人员之间存在界面和沟通协调。项目经理部内部的沟通

主要涉及以下几个方面。

1）项目经理与技术专家的沟通。技术专家的专业能力强，理论水平高，但是现场施工的经验少，对施工现场的具体工作了解不是很细，只注意技术方案的优化，注重数字，对技术的可行性过于乐观，而对社会和心理方面的影响注意过少。因此，项目经理应积极引导，既发挥技术人才的作用，又能使方案切实可行。

2）建立完善、实用的项目管理系统，明确划分各自的职责。通过设计比较完备的管理工作流程，明确项目沟通的方式、渠道和时间，使大家能够按照程序和规则办事。虽然建立了项目管理系统，但是项目经理也不能完全依赖和寄希望在管理程序上。这是因为，首先管理程序过细会导致组织僵化；其次是项目具有特殊性，在实施过程中实际情况千变万化，管理工作很难进行定量评价，还要依赖管理者的能力、职业道德、工作热情和积极性；而且，管理工作过于程序化会导致组织效率低下、组织摩擦大、管理成本高和工期长等。

3）建立项目激励机制。由于项目的建设涉及许多人员，需要人员之间的相互配合和协助。因此，项目经理需要从心理学、行为科学等角度激励各成员的积极性，使成员积极参与和配合项目管理工作。主要激励方法包括采用民主的作风，不独断专行，适当放权，让组织成员独立工作，充分发挥他们的积极性和创造性，使他们对工作有成就感；改进工作关系，关心呵护组织成员，以礼待人；处理事务坚持公开、公正、透明的原则；对组织成员进行考核评价，该奖的奖，该罚的罚。

4）形成比较稳定的项目管理队伍。对于以建设项目为经营对象的企业，如承包公司、监理公司等，应形成比较稳定的项目管理队伍。尽管项目是一次性的、常新的，但项目小组却应保持相对稳定，各成员之间相互熟悉，彼此了解，可大大减少组织摩擦，保持较高的团队合作能力。

5）项目经理部是一个临时性的管理组织，特别是在矩阵式的组织中，项目成员在原职能部门保持其专业职位，可能同时为许多项目提供管理服务。所以，应鼓励项目组织成员对项目和对职能部门都忠诚，这是项目成功的必要条件。

6）考核评价工作。建立公平、公正的考评工作业绩的方法、标准，并定期客观、慎重地对成员进行业绩考评，在其中排除偶然、不可控制和不可预见等因素。

（二）项目经理部与企业管理层的沟通

项目经理和企业管理层的沟通与协调应严格依靠执行“项目管理目标责任书”，在党务、行政和生产管理上，根据企业党委和经理的指令及企业的管理制度来执行。项目经理受企业有关职能部门的指导，二者既是上下行政关系，又是服务与服从、监督与执行的关系，即企业层次生产要素的调控体系要服务于项目层次生产要素的优化配置，同时项目生产要素的动态管理要服从于企业主管部门的宏观调控。

企业需要对工程项目管理进行全过程的监督与调控，而项目经理需要按照“项目管理目标责任书”规定的责任做好建设项目的管理工作。同时，在经济往来上，按照与企业法人代表签订的“项目管理目标责任书”的内容，严格履约，按时结算，建立双方平等的经济责任关系。在业务管理上，项目经理部作为企业内部项目的管理层，接受企业职能部、室的业务指导。对项目经理部来说，需要将技术、质量、预算、定额、工资、分包队的使用计划及各种资料都按照系统管理规定和要求准时上报给主管部门。项目经理部和企业管理层的主要业务管理关系如下。

1）计划统计。项目管理的全过程、目标管理与经济活动，必须纳入计划管理。项目经理部除每月（季）度向企业报送施工统计报表外，还要根据企业经理与项目经理签订的“项目管理目标责任书”所定工期，编制单位工程总进度计划、物资计划、财务收支计划，坚持“月计划、旬安排、日检查”制度。

2）财务核算。项目经理部作为公司内部一个相对独立的核算单位，负责整个项目的财务收支和成本核算工作。整个工程施工过程中，不论项目经理部班子成员如何变动，其财务系统管理和成本核算责任不变。

3）材料供应。工程项目所需三大主材、地材、钢木门窗及构配件、机电设备，由项目经理部按单位工程用料计划报公司供应部门，实行加工、采购、供应、服务一条龙。凡是供应到现场的各类物资必须在项目经理部调配下统一建库、统一保管、统一发放、统一加工，按规定结算。栋号工程按施工预算定额发料，运用材料成本票据结算。

4）周转料具供应。工程所需机械设备及周转材料，由项目经理部上报计划，公司组织供应。设备进入工地后由项目经理部统一管理、调配。

5）预算及经济洽商签证。预算合同经营管理部门负责项目全部设计预算的编制和报批，选聘到项目经理部工作的预算人员负责所有工程施工预算的编制，包括经济洽商签证和增减账预算的编制报批。各类经济洽商签证要分别送公司预算管理部门、项目经理部和作业队存档，作为审批和结算增收的依据。

6）质量、安全、行政管理、测试计量等工作，均通过业务系统管理，实行从决策到贯彻实施、从检测控制到信息反馈全过程的监控、检查、考核、评比和严格管理。

7）项目经理部与水电、运输、吊装分公司之间的关系是总包与分包之间的关系，在公司沟通与协调下，通过合同明确总分包关系。各专业服从项目经理部的安排和调配，为项目经理部提供专业施工服务，并就工期、服务态度、服务质量等签订分包合同。

（三）项目经理部与业主的沟通

业主代表项目的所有者，对项目具有特殊的权利，而项目经理为业主管理项目，必须服从业主的决策、指令和对工程项目的干预，项目经理的最重要的职责是保证业主满意，要取得项目的成功，必须获得业主的支持。

项目经理首先要理解总目标和业主的意图，反复阅读合同或项目任务文件。对于未能参加项目决策过程的项目经理，必须了解项目构思的基础、起因、出发点，了解目标设计和决策背景，否则可能对目标及完成任务有不完整的，甚至是无效的理解，会给工作造成很大的困难。如果项目管理和实施状况与最高管理层或业主的预期要求不同，业主将会干预，要改正这种状态。所以项目经理必须花很大气力来研究业主，研究项目目标。

让业主一起投入项目全过程，而不仅仅是给业主一个结果。尽管有预定的目标，但项目实施必须执行业主的指令，使业主满意。而业主通常是其他专业或领域的人，可能对项目懂得很少，因此常常有项目管理者抱怨：业主什么都不懂，瞎指挥、乱干预。从另一个角度来看，这不完全是业主的责任，很大程度上是由于项目的管理者与业主的沟通不够造成的。改变这种状态，解决好项目部与业主的关系，可以采取的方法包括以下几种。

1）使业主理解项目目标、项目过程，让其积极参与项目管理中，使其成为专家，减少业主的

非程序干预和指挥。特别应防止业主组织内部其他部门的人员随便干预和指令项目，或将组织内部的矛盾、冲突带到项目中来。许多人不希望业主过多地介入项目，实质上是不可能的。一方面项目管理者无法也无权拒绝业主的干预；另一方面，业主的介入为项目顺利实施起到了一定的作用。业主对项目过程的参与使其深入了解项目过程和困难，使决策更为科学和符合实际，同时使其有成就感，积极为项目提供帮助。

2）通过沟通，项目经理做出决策安排时考虑到业主的期望、习惯和价值观念，了解业主对项目关注的焦点，随时向业主通报情况。在业主做决策时，向他提供充分的信息，让他了解项目的全貌、实施情况、方案的利弊得失及对目标的影响。

3）加强计划性和预见性，让业主了解承包商，了解非程序干预的后果。业主和项目管理者双方理解得越深，双方的期望越清楚，矛盾就越少。否则当业主成为项目的一个干扰因素的时候，项目管理必然会遭遇到失败的结局。

业主在委托项目管理任务后，应将项目前期策划和决策过程向项目经理做全面的说明和解释，提供详细的资料。众多的国际项目管理经验证明，在项目过程中，项目管理者越早进入项目中，项目实施得将越顺利。最好是让项目管理者参与目标设计和决策过程，在整个项目过程中保持项目经理的稳定性和连续性。

项目经理有时会遇到业主所属组织的其他部门，或者合资者各方都想来指导项目实施的情况。对于这种状况，项目经理应该很好地听取这些人的意见和建议，对他们做出耐心的解释和说明，但不能让其直接指导实施工作和指挥项目组织成员。

（四）项目经理部与监理单位的沟通

项目经理部虽然与监理单位没有直接的合同关系，但是根据监理规范和施工合同的要求，项目经理部需要接受监理单位的监督和管理。项目经理部需要及时向监理机构提供有关生产计划、施工技术方案、统计资料、隐蔽工程验收等资料，取得监理单位的审批意见方可进行施工作业。项目经理部应充分了解监理工作的性质、原则，尊重监理人员，对其工作积极配合，始终坚持双方目标一致的原则，并积极主动地工作。

在合作过程中，项目经理部应注意现场签证工作，遇到设计变更、材料改变或特殊工艺以及隐蔽工程等情况应及时得到监理人员的认可，并形成书面材料，尽量减少与监理人员的摩擦。项目经理部应严格地组织施工，避免在施工中出现敏感问题。与监理意见不一致时，双方应以进一步合作为前提，在相互理解、相互配合的原则下进行协商，项目经理部应尊重监理人员或监理机构的最后决定。

（五）项目经理部与设计单位的沟通

项目经理部应在设计交底、图纸会审、设计洽商与变更、地基处理、隐蔽工程验收和交工验收等环节与设计单位密切配合，同时应接受发包人和监理工程师对双方的沟通与协调。项目经理部应注重与设计单位的沟通，对设计中存在的问题应主动与设计单位磋商，积极支持设计单位的工作，同时也要争取设计单位的支持。项目经理部在设计交底和图纸会审工作中，应与设计单位进行深层次交流，准确把握设计，对设计与施工不吻合或设计中的隐含问题应及时予以澄清和落实；对于一些争议性问题，应巧妙地利用发包人和监理工程师的职能，避免正面冲突。

（六）项目经理部与材料供应人的沟通

项目经理部与材料供应人应依据供应合同，充分利用价格招标制、竞争机制和供求机制搞好协作配合。项目经理部应在项目管理实施规划的指导下，认真做好材料的需求计划，认真调查市场，在确保材料质量和供应的前提下选择供应人。为了保证双方的顺利合作，项目经理部应与材料供应人签订供应合同，并力争使供应合同具体、明确。为了减少资源采购风险，提高资源利用效率，供应合同应就供应数量、规格、质量、时间和配套服务等事项进行明确。项目经理部应有效利用价格机制和竞争机制与材料供应人建立可靠的供求关系，确保材料质量和使用服务。

（七）项目经理部与分包人的沟通

项目经理部与分包人关系的沟通与协调应按分包合同执行，正确处理技术关系、经济关系，正确处理项目进度控制、质量控制、安全控制、成本控制、生产要素管理和现场管理中的协作关系。项目经理部应加强与分包人的沟通，及时了解分包人的情况，发现问题及时处理，并以平等的合同双方的关系支持承包人的活动，同时加强监管力度，避免问题的复杂化和扩大化。

（八）项目经理部与其他单位的沟通

项目经理部与其他公共单位部门的沟通一般需要通过业主及监理单位来进行。

1）项目经理部要求作业队伍到工程建设行政主管部门办理分包队伍施工许可证，到劳动管理部门办理劳务人员就业证。

2）隶属于项目经理部的安全监察部门应办理企业安全资格认可证、安全施工许可证、项目经理安全生产资格证等手续。

3）隶属于项目经理部的安全保卫部门应办理施工现场消防安全资格认可证，到交通管理部门办理通行证。

4）项目经理部应到当地户籍部门办理劳务人员暂住手续。

5）项目经理部应到当地城市管理部门办理街道临建审批手续。

6）项目经理部应到当地政府质量监督管理部门办理建设工程质量监督通知单等手续。

7）项目经理部应到市容监察部门审批运输道路不遗洒、污水不外流、垃圾清运、场容与场貌等的保证措施方案和通行路线图。

8）项目经理部应配合环保部门做好施工现场的噪声检测工作，及时报送厕所、化粪池、道路等有关环节的现场平面布置图、管理措施及方案。

项目经理部与远外层关系的沟通与协调应在严格守法、遵守公共道德的前提下，充分利用中介组织和社会管理机构的力量。远外层关系的沟通与协调主要应以公共原则为主，在确保自己工作合法性的基础上，公平、公正地处理工作关系，提高工作效率。如果有些环节不好沟通与协调，项目经理部应充分利用中介机构和社会管理机构，及时疏通关系，加强沟通。

第二节　沟通管理的作用

早期的项目管理，大多侧重于项目管理工作手段和技术的研究、开发和论述。自20世纪70年代，项目组织行为及其组织协调工作逐步得到重视，研究重点转移到项目管理中的组织和行为

方面，沟通管理对组织和行为管理具有重要意义。沟通为计划、组织、领导、控制等管理职能提供有效性的保证，没有良好的沟通，对项目的发展以及人际关系的处理、改善都存在着制约作用。在项目管理中，沟通管理逐渐演变为一个专门的知识领域，其重要性主要体现在以下几个方面。

1）沟通是决策和计划的基础。项目的决策者要做出正确的决策，就必须有大量准确、完整、及时的信息作为决策依据。沟通不力、信息不畅会阻碍决策者获取最及时有效的信息。依据滞后的信息做出的决策必然是不符合项目实际情况的决策，将可能导致项目的失败。通过项目内、外部环境之间的信息沟通，就可以获得众多的变化的信息，从而为决策提供依据。

2）沟通是组织和控制管理过程的依据和手段。在项目管理内部，没有好的信息沟通，情况不明，就无法实施科学的管理。只有通过信息沟通，掌握项目管理内部的各方面情况，才能为科学管理提供依据，才能有效地提高项目管理的组织效能。组织内部成员有必要通过沟通知晓所要实现的目标，并通过沟通处理好内部成员个体之间的关系，形成一个强有力的整体。项目各方通过组织内部与组织外部的沟通，协调各自关系，减少矛盾与对立的产生，使项目能够顺利实施。

3）沟通是项目管理人员成功进行项目管理的重要手段。工程项目涉及的相关方众多，过程复杂，只有通过及时的沟通，才能了解各方的需求和项目进展情况，及时解决各参建方之间的矛盾和项目建设过程中遇到的问题，保障项目管理工作顺利进行。

4）沟通是保障项目部高效运转的重要条件。项目经理通过各种途径将意图传达给其他成员，并使其他成员按照其意图进行下一步工作。如果沟通不畅，项目经理的指示和安排不能被下级人员理解和执行，会导致项目混乱甚至失败。项目部没有完善的沟通机制，各项事宜不能及时上传下达，会导致项目部如同一盘散沙，无凝聚力和战斗力，最终必将导致项目的失败。

5）沟通是信息反馈的重要条件。在项目的实施过程中，要不断对工作情况进行总结和评价，将评价信息及时反馈给管理人员。管理人员通过收集、过滤、合并、引导信息流以确定下一步的工作安排，指导项目建设在正常的轨道上运行。

沟通管理贯穿于工程项目管理的全过程，是实现项目管理职能的主要方式、手段和途径。没有沟通就没有管理；没有沟通，管理只是一种设想和缺乏活力的机械行为。通过有效的沟通，可以达到以下目的。

1）明确项目总体目标。项目的建设涉及多个参建方，只有通过沟通才能确定项目总体目标，达成共识。沟通为总目标服务，以总目标作为群体目标，作为大家的行动指南。沟通的目的就是要化解组织之间的矛盾和争执，使之在行动上协调一致，共同完成项目的总目标。

2）建立和保持良好的团队精神。沟通使各方面、各种人互相理解，使项目组织成员不致因目标不同而产生矛盾和障碍，从而使各方面的行为一致，减少摩擦、对抗，化解矛盾，建立良好的团队组织，达到较高的组织效率。

3）保持项目的目标、结构、计划、设计、实施状况的透明性和时效性。项目在实施过程中会出现问题、困难，沟通使成员有信心、有准备，并能在第一时间掌握变化，提出解决方案，顺利应对新的变动。

4）保证项目各参建方能及时获取项目最新的信息资源，实现动态控制。项目实施过程中，每时每刻都在发生着信息资源的更替，只有通过及时的沟通，各参建方才能掌握项目的最新信息，安排好工作计划，对项目进行动态控制。

第三节 沟通管理的方法

项目信息沟通主要是将项目建设所需的信息流在相关方之间及时、准确地传递，及时解决项目建设过程中遇到的问题，确保项目顺利实施。针对不同沟通对象，需要采取不同的沟通方法，才能实现信息的有效传递。故宫文物保护工程项目的实施采取了一系列沟通方法，确保项目建设所需的信息畅通、及时地传递给项目各相关方，保证工程项目的顺利完成。

一、与相关行政部门的沟通

在项目的建设过程中，特别是项目前期的报批报建阶段，需要与相关行政部门做好沟通协调工作，按照文物保护工程建设程序向国家行政部门报审相关项目材料，完善建设手续。与国家行政部门的沟通主要包括以下方式。

（一）书面沟通（往来公文沟通）

书面沟通是与相关行政部门进行沟通协调的最主要、最常用的方式。在项目策划决策阶段，需要向主管部门或者国家投资计划部门上报项目建议书、可行性研究报告、初步设计及概算等。在项目建设准备阶段，需要向建设行政部门申请办理规划许可证、开工许可证等建设许可证书。在项目建设过程中，需要就实施过程中的问题与相关部门进行沟通协调，解决问题。在项目竣工验收阶段，需要经建设行政部门验收合格，方可投入使用。项目验收完毕后，建设单位还需向建设行政部门移交工程资料，进行验收备案。

与行政部门的书面沟通主要以往来公文的形式进行，这是因为公文广泛应用于党政机关及企事业单位，是各单位进行信息沟通的重要方式。公文是法定文种，代表着单位的意见，具有权威性和法律性。行政部门对项目的批复常以公文的形式进行，往来公文是工程项目获得审批的重要法律依据。同时，公文沟通具有方便留存的特点，以便今后进行查阅。

在项目施工中，监理单位通过下发监理通知单、沟通函件等文件，实施监理工作，及时指出施工过程中存在的问题，要求施工单位立即进行整改，消除隐患。同时，通过召开各种会议，如施工技术方案论证会、文物保护方案论证会、沟通协调会等，形成会议纪要，指导各项工作开展。工作联系单也是各参建单位进行沟通联系、传递信息、解决问题，保证项目顺利实施的重要手段。

（二）电话沟通

工程项目前期的报批报建程序复杂，相关政策法律法规更新快，常常会出现上个工程项目报批的政策到这个项目时已经失效了的情况。所以，在进行文物保护工程项目报批的过程中，我们需要向文物行政部门和建设行政部门进行咨询，常用的就是电话咨询。电话咨询具有方便、快捷的特点，可以及时了解最新的政策法规，方便项目的报批报建。对于重要的电话咨询，可以留存电话记录单，以备后期查询。在项目施工过程中，电话沟通是最普遍的沟通方式。每个项目都需建立参建单位主要负责人通信录，方便各参建方及时就工程建设施工中的问题进行沟通交流，解决问题，便于信息的快速流转。

（三）面对面沟通

面对面沟通是人与人之间进行沟通最有效的方式，是沟通协调最重要的方式。对于一些复杂的建设项目，往往需要与相关行政部门进行面对面沟通，比如召开方案论证会、现场调研会等，通过进一步的实际调查和沟通，来寻求相关部门的支持，提高项目的审批效率，缩短项目审批的流程等。施工过程中的各项事宜，现场的协调工作都需要与参建各方进行面对面沟通，解决问题，促进各项工作的顺利开展。

（四）邮件、网页等网络通讯

随着网络通信技术的高速发展，邮件、网页等方式已经成为信息沟通的主要方式。随着网络的快速发展，建设行政部门在网页上开通了政务办理通道，方便工程项目的审批，减少办理审批手续来回奔波的麻烦。比如勘察设计成果、施工图的审查、项目规划许可证、项目开工许可证等都可以在网上进行办理。项目施工过程中的电子资料都可以通过专用网络和邮件进行发送，便于及时查收和存档。网络通信具有便捷、高效、及时等特点，对于信息沟通具有重要作用。

二、单位内部的沟通

工程项目的实施往往涉及单位内部多个部门，需要相关部门的支持与帮助。内部相关部门的沟通与协调对项目的顺利实施具有重要作用。项目所需信息在内部部门之间及时流转有利于问题的解决，推动项目进展。信息流转不及时，则会导致问题得不到及时解决，延长项目建设周期，增加项目建设成本。在故宫文物保护工程项目实施过程中，往往需要多个部门的相互配合与支持，如消防部门、保卫部门、安全技术部门、文物管理部门、行政及后勤保障部门、审计部门、财务部门等。部门之间的信息沟通主要以电话沟通和会议沟通为主。对于项目建设中需要沟通协调的问题，与相关部门及时进行电话沟通，可说明需要协调的问题，寻求相关部门的支持与理解。对于比较复杂的问题，可以召开专题会议，组织相关部门负责人进行面对面的沟通与协调，及时解决遇到的问题，留存会议纪要，推动项目的顺利实施。

三、与设计单位的沟通

设计单位是项目方案的整体设计者，对项目的成功实施具有重要作用。项目设计者必须在国家相关设计规范标准的要求下，充分了解业主的建设需求，对工程项目的使用功能要求等，设计出符合业主方期望的项目方案。如果业主方和设计单位的信息交流不畅，设计单位无法完全理解业主的建设需求，会导致项目方案无法得到业主的认可，加大设计修改的工作量。在故宫文物保护工程项目实施中，与设计方的沟通主要以会议的形式进行，如设计交底会、施工图会审会议、设计方案论证会议、设计变更协调会议等。在项目进行方案设计和初步设计时，通过召开会议，将自己的建设需求和项目的使用功能要求传达给设计单位，使设计人员能充分了解设计意图，设计出科学、合理、经济、可行的项目方案。在项目施工前，组织设计交底会和施工图会审会议，由设计单位向施工单位进行设计交底，说明施工中需要注意的问题，如特殊的建筑材料、施工工艺等。图纸会审会议可以帮助设计方和施工方就施工图纸内容达成一致，对存在的问题进行及时修正和解决。在项目施工过程中，往往会出现现场实际情况与设计图纸不相符的地方，此时就需要组织设计单位召开设计变更协调会，对出现的问题进行设计图纸的修改，保证设计变更的科学

合理。

四、与管理公司的沟通

管理公司由业主委托，协助业主进行工程项目的全过程管理工作。由于业主方的人员有限，往往无法满足项目管理的需要，而项目管理公司具有专业的项目管理队伍，具有丰富的项目管理经验，能够很好地协助业主进行项目管理工作。在项目的实施过程中，与管理公司的信息沟通十分重要。业主将项目目标及相关工程要求传达给管理公司，由管理公司去执行，监督项目进展情况。管理公司需要及时将项目的进展情况及管理情况汇报给业主方，方便业主方及时掌握项目的动态进展情况。在故宫的文物保护工程项目实施过程中，业主与管理公司主要采取召开会议、往来文件的形式进行信息交流，如每周的工程例会、管理例会、专题会议等。每周的工程例会由甲方主持召开，各参建单位汇报项目进展工作，对项目存在的问题进行沟通协调，及时解决建设过程中遇到问题。管理例会由管理公司项目负责人主持，各参建方的项目负责人列席，管理公司就本周项目管理中存在的问题进行通报，确定下一步的管理计划和任务，解决管理工作中存在的问题。同时，管理公司每月要向甲方上报管理月报，就本月管理情况进行汇报，便于甲方及时掌握项目动态。

五、与监理单位的沟通

监理单位作为工程项目的监督和管理者，对项目的进度、质量等负有重要的责任。监理单位要按照国家的标准规范严格项目的监理工作，确保建设项目的质量、进度、成本、安全等处于可控状态。同时，及时向甲方汇报监理工作，便于甲方对项目信息的动态掌握。甲方与监理单位的沟通主要以召开会议、往来文件的形式进行，如每周的工程例会、监理例会、专题会议等。每周的工程例会由甲方主持召开，各参建单位汇报项目进展工作，监理单位需要就监理工作进行汇报，说明本周进展及存在的问题和解决措施等。监理例会由监理单位总监理工程师负责召开，各参建单位列席，施工单位汇报本周工作进展及需解决的问题，总监理工程师进行总结，指出施工中存在的问题，提出相关要求，督促施工单位限时解决存在的问题。监理单位每月需向甲方上报监理月报，汇报本月监理工作，便于甲方及时了解监理工作和项目进展情况。

六、与施工单位的沟通

施工单位作为工程项目施工的主体，对项目的最终质量和效果负有重要责任。施工单位必须与项目各参建单位做好信息的交流和沟通，及时解决遇到的问题，保证项目的质量、进度、成本等方面满足合同的要求，建筑功能满足业主方的要求。作为甲方，必须加强对施工单位的管理，保证项目建设朝着自己的预期目标进行，达到建设合同规定的工期、质量、成本等的要求。在故宫文物保护工程施工中，与施工单位的信息沟通主要通过召开会议、往来文件的方式进行，如每周的工程例会、监理例会、管理例会、专题会议等。每周的工程例会上，施工单位需要就上周的工作进展及下周的工作计划进行汇报，包括是否按计划完成施工任务，是否存在需要甲方帮忙协助解决的问题及问题的拟解决方案等。监理例会、管理例会分别由监理和管理单位主持，施工单

位进行汇报，监理、管理单位提出相关要求，施工单位进行执行。施工单位每周需要向甲方上报施工周报，周报内容主要为上周计划完成情况、本周的工作计划和存在的问题，便于甲方及时了解工程进展，制定相应的项目管理计划。

第二十八章　施工其他管理

在故宫的文物保护工程项目施工阶段，除了对质量、安全、进度、成本等主要项目指标进行控制和管理外，同时还要加强其他方面的管理工作，如施工阶段的监理管理、安全文明施工管理、施工现场临时用电管理、工程变更与签证管理、施工工程会议管理、施工日志填写管理、停工与复工管理等，确保工程项目在保证安全的前提下，圆满完成各项建设指标。

第一节　施工阶段监理管理

作为建设单位，为了科学地、合理地管理好文物保护工程项目，按照工程项目建设程序，需要委托具有相应资质的监理单位进行工程项目的管理工作。为了保证监理单位能够履行其职责，确保建设项目的质量、进度、投资等处于可控状态，建设单位需要对监理单位进行有效的管理。在故宫的文物保护工程项目实施过程中，为了对工程监理工作进行有效监控，促使监理单位切实履行合同内容，使工程质量、投资、进度处于受控状态，确保工程建设顺利进行，采取的主要管理措施如下。

一、审核监理单位的资质及人员要求

1）根据监理合同要求，监理单位必须按照合同条款配备足够数量的专业工程师，专业工程师必须具备相应的从业资格证书，保证其具备与岗位相适应的专业能力和管理经验。所有监理人员进场后，必须填写监理人员登记表（表 5-12），并报甲方审批。

表 5-12　监理人员登记表

文件编号：								
姓名	性别	职位	学历	职称（证书）	身份证号码	岗位	到岗时间	离岗时间

2）审核监理单位确定的总监理工程师，必须是合同中确定的总监理工程师，也必须是监理单位提供考察项目的总监理工程师。否则，甲方有权终止合同，监理单位必须无条件退场，并承担由此造成的一切损失。

3）要求监理单位配备的监理工程师必须专业对口，特别是土建、结构等对工程质量有重要影响的专业，必须保证重要专业的监理工程师的数量和质量要满足工程建设的需要。

4）要求土建工程师不少于2名，配套工程师不少于2名，其中必须配备1名弱电工程师，其余的专业工程师均不得少于1名，专职资料员1名。

5）要求现场监理人员每周上班时间为6天（周六、周日轮休，轮休期间应根据甲方要求随时到工地投入工作），每天的工作时间应为7:30—18:00（根据工程施工需要，夜间安排值班），并做到24小时现场有监理工程师值班，能及时处理发生的问题。总监理工程师每周在工地办公时间不少于5天。

6）总监理工程师应制定各岗位监理人员的考核细则，定期把考核情况通报给甲方。同时，甲方将定期对各岗位监理人员进行考核，填写监理工作考核表（表5-13），并保留对不称职的监理人员要求调换的权力。

表5-13　监理工作考核表

<table>
<tr><td>工程名称</td><td></td><td>监理单位　　　日期</td><td>检查人</td><td></td><td></td></tr>
<tr><td rowspan="2">检查项目</td><td rowspan="2">考核内容</td><td rowspan="2">检查要求</td><td colspan="3">检查情况</td></tr>
<tr><td>优</td><td>良</td><td>差</td></tr>
<tr><td rowspan="3">办公区域</td><td>现场办公室</td><td>办公用品摆放整齐，环境干净整洁，做好文化布置。用电设备安全，无违规用电设备。具备安全防火、防盗标识</td><td></td><td></td><td></td></tr>
<tr><td>监理资料管理</td><td>资料有目录可以查询，各阶段资料齐全无遗漏，按标准规程要求整理归档。资料收发有记录。纸质版和电子版资料同步保存</td><td></td><td></td><td></td></tr>
<tr><td>工具设备</td><td>办公设备的配置符合合同要求，使用的检测工具满足现场实际需要。检测仪器设有专人保管保养，检测标识齐全，有固定场所存放。</td><td></td><td></td><td></td></tr>
<tr><td rowspan="5">监理工作检查</td><td>图纸审核</td><td>图纸审核工作细致认真，及时发现问题，提出合理建议，保证建筑物的经济性、安全性、可靠性，减少工程变更，降低工程投资或加快工程进度</td><td></td><td></td><td></td></tr>
<tr><td>试件、原材料检验控制</td><td>原材料、试件按照规定做好取样复试，无不合格或未经检验的材料用于施工，试验资料收集完整。配合甲方对供应商做好考察和评审，在生产过程中能主动深入现场，掌握生产的实际动态</td><td></td><td></td><td></td></tr>
<tr><td>工程量审核</td><td>审核无大失误，减少月报误差。对不符合质量要求的部位及时指出，并采取相应措施</td><td></td><td></td><td></td></tr>
<tr><td>工程质量控制</td><td>对各过程施工内容，有系列性的监理实施细则。做好事前交底、事中检查、事后验收。手段合理有效。分部质量评定达到优良等级，无质量事故发生，有关部门检查时，无批评整改情况发生</td><td></td><td></td><td></td></tr>
<tr><td>工程进度控制</td><td>严格做好周、月、季度、年度进度计划的审批调整和回复，及时分析计划执行偏差，提出整改意见，并富有成效。由于其他非预见因素造成进度落后，能提出合理有效措施使进度加快</td><td></td><td></td><td></td></tr>
</table>

续表

工程名称		监理单位		日期		检查人		
检查项目	考核内容	检查要求				检查情况		
						优	良	差
监理工作检查	安全文明施工控制	制定管理措施，确定工作重点，明确内部分工。及时发现并整改安全隐患，现场无事故发生						
	监理工作成果	有施工合理化建议，加快进度或减少工程费用，或有监理成果文章在期刊上发表						
	信息管理	日记书写完整、齐全、及时，工作内容反映真实。每周及时做好例会或专项会议纪要。及时掌握和检查各类监理控制资料的规范性、完整性						
	项目管理体系	配备的人员年龄、资历合理，能胜任现场需要。项目的管理结构合理、科学。监理公司定期对项目进行贯标检查，检查结果向甲方反馈。在新材料、新工艺的施工上有技术指导和支持。定期对员工进行业务和规范培训，开展职业道德、质量意识和文物保护知识教育						
	现场工作人员	工作敬业认真，现场施工无脱班，出勤率完好。有施工问题及时协调解决，不拖拉，为甲方做好服务与配合。认真执行廉政协议，员工未受到甲方或施工单位投诉						
	合同检查	协助业主做好合同的审批，保证工程顺利进行，消除产生索赔的诱因。检查各承包商合同的履约情况，并配合业主做好对各承包商合同履约情况的评审工作						
	工序检查	分阶段审查施工单位的施工组织设计，并有相应的监理实施细则指导监理人员开展工作。检查上道工序的完成情况和材料、人员的准备情况，检查相关手续、图纸资料是否健全、完备						
	旁站、巡视和定期检查	及时做好隐蔽验收检查的工作，监理工程师对现场施工情况熟悉了解。 对各分部、分项及时检查评定，对现场质量情况做到可控。 复检、验收定位放线及时，定期做好建筑物的沉降观测						
	材料（设备）控制	材料（设备）进场审批无重大失误，监督夜间材料进场交接验货。根据工程进展情况，分阶段提交各供货商供货的质量及进度考核情况报告，并做好施工单位的材料管理工作的考评						

7）所有监理人员及其组织机构经甲方审定后，不得在中途私自更改，如有变动，应提前一周通知甲方，经甲方同意后方可更换，否则按合同要求给予相应的处罚。

二、严格执行监理人员考勤制度

1）要求监理人员每天必须到甲方指定的办公地点进行签到，每月将进行一次监理人员考勤情况统计。对于缺勤超过 5 天的监理人员，要求监理单位给予其一定的经济处罚。对于缺勤超过 10 天的监理人员，要求监理单位更换相应人员。

2）监理人员不得擅自离开建设项目场地，甲方每天将不定期进行人员统计。对于中途擅自离开建设项目地点的监理人员，要求监理单位采取一定的处罚措施。

3）监理人员不能按时驻守场地的，应严格执行有事请假制度，说明请假原因及请假的时间段，经甲方批准后，方可离开建设场地。对于擅自缺岗的人员，要求监理单位给予一定处罚。对于经常性缺勤的监理人员，应及时进行更换。

4）对于经常缺勤、早退、擅自离岗的监理人员，要求监理单位及时进行人员更换。

三、严格执行监理例会制度

1）要求监理单位每周组织甲方、施工方、设计方等工程参建单位召开一次监理例会，对本周施工中存在的安全、质量、进度等方面的问题进行总结，分析产生的原因，提出解决措施。同时，协调各方解决工程建设中存在的问题。

2）要求监理单位每周组织甲方、施工方进行一次施工现场安全文明施工联合检查，指出施工现场存在的问题和隐患，给施工单位下发安全隐患整改通知单，施工单位必须在限定的期限内完成整改，并将整改结果回复给监理单位和甲方。监理单位需全程跟踪安全隐患的整改情况，直至施工单位整改完毕。

四、检查资料设备

1）检查监理单位办公设施设备及检测工具是否齐备。

2）检查监理单位的办公室布置，包括岗位职责、平面图、进度计划等是否上墙，办公室布置是否符合企业文化要求，是否美观、整洁。

3）检查监理单位资料记录，主要检查岗位职责表、作业指导书、监理日记、实测记录、沉降观测记录等日常资料是否完备、准确、记录及时。

4）检查监理单位的监理资料整理和装订情况，是否及时装订成册并归档，文件柜内图纸和资料摆放是否整齐。

五、检查监理单位对工程进度的控制

工程的进度影响着项目的质量和投资水平，进度的控制是监理单位重要的工作内容。

1）要求监理单位审核施工单位提出的工程总进度计划，对总进度计划是否满足合同规定的竣工日期要求提出意见。

2）监理单位要在总进度计划的前提下，审核施工单位月、周进度计划的可行性，如发现执行过程中不能完成工程计划时，应检查分析原因，督促施工单位及时调整计划和采取补救措施，以保证工程进度的实现。

3）要求监理单位每周定期主持与设计单位、各施工单位间的有关施工进度、质量及安全的协调会议并做好会议记录，及时协调处理相关的问题。若情况特殊，监理单位应能立即研究，并提出召开现场会议，协调解决有关问题，同时报甲方签字认可。

4）监理单位必须建立工程监理日记制度，详细记录工程进度、质量、设计修改、工程洽商等问题和其他有关施工过程中必须记录的问题。

5）监理单位应于每月 25 日前向甲方提交当月监理月报，监理月报的内容包括：本月工程情

况（含质量、进度、签证、安全文明施工、进度款结算情况），工期滞后或质量达不到要求等问题的原因分析及处理措施，下月工程计划（包括报建、工程分包、材料采购、预计下月进度款、工程施工等），以及其他规定的内容。

6）监理单位有权利和义务督促施工单位按照施工合同的控制工期完成工程施工，如工程不能按控制工期完成（因甲方原因或不可抗力造成的除外），甲方可以根据合同规定对监理单位给予一定的经济处罚。

六、检查监理单位对工程质量的控制

1）要求监理单位根据施工图纸、国家及本省（市）相关施工规范和施工承包合同中的施工技术操作规范的要求严格监督施工质量，督促施工单位，确保工程合格率为100%。同时配合甲方进行施工质量100%细部检查工作，经甲方批准的检查表单需完整、真实填写，该分部工程结束10天内将表单提交给甲方备查。

2）监理单位应分基础、主体、装饰、总体配套、细部检查4个阶段制定详细的、有针对性的现场监理实施细则和相应的检查表单（按分项工程写），并严格按此进行操作。每个分部工程开工前需提交一份该分部工程的质量通病或可能产生的质量问题、采取的预防措施和施工过程中有针对性的办法。

3）实行分项工程样板引路制。监理单位必须在各分项工程、特殊的工艺、重要的部位及新材料新工艺的应用等方面把好样板审核关，明确工艺流程和质量标准，经审查合格后方可大面积展开。

4）要求监理单位必须用激光经纬仪、测距仪等复核、验收单体工程角点的定位放线，做好沉降观测等的复核工作。

5）监理单位在开工后，应及时制定施工单位管理人员及工程质量的考核细则提交给甲方，定期（每半个月）进行一次考核，并将考核结果报给甲方。

七、检查监理单位对安全和文明施工的监督

1）要求监理单位监督和定期（每周一次）检查施工现场的安全及文明施工措施，做好记录，对存在隐患的地方下达安全隐患整改通知单，要求施工单位限时进行整改和回复。

2）要求监理单位督促施工单位进行施工管理制度和质量、安全、文明施工保证体系的建立、健全与实施。

八、检查监理单位对工程投资的控制

1）监理单位要审核施工单位已完工程数量（月报、工程变更、签证等），准确率应达到90%以上，如不能满足要求，按照合同规定应给予监理单位一定的处罚措施。

2）负责现场技术核定及工程签证，对超出承包合同之外的设计修改、工地洽商，如涉及费用的需提醒甲方并征得甲方签证认可方为有效。

3）监理单位会签有关各种设计变更，应侧重审查对工程质量、进度、投资是否有不利影响，

如发现有不利影响时，应明确提出监理意见，及时向甲方反映。

九、监理单位工程验收及工程质量事故处理

1）监理单位负责隐蔽工程验收、中间验收和竣工初验，对存在的问题要督促施工单位整改，对工程施工质量、安全、文明施工提出评估意见。

2）要求监理单位配合甲方进行单位工程竣工验收工作。

3）监理单位要提供专业检测仪器和工具，协助甲方在中间验收、竣工验收、每月的例行检查时对工程实体进行实测实量。

4）要求监理单位审查总包单位编制的竣工图，保证其准确无误，并及时提交给甲方。

5）监理单位要负责工程监理文件的整理和归档，经甲方认可后移交甲方。

6）要求监理单位协助甲方组织施工总包单位、设计单位研究处理工程质量、安全事故，监督整改方案的实施，并监督检查整改工作实施。

7）施工期间由于施工单位违反安全操作规范，而监理单位又没有及时指出整改，被政府有关部门处罚，如通报批评、警告和罚款等，将给予监理单位一定的经济处罚。

第二节　安全文明施工管理

安全文明施工管理是文物保护工程项目建设的重要组成部分，它关系到建设工程的安全、质量等。在项目的建设施工中，必须严抓施工现场的安全文明施工，确保项目施工安全、人员安全和文物安全。在故宫的文物保护工程实施过程中，始终将安全文明施工作为管理工作的重点，采取一系列管理措施，严格落实“安全生产、文明施工”。

一、建立安全文明施工监督管理制度

1）监督施工单位贯彻“安全第一，预防为主”的安全生产方针，建立安全文明施工管理制度，成立安全文明施工领导小组，健全安全文明施工管理体系。

2）在施工合同中对现场硬地化处理、安全网、施工机械、脚手架、围墙、标牌、围护、场地清洁等安全文明施工措施做出明确的规定。对于施工单位不按合同履行安全文明施工措施的违约行为，按合同条款约定扣除相应的措施费。

3）要求管理、监理单位按专业安排工程师负责施工现场的安全文明施工管理，建立施工现场每日安全文明施工检查日志。

4）与管理、监理单位一起编制安全文明施工管理细则，每天按照安全文明施工管理细则对施工现场进行检查。

5）督促管理、监理单位做好施工安全和文明施工的监控管理，在每周的监理例会或其他工程会议上由管理、监理公司讲评现场安全和文明施工的落实情况。对于存在的严重隐患要以整改通知单的形式下发施工单位，责令其限期整改和回复整改情况。

6）监督施工单位建立健全安全文明施工管理组织及管理制度，审查安全文明施工管理组织

名单。

7）监督工程承建单位严格执行本市建设工程安全责任制，检查施工单位现场各类人员上岗证，检查安全教育的实施情况。

8）在开工前审核施工临时用电方案、施工现场总平面、安全技术方案等，严禁野蛮施工。

9）组织管理、监理单位检查施工场地布局管理，检查施工机具临时用电系统的安装、消防器材的设置，检查脚手架搭设和安全防护情况，检查承建单位在重要部位、危险部位安装安全警示标志牌，设置夜间警示灯情况。在施工现场显眼处设置“七牌二图”标识牌，安全知识宣传栏。

10）审核施工机具安全检测证、安全设施的质量保证资料、阶段性的安全检查资料。

11）监督施工单位分别在基础、主体、装饰、安装阶段例行安全检查不少于2次，每周进行安全联合检查不少于1次，并保存检查记录。

12）组织管理、监理单位的专业工程师检查施工单位实行硬地化施工，检查工地宿舍、厕所的卫生、安全用电和消防安全。

13）对于施工现场检查出的问题，安排专人进行跟踪整改落实，及时反馈安全隐患整改情况。

14）严格执行每周进行一次安全联合检查制度，组织管理、监理单位对施工现场的安全文明施工进行大检查，对检查出的问题要求施工单位限期进行整改，并形成安全联检会议纪要。由管理、监理单位跟踪整改情况，将整改结果附在会议纪要后，由各方签字确认，留存资料。

15）施工单位建立安全文明施工自检日志，监理单位每日对施工单位的安全文明施工自检日志进行检查核实，将检查结果反馈给甲方。对检查不合格的施工单位，由管理、监理单位给予一定的处罚处理。

二、安全文明施工检查程序

为了确保故宫文物保护工程现场安全、文明施工处于受控状态，强化检查工作的制度化，全面了解各项目的安全、文明施工等情况，必须定期对工程现场进行安全文明施工检查。安全文明施工的检查程序如下。

1. 检查步骤

1）监理单位对施工单位申报的有关文明施工和安全措施的方案进行审批，7天内给出答复，否则为默认通过。

2）监理单位现场检查安全落实情况是否与申报的做法一致。

2. 检查时间与人员

1）对施工现场每周进行至少一次安全联合大检查，形成联检会议纪要，由各方进行签字确认。

2）管理、监理单位需每日进行施工现场安全文明施工检查，将检查情况汇报给甲方。

3）检查人员包括建设单位、管理单位、监理单位及各施工单位的相关人员。

3. 检查依据

1）国家、地方相关文明施工和安全检查的规范、规定。

2）建筑工程安全生产常用手册。

3）《北京市建筑业施工现场安全标准化手册》等。

4. 检查内容

1）现场文明施工和安全情况。

2）施工单位安全自检记录和文件资料管理情况。

3）工地文明施工、安全技术交底和会议纪要。

4）每周施工现场安全联检提出的隐患整改意见及落实情况。

5. 检查方法

1）现场实物检查。其是对施工现场的材料、设备、用电设施、消防设施等进行检查，提出存在的问题和安全隐患。

2）相关资料抽查。其主要是对施工单位内业资料的检查，包括每日安全技术交底、班前教育、安全文明施工自检日志等资料是否齐全，是否按照规范要求进行填写等。

6. 检查结论

1）根据现场检查情况，召开安全检查会议，对检查结果现场讲评。

2）对存在的问题提出整改意见，建设单位文物保护工程项目管理部门负责监督管理、监理、施工单位落实。

3）根据现场检查情况和会议内容形成相关会议纪要留档备查。

三、安全文明施工检查评分标准

1. 评分说明

1）对文物保护工程施工现场的安全文明施工的管理，采取检查评分的形式进行。

2）每一次检查各子项扣分后实得分数不得出现负分数（即该检查项目最低得分为 0 分）。

3）安全管理检查评分表和文明施工检查评分表满分均为 100 分。

4）建筑施工安全与现场文明施工检查以表中各项实得分数相加之和，作为对一个施工现场安全文明施工情况的评定依据，分合格、不合格两个等级。每表格得分值在 80 分及其以上为合格；80 分以下（不含 80 分）为不合格。

5）安全文明施工检查每周至少一次，直至项目竣工结束。

6）每周进行一次安全文明施工联合检查，检查人员包括施工单位的项目经理、现场负责人和安全员，监理单位的总监理工程及各专业工程师，管理单位的项目经理及各专业工程师，甲方的项目负责人、安全保障人员。

7）安全联检形成会议纪要，由各方签字确认，要求施工单位限时解决存在的问题，并及时进行回复。

8）检查完后，施工方需在汇总表上签字确认，如不签字，视为检查不合格。

9）竣工结算前，甲方代表在竣工验收证明中签署文明施工合格情况，即加权得分不少于 80 分的为合格，不合格的施工单位在结算款中扣除文明施工措施费。

安全检查评定表的检查项目主要包括安全生产责任制、目标管理、施工组织设计、分部（分项）工程安全技术交底、安全检查、安全教育、班前安全活动、特种作业持证上岗、工伤事故处理、安全标志等内容，总分 100 分，具体见表 5-14。

表 5-14　安全检查评定表

序号	检查项目		扣分标准	应得分数/分	扣减分数/分	实得分数/分
1	保证项目	安全生产责任制	未建立安全责任制，扣 10 分 各级各部门未执行责任制，扣 4~6 分 经济承包中无安全生产指标，扣 10 分 未制定各工种安全技术操作规程，扣 10 分 未按规定配备专（兼）职安全员，扣 10 分 管理人员责任制考核不合格，扣 5 分	10		
2		目标管理	未制定安全管理目标（伤亡控制指标和安全达标、文明施工目标）的，扣 10 分 未进行安全责任目标分解，扣 10 分 无责任目标考核规定，扣 8 分 考核办法未落实或落实不好，扣 5 分	10		
3		施工组织设计	施工组织设计中无安全措施，扣 10 分 施工组织设计未经审批，扣 10 分 专业性较强的项目，未单独编制专项安全施工组织设计，扣 8 分 安全措施不全面，扣 2~4 分 安全措施无针对性，扣 2~8 分 安全措施未落实，扣 8 分	10		
4		分部（分项）工程安全技术交底	无书面安全技术交底，扣 10 分 交底针对性不强，扣 4~6 分 交底不全面，扣 4 分 交底未履行签字手续，扣 2~4 分	10		
5		安全检查	无定期安全检查制度，扣 10 分 安全检查无记录，扣 5 分 检查出事故隐患，整改做不到定人、定时间、定措施，扣 2~6 分 对重大事故隐患，整改通知书所列项目未如期完成，扣 5 分	10		
6		安全教育	无安全教育制度，扣 10 分 新入厂工人未进行三级安全教育，扣 10 分 无具体安全教育内容，扣 6~8 分 变换工种时未进行安全教育，扣 10 分 每有一人不懂本工种安全技术操作规程，扣 2 分 施工管理人员未按规定进行年度培训的，扣 5 分 专职安全员未按规定进行年度培训考核或考核不合格的，扣 5 分	10		
		小计		60		
7	一般项目	班前安全活动	未建立班前安全活动制度，扣 10 分 班前安全活动无记录，扣 2 分	10		
8		特种作业持证上岗	一人未经培训从事特种作业，扣 4 分 一人未持操作证上岗，扣 2 分	10		
9		工伤事故处理	工伤事故未按规定报告，扣 3~5 分 工伤未按事故调查分析规定处理，扣 10 分 未建立工伤事故档案，扣 4 分	10		
10		安全标志	无现场安全标志布置总平面图，扣 5 分 现场未按安全标志总平面图设置安全标志，扣 5 分	10		
		小计		40		
	检查项目合计			100		

文明施工检查的主要检查项目包括现场围挡、封闭管理、施工现场、材料堆放、现场办公区域、现场防火、治安综合治理、施工现场标牌、生活设施、保健急救、社区服务等内容，总分 100 分，具体见表 5-15。

表 5-15　文明施工检查的主要项目

序号	检查项目		扣分标准	应得分数/分	扣减分数/分	实得分数/分
1	保证项目	现场围挡	工地周围未设置高于 1.8 m 的围挡，扣 10 分 围挡材料不坚实、不牢固、不整洁、不美观，扣 5~7 分 围挡没有沿工地周围连续设置，扣 3~5 分	10		
2		封闭管理	施工现场进出口无大门，扣 3 分 无门卫和无门卫制度，扣 3 分 进入施工现场不配戴工作卡，扣 3 分 门口未设置企业标志，扣 3 分	10		
3		施工现场	工地地面未做硬地化处理，扣 5 分 道路不畅通，扣 5 分 无排水设施、排水不畅通，扣 4 分 无防止泥浆、污水、废水外流或堵塞下水道和排水河道措施，扣 3 分 工地有积水，扣 2 分 有吸烟的或发现烟头，扣 10 分 温暖季节无绿化布置，扣 4 分	10		
4		材料堆放	建筑材料、构件、料具不按总平面布局堆放，扣 4 分 材料未设置名称、品种、规格等标牌，扣 2 分 堆放不整齐，扣 3 分 未做到工完场地清，扣 3 分 建筑垃圾堆放不整齐、未标出名称、品种，扣 3 分 易燃易爆物品未分类存放，扣 10 分	10		
5		现场办公区域	施工作业区与办公区不能明显划分，扣 6 分 办公区域打扫不干净，不整洁者，扣 3 分 办公区域物品摆放杂乱者，扣 5 分	10		
6		现场防火	无消防措施、制度或无灭火器材，扣 10 分 灭火器材配置不合理，扣 5 分 无消防水源或不能满足消防要求，扣 8 分 无动火审批手续和动火监护，扣 10 分	10		
		小计		60		

续表

序号	检查项目		扣分标准	应得分数/分	扣减分数/分	实得分数/分
7	一般项目	治安综合治理	未建立治安保卫制度、责任未分解到人，扣5分 未设置专职安保人员，扣10分	8		
8		施工现场标牌	大门口处挂的七牌二图内容不全，缺一项扣2分 标牌不规范、不整齐，扣3分 无安全标语，扣5分	8		
9		生活设施	厕所不符合卫生要求，扣4分 无厕所，工人随地大小便，扣8分 无卫生责任制，扣5分 生活垃圾未及时处理，未装容器，无专人管理，扣5分	8		
10		保健急救	无保健医药箱，扣5分 无急救措施和急救器材，扣8分 无经培训的急救人员，扣4分 未开展卫生防病宣传教育，扣4分	8		
11		社区服务	无防粉尘、防噪声措施，扣5分 夜间未经许可施工，扣5分 未建立施工不扰民措施，扣5分	8		
		小计		40		
		检查项目合计		100		

四、安全文明施工检查问题的整改

1）对于检查出的安全文明施工问题，由监理单位给施工单位下发整改通知单，要求施工单位在限定的时间内整改完成。

2）施工单位需将整改完成的内容附上相关影像资料上报监理单位，监理单位审核合格后，上报管理公司和甲方文物保护工程项目管理部门。

3）监理单位负责跟踪施工单位的整改情况，审核安全文明施工问题是否按照规定的标准完成整改。对于整改不彻底的，给予施工单位相应的处罚措施，直至施工单位整改完成。

第三节　施工现场临时用电管理

施工现场的临时用电管理是安全管理的重要组成部分。为了确保故宫文物保护工程项目安全和周边文物建筑的安全，在故宫文物保护工程项目的施工中，采取了一系列严格的临时用电管理措施，具体内容如下。

一、建立严格的临时用电管理制度

1）所有施工现场的临时用电必须经故宫博物院行政处电管科同意后方可使用。用电前，施工

单位需将用电方案报工程项目管理部门审核，项目管理部门审核后报行政处用电部门审批，审批完成后，严格按照批准的方案进行认真统一组织施工。

2）施工单位进入施工现场后，首先向工程项目管理部门提交施工用电申请表与机械设备明细表，经项目管理人员核实后，确定供电方案。

3）供电方案确定后，施工单位将施工电缆引到甲方供电配电柜前，在甲方的监督下进行接线工作；电缆下端由施工单位电工操作接线接入施工现场配电柜，双方核对无误后，方可送电。

4）送电前，行政处用电管理部门、工程项目管理部门、监理单位、施工单位相关负责人共同核对施工用电电表读数，并做签字记录。以后每月由工程项目管理部门、监理单位、施工单位三方同时现场抄表，核对电量，签字认可，作为分摊电费的依据。

5）施工单位临时供电配电柜，要安装在固定的基础上，基础需高出自然地 500 mm 以上，安装要牢固，门锁可靠，箱体要有防水措施，接地可靠。

6）施工现场配电柜主开关必须采用漏电开关，配电柜到运行设备，必须采用三级保护，实行一闸一机制，严禁一闸多机运行，接线端子要牢固，16 m^2 以上电源线必须用接线鼻子，严禁采用挂线。

7）进线电源、零线，必做重复接地，正常工作时不带电的设备金属外壳应可靠接地或接零（在同一个系统中，只能采用一种保护措施），接地电阻不大于 4 Ω。

8）现场施工主电缆，采用地埋方式，埋深不得低于 700 mm，做铺沙、盖砖保护或者穿入电缆保护套管内，电缆走向路径及转角处必须加装指示标牌，字体为红色，高度为 1 m 左右，每 30 m 设一标牌。

9）施工单位现场不允许有架空线，所有线路必须入地暗埋，必须架空的应采用橡套电缆，固定在瓷瓶上，严禁挂绑在脚手架上，采用地拖线临时施工时，只允许使用橡套电缆；所有架空线、临时线，不允许使用花线、铜塑线、铝塑线、黑皮线、电话线等作电源线，否则，给予一定的经济处罚。

10）施工单位临时检修，警示标志牌应配全，检修时应先停电，验电无误，悬挂警示牌后，方可进行维修作业；必须带电作业时，必须有专业人员监护，保护措施齐全方可作业。

11）各施工单位办公室严禁使用电炉做饭、烧水、取暖等，一经发现按照规定全部没收，并给予一定的经济处罚。

12）施工现场临时办公室内应统一安装照明线路，线路必须穿绝缘套管，加装漏电保护开关，每套房内合理安装充电插座，严禁个人私拉乱扯，不经电工同意，不许私自加装电源插座。

13）各用电单位用电安装及维护人员，必须持证上岗，无电工上岗证者不得进行该项工作。

14）一级配电柜内，必须使用计量合格的电表进行计量，并对各自的电表计量负责，基建项目管理部门有权要求用电单位对所用电表重新进行校验。如经检查发现由于私自改动接线方式，造成电表计量不准或倒走，一律按窃电论处。

15）各用电单位对各自的用电线路负有维护管理责任，应经常对所属用电线路进行检查，发现安全隐患应立即整改。若用电线路存在安全隐患而不能得到及时整改的，甲方将停止供电。

16）甲方不定期地对各施工单位现场和生活区进行安全用电检查，发现安全隐患，即时下发整改通知书（经过监理下发）限期整改，逾期不整改或者整改不合格的，甲方有权罚款或者进行停

电整改，停电期间发生的损失由施工单位自负。

17）施工单位所用的计量装置，必须经过相关技能部门的检验，并在检测有效期内，严禁施工单位私自改动电表和表箱接线等，一经发现，除追缴正常电费外，并按正常用电负荷的5~10倍罚款。

二、加大用电安全巡查力度

1）施工现场的所有配电箱都必须张贴每日安全巡查表，由施工单位的电工每日进行安全检查，并进行登记，检查内容主要包括漏电保护是否正常运作、是否有接地保护、接线端子是否存在松动现象等。

2）监理单位的电气工程师每日都要对施工现场的配电箱和电缆进行检查，检查施工单位是否按照规定进行每日安全自检，是否存在违规用电现象，对发现的违规现象下发整改通知单，要求施工单位立即限时整改。

3）每周由监理单位组织甲方、管理公司和施工单位进行联合安全检查，对施工现场的临时用电设备进行一次全面检查，对存在安全隐患的设备要求施工单位进行及时维修和整改。对整改不彻底和屡次出现问题的施工单位，由监理单位采取一定的处罚措施。

第四节　工程变更与签证管理

工程项目在施工过程中，由于不可预见因素的存在，难免会发生工程变更。工程变更包括设计变更和现场变更。设计变更是对设计内容的完善、修改及优化。现场变更是施工现场管理所引起的变更，一般需要设计单位、建设单位、监理单位或施工单位进行签字盖章。在发生工程变更时，必须进行签证确认，作为工程款结算的依据。为了控制项目的投资成本，必须对工程变更与签证进行严格管理。在故宫的文物保护工程项目施工中，严格遵循“先批准，后变更；先变更，后实施”的原则，保证工程变更的科学性、合理性。

一、工程变更管理

（一）工程变更的管理流程

1）建设单位、施工单位、设计单位都可以提出工程变更的要求。不同的主体提出的工程变更，其审核变更程序也存在一定的区别，具体如图5-29所示。

2）工程变更的审核步骤较多，施工单位提出的变更一般需经过监理、管理及建设单位的审核同意后，才能实施变更内容。具体的变更控制流程见图5-30。

（二）工程变更管理的具体步骤

1）所有工程变更须遵循“先申请，后实施”的原则。工程变更在正式施工15日前提出变更申请，正式施工7日前确认变更；若现场变更遇特殊情况时，可及时沟通再行报批；对于特急项目的变更，经建设单位同意可先行施工，施工后7日内补办变更申请及签证的手续。

2）下发工程变更指令性文件时，要附审批完成的相应工程变更申请单，否则建设单位有权拒

绝变更。

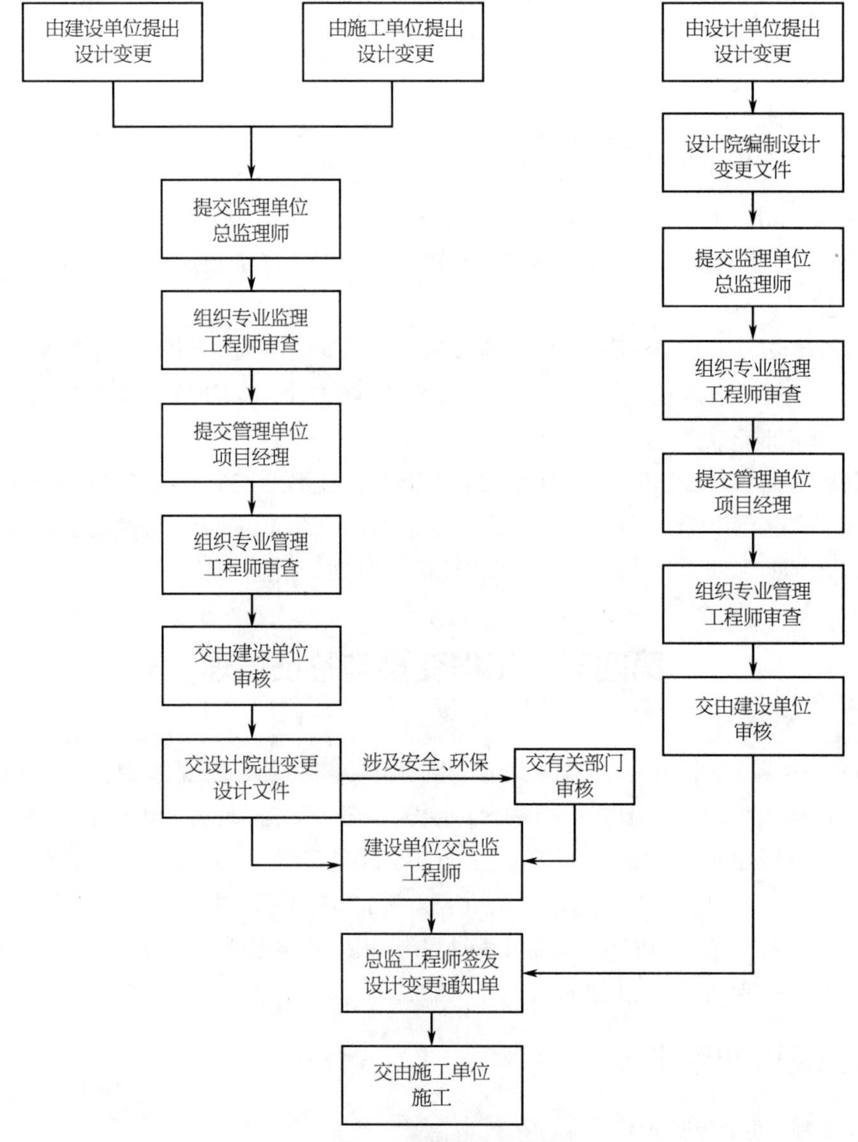

图 5-29　工程变更的审核程序

3）工程变更申请单必须统一编号；建设单位报送工程签证单时，应在发包单位情况说明一栏中注明相应工程变更单编号。

4）工程变更申请单位需提前填写《工程变更申请表》，出具变更初步方案，并需注明施工方法及详图、技术性能参数等，如有变更图纸，应一并附后。

5）《工程变更申请表》需由监理单位、管理单位组织相关专业工程师进行审核，审核通过的应及时报建设单位审批，审核未通过的，返回修改。对于一般的工程变更，审核时间不超过 3 天，对于复杂的工程变更，审核时间最长不超过 1 周。

6）《工程变更申请表》填写完成后，根据需要应与设计院沟通进行变更完善，变更完善所需

时间一般不能超过 2 天，如需要设计院出具方案，所需时间不能超过 3 天。

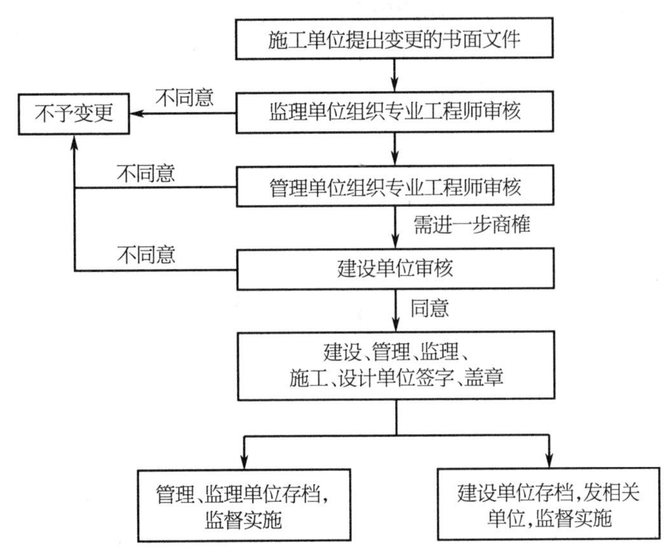

图 5-30　由施工单位提出的变更控制流程

7）建设单位对工程变更进行审核，审核内容包括工程变更方案是否科学可行，费用变化是否准确真实等，审核完毕后，最终下发审批意见。

8）建设单位在接到变更申请后，应及时进行变更费用核算，根据核算情况判定变更级别（一般设计变更或重大设计变更）。

9）对于已经设计单位、监理单位、建设单位正常手续评审、批准的设计变更项目应由建设单位工程项目管理部门监督实施。

10）建设单位应将最终的申请单和正式设计变更文件进行留档备案，并审查相关单位负责人是否在变更文件上签字及加盖单位公章。

11）建设单位在收到施工单位报送的工程签证单时，应核查变更实际成本发生费用额是否在批准额度内，如对批准额度有 ±5%的偏差，需分析偏差原因，并报上级单位审批。

12）建设单位应每月对本月所有已完变更进行分类、汇总整理、责任费用等评估，建立工程变更台账。

13）杜绝由施工问题造成的变更，如果发生此类变更要追究施工单位的责任，由此发生的费用由施工单位负责。

14）杜绝变更滞后，造成施工完毕后才提出变更，出现此类情况要追究相关责任部门和责任人的责任。

15）对于重大设计方案调整的变更，需在设计单位提供多种方案的条件下，召开专家论证会进行专题研究，并报院领导进行审批，同时报上级主管部门审批。

16）审批完后的工程变更文件由建设单位工程项目管理部门发设计、管理、监理、施工单位留存。

工程变更有如下注意事项。

1）图纸会审需要办理变更申请时，不必每一条办理一张变更申请，可以一并报批，也可以分专业报批，办理时间可以同图纸审查意见变更申请。

2）变更额度的界定是以一张变更申请单上的单项变更为标准，但不允许人为肢解工作内容，逃避变更审批。

3）工作联系单等形式的工程变更指令要办理变更审批，签发后可以作为变更签证依据。

4）同一部位、同一时间、同一设计变更发生的工程签证不得分拆处理，必须一次签证完毕。

5）各类设计变更、现场签证等应由施工单位负责草拟，由监理工程师、管理工程师进行审核，审核完后报建设单位审核。

6）工程变更通知单上应标明建设工程名称、日期、专业名称、资料编号、变更的原因和内容、相关单位签字确认栏。设计变更通知单的模板见表 5-16。

表 5-16 设计变更通知单

<table>
<tr><td colspan="3">设计变更通知单</td><td>资料编号</td><td></td></tr>
<tr><td>工程名称</td><td colspan="2"></td><td>专业名称</td><td></td></tr>
<tr><td>设计单位</td><td colspan="2"></td><td>日期</td><td></td></tr>
<tr><td>序号</td><td>图号</td><td colspan="3">变更原因及内容</td></tr>
<tr><td></td><td></td><td colspan="3" rowspan="3"></td></tr>
<tr><td></td><td></td></tr>
<tr><td></td><td></td></tr>
<tr><td rowspan="2">签字栏</td><td>建设单位（管理单位）</td><td>监理单位</td><td>设计单位</td><td>施工单位</td></tr>
<tr><td></td><td></td><td></td><td></td></tr>
</table>

（三）工程变更指令性文件整理要求

1）对于工程变更指令性文件，重点是将工程变更内容，如工程名称、变更原因、变更部位、图纸比例、图示尺寸、规格型号、材料材质、施工方法等描述清楚，以达到根据变更单可准确计算工程量的程度并符合定额要求的目的。对于描述不清的变更单，建设单位工程项目管理部门需要严格把关；如果变更单描述不清，实际施工已发生，需要出具书面说明描述清楚。

2）对于承包方在施工过程中提出的工程变更或材料代用，需填写工程变更单报送监理单位和建设单位审批，审批中一定要对承包方提出的全部内容逐一答复，逐条写清楚同意的部分和内容，不能笼统地签署“同意执行”“同意变更”等字样。

3）由承包方原因造成的变更，一切损失（包括工期延误造成的间接损失）由承包方承担，对于此类签证单，监理单位和建设单位不予认可，直接退回承包方。

4）隐蔽工程要以现场实际施工情况为依据填写隐蔽工程验收记录，标明被隐蔽部位、项目和工艺、质量完成情况，如果被隐蔽部位的工程量在图纸上不确定，要求必须附上简图，并标明几何尺寸，以备工程结算时查阅；实际无法绘制简图或不能说明情况的，可以由建设单位、管理、监理单位、施工方共同在现场确定工程量，并后附原始记录。

5）涉及工程费用变更的监理单位资料有建设单位的签字盖章认可方能生效。

二、工程签证管理

（一）工程签证管理制度

为了科学、合理、规范地办理工程签证单，加快工程进度与工程结算速度，同时减少管理与协调的工作量，需制定相关的工程签证管理制度，由各参建单位共同遵守。

1. 职责分工

1）建设单位的工程项目管理部门工程管理科负责建设工程施工现场签证工作的实施与管理。

2）施工单位（乙方）负责对建设单位下达的指令或需由乙方签证的文件的签证。

2. 需要进行工程签证的事项

1）施工合同以外的土方工程。

2）施工图和设计变更以外的工程内容。

3）建设单位确定的必须通过签证才予以确认的内容。

4）工程施工合同中约定必须进行认定的内容。

5）法律、法规及现行有效标准规定必须签证的内容。

6）现场签证需由建设单位、施工单位、管理和监理单位等代表进行确认。

3. 现场签证单填写要求

所有工程量必须经现场测量后填写，到场人员必须当场在现场签证单上签字或当场在记录的原始数据上签字，后补签签证单。现场签证一般需一式四份，建设单位、管理单位、监理单位、施工单位各留一份，现场签证单必须在一个星期之内由四方签字盖章完毕，否则签证单视同无效。

4. 现场签证结算方式

1）单体施工单位分 3 个阶段分别办理签证结算，即基础部分、主体结构部分和安装及装修部分。每个阶段在正式验收前施工单位必须将结算资料提交到建设单位，否则停止拨付工程进度款。

2）零星工程合同外签证，必须在规定时间内将签证结算资料提交到建设单位，逾期将停付工程款。

5. 签证的效力

1）乙方应提出申请工程签证的文件，但未经建设单位签证的，均属无效。已实施未经签证的工程所产生的经济责任由乙方承担。乙方对甲方的指令确有异议（拒签），在甲方坚持要求执行时，乙方应予以执行，因指令错误发生的费用和给乙方造成的损失由甲方承担，延误的工期相应顺延。因拒不执行指令而造成的损失则由乙方承担。

2）凡签证责任人未按法律、法规、现行有效标准及合同约定时间内对对方提出的文件予以签证或签复的，应视为要求已被确认，由此产生的责任由建设单位承担。

3）本规定为甲乙双方在合作中的经济或法律责任界定的依据，包括返工、返修、停工损失、延误的工期及其他经济损失。

6. 特殊情况处置

1）在工程建设过程中，必要时，甲方可发出口头指令，施工方对甲方的口头指令应予以执行。但乙方应在 48 h 内提出书面文件，甲方必须签证确认。

2）在特殊情况下，乙方有权要求甲方下达指令的要求，并将需要的理由和迟误的后果书面通

知甲方，甲方在 48 h 内不予下达或答复，应承担由此造成的经济支出及顺延的工期，赔偿乙方的有关损失。

甲方在收到签证单后 2 天内必须签署完毕并在台账上记录，若甲方签证意见与乙方有分歧时，甲方必须在规定期限内签署意见返还施工单位并存档，同时双方必须在 5 天内协商解决完毕。

工程签证应包含如下内容：签证理由、工程量、签证内容、发生的起止时间、原始记录必须有两个或两个以上现场监理工程师签字。

工程签证的原始凭证，监理工程师必须当天签署完毕，并上报建设单位审核无误后存档。

合同明确需签证的项目，由建设单位项目管理部门审核签字确认。

建设单位工程项目管理部门及时整理存档工程签证单，作为工程结算付款的依据。

工程项目管理部门做好工程签证的汇总工作，并编制《季度工程签证汇总表》，于每个季度末向院里汇报。

（二）工程签证单整理要求

在工程变更执行后，施工单位要及时申报变更签证单，由甲方与管理方、监理方审定，作为项目工程款结算的依据。

1. 时间要求

严格按照合同约定的时间处理变更签证单。

1）乙方在变更内容执行完毕后应在 14 日内申报，未在规定时间内申报的，视为乙方自动放弃变更增加费用，监理及甲方在收到乙方合格资料的基础上 28 日内回复。

2）乙方应在工程签证单上明确填写实际施工完成时间，并由监理、管理单位和甲方认可，如果不合格被退回再次申报时，应填写再次申报时间和实际施工完成时间，并将退回情况说明清楚。原则上限定施工单位资料不合格重新报送的机会为 2 次。

2. 内容要求

严格按照签证的规范要求编制签证内容。

1）四证齐全：施工单位、监理、管理、甲方单位均有专业工程师及技术负责人签字，并加盖公章。施工单位应由项目经理签字，监理单位应由总监理工程师签字，管理单位应由项目经理签字，甲方应由工程项目负责人签字。若达不到上述要求的签证单原则上不能结算。

2）对于现场发生的无变更指令性文件的变更，应该将签证的原因叙述清楚，说明事件发生的责任单位、责任人，是否应该扣款、扣款标准等，必要时，可后附情况说明。若发生对其他单位的扣款情况，甲方必须后附对其他单位的扣款通知单。

3）施工单位需在现场签证单内详细说明发生签证的原因及变更内容，特别是工程量的计算应准确、真实，签证单后可以附详细的工程量计算表。对于返工工程，还应说明返工的原因、范围、具体做法及拆除材料的重新利用情况。

4）在进行现场签证时应注意哪些经常容易发生工程量描述不清的项目，如室内给排水管道变更引起的拆除工程量和二次安装工程量，现场挖、填、运土方的土质、具体尺寸和运距，建筑变化引起的电气预埋管盒的变化，开关、插座、配电箱变更移位引起的管线的变更，切槽及回补的具体部位和尺寸，是混凝土还是砖，是墙还是地面等。

3. 编号要求

对于工程签证单，要根据不同单位工程名称分土建和安装两个专业分别按顺序编号。如果一张工程签证单上有多项变更，要求变更内容按照顺序编号，并与后附的原始资料顺序对应。

4. 工程签证单后附资料要求

工程签证单必须后附相关工程变更指令性文件复印件（施工蓝图可不附）及其他有关特殊资料（如情况说明、草图等）。要求所附的资料清晰、真实、完整，现场专业工程师应对所附的各种原始资料的准确性、真实性、完整性负责。

5. 特殊变更的要求

对于施工现场临时发生的、无变更指令性文件的工程变更内容，施工单位也应及时填写工程签证单，并在工程变更施工完毕后 14 天内报监理、管理单位和甲方审核。对于此类工程变更，原则上不能笼统地签认工程量和工程造价，必须将签证的原因叙述清楚，内容描述客观准确，如有必要，绘出简图或写出文字说明变更发生的具体部位及几何尺寸等，附在工程签证单的后面，第三者通过此单的叙述和所附资料应可完全了解到工程变更的实际情况、计算工程量和套用定额的标准。

6. 变更减少签证要求

属于造价减少的工程变更，施工单位也应在规定的时间内以“工程签证单”的形式报审。若施工单位未及时申报，监理单位应在变更完成后的 28 日内核实工程量报甲方共同审核，再以监理备忘录的形式报送甲、乙双方，直接计入竣工结算。需要明确的是，监理单位必须对工程减少量及时申报，超过时限没有申报，被甲方发现后将根据情节进行处罚，同时扣减承包单位相应费用。

7. 对于擅自涂改行为的处罚

由于资料填写不规范退回施工单位整理完善重新报送的资料，若发现施工单位对实质性内容有涂改迹象的，其申请的变更费用不予认可，且要处以同等费用的罚款。

工程签证单模板见表 5-17。

表 5-17　工程签证单

<table>
<tr><td colspan="3">工程签证单</td><td colspan="2">资料编号</td><td></td></tr>
<tr><td>工程名称</td><td colspan="2"></td><td colspan="2">专业名称</td><td></td></tr>
<tr><td>施工单位</td><td colspan="2"></td><td colspan="2">日期</td><td></td></tr>
<tr><td>序号</td><td>图号</td><td colspan="4">签证原因及内容</td></tr>
<tr><td></td><td></td><td colspan="4" rowspan="4"></td></tr>
<tr><td></td><td></td></tr>
<tr><td></td><td></td></tr>
<tr><td></td><td></td></tr>
<tr><td rowspan="2">签字栏</td><td>建设单位</td><td colspan="2">管理单位</td><td>监理单位</td><td>施工单位</td></tr>
<tr><td></td><td colspan="2"></td><td></td><td></td></tr>
</table>

第五节　施工工程会议管理

为了及时解决工程项目施工过程遇到的问题，保证项目的质量、安全、进度等目标处于可控状态，需要召开多种工程会议，保证工程项目的顺利实施。在工程施工中，做好施工工程会议的管理，及时解决好施工中遇到的各种问题，对项目的建设施工具有重要意义。在故宫的文物保护工程项目实施中，通过组织定期或不定期会议，及时解决项目施工中遇到问题，确保工程项目顺利实施。

一、工程例会

工程例会由建设单位组织召开，每周一次，管理、监理、施工、设计等单位项目负责人代表参加。会上由施工单位汇报上周的施工进展、完成情况、需解决的问题及下周工作计划等内容，监理单位汇报上周的监理工作，管理单位汇报上周的管理工作，设计单位汇报有无设计变更等内容。通过会议，及时解决施工中存在的问题，布置下周工作计划与任务。对于未按时完成的施工计划，施工单位需分析产生的原因及制定追回进度、完成工作计划的方案。管理、监理单位应指出施工现场存在的问题，施工单位应限期进行整改，监理、管理负责跟踪落实。建设单位负责及时协调解决施工中存在的问题，并提出下一步的工作计划和要求。会后，由建设单位形成会议纪要，各参建单位相关负责人签字确认，严格按照会议确定的事项进行下一步的工作计划和安排。

二、监理例会

监理例会由监理单位总监理工程师主持召开，每周一次，施工单位、管理单位、设计单位、建设单位相关代表列席参加。会上由施工单位汇报上周完成的工作内容和进度情况，本周的工作计划及需要帮助协调解决的问题等，监理单位、管理单位分别对上周施工情况进行总结，主要从质量、进度、安全文明施工等方面进行评价，建设单位提出施工中需要施工单位注意的问题及具体的工作要求。对于需要解决的问题，由相关单位确定具体的期限，负责进行协调解决。会后，监理单位将会议内容形成会议纪要，参会各方进行签字确认，施工单位需严格按照监理、管理及建设单位提出的要求，合理安排施工计划，保证工程质量。

三、管理例会

管理例会由管理单位项目负责人主持召开，每月一次，由施工单位、管理单位、设计单位的公司领导及建设单位相关负责人列席参加。会上，由管理单位项目负责人对上月工程施工情况进行总结，包括质量、进度、安全、投资等方面的情况。由管理单位、监理单位、建设单位指出工程施工中存在的问题，比如施工时实际进度落后于计划进度、施工现场存在安全隐患、现场文明施工不到位等问题。施工单位公司领导可以通过管理例会及时、准确、真实地了解到施工项目经理部的工作情况及建设工程的实际进展等，施工单位公司会根据工程施工中存在的问题从公司层面集中人力、物力、财力等方面的力量去支持施工项目经理部及时解决施工中遇到的问题，保证

文物保护工程的质量、安全、进度等内容按照预期的目标进行。会后，由管理单位将会议内容形成会议纪要，各参会单位签字确认，严格按照会议议定的事项开展下一步工作。

四、安全联检会议

安全联检会议是确保施工现场的安全隐患得到及时解决的重要措施，是保障施工安全的有效措施。安全联检会议是由监理单位总监理工程师主持召开，施工单位项目经理、管理单位项目经理及建设单位项目负责人参加。每周监理单位会组织施工单位、管理单位、建设单位相关代表对建设工程施工现场进行安全联合检查，检查内容主要包括：临时用电安全、消防安全、保卫安全、文明施工等方面的情况。现场安全联合结束后，由监理单位总监理工程师现场主持召开安全联检会议，监理单位、管理单位、建设单位分别就现场存在的安全隐患进行说明，要求施工单位限期进行整改，消除安全隐患。会后，由监理单位将会议内容形成纪要，纪要需详细记录施工现场存在的安全隐患，并下发安全隐患整改通知单，要求施工单位设置专人限时完成隐患整改。施工单位需在限定的时间内完成安全隐患的整改，并将整改结果以书面文件的形式回复给监理单位，回复单应附上整改后的影像资料。监理单位、管理单位负责跟踪监督施工单位整改情况，将整改情况及时反馈给建设单位。建设单位项目负责人对安全隐患整改情况进行核实，对整改不到位的地方，由监理单位对施工单位进行经济处罚，并跟踪整改，直至整改完成。

第六节　施工日志填写管理

施工日志是施工现场每日工作内容的记录，直接反映施工活动，是记录掌握项目进展动态的主要载体。施工单位要做好施工现场施工日志的记录工作，建设单位、管理、监理单位要做好施工日志的检查工作，确保施工日志填写真实、规范。

一、施工日志应填写规范

1）施工单位的现场工程师要每天按照当天的工作内容填写日志，字迹应工整清晰，内容应真实具体。

2）施工日志内容填写要齐全，每个栏目的内容必须根据当天的施工、监理情况填写，写明是哪些层、段、部位等，禁止用“同昨天”“正常”等不明确的用语。

3）各栏目中如发生资料归档的应注明归档资料名称、编号。

4）施工日志中的“施工现场情况”一般要包括以下内容：①详细记录当日分项工程名称、施工部位、工作班组、作业人数、机械设备数量及种类、完成情况等；②详细记录实际施工情况包括实际施工的时间，所用材料的尺寸、规格等详细参数，并配以文字、数据和照片说明。

5）施工日志中应填写“施工中遇到的问题和处理措施”情况，主要包括以下内容：①记录在质量自检、互检和交接检中发现的质量、进度、安全问题及其处理措施，处理结果以及之前发现问题的跟进处理情况；②记录旁站或巡视过程中检查了哪些材料、配合比、施工操作与工艺，发现了什么问题，如何进行纠正、处理及其结果如何；③对于问题比较严重，不能当即解决的则将

其填入存在问题及处理措施栏及备忘栏中；④若未发现问题（施工正常），也应写明材料质量与用量符合设计（或配合比）的要求，操作工艺符合施工规范要求等，禁止用“正常”两个字代替。

6）施工日志中还应填写每日的设计变更、工程洽商及现场签证情况，主要包括的内容有：①变更的原因、内容、工作量、价格，施工单位合理的变更建议，监理工程师的审批意见等；②变更审批流程，设计单位、施工单位、监理单位及甲方审核人员的意见。

7）施工日志应填写材料及设备进场情况，主要包括以下内容：①当日进场主要材料的名称、数量及相关资料记录（如材料报验单、材料出厂合格证、试验单等）归档情况；②不合格材料的处理情况；③机械设备情况，应填写种类、数量、进场情况及机械运转是否正常，若出现异常，应注明原因及处理情况。

8）施工日志应填写技术交底及技术复核记录，主要内容有：①技术交底应填写交底单位、接受交底单位、交底时间、交底地点、交底部分、交底内容等；②技术复核应包括施工单位、分部（项）工程名称、施工图纸编号、复核次目、复核部位、复核数量、复核意见等。

9）施工日志中应填写归档资料交接情况，内容包括主题、归档编号、内容摘要等。

10）施工日志中应填写“外部会议或内部会议记录”情况，内容包括当天召开的内外部会议的会议名称、会议地点、主持人、与会人员、会议主题、会议内容、会议决议等。

11）施工日志中应填写“上级单位领导或部门到工地现场检查指导”情况，内容包括检查指导时间、检查指导部门或人员、对工程项目所做的决定和建议、后续跟进情况等。

12）施工日志中应填写“质量、安全、设备事故（或未遂事故）发生的原因、处理意见和处理方法”，主要内容有事故时间、事故地点、事故经过及原因、事故责任人、经济损失、处理意见、处理方法、后续跟进情况等。

13）施工日志还应填写“其他事项备忘录”，当出现当日不能解决的、需要在日后持续跟进的问题时，应在“其他事项备忘录”栏记录下来；当问题得到解决时也应将解决日期和情况填入“备忘”栏内。

二、施工日志的检查核对

1）管理单位和监理单位每天要对施工现场的施工日志进行检查，检查内容包括：①施工日志的填写是否规范，是否符合规范要求；②施工日志的内容是否真实，是否根据现场实际情况进行填写；③施工日志的内容是否全面，是否有遗漏事项；④施工日志是否经相关责任人进行签字确认。

2）对检查不合格的施工日志，管理单位和监理单位应要求施工单位立即重新填写，对不负责的工程师进行相应的处罚。

3）管理单位和监理单位须将每天施工日志的检查情况汇报给甲方，甲方相关负责人对检查情况进行复核确认。

三、施工日志的整理

1）施工单位需将每日施工日志按照规范要求填写完整，然后报送监理、管理、建设单位各一份。

2）监理、管理单位对施工日志进行审查，各专业工程师审查完后，需要总监理工程师和管理部项目经理签字确认。对于填写不合格的施工日志，要求施工单位当天修改完成。出现多次施工日志填写不合格的，由监理单位给予施工单位一定的处罚。

3）监理、管理单位将审查完的施工日志报送甲方进行审查，审查合格后签字留底。

4）施工单位应将施工日志按日期进行整理存档，监理、管理和甲方定期检查施工日志资料是否齐全、规范和完备。

第七节　停工与复工管理

在文物保护工程施工过程中，若出现不利于工程后续施工的不利因素，必须做好工程的停工和复工管理，确保工程安全顺利平稳运行。

一、工程停工与复工流程

一旦发现施工现场存在较大的安全隐患时，建设单位可以通过监理单位签发《工程停工单》（见表 5-18），签发《工程停工单》需经建设单位审批。对可能出现重大质量、安全事故苗头的，须立即制止，现场工程师可以先通过监理单位下发《工程停工单》，并立即报告建设单位。

表 5-18 《工程停工单》模板

编号：____________________

工程名称		建设地点	
施工单位		监理单位	
管理单位		建设单位	
致： 由于____ ____原因，现通知你方必须于 ___年___月___日___时，对本工程的________________________部位（工序） 实施暂停施工，并按下述要求做好各项工作： 监理单位（章）： 总 / 专业监理工程师： 日期：			

注：本表由监理单位签发，建设单位、监理单位、管理单位、施工承包单位各存一份。

施工单位接到《工程停工单》后应立即停止施工。在具备恢复施工条件时，施工单位应向监理单位、管理单位、建设单位报送整改工作报告等有关资料，经监理单位组织管理单位和建设单位对施工现场进行全面检查，经确认所有安全问题已整改完毕，经建设单位同意后方可由监理单位下发《复工通知单》，恢复施工。工程停工和复工的流程见图 5-31。

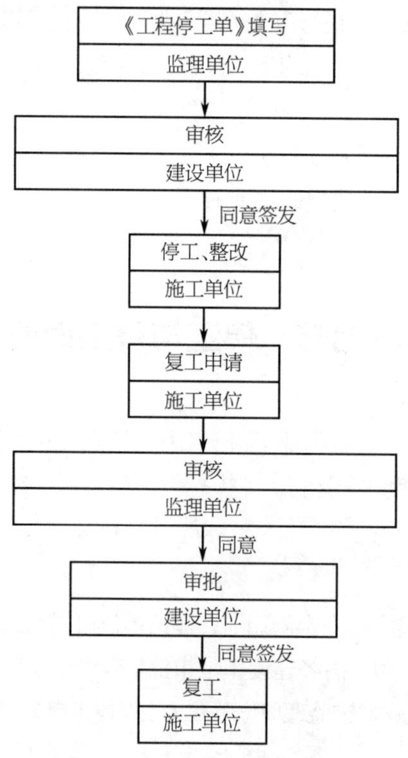

图 5-31　工程停工和复工流程

二、工程停工管理

为了保证工程的质量和安全，出现下列情况之一者，监理单位总监理工程师可以报建设单位审批，审批通过后经监理单位下发《工程停工单》。

1）施工中质量安全出现异常情况，经监理工程师提出后施工单位仍未采取改进措施或措施不力，未能使质量情况好转，安全隐患未能消除。

2）施工单位擅自使用未经认可的建筑材料或设备。

3）施工单位未经监理、建设单位同意，擅自变更设计图纸进行施工。

4）上道工序未经现场工程师或监理工程师检验或核验不合格进入下道工序施工。

5）未经审查同意的分包单位进场施工。

6）出现质量安全事故或严重的质量安全隐患。

7）发生了必须暂时停止施工的紧急事件。

一般情况下，监理单位只有经过建设单位同意才能签发《工程停工单》，但是遇到可能出现重大质量苗头，需要立即制止的，监理单位可以先下达停工通知，再报建设单位审批。《工程停工单》的签发流程如图 5-32 所示。

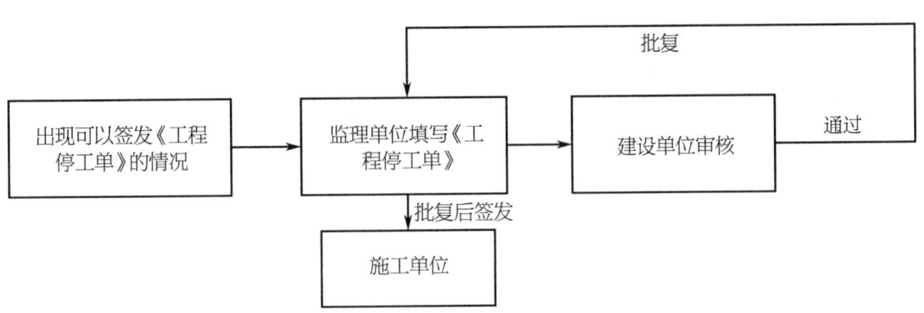

图 5-32 《工程停工单》的签发流程

三、工程复工管理

当施工现场的安全隐患整改完毕，经监理、管理单位检查完后，报建设单位复核，经同意后，由监理总工程师签发《工程复工通知单》(见表 5-19)。

表 5-19 工程复工通知单

工程名称		建设地点	
施工单位		监理单位	
管理单位		建设单位	
致（施工单位）： （工程内容）已具备复工条件，请及时组织设备、材料、人员进场施工。复工日期以______年___月___日为准。 备注： 按合同要求，国家规范和质量验评标准组织施工，进行验收。 监理单位（章）： 总 / 专业监理工程师： 日期：			

注：本表一式四份，施工单位、监理单位、管理单位、建设单位各一份。

1）由于建设单位原因或其他非承包人原因导致工程暂停时，项目监理机构应如实记录发生的实际情况。总监理工程师应在施工暂停原因消失、具备复工条件时，在征得建设单位同意后及时签署工程复工报审表，指令承包人继续施工。

2）由于承包人原因导致工程暂停，在具备恢复施工条件时，项目监理机构应审查承包人报送的复工申请及有关材料，在征得建设单位同意后由总监理工程师签署工程复工报审表，指令承包人继续施工。

3）总监理工程师在签发工程暂停令到签发工程复工报审表之间的时间内，宜会同有关各方按照施工合同的约定，处理因工程暂停引起的与工期、费用等有关的问题。

第六篇　收尾与竣工验收阶段

工程项目收尾与竣工阶段是工程项目建设全过程的终结阶段，当工程项目按照设计文件及工程合同规定的内容全部施工完毕后，便可组织验收。通过竣工验收，移交工程项目，对工程项目成果进行总结、评价、交接工程档案资料，进行竣工结算，终止工程施工合同，结束工程项目实施活动及过程，完成工程项目管理的全部任务。项目收尾与竣工阶段管理是确保工程项目质量达到预期目标的重要保障，对建设项目顺利投入使用具有重要意义。在故宫的文物保护工程项目实施中，高度重视项目的收尾与竣工验收工作，需采取一系列管理措施，确保工程质量达到规定的要求，保证建设项目顺利投入使用。

第二十九章　收尾与竣工验收阶段文物保护

在故宫文物保护工程项目实施过程中，文物保护工作始终贯穿于建设工作的全过程。故宫的文物保护工程是为了改善文物保存状况、保护文物建筑而实施的，因此，文物安全始终是工程项目的核心目标任务。在工程项目收尾与竣工验收阶段，需要采取一系列的管理措施，来保证收尾工作的顺利实现，确保工程项目的质量符合预期的目标要求，确保文物建筑的安全。

第一节　文物保护措施

故宫文物保护工程项目收尾与竣工阶段采取的主要文物保护措施如下。

一、成立文物保护验收工作小组

在项目收尾与竣工验收阶段，组织施工、设计、监理、管理等单位文物保护方面的专业工程师成立“文物保护验收工作小组”，负责收尾与竣工验收阶段的文物保护工作。其中，当参建单位的相关文物保护专业工程师数量及质量满足不了工作需求时，邀请专门从事文物保护工作的专家或学者加入文物保护工作小组中。文物保护验收工作小组的主要工作内容如下。

1）检查工程项目的外观设计是否按照设计文件的要求完成，是否与周围古建筑的建筑形制协调一致，是否与故宫的整体环境相匹配，能否维护故宫的真实性和完整性。

2）检查工程项目的质量是否按照设计的要求和合同规定的内容完成，是否可以发挥改善文物保存现状环境、保护文物建筑的作用。

3）评价工程项目在施工过程中采取的文物保护方案和措施是否合理到位，是否科学有效，是否完好地保护了文物建筑。

4）检查施工过程中文物保护方案、文物保护制度等资料是否齐全、真实、完整。

5）评估工程项目竣工后，其在投入运营过程中是否会给周围环境及周边文物建筑带来不良影响。

二、制定严格的工程项目收尾与竣工验收制度

“无规矩不成方圆”，规章制度是保证各项工作顺利进行的前提条件，是保证工程质量的重要手段，是确保文物安全的重要保障。建设项目收尾与竣工验收制度主要内容如下。

1）建立工程项目收尾与竣工验收团队，团队人员应由勘察、设计、施工、监理、建设等单位的专业工程师组成，各专业工程师应具备相应的资格证书和丰富的文物保护工程工作实践经验，

保证团队人员组织的科学性、专业性、合理性。

2）施工单位及时申报工程验收申请表，经监理单位总监理工程师审核后，报送管理和建设单位审核，审核同意后方可进行验收工作。

3）项目开展验收工作前，施工单位应制定详细的项目收尾与竣工验收工作方案，工作方案经监理单位批准同意后，报建设单位审核，审核通过后，由监理、管理单位负责监督落实。

4）工程项目收尾和竣工验收工作必须严格执行国家、地方或行业的地方标准和规范，严守质量关，对存在问题需要修复的地方要求施工单位限期完成，并留存相应的影像资料。监理单位负责跟踪落实，确保工程项目的质量安全和周边文物的建筑安全等。

5）在工程项目收尾与竣工验收阶段要严格执行文物保护制度和规定，保护好工程项目场地周边的文物、建筑、名木古树、古井、古城墙等。对于工程项目场地内部涉及的文物或者周边的文物建筑，要做好统计工作和保护工作。统计工作主要是统计涉及的文物类型、数量、现状描述等。保护工作主要包括制定一系列的保护措施和方案等内容。

6）在工程项目收尾与验收阶段必须对周边文物建筑的健康状况彻底进行一次检查，与工程项目施工前的状况进行对比分析，检查文物建筑是否保护完好、健康状态有无变化、保护措施是否到位等，保证项目收尾后，不会对周边文物建筑带来不良影响。

三、建立全方位的文物建筑监测系统

为了保护工程项目周边文物建筑的安全，从项目实施开始到竣工验收结束，都必须通过文物建筑监测系统全面了解文物建筑的变化情况。文物建筑监测系统主要包括以下内容。

1. 文物建筑的位移和沉降观测

为了动态监测建设场地周围古建筑的状态，委托具有相关专业资质的第三方监测单位对工程项目周边的文物建筑进行位移和沉降观测。监测单位需根据工程特点布置相应的监测基点，并定期进行统计，观察文物建筑的每个监测点是否发生了较大的变化。每周监理会上，监测单位需对文物建筑的监测情况进行汇报，以便参建各方及时掌握文物建筑的现状情况。当监测数据发出警报时，意味着文物建筑有明显的位移和沉降，可能受到了周边建设施工的影响，需立即停止施工，找出原因，采取解决措施，保护文物建筑的安全。

2. 文物建筑的功能监测

因历史久远，许多古建筑的木质结构已破败腐朽，对环境的变化更加敏感。新建筑物的建筑高度不能过高，且外观设计与现有的古建筑形式不能相差太远。建筑物过高，会造成古建筑缺少光照，进而会引起古建筑的外部环境变化，加速文物建筑的内部结构腐朽。同时，新建筑的外观也很重要，建筑的外观样式必须与周边文物建筑的样式相一致，保证故宫内部建筑群的统一性和完整性。

四、做好文物保护工作的验收

故宫文物保护工程项目的验收工作不仅包括工程项目本身的质量验收，同时还应包括项目建设过程中相关文物保护工作的验收。工程项目实施过程中，需要对场地周边的不可移动文物做好保护工作。文物保护工作流程一般是先由施工单位制定具体的文物保护方案和措施，然后报监理

单位、管理单位审批，审批通过后，由建设单位监督严格执行。实施难度较低的文物保护方案由监理单位文物保护方面的工程师审批合格后，方可实施。实施难度较高的文物保护方案，需组织文物保护方面的专家进行论证，经论证通过的方案才可以实施，未通过的方案须按专家意见完善后，再次审批通过后方可实施。当工程项目进入收尾阶段时，需组织文物保护方面的专家进行文物保护工作的验收，验收工作的主要内容如下。

1）检查施工场地周边的不可移动文物建筑是否得到完好保护。施工场地周边的不可移动文物主要包括一些古井、古排水沟、古树名木、古建筑等。对于古树、古排水沟等文物一般坚持最小干预原则，采取原地保护的措施，施工中应尽量避开这些不可移动文物。对于古建筑，要做好监测工作，施工要尽可能地远离古建筑基础，减少扰动。验收时，应检查这些文物建筑现有状态是否和施工前状态保持一致，如外观是否有变化、内部结构有无损坏等，做好记录，留存文物保护的相关资料。

2）检查文物保护工作是否到达预期的目标要求。工程项目收尾阶段需对施工中采取的文物保护措施和方案进行评价，检查文物保护工作是否科学、合理、有效。项目收尾阶段，对项目周边的文物建筑进行逐一统计，包括外观、结构、完好程度等内容，建立台账。最后，将收尾阶段的文物建筑状况与项目施工前的状况进行比较，就文物保护工作是否达到预期目标进行评价，总结经验，进一步提高文物保护工作水平。

第二节　文物保护注意事项

为了更好地保护文物建筑，故宫的文物保护工程项目收尾与竣工验收阶段需要注意以下内容：

1）故宫的文物保护工程项目验收工作不仅包括项目本身的质量验收，还应包括项目实施过程中文物保护工作的验收。文物保护工作的验收是确保文物建筑得到完整保护的重要保障。

2）项目收尾与竣工验收阶段是对项目施工阶段的质量进行检查评定，考核项目质量能否达到设计要求，是否符合决策阶段确定的质量目标和水平，是保障工程最终质量的重要手段。只有保证工程项目的质量符合预期的质量要求，才能确保工程质量满足保存文物的各项指标，保证文物安全。

3）工程项目验收工作必须严格执行国家法律法规、地方及行业的标准和规范要求的验收程序和验收标准。项目验收应由勘察单位、设计单位、施工单位、监理单位、建设单位进行联合验收，验收合格后申请由国家质量监督部门进行验收，验收合格后方可投入使用。只有验收合格，才能保证工程质量，保证文物安全。

4）工程项目文物保护工作的验收需组织文物保护专业相关专家成立验收小组，对项目周边涉及的文物建筑的状态进行记录，与施工前的状态进行对比，确保文物建筑得到完好的保护，对文物保护工作进行总结和评价。

5）工程项目收尾阶段需对施工中采取的文物保护措施和方案进行总结，评价文物建筑是否得到完整的保护。同时，也要评价工程项目完工后，是否会对周边文物建筑产生不良的影响，新建筑物是否能够满足后期文物保存的要求。

第三十章　工程收尾

工程项目进入收尾阶段意味着施工单位已按照设计文件的要求和合同内容基本上完成了所有施工内容，一般仅剩下一些机电设备的调试、零星工作的修补完善等工作未完成。在故宫的文物保护工程项目收尾阶段，工程收尾工作主要包括机电设备的调试和一些零星工作的工程修复。只有做好工程收尾工作，才能确保建设项目的质量达到预期的目标要求。

第一节　机电调试

机电设备的调试对工程的顺利投入使用有着重要意义。调试是检验工程的设计质量、采购质量、安装质量的重要工序，是检验产品功能质量的重要方法。一般需要进行调试的系统有高低压供配电系统、通风空调系统、给排水系统、消防火灾自动报警系统、安防系统、消防联动系统、门禁系统、电梯系统、保安监控系统、广播系统、手机信号覆盖系统、网络综合布线系统、楼宇控制系统、信息发布系统、会议系统、遮阳百叶系统等。故宫文物保护工程的机电调试一般遵循以下步骤。

1. 成立机电调试工作小组

在工程项目收尾阶段，组织管理、监理、设计、施工总包、专业分包等单位成立“机电调试工作小组”。施工总包单位负责牵头组织，管理、监理公司负责落实调试的现场进度、问题论证、问题解决、验收等相关工作。

2. 编制调试方案

在正式调试开始前，各有关单位应根据合同范围和专业分工的要求，分别编制相应的“专项调试方案”，方案经监理工程师审核同意后实施。“专项调试方案”的内容一般包括：系统概况；工程现状；调试计划；常见问题及解决方案；调试记录，如《调试记录单目录》《调试记录单》（有各方签字）及过程照片；调试工作小组，包括组长、副组长、技术人员、作业人员等的通信方式。

为了保证机电设备调试的科学、合理、有效，确保机电设备正常运转，必须对工程项目的整个机电系统进行分类，分专业地开展调试工作，按专业编制专项调试方案。一般项目的机电调试方案内容如表 6-1 所示。

表 6-1　机电调试方案汇总表

项目名称

序号	系统分类	机电方案名称	编制人	完成时间
1	强电系统	《高低压配电系统调试方案》		
2		《照明系统调试方案》		
3		《电梯系统调试方案》		
4	暖通空调系统	《通风空调系统调试方案》		
5		《热力站系统调试方案》		
6		《制冷机房系统调试方案》		
7	弱电系统	《消防火灾自动报警系统调试方案》		
8		《门禁系统调试方案》		
9		《消防联动系统调试方案》		
10		《保安监控系统调试方案》		
11		《广播系统调试方案》		
12		《网络综合布线系统调试方案》		
13		《手机信号覆盖系统调试方案》		
14		《信息发布系统调试方案》		
15		《会议系统调试方案》		
16		《卫星及有线电视系统调试方案》		
17		《数据机房系统调试方案》		
18	给排水系统	《给排水系统调试方案》		
19		《消火栓系统调试方案》		
20		《消防喷淋系统调试方案》		
21	其他	《幕墙百叶遮阳系统调试方案》		
22		《幕墙电动窗开启系统调试方案》		
23		《自动门系统调试方案》		

特别提示：现场应确保配电室、中控室、机房的土建进度，机电施工的同时即应具备中控室安装设备的条件，做到随时安装、随时调试，为项目的顺利调试、验收及交付创造条件。

3. 审批调试方案

施工单位设备专业工程师根据工程建设内容编制相应的机电调试方案，编制完成后先进行自检，自检合格后，签字确认交由项目经理审核，项目经理审核后签字确认加盖项目部公章。施工单位项目经理部将合格的调试方案报监理单位专业工程师审核，不合格的返回施工单位修改完善，合格的交由总监理工程师审核确认。监理单位将最终审定的调试方案报送管理公司和建设单位各一份，并监督施工单位严格按照机电调试方案的内容进行机电设备的调试工作。

4. 进行机电调试

由施工单位按照审批通过的机电调试方案进行机电调试工作，监理单位专业工程师应进行跟踪检查，检查施工单位是否按照批准的调试方案进行调试工作，是否符合相关机电调试的标准规

范。调试工作应留有相应的资料记录，包括参与人员、调试时间、调试结果等，要留有调试现场的影像资料，以供查阅和核实。

5. 机电调试验收

施工单位按照批准的机电调试方案完成调试工作后，在自检合格的基础上报监理单位、建设单位验收。由施工、监理、建设单位相关工程师组成验收小组，对机电调试工作进行认真核查，检查调试工作是否符合相关规范要求、是否有遗漏项目、质量是否合格等。当验收合格、无质量问题时，各方在纸质资料上签字确认，机电调试工作结束。

第二节　竣工修复

竣工修复是针对施工过程中问题整改的总结，是项目竣工验收前的重要工作内容，是保证工程项目质量满足预期目标的重要手段。在故宫的文物保护工程项目收尾与竣工阶段，要高度重视工程质量，对施工过程中发现的问题进行逐一检查和解决，确保工程质量达到预期的目标，确保工程质量安全可靠。

1. 组建质量检查小组

当工程进入收尾阶段时，组织勘察、施工、设计、监理、管理等单位的专业工程师成立质量检查小组，分期分批分段对工程的全部项目进行逐项细致检查，检查应留存文字记录、照片或视频，对检查发现的质量问题应按专业类别分别列出并注明位置、情况及修补意见和期限，开列清单，交施工单位限期进行修补。

2. 编制竣工修复计划

施工单位在接到检查小组开列的问题清单后，应立即组织相关技术负责人按照问题清单逐一编制问题修复计划，计划应具体可行，针对不同的部位、不同的问题制定相应的修复方案。修复方案编制完成后，应报监理单位专业工程师进行审批，审批通过后，方可进行修复工作。

3. 解决和修复质量问题

施工单位按照审批通过的修复方案逐一进行问题修复，修复工作应细致到位，确保工程质量。修复工作应留存相应的文字资料记录，包括修复部位、修复时间、修补专业人员等，同时留存问题修复前后的影像资料，便于对比和查验。

4. 检验竣工修复工作

施工单位将所有问题修复完后，将竣工修复工作资料记录文件和相关影像资料报送监理机构，申请检验竣工修复工作。监理单位在审核完资料记录后，与管理公司、建设单位工程师一起进行修复工作的检验，检验修复的质量是否满足要求，所有质量问题是否全部逐一修复完成。检验合格后，由监理单位出具相关的验收文件资料，标志竣工修复工作完成。

第三十一章　项目竣工验收

项目竣工验收是指工程项目竣工后，建设单位会同监理、管理、勘察、设计、施工、设备供应单位及工程质量监督部门，对该项目是否符合规划设计要求以及建筑施工和设备安装质量进行全面检验，最后取得竣工合格资料、数据和凭证。故宫的文物保护工程项目竣工验收严格按照国家竣工验收的相关标准和规定进行，确保工程质量达到规定的要求，保障工程安全。

项目的竣工验收主要由建设单位负责组织和进行现场检查、收集与整理资料，设计、施工、设备制造单位有提供有关资料及竣工图纸的责任。

竣工验收是全面考核建设工作、检查工程是否符合设计要求、检查工程质量的重要环节，对促进项目（工程）及时投产，发挥投资效果，总结建设经验有重要作用。项目竣工验收包括以下范围。

1）凡列入固定资产投资计划的新建、扩建、改建、迁建的建设工程项目或单项工程按批准的设计文件规定的内容和施工图纸要求全部建成且符合验收标准的，必须及时组织验收，办理固定资产移交手续。故宫内的工程项目多属于这一类。

2）使用更新改造资金进行的基本建设或属于基本建设性质的技术改造工程项目，也应按国家关于建设项目竣工验收的规定，办理竣工验收手续。

3）小型基本建设和技术改造项目的竣工验收，可根据有关部门（地区）的规定适当简化手续，但必须按规定办理竣工验收和固定资产交付生产手续。

第一节　竣工验收的条件

故宫文物保护工程项目在收到施工单位的工程竣工报告，并具备以下条件后，方可组织勘察、设计、施工、监理、管理等单位有关人员进行竣工验收。

1）完成了工程设计和合同约定的各项内容。

2）施工单位对竣工工程质量进行了检查，确认工程质量符合有关法律、法规和工程建设强制性标准，符合设计文件及合同要求，并提出工程竣工报告。该报告应经总监理工程师、项目经理和施工单位有关负责人审核签字。

3）有完整的技术档案和施工管理材料。

4）建设行政主管部门及委托的工程质量监督机构等有关部门责令整改的问题全部整改完毕。

5）对于委托监理的工程项目，具有完整的监理材料，监理单位提出质量评估报告，该报告应经总监理工程师和监理单位有关负责人审核签字。未委托监理的工程项目，工程质量评估报告由

建设单位完成。

6）勘察、设计单位对勘察、设计文件及施工过程中由设计单位签署的设计变更通知书进行检查，并提出质量检查报告。该报告应经该项目勘察、设计负责人和各自单位有关负责人审核签字。

7）有规划、消防、环保等部门出具的验收认可文件。

8）有建设单位与施工单位签署的工程质量保修书。

第二节　竣工验收的依据

故宫文物保护工程项目竣工验收的依据包括以下几方面：①上级主管部门对该项目批准的各种文件；②可行性研究报告、初步设计文件及批复文件；③施工图设计文件及设计变更洽商记录；④国家颁布的各种标准和现行的施工质量验收规范；⑤工程承包合同文件；⑥技术设备说明书；⑦关于工程竣工验收的其他规定。

第三节　竣工验收的标准

一、竣工验收标准的相关规程

故宫文物保护工程项目竣工验收标准以设计文件为主，同时参照我国现行的《建筑安装工程施工及验收规范》《建筑安装工程质量检验评定标准》《建筑安装工程施工操作规程》和《建筑安装工程安全操作规程》等规定。这些文件是对建筑安装工程施工过程的操作方法、设备和工具的使用、安全施工所做的技术规定，是保证实现建筑安装工程质量的基础。

二、工程项目的总体竣工验收

故宫文物保护工程项目的总体竣工验收，包括交付使用的竣工验收，应达到下列基本标准。

1）生产性工程和辅助公用设施，例如热电站、供变电、供水、下水、三废治理系统以及电信等，已按设计文件规定的建筑物、构筑物基本建成，工艺设备、管线、仪表等均已配套安装，能满足生产和使用的要求。

2）职工办公室和其他必要的生活设施，例如办公室、值班室等，能满足人员日常办公和生活的需要。

3）生产准备工作，如机构设置，规章制度建立，人员培训，原材料、备品、备件以及协作条件的落实等，能适应项目试运行的需要。

三、工程项目的土建、安装工程的竣工验收

故宫文物保护工程项目的土建、安装工程的竣工验收应达到下列基本标准。

1）土建工程。在质量和内容上，按照设计图纸、说明书、保质保量地施工完毕，不留尾巴。

在工程内容上，要求室内全部做完；室外明沟勒脚、踏步斜道全部做完；室内外粉刷做完；建筑物、构筑墙周围 2 m 以内场地平整，无障碍物；道路完整，明沟排放雨水畅通；上下水要通，电灯要亮，达到使用要求。

2）安装工程。在质量和内容上，按照施工安装图纸、说明书，保质保量地施工完毕，不留尾巴；热力、风气等各种管道已做好清洗、吹扫、试压、涂漆、保温等工作；各项设备、电气、空调、仪表、通信等工程项目，全部安装结束，经过单机、联动无负荷运转，符合投入使用的要求。

第四节　竣工验收的工作流程

一、竣工验收的主要工作流程

故宫文物保护工程项目竣工验收的工作流程如下。

1）施工单位自检合格，提交工程竣工验收报告。工程项目完工后，施工单位对工程进行质量检查，确认工程符合设计文件及合同要求后，填写《工程竣工验收报告》，并经项目经理和施工单位负责人签字后提交监理单位，经总监理工程师审批通过后，提交建设单位申请验收。

2）建设单位收到工程竣工报告后，对符合竣工验收要求的工程，组织勘察、设计、施工、监理等单位和其他有关方面的专家组成验收组，制定验收方案。

3）建设单位应当在工程竣工验收 7 个工作日前将验收的时间、地点及验收组名单通知负责监督该工程的工程监督机构。

4）建设单位组织工程竣工验收。内容包括：①建设、勘察、设计、施工、监理单位分别汇报工程合同履行情况和在工程建设各个环节执行法律、法规和工程建设强制性标准的情况；②审阅建设、勘察、设计、施工、监理单位提供的工程档案资料；③查验工程实体质量；④对工程施工、设备安装质量和各管理环节等方面做出总体评价，形成工程竣工验收意见，验收人员签字。

参与工程竣工验收的建设、勘察、设计、施工、监理等各方不能形成一致意见时，应报当地建设行政主管部门或监督机构进行协调，待意见一致后，重新组织工程竣工验收。

5）工程文件的归档整理应按国家发布的现行标准、规定执行，如《北京市建筑工程资料管理规程》（DB11/T 695）、《建设工程文件归档规范》（GB/T 50328）、《科学技术档案案卷构成的一般要求》（GB/T 11822）等；承包人向发包人移交工程文件档案应与编制的清单目录保持一致，须有交接签认手续，并符合移交规定。

二、项目竣工验收的检查内容

故宫文物保护工程项目竣工验收的检查主要包括如下内容。

1）检查工程是否按批准的设计文件建成，配套、辅助工程是否与主体工程同步建成。

2）检查工程质量是否符合国家相关设计规范及工程施工质量验收标准。

3）检查工程设备配套及设备安装、调试情况。

4）检查概算执行情况及财务竣工决算编制情况。

5）检查联调联试、动态检测、运行试验情况。

6）检查环保、水保、劳动、安全、卫生、消防、防灾安全监控系统、安全防护、应急疏散通道、办公生产生活房屋等设施是否按批准的设计文件建成，是否合格；建筑抗震设防是否符合规定。

7）检查工程竣工文件编制完成情况，检查竣工文件是否齐全、准确。

8）检查工程项目建筑面积是否准确，界址是否清楚，手续是否齐备。

三、项目竣工验收组织

1）竣工验收的组织。由建设单位负责组织实施建设工程竣工验收工作，质量监督机构对工程竣工验收实施监督。

2）验收人员。由建设单位负责组织竣工验收小组，验收组组长由建设单位法人代表或其委托的负责人担任。验收组副组长应至少有一名工程技术人员担任。验收组成员由建设单位上级主管部门、建设单位项目负责人、建设单位项目现场管理人员及勘察、设计、施工、监理单位相关负责人组成。验收小组成员中相关专业人员应配备齐全。

3）当在验收过程中发现严重问题，达不到竣工验收标准时，验收小组应责成责任单位立即整改，并宣布本次验收无效，重新确定时间组织竣工验收。

4）当在竣工验收过程中发现一般的需整改的质量问题，验收小组可形成初步验收意见，填写有关表格，有关人员签字，但建设单位不加盖公章。验收小组责成有关责任单位整改，可委托建设单位项目负责人组织复查，整改完毕符合要求后，加盖建设单位公章。

5）当竣工验收小组各方不能形成一致竣工验收意见时，应当协商提出解决办法，待意见一致后，重新组织工程竣工验收。当协商不成时，应报建设主管部门或质量监督机构进行协调裁决。

四、竣工验收报告的内容

故宫文物保护工程项目竣工报告的包括如下内容。

1）工程概况：工程项目概况、建设单位、施工单位、设计单位、监理单位、管理公司等相关单位名称。

2）竣工验收实施情况：验收组织、验收程序。

3）质量评定：验收意见、质量控制资料核查、安全和主要功能核查及抽查结果、观感质量验收。

4）验收人员签名。

5）工程验收结论、验收单位签章确认。

6）附件：主要包括施工许可证、施工图设计文件审查意见、规划验收合格意见等。

第三十二章　工程结算

工程结算是指承包人按照合同约定的内容完成全部工作，经发包人或有关机构验收合格后，发包、承包双方依据约定的合同价款的确定和调整以及索赔规定，最终计算和确定竣工项目工程价款的工作。

故宫的文物保护工程项目竣工结算与支付工作严格依据《合同法》和《建筑法》确立的原则以及《建筑工程施工发包与承包计价管理办法》（建设部令第107号）和财政部、建设部印发的《建筑工程价款结算暂行办法》（财建〔2004〕369号）等相关规定执行，确保工程结算准确、科学、合理。

第一节　工程结算的基本原则

工程竣工结算应由承包人或受其委托的具有相应资质的工程造价咨询人编制，并应由发包人或受其委托的具有相应资质的工程造价咨询人审核。故宫文物保护工程项目结算工作的开展严格遵循以下基本原则。

1）工程造价专业人员在进行结算编制和结算审查时，必须严格执行国家相关法律、法规和有关制度，严禁任何一方提出违反法律、法规、社会公德，影响社会经济秩序和损害公共或他人利益的要求。

2）工程造价专业人员在进行工程结算编制和工程结算审查时，应遵循发包、承包双方的合同约定，维护合同双方的合法权益。

3）工程结算应严格按工程结算编制程序进行编制，做到程序化、规范化，结算资料必须完整。

4）施工单位成本管理部是工程计价工作的主要职能部门，对计价结果负主要责任，设计部、项目部、财务部参与配合并负相应责任。成本管理部负责人原则上可作为计价工作结果的最终审批人，对计价结果负责。

5）签证的结算实行一月一结或随结随清，即上月完成工作量确认及验收的签证，符合结算要求的，尽可能本月完成结算工作。

6）施工单位项目部是工程资料的管理部门，应有专人负责对全部工程资料进行分类、装订、存档、保管，建立合同支付台账、奖励与违约金台账、变更洽商统计表等专门台账，以便日常查阅与计价，为竣工结算做好准备。

第二节　工程结算的编制

一、工程结算编制依据

故宫文物保护工程结算的编制依据如下。

1）建设期内影响合同价格的法律、法规和规范性文件。

2）建设工程相关计价计量规范，如《2013 建设工程计价计量规范辅导》。

3）施工合同、专业分包合同及补充合同，有关资料、设备采购合同。

4）与工程结算编制相关的国务院建设行政主管部门以及各省、自治区、直辖市和有关部门发布的建设工程造价计价标准、计价方法、计价定额、价格信息、相关规定等计价依据。

5）招标文件、投标文件。

6）工程施工图或竣工图、经批准的施工组织设计、设计变更、工程洽商、索赔与现场签证，以及相关的会议纪要。

7）工程材料及设备中标价、认价单。

8）发包、承包双方实施过程中已确认的工程量及其结算的合同价款。

9）发包、承包双方实施过程中已确认调整后追加（减）的合同价款。

10）经批准的开工、竣工报告或停工、复工报告。

11）影响工程造价的其他相关资料。

二、工程结算编制程序

故宫文物保护工程的结算资料由施工单位编制，按照编制准备、编制、定稿 3 个工作阶段进行，并实行编制人、审核人、审定人分别署名盖章确认的编审签署制度。

（一）工程结算编制准备阶段主要工作

1）收集与工程结算相关的编制依据。

2）熟悉招标文件、投标文件、施工合同、施工图纸等相关资料。

3）掌握工程项目发包和承包方式、现场施工条件、应采用的工程评价标准、定额、费用标准、材料价格变化等情况。

4）对工程结算编制依据进行分类、归纳、整理。

5）召集工程结算人员对工程结算涉及的内容进行核对、补充和完善。

（二）工程结算编制阶段主要工作

1）根据工程施工图或竣工图以及施工组织设计进行现场踏勘，并做好书面或影像记录。

2）按招标文件、施工合同的约定方式和相应的工程量计算规则计算分部分项工程项目、措施项目或其他项目的工程量。

3）按招标文件、施工合同规定的计价原则和计价办法对分部分项工程项目、措施项目或其他项目进行计价。

4）对工程量清单、定额缺项以及采用的新材料、新设备、新工艺，应根据施工过程的合理消耗和市场价格，编制综合单价或单价估价分析表。

5）工程索赔应按合同约定的索赔处理原则、程序和计算方法，提出索赔费用。

6）汇总计算工程费用，包括编制分部分项工程费、措施项目费、其他项目费、规费和税金，初步确定工程结算价格。

7）编写编制说明。

8）计算和分析主要技术经济指标。

9）工程结算编制人编制工程结算的初步成果文件。

（三）工程结算定稿阶段主要工作

1）工程结算审核人对初步成果文件进行审核。

2）工程结算审定人对审核后的初步成果进行审定。

3）工程结算编制人、审核人、审定人分别在工程结算成果文件上署名，并应签署造价工程师或造价员执业或从业印章。

（四）工程结算工作的职责分工

1）工程结算编制人员按其专业分别承担其工作范围内的工程结算相关编制依据收集、整理工作，编制相应的初步成果文件，并对其编制的成果文件质量负责。

2）工程结算审核人员应由专业负责人或技术负责人担任，对其专业范围内的内容进行审核，并对其审核专业的工程结算成果文件的质量负责。

3）工程审定人员应由专业负责人或技术负责人担任，对工程结算的全部内容进行审定，并对工程结算成果文件的质量负责。

三、工程结算编制成果

承包人应在合同约定时间内编制完成竣工结算书，并在提交竣工验收报告的同时递交给发包人。承包人未在合同约定时间内递交竣工结算书，经发包人催促后仍未提供或没有明确答复的，发包人可以根据已有资料办理结算。

发包人应在收到承包人提交的竣工结算文件后的28天内核对。发包人经核实，认为承包人还应进一步补充资料和修改结算文件，应在上述时限内向承包人提出核实意见，承包人在收到核实意见后的28天内应按照发包人提出的合理要求补充资料，修改竣工结算文件，并应再次提交给发包人复核后批准。

（一）成果文件

工程结算编制成果文件应包括：工程结算书封面、签署页、目录、编制说明、相关表式、必要的附件。

（二）相关表格

采用工程清单计价的工程结算文件的相关表式应包括以下内容：工程结算汇总表；单项工程结算汇总表；单位工程结算汇总表；分部分项工程量清单与计价表；措施项目清单与计价表；其他项目清单与计价汇总表；规费、税金项目清单与计价表；必要的其他表格。

第三节　工程结算的审查

一、工程结算的审查原则

故宫文物保护工程价款结算审查按照工程的施工内容或完成阶段分类，包括竣工结算审查、分阶段结算审查、合同中止结算审查和专业分包结算审查。审查工作的开展依据以下原则。

1）工程项目由多个单项工程或单位工程构成的，应按工程项目划分标准的规定，分别审查各单项工程或单位工程的竣工结算，将审定的工程结算汇总，编制相应的工程结算审查成果文件。

2）分阶段结算审查的工程，应分别审查各阶段工程结算，将审定结算汇总，编制相应的工程结算审查成果文件。

3）除合同另有约定外，分阶段结算的支付申请文件应审查以下内容：本周期已完成工程的价款；累计已完成工程的价款；累计已支付的工程价款；本周期已完成的计日工金额；应增加和扣减的变更金额；应增加和扣减的索赔金额；应抵扣的工程预付款；应扣减的质量保证金；根据合同应增加和扣减的其他金额；本付款周期实际应支付的工程价款。

4）合同中止工程的结算应按发包人和承包人认可的已完成工程的实际工程量和施工合同的有关规定进行审查。合同中止结算审查方法基本与竣工结算的审查方法相同。

5）专业分包工程的结算审查，应在相应的单位工程或单项工程结算内分别审查各专业分包工程结算，并按分包合同分别编制专业分包工程结算审查成果文件。

6）工程结算审查应区分施工发包、承包合同类型，工程结算的计价模式采用相应的工程结算审查方法。

7）审查采用总价合同的工程结算时，应审查结算编制方法是否和合同约定的方法相一致，按照合同约定可以调整的内容，在合同价基础上对调整的设计变更、工程洽商以及工程索赔等合同约定可以调整的内容进行审查。

8）审查采用单价合同的工程结算时，应按照竣工图或施工图以内的各个分部分项工程量计算的准确性审查，依据合同约定的方式审查分部分项工程项目价格，并对设计变更、工程洽商、施工措施以及工程索赔等调整内容进行审查。

9）审查采用成本加酬金合同的工程结算时，应依据合同约定的方法审查各个分部分项工程以及设计变更、工程洽商、施工措施内容的工程成本，并审查酬金及有关税费的取定。

10）采用工程量清单计价的工程结算审查应包括：工程项目所有分部分项工程量，以及实施工程项目采用的措施项目工程量；为完成所有工程量并按规定计算的人工费、材料费和施工机械使用费、企业管理利润，以及规费和税金取定的准确性；对分部分项工程和措施项目以外的其他项目所需计算的各项费用进行审查；对设计变更和工程变更费用依据合同约定的结算方法进行审查；对索赔费用依据相关签证进行审查；对合同约定的其他费用进行审查。

11）工程结算审查应按照与合同约定的工程价款调整方式对原合同价款进行审查，并应按照分部分项工程费、措施项目费、其他项目费、规费、税金项目进行汇总。

12）采用预算定额计价的工程结算审查应包括：审查套用定额的分部分项工程量；审查措施项目工程量和其他项目；审查为完成所有工程量和其他项目并按规定计算的人工费、材料费、机械使用费、规费、企业管理费、利润和税金与合同约定的编制方法的一致性及计算的准确性；对设计变更和工程变更费用在合同价基础上进行审查；对工程索赔费用按合同约定或签证确认的事项进行审查；对合同约定的其他费用进行审查。

二、工程结算审查方法

故宫文物保护工程结算的审查依据施工发包、承包合同约定的结算方法进行，根据施工发包、承包合同类型，采用不同的审查方法。

1）工程结算审查时，对原招标工程量清单描述不清、项目特征发生变化以及变更工程、新增工程中的综合单价应按下列方法确定：合同中已有适用的综合单价，应按已有的综合单价确定；合同中有类似的综合单价，可参照类似的综合单价确定；合同中没有适用或类似的综合单价，由承包人提供综合单价，经发包人确认后执行。

2）工程结算审查中涉及措施项目费用的调整时，措施项目费应依据合同约定的项目和金额计算，发生变更、新增的措施项目，以发包、承包双方合同约定的计价方式计算，其中措施项目清单中的安全文明施工费用应审查是否按照国家或省级、行业建设主管部门的规定计算。施工合同中未约定措施项目费结算方法时，按以下方法审查：审查与分部分项实体消耗相关的措施项目，随该分部分项工程的实体工程量的变化，是否依据双方确定的工程量、合同约定的综合单价进行结算；审查独立性的措施项目是否按合同价中相应的措施项目费用进行结算；审查与整个建设项目相关的综合取定的措施项目费用是否参照投标报价的取费基数及费率进行结算。

3）工程结算审查涉及其他项目费用的调整时，按下列方法确定：审查计日工是否按发包人实际签证的数量、投标时的计日工单价，以及确认的事项进行结算；审查暂估价中的材料单价是否按发包、承包双方最终确认价在分部分项工程费中的相应综合单价进行调整，计入相应的分部分项费用；对专业工程结算价的审查应按中标价或分包人、承包人与发包人最终确认的分包工程价进行结算；审查总承包服务费是否依据合同约定的结算方式进行结算，以总价方式固定的总承包服务费不予调整，以费率形式确定的总包服务费应按专业分包工程中标价或分包人、承包人与发包人最终确认的分包工程价为基数和总承包单位的投标费率计算总承包服务费；审查暂列金额是否按合同约定计算实际发生的费用，并分别列入相应的分部分项工程费、措施项目费中。

4）招标工程量清单的漏项、设计变更、工程洽商等费用应依据施工图以及发包人和承包人双方签证资料确认的数量和合同约定的计价方式进行结算，其费用列入相应的分部分项工程费或措施项目费中。

5）工程结算审查中涉及索赔费用的计算时，应依据发包、承包双方确认的索赔事项和合同约定的计价方式进行结算，其费用列入相应的分部分项工程费或措施项目费中。

6）工程结算审查中涉及规费和税金的计算时，应按国家、省级或行业建设主管部门的规定计算并调整。

三、工程结算审查程序

故宫文物保护工程项目结算审查应按准备、审查和审定 3 个工作阶段进行。

（一）工程结算审查准备阶段

1）审查工程结算顺序的完备性、资料内容的完整性，对不符合要求的应退回，限时补正。

2）审查计价依据及资料与工程结算的相关性、有效性。

3）熟悉施工合同、招标文件、投标文件、主要材料设备采购合同及相关文件。

4）熟悉竣工图纸或施工图纸、施工组织设计、工程概况以及设计变更、工程洽商和工程索赔情况等。

5）掌握工程量清单计价规范、工程预算定额等与工程相关的国家和当地建设行政主管部门发布的工程计价依据及相关规定。

（二）工程结算审查阶段

1）审查工程结算的项目范围、内容与合同约定的项目范围、内容的一致性。

2）审查分部分项工程项目、措施项目或其他项目工程量计算的准确性、工程量计算规则与计价规范的一致性。

3）审查分部分项综合单价、措施项目或其他项目时应严格执行合同约定或现行的计价原则、方法。

4）对于工程量清单或定额缺项以及新材料、新工艺，应根据施工过程中的合理消耗和市场价格，审核结算综合单价或单位估价分析表。

5）审查变更签证凭证的真实性、有效性，核准变更工程费用。

6）审查索赔是否依据合同约定的索赔处理原则、程序和计算方法以及索赔费用的真实性、合法性、准确性。

7）审查分部分项工程费、措施项目费、其他项目费或定额直接费、措施费、规费、企业管理费、利润和税金等结算价格时，应严格执行合同约定或相关费用计取标准及有关规定，并审查费用计取依据的时效性、相符性。

8）提交工程结算审查初步成果文件，包括编制与工程结算相对应的工程结算审查对比表，以待校对、复核。

（三）工程结算审定阶段

1）工程结算审查初稿编制完成后，召开由工程结算编制人、工程结算审查委托人及工程结算审查人共同参加的会议，听取意见，并进行合理的调整。

2）由工程结算审查人的部门负责人对工程结算审查的初步成果文件进行检查校对。

3）由工程结算审查人的审定人审核批准。

4）发包、承包双方代表人或其授权委托人和工程结算审查单位的法定代表人应分别在《工程结算审定签署表》上签字并加盖公章。

5）对工程结算审查结论有分歧的，应在出具工程结算审查报告前至少组织两次协调会。凡不能共同签认的，审查人可适时结束审查工作，并做出必要说明。

6）提交正式工程结算审查报告。

四、工程结算审查成果

（一）成果文件

工程结算审查成果文件应包括以下内容：工程结算书封面；签署页；目录；结算审查报告书；结算审查相关表式；必要的附件。

（二）相关表格

采用工程量清单计价的工程结算审查相关表格包括以下内容：工程结算审定签署表；工程结算审查汇总对比表；单项工程结算审查汇总对比表；单位工程结算审查汇总对比表；分部分项工程量清单与计价审查对比表；措施项目清单与计价审查对比表；其他项目清单与计价审查汇总对比表；规费、税金项目清单与计价审查对比表。

第三十三章　工程项目档案

工程项目档案是指分类保管的工程项目自始至终的有关批准文件、手续证件材料、设计图纸、施工资料和验收资料等工程资料。

工程项目档案在工程建设的过程中，由建设当事人单位分别收集、整理、保管。工程验收后依据我国检核部门的规章制度，建设档案由建设单位移交城建档案机构专门保管。

故宫文物保护工程项目的建设档案在创建、收集、整理和保管的过程中，还应做好保密性工作，以确保故宫文物保护工程项目的相关信息不被泄露，保护故宫信息安全。

第一节　工程项目档案的使用意义

工程项目档案资料，无论是在建设界还是在社会上，也无论是在现实中还是在历史上，都有十分重要的价值，其在城市规划、建设、管理中发挥以下重要作用。

1）作为建筑使用过程中发生质量事故时的原因分析、核查资料。个别情况下，建筑物在使用过程中，还有可能暴露和发生质量事故。如果发生了工程质量事故后，分析、核查原因时，就需调用工程档案资料，进行分析，查找质量原因。

2）作为建筑物扩建、改建、翻修的依据。建设工程使用后很可能因发展需要做扩建、改建，或者使用年久要做翻修，这时就要调用原建筑物的档案资料作为扩建、改建和翻修的参考依据。

3）作为相邻以及周边的建筑物整体规划建设时或者类似的建筑物异地再建时的参考。位于文物保护区的建筑，特别是仿古的建筑类型，需要与相邻或周边建筑物相协调时，或者区域内的道路、管线要做整体更新改造规划时，也需调用原建筑物的档案资料作为参考。一些有特殊功能、特殊造型、新技术、新材料采用的建筑物异地拟再建时，需经过一定的批准手续，可用建筑档案资料作参考。

4）作为城市建设事业整体评价、研究、统计的主要依据。为适应城市建设事业的不断发展，在有条件的文物保护区可调集一批专家，对一段时期的新增建筑物进行整体评价，详细分析、总结一段时期的文物保护区文物保护工程项目在建设过程中的经验教训，以指导今后的工程建设。这时，这段时期相应的建筑物档案资料就成为研究的主要对象。

5）工程项目档案资料是研究区域工程建设和发展的重要文献。正如故宫文物保护工程项目中，重要地段、重要建筑物、具有纪念意义建筑物的建设档案资料，将和该建筑物或该工程建设项目一样，随着时代的推移，成为历史上的重要文物。

第二节　工程项目归档资料

故宫的文物保护工程项目资料归档严格按照《北京市建筑工程资料管理规程》(DB11/T 695)相关规定进行编制，各参建单位分别编制各自资料，并保证各自资料的客观性、准确性、真实性、有效性。项目竣工验收后，及时对工程资料进行整理、组卷、归档并移交工程档案管理部门。

一、工程项目归档资料的编制原则

故宫文物保护工程项目归档资料的编制遵循三同步原则、三负责原则、不重复原则和开放性原则。

1. 三同步原则

在项目的建设过程中，为了保证项目资料及时归档，坚持“同步形成、同步收集、同步整理”的原则，即在项目进程中，随时收集、随时整理形成的各种资料，对纸质版和电子版资料同步归档留存。

2. 三负责原则

工程项目资料的整理坚持“谁施工谁形成、谁收集谁管理、谁签字谁负责”的原则，即各参建单位各自编制自己的资料，保证各自资料的真实性和有效性。同时，收集资料的人员有管理资料的责任，文件上的各单位签字人对文件的内容负责。

3. 不重复原则

工程项目资料的编制坚持“不重复收集、不重复报审报验”的原则，即不重复收集工程资料，已经报审报验的资料不再重复进行报审报验，防止资料重复浪费。

4. 开放性原则

工程项目资料的编制坚持“开放性原则”，即根据工程项目的特点，在现有规范标准的基础上可以对部分资料的名称、表格、样式等进行扩充和修改，以适应工程的多样性和各种复杂情况。

二、工程项目归档资料的编制要求

故宫文物保护工程项目资料的编制要求如下。

1）工程资料应真实反映工程质量的实际情况，并与工程进度同步形成、收集和整理。

2）工程资料应字迹清晰，并有相关人员签字及单位盖章。

3）工程参建各单位应确保各自资料的真实有效、完整齐全，严禁伪造或故意撤换。

4）工程资料应为原件。当为复印件时，应加盖复印件提供单位的公章，注明复印日期，并有经手人签字。

5）工程参建各单位应及时对工程资料进行确认、签字。

6）工程参建各单位应在合同中对工程资料的编制、套数、费用和移交期限等提出明确要求。合同中对工程资料的技术要求不应低于规程标准的规定。

7）工程竣工图应有建设单位组织编制，可委托施工、监理或设计单位编制。

8）列入城建档案管理部门接受工程范围的工程档案，建设单位应在工程竣工验收前，依法提请城建档案管理部门对工程档案进行预验收，取得《建设工程竣工档案预验收意见》，并在工程竣工验收6个月内，将工程档案移交城建档案馆。

9）由建设单位采购供应的建筑材料、构配件和设备，建设单位应提供相应的质量证明文件。

10）工程参建各单位应对本单位形成的工程资料负责管理，并保证工程资料的可追溯性。由多方共同形成的工程资料，各方均承担相应的管理责任。

11）由建设单位发包的专业承包施工工程，分包单位应按规程标准的要求，将形成的施工资料直接交建设单位；由总包单位发包的专业承包施工工程，分包单位应按规程标准的要求，将形成的施工资料交总包单位，总包单位汇总后交建设单位。

12）工程资料的收集、整理应有专人负责管理，资料管理人员应经过相应的培训。

13）工程资料的形成、收集和整理应依靠计算机。计算机管理软件所采用的数据格式应符合相关要求，软件功能应符合规程标准的要求并经过评审。

三、工程项目归档资料的编制内容

根据《北京市建筑工程资料管理规程》的相关规定，工程项目资料主要分为4类，分别是基建文件（A类）、监理资料（B类）、施工资料（C类）和竣工图（D类）。

（一）基建文件（A类）

基建文件（A类）是建设单位依法从工程项目立项到竣工全过程形成的文字及影像资料，可分为立项决策、建设用地、勘察设计、招投标及合同、开工、商务、竣工验收及备案和其他文件，由建设单位收集整理。

1. 立项决策文件（A1）

其包括：项目建议书（代可行性研究报告）及其批复、有关立项的会议纪要及相关批示、项目评估研究资料及专家建议等。

项目建议书（代可行性研究报告）与其的批复文件标志着项目的立项，根据投资审批部门及其标准的差异和总投资额度进行不同处理。额度较大的情况需要项目建议书与可行性研究报告分别编制与审批（两个阶段），额度较小的可进行项目建议书（代可行性研究报告）的编制（一个阶段），立项文件是办理后续相关手续的要件。

在立项之前，需要做很多工作，对立项的会议纪要、领导批示、反映单位的重要决策应予以收集整理；专家对项目的有关建议文件主要的形式为专家论证会的会议纪要，往往对项目的推进有着至关重要的作用，应注意保留。

2. 建设用地文件（A2）

其包括征占用地的批准文件、国有土地使用证、国有土地使用权出让交易文件、规划意见书、建设用地规划许可证等。

自有用地（已取得国有土地使用证）应取得属地规划主管部门批复的规划条件（规划意见书）；新征地应取得属地规划和国土资源主管部门批复的选址意见书、建设项目用地预审意见、建设用地规划许可证、建设用地批准书、国有土地使用证。

根据《自然资源部关于以“多规合一”为基础推进规划用地“多审合一、多证合一”改革的通

知》(自然资规〔2019〕2号),将建设项目选址意见书、建设项目用地预审意见合并,自然资源主管部门统一核发建设项目用地预审与选址意见书,不再单独核发建设项目选址意见书、建设项目用地预审意见;将建设用地规划许可证、建设用地批准书合并,自然资源主管部门统一核发新的建设用地规划许可证,不再单独核发建设用地批准书。

3. 勘察设计文件(A3)

其包括:工程地质勘察报告、土壤浓度检测报告、建筑用地钉桩通知单、验线合格文件、设计审查意见、设计图纸及设计计算书、施工图设计文件审查通知书等。

应注意除《工程地质勘查报告》外,应将地质勘查报告的审查合格书一同留存;建筑用地钉桩通知单为规划主管部门发出的拨地测量通知;验线合格文件指的是地方规划主管部门在工程开工前对工程颁发的《建设工程规划验线合格通知书》。

在方案设计阶段,应报请相关主管部门进行设计方案的审批,取得设计方案审查意见;在初步设计阶段,应将初步设计图纸及说明归档留存;在施工图设计阶段,应留存设计计算书,以及施工图设计文件审查通知书及审查报告、消防设计审核意见。

4. 招投标及合同文件(A4)

其包括:工程建设招标文件、投标文件、中标通知书及相关合同文件。

勘查、设计、施工、监理的合同需要归档;根据相关规定,需要进行招投标的勘查、设计、施工、监理委托工作,除合同归档外,还需将招投标文件、中标通知书归档。

5. 开工文件(A5)

其包括:建设工程规划许可证、建设工程施工许可证等。

建设工程规划许可证、附件及附图在属地规划主管部门办理。取得建设工程规划许可证的前置资料为:《建设项目办理申请表》《建设项目法定代表人授权委托书》、委托代理人居民身份证、具有资质设计单位出具的设计图纸(另附相同总平面图)、投资主管部门的可研批复或项目核准文件、民房主管部门的人防工程审查意见等。

建设工程施工许可证在属地建设主管部门办理。取得建设工程施工许可证的前置资料为:建筑工程施工许可证申请表、建设工程规划许可证、施工合同协议书,应招标项目提供施工单位中标通知书(非招标项目提供直接办理施工许可证承诺书)、建设项目法人承诺书等。

6. 商务文件(A6)

其包括:工程投资估算、工程设计概算、施工图预算、施工预算、工程结算等相关文件。

工程投资估算文件包含于批复的项目建议书或可行性研究报告中;工程设计概算为批复的初步设计所对应的概算文件;施工图预算为施工招标的招标控制价清单或非招标项目的控制预算。

7. 竣工验收及备案文件(A7)

其包括:建设工程竣工验收备案表、工程竣工验收报告、建设工程档案预验收意见、房屋建筑工程保修书、建设工程规划认可文件、消防等部门的验收合格文件等。

1)建设工程竣工验收备案表。根据《北京市房屋建筑和市政基础设施工程竣工验收管理办法》:“建设单位应当自工程竣工验收合格之日起15日内,按照有关规定向建设主管部门备案。”取得《房屋建筑和市政基础设施工程竣工验收备案表》的前置资料包括:《工程竣工验收报告》《单位工程质量竣工验收记录》《工程竣工验收记录》《建设工程规划核验(验收)意见(合格告知书)》

《建设工程消防验收意见书》《建设单位竣工档案预验收意见》《工程质量保修合同》《法人委托书》。

2）工程竣工验收报告。工程竣工验收合格后，建设单位应当及时提出工程竣工验收报告。工程竣工验收报告主要包括工程概况，建设单位执行基本建设程序情况，对工程勘察、设计、施工、监理等方面的评价，工程竣工验收时间、程序、内容和组织形式，工程竣工验收意见等内容。

3）建设工程档案预验收意见。建设单位应在工程竣工验收前，提请城建档案管理部门（北京地区为北京市城市建设档案馆）对工程档案进行预验收，取得《建设单位竣工档案预验收意见》，该验收意见也是工程最终进行竣工验收必备手续之一，工程资料不合格，不应进行竣工验收。

4）房屋建筑工程保修书。工程竣工验收应具备施工单位签署的《工程质量保修书》。根据施工总承包合同范本及工程实践，一般情况下工程质量保修书是以《工程质量保修合同》的形式含于建设单位与施工单位签订的施工合同附件中，其内容应符合《建设工程质量管理条例》的要求。

5）建筑工程规划认可文件。根据《北京市房屋建筑和市政基础设施工程竣工验收管理办法》："工程竣工验收应当具备下列条件：（六）取得法律、行政法规规定应当由规划行政部门出具的认可文件或者准许使用文件。"根据《北京市城乡规划条例》第四十四条及《北京市建设工程规划监督若干规定》，由属地规划主管部门核发《建设工程规划核验（验收）意见（合格告知书）》。

6）建设消防验收意见书：建设工程应委托具有资质的机构进行消防设施检测和电气防火检测，取得《北京市建筑消防设施检测报告》和《北京市电气防火检测报告》，连同《消防设计说明》、相关消防设备、构件的合格证等资料报属地消防及住建部门检查、备案。根据《建设工程消防监督管理规定（公安部第119号）》第十三条、第十四条，取得《建设工程消防验收意见书》。

8. 其他文件（A8）

其包括：工程未开工前的原貌及竣工新貌照片，工程开工、施工、竣工的音像资料，工程竣工测量资料和建设工程概况表，工程建设各方授权书、承诺书及永久性标识图片、建设工程质量终身责任基本信息表等。

（二）监理资料（B类）

监理资料是监理单位在工程建设监理活动过程中所形成的文字及影像材料。监理资料主要包括监理交底记录、见证取样和送检资料、监理旁站资料、平行检验资料、监理日志及单位工程竣工验收资料。以下为监理资料的相关规定。

1. 监理交底记录

1）项目工程开工前由总监理工程师组织各专业监理工程师向施工单位进行交底，形成监理交底记录。

2）交底记录可采用交底记录表或会议纪要形式。

2. 见证取样和送检资料

1）见证人员应由项目监理机构在工程开工前确定，并按相关规定形成见证取样和送检见证人告知书。

2）见证取样和送检计划，应在工程开工前，收到施工单位报送的检测试验计划后编制完成。

3）见证项目、频次应符合有关规范及行业管理的要求。

4）见证记录由见证人及时填写，并有施工试验人员签字。

3. 监理旁站资料

1）关键部位、关键工序应由项目监理机构在工程开工前根据工程特点和监理工作需要确定，并制定旁站方案。

2）旁站方案的内容应包括旁站范围、方法和要求等。

3）旁站记录由旁站监理人员及时填写。

4. 平行检验资料

1）项目监理机构应对结构的混凝土强度开展平行检验，其资料应符合相关规定。

2）其他平行检验的项目应根据工程特点、专业要求、合同约定确定并纳入监理实施细则，其资料应根据平行检验的项目确定并符合相应检验标准的要求。

5. 监理日志

1）专人负责，逐日记载。

2）日志内容应包含当日气象、监理工作、施工情况、巡视发现的问题及处理情况等。

6. 单位工程竣工预验收资料

1）预验收应由总监理工程师组织，专业监理工程师和施工单位项目经理、项目技术负责人等参加。

2）预验收合格后，项目监理机构应编写工程质量评估报告。工程质量评估报告应经总监理工程师、监理单位技术负责人签字并加盖总监理工程师执业印章和单位公章。监理资料应符合国家《建设工程监理规范》(GB/T 50319)及北京市《建设工程监理规程》(DB11/T 382)的有关要求。

（三）施工资料（C类）

施工资料（C类）是施工单位在工程施工过程中形成的文字和影像资料，可分为施工管理、施工技术、施工测量、施工物资、施工记录、施工试验、过程验收及工程竣工质量验收资料等8种，由施工单位收集整理。

1. 施工管理资料（C1）

其包括施工现场质量管理检查记录、施工过程中报监理审批的各种报验报审表、施工试验计划及施工日志等，其内容和要求应符合相关标准的规定，并符合以下要求。

1）施工现场质量管理检查记录应经项目总监理工程师审查确认。

2）施工试验计划应在工程施工前编制并报送监理单位审查。

3）施工日志应由专人负责，逐日记载，根据工程规模、特点、复杂程度进行综合记录或分专业记录。

4）相应资料上已有监理单位签字栏的，不再单独填写报审报验单；相应资料上无监理单位签字栏的，应按规定的格式填写报审报验单。

2. 施工技术资料（C2）

其包括施工组织总设计、单位工程施工组织设计、施工方案、专项施工方案、技术交底记录、图纸会审记录、设计变更通知单、工程变更洽商记录和“四新”技术应用等，其内容和要求应符合《建筑工程施工组织设计规程》(DB11/T 363)和相关标准的规定，并应符合以下要求。

1）施工组织总设计、单位工程施工组织设计、施工方案、专项施工方案应有符合规定的审批手续，报项目监理机构批准后实施。

2）技术交底记录应有交底双方人员的签字。技术交底资料包括：施工组织总设计交底、单位工程施工组织设计交底、施工方案和专项施工方案技术交底、施工作业交底等。

3）设计交底与图纸会审记录应按专业汇总整理，有关各方签字确认。

4）"四新"（新材料、新产品、新技术、新工艺）技术应用应经专家论证并形成论证意见。

3. 施工测量资料（C3）

其包括工程定位测量记录、基槽平面及标高实测记录、楼层平面放线及标高实测记录、楼层平面标高抄测记录、建筑物垂直度及标高测量记录、变形观测记录等，其内容和要求应符合相关标准的规定。

4. 施工物资资料（C4）

其包括质量证明文件、材料及构配件进场检验记录、设备开箱检验记录、设备及管道附件试验记录、设备安装使用说明书、材料的进场复试报告、预拌混凝土（砂浆）运输单等，其内容和要求应符合《建筑工程施工质量验收统一标准》(GB 50300)、相关专业验收规范和相关产品标准的规定。

5. 施工记录（C5）

其包括隐蔽工程验收记录、交接检查记录、地基验槽检查记录、地基处理记录、混凝土浇灌申请书、混凝土养护测温记录、构件吊装记录、预应力筋张拉记录等，其内容和要求应符合《建筑工程施工质量验收统一标准》(GB 50300)、相关专业验收规范、施工规范和设计文件的规定。

6. 施工试验资料（C6）

其包括回填土密实度、基桩性能、钢筋连接、混凝土（砂浆）性能、饰面砖拉拔、钢结构焊缝质量检测及水暖、机电系统运转测试等，其内容和要求应符合相关专业验收规范、施工规范和设计文件的规定。

7. 过程验收资料（C7）

其包括检验质量验收记录、分项工程质量验收记录、分部工程质量验收记录、结构实体检验记录等，其内容和要求应符合《建筑工程施工质量验收统一标准》(GB 50300）和相关专业验收规范的规定。

8. 工程竣工质量验收资料（C8）

其包括单位工程竣工验收报审表、单位工程质量竣工验收记录、单位工程质量控制资料核查记录、单位工程安全和功能检查资料核查及主要功能抽查记录、单位工程观感质量检查记录、室内环境检测报告、建筑工程系统节能检测报告、工程竣工质量报告、工程概况表等，其填写应符合《建筑工程施工质量验收统一标准》(GB 50300）和相关专业验收规范的规定。

（四）竣工图（D类）

各项新建、改建、扩建的工程均应编制竣工图，按专业可分为建筑、结构、幕墙、建筑给排水与采暖、建筑电气、通风空调、智能建筑和规划红线以内的室外工程等竣工图。竣工图应符合以下要求。

1）竣工图应与工程实际相一致。

2）竣工图的图纸应为蓝图或绘图仪绘制的白图，不得使用复印件。

3）竣工图应字迹清晰并与施工图比例一致。

4）竣工图应有图纸目录，目录所列的图纸数量、图号、图名应与竣工图内容相符。

5）竣工图应使用国家法定计量单位，其文字和字符应符合相关规定。

6）竣工图章、竣工图签和签字应齐全有效。

7）绘制竣工图应使用绘图工具、绘图笔或签字笔，不得使用圆珠笔或其他容易褪色的墨水笔绘制。

竣工图的形成应符合以下要求。

1）没有工程变更、按原施工图施工的，可在原施工图上加盖竣工图章形成竣工图。

2）工程变更不大的，可将设计变更通知单和工程变更洽商记录的内容直接改绘在原施工图上，并在改绘部位注明修改依据，加盖竣工图章形成竣工图。

3）工程变更较大、不宜在原施工图上直接修改的，可另外绘制修改图，修改图应注明修改依据、所涉及的原施工图图号、修改部位，并应有图名、图号。原图和修改图均应加盖竣工图章形成竣工图。

4）竣工图章应加盖在图签附近的空白处，图章应清晰。竣工图章的内容应符合相关规定，竣工图章各栏应签署齐全（图 6-1）。

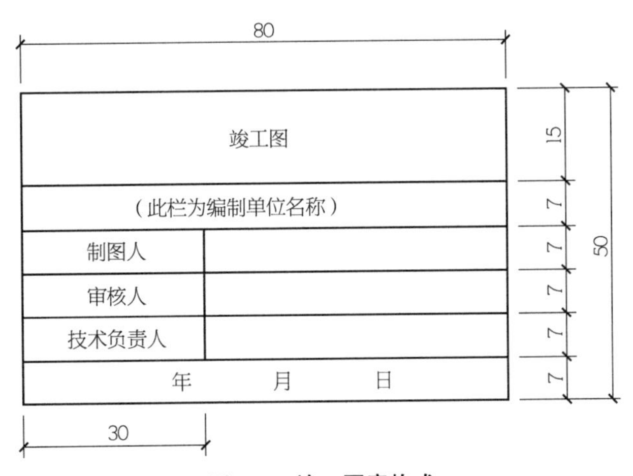

图 6-1　竣工图章格式

第三节　工程项目资料归档程序

故宫文物保护工程项目竣工后，先报北京市城建档案管理机构申请预验收，预验收合格后领取预验收合格证，并在工程最终竣工结束后将一套完整的工程档案资料移交给城建档案馆。

一、预验收

建设单位及管理公司在组织项目竣工验收前，提请城建档案管理机构对工程档案进行预验收。预验收合格后，由城建档案管理机构出具工程档案认可文件。

二、建设工程档案报送

建设单位应当在工程竣工验收后 3 个月内，向城建档案馆报送一套符合规定的建设工程档案。凡建设工程档案不齐全的，应当限期补充。

第三十四章　项目后评价

工程项目竣工验收并移交投入使用后，应对项目进行后评价，总结项目管理经验，为今后的项目管理工作提供依据。故宫的文物保护工程十分重视项目后评价工作，将项目后评价作为项目管理考核的重要指标，全面分析项目管理过程中取得的成绩和存在的不足，总结经验教训，是提升工程项目管理的重要手段。

第一节　项目后评价的定义

可行性研究和项目前评价是在工程项目开工前进行的，而判断、预测是否正确，项目的实际效益如何，需要在项目竣工投入使用后根据实际运行情况进行再评估来检验，这种再评估就是项目后评价。项目后评价可以全面总结项目投资管理中的经验教训，并为以后改进项目管理和制定科学的投资计划提供现实依据。

工程项目后评价主要是指在工程项目建成投入使用后进行综合研究，衡量和分析项目的实际情况及其与预测（计划）情况的差距，判断对有关项目的预测和判断是否正确，并分析其原因，从项目完成过程中吸取经验教训，为提高以后的项目管理和投资决策水平提供依据。

第二节　项目后评价的特点

与可行性研究和项目前评价相比，项目后评价的特点如下。

1. 现实性

项目后评价分析研究的是项目实际情况，所依据的数据资料是现实发生的真实数据或根据实际情况重新预测的数据，而项目可行性研究和项目前评价分析研究的是项目未来的状况，所用的数据都是预测数据。

2. 全面性

在进行项目后评价时，要综合分析项目的建设过程，包括投资决策是否合理、项目管理工作是否到位，各项指标如进度、安全、造价等是否达到预期的目标，要充分地、全方位地进行总结和回顾。

3. 探索性

项目后评价要通过分析项目建设的全过程，总结项目管理经验，在项目管理实践的基础上不

断探索和创新，进一步提升项目管理的水平。

4. 反馈性

项目后评价可以及时总结项目建设取得的成绩和存在的不足等，并及时反馈给项目投资决策和管理人员，为今后的项目建设提供借鉴和参考。

5. 合作性

项目后评价要对项目的各参建单位进行一个综合评价，包括参建单位的项目管理能力、企业信誉等，为今后的项目合作提供一定的参考。

第三节　项目后评价的作用

项目后评价对提高工程项目决策科学化水平，改进项目管理和提高投资效益等方面发挥着极其重要的作用，主要表现在以下两个方面。

1）总结项目管理的经验教训，提高项目管理的水平。由于工程项目管理是一项极其复杂的活动，涉及计划、主管部门、企业、物资供应、施工等许多部门，因此项目能否顺利完成关键在于这些部门之间的配合与协调工作做得如何。通过项目后评价，对已经建成项目的实际情况进行分析研究，有利于指导未来项目的管理活动，从而提高项目管理的水平。

2）提高项目决策科学化的水平。项目前评价是项目投资决策的依据，但前评价中所做的预测是否准确，需要后评价来检验。通过建立完善的项目后评价制度和科学的方法体系，一方面可以增强前评价人员的责任感，提高项目预测的准确性；另一方面可以通过项目后评价的反馈信息，及时纠正项目决策中存在的问题，从而提高未来项目决策的科学化水平。

第四节　项目后评价的工作原则

项目后评价的成果必须真实可信，否则就失去了后评价工作的意义和要达到的目的。在故宫文物保护工程项目后评价工作中，遵循以下基本原则。

1. 客观性原则

后评价工作要实事求是，保持客观性。评价人员要广泛听取各方面的反映和不同意见，认真查看现场，全面了解工程项目的历史和现状；广泛收集和深入研究工程项目建设的相关数据和资料，并进行客观分析。

2. 可靠性原则

项目后评价的方法和手段要正确、可靠、科学。后评价中前后对比的口径要一致，采用的数据准确真实、具有可比性。设置的评价指标体系要合理、全面。另外，工程项目的各种数据资料等信息的真实性和项目管理人员对后评价工作的良好配合也是保证工作质量的必要条件。

3. 公正性原则

项目后评价结论要合理、公正，既要指出存在的问题，也要客观分析问题产生的原因；既要总结成功的经验，也要认真总结失败的教训和原因。

第五节　项目后评价的工作内容

故宫文物保护工程项目后评价的工作内容如下。

一、组建后评价小组

后评价的目的是对项目实施的全过程进行回顾、分析，从而总结项目建设的经验、教训，为今后的项目管理和投资决策提供依据。为了确保项目后评价工作的真实全面，组建后评价小组，小组成员应由项目各参建单位的负责人组成，主要包括建设单位、管理公司、监理单位、施工单位、设计单位等，各参建单位分别对各自的工作进行总结汇报，提出改进意见。

二、资料收集

项目后评价应以通过各种调查取得的科学数据为基础，通过分析、对比，检验项目决策、设计、建设、运行管理各阶段主要技术、经济指标与预期指标的变化，分析其原因和对工程项目的影响，判断项目目标的持续性。

后评价小组成立后，应立即开始资料收集的工作，主要收集项目前期文件、过程文件、项目经营管理资料等，如表 6-2 所示。

表 6-2　项目后评价资料一览表

序号	文件、资料名称	备注
1	现行国家政策、法规	
1.1	与项目建设有关的国家政策性文件	
1.2	与项目建设有关的国家法律文件	
1.3	与项目建设有关的部门法规文件	
1.4	与项目建设有关的规程、规范	
2	项目过程文件	
2.1	项目建议书（或项目申请报告）	
2.2	文物影响评价报告	
2.3	可行性研究报告	
2.4	项目评估报告	
2.5	项目法人的机构设置和工作流程	
2.6	建设用地、征地、拆迁文件	
2.7	勘察设计文件及其审查意见、批复文件	
2.8	概、预算调整报告	
2.9	招投标文件	
2.10	施工阶段重大问题的请示及批复	

续表

序号	文件、资料名称	备注
2.11	施工监理报告	
2.12	施工监测和评价资料	
2.13	建设工程各类合同	
2.14	工程竣工报告	
2.15	工程验收报告和升级后的工程竣工决算及主要图纸	
3	其他资料	
3.1	项目运行或经营状况报告	
3.2	相关财务报表	
3.3	与项目有关的审计报告、稽查报告和统计资料	
3.4	项目总结报告	
3.5	项目管理相关规章制度	

三、评价内容

故宫文物保护工程项目后评价的主要内容一般包括项目建设全过程评价、项目绩效与影响评价、主要经验与教训、对策与建议等。

（一）项目建设全过程评价

过程评价是依据国家的法律法规、标准规范，对照可研报告中的情况和实际执行的过程进行比较、分析，找出差别和产生差别的原因。过程评价包括立项决策阶段、准备阶段、实施阶段、竣工和试运行阶段的评价。

1. 立项决策阶段

这一阶段的重点是：回顾立项决策过程，依据项目实施结果，评价项目前期工作的质量和合规性。

1）项目立项。了解项目报告内容，评价立项理由是否充分，依据是否可靠，建设目标与目的是否明确，是否符合故宫发展规划的需要，是否能满足文物保护的需要。

2）项目可行性研究报告。评价项目建设的必要性和合理性论述是否正确，项目的目标和目的是否明确、合理，可研报告内容与深度是否满足要求，项目的效果和效益是否实现。

3）项目决策。重点回顾项目前期工作的运转过程，了解决策文件内容。评价决策程序是否正确，决策方法是否科学，有无主观臆断，是否采纳了正确的咨询评估意见。

4）相关手续。评价项目文物影响评估报告、环境评估报告及批复文件、项目《建设用地规划许可证》《建设工程规划许可证》《国有土地使用证》等政府部门的批准文件是否齐全完整。

2. 准备阶段

准备阶段的评价重点是：各项准备工作是否充分，开工前的各项报批手续是否齐全。

1）工程勘察设计。结合设计和施工实际情况，了解勘察工作满足设计和施工要求的程度与可靠性，评价勘察工作的深度与质量；结合工程施工情况，了解设计文件和资料图纸对工程施工的

满足程度以及设计现场服务情况，评价设计深度与质量；结合项目试运行情况，评价设计总体水平；总结和评价项目的设计管理经验与管理能力。

2）招标采购。评价招投标工作的合法性、合规性，招标、评标与定标的公开性、公平性、公正性，招标竞争力度以及招标效果；评价设计、监理、总包、分包的履约情况。

3）合同谈判和签约。评价合同条款的合法性、合理性与合同文本的完善程度。

4）开工准备。评价项目开工建设前的组织管理与人员准备、物资与技术准备的充分性，开工许可手续的完备性。

3. 实施阶段

这一阶段评价的重点是：在项目实施过程中，业主方的管理和控制措施达到的效果，取得的经验和教训；实施过程中产生的主要变化、原因及影响；参建各方的组织能力和管理水平。

1）合同执行与管理。主要回顾和了解各类合同（咨询服务、勘察设计、设备材料采购、工程施工、工程监理等）重要条款的设置情况及合同执行情况，违约原因及责任；施工合同的类型与招标方式的适用情况；合同条款的选用与管理水平的匹配情况；合同管理措施的有效性。

2）重大设计变更。主要从技术上分析、评价重大设计变更的原因及合理性；从管理上分析评价设计变更报批手续的严谨性、合规性；从经济上分析评价设计变更引起的投资变化及其对项目预期经济效益的影响。

3）工程目标的控制。回顾和了解项目在控制工程目标（安全、质量、进度、投资）时分别采取的措施，以及目标实现的程度，分析产生差异的原因及对项目总体预期目标的影响，总结目标控制的成功经验和失败教训；评价项目的组织能力和管理水平。

4）项目资金支付和管理。回顾和了解资金到位情况与供应的适时适度性、资金支付管理程序、项目所需流动资金的供应及运用状况等。

5）项目的组织与管理。回顾项目法人组建情况、项目建设管理模式、管理结构、管理工作运转情况等；评价管理模式的适应性、管理机构的健全性和有效性、管理机制的灵活性、管理工作运作程序的规范性等。

4. 竣工与试运行阶段

这一阶段回顾与评价的重点是：项目交付准备工作是否充分，工程竣工验收是否规范，资料档案是否完整。

1）项目交付情况准备工作。回顾项目交付的人员准备、管理准备、技术准备、物资准备、配套条件准备等内容，以及试运行情况；评价准备工作的充分性。

2）项目竣工验收。全面回顾和了解单项工程完工后的交工验收，消防、电梯、规划、环保设施、工程资料档案等专项验收，以及在单项工程交工验收与专项验收基础上的全面竣工验收情况，遗留尾工及处理方式等；评价竣工验收工作的合规性与程序的完善性。

3）工程资料档案。回顾和了解工程资料的收集、整理、分类、排序、立卷、归档以及管理制度等情况。评价工程资料档案的完整性、准确性和系统性，分类立卷的合理性与有序性，查阅、使用的便捷性，管理制度的完善情况等。

（二）项目绩效与影响评价

项目绩效和影响评价是项目后评价的核心内容。绩效和影响评价一般分为技术效果、财务和

经济效益、环境影响、文物影响、社会影响和管理效果等方面。

1. 项目技术效果评价

技术效果后评价是针对工程项目实际运行状况中存在的问题与原因，分析、评价所采用技术的合理性、可靠性、先进性、适用性，将工程项目实际达到的技术水平与决策时预期的水平进行对比。

2. 项目财务和经济效益评价

财务评价包括：项目建设实际投资是否在预期的投资概算内，是否存在超出概算现象，是否达到规定的绩效考核指标，是否最大限度节约了建设资金。

3. 项目环境影响评价

主要对照《环境影响评估报告》评价工程项目对所在地环境带来何种影响以及影响的程度。

4. 项目社会影响评价

主要分析项目建设对当地经济和社会发展的影响，即是否对文物保护起到有益作用，是否可以促进故宫可持续发展，是否有利于弘扬故宫文化，是否满足人民日益增长的精神文化需求。

5. 文物影响分析

主要分析建设项目实施过程对周边文物、古建筑、古树等的影响，是否采取了文物保护措施和方案，文物保护措施是否有效，周边文物建筑是否得到了完好的保护。

6. 项目管理效果评价

项目管理效果评价主要是对项目建设的组织管理机构的合理性、有效性，项目执行者的组织能力和管理水平进行综合分析与评价。包括：①管理模式的评价；②组织结构与协调能力的评价；③激励机制与工作效率的评价；④管理者水平与创新意识的评价等。

（三）项目主要经验教训、对策与建议

通过对项目全过程的回顾和评价、项目绩效与影响评价，在了解工程项目建设各阶段、各方面所具有的经验与教训的基础上，归纳出对评价项目具有决定性影响的主要经验与教训，并提出对策与建议。

1. 主要经验与教训

主要分析项目实施过程中存在的不足和问题，主要包括项目管理工作存在的不足，文物保护工作存在的不足等，通过剖析问题，可以进一步提升项目管理水平，提高文物保护工作水平。

2. 对策与建议

主要是针对项目实施中存在的问题，提供相应的解决措施，提出进一步改善和加强项目管理的建议，为今后的项目管理工作打下更坚实的基础。

四、报告编制

针对不同工程项目的特点，项目后评价报告的内容会有所侧重，但一般都会比较关注过程评价和效益评价。为了使后评价报告发挥其应有的作用，应制定适合自身需要的后评价模板，使其具备规范性、参考性和借鉴性。通过编制项目后评价报告，总结分析项目管理的经验教训，为今后类似的工程项目管理工作提供方法借鉴。

附　录

一、文物保护相关法律法规、标准规范及管理办法

（一）《中华人民共和国文物保护法》（2017 年修正版）

《中华人民共和国文物保护法》（2017 修正版）

（1982 年 11 月 19 日第五届全国人民代表大会常务委员会第二十五次会议通过　根据 1991 年 6 月 29 日第七届全国人民代表大会常务委员会第二十次会议《关于修改〈中华人民共和国文物保护法〉第三十条、第三十一条的决定》第一次修正　2002 年 10 月 28 日第九届全国人民代表大会常务委员会第三十次会议修订　根据 2007 年 12 月 29 日第十届全国人民代表大会常务委员会第三十一次会议《关于修改〈中华人民共和国文物保护法〉的决定》第二次修正　根据 2013 年 6 月 29 日第十二届全国人民代表大会常务委员会第三次会议《关于修改〈中华人民共和国文物保护法〉等十二部法律的决定》第三次修正　根据 2015 年 4 月 24 日第十二届全国人民代表大会常务委员会第十四次会议《全国人民代表大会常务委员会关于修改〈中华人民共和国文物保护法〉的决定》第四次修正　根据 2017 年 11 月 4 日第十二届全国人民代表大会常务委员会第三十次会议《全国人民代表大会常务委员会关于修改〈中华人民共和国会计法〉等十一部法律的决定》第五次修正）

目　录

第一章　总　则

第一条　为了加强对文物的保护，继承中华民族优秀的历史文化遗产，促进科学研究工作，进行爱国主义和革命传统教育，建设社会主义精神文明和物质文明，根据宪法，制定本法。

第二条　在中华人民共和国境内，下列文物受国家保护：

（一）具有历史、艺术、科学价值的古文化遗址、古墓葬、古建筑、石窟寺和石刻、壁画；

（二）与重大历史事件、革命运动或者著名人物有关的以及具有重要纪念意义、教育意义或者史料价值的近代现代重要史迹、实物、代表性建筑；

（三）历史上各时代珍贵的艺术品、工艺美术品；

（四）历史上各时代重要的文献资料以及具有历史、艺术、科学价值的手稿和图书资料等；

（五）反映历史上各时代、各民族社会制度、社会生产、社会生活的代表性实物。

文物认定的标准和办法由国务院文物行政部门制定，并报国务院批准。

具有科学价值的古脊椎动物化石和古人类化石同文物一样受国家保护。

第三条　古文化遗址、古墓葬、古建筑、石窟寺、石刻、壁画、近代现代重要史迹和代表性建筑等不可移动文物，根据它们的历史、艺术、科学价值，可以分别确定为全国重点文物保护单位，省级文物保护单位，市、县级文物保护单位。

历史上各时代重要实物、艺术品、文献、手稿、图书资料、代表性实物等可移动文物，分为珍贵文物和一般文物；珍贵文物分为一级文物、二级文物、三级文物。

第四条　文物工作贯彻保护为主、抢救第一、合理利用、加强管理的方针。

第五条　中华人民共和国境内地下、内水和领海中遗存的一切文物，属于国家所有。

古文化遗址、古墓葬、石窟寺属于国家所有。国家指定保护的纪念建筑物、古建筑、石刻、壁画、近代现代代表性建筑等不可移动文物，除国家另有规定的以外，属于国家所有。

国有不可移动文物的所有权不因其所依附的土地所有权或者使用权的改变而改变。

下列可移动文物，属于国家所有：

（一）中国境内出土的文物，国家另有规定的除外；

（二）国有文物收藏单位以及其他国家机关、部队和国有企业、事业组织等收藏、保管的文物；

（三）国家征集、购买的文物；

（四）公民、法人和其他组织捐赠给国家的文物；

（五）法律规定属于国家所有的其他文物。

属于国家所有的可移动文物的所有权不因其保管、收藏单位的终止或者变更而改变。

国有文物所有权受法律保护，不容侵犯。

第六条　属于集体所有和私人所有的纪念建筑物、古建筑和祖传文物以及依法取得的其他文物，其所有权受法律保护。文物的所有者必须遵守国家有关文物保护的法律、法规的规定。

第七条　一切机关、组织和个人都有依法保护文物的义务。

第八条　国务院文物行政部门主管全国文物保护工作。

地方各级人民政府负责本行政区域内的文物保护工作。县级以上地方人民政府承担文物保护工作的部门对本行政区域内的文物保护实施监督管理。

县级以上人民政府有关行政部门在各自的职责范围内，负责有关的文物保护工作。

第九条　各级人民政府应当重视文物保护，正确处理经济建设、社会发展与文物保护的关系，确保文物安全。

基本建设、旅游发展必须遵守文物保护工作的方针，其活动不得对文物造成损害。

公安机关、工商行政管理部门、海关、城乡建设规划部门和其他有关国家机关，应当依法认真履行所承担的保护文物的职责，维护文物管理秩序。

第十条　国家发展文物保护事业。县级以上人民政府应当将文物保护事业纳入本级国民经济和社会发展规划，所需经费列入本级财政预算。

国家用于文物保护的财政拨款随着财政收入增长而增加。

国有博物馆、纪念馆、文物保护单位等的事业性收入，专门用于文物保护，任何单位或者个人不得侵占、挪用。

国家鼓励通过捐赠等方式设立文物保护社会基金，专门用于文物保护，任何单位或者个人不得侵占、

挪用。

第十一条　文物是不可再生的文化资源。国家加强文物保护的宣传教育，增强全民文物保护的意识，鼓励文物保护的科学研究，提高文物保护的科学技术水平。

第十二条　有下列事迹的单位或者个人，由国家给予精神鼓励或者物质奖励：

（一）认真执行文物保护法律、法规，保护文物成绩显著的；

（二）为保护文物与违法犯罪行为做坚决斗争的；

（三）将个人收藏的重要文物捐献给国家或者为文物保护事业作出捐赠的；

（四）发现文物及时上报或者上交，使文物得到保护的；

（五）在考古发掘工作中作出重大贡献的；

（六）在文物保护科学技术方面有重要发明创造或者其他重要贡献的；

（七）在文物面临破坏危险时，抢救文物有功的；

（八）长期从事文物工作，作出显著成绩的。

第二章　不可移动文物

第十三条　国务院文物行政部门在省级、市、县级文物保护单位中，选择具有重大历史、艺术、科学价值的确定为全国重点文物保护单位，或者直接确定为全国重点文物保护单位，报国务院核定公布。

省级文物保护单位，由省、自治区、直辖市人民政府核定公布，并报国务院备案。

市级和县级文物保护单位，分别由设区的市、自治州和县级人民政府核定公布，并报省、自治区、直辖市人民政府备案。

尚未核定公布为文物保护单位的不可移动文物，由县级人民政府文物行政部门予以登记并公布。

第十四条　保存文物特别丰富并且具有重大历史价值或者革命纪念意义的城市，由国务院核定公布为历史文化名城。

保存文物特别丰富并且具有重大历史价值或者革命纪念意义的城镇、街道、村庄，由省、自治区、直辖市人民政府核定公布为历史文化街区、村镇，并报国务院备案。

历史文化名城和历史文化街区、村镇所在地的县级以上地方人民政府应当组织编制专门的历史文化名城和历史文化街区、村镇保护规划，并纳入城市总体规划。

历史文化名城和历史文化街区、村镇的保护办法，由国务院制定。

第十五条　各级文物保护单位，分别由省、自治区、直辖市人民政府和市、县级人民政府划定必要的保护范围，作出标志说明，建立记录档案，并区别情况分别设置专门机构或者专人负责管理。全国重点文物保护单位的保护范围和记录档案，由省、自治区、直辖市人民政府文物行政部门报国务院文物行政部门备案。

县级以上地方人民政府文物行政部门应当根据不同文物的保护需要，制定文物保护单位和未核定为文物保护单位的不可移动文物的具体保护措施，并公告施行。

第十六条　各级人民政府制定城乡建设规划，应当根据文物保护的需要，事先由城乡建设规划部门会同文物行政部门商定对本行政区域内各级文物保护单位的保护措施，并纳入规划。

第十七条　文物保护单位的保护范围内不得进行其他建设工程或者爆破、钻探、挖掘等作业。但是，因特殊情况需要在文物保护单位的保护范围内进行其他建设工程或者爆破、钻探、挖掘等作业的，必须保证文物保护单位的安全，并经核定公布该文物保护单位的人民政府批准，在批准前应当征得上一级人民政府文物行政部门同意；在全国重点文物保护单位的保护范围内进行其他建设工程或者爆破、钻探、挖掘等作业的，必须经省、自治区、直辖市人民政府批准，在批准前应当征得国务院文物行政部门同意。

第十八条　根据保护文物的实际需要，经省、自治区、直辖市人民政府批准，可以在文物保护单位的

周围划出一定的建设控制地带，并予以公布。

在文物保护单位的建设控制地带内进行建设工程，不得破坏文物保护单位的历史风貌；工程设计方案应当根据文物保护单位的级别，经相应的文物行政部门同意后，报城乡建设规划部门批准。

第十九条　在文物保护单位的保护范围和建设控制地带内，不得建设污染文物保护单位及其环境的设施，不得进行可能影响文物保护单位安全及其环境的活动。对已有的污染文物保护单位及其环境的设施，应当限期治理。

第二十条　建设工程选址，应当尽可能避开不可移动文物；因特殊情况不能避开的，对文物保护单位应当尽可能实施原址保护。

实施原址保护的，建设单位应当事先确定保护措施，根据文物保护单位的级别报相应的文物行政部门批准；未经批准的，不得开工建设。

无法实施原址保护，必须迁移异地保护或者拆除的，应当报省、自治区、直辖市人民政府批准；迁移或者拆除省级文物保护单位的，批准前须征得国务院文物行政部门同意。全国重点文物保护单位不得拆除；需要迁移的，须由省、自治区、直辖市人民政府报国务院批准。

依照前款规定拆除的国有不可移动文物中具有收藏价值的壁画、雕塑、建筑构件等，由文物行政部门指定的文物收藏单位收藏。

本条规定的原址保护、迁移、拆除所需费用，由建设单位列入建设工程预算。

第二十一条　国有不可移动文物由使用人负责修缮、保养；非国有不可移动文物由所有人负责修缮、保养。非国有不可移动文物有损毁危险，所有人不具备修缮能力的，当地人民政府应当给予帮助；所有人具备修缮能力而拒不依法履行修缮义务的，县级以上人民政府可以给予抢救修缮，所需费用由所有人负担。

对文物保护单位进行修缮，应当根据文物保护单位的级别报相应的文物行政部门批准；对未核定为文物保护单位的不可移动文物进行修缮，应当报登记的县级人民政府文物行政部门批准。

文物保护单位的修缮、迁移、重建，由取得文物保护工程资质证书的单位承担。

对不可移动文物进行修缮、保养、迁移，必须遵守不改变文物原状的原则。

第二十二条　不可移动文物已经全部毁坏的，应当实施遗址保护，不得在原址重建。但是，因特殊情况需要在原址重建的，由省、自治区、直辖市人民政府文物行政部门报省、自治区、直辖市人民政府批准；全国重点文物保护单位需要在原址重建的，由省、自治区、直辖市人民政府报国务院批准。

第二十三条　核定为文物保护单位的属于国家所有的纪念建筑物或者古建筑，除可以建立博物馆、保管所或者辟为参观游览场所外，作其他用途的，市、县级文物保护单位应当经核定公布该文物保护单位的人民政府文物行政部门征得上一级文物行政部门同意后，报核定公布该文物保护单位的人民政府批准；省级文物保护单位应当经核定公布该文物保护单位的省级人民政府的文物行政部门审核同意后，报该省级人民政府批准；全国重点文物保护单位作其他用途的，应当由省、自治区、直辖市人民政府报国务院批准。国有未核定为文物保护单位的不可移动文物作其他用途的，应当报告县级人民政府文物行政部门。

第二十四条　国有不可移动文物不得转让、抵押。建立博物馆、保管所或者辟为参观游览场所的国有文物保护单位，不得作为企业资产经营。

第二十五条　非国有不可移动文物不得转让、抵押给外国人。

非国有不可移动文物转让、抵押或者改变用途的，应当根据其级别报相应的文物行政部门备案。

第二十六条　使用不可移动文物，必须遵守不改变文物原状的原则，负责保护建筑物及其附属文物的安全，不得损毁、改建、添建或者拆除不可移动文物。

对危害文物保护单位安全、破坏文物保护单位历史风貌的建筑物、构筑物，当地人民政府应当及时调查处理，必要时，对该建筑物、构筑物予以拆迁。

第三章　考古发掘

第二十七条　一切考古发掘工作，必须履行报批手续；从事考古发掘的单位，应当经国务院文物行政部门批准。

地下埋藏的文物，任何单位或者个人都不得私自发掘。

第二十八条　从事考古发掘的单位，为了科学研究进行考古发掘，应当提出发掘计划，报国务院文物行政部门批准；对全国重点文物保护单位的考古发掘计划，应当经国务院文物行政部门审核后报国务院批准。国务院文物行政部门在批准或者审核前，应当征求社会科学研究机构及其他科研机构和有关专家的意见。

第二十九条　进行大型基本建设工程，建设单位应当事先报请省、自治区、直辖市人民政府文物行政部门组织从事考古发掘的单位在工程范围内有可能埋藏文物的地方进行考古调查、勘探。

考古调查、勘探中发现文物的，由省、自治区、直辖市人民政府文物行政部门根据文物保护的要求会同建设单位共同商定保护措施；遇有重要发现的，由省、自治区、直辖市人民政府文物行政部门及时报国务院文物行政部门处理。

第三十条　需要配合建设工程进行的考古发掘工作，应当由省、自治区、直辖市文物行政部门在勘探工作的基础上提出发掘计划，报国务院文物行政部门批准。国务院文物行政部门在批准前，应当征求社会科学研究机构及其他科研机构和有关专家的意见。

确因建设工期紧迫或者有自然破坏危险，对古文化遗址、古墓葬急需进行抢救发掘的，由省、自治区、直辖市人民政府文物行政部门组织发掘，并同时补办审批手续。

第三十一条　凡因进行基本建设和生产建设需要的考古调查、勘探、发掘，所需费用由建设单位列入建设工程预算。

第三十二条　在进行建设工程或者在农业生产中，任何单位或者个人发现文物，应当保护现场，立即报告当地文物行政部门，文物行政部门接到报告后，如无特殊情况，应当在二十四小时内赶赴现场，并在七日内提出处理意见。文物行政部门可以报请当地人民政府通知公安机关协助保护现场；发现重要文物的，应当立即上报国务院文物行政部门，国务院文物行政部门应当在接到报告后十五日内提出处理意见。

依照前款规定发现的文物属于国家所有，任何单位或者个人不得哄抢、私分、藏匿。

第三十三条　非经国务院文物行政部门报国务院特别许可，任何外国人或者外国团体不得在中华人民共和国境内进行考古调查、勘探、发掘。

第三十四条　考古调查、勘探、发掘的结果，应当报告国务院文物行政部门和省、自治区、直辖市人民政府文物行政部门。

考古发掘的文物，应当登记造册，妥善保管，按照国家有关规定移交给由省、自治区、直辖市人民政府文物行政部门或者国务院文物行政部门指定的国有博物馆、图书馆或者其他国有收藏文物的单位收藏。经省、自治区、直辖市人民政府文物行政部门批准，从事考古发掘的单位可以保留少量出土文物作为科研标本。

考古发掘的文物，任何单位或者个人不得侵占。

第三十五条　根据保证文物安全、进行科学研究和充分发挥文物作用的需要，省、自治区、直辖市人民政府文物行政部门经本级人民政府批准，可以调用本行政区域内的出土文物；国务院文物行政部门经国务院批准，可以调用全国的重要出土文物。

第四章　馆藏文物

第三十六条　博物馆、图书馆和其他文物收藏单位对收藏的文物，必须区分文物等级，设置藏品档案，建立严格的管理制度，并报主管的文物行政部门备案。

县级以上地方人民政府文物行政部门应当分别建立本行政区域内的馆藏文物档案；国务院文物行政部门应当建立国家一级文物藏品档案和其主管的国有文物收藏单位馆藏文物档案。

第三十七条　文物收藏单位可以通过下列方式取得文物：

（一）购买；

（二）接受捐赠；

（三）依法交换；

（四）法律、行政法规规定的其他方式。

国有文物收藏单位还可以通过文物行政部门指定保管或者调拨方式取得文物。

第三十八条　文物收藏单位应当根据馆藏文物的保护需要，按照国家有关规定建立、健全管理制度，并报主管的文物行政部门备案。未经批准，任何单位或者个人不得调取馆藏文物。

文物收藏单位的法定代表人对馆藏文物的安全负责。国有文物收藏单位的法定代表人离任时，应当按照馆藏文物档案办理馆藏文物移交手续。

第三十九条　国务院文物行政部门可以调拨全国的国有馆藏文物。省、自治区、直辖市人民政府文物行政部门可以调拨本行政区域内其主管的国有文物收藏单位馆藏文物；调拨国有馆藏一级文物，应当报国务院文物行政部门备案。

国有文物收藏单位可以申请调拨国有馆藏文物。

第四十条　文物收藏单位应当充分发挥馆藏文物的作用，通过举办展览、科学研究等活动，加强对中华民族优秀的历史文化和革命传统的宣传教育。

国有文物收藏单位之间因举办展览、科学研究等需借用馆藏文物的，应当报主管的文物行政部门备案；借用馆藏一级文物的，应当同时报国务院文物行政部门备案。

非国有文物收藏单位和其他单位举办展览需借用国有馆藏文物的，应当报主管的文物行政部门批准；借用国有馆藏一级文物，应当经国务院文物行政部门批准。

文物收藏单位之间借用文物的最长期限不得超过三年。

第四十一条　已经建立馆藏文物档案的国有文物收藏单位，经省、自治区、直辖市人民政府文物行政部门批准，并报国务院文物行政部门备案，其馆藏文物可以在国有文物收藏单位之间交换。

第四十二条　未建立馆藏文物档案的国有文物收藏单位，不得依照本法第四十条、第四十一条的规定处置其馆藏文物。

第四十三条　依法调拨、交换、借用国有馆藏文物，取得文物的文物收藏单位可以对提供文物的文物收藏单位给予合理补偿，具体管理办法由国务院文物行政部门制定。

国有文物收藏单位调拨、交换、出借文物所得的补偿费用，必须用于改善文物的收藏条件和收集新的文物，不得挪作他用；任何单位或者个人不得侵占。

调拨、交换、借用的文物必须严格保管，不得丢失、损毁。

第四十四条　禁止国有文物收藏单位将馆藏文物赠予、出租或者出售给其他单位、个人。

第四十五条　国有文物收藏单位不再收藏的文物的处置办法，由国务院另行制定。

第四十六条　修复馆藏文物，不得改变馆藏文物的原状；复制、拍摄、拓印馆藏文物，不得对馆藏文物造成损害。具体管理办法由国务院制定。

不可移动文物的单体文物的修复、复制、拍摄、拓印，适用前款规定。

第四十七条　博物馆、图书馆和其他收藏文物的单位应当按照国家有关规定配备防火、防盗、防自然损坏的设施，确保馆藏文物的安全。

第四十八条　馆藏一级文物损毁的，应当报国务院文物行政部门核查处理。其他馆藏文物损毁的，应

当报省、自治区、直辖市人民政府文物行政部门核查处理；省、自治区、直辖市人民政府文物行政部门应当将核查处理结果报国务院文物行政部门备案。

馆藏文物被盗、被抢或者丢失的，文物收藏单位应当立即向公安机关报案，并同时向主管的文物行政部门报告。

第四十九条　文物行政部门和国有文物收藏单位的工作人员不得借用国有文物，不得非法侵占国有文物。

第五章　民间收藏文物

第五十条　文物收藏单位以外的公民、法人和其他组织可以收藏通过下列方式取得的文物：

（一）依法继承或者接受赠予；

（二）从文物商店购买；

（三）从经营文物拍卖的拍卖企业购买；

（四）公民个人合法所有的文物相互交换或者依法转让；

（五）国家规定的其他合法方式。

文物收藏单位以外的公民、法人和其他组织收藏的前款文物可以依法流通。

第五十一条　公民、法人和其他组织不得买卖下列文物：

（一）国有文物，但是国家允许的除外；

（二）非国有馆藏珍贵文物；

（三）国有不可移动文物中的壁画、雕塑、建筑构件等，但是依法拆除的国有不可移动文物中的壁画、雕塑、建筑构件等不属于本法第二十条第四款规定的应由文物收藏单位收藏的除外；

（四）来源不符合本法第五十条规定的文物。

第五十二条　国家鼓励文物收藏单位以外的公民、法人和其他组织将其收藏的文物捐赠给国有文物收藏单位或者出借给文物收藏单位展览和研究。

国有文物收藏单位应当尊重并按照捐赠人的意愿，对捐赠的文物妥善收藏、保管和展示。

国家禁止出境的文物，不得转让、出租、质押给外国人。

第五十三条　文物商店应当由省、自治区、直辖市人民政府文物行政部门批准设立，依法进行管理。

文物商店不得从事文物拍卖经营活动，不得设立经营文物拍卖的拍卖企业。

第五十四条　依法设立的拍卖企业经营文物拍卖的，应当取得省、自治区、直辖市人民政府文物行政部门颁发的文物拍卖许可证。

经营文物拍卖的拍卖企业不得从事文物购销经营活动，不得设立文物商店。

第五十五条　文物行政部门的工作人员不得举办或者参与举办文物商店或者经营文物拍卖的拍卖企业。

文物收藏单位不得举办或者参与举办文物商店或者经营文物拍卖的拍卖企业。

禁止设立中外合资、中外合作和外商独资的文物商店或者经营文物拍卖的拍卖企业。

除经批准的文物商店、经营文物拍卖的拍卖企业外，其他单位或者个人不得从事文物的商业经营活动。

第五十六条　文物商店不得销售、拍卖企业不得拍卖本法第五十一条规定的文物。

拍卖企业拍卖的文物，在拍卖前应当经省、自治区、直辖市人民政府文物行政部门审核，并报国务院文物行政部门备案。

第五十七条　省、自治区、直辖市人民政府文物行政部门应当建立文物购销、拍卖信息与信用管理系统。文物商店购买、销售文物，拍卖企业拍卖文物，应当按照国家有关规定作出记录，并于销售、拍卖文物后三十日内报省、自治区、直辖市人民政府文物行政部门备案。

拍卖文物时，委托人、买受人要求对其身份保密的，文物行政部门应当为其保密；但是，法律、行政

法规另有规定的除外。

第五十八条　文物行政部门在审核拟拍卖的文物时，可以指定国有文物收藏单位优先购买其中的珍贵文物。购买价格由文物收藏单位的代表与文物的委托人协商确定。

第五十九条　银行、冶炼厂、造纸厂以及废旧物资回收单位，应当与当地文物行政部门共同负责拣选掺杂在金银器和废旧物资中的文物。拣选文物除供银行研究所必需的历史货币可以由人民银行留用外，应当移交当地文物行政部门。移交拣选文物，应当给予合理补偿。

第六章　文物出境进境

第六十条　国有文物、非国有文物中的珍贵文物和国家规定禁止出境的其他文物，不得出境；但是依照本法规定出境展览或者因特殊需要经国务院批准出境的除外。

第六十一条　文物出境，应当经国务院文物行政部门指定的文物进出境审核机构审核。经审核允许出境的文物，由国务院文物行政部门发给文物出境许可证，从国务院文物行政部门指定的口岸出境。

任何单位或者个人运送、邮寄、携带文物出境，应当向海关申报；海关凭文物出境许可证放行。

第六十二条　文物出境展览，应当报国务院文物行政部门批准；一级文物超过国务院规定数量的，应当报国务院批准。

一级文物中的孤品和易损品，禁止出境展览。

出境展览的文物出境，由文物进出境审核机构审核、登记。海关凭国务院文物行政部门或者国务院的批准文件放行。出境展览的文物复进境，由原文物进出境审核机构审核查验。

第六十三条　文物临时进境，应当向海关申报，并报文物进出境审核机构审核、登记。

临时进境的文物复出境，必须经原审核、登记的文物进出境审核机构审核查验；经审核查验无误的，由国务院文物行政部门发给文物出境许可证，海关凭文物出境许可证放行。

第七章　法律责任

第六十四条　违反本法规定，有下列行为之一，构成犯罪的，依法追究刑事责任：

（一）盗掘古文化遗址、古墓葬的；

（二）故意或者过失损毁国家保护的珍贵文物的；

（三）擅自将国有馆藏文物出售或者私自送给非国有单位或者个人的；

（四）将国家禁止出境的珍贵文物私自出售或者送给外国人的；

（五）以牟利为目的倒卖国家禁止经营的文物的；

（六）走私文物的；

（七）盗窃、哄抢、私分或者非法侵占国有文物的；

（八）应当追究刑事责任的其他妨害文物管理行为。

第六十五条　违反本法规定，造成文物灭失、损毁的，依法承担民事责任。

违反本法规定，构成违反治安管理行为的，由公安机关依法给予治安管理处罚。

违反本法规定，构成走私行为，尚不构成犯罪的，由海关依照有关法律、行政法规的规定给予处罚。

第六十六条　有下列行为之一，尚不构成犯罪的，由县级以上人民政府文物主管部门责令改正，造成严重后果的，处五万元以上五十万元以下的罚款；情节严重的，由原发证机关吊销资质证书：

（一）擅自在文物保护单位的保护范围内进行建设工程或者爆破、钻探、挖掘等作业的；

（二）在文物保护单位的建设控制地带内进行建设工程，其工程设计方案未经文物行政部门同意、报城乡建设规划部门批准，对文物保护单位的历史风貌造成破坏的；

（三）擅自迁移、拆除不可移动文物的；

（四）擅自修缮不可移动文物，明显改变文物原状的；

（五）擅自在原址重建已全部毁坏的不可移动文物，造成文物破坏的；

（六）施工单位未取得文物保护工程资质证书，擅自从事文物修缮、迁移、重建的。

刻划、涂污或者损坏文物尚不严重的，或者损毁依照本法第十五条第一款规定设立的文物保护单位标志的，由公安机关或者文物所在单位给予警告，可以并处罚款。

第六十七条　在文物保护单位的保护范围内或者建设控制地带内建设污染文物保护单位及其环境的设施的，或者对已有的污染文物保护单位及其环境的设施未在规定的期限内完成治理的，由环境保护行政部门依照有关法律、法规的规定给予处罚。

第六十八条　有下列行为之一的，由县级以上人民政府文物主管部门责令改正，没收违法所得，违法所得一万元以上的，并处违法所得二倍以上五倍以下的罚款；违法所得不足一万元的，并处五千元以上二万元以下的罚款：

（一）转让或者抵押国有不可移动文物，或者将国有不可移动文物作为企业资产经营的；

（二）将非国有不可移动文物转让或者抵押给外国人的；

（三）擅自改变国有文物保护单位的用途的。

第六十九条　历史文化名城的布局、环境、历史风貌等遭到严重破坏的，由国务院撤销其历史文化名城称号；历史文化城镇、街道、村庄的布局、环境、历史风貌等遭到严重破坏的，由省、自治区、直辖市人民政府撤销其历史文化街区、村镇称号；对负有责任的主管人员和其他直接责任人员依法给予行政处分。

第七十条　有下列行为之一，尚不构成犯罪的，由县级以上人民政府文物主管部门责令改正，可以并处二万元以下的罚款，有违法所得的，没收违法所得：

（一）文物收藏单位未按照国家有关规定配备防火、防盗、防自然损坏的设施的；

（二）国有文物收藏单位法定代表人离任时未按照馆藏文物档案移交馆藏文物，或者所移交的馆藏文物与馆藏文物档案不符的；

（三）将国有馆藏文物赠予、出租或者出售给其他单位、个人的；

（四）违反本法第四十条、第四十一条、第四十五条规定处置国有馆藏文物的；

（五）违反本法第四十三条规定挪用或者侵占依法调拨、交换、出借文物所得补偿费用的。

第七十一条　买卖国家禁止买卖的文物或者将禁止出境的文物转让、出租、质押给外国人，尚不构成犯罪的，由县级以上人民政府文物主管部门责令改正，没收违法所得，违法经营额一万元以上的，并处违法经营额二倍以上五倍以下的罚款；违法经营额不足一万元的，并处五千元以上二万元以下的罚款。

文物商店、拍卖企业有前款规定的违法行为的，由县级以上人民政府文物主管部门没收违法所得、非法经营的文物，违法经营额五万元以上的，并处违法经营额一倍以上三倍以下的罚款；违法经营额不足五万元的，并处五千元以上五万元以下的罚款；情节严重的，由原发证机关吊销许可证书。

第七十二条　未经许可，擅自设立文物商店、经营文物拍卖的拍卖企业，或者擅自从事文物的商业经营活动，尚不构成犯罪的，由工商行政管理部门依法予以制止，没收违法所得、非法经营的文物，违法经营额五万元以上的，并处违法经营额二倍以上五倍以下的罚款；违法经营额不足五万元的，并处二万元以上十万元以下的罚款。

第七十三条　有下列情形之一的，由工商行政管理部门没收违法所得、非法经营的文物，违法经营额五万元以上的，并处违法经营额一倍以上三倍以下的罚款；违法经营额不足五万元的，并处五千元以上五万元以下的罚款；情节严重的，由原发证机关吊销许可证书：

（一）文物商店从事文物拍卖经营活动的；

（二）经营文物拍卖的拍卖企业从事文物购销经营活动的；

（三）拍卖企业拍卖的文物，未经审核的；

（四）文物收藏单位从事文物的商业经营活动的。

第七十四条　有下列行为之一，尚不构成犯罪的，由县级以上人民政府文物主管部门会同公安机关追缴文物；情节严重的，处五千元以上五万元以下的罚款：

（一）发现文物隐匿不报或者拒不上交的；

（二）未按照规定移交拣选文物的。

第七十五条　有下列行为之一的，由县级以上人民政府文物主管部门责令改正：

（一）改变国有未核定为文物保护单位的不可移动文物的用途，未依照本法规定报告的；

（二）转让、抵押非国有不可移动文物或者改变其用途，未依照本法规定备案的；

（三）国有不可移动文物的使用人拒不依法履行修缮义务的；

（四）考古发掘单位未经批准擅自进行考古发掘，或者不如实报告考古发掘结果的；

（五）文物收藏单位未按照国家有关规定建立馆藏文物档案、管理制度，或者未将馆藏文物档案、管理制度备案的；

（六）违反本法第三十八条规定，未经批准擅自调取馆藏文物的；

（七）馆藏文物损毁未报文物行政部门核查处理，或者馆藏文物被盗、被抢或者丢失，文物收藏单位未及时向公安机关或者文物行政部门报告的；

（八）文物商店销售文物或者拍卖企业拍卖文物，未按照国家有关规定作出记录或者未将所作记录报文物行政部门备案的。

第七十六条　文物行政部门、文物收藏单位、文物商店、经营文物拍卖的拍卖企业的工作人员，有下列行为之一的，依法给予行政处分，情节严重的，依法开除公职或者吊销其从业资格；构成犯罪的，依法追究刑事责任：

（一）文物行政部门的工作人员违反本法规定，滥用审批权限、不履行职责或者发现违法行为不予查处，造成严重后果的；

（二）文物行政部门和国有文物收藏单位的工作人员借用或者非法侵占国有文物的；

（三）文物行政部门的工作人员举办或者参与举办文物商店或者经营文物拍卖的拍卖企业的；

（四）因不负责任造成文物保护单位、珍贵文物损毁或者流失的；

（五）贪污、挪用文物保护经费的。

前款被开除公职或者被吊销从业资格的人员，自被开除公职或者被吊销从业资格之日起十年内不得担任文物管理人员或者从事文物经营活动。

第七十七条　有本法第六十六条、第六十八条、第七十条、第七十一条、第七十四条、第七十五条规定所列行为之一的，负有责任的主管人员和其他直接责任人员是国家工作人员的，依法给予行政处分。

第七十八条　公安机关、工商行政管理部门、海关、城乡建设规划部门和其他国家机关，违反本法规定滥用职权、玩忽职守、徇私舞弊，造成国家保护的珍贵文物损毁或者流失的，对负有责任的主管人员和其他直接责任人员依法给予行政处分；构成犯罪的，依法追究刑事责任。

第七十九条　人民法院、人民检察院、公安机关、海关和工商行政管理部门依法没收的文物应当登记造册，妥善保管，结案后无偿移交文物行政部门，由文物行政部门指定的国有文物收藏单位收藏。

第八章　附　则

第八十条　本法自公布之日起施行。

（二）中华人民共和国文物保护法实施条例

中华人民共和国文物保护法实施条例

（2003年5月18日中华人民共和国国务院令第377号公布 根据2013年12月7日《国务院关于修改部

分行政法规的决定》第一次修订 根据2016年2月6日《国务院关于修改部分行政法规的决定》第二次修订 根据2017年3月1日《国务院关于修改和废止部分行政法规的决定》第三次修订）

第一章　总　则

第一条　根据《中华人民共和国文物保护法》（以下简称文物保护法），制定本实施条例。

第二条　国家重点文物保护专项补助经费和地方文物保护专项经费，由县级以上人民政府文物行政主管部门、投资主管部门、财政部门按照国家有关规定共同实施管理。任何单位或者个人不得侵占、挪用。

第三条　国有的博物馆、纪念馆、文物保护单位等的事业性收入，应当用于下列用途：

（一）文物的保管、陈列、修复、征集；

（二）国有的博物馆、纪念馆、文物保护单位的修缮和建设；

（三）文物的安全防范；

（四）考古调查、勘探、发掘；

（五）文物保护的科学研究、宣传教育。

第四条　文物行政主管部门和教育、科技、新闻出版、广播电视行政主管部门，应当做好文物保护的宣传教育工作。

第五条　国务院文物行政主管部门和省、自治区、直辖市人民政府文物行政主管部门，应当制定文物保护的科学技术研究规划，采取有效措施，促进文物保护科技成果的推广和应用，提高文物保护的科学技术水平。

第六条　有文物保护法第十二条所列事迹之一的单位或者个人，由人民政府及其文物行政主管部门、有关部门给予精神鼓励或者物质奖励。

第二章　不可移动文物

第七条　历史文化名城，由国务院建设行政主管部门会同国务院文物行政主管部门报国务院核定公布。历史文化街区、村镇，由省、自治区、直辖市人民政府城乡规划行政主管部门会同文物行政主管部门报本级人民政府核定公布。县级以上地方人民政府组织编制的历史文化名城和历史文化街区、村镇的保护规划，应当符合文物保护的要求。

第八条　全国重点文物保护单位和省级文物保护单位自核定公布之日起1年内，由省、自治区、直辖市人民政府划定必要的保护范围，作出标志说明，建立记录档案，设置专门机构或者指定专人负责管理。设区的市、自治州级和县级文物保护单位自核定公布之日起1年内，由核定公布该文物保护单位的人民政府划定保护范围，作出标志说明，建立记录档案，设置专门机构或者指定专人负责管理。

第九条　文物保护单位的保护范围，是指对文物保护单位本体及周围一定范围实施重点保护的区域。文物保护单位的保护范围，应当根据文物保护单位的类别、规模、内容以及周围环境的历史和现实情况合理划定，并在文物保护单位本体之外保持一定的安全距离，确保文物保护单位的真实性和完整性。

第十条　文物保护单位的标志说明，应当包括文物保护单位的级别、名称、公布机关、公布日期、立标机关、立标日期等内容。民族自治地区的文物保护单位的标志说明，应当同时用规范汉字和当地通用的少数民族文字书写。

第十一条　文物保护单位的记录档案，应当包括文物保护单位本体记录等科学技术资料和有关文献记载、行政管理等内容。文物保护单位的记录档案，应当充分利用文字、音像制品、图画、拓片、摹本、电子文本等形式，有效表现其所载内容。

第十二条　古文化遗址、古墓葬、石窟寺和属于国家所有的纪念建筑物、古建筑，被核定公布为文物保护单位的，由县级以上地方人民政府设置专门机构或者指定机构负责管理。其他文物保护单位，由县级以上地方人民政府设置专门机构或者指定机构、专人负责管理；指定专人负责管理的，可以采取聘请文物

保护员的形式。文物保护单位有使用单位的，使用单位应当设立群众性文物保护组织；没有使用单位的，文物保护单位所在地的村民委员会或者居民委员会可以设立群众性文物保护组织。文物行政主管部门应当对群众性文物保护组织的活动给予指导和支持。负责管理文物保护单位的机构，应当建立健全规章制度，采取安全防范措施；其安全保卫人员，可以依法配备防卫器械。

第十三条　文物保护单位的建设控制地带，是指在文物保护单位的保护范围外，为保护文物保护单位的安全、环境、历史风貌对建设项目加以限制的区域。文物保护单位的建设控制地带，应当根据文物保护单位的类别、规模、内容以及周围环境的历史和现实情况合理划定。

第十四条　全国重点文物保护单位的建设控制地带，经省、自治区、直辖市人民政府批准，由省、自治区、直辖市人民政府的文物行政主管部门会同城乡规划行政主管部门划定并公布。省级、设区的市、自治州级和县级文物保护单位的建设控制地带，经省、自治区、直辖市人民政府批准，由核定公布该文物保护单位的人民政府的文物行政主管部门会同城乡规划行政主管部门划定并公布。

第十五条　承担文物保护单位的修缮、迁移、重建工程的单位，应当同时取得文物行政主管部门发给的相应等级的文物保护工程资质证书和建设行政主管部门发给的相应等级的资质证书。其中，不涉及建筑活动的文物保护单位的修缮、迁移、重建，应当由取得文物行政主管部门发给的相应等级的文物保护工程资质证书的单位承担。

第十六条　申领文物保护工程资质证书，应当具备下列条件：

（一）有取得文物博物专业技术职务的人员；

（二）有从事文物保护工程所需的技术设备；

（三）法律、行政法规规定的其他条件。

第十七条　申领文物保护工程资质证书，应当向省、自治区、直辖市人民政府文物行政主管部门或者国务院文物行政主管部门提出申请。省、自治区、直辖市人民政府文物行政主管部门或者国务院文物行政主管部门应当自收到申请之日起 30 个工作日内作出批准或者不批准的决定。决定批准的，发给相应等级的文物保护工程资质证书；决定不批准的，应当书面通知当事人并说明理由。文物保护工程资质等级的分级标准和审批办法，由国务院文物行政主管部门制定。

第十八条　文物行政主管部门在审批文物保护单位的修缮计划和工程设计方案前，应当征求上一级人民政府文物行政主管部门的意见。

第十九条　危害全国重点文物保护单位安全或者破坏其历史风貌的建筑物、构筑物，由省、自治区、直辖市人民政府负责调查处理。危害省级、设区的市、自治州级、县级文物保护单位安全或者破坏其历史风貌的建筑物、构筑物，由核定公布该文物保护单位的人民政府负责调查处理。危害尚未核定公布为文物保护单位的不可移动文物安全的建筑物、构筑物，由县级人民政府负责调查处理。

第三章　考古发掘

第二十条　申请从事考古发掘的单位，取得考古发掘资质证书，应当具备下列条件：

（一）有 4 名以上接受过考古专业训练且主持过考古发掘项目的人员；

（二）有取得文物博物专业技术职务的人员；

（三）有从事文物安全保卫的专业人员；

（四）有从事考古发掘所需的技术设备；

（五）有保障文物安全的设施和场所；

（六）法律、行政法规规定的其他条件。

第二十一条　申领考古发掘资质证书，应当向国务院文物行政主管部门提出申请。国务院文物行政主管部门应当自收到申请之日起 30 个工作日内作出批准或者不批准的决定。决定批准的，发给考古发掘资质

证书；决定不批准的，应当书面通知当事人并说明理由。

第二十二条　考古发掘项目实行项目负责人负责制度。

第二十三条　配合建设工程进行的考古调查、勘探、发掘，由省、自治区、直辖市人民政府文物行政主管部门组织实施。跨省、自治区、直辖市的建设工程范围内的考古调查、勘探、发掘，由建设工程所在地的有关省、自治区、直辖市人民政府文物行政主管部门联合组织实施；其中，特别重要的建设工程范围内的考古调查、勘探、发掘，由国务院文物行政主管部门组织实施。建设单位对配合建设工程进行的考古调查、勘探、发掘，应当予以协助，不得妨碍考古调查、勘探、发掘。

第二十四条　国务院文物行政主管部门应当自收到文物保护法第三十条第一款规定的发掘计划之日起30个工作日内作出批准或者不批准决定。决定批准的，发给批准文件；决定不批准的，应当书面通知当事人并说明理由。文物保护法第三十条第二款规定的抢救性发掘，省、自治区、直辖市人民政府文物行政主管部门应当自开工之日起10个工作日内向国务院文物行政主管部门补办审批手续。

第二十五条　考古调查、勘探、发掘所需经费的范围和标准，按照国家有关规定执行。

第二十六条　从事考古发掘的单位应当在考古发掘完成之日起30个工作日内向省、自治区、直辖市人民政府文物行政主管部门和国务院文物行政主管部门提交结项报告，并于提交结项报告之日起3年内向省、自治区、直辖市人民政府文物行政主管部门和国务院文物行政主管部门提交考古发掘报告。

第二十七条　从事考古发掘的单位提交考古发掘报告后，经省、自治区、直辖市人民政府文物行政主管部门批准，可以保留少量出土文物作为科研标本，并应当于提交发掘报告之日起6个月内将其他出土文物移交给由省、自治区、直辖市人民政府文物行政主管部门指定的国有的博物馆、图书馆或者其他国有文物收藏单位收藏。

第四章　馆藏文物

第二十八条　文物收藏单位应当建立馆藏文物的接收、鉴定、登记、编目和档案制度，库房管理制度，出入库、注销和统计制度，保养、修复和复制制度。

第二十九条　县级人民政府文物行政主管部门应当将本行政区域内的馆藏文物档案，按照行政隶属关系报设区的市、自治州级人民政府文物行政主管部门或者省、自治区、直辖市人民政府文物行政主管部门备案；设区的市、自治州级人民政府文物行政主管部门应当将本行政区域内的馆藏文物档案，报省、自治区、直辖市人民政府文物行政主管部门备案；省、自治区、直辖市人民政府文物行政主管部门应当将本行政区域内的一级文物藏品档案，报国务院文物行政主管部门备案。

第三十条　文物收藏单位之间借用馆藏文物，借用人应当对借用的馆藏文物采取必要的保护措施，确保文物的安全。借用的馆藏文物的灭失、损坏风险，除当事人另有约定外，由借用该馆藏文物的文物收藏单位承担。

第三十一条　国有文物收藏单位未依照文物保护法第三十六条的规定建立馆藏文物档案并将馆藏文物档案报主管的文物行政主管部门备案的，不得交换、借用馆藏文物。

第三十二条　修复、复制、拓印馆藏二级文物和馆藏三级文物的，应当报省、自治区、直辖市人民政府文物行政主管部门批准；修复、复制、拓印馆藏一级文物的，应当报国务院文物行政主管部门批准。

第三十三条　从事馆藏文物修复、复制、拓印的单位，应当具备下列条件：

（一）有取得中级以上文物博物专业技术职务的人员；

（二）有从事馆藏文物修复、复制、拓印所需的场所和技术设备；

（三）法律、行政法规规定的其他条件。

第三十四条　从事馆藏文物修复、复制、拓印，应当向省、自治区、直辖市人民政府文物行政主管部门提出申请。省、自治区、直辖市人民政府文物行政主管部门应当自收到申请之日起30个工作日内作出批

准或者不批准的决定。决定批准的，发给相应等级的资质证书；决定不批准的，应当书面通知当事人并说明理由。

第三十五条　为制作出版物、音像制品等拍摄馆藏文物的，应当征得文物收藏单位同意，并签署拍摄协议，明确文物保护措施和责任。文物收藏单位应当自拍摄工作完成后10个工作日内，将拍摄情况向文物行政主管部门报告。

第三十六条　馆藏文物被盗、被抢或者丢失的，文物收藏单位应当立即向公安机关报案，并同时向主管的文物行政主管部门报告；主管的文物行政主管部门应当在接到文物收藏单位的报告后24小时内，将有关情况报告国务院文物行政主管部门。

第三十七条　国家机关和国有的企业、事业组织等收藏、保管国有文物的，应当履行下列义务：

（一）建立文物藏品档案制度，并将文物藏品档案报所在地省、自治区、直辖市人民政府文物行政主管部门备案；

（二）建立、健全文物藏品的保养、修复等管理制度，确保文物安全；

（三）文物藏品被盗、被抢或者丢失的，应当立即向公安机关报案，并同时向所在地省、自治区、直辖市人民政府文物行政主管部门报告。

第五章　民间收藏文物

第三十八条　文物收藏单位以外的公民、法人和其他组织，可以依法收藏文物，其依法收藏的文物的所有权受法律保护。公民、法人和其他组织依法收藏文物的，可以要求文物行政主管部门对其收藏的文物提供鉴定、修复、保管等方面的咨询。

第三十九条　设立文物商店，应当具备下列条件：

（一）有200万元人民币以上的注册资本；

（二）有5名以上取得中级以上文物博物专业技术职务的人员；

（三）有保管文物的场所、设施和技术条件；

（四）法律、行政法规规定的其他条件。

第四十条　设立文物商店，应当向省、自治区、直辖市人民政府文物行政主管部门提出申请。省、自治区、直辖市人民政府文物行政主管部门应当自收到申请之日起30个工作日内作出批准或者不批准的决定。决定批准的，发给批准文件；决定不批准的，应当书面通知当事人并说明理由。

第四十一条　依法设立的拍卖企业，从事文物拍卖经营活动的，应当有5名以上取得高级文物博物专业技术职务的文物拍卖专业人员，并取得省、自治区、直辖市人民政府文物行政主管部门发给的文物拍卖许可证。

第四十二条　依法设立的拍卖企业申领文物拍卖许可证，应当向省、自治区、直辖市人民政府文物行政主管部门提出申请。省、自治区、直辖市人民政府文物行政主管部门应当自收到申请之日起30个工作日内作出批准或者不批准的决定。决定批准的，发给文物拍卖许可证；决定不批准的，应当书面通知当事人并说明理由。

第四十三条　文物商店购买、销售文物，经营文物拍卖的拍卖企业拍卖文物，应当记录文物的名称、图录、来源、文物的出卖人、委托人和买受人的姓名或者名称、住所、有效身份证件号码或者有效证照号码以及成交价格，并报省、自治区、直辖市人民政府文物行政主管部门备案。接受备案的文物行政主管部门应当依法为其保密，并将该记录保存75年。文物行政主管部门应当加强对文物商店和经营文物拍卖的拍卖企业的监督检查。

第六章　文物出境进境

第四十四条　国务院文物行政主管部门指定的文物进出境审核机构，应当有5名以上取得中级以上文

物博物专业技术职务的文物进出境责任鉴定人员。

第四十五条　运送、邮寄、携带文物出境，应当在文物出境前依法报文物进出境审核机构审核。文物进出境审核机构应当自收到申请之日起 15 个工作日内作出是否允许出境的决定。文物进出境审核机构审核文物，应当有 3 名以上文物博物专业技术人员参加；其中，应当有 2 名以上文物进出境责任鉴定人员。文物出境审核意见，由文物进出境责任鉴定人员共同签署；对经审核，文物进出境责任鉴定人员一致同意允许出境的文物，文物进出境审核机构方可作出允许出境的决定。文物出境审核标准，由国务院文物行政主管部门制定。

第四十六条　文物进出境审核机构应当对所审核进出境文物的名称、质地、尺寸、级别，当事人的姓名或者名称、住所、有效身份证件号码或者有效证照号码，以及进出境口岸、文物去向和审核日期等内容进行登记。

第四十七条　经审核允许出境的文物，由国务院文物行政主管部门发给文物出境许可证，并由文物进出境审核机构标明文物出境标识。经审核允许出境的文物，应当从国务院文物行政主管部门指定的口岸出境。海关查验文物出境标识后，凭文物出境许可证放行。经审核不允许出境的文物，由文物进出境审核机构发还当事人。

第四十八条　文物出境展览的承办单位，应当在举办展览前 6 个月向国务院文物行政主管部门提出申请。国务院文物行政主管部门应当自收到申请之日起 30 个工作日内作出批准或者不批准的决定。决定批准的，发给批准文件；决定不批准的，应当书面通知当事人并说明理由。一级文物展品超过 120 件（套）的，或者一级文物展品超过展品总数的 20%的，应当报国务院批准。

第四十九条　一级文物中的孤品和易损品，禁止出境展览。禁止出境展览文物的目录，由国务院文物行政主管部门定期公布。未曾在国内正式展出的文物，不得出境展览。

第五十条　文物出境展览的期限不得超过 1 年。因特殊需要，经原审批机关批准可以延期；但是，延期最长不得超过 1 年。

第五十一条　文物出境展览期间，出现可能危及展览文物安全情形的，原审批机关可以决定中止或者撤销展览。

第五十二条　临时进境的文物，经海关将文物加封后，交由当事人报文物进出境审核机构审核、登记。文物进出境审核机构查验海关封志完好无损后，对每件临时进境文物标明文物临时进境标识，并登记拍照。临时进境文物复出境时，应当由原审核、登记的文物进出境审核机构核对入境登记拍照记录，查验文物临时进境标识无误后标明文物出境标识，并由国务院文物行政主管部门发给文物出境许可证。未履行本条第一款规定的手续临时进境的文物复出境的，依照本章关于文物出境的规定办理。

第五十三条　任何单位或者个人不得擅自剥除、更换、挪用或者损毁文物出境标识、文物临时进境标识。

第七章　法律责任

第五十四条　公安机关、工商行政管理、文物、海关、城乡规划、建设等有关部门及其工作人员，违反本条例规定，滥用审批权限、不履行职责或者发现违法行为不予查处的，对负有责任的主管人员和其他直接责任人员依法给予行政处分；构成犯罪的，依法追究刑事责任。

第五十五条　违反本条例规定，未取得相应等级的文物保护工程资质证书，擅自承担文物保护单位的修缮、迁移、重建工程的，由文物行政主管部门责令限期改正；逾期不改正，或者造成严重后果的，处 5 万元以上 50 万元以下的罚款；构成犯罪的，依法追究刑事责任。违反本条例规定，未取得建设行政主管部门发给的相应等级的资质证书，擅自承担含有建筑活动的文物保护单位的修缮、迁移、重建工程的，由建设行政主管部门依照有关法律、行政法规的规定予以处罚。

第五十六条　违反本条例规定，未取得资质证书，擅自从事馆藏文物的修复、复制、拓印活动的，由文物行政主管部门责令停止违法活动；没收违法所得和从事违法活动的专用工具、设备；造成严重后果的，并处1万元以上10万元以下的罚款；构成犯罪的，依法追究刑事责任。

第五十七条　文物保护法第六十六条第二款规定的罚款，数额为200元以下。

第五十八条　违反本条例规定，未经批准擅自修复、复制、拓印馆藏珍贵文物的，由文物行政主管部门给予警告；造成严重后果的，处2 000元以上2万元以下的罚款；对负有责任的主管人员和其他直接责任人员依法给予行政处分。文物收藏单位违反本条例规定，未在规定期限内将文物拍摄情况向文物行政主管部门报告的，由文物行政主管部门责令限期改正；逾期不改正的，对负有责任的主管人员和其他直接责任人员依法给予行政处分。

第五十九条　考古发掘单位违反本条例规定，未在规定期限内提交结项报告或者考古发掘报告的，由省、自治区、直辖市人民政府文物行政主管部门或者国务院文物行政主管部门责令限期改正；逾期不改正的，对负有责任的主管人员和其他直接责任人员依法给予行政处分。

第六十条　考古发掘单位违反本条例规定，未在规定期限内移交文物的，由省、自治区、直辖市人民政府文物行政主管部门或者国务院文物行政主管部门责令限期改正；逾期不改正，或者造成严重后果的，对负有责任的主管人员和其他直接责任人员依法给予行政处分。

第六十一条　违反本条例规定，文物出境展览超过展览期限的，由国务院文物行政主管部门责令限期改正；对负有责任的主管人员和其他直接责任人员依法给予行政处分。

第六十二条　依照文物保护法第六十六条、第七十三条的规定，单位被处以吊销许可证行政处罚的，应当依法到工商行政管理部门办理变更登记或者注销登记；逾期未办理的，由工商行政管理部门吊销营业执照。

第六十三条　违反本条例规定，改变国有的博物馆、纪念馆、文物保护单位等的事业性收入的用途的，对负有责任的主管人员和其他直接责任人员依法给予行政处分；构成犯罪的，依法追究刑事责任。

第八章　附　则

第六十四条　本条例自2003年7月1日起施行。

（三）世界文化遗产保护管理办法

世界文化遗产保护管理办法

（文化部令第41号）

《世界文化遗产保护管理办法》已于2006年11月14日经文化部部务会议审议通过，现予公布，并自公布之日起施行。

二〇〇六年十一月十四日

第一条　为了加强对世界文化遗产的保护和管理，履行对《保护世界文化与自然遗产公约》的责任和义务，传承人类文明，依据《中华人民共和国文物保护法》制定本办法。

第二条　本办法所称世界文化遗产，是指列入联合国教科文组织《世界遗产名录》的世界文化遗产和文化与自然混合遗产中的文化遗产部分。

第三条　世界文化遗产工作贯彻保护为主、抢救第一、合理利用、加强管理的方针，确保世界文化遗产的真实性和完整性。

第四条　国家文物局主管全国世界文化遗产工作，协调、解决世界文化遗产保护和管理中的重大问题，监督、检查世界文化遗产所在地的世界文化遗产工作。

县级以上地方人民政府及其文物主管部门依照本办法的规定，制定管理制度，落实工作措施，负责本行政区域内的世界文化遗产工作。

第五条　县级以上地方人民政府应当将世界文化遗产保护和管理所需的经费纳入本级财政预算。

公民、法人和其他组织可以通过捐赠等方式设立世界文化遗产保护基金，专门用于世界文化遗产保护。世界文化遗产保护基金的募集、使用和管理，依照国家有关法律、行政法规和部门规章的规定执行。

第六条　国家对世界文化遗产保护的重大事项实行专家咨询制度，由国家文物局建立专家咨询机制开展相关工作。

世界文化遗产保护专家咨询工作制度由国家文物局制定并公布。

第七条　公民、法人和其他组织都有依法保护世界文化遗产的义务。

国家鼓励公民、法人和其他组织参与世界文化遗产保护。

国家文物局、县级以上地方人民政府及其文物主管部门应当对在世界文化遗产保护中作出突出贡献的组织或者个人给予奖励。

省级文物主管部门应当建立世界文化遗产保护志愿者工作制度，开展志愿者的组织、指导和培训工作。

第八条　世界文化遗产保护规划由省级人民政府组织编制。承担世界文化遗产保护规划编制任务的机构，应当取得国家文物局颁发的资格证书。世界文化遗产保护规划应当明确世界文化遗产保护的标准和重点，分类确定保护措施，符合联合国教科文组织有关世界文化遗产的保护要求。

尚未编制保护规划，或者保护规划内容不符合本办法要求的世界文化遗产，应当自本办法施行之日起1年内编制、修改保护规划。

世界文化遗产保护规划由省级文物主管部门报国家文物局审定。经国家文物局审定的世界文化遗产保护规划，由省级人民政府公布并组织实施。世界文化遗产保护规划的要求，应当纳入县级以上地方人民政府的国民经济和社会发展规划、土地利用总体规划和城乡规划。

第九条　世界文化遗产中的不可移动文物，应当根据其历史、艺术和科学价值依法核定公布为文物保护单位。尚未核定公布为文物保护单位的不可移动文物，由县级文物主管部门予以登记并公布。

世界文化遗产中的不可移动文物，按照《中华人民共和国文物保护法》和《中华人民共和国文物保护法实施条例》的有关规定实施保护和管理。

第十条　世界文化遗产中的文物保护单位，应当根据世界文化遗产保护的需要依法划定保护范围和建设控制地带并予以公布。保护范围和建设控制地带的划定，应当符合世界文化遗产核心区和缓冲区的保护要求。

第十一条　省级人民政府应当为世界文化遗产作出标志说明。标志说明的设立不得对世界文化遗产造成损害。

世界文化遗产标志说明应当包括世界文化遗产的名称、核心区、缓冲区和保护机构等内容，并包含联合国教科文组织公布的世界遗产标志图案。

第十二条　省级人民政府应当为世界文化遗产建立保护记录档案，并由其文物主管部门报国家文物局备案。

国家文物局应当建立全国的世界文化遗产保护记录档案库，并利用高新技术建立世界文化遗产管理动态信息系统和预警系统。

第十三条　省级人民政府应当为世界文化遗产确定保护机构。保护机构应当对世界文化遗产进行日常维护和监测，并建立日志。发现世界文化遗产存在安全隐患的，保护机构应当采取控制措施，并及时向县级以上地方人民政府和省级文物主管部门报告。

世界文化遗产保护机构的工作人员实行持证上岗制度，主要负责人应当取得国家文物局颁发的资格证书。

第十四条　世界文化遗产辟为参观游览区，应当充分发挥文化遗产的宣传教育作用，并制定完善的参

观游览服务管理办法。

世界文化遗产保护机构应当将参观游览服务管理办法报省级文物主管部门备案。省级文物主管部门应当对世界文化遗产的参观游览服务管理工作进行监督检查。

第十五条　在参观游览区内设置服务项目，应当符合世界文化遗产保护规划的管理要求，并与世界文化遗产的历史和文化属性相协调。

服务项目由世界文化遗产保护机构负责具体实施。实施服务项目，应当遵循公开、公平、公正和公共利益优先的原则，并维护当地居民的权益。

第十六条　各级文物主管部门和世界文化遗产保护机构应当组织开展文化旅游的调查和研究工作，发掘并展示世界文化遗产的历史和文化价值，保护并利用世界文化遗产工作中积累的知识产权。

第十七条　发生或可能发生危及世界文化遗产安全的突发事件时，保护机构应当立即采取必要的控制措施，并同时向县级以上地方人民政府和省级文物主管部门报告。省级文物主管部门应当在接到报告2小时内，向省级人民政府和国家文物局报告。

省级文物主管部门接到有关报告后，应当区别情况决定处理办法并负责实施。国家文物局应当督导并检查突发事件的及时处理，提出防范类似事件发生的具体要求，并向各世界文化遗产所在地省级人民政府通报突发事件的发生及处理情况。

第十八条　国家对世界文化遗产保护实行监测巡视制度，由国家文物局建立监测巡视机制开展相关工作。

世界文化遗产保护监测巡视工作制度由国家文物局制定并公布。

第十九条　因保护和管理不善，致使真实性和完整性受到损害的世界文化遗产，由国家文物局列入《中国世界文化遗产警示名单》予以公布。

列入《中国世界文化遗产警示名单》的世界文化遗产所在地省级人民政府，应当对保护和管理工作中存在的问题提出整改措施，限期改进保护管理工作。

第二十条　违反本办法规定，造成世界文化遗产损害的，依据有关规定追究责任人的责任。

第二十一条　列入《中国世界文化遗产预备名单》的文化遗产，参照本办法的规定实施保护和管理。

第二十二条　本办法自公布之日起施行。

（四）文物保护工程管理办法

《文物保护工程管理办法》于2003年3月17日文化部部务会议审议通过，2003年4月1日发布，自2003年5月1日起施行。

文物保护工程管理办法

中华人民共和国文化部令第26号

第一章　总　则

第一条　为进一步加强文物保护工程的管理，根据《中华人民共和国文物保护法》和《中华人民共和国建筑法》的有关规定，制定本办法。

第二条　本办法所称文物保护工程，是指对核定为文物保护单位的和其他具有文物价值的古文化遗址、古墓葬、古建筑、石窟寺和石刻、近现代重要史迹及代表性建筑、壁画等不可移动文物进行的保护工程。

第三条　文物保护工程必须遵守不改变文物原状的原则，全面地保存、延续文物的真实历史信息和价值；按照国际、国内公认的准则，保护文物本体及与之相关的历史、人文和自然环境。

第四条　文物保护单位应当制定专项的总体保护规划，文物保护工程应当依据批准的规划进行。

第五条　文物保护工程分为：保养维护工程、抢险加固工程、修缮工程、保护性设施建设工程、迁移工程等。

（一）保养维护工程，系指针对文物的轻微损害所作的日常性、季节性的养护。

（二）抢险加固工程，系指文物突发严重危险时，由于时间、技术、经费等条件的限制，不能进行彻底修缮而对文物采取具有可逆性的临时抢险加固措施的工程。

（三）修缮工程，系指为保护文物本体所必需的结构加固处理和维修，包括结合结构加固而进行的局部复原工程。

（四）保护性设施建设工程，系指为保护文物而附加安全防护设施的工程。

（五）迁移工程，系指因保护工作特别需要，并无其他更为有效的手段时所采取的将文物整体或局部搬迁、异地保护的工程。

第六条　国家文物局负责全国文物保护工程的管理，并组织制定文物保护工程的相关规范、标准和定额。

第七条　具有法人资格的文物管理或使用单位，包括经国家批准，使用文物保护单位的机关、团体、部队、学校、宗教组织和其他企事业单位，为文物保护工程的业主单位。

第八条　承担文物保护工程的勘察、设计、施工、监理单位必须具有国家文物局认定的文物保护工程资质。资质认定办法和分级标准由国家文物局另行制定。

第九条　文物保护工程管理主要指立项、勘察设计、施工、监理及验收管理。

第二章　立项与勘察设计

第十条　文物保护工程按照文物保护单位级别实行分级管理，并按以下规定履行报批程序。

（一）全国重点文物保护单位保护工程，以省、自治区、直辖市文物行政部门为申报机关，国家文物局为审批机关。

（二）省、自治区、直辖市级文物保护单位保护工程以文物所在地的市、县级文物行政部门为申报机关，省、自治区、直辖市文物行政部门为审批机关。

市县级文物保护单位及未核定为文物保护单位的不可移动文物的保护工程的申报机关、审批机关由省级文物行政部门确定。

第十一条　保养维护工程由文物使用单位列入每年的工作计划和经费预算，并报省、自治区、直辖市文物行政部门备案。

抢险加固工程、修缮工程、保护性设施建设工程的立项与勘察设计方案按本办法第十条的规定履行报批程序。抢险加固工程中确因情况紧急需要即刻实施的，可在实施的同时补报。

迁移工程按《中华人民共和国文物保护法》第二十条的规定获得批准后，按本办法第十条的规定报批勘察设计方案。

第十二条　因特殊情况需要在原址重建已经全部毁坏的不可移动文物的，按《中华人民共和国文物保护法》第二十二条的规定获得批准后，按本办法第十条的规定报批勘察设计方案。

第十三条　工程项目的立项申报资料包括以下内容：

（一）工程业主单位及上级主管部门名称；

（二）拟立项目名称、地点，文物保护单位级别、时代，保护范围与建设控制地带的划定、公布与执行情况；

（三）保护工程必要性与实施可能性的技术文件与形象资料（录像或照片）；

（四）经费估算、来源及计划工期安排；

（五）拟聘请的勘察设计单位名称及资信。

第十四条　已立项的文物保护工程应当申报勘察、方案设计和施工技术设计文件。重大工程要在方案获得批准后，再进行技术设计。

第十五条　勘察和方案设计文件包括：

（一）反映文物历史状况、固有特征和损害情况的勘察报告、实测图、照片；

（二）保护工程方案、设计图及相关技术文件；

（三）工程设计概算；

（四）必要时应提供考古勘探发掘资料、材料试验报告书、环境污染情况报告书、工程地质和水文地质资料及勘探报告。

第十六条　施工技术设计文件包括：

（一）施工图；

（二）设计说明书；

（三）施工图预算；

（四）相关材料试验报告及检测鉴定结果。

第三章　施工、监理与验收

第十七条　文物保护工程中的修缮工程、保护性设施建设工程和迁移工程实行招投标和工程监理。

第十八条　重要文物保护工程按本办法第十条规定的程序报批招标文件及拟选用的施工单位。

第十九条　文物保护工程必须遵守国家有关施工的法律、法规和规章、规范，购置的工程材料应当符合文物保护工程质量的要求。施工单位应当严格按照设计文件的要求进行施工，其工作程序为：

（一）依据设计文件，编制施工方案；

（二）施工人员进场前要接受文物保护相关知识的培训；

（三）按文物保护工程的要求作好施工记录和施工统计文件，收集有关文物资料；

（四）进行质量自检，对工程的隐蔽部分必须与业主单位、设计单位、监理单位共同检验并做好记录；

（五）提交竣工资料；

（六）按合同约定负责保修，保修期限自竣工验收之日起计算，除保养维护、抢险加固工程以外，不少于五年。

第二十条　施工过程中如发现新的文物、有关资料或其他影响文物保护的重大问题，要立即记录，保护现场，并经原申报机关向原审批机关报告，请示处理办法。

第二十一条　施工过程中如需变更或补充已批准的技术设计，由工程业主单位、设计单位和施工单位共同现场洽商，并报原申报机关备案；如需变更已批准的工程项目或方案设计中的重要内容，必须经原申报机关报审批机关批准。

第二十二条　文物保护工程应当按工序阶段验收。重大工程告一段落时，项目的审批机关应当组织或者委托有关单位进行阶段验收。

第二十三条　工程竣工后，由业主单位会同设计单位、施工单位、监理单位对工程质量进行验评，并提交工程总结报告、竣工报告、竣工图纸、财务决算书及说明等资料，经原申报机关初验合格后报审批机关。项目的审批机关视工程项目的实际情况成立验收小组或者委托有关单位，组织竣工验收。

第二十四条　对工程验收中发现的质量问题，由业主单位及时组织整改。

第二十五条　文物保护工程的业主单位、勘察设计单位、施工单位、申报机关和审批机关应当建立有关工程行政、技术和财务文件的档案管理制度。所有工程资料应当立卷存档并归入文物保护单位记录档案。重要工程应当在验收后三年内发表技术报告。

第四章　奖励与处罚

第二十六条　文物保护工程设立优秀工程奖，具体办法由国家文物局制定。

第二十七条　违反本办法、或对文物造成破坏的，按《中华人民共和国文物保护法》及国务院有关规

定处罚。

第五章　附　则

第二十八条　非国有不可移动文物的保护维修，参照执行本办法。

第二十九条　以前发布的规章与本办法相抵触的，以本办法的规定为准。

第三十条　本办法自2003年5月1日起施行。

（五）文物保护工程施工资质管理办法（试行）

文物局关于印发《文物保护工程勘察设计资质管理办法（试行）》《文物保护工程施工资质管理办法（试行）》、《文物保护工程监理资质管理办法（试行）》的通知

文物保护工程施工资质管理办法（试行）

（文物保发〔2014〕13号）

各省、自治区、直辖市文物局（文化厅）：

为进一步加强和规范文物保护工程资质管理，根据《中华人民共和国文物保护法》、《中华人民共和国文物保护法实施条例》、《文物保护工程管理办法》等有关法律法规，我局对文物保护工程勘察设计、施工、监理等三个资质管理办法进行了修订，现予印发试行，原办法同时废止。请遵照执行，并按规定做好相关文物保护工程资质管理工作。

特此通知。

国家文物局

2014年4月8日

目　录

一、总　则

第一条　加强文物保护工程施工资质管理，根据《中华人民共和国文物保护法》、《中华人民共和国文物保护法实施条例》、《文物保护工程管理办法》的有关规定，制定本办法。

第二条　从事古文化遗址、古墓葬、古建筑、石窟寺和石刻、近现代重要史迹及代表性建筑、壁画等不可移动文物的保护工程施工资质管理，适用本办法。

第三条　文物保护工程施工单位应当按照本办法的规定申请资质及业务范围，取得相应等级的资质证书后，在许可的业务范围内从事文物保护工程施工活动。

第四条　文物保护工程施工资质等级分为一、二、三级。

第五条　国家文物局负责审定文物保护工程施工一级资质，颁发一级资质证书。

省级文物主管部门负责审定本辖区注册企、事业单位的文物保护工程施工二、三级资质，颁发相应的资质证书。

省级文物主管部门负责文物保护工程施工资质的年检和日常管理工作。

第六条　文物保护工程施工资质的业务范围分为古文化遗址古墓葬、古建筑、石窟寺和石刻、近现代重要史迹及代表性建筑、壁画等五类。

二、专业人员

第七条　文物保护工程施工专业人员是指经过文物保护工程施工的相关培训，并通过考核，取得相应类别和从业范围证书的专业人员。

第八条　文物保护工程施工专业人员分为文物保护工程施工技术人员和责任工程师。

文物保护工程施工专业人员不得同时受聘于两家或两家以上文物保护工程资质单位。

第九条　文物保护工程施工技术人员包括各专业工种技术人员、资料员、安全员等。

第十条　文物保护工程施工技术人员应当参与文物保护工程施工相关专业技术工作 3 年以上，或者具有文物保护工程施工相关专业的初级技术职务。

第十一条　文物保护工程施工实行责任工程师负责制。责任工程师应当全面负责所承担的文物保护工程项目施工的现场组织管理和质量控制，并对文物安全和工程质量负直接责任。

责任工程师不得同时承担 2 个或 2 个以上文物保护工程项目施工的管理工作。

第十二条　文物保护工程责任工程师应当具备以下条件：

（一）熟悉文物保护法律法规，具有较强的文物保护意识，遵循文物保护的基本原则、科学理念、行业准则和职业操守。

（二）从事文物保护工程施工管理 8 年以上。

（三）主持完成至少 2 项工程等级为一级，或至少 4 项工程等级为二级，且工程验收合格的文物保护工程施工项目；或者作为主要技术人员参与管理至少 4 项工程等级为一级，或至少 8 项工程等级为二级，且工程验收合格的文物保护工程施工项目。

（四）近 5 年内主持完成的文物保护工程施工中，没有发生文物损坏或者人员伤亡等重大责任事故。

近 5 年内，主持完成的文物保护工程施工或相关科研项目因工程质量、管理创新、科技创新，获得国家级、省部级奖项的专业人员，申请担任文物保护工程责任工程师的，可适当放宽前款（二）、（三）项标准。

第十三条　文物保护工程责任工程师的从业范围分为古文化遗址古墓葬、古建筑、石窟寺和石刻、近现代重要史迹及代表性建筑、壁画等五类。

第十四条　省级文物主管部门负责组织开展文物保护工程施工专业人员的培训和继续教育工作。

文物保护工程施工专业人员的培训内容应当包括文物保护的法律法规、保护原则、标准规范等相关专业知识，培训时间不得少于 40 课时。

第十五条　文物保护工程责任工程师由全国性文物保护行业协会组织考核。经考核合格的人员，由全国性文物保护行业协会颁发文物保护工程责任工程师证书，并将名单向社会公布，同时报国家文物局备案。

前款所指的全国性文物保护行业协会由国家文物局向社会公布。

省级文物主管部门或受其委托的专业机构负责组织文物保护工程施工技术人员考核，考核合格的人员由国家文物局公布的全国性文物保护行业协会颁发文物保护工程施工技术人员证书。

第十六条　省级文物主管部门对本地区长期从事文物保护工程施工，熟练掌握传统工艺技术，经文物保护工程施工专业人员培训、年龄在 50 周岁以上的老工匠，可决定免予考核，由国家文物局公布的全国性文物保护行业协会颁发文物保护工程施工技术人员证书。

三、资质标准

第十七条　一级资质标准：

（一）法定代表人与专业人员均熟悉文物保护法律法规，具有较强的文物保护意识，遵循文物保护的基本原则、科学理念、行业准则和职业操守。

（二）经主管机关核准登记的法人单位，独立承担完成不少于 10 项、工程等级为二级的文物保护工程，

工程质量合格，通过验收。

（三）近 3 年内完成的文物保护工程施工中，没有发生文物损坏或人员伤亡等重大责任事故。

（四）文物保护工程责任工程师不少于 5 人；其中，每一项业务范围都应有 2 名以上具有相应从业范围的文物保护工程责任工程师。

（五）具有 15 名以上文物保护工程施工技术人员，各专业工种技术人员、资料员、安全员等配置齐全。

（六）具有文物保护工程所需的专业技术装备。

第十八条　二级资质标准：

（一）法定代表人与专业人员均熟悉文物保护法律法规，具有较强的文物保护意识，遵循文物保护的基本原则、科学理念、行业准则和职业操守。

（二）经主管机关核准登记的法人单位，独立承担完成不少于 10 项、工程等级为三级的文物保护工程，工程质量合格，通过验收。

（三）近 3 年内完成的文物保护工程施工中，没有发生文物损坏或人员伤亡的重大责任事故。

（四）文物保护工程责任工程师不少于 3 人；其中，每一项业务范围都应有 1 名以上具有相应从业范围的文物保护工程责任工程师。

（五）具有 10 名以上文物保护工程施工技术人员。

（六）具有文物保护工程所需的专业技术装备。

第十九条　三级资质标准由省级文物主管部门参照本办法，并根据本地区的实际情况制定公布。

第二十条　文物保护工程施工单位应当根据自身资质等级和业务范围承担相应的施工项目（文物保护工程施工分级见附表）：

一级资质的施工单位可以承担其业务范围内所有级别文物保护工程的施工项目；

二级资质的施工单位可以承担其业务范围内工程等级为二级及以下的施工项目；

三级资质的施工单位可以承担其业务范围内工程等级为三级的施工项目。

四、资质申请与审批

第二十一条　申请文物保护工程施工一级资质或申请增加一级资质业务范围的单位，应当报请所在地省级文物主管部门初审合格后报国家文物局审批。

申请二级及以下文物保护工程施工资质或申请增加二级及以下资质业务范围的单位，应当报请所在地市、县级文物主管部门初审合格后报省级文物主管部门审批。

第二十二条　长期在特定区域从事特定类型文物保护工程施工，熟练掌握传统特色工艺技术，业绩突出的文物保护工程施工单位，经所在地省级文物主管部门推荐，可以向国家文物局申请取得特定范围文物保护工程施工一级资质。申请上述特定范围一级资质的单位，可适当放宽第十七条（二）、（四）、（五）条标准。

省级文物主管部门可以参照前款规定，对申请特定范围文物保护工程施工二级资质的单位，适当放宽相关标准。

第二十三条　近 5 年内，因工程质量、管理创新、科技创新获得与文物保护工程施工相关的国家级、省部级奖项的文物保护工程施工单位，经所在地省级文物主管部门推荐，申请文物保护工程施工一级资质的，可适当放宽第十七条（二）、（四）、（五）条标准。

第二十四条　申请文物保护工程施工资质或申请增加业务范围的，应当提交以下材料：

（一）文物保护工程施工资质申请表。

（二）企业单位法人营业执照副本；事业单位主管机关颁发的单位法人证书或文件。

（三）法定代表人任职文件、身份证复印件。

（四）文物保护工程责任工程师劳动合同（事业单位为聘任合同）、任职文件、文物保护工程责任工程师证书、社会保险证明、身份证复印件。

（五）文物保护工程施工技术人员劳动合同、文物保护工程施工技术人员证书、身份证复印件。

（六）完成的具有代表性的文物保护工程施工合同及验收文件。

第二十五条　国家文物局和省级文物主管部门每年第一季度组织审定文物保护工程施工资质，并颁发相应的资质证书。

五、监督管理

第二十六条　文物保护工程施工资质证书是从事文物保护工程施工的凭证，只限本单位使用，不得涂改、伪造、转让、出借。

第二十七条　文物保护工程施工资质证书由国家文物局监制，分为正本和副本，正本1本，副本6本，正、副本具有同等法律效力，有效期为12年。

第二十八条　在资质证书有效期内，文物保护工程施工单位名称、地址、法定代表人、经济性质等发生变更的，应当在工商部门办理变更手续后30日内，到文物保护工程资质证书发证机关办理资质证书变更手续。原证书应交回发证机关注销。

第二十九条　办理名称、地址、法定代表人、经济性质等变更手续的，应当提交以下材料：

（一）资质证书变更申请；

（二）资质证书原件；

（三）变更后的企业法人营业执照或事业单位法人证书及文件；

（四）一级施工资质单位办理变更的，应提交所在地省级文物主管部门初审文件。

第三十条　文物保护工程施工资质单位改制、合并、分立的，应当按照本办法规定重新申报材料，申请取得文物保护工程施工资质。

第三十一条　省级文物主管部门每2年进行一次文物保护工程施工资质年检，一般在当年第四季度进行。

第三十二条　文物保护工程施工资质单位参加年检，应当提交以下材料：

（一）《文物保护工程施工资质年检申报表》。

（二）文物保护工程资质证书副本原件和复印件。

（三）企业单位法人营业执照副本，事业单位主管机关颁发的单位法人证书或文件复印件。

（四）法人代表身份证复印件；文物保护工程责任工程师、技术人员的身份证、劳动合同复印件；文物保护工程责任工程师的社会保险证明复印件。

（五）2年内具有代表性的文物保护工程施工合同首页、签字页、竣工验收证明的复印件。

第三十三条　省级文物主管部门对符合相应资质等级标准的文物保护工程施工资质单位，应当认定年检合格，并在其资质证书副本上加盖年检合格章。

省级文物主管部门应当将一级资质单位的年检结论，报国家文物局备案。

第三十四条　省级文物主管部门对有下列情形之一的文物保护工程施工资质单位，应当认定年检不合格：

（一）企业营业执照、事业单位主管机关颁发的单位法人证书或文件等证照不全，或不在有效期内的；证照信息与文物保护工程资质证书不符的。

（二）文物保护工程施工专业人员发生变动，未达到相应资质等级标准的。

（三）有超越资质等级、业务范围或以其他单位的名义承揽工程的行为，由省级文物主管部门责令整改并记录在案的。

（四）有未经相应文物主管部门许可，擅自施工；或不按照经文物主管部门批复的工程设计图纸、施工技术标准施工的行为，由省级文物主管部门责令整改并记录在案2次的。

（五）有违反文物保护工程基本原则、规范和标准施工；或使用不合格材料；或未对相关材料等进行检验、检测的行为，由省级文物主管部门责令整改并记录在案2次的。

（六）其他违法违规行为。

第三十五条　省级文物主管部门认定文物保护工程施工一级资质单位年检不合格的，应当责令其整改，整改期不得超过6个月。整改后仍不符合文物保护工程施工一级资质标准的，应当报请国家文物局依法组织听证，吊销其文物保护工程施工一级资质。

省级文物主管部门认定文物保护工程施工二、三级资质单位年检不合格的，应当责令其整改，整改期不得超过6个月。整改后仍不符合文物保护工程施工相应资质标准的，应当降低其资质等级，或依法组织听证，吊销其文物保护工程施工资质。

第三十六条　文物保护工程施工资质证书遗失的，应当于30日内在媒体上声明作废，并向文物保护工程资质证书发证机关申请补发证书。

第三十七条　文物保护工程施工资质单位撤销、破产倒闭的，应在30日内将原资质证书交回原发证机关，办理注销手续。

第三十八条　在规定时间内没有参加资质年检或逾期不办理资质证书变更手续的，其资质证书自行失效。

第三十九条　对有以下行为的文物保护工程施工资质单位，由省级文物主管部门责令改正，并记录在案：

（一）超越资质等级、业务范围或以其他单位的名义承揽工程的。

（二）未经相应文物主管部门许可，擅自施工的；不按照经文物主管部门批复的工程设计图纸、施工技术标准施工的。

（三）违反文物保护工程基本原则、规范和标准进行施工的；使用不合格材料或未对相关材料等进行检验、检测的。

（四）承担的文物保护工程施工项目管理混乱的；或工程质量差，造成文物安全隐患的。

第四十条　对有以下行为的文物保护工程施工资质单位，由文物保护工程资质证书发证机关降低其资质等级，或经依法组织听证，吊销其文物保护工程施工资质：

（一）在文物保护工程施工中，发生文物损坏或人员伤亡等重大责任事故的；

（二）涂改、伪造、转让、出借或采取其他不正当手段取得文物保护工程施工资质证书的。

第四十一条　对弄虚作假或者以不正当手段取得文物保护工程施工专业人员证书的，由发证机构注销其文物保护工程施工专业人员证书。

第四十二条　对涂改、伪造、转让、出借文物保护工程施工专业人员证书的，由发证机构注销其文物保护工程施工专业人员证书。

第四十三条　文物保护工程施工专业人员在文物保护工程施工中，违反有关文物保护的法律法规、基本原则、科学理念、行业准则和职业操守，造成恶劣的社会影响，或发生文物损坏、人员伤亡等重大责任事故的，由发证机构注销其文物保护工程施工专业人员证书并向社会公告。

第四十四条　由发证机构注销文物保护工程施工专业人员证书的，5年内不得参加文物保护工程施工专业人员考核。

六、附　则

第四十五条　本办法自发布之日起施行。

附件：

文物保护工程（施工）等级分级表

工程级别	工程主要内容
一级	1.全国重点文物保护单位和国家文物局指定的重要文物的修缮工程、迁移工程、重建工程
二级	1.全国重点文物保护单位的保养维修工程、抢险加固工程。 2.省（自治区、直辖市）级文物保护单位的修缮工程、迁移工程、重建工程。 3.市、县级文物保护单位和未被列出文物保护单位的不可移动文物的迁移工程、重建工程
三级	1.省（自治区、直辖市）级文物保护单位的保养维修工程、抢险加固工程。 2.市、县级文物保护单位和未被列出文物保护单位的不可移动文物的修缮工程

注：壁画保护涵盖壁画、彩塑保护。

（六）文物保护工程安全检查督察办法（试行）

文物保护工程安全检查督察办法（试行）

国家文物局关于公布《文物保护工程安全检查督察办法（试行）》的决定

（文物督发〔2020〕11号）

各省、自治区、直辖市文物局（文化和旅游厅/局），新疆生产建设兵团文物局：

《文物保护工程安全检查督察办法（试行）》已经2020年5月12日国家文物局第8次党组会审议通过，现予公布，自公布之日起施行。

国家文物局

2020年5月13日

文物保护工程安全检查督察办法

（试行）

第一条　为加强文物保护工程安全管理，规范文物保护工程安全检查、督察工作，根据《中华人民共和国文物保护法》《中华人民共和国安全生产法》和《国务院办公厅关于进一步加强文物安全工作的实施意见》等，制定本办法。

第二条　各级文物行政部门对实施中的文物修缮、迁移和保护性设施建设等文物保护工程，实施安全检查、督察，适用本办法。

第三条　文物行政部门应当与应急管理部门、消防救援机构协调配合，将文物保护工程安全检查纳入安全生产和消防检查内容。

第四条　市、县级文物行政部门对本行政区域内文物保护工程进行安全检查，及时掌握工程安全管理情况。县级文物行政部门应当明确专人作为全国重点文物保护单位文物保护工程安全监管责任人。

省级文物行政部门对本行政区域内全国重点文物保护单位和省级文物保护单位文物保护工程进行安全检查，对市、县级文物行政部门文物保护工程安全检查工作实施督察。

国家文物局对各省文物保护工程安全检查工作实施督察，对重大安全隐患、安全事故进行专项督察。

第五条　文物行政部门对文物保护工程下列情况进行安全检查、督察：

（一）安全直接责任人及安全管理人员情况；

（二）安全管理制度建设及实施情况；

（三）安全风险评估清单及对应的防控措施；

（四）防火、防盗、防破坏等安全防护设施设备器材配置及消防信道设置情况；

（五）施工现场文物本体及雕塑、雕刻、壁画、彩画等安全防护措施；

（六）施工方法与施工技术安全及保障情况；

（七）施工设施、设备和机具安全性能，脚手架搭建、洞口设置、临边与高空作业等安全防护情况；

（八）施工现场用电、动火审批及安全管理情况；

（九）施工作业场所、材料堆放区、生活区和办公区等区域设置和分隔是否符合安全要求；

（十）施工现场可燃和易燃易爆物品安全使用管理情况；

（十一）日常安全巡查、检查和安全隐患整改情况；

（十二）施工人员安全教育和安全防护措施情况，施工现场安全警示宣传情况；

（十三）安全应急预案及演练情况；

（十四）其他安全管理情况。

第六条　文物行政部门进行文物保护工程安全现场检查、督察可以采取下列措施：

（一）查询文物保护工程安全管理情况和有关档案资料；

（二）进入施工现场实地检查核实，检验施工和安全防护设施、设备安全性能与运行情况；

（三）观摩现场应急演练，检验应急处置能力；

（四）组织专业机构实施专业安全评估和检测。

第七条　文物行政部门进行文物保护工程安全检查应当填写检查记录，并由检查人员和被查单位负责人签字。

第八条　检查中发现安全隐患的，应当现场反馈，并及时向业主单位和施工单位送达隐患整改通知书，责令限期整改。

发现严重危害人员和文物安全的重大安全隐患，应当责令停工整改。

发生安全生产事故的，应当按规定及时报告当地政府及有关部门，并妥善处置，有效避免和减少文物损失；涉及全国重点文物保护单位和省级文物保护单位的，应当报国家文物局。

第九条　国家文物局、省级文物行政部门根据文物保护工程实施情况，采取重点督察、专项督察或者联合督察等方式，开展文物保护工程安全督察。

第十条　省、市、县文物行政部门根据检查情况，建立文物保护工程安全隐患整改责任清单，照单跟踪督办，督办整改情况记入安全检查台账。

第十一条　对发现的违反安全生产规定的行为，或者未按要求整改安全隐患的，文物行政部门应当责令改正，给予通报批评；情节严重的，对有关责任单位负责人进行约谈；酿成安全事故造成损失的，依法依纪追究责任。

第十二条　文物行政部门应当建立安全检查、督察档案，将检查记录、台账和其他检查、督察情况和资料存入档案。

第十三条　文物保护工程安全检查、督察人员应当依照有关法规和标准，客观公正开展检查、督察工作，遵守廉洁自律有关规定，保守被检查单位商业秘密。

第十四条　本办法自公布之日起施行。

二、建设相关法律法规、标准规范及管理办法

（一）中华人民共和国建筑法

中华人民共和国建筑法

1997年11月1日第八届全国人民代表大会常务委员会第二十八次会议通过 根据2011年4月22日第十一届全国人民代表大会常务委员会第二十次会议《关于修改〈中华人民共和国建筑法〉的决定》第一次修正 根据2019年4月23日第十三届全国人民代表大会常务委员会第十次会议《关于修改〈中华人民共和国建筑法〉等八部法律的决定》第二次修正

目 录

第一章 总 则

第一条 为了加强对建筑活动的监督管理，维护建筑市场秩序，保证建筑工程的质量和安全，促进建筑业健康发展，制定本法。

第二条 在中华人民共和国境内从事建筑活动，实施对建筑活动的监督管理，应当遵守本法。

本法所称建筑活动，是指各类房屋建筑及其附属设施的建造和与其配套的线路、管道、设备的安装活动。

第三条 建筑活动应当确保建筑工程质量和安全，符合国家的建筑工程安全标准。

第四条 国家扶持建筑业的发展，支持建筑科学技术研究，提高房屋建筑设计水平，鼓励节约能源和保护环境，提倡采用先进技术、先进设备、先进工艺、新型建筑材料和现代管理方式。

第五条 从事建筑活动应当遵守法律、法规，不得损害社会公共利益和他人的合法权益。

任何单位和个人都不得妨碍和阻挠依法进行的建筑活动。

第六条 国务院建设行政主管部门对全国的建筑活动实施统一监督管理。

第二章 建筑许可

第一节 建筑工程施工许可

第七条 建筑工程开工前，建设单位应当按照国家有关规定向工程所在地县级以上人民政府建设行政主管部门申请领取施工许可证；但是，国务院建设行政主管部门确定的限额以下的小型工程除外。

按照国务院规定的权限和程序批准开工报告的建筑工程，不再领取施工许可证。

第八条　申请领取施工许可证，应当具备下列条件：

（一）已经办理该建筑工程用地批准手续；

（二）依法应当办理建设工程规划许可证的，已经取得建设工程规划许可证；

（三）需要拆迁的，其拆迁进度符合施工要求；

（四）已经确定建筑施工企业；

（五）有满足施工需要的资金安排、施工图纸及技术资料；

（六）有保证工程质量和安全的具体措施。

建设行政主管部门应当自收到申请之日起七日内，对符合条件的申请颁发施工许可证。

第九条　建设单位应当自领取施工许可证之日起三个月内开工。因故不能按期开工的，应当向发证机关申请延期；延期以两次为限，每次不超过三个月。既不开工又不申请延期或者超过延期时限的，施工许可证自行废止。

第十条　在建的建筑工程因故中止施工的，建设单位应当自中止施工之日起一个月内，向发证机关报告，并按照规定做好建筑工程的维护管理工作。

建筑工程恢复施工时，应当向发证机关报告；中止施工满一年的工程恢复施工前，建设单位应当报发证机关核验施工许可证。

第十一条　按照国务院有关规定批准开工报告的建筑工程，因故不能按期开工或者中止施工的，应当及时向批准机关报告情况。因故不能按期开工超过六个月的，应当重新办理开工报告的批准手续。

第二节　从业资格

第十二条　从事建筑活动的建筑施工企业、勘察单位、设计单位和工程监理单位，应当具备下列条件：

（一）有符合国家规定的注册资本；

（二）有与其从事的建筑活动相适应的具有法定执业资格的专业技术人员；

（三）有从事相关建筑活动所应有的技术装备；

（四）法律、行政法规规定的其他条件。

第十三条　从事建筑活动的建筑施工企业、勘察单位、设计单位和工程监理单位，按照其拥有的注册资本、专业技术人员、技术装备和已完成的建筑工程业绩等资质条件，划分为不同的资质等级，经资质审查合格，取得相应等级的资质证书后，方可在其资质等级许可的范围内从事建筑活动。

第十四条　从事建筑活动的专业技术人员，应当依法取得相应的执业资格证书，并在执业资格证书许可的范围内从事建筑活动。

第三章　建筑工程发包与承包

第一节　一般规定

第十五条　建筑工程的发包单位与承包单位应当依法订立书面合同，明确双方的权利和义务。

发包单位和承包单位应当全面履行合同约定的义务。不按照合同约定履行义务的，依法承担违约责任。

第十六条　建筑工程发包与承包的招标投标活动，应当遵循公开、公正、平等竞争的原则，择优选择承包单位。

建筑工程的招标投标，本法没有规定的，适用有关招标投标法律的规定。

第十七条　发包单位及其工作人员在建筑工程发包中不得收受贿赂、回扣或者索取其他好处。

承包单位及其工作人员不得利用向发包单位及其工作人员行贿、提供回扣或者给予其他好处等不正当手段承揽工程。

第十八条　建筑工程造价应当按照国家有关规定，由发包单位与承包单位在合同中约定。公开招标发包的，其造价的约定，须遵守招标投标法律的规定。

发包单位应当按照合同的约定，及时拨付工程款项。

第二节　发　包

第十九条　建筑工程依法实行招标发包，对不适于招标发包的可以直接发包。

第二十条　建筑工程实行公开招标的，发包单位应当依照法定程序和方式，发布招标公告，提供载有招标工程的主要技术要求、主要的合同条款、评标的标准和方法以及开标、评标、定标的程序等内容的招标文件。

开标应当在招标文件规定的时间、地点公开进行。开标后应当按照招标文件规定的评标标准和程序对标书进行评价、比较，在具备相应资质条件的投标者中，择优选定中标者。

第二十一条　建筑工程招标的开标、评标、定标由建设单位依法组织实施，并接受有关行政主管部门的监督。

第二十二条　建筑工程实行招标发包的，发包单位应当将建筑工程发包给依法中标的承包单位。建筑工程实行直接发包的，发包单位应当将建筑工程发包给具有相应资质条件的承包单位。

第二十三条　政府及其所属部门不得滥用行政权力，限定发包单位将招标发包的建筑工程发包给指定的承包单位。

第二十四条　提倡对建筑工程实行总承包，禁止将建筑工程肢解发包。

建筑工程的发包单位可以将建筑工程的勘察、设计、施工、设备采购一并发包给一个工程总承包单位，也可以将建筑工程勘察、设计、施工、设备采购的一项或者多项发包给一个工程总承包单位；但是，不得将应当由一个承包单位完成的建筑工程肢解成若干部分发包给几个承包单位。

第二十五条　按照合同约定，建筑材料、建筑构配件和设备由工程承包单位采购的，发包单位不得指定承包单位购入用于工程的建筑材料、建筑构配件和设备或者指定生产厂、供应商。

第三节　承　包

第二十六条　承包建筑工程的单位应当持有依法取得的资质证书，并在其资质等级许可的业务范围内承揽工程。

禁止建筑施工企业超越本企业资质等级许可的业务范围或者以任何形式用其他建筑施工企业的名义承揽工程。禁止建筑施工企业以任何形式允许其他单位或者个人使用本企业的资质证书、营业执照，以本企业的名义承揽工程。

第二十七条　大型建筑工程或者结构复杂的建筑工程，可以由两个以上的承包单位联合共同承包。共同承包的各方对承包合同的履行承担连带责任。

两个以上不同资质等级的单位实行联合共同承包的，应当按照资质等级低的单位的业务许可范围承揽工程。

第二十八条　禁止承包单位将其承包的全部建筑工程转包给他人，禁止承包单位将其承包的全部建筑工程肢解以后以分包的名义分别转包给他人。

第二十九条　建筑工程总承包单位可以将承包工程中的部分工程发包给具有相应资质条件的分包单位；但是，除总承包合同中约定的分包外，必须经建设单位认可。施工总承包的，建筑工程主体结构的施工必须由总承包单位自行完成。

建筑工程总承包单位按照总承包合同的约定对建设单位负责；分包单位按照分包合同的约定对总承包单位负责。总承包单位和分包单位就分包工程对建设单位承担连带责任。

禁止总承包单位将工程分包给不具备相应资质条件的单位。禁止分包单位将其承包的工程再分包。

第四章　建筑工程监理

第三十条　国家推行建筑工程监理制度。

国务院可以规定实行强制监理的建筑工程的范围。

第三十一条　实行监理的建筑工程，由建设单位委托具有相应资质条件的工程监理单位监理。建设单位与其委托的工程监理单位应当订立书面委托监理合同。

第三十二条　建筑工程监理应当依照法律、行政法规及有关的技术标准、设计文件和建筑工程承包合同，对承包单位在施工质量、建设工期和建设资金使用等方面，代表建设单位实施监督。

工程监理人员认为工程施工不符合工程设计要求、施工技术标准和合同约定的，有权要求建筑施工企业改正。

工程监理人员发现工程设计不符合建筑工程质量标准或者合同约定的质量要求的，应当报告建设单位要求设计单位改正。

第三十三条　实施建筑工程监理前，建设单位应当将委托的工程监理单位、监理的内容及监理权限，书面通知被监理的建筑施工企业。

第三十四条　工程监理单位应当在其资质等级许可的监理范围内，承担工程监理业务。

工程监理单位应当根据建设单位的委托，客观、公正地执行监理任务。

工程监理单位与被监理工程的承包单位以及建筑材料、建筑构配件和设备供应单位不得有隶属关系或者其他利害关系。

工程监理单位不得转让工程监理业务。

第三十五条　工程监理单位不按照委托监理合同的约定履行监理义务，对应当监督检查的项目不检查或者不按照规定检查，给建设单位造成损失的，应当承担相应的赔偿责任。

工程监理单位与承包单位串通，为承包单位谋取非法利益，给建设单位造成损失的，应当与承包单位承担连带赔偿责任。

第五章　建筑安全生产管理

第三十六条　建筑工程安全生产管理必须坚持安全第一、预防为主的方针，建立健全安全生产的责任制度和群防群治制度。

第三十七条　建筑工程设计应当符合按照国家规定制定的建筑安全规程和技术规范，保证工程的安全性能。

第三十八条　建筑施工企业在编制施工组织设计时，应当根据建筑工程的特点制定相应的安全技术措施；对专业性较强的工程项目，应当编制专项安全施工组织设计，并采取安全技术措施。

第三十九条　建筑施工企业应当在施工现场采取维护安全、防范危险、预防火灾等措施；有条件的，应当对施工现场实行封闭管理。

施工现场对毗邻的建筑物、构筑物和特殊作业环境可能造成损害的，建筑施工企业应当采取安全防护措施。

第四十条　建设单位应当向建筑施工企业提供与施工现场相关的地下管线资料，建筑施工企业应当采取措施加以保护。

第四十一条　建筑施工企业应当遵守有关环境保护和安全生产的法律、法规的规定，采取控制和处理施工现场的各种粉尘、废气、废水、固体废物以及噪声、振动对环境的污染和危害的措施。

第四十二条　有下列情形之一的，建设单位应当按照国家有关规定办理申请批准手续：

（一）需要临时占用规划批准范围以外场地的；

（二）可能损坏道路、管线、电力、邮电通讯等公共设施的；

（三）需要临时停水、停电、中断道路交通的；

（四）需要进行爆破作业的；

（五）法律、法规规定需要办理报批手续的其他情形。

第四十三条　建设行政主管部门负责建筑安全生产的管理，并依法接受劳动行政主管部门对建筑安全生产的指导和监督。

第四十四条　建筑施工企业必须依法加强对建筑安全生产的管理，执行安全生产责任制度，采取有效措施，防止伤亡和其他安全生产事故的发生。

建筑施工企业的法定代表人对本企业的安全生产负责。

第四十五条　施工现场安全由建筑施工企业负责。实行施工总承包的，由总承包单位负责。分包单位向总承包单位负责，服从总承包单位对施工现场的安全生产管理。

第四十六条　建筑施工企业应当建立健全劳动安全生产教育培训制度，加强对职工安全生产的教育培训；未经安全生产教育培训的人员，不得上岗作业。

第四十七条　建筑施工企业和作业人员在施工过程中，应当遵守有关安全生产的法律、法规和建筑行业安全规章、规程，不得违章指挥或者违章作业。作业人员有权对影响人身健康的作业程序和作业条件提出改进意见，有权获得安全生产所需的防护用品。作业人员对危及生命安全和人身健康的行为有权提出批评、检举和控告。

第四十八条　建筑施工企业应当依法为职工参加工伤保险缴纳工伤保险费。鼓励企业为从事危险作业的职工办理意外伤害保险，支付保险费。

第四十九条　涉及建筑主体和承重结构变动的装修工程，建设单位应当在施工前委托原设计单位或者具有相应资质条件的设计单位提出设计方案；没有设计方案的，不得施工。

第五十条　房屋拆除应当由具备保证安全条件的建筑施工单位承担，由建筑施工单位负责人对安全负责。

第五十一条　施工中发生事故时，建筑施工企业应当采取紧急措施减少人员伤亡和事故损失，并按照国家有关规定及时向有关部门报告。

第六章　建筑工程质量管理

第五十二条　建筑工程勘察、设计、施工的质量必须符合国家有关建筑工程安全标准的要求，具体管理办法由国务院规定。

有关建筑工程安全的国家标准不能适应确保建筑安全的要求时，应当及时修订。

第五十三条　国家对从事建筑活动的单位推行质量体系认证制度。从事建筑活动的单位根据自愿原则可以向国务院产品质量监督管理部门或者国务院产品质量监督管理部门授权的部门认可的认证机构申请质量体系认证。经认证合格的，由认证机构颁发质量体系认证证书。

第五十四条　建设单位不得以任何理由，要求建筑设计单位或者建筑施工企业在工程设计或者施工作业中，违反法律、行政法规和建筑工程质量、安全标准，降低工程质量。

建筑设计单位和建筑施工企业对建设单位违反前款规定提出的降低工程质量的要求，应当予以拒绝。

第五十五条　建筑工程实行总承包的，工程质量由工程总承包单位负责，总承包单位将建筑工程分包给其他单位的，应当对分包工程的质量与分包单位承担连带责任。分包单位应当接受总承包单位的质量管理。

第五十六条　建筑工程的勘察、设计单位必须对其勘察、设计的质量负责。勘察、设计文件应当符合有关法律、行政法规的规定和建筑工程质量、安全标准、建筑工程勘察、设计技术规范以及合同的约定。设计文件选用的建筑材料、建筑构配件和设备，应当注明其规格、型号、性能等技术指标，其质量要求必须符合国家规定的标准。

第五十七条　建筑设计单位对设计文件选用的建筑材料、建筑构配件和设备，不得指定生产厂、供

应商。

第五十八条　建筑施工企业对工程的施工质量负责。

建筑施工企业必须按照工程设计图纸和施工技术标准施工，不得偷工减料。工程设计的修改由原设计单位负责，建筑施工企业不得擅自修改工程设计。

第五十九条　建筑施工企业必须按照工程设计要求、施工技术标准和合同的约定，对建筑材料、建筑构配件和设备进行检验，不合格的不得使用。

第六十条　建筑物在合理使用寿命内，必须确保地基基础工程和主体结构的质量。

建筑工程竣工时，屋顶、墙面不得留有渗漏、开裂等质量缺陷；对已发现的质量缺陷，建筑施工企业应当修复。

第六十一条　交付竣工验收的建筑工程，必须符合规定的建筑工程质量标准，有完整的工程技术经济资料和经签署的工程保修书，并具备国家规定的其他竣工条件。

建筑工程竣工经验收合格后，方可交付使用；未经验收或者验收不合格的，不得交付使用。

第六十二条　建筑工程实行质量保修制度。

建筑工程的保修范围应当包括地基基础工程、主体结构工程、屋面防水工程和其他土建工程，以及电气管线、上下水管线的安装工程，供热、供冷系统工程等项目；保修的期限应当按照保证建筑物合理寿命年限内正常使用，维护使用者合法权益的原则确定。具体的保修范围和最低保修期限由国务院规定。

第六十三条　任何单位和个人对建筑工程的质量事故、质量缺陷都有权向建设行政主管部门或者其他有关部门进行检举、控告、投诉。

第七章　法律责任

第六十四条　违反本法规定，未取得施工许可证或者开工报告未经批准擅自施工的，责令改正，对不符合开工条件的责令停止施工，可以处以罚款。

第六十五条　发包单位将工程发包给不具有相应资质条件的承包单位的，或者违反本法规定将建筑工程肢解发包的，责令改正，处以罚款。

超越本单位资质等级承揽工程的，责令停止违法行为，处以罚款，可以责令停业整顿，降低资质等级；情节严重的，吊销资质证书；有违法所得的，予以没收。

未取得资质证书承揽工程的，予以取缔，并处罚款；有违法所得的，予以没收。

以欺骗手段取得资质证书的，吊销资质证书，处以罚款；构成犯罪的，依法追究刑事责任。

第六十六条　建筑施工企业转让、出借资质证书或者以其他方式允许他人以本企业的名义承揽工程的，责令改正，没收违法所得，并处罚款，可以责令停业整顿，降低资质等级；情节严重的，吊销资质证书。对因该项承揽工程不符合规定的质量标准造成的损失，建筑施工企业与使用本企业名义的单位或者个人承担连带赔偿责任。

第六十七条　承包单位将承包的工程转包的，或者违反本法规定进行分包的，责令改正，没收违法所得，并处罚款，可以责令停业整顿，降低资质等级；情节严重的，吊销资质证书。

承包单位有前款规定的违法行为的，对因转包工程或者违法分包的工程不符合规定的质量标准造成的损失，与接受转包或者分包的单位承担连带赔偿责任。

第六十八条　在工程发包与承包中索贿、受贿、行贿，构成犯罪的，依法追究刑事责任；不构成犯罪的，分别处以罚款，没收贿赂的财物，对直接负责的主管人员和其他直接责任人员给予处分。

对在工程承包中行贿的承包单位，除依照前款规定处罚外，可以责令停业整顿，降低资质等级或者吊销资质证书。

第六十九条　工程监理单位与建设单位或者建筑施工企业串通，弄虚作假、降低工程质量的，责令改

正，处以罚款，降低资质等级或者吊销资质证书；有违法所得的，予以没收；造成损失的，承担连带赔偿责任；构成犯罪的，依法追究刑事责任。

工程监理单位转让监理业务的，责令改正，没收违法所得，可以责令停业整顿，降低资质等级；情节严重的，吊销资质证书。

第七十条　违反本法规定，涉及建筑主体或者承重结构变动的装修工程擅自施工的，责令改正，处以罚款；造成损失的，承担赔偿责任；构成犯罪的，依法追究刑事责任。

第七十一条　建筑施工企业违反本法规定，对建筑安全事故隐患不采取措施予以消除的，责令改正，可以处以罚款；情节严重的，责令停业整顿，降低资质等级或者吊销资质证书；构成犯罪的，依法追究刑事责任。

建筑施工企业的管理人员违章指挥、强令职工冒险作业，因而发生重大伤亡事故或者造成其他严重后果的，依法追究刑事责任。

第七十二条　建设单位违反本法规定，要求建筑设计单位或者建筑施工企业违反建筑工程质量、安全标准，降低工程质量的，责令改正，可以处以罚款；构成犯罪的，依法追究刑事责任。

第七十三条　建筑设计单位不按照建筑工程质量、安全标准进行设计的，责令改正，处以罚款；造成工程质量事故的，责令停业整顿，降低资质等级或者吊销资质证书，没收违法所得，并处罚款；造成损失的，承担赔偿责任；构成犯罪的，依法追究刑事责任。

第七十四条　建筑施工企业在施工中偷工减料的，使用不合格的建筑材料、建筑构配件和设备的，或者有其他不按照工程设计图纸或者施工技术标准施工的行为的，责令改正，处以罚款；情节严重的，责令停业整顿，降低资质等级或者吊销资质证书；造成建筑工程质量不符合规定的质量标准的，负责返工、修理，并赔偿因此造成的损失；构成犯罪的，依法追究刑事责任。

第七十五条　建筑施工企业违反本法规定，不履行保修义务或者拖延履行保修义务的，责令改正，可以处以罚款，并对在保修期内因屋顶、墙面渗漏、开裂等质量缺陷造成的损失，承担赔偿责任。

第七十六条　本法规定的责令停业整顿、降低资质等级和吊销资质证书的行政处罚，由颁发资质证书的机关决定；其他行政处罚，由建设行政主管部门或者有关部门依照法律和国务院规定的职权范围决定。

依照本法规定被吊销资质证书的，由工商行政管理部门吊销其营业执照。

第七十七条　违反本法规定，对不具备相应资质等级条件的单位颁发该等级资质证书的，由其上级机关责令收回所发的资质证书，对直接负责的主管人员和其他直接责任人员给予行政处分；构成犯罪的，依法追究刑事责任。

第七十八条　政府及其所属部门的工作人员违反本法规定，限定发包单位将招标发包的工程发包给指定的承包单位的，由上级机关责令改正；构成犯罪的，依法追究刑事责任。

第七十九条　负责颁发建筑工程施工许可证的部门及其工作人员对不符合施工条件的建筑工程颁发施工许可证的，负责工程质量监督检查或者竣工验收的部门及其工作人员对不合格的建筑工程出具质量合格文件或者按合格工程验收的，由上级机关责令改正，对责任人员给予行政处分；构成犯罪的，依法追究刑事责任；造成损失的，由该部门承担相应的赔偿责任。

第八十条　在建筑物的合理使用寿命内，因建筑工程质量不合格受到损害的，有权向责任者要求赔偿。

第八章　附　则

第八十一条　本法关于施工许可、建筑施工企业资质审查和建筑工程发包、承包、禁止转包，以及建筑工程监理、建筑工程安全和质量管理的规定，适用于其他专业建筑工程的建筑活动，具体办法由国务院规定。

第八十二条　建设行政主管部门和其他有关部门在对建筑活动实施监督管理中，除按照国务院有关规

定收取费用外，不得收取其他费用。

第八十三条　省、自治区、直辖市人民政府确定的小型房屋建筑工程的建筑活动，参照本法执行。

依法核定作为文物保护的纪念建筑物和古建筑等的修缮，依照文物保护的有关法律规定执行。

抢险救灾及其他临时性房屋建筑和农民自建低层住宅的建筑活动，不适用本法。

第八十四条　军用房屋建筑工程建筑活动的具体管理办法，由国务院、中央军事委员会依据本法制定。

第八十五条　本法自1998年3月1日起施行。

（二）中华人民共和国安全生产法

中华人民共和国主席令 第十三号

《全国人民代表大会常务委员会关于修改〈中华人民共和国安全生产法〉的决定》已由中华人民共和国第十二届全国人民代表大会常务委员会第十次会议于2014年8月31日通过，现予公布，自2014年12月1日起施行。

中华人民共和国安全生产法

中华人民共和国主席　习近平

2014年8月31日

目　录

第一章　总　则

第一条　为了加强安全生产工作，防止和减少生产安全事故，保障人民群众生命和财产安全，促进经济社会持续健康发展，制定本法。

第二条　在中华人民共和国领域内从事生产经营活动的单位（以下统称生产经营单位）的安全生产，适用本法；有关法律、行政法规对消防安全和道路交通安全、铁路交通安全、水上交通安全、民用航空安全以及核与辐射安全、特种设备安全另有规定的，适用其规定。

第三条　安全生产工作应当以人为本，坚持安全发展，坚持安全第一、预防为主、综合治理的方针，强化和落实生产经营单位的主体责任，建立生产经营单位负责、职工参与、政府监管、行业自律和社会监督的机制。

第四条　生产经营单位必须遵守本法和其他有关安全生产的法律、法规，加强安全生产管理，建立、健全安全生产责任制和安全生产规章制度，改善安全生产条件，推进安全生产标准化建设，提高安全生产水平，确保安全生产。

第五条　生产经营单位的主要负责人对本单位的安全生产工作全面负责。

第六条　生产经营单位的从业人员有依法获得安全生产保障的权利，并应当依法履行安全生产方面的义务。

第七条　工会依法对安全生产工作进行监督。

生产经营单位的工会依法组织职工参加本单位安全生产工作的民主管理和民主监督，维护职工在安全生产方面的合法权益。生产经营单位制定或者修改有关安全生产的规章制度，应当听取工会的意见。

第八条　国务院和县级以上地方各级人民政府应当根据国民经济和社会发展规划制定安全生产规划，并组织实施。安全生产规划应当与城乡规划相衔接。

国务院和县级以上地方各级人民政府应当加强对安全生产工作的领导，支持、督促各有关部门依法履行安全生产监督管理职责，建立健全安全生产工作协调机制，及时协调、解决安全生产监督管理中存在的重大问题。

乡、镇人民政府以及街道办事处、开发区管理机构等地方人民政府的派出机关应当按照职责，加强对本行政区域内生产经营单位安全生产状况的监督检查，协助上级人民政府有关部门依法履行安全生产监督管理职责。

第九条　国务院安全生产监督管理部门依照本法，对全国安全生产工作实施综合监督管理；县级以上地方各级人民政府安全生产监督管理部门依照本法，对本行政区域内安全生产工作实施综合监督管理。

国务院有关部门依照本法和其他有关法律、行政法规的规定，在各自的职责范围内对有关行业、领域的安全生产工作实施监督管理；县级以上地方各级人民政府有关部门依照本法和其他有关法律、法规的规定，在各自的职责范围内对有关行业、领域的安全生产工作实施监督管理。

安全生产监督管理部门和对有关行业、领域的安全生产工作实施监督管理的部门，统称负有安全生产监督管理职责的部门。

第十条　国务院有关部门应当按照保障安全生产的要求，依法及时制定有关的国家标准或者行业标准，并根据科技进步和经济发展适时修订。

生产经营单位必须执行依法制定的保障安全生产的国家标准或者行业标准。

第十一条　各级人民政府及其有关部门应当采取多种形式，加强对有关安全生产的法律、法规和安全生产知识的宣传，增强全社会的安全生产意识。

第十二条　有关协会组织依照法律、行政法规和章程，为生产经营单位提供安全生产方面的信息、培训等服务，发挥自律作用，促进生产经营单位加强安全生产管理。

第十三条　依法设立的为安全生产提供技术、管理服务的机构，依照法律、行政法规和执业准则，接受生产经营单位的委托为其安全生产工作提供技术、管理服务。

生产经营单位委托前款规定的机构提供安全生产技术、管理服务的，保证安全生产的责任仍由本单位负责。

第十四条　国家实行生产安全事故责任追究制度，依照本法和有关法律、法规的规定，追究生产安全事故责任人员的法律责任。

第十五条　国家鼓励和支持安全生产科学技术研究和安全生产先进技术的推广应用，提高安全生产水平。

第十六条　国家对在改善安全生产条件、防止生产安全事故、参加抢险救护等方面取得显著成绩的单位和个人，给予奖励。

第二章　生产经营单位的安全生产保障

第十七条　生产经营单位应当具备本法和有关法律、行政法规和国家标准或者行业标准规定的安全生产条件；不具备安全生产条件的，不得从事生产经营活动。

第十八条　生产经营单位的主要负责人对本单位安全生产工作负有下列职责：

（一）建立、健全本单位安全生产责任制；

（二）组织制定本单位安全生产规章制度和操作规程；

（三）组织制定并实施本单位安全生产教育和培训计划；

（四）保证本单位安全生产投入的有效实施；

（五）督促、检查本单位的安全生产工作，及时消除生产安全事故隐患；

（六）组织制定并实施本单位的生产安全事故应急救援预案；

（七）及时、如实报告生产安全事故。

第十九条　生产经营单位的安全生产责任制应当明确各岗位的责任人员、责任范围和考核标准等内容。

生产经营单位应当建立相应的机制，加强对安全生产责任制落实情况的监督考核，保证安全生产责任制的落实。

第二十条　生产经营单位应当具备的安全生产条件所必需的资金投入，由生产经营单位的决策机构、主要负责人或者个人经营的投资人予以保证，并对由于安全生产所必需的资金投入不足导致的后果承担责任。

有关生产经营单位应当按照规定提取和使用安全生产费用，专门用于改善安全生产条件。安全生产费用在成本中据实列支。安全生产费用提取、使用和监督管理的具体办法由国务院财政部门会同国务院安全生产监督管理部门征求国务院有关部门意见后制定。

第二十一条　矿山、金属冶炼、建筑施工、道路运输单位和危险物品的生产、经营、储存单位，应当设置安全生产管理机构或者配备专职安全生产管理人员。

前款规定以外的其他生产经营单位，从业人员超过一百人的，应当设置安全生产管理机构或者配备专职安全生产管理人员；从业人员在一百人以下的，应当配备专职或者兼职的安全生产管理人员。

第二十二条　生产经营单位的安全生产管理机构以及安全生产管理人员履行下列职责：

（一）组织或者参与拟订本单位安全生产规章制度、操作规程和生产安全事故应急救援预案；

（二）组织或者参与本单位安全生产教育和培训，如实记录安全生产教育和培训情况；

（三）督促落实本单位重大危险源的安全管理措施；

（四）组织或者参与本单位应急救援演练；

（五）检查本单位的安全生产状况，及时排查生产安全事故隐患，提出改进安全生产管理的建议；

（六）制止和纠正违章指挥、强令冒险作业、违反操作规程的行为；

（七）督促落实本单位安全生产整改措施。

第二十三条　生产经营单位的安全生产管理机构以及安全生产管理人员应当恪尽职守，依法履行职责。

生产经营单位作出涉及安全生产的经营决策，应当听取安全生产管理机构以及安全生产管理人员的意见。

生产经营单位不得因安全生产管理人员依法履行职责而降低其工资、福利等待遇或者解除与其订立的劳动合同。

危险物品的生产、储存单位以及矿山、金属冶炼单位的安全生产管理人员的任免，应当告知主管的负有安全生产监督管理职责的部门。

第二十四条　生产经营单位的主要负责人和安全生产管理人员必须具备与本单位所从事的生产经营活动相应的安全生产知识和管理能力。

危险物品的生产、经营、储存单位以及矿山、金属冶炼、建筑施工、道路运输单位的主要负责人和安全生产管理人员，应当由主管的负有安全生产监督管理职责的部门对其安全生产知识和管理能力考核合格。考核不得收费。

危险物品的生产、储存单位以及矿山、金属冶炼单位应当有注册安全工程师从事安全生产管理工作。鼓励其他生产经营单位聘用注册安全工程师从事安全生产管理工作。注册安全工程师按专业分类管理，具体办法由国务院人力资源和社会保障部门、国务院安全生产监督管理部门会同国务院有关部门制定。

第二十五条　生产经营单位应当对从业人员进行安全生产教育和培训，保证从业人员具备必要的安全

生产知识，熟悉有关的安全生产规章制度和安全操作规程，掌握本岗位的安全操作技能，了解事故应急处理措施，知悉自身在安全生产方面的权利和义务。未经安全生产教育和培训合格的从业人员，不得上岗作业。

生产经营单位使用被派遣劳动者的，应当将被派遣劳动者纳入本单位从业人员统一管理，对被派遣劳动者进行岗位安全操作规程和安全操作技能的教育和培训。劳务派遣单位应当对被派遣劳动者进行必要的安全生产教育和培训。

生产经营单位接收中等职业学校、高等学校学生实习的，应当对实习学生进行相应的安全生产教育和培训，提供必要的劳动防护用品。学校应当协助生产经营单位对实习学生进行安全生产教育和培训。

生产经营单位应当建立安全生产教育和培训档案，如实记录安全生产教育和培训的时间、内容、参加人员以及考核结果等情况。

第二十六条　生产经营单位采用新工艺、新技术、新材料或者使用新设备，必须了解、掌握其安全技术特性，采取有效的安全防护措施，并对从业人员进行专门的安全生产教育和培训。

第二十七条　生产经营单位的特种作业人员必须按照国家有关规定经专门的安全作业培训，取得相应资格，方可上岗作业。

特种作业人员的范围由国务院安全生产监督管理部门会同国务院有关部门确定。

第二十八条　生产经营单位新建、改建、扩建工程项目（以下统称建设项目）的安全设施，必须与主体工程同时设计、同时施工、同时投入生产和使用。安全设施投资应当纳入建设项目概算。

第二十九条　矿山、金属冶炼建设项目和用于生产、储存、装卸危险物品的建设项目，应当按照国家有关规定进行安全评价。

第三十条　建设项目安全设施的设计人、设计单位应当对安全设施设计负责。

矿山、金属冶炼建设项目和用于生产、储存、装卸危险物品的建设项目的安全设施设计应当按照国家有关规定报经有关部门审查，审查部门及其负责审查的人员对审查结果负责。

第三十一条　矿山、金属冶炼建设项目和用于生产、储存、装卸危险物品的建设项目的施工单位必须按照批准的安全设施设计施工，并对安全设施的工程质量负责。

矿山、金属冶炼建设项目和用于生产、储存危险物品的建设项目竣工投入生产或者使用前，应当由建设单位负责组织对安全设施进行验收；验收合格后，方可投入生产和使用。安全生产监督管理部门应当加强对建设单位验收活动和验收结果的监督核查。

第三十二条　生产经营单位应当在有较大危险因素的生产经营场所和有关设施、设备上，设置明显的安全警示标志。

第三十三条　安全设备的设计、制造、安装、使用、检测、维修、改造和报废，应当符合国家标准或者行业标准。

生产经营单位必须对安全设备进行经常性维护、保养，并定期检测，保证正常运转。维护、保养、检测应当作好记录，并由有关人员签字。

第三十四条　生产经营单位使用的危险物品的容器、运输工具，以及涉及人身安全、危险性较大的海洋石油开采特种设备和矿山井下特种设备，必须按照国家有关规定，由专业生产单位生产，并经具有专业资质的检测、检验机构检测、检验合格，取得安全使用证或者安全标志，方可投入使用。检测、检验机构对检测、检验结果负责。

第三十五条　国家对严重危及生产安全的工艺、设备实行淘汰制度，具体目录由国务院安全生产监督管理部门会同国务院有关部门制定并公布。法律、行政法规对目录的制定另有规定的，适用其规定。

省、自治区、直辖市人民政府可以根据本地区实际情况制定并公布具体目录，对前款规定以外的危及

生产安全的工艺、设备予以淘汰。

生产经营单位不得使用应当淘汰的危及生产安全的工艺、设备。

第三十六条　生产、经营、运输、储存、使用危险物品或者处置废弃危险物品的，由有关主管部门依照有关法律、法规的规定和国家标准或者行业标准审批并实施监督管理。

生产经营单位生产、经营、运输、储存、使用危险物品或者处置废弃危险物品，必须执行有关法律、法规和国家标准或者行业标准，建立专门的安全管理制度，采取可靠的安全措施，接受有关主管部门依法实施的监督管理。

第三十七条　生产经营单位对重大危险源应当登记建档，进行定期检测、评估、监控，并制定应急预案，告知从业人员和相关人员在紧急情况下应当采取的应急措施。

生产经营单位应当按照国家有关规定将本单位重大危险源及有关安全措施、应急措施报有关地方人民政府安全生产监督管理部门和有关部门备案。

第三十八条　生产经营单位应当建立健全生产安全事故隐患排查治理制度，采取技术、管理措施，及时发现并消除事故隐患。事故隐患排查治理情况应当如实记录，并向从业人员通报。

县级以上地方各级人民政府负有安全生产监督管理职责的部门应当建立健全重大事故隐患治理督办制度，督促生产经营单位消除重大事故隐患。

第三十九条　生产、经营、储存、使用危险物品的车间、商店、仓库不得与员工宿舍在同一座建筑物内，并应当与员工宿舍保持安全距离。

生产经营场所和员工宿舍应当设有符合紧急疏散要求、标志明显、保持畅通的出口。禁止锁闭、封堵生产经营场所或者员工宿舍的出口。

第四十条　生产经营单位进行爆破、吊装以及国务院安全生产监督管理部门会同国务院有关部门规定的其他危险作业，应当安排专门人员进行现场安全管理，确保操作规程的遵守和安全措施的落实。

第四十一条　生产经营单位应当教育和督促从业人员严格执行本单位的安全生产规章制度和安全操作规程；并向从业人员如实告知作业场所和工作岗位存在的危险因素、防范措施以及事故应急措施。

第四十二条　生产经营单位必须为从业人员提供符合国家标准或者行业标准的劳动防护用品，并监督、教育从业人员按照使用规则佩戴、使用。

第四十三条　生产经营单位的安全生产管理人员应当根据本单位的生产经营特点，对安全生产状况进行经常性检查；对检查中发现的安全问题，应当立即处理；不能处理的，应当及时报告本单位有关负责人，有关负责人应当及时处理。检查及处理情况应当如实记录在案。

生产经营单位的安全生产管理人员在检查中发现重大事故隐患，依照前款规定向本单位有关负责人报告，有关负责人不及时处理的，安全生产管理人员可以向主管的负有安全生产监督管理职责的部门报告，接到报告的部门应当依法及时处理。

第四十四条　生产经营单位应当安排用于配备劳动防护用品、进行安全生产培训的经费。

第四十五条　两个以上生产经营单位在同一作业区域内进行生产经营活动，可能危及对方生产安全的，应当签订安全生产管理协议，明确各自的安全生产管理职责和应当采取的安全措施，并指定专职安全生产管理人员进行安全检查与协调。

第四十六条　生产经营单位不得将生产经营项目、场所、设备发包或者出租给不具备安全生产条件或者相应资质的单位或者个人。

生产经营项目、场所发包或者出租给其他单位的，生产经营单位应当与承包单位、承租单位签订专门的安全生产管理协议，或者在承包合同、租赁合同中约定各自的安全生产管理职责；生产经营单位对承包单位、承租单位的安全生产工作统一协调、管理，定期进行安全检查，发现安全问题的，应当及时督促

整改。

第四十七条　生产经营单位发生生产安全事故时，单位的主要负责人应当立即组织抢救，并不得在事故调查处理期间擅离职守。

第四十八条　生产经营单位必须依法参加工伤保险，为从业人员缴纳保险费。

国家鼓励生产经营单位投保安全生产责任保险。

第三章　从业人员的安全生产权利义务

第四十九条　生产经营单位与从业人员订立的劳动合同，应当载明有关保障从业人员劳动安全、防止职业危害的事项，以及依法为从业人员办理工伤保险的事项。

生产经营单位不得以任何形式与从业人员订立协议，免除或者减轻其对从业人员因生产安全事故伤亡依法应承担的责任。

第五十条　生产经营单位的从业人员有权了解其作业场所和工作岗位存在的危险因素、防范措施及事故应急措施，有权对本单位的安全生产工作提出建议。

第五十一条　从业人员有权对本单位安全生产工作中存在的问题提出批评、检举、控告；有权拒绝违章指挥和强令冒险作业。

生产经营单位不得因从业人员对本单位安全生产工作提出批评、检举、控告或者拒绝违章指挥、强令冒险作业而降低其工资、福利等待遇或者解除与其订立的劳动合同。

第五十二条　从业人员发现直接危及人身安全的紧急情况时，有权停止作业或者在采取可能的应急措施后撤离作业场所。

生产经营单位不得因从业人员在前款紧急情况下停止作业或者采取紧急撤离措施而降低其工资、福利等待遇或者解除与其订立的劳动合同。

第五十三条　因生产安全事故受到损害的从业人员，除依法享有工伤保险外，依照有关民事法律尚有获得赔偿的权利的，有权向本单位提出赔偿要求。

第五十四条　从业人员在作业过程中，应当严格遵守本单位的安全生产规章制度和操作规程，服从管理，正确佩戴和使用劳动防护用品。

第五十五条　从业人员应当接受安全生产教育和培训，掌握本职工作所需的安全生产知识，提高安全生产技能，增强事故预防和应急处理能力。

第五十六条　从业人员发现事故隐患或者其他不安全因素，应当立即向现场安全生产管理人员或者本单位负责人报告；接到报告的人员应当及时予以处理。

第五十七条　工会有权对建设项目的安全设施与主体工程同时设计、同时施工、同时投入生产和使用进行监督，提出意见。

工会对生产经营单位违反安全生产法律、法规，侵犯从业人员合法权益的行为，有权要求纠正；发现生产经营单位违章指挥、强令冒险作业或者发现事故隐患时，有权提出解决的建议，生产经营单位应当及时研究答复；发现危及从业人员生命安全的情况时，有权向生产经营单位建议组织从业人员撤离危险场所，生产经营单位必须立即作出处理。

工会有权依法参加事故调查，向有关部门提出处理意见，并要求追究有关人员的责任。

第五十八条　生产经营单位使用被派遣劳动者的，被派遣劳动者享有本法规定的从业人员的权利，并应当履行本法规定的从业人员的义务。

第四章　安全生产的监督管理

第五十九条　县级以上地方各级人民政府应当根据本行政区域内的安全生产状况，组织有关部门按照职责分工，对本行政区域内容易发生重大生产安全事故的生产经营单位进行严格检查。

安全生产监督管理部门应当按照分类分级监督管理的要求，制定安全生产年度监督检查计划，并按照年度监督检查计划进行监督检查，发现事故隐患，应当及时处理。

第六十条　负有安全生产监督管理职责的部门依照有关法律、法规的规定，对涉及安全生产的事项需要审查批准（包括批准、核准、许可、注册、认证、颁发证照等，下同）或者验收的，必须严格依照有关法律、法规和国家标准或者行业标准规定的安全生产条件和程序进行审查；不符合有关法律、法规和国家标准或者行业标准规定的安全生产条件的，不得批准或者验收通过。对未依法取得批准或者验收合格的单位擅自从事有关活动的，负责行政审批的部门发现或者接到举报后应当立即予以取缔，并依法予以处理。对已经依法取得批准的单位，负责行政审批的部门发现其不再具备安全生产条件的，应当撤销原批准。

第六十一条　负有安全生产监督管理职责的部门对涉及安全生产的事项进行审查、验收，不得收取费用；不得要求接受审查、验收的单位购买其指定品牌或者指定生产、销售单位的安全设备、器材或者其他产品。

第六十二条　安全生产监督管理部门和其他负有安全生产监督管理职责的部门依法开展安全生产行政执法工作，对生产经营单位执行有关安全生产的法律、法规和国家标准或者行业标准的情况进行监督检查，行使以下职权：

（一）进入生产经营单位进行检查，调阅有关资料，向有关单位和人员了解情况；

（二）对检查中发现的安全生产违法行为，当场予以纠正或者要求限期改正；对依法应当给予行政处罚的行为，依照本法和其他有关法律、行政法规的规定做出行政处罚决定；

（三）对检查中发现的事故隐患，应当责令立即排除；重大事故隐患排除前或者排除过程中无法保证安全的，应当责令从危险区域内撤出作业人员，责令暂时停产停业或者停止使用相关设施、设备；重大事故隐患排除后，经审查同意，方可恢复生产经营和使用；

（四）对有根据认为不符合保障安全生产的国家标准或者行业标准的设施、设备、器材以及违法生产、储存、使用、经营、运输的危险物品予以查封或者扣押，对违法生产、储存、使用、经营危险物品的作业场所予以查封，并依法作出处理决定。

监督检查不得影响被检查单位的正常生产经营活动。

第六十三条　生产经营单位对负有安全生产监督管理职责的部门的监督检查人员（以下统称安全生产监督检查人员）依法履行监督检查职责，应当予以配合，不得拒绝、阻挠。

第六十四条　安全生产监督检查人员应当忠于职守，坚持原则，秉公执法。

安全生产监督检查人员执行监督检查任务时，必须出示有效的监督执法证件；对涉及被检查单位的技术秘密和业务秘密，应当为其保密。

第六十五条　安全生产监督检查人员应当将检查的时间、地点、内容、发现的问题及其处理情况，作出书面记录，并由检查人员和被检查单位的负责人签字；被检查单位的负责人拒绝签字的，检查人员应当将情况记录在案，并向负有安全生产监督管理职责的部门报告。

第六十六条　负有安全生产监督管理职责的部门在监督检查中，应当互相配合，实行联合检查；确需分别进行检查的，应当互通情况，发现存在的安全问题应当由其他有关部门进行处理的，应当及时移送其他有关部门并形成记录备查，接受移送的部门应当及时进行处理。

第六十七条　负有安全生产监督管理职责的部门依法对存在重大事故隐患的生产经营单位作出停产停业、停止施工、停止使用相关设施或者设备的决定，生产经营单位应当依法执行，及时消除事故隐患。生产经营单位拒不执行，有发生生产安全事故的现实危险的，在保证安全的前提下，经本部门主要负责人批准，负有安全生产监督管理职责的部门可以采取通知有关单位停止供电、停止供应民用爆炸物品等措施，强制生产经营单位履行决定。通知应当采用书面形式，有关单位应当予以配合。

负有安全生产监督管理职责的部门依照前款规定采取停止供电措施，除有危及生产安全的紧急情形外，应当提前二十四小时通知生产经营单位。生产经营单位依法履行行政决定、采取相应措施消除事故隐患的，负有安全生产监督管理职责的部门应当及时解除前款规定的措施。

第六十八条　监察机关依照行政监察法的规定，对负有安全生产监督管理职责的部门及其工作人员履行安全生产监督管理职责实施监察。

第六十九条　承担安全评价、认证、检测、检验的机构应当具备国家规定的资质条件，并对其作出的安全评价、认证、检测、检验的结果负责。

第七十条　负有安全生产监督管理职责的部门应当建立举报制度，公开举报电话、信箱或者电子邮件地址，受理有关安全生产的举报；受理的举报事项经调查核实后，应当形成书面材料；需要落实整改措施的，报经有关负责人签字并督促落实。

第七十一条　任何单位或者个人对事故隐患或者安全生产违法行为，均有权向负有安全生产监督管理职责的部门报告或者举报。

第七十二条　居民委员会、村民委员会发现其所在区域内的生产经营单位存在事故隐患或者安全生产违法行为时，应当向当地人民政府或者有关部门报告。

第七十三条　县级以上各级人民政府及其有关部门对报告重大事故隐患或者举报安全生产违法行为的有功人员，给予奖励。具体奖励办法由国务院安全生产监督管理部门会同国务院财政部门制定。

第七十四条　新闻、出版、广播、电影、电视等单位有进行安全生产公益宣传教育的义务，有对违反安全生产法律、法规的行为进行舆论监督的权利。

第七十五条　负有安全生产监督管理职责的部门应当建立安全生产违法行为信息库，如实记录生产经营单位的安全生产违法行为信息；对违法行为情节严重的生产经营单位，应当向社会公告，并通报行业主管部门、投资主管部门、国土资源主管部门、证券监督管理机构以及有关金融机构。

第五章　生产安全事故的应急救援与调查处理

第七十六条　国家加强生产安全事故应急能力建设，在重点行业、领域建立应急救援基地和应急救援队伍，鼓励生产经营单位和其他社会力量建立应急救援队伍，配备相应的应急救援装备和物资，提高应急救援的专业化水平。

国务院安全生产监督管理部门建立全国统一的生产安全事故应急救援信息系统，国务院有关部门建立健全相关行业、领域的生产安全事故应急救援信息系统。

第七十七条　县级以上地方各级人民政府应当组织有关部门制定本行政区域内生产安全事故应急救援预案，建立应急救援体系。

第七十八条　生产经营单位应当制定本单位生产安全事故应急救援预案，与所在地县级以上地方人民政府组织制定的生产安全事故应急救援预案相衔接，并定期组织演练。

第七十九条　危险物品的生产、经营、储存单位以及矿山、金属冶炼、城市轨道交通运营、建筑施工单位应当建立应急救援组织；生产经营规模较小的，可以不建立应急救援组织，但应当指定兼职的应急救援人员。

危险物品的生产、经营、储存、运输单位以及矿山、金属冶炼、城市轨道交通运营、建筑施工单位应当配备必要的应急救援器材、设备和物资，并进行经常性维护、保养，保证正常运转。

第八十条　生产经营单位发生生产安全事故后，事故现场有关人员应当立即报告本单位负责人。

单位负责人接到事故报告后，应当迅速采取有效措施，组织抢救，防止事故扩大，减少人员伤亡和财产损失，并按照国家有关规定立即如实报告当地负有安全生产监督管理职责的部门，不得隐瞒不报、谎报或者迟报，不得故意破坏事故现场、毁灭有关证据。

第八十一条　负有安全生产监督管理职责的部门接到事故报告后，应当立即按照国家有关规定上报事故情况。负有安全生产监督管理职责的部门和有关地方人民政府对事故情况不得隐瞒不报、谎报或者迟报。

第八十二条　有关地方人民政府和负有安全生产监督管理职责的部门的负责人接到生产安全事故报告后，应当按照生产安全事故应急救援预案的要求立即赶到事故现场，组织事故抢救。

参与事故抢救的部门和单位应当服从统一指挥，加强协同联动，采取有效的应急救援措施，并根据事故救援的需要采取警戒、疏散等措施，防止事故扩大和次生灾害的发生，减少人员伤亡和财产损失。

事故抢救过程中应当采取必要措施，避免或者减少对环境造成的危害。

任何单位和个人都应当支持、配合事故抢救，并提供一切便利条件。

第八十三条　事故调查处理应当按照科学严谨、依法依规、实事求是、注重实效的原则，及时、准确地查清事故原因，查明事故性质和责任，总结事故教训，提出整改措施，并对事故责任者提出处理意见。事故调查报告应当依法及时向社会公布。事故调查和处理的具体办法由国务院制定。

事故发生单位应当及时全面落实整改措施，负有安全生产监督管理职责的部门应当加强监督检查。

第八十四条　生产经营单位发生生产安全事故，经调查确定为责任事故的，除了应当查明事故单位的责任并依法予以追究外，还应当查明对安全生产的有关事项负有审查批准和监督职责的行政部门的责任，对有失职、渎职行为的，依照本法第八十七条的规定追究法律责任。

第八十五条　任何单位和个人不得阻挠和干涉对事故的依法调查处理。

第八十六条　县级以上地方各级人民政府安全生产监督管理部门应当定期统计分析本行政区域内发生生产安全事故的情况，并定期向社会公布。

第六章　法律责任

第八十七条　负有安全生产监督管理职责的部门的工作人员，有下列行为之一的，给予降级或者撤职的处分；构成犯罪的，依照刑法有关规定追究刑事责任：

（一）对不符合法定安全生产条件的涉及安全生产的事项予以批准或者验收通过的；

（二）发现未依法取得批准、验收的单位擅自从事有关活动或者接到举报后不予取缔或者不依法予以处理的；

（三）对已经依法取得批准的单位不履行监督管理职责，发现其不再具备安全生产条件而不撤销原批准或者发现安全生产违法行为不予查处的；

（四）在监督检查中发现重大事故隐患，不依法及时处理的。

负有安全生产监督管理职责的部门的工作人员有前款规定以外的滥用职权、玩忽职守、徇私舞弊行为的，依法给予处分；构成犯罪的，依照刑法有关规定追究刑事责任。

第八十八条　负有安全生产监督管理职责的部门，要求被审查、验收的单位购买其指定的安全设备、器材或者其他产品的，在对安全生产事项的审查、验收中收取费用的，由其上级机关或者监察机关责令改正，责令退还收取的费用；情节严重的，对直接负责的主管人员和其他直接责任人员依法给予处分。

第八十九条　承担安全评价、认证、检测、检验工作的机构，出具虚假证明的，没收违法所得；违法所得在十万元以上的，并处违法所得二倍以上五倍以下的罚款；没有违法所得或者违法所得不足十万元的，单处或者并处十万元以上二十万元以下的罚款；对其直接负责的主管人员和其他直接责任人员处二万元以上五万元以下的罚款；给他人造成损害的，与生产经营单位承担连带赔偿责任；构成犯罪的，依照刑法有关规定追究刑事责任。

对有前款违法行为的机构，吊销其相应资质。

第九十条　生产经营单位的决策机构、主要负责人或者个人经营的投资人不依照本法规定保证安全生产所必需的资金投入，致使生产经营单位不具备安全生产条件的，责令限期改正，提供必需的资金；逾期

未改正的，责令生产经营单位停产停业整顿。

有前款违法行为，导致发生生产安全事故的，对生产经营单位的主要负责人给予撤职处分，对个人经营的投资人处二万元以上二十万元以下的罚款；构成犯罪的，依照刑法有关规定追究刑事责任。

第九十一条　生产经营单位的主要负责人未履行本法规定的安全生产管理职责的，责令限期改正；逾期未改正的，处二万元以上五万元以下的罚款，责令生产经营单位停产停业整顿。

生产经营单位的主要负责人有前款违法行为，导致发生生产安全事故的，给予撤职处分；构成犯罪的，依照刑法有关规定追究刑事责任。

生产经营单位的主要负责人依照前款规定受刑事处罚或者撤职处分的，自刑罚执行完毕或者受处分之日起，五年内不得担任任何生产经营单位的主要负责人；对重大、特别重大生产安全事故负有责任的，终身不得担任本行业生产经营单位的主要负责人。

第九十二条　生产经营单位的主要负责人未履行本法规定的安全生产管理职责，导致发生生产安全事故的，由安全生产监督管理部门依照下列规定处以罚款：

（一）发生一般事故的，处上一年年收入百分之三十的罚款；

（二）发生较大事故的，处上一年年收入百分之四十的罚款；

（三）发生重大事故的，处上一年年收入百分之六十的罚款；

（四）发生特别重大事故的，处上一年年收入百分之八十的罚款。

第九十三条　生产经营单位的安全生产管理人员未履行本法规定的安全生产管理职责的，责令限期改正；导致发生生产安全事故的，暂停或者撤销其与安全生产有关的资格；构成犯罪的，依照刑法有关规定追究刑事责任。

第九十四条　生产经营单位有下列行为之一的，责令限期改正，可以处五万元以下的罚款；逾期未改正的，责令停产停业整顿，并处五万元以上十万元以下的罚款，对其直接负责的主管人员和其他直接责任人员处一万元以上二万元以下的罚款：

（一）未按照规定设置安全生产管理机构或者配备安全生产管理人员的；

（二）危险物品的生产、经营、储存单位以及矿山、金属冶炼、建筑施工、道路运输单位的主要负责人和安全生产管理人员未按照规定经考核合格的；

（三）未按照规定对从业人员、被派遣劳动者、实习学生进行安全生产教育和培训，或者未按照规定如实告知有关的安全生产事项的；

（四）未如实记录安全生产教育和培训情况的；

（五）未将事故隐患排查治理情况如实记录或者未向从业人员通报的；

（六）未按照规定制定生产安全事故应急救援预案或者未定期组织演练的；

（七）特种作业人员未按照规定经专门的安全作业培训并取得相应资格，上岗作业的。

第九十五条　生产经营单位有下列行为之一的，责令停止建设或者停产停业整顿，限期改正；逾期未改正的，处五十万元以上一百万元以下的罚款，对其直接负责的主管人员和其他直接责任人员处二万元以上五万元以下的罚款；构成犯罪的，依照刑法有关规定追究刑事责任：

（一）未按照规定对矿山、金属冶炼建设项目或者用于生产、储存、装卸危险物品的建设项目进行安全评价的；

（二）矿山、金属冶炼建设项目或者用于生产、储存、装卸危险物品的建设项目没有安全设施设计或者安全设施设计未按照规定报经有关部门审查同意的；

（三）矿山、金属冶炼建设项目或者用于生产、储存、装卸危险物品的建设项目的施工单位未按照批准的安全设施设计施工的；

（四）矿山、金属冶炼建设项目或者用于生产、储存危险物品的建设项目竣工投入生产或者使用前，安全设施未经验收合格的。

第九十六条　生产经营单位有下列行为之一的，责令限期改正，可以处五万元以下的罚款；逾期未改正的，处五万元以上二十万元以下的罚款，对其直接负责的主管人员和其他直接责任人员处一万元以上二万元以下的罚款；情节严重的，责令停产停业整顿；构成犯罪的，依照刑法有关规定追究刑事责任：

（一）未在有较大危险因素的生产经营场所和有关设施、设备上设置明显的安全警示标志的；

（二）安全设备的安装、使用、检测、改造和报废不符合国家标准或者行业标准的；

（三）未对安全设备进行经常性维护、保养和定期检测的；

（四）未为从业人员提供符合国家标准或者行业标准的劳动防护用品的；

（五）危险物品的容器、运输工具，以及涉及人身安全、危险性较大的海洋石油开采特种设备和矿山井下特种设备未经具有专业资质的机构检测、检验合格，取得安全使用证或者安全标志，投入使用的；

（六）使用应当淘汰的危及生产安全的工艺、设备的。

第九十七条　未经依法批准，擅自生产、经营、运输、储存、使用危险物品或者处置废弃危险物品的，依照有关危险物品安全管理的法律、行政法规的规定予以处罚；构成犯罪的，依照刑法有关规定追究刑事责任。

第九十八条　生产经营单位有下列行为之一的，责令限期改正，可以处十万元以下的罚款；逾期未改正的，责令停产停业整顿，并处十万元以上二十万元以下的罚款，对其直接负责的主管人员和其他直接责任人员处二万元以上五万元以下的罚款；构成犯罪的，依照刑法有关规定追究刑事责任：

（一）生产、经营、运输、储存、使用危险物品或者处置废弃危险物品，未建立专门安全管理制度、未采取可靠的安全措施的；

（二）对重大危险源未登记建档，或者未进行评估、监控，或者未制定应急预案的；

（三）进行爆破、吊装以及国务院安全生产监督管理部门会同国务院有关部门规定的其他危险作业，未安排专门人员进行现场安全管理的；

（四）未建立事故隐患排查治理制度的。

第九十九条　生产经营单位未采取措施消除事故隐患的，责令立即消除或者限期消除；生产经营单位拒不执行的，责令停产停业整顿，并处十万元以上五十万元以下的罚款，对其直接负责的主管人员和其他直接责任人员处二万元以上五万元以下的罚款。

第一百条　生产经营单位将生产经营项目、场所、设备发包或者出租给不具备安全生产条件或者相应资质的单位或者个人的，责令限期改正，没收违法所得；违法所得十万元以上的，并处违法所得二倍以上五倍以下的罚款；没有违法所得或者违法所得不足十万元的，单处或者并处十万元以上二十万元以下的罚款；对其直接负责的主管人员和其他直接责任人员处一万元以上二万元以下的罚款；导致发生生产安全事故给他人造成损害的，与承包方、承租方承担连带赔偿责任。

生产经营单位未与承包单位、承租单位签订专门的安全生产管理协议或者未在承包合同、租赁合同中明确各自的安全生产管理职责，或者未对承包单位、承租单位的安全生产统一协调、管理的，责令限期改正，可以处五万元以下的罚款，对其直接负责的主管人员和其他直接责任人员可以处一万元以下的罚款；逾期未改正的，责令停产停业整顿。

第一百零一条　两个以上生产经营单位在同一作业区域内进行可能危及对方安全生产的生产经营活动，未签订安全生产管理协议或者未指定专职安全生产管理人员进行安全检查与协调的，责令限期改正，可以处五万元以下的罚款，对其直接负责的主管人员和其他直接责任人员可以处一万元以下的罚款；逾期未改正的，责令停产停业。

第一百零二条　生产经营单位有下列行为之一的，责令限期改正，可以处五万元以下的罚款，对其直接负责的主管人员和其他直接责任人员可以处一万元以下的罚款；逾期未改正的，责令停产停业整顿；构成犯罪的，依照刑法有关规定追究刑事责任：

（一）生产、经营、储存、使用危险物品的车间、商店、仓库与员工宿舍在同一座建筑内，或者与员工宿舍的距离不符合安全要求的；

（二）生产经营场所和员工宿舍未设有符合紧急疏散需要、标志明显、保持畅通的出口，或者锁闭、封堵生产经营场所或者员工宿舍出口的。

第一百零三条　生产经营单位与从业人员订立协议，免除或者减轻其对从业人员因生产安全事故伤亡依法应承担的责任的，该协议无效；对生产经营单位的主要负责人、个人经营的投资人处二万元以上十万元以下的罚款。

第一百零四条　生产经营单位的从业人员不服从管理，违反安全生产规章制度或者操作规程的，由生产经营单位给予批评教育，依照有关规章制度给予处分；构成犯罪的，依照刑法有关规定追究刑事责任。

第一百零五条　违反本法规定，生产经营单位拒绝、阻碍负有安全生产监督管理职责的部门依法实施监督检查的，责令改正；拒不改正的，处二万元以上二十万元以下的罚款；对其直接负责的主管人员和其他直接责任人员处一万元以上二万元以下的罚款；构成犯罪的，依照刑法有关规定追究刑事责任。

第一百零六条　生产经营单位的主要负责人在本单位发生生产安全事故时，不立即组织抢救或者在事故调查处理期间擅离职守或者逃匿的，给予降级、撤职的处分，并由安全生产监督管理部门处上一年年收入百分之六十至百分之一百的罚款；对逃匿的处十五日以下拘留；构成犯罪的，依照刑法有关规定追究刑事责任。

生产经营单位的主要负责人对生产安全事故隐瞒不报、谎报或者迟报的，依照前款规定处罚。

第一百零七条　有关地方人民政府、负有安全生产监督管理职责的部门，对生产安全事故隐瞒不报、谎报或者迟报的，对直接负责的主管人员和其他直接责任人员依法给予处分；构成犯罪的，依照刑法有关规定追究刑事责任。

第一百零八条　生产经营单位不具备本法和其他有关法律、行政法规和国家标准或者行业标准规定的安全生产条件，经停产停业整顿仍不具备安全生产条件的，予以关闭；有关部门应当依法吊销其有关证照。

第一百零九条　发生生产安全事故，对负有责任的生产经营单位除要求其依法承担相应的赔偿等责任外，由安全生产监督管理部门依照下列规定处以罚款：

（一）发生一般事故的，处二十万元以上五十万元以下的罚款；

（二）发生较大事故的，处五十万元以上一百万元以下的罚款；

（三）发生重大事故的，处一百万元以上五百万元以下的罚款；

（四）发生特别重大事故的，处五百万元以上一千万元以下的罚款；情节特别严重的，处一千万元以上二千万元以下的罚款。

第一百一十条　本法规定的行政处罚，由安全生产监督管理部门和其他负有安全生产监督管理职责的部门按照职责分工决定。予以关闭的行政处罚由负有安全生产监督管理职责的部门报请县级以上人民政府按照国务院规定的权限决定；给予拘留的行政处罚由公安机关依照治安管理处罚法的规定决定。

第一百一十一条　生产经营单位发生生产安全事故造成人员伤亡、他人财产损失的，应当依法承担赔偿责任；拒不承担或者其负责人逃匿的，由人民法院依法强制执行。

生产安全事故的责任人未依法承担赔偿责任，经人民法院依法采取执行措施后，仍不能对受害人给予足额赔偿的，应当继续履行赔偿义务；受害人发现责任人有其他财产的，可以随时请求人民法院执行。

第七章　附　则

第一百一十二条　本法下列用语的含义：

危险物品，是指易燃易爆物品、危险化学品、放射性物品等能够危及人身安全和财产安全的物品。

重大危险源，是指长期地或者临时地生产、搬运、使用或者储存危险物品，且危险物品的数量等于或者超过临界量的单元（包括场所和设施）。

第一百一十三条　本法规定的生产安全一般事故、较大事故、重大事故、特别重大事故的划分标准由国务院规定。

国务院安全生产监督管理部门和其他负有安全生产监督管理职责的部门应当根据各自的职责分工，制定相关行业、领域重大事故隐患的判定标准。

第一百一十四条　本法自2014年12月1日起施行。

（三）建设工程质量管理条例

建设工程质量管理条例（2019年4月23日修正版）

（2000年1月30日国务院令第279号发布　根据2017年10月7日国务院令第687号《国务院关于修改部分行政法规的决定》第一次修正，根据2019年4月23日国务院令第714号《国务院关于修改部分行政法规的决定》第二次修改）

第一章　总　则

第一条　为了加强对建设工程质量的管理，保证建设工程质量，保护人民生命和财产安全，根据《中华人民共和国建筑法》，制定本条例。

第二条　凡在中华人民共和国境内从事建设工程的新建、扩建、改建等有关活动及实施对建设工程质量监督管理的，必须遵守本条例。

本条例所称建设工程，是指土木工程、建筑工程、线路管道和设备安装工程及装修工程。

第三条　建设单位、勘察单位、设计单位、施工单位、工程监理单位依法对建设工程质量负责。

第四条　县级以上人民政府建设行政主管部门和其他有关部门应当加强对建设工程质量的监督管理。

第五条　从事建设工程活动，必须严格执行基本建设程序，坚持先勘察、后设计、再施工的原则。

县级以上人民政府及其有关部门不得超越权限审批建设项目或者擅自简化基本建设程序。

第六条　国家鼓励采用先进的科学技术和管理方法，提高建设工程质量。

第二章　建设单位的质量责任和义务

第七条　建设单位应当将工程发包给具有相应资质等级的单位。

建设单位不得将建设工程肢解发包。

第八条　建设单位应当依法对工程建设项目的勘察、设计、施工、监理以及与工程建设有关的重要设备、材料等的采购进行招标。

第九条　建设单位必须向有关的勘察、设计、施工、工程监理等单位提供与建设工程有关的原始资料。

原始资料必须真实、准确、齐全。

第十条　建设工程发包单位不得迫使承包方以低于成本的价格竞标，不得任意压缩合理工期。

建设单位不得明示或者暗示设计单位或者施工单位违反工程建设强制性标准，降低建设工程质量。

第十一条　施工图设计文件审查的具体办法，由国务院建设行政主管部门、国务院其他有关部门制定。

施工图设计文件未经审查批准的，不得使用。

第十二条　实行监理的建设工程，建设单位应当委托具有相应资质等级的工程监理单位进行监理，也可以委托具有工程监理相应资质等级并与被监理工程的施工承包单位没有隶属关系或者其他利害关系的该工程的设计单位进行监理。

下列建设工程必须实行监理：

（一）国家重点建设工程；

（二）大中型公用事业工程；

（三）成片开发建设的住宅小区工程；

（四）利用外国政府或者国际组织贷款、援助资金的工程；

（五）国家规定必须实行监理的其他工程。

第十三条　建设单位在开工前，应当按照国家有关规定办理工程质量监督手续，工程质量监督手续可以与施工许可证或者开工报告合并办理。

第十四条　按照合同约定，由建设单位采购建筑材料、建筑构配件和设备的，建设单位应当保证建筑材料、建筑构配件和设备符合设计文件和合同要求。

建设单位不得明示或者暗示施工单位使用不合格的建筑材料、建筑构配件和设备。

第十五条　涉及建筑主体和承重结构变动的装修工程，建设单位应当在施工前委托原设计单位或者具有相应资质等级的设计单位提出设计方案；没有设计方案的，不得施工。

房屋建筑使用者在装修过程中，不得擅自变动房屋建筑主体和承重结构。

第十六条　建设单位收到建设工程竣工报告后，应当组织设计、施工、工程监理等有关单位进行竣工验收。

建设工程竣工验收应当具备下列条件：

（一）完成建设工程设计和合同约定的各项内容；

（二）有完整的技术档案和施工管理资料；

（三）有工程使用的主要建筑材料、建筑构配件和设备的进场试验报告；

（四）有勘察、设计、施工、工程监理等单位分别签署的质量合格文件；

（五）有施工单位签署的工程保修书。

建设工程经验收合格的，方可交付使用。

第十七条　建设单位应当严格按照国家有关档案管理的规定，及时收集、整理建设项目各环节的文件资料，建立、健全建设项目档案，并在建设工程竣工验收后，及时向建设行政主管部门或者其他有关部门移交建设项目档案。

第三章　勘察、设计单位的质量责任和义务

第十八条　从事建设工程勘察、设计的单位应当依法取得相应等级的资质证书，并在其资质等级许可的范围内承揽工程。

禁止勘察、设计单位超越其资质等级许可的范围或者以其他勘察、设计单位的名义承揽工程。禁止勘察、设计单位允许其他单位或者个人以本单位的名义承揽工程。

勘察、设计单位不得转包或者违法分包所承揽的工程。

第十九条　勘察、设计单位必须按照工程建设强制性标准进行勘察、设计，并对其勘察、设计的质量负责。

注册建筑师、注册结构工程师等注册执业人员应当在设计文件上签字，对设计文件负责。

第二十条　勘察单位提供的地质、测量、水文等勘察成果必须真实、准确。

第二十一条　设计单位应当根据勘察成果文件进行建设工程设计。

设计文件应当符合国家规定的设计深度要求，注明工程合理使用年限。

第二十二条　设计单位在设计文件中选用的建筑材料、建筑构配件和设备，应当注明规格、型号、性能等技术指标，其质量要求必须符合国家规定的标准。

除有特殊要求的建筑材料、专用设备、工艺生产线等外，设计单位不得指定生产厂、供应商。

第二十三条　设计单位应当就审查合格的施工图设计文件向施工单位作出详细说明。

第二十四条　设计单位应当参与建设工程质量事故分析，并对因设计造成的质量事故，提出相应的技术处理方案。

第四章　施工单位的质量责任和义务

第二十五条　施工单位应当依法取得相应等级的资质证书，并在其资质等级许可的范围内承揽工程。

禁止施工单位超越本单位资质等级许可的业务范围或者以其他施工单位的名义承揽工程。禁止施工单位允许其他单位或者个人以本单位的名义承揽工程。

施工单位不得转包或者违法分包工程。

第二十六条　施工单位对建设工程的施工质量负责。

施工单位应当建立质量责任制，确定工程项目的项目经理、技术负责人和施工管理负责人。

建设工程实行总承包的，总承包单位应当对全部建设工程质量负责；建设工程勘察、设计、施工、设备采购的一项或者多项实行总承包的，总承包单位应当对其承包的建设工程或者采购的设备的质量负责。

第二十七条　总承包单位依法将建设工程分包给其他单位的，分包单位应当按照分包合同的约定对其分包工程的质量向总承包单位负责，总承包单位与分包单位对分包工程的质量承担连带责任。

第二十八条　施工单位必须按照工程设计图纸和施工技术标准施工，不得擅自修改工程设计，不得偷工减料。

施工单位在施工过程中发现设计文件和图纸有差错的，应当及时提出意见和建议。

第二十九条　施工单位必须按照工程设计要求、施工技术标准和合同约定，对建筑材料、建筑构配件、设备和商品混凝土进行检验，检验应当有书面记录和专人签字；未经检验或者检验不合格的，不得使用。

第三十条　施工单位必须建立、健全施工质量的检验制度，严格工序管理，作好隐蔽工程的质量检查和记录。隐蔽工程在隐蔽前，施工单位应当通知建设单位和建设工程质量监督机构。

第三十一条　施工人员对涉及结构安全的试块、试件以及有关材料，应当在建设单位或者工程监理单位监督下现场取样，并送具有相应资质等级的质量检测单位进行检测。

第三十二条　施工单位对施工中出现质量问题的建设工程或者竣工验收不合格的建设工程，应当负责返修。

第三十三条　施工单位应当建立、健全教育培训制度，加强对职工的教育培训；未经教育培训或者考核不合格的人员，不得上岗作业。

第五章　工程监理单位的质量责任和义务

第三十四条　工程监理单位应当依法取得相应等级的资质证书，并在其资质等级许可的范围内承担工程监理业务。

禁止工程监理单位超越本单位资质等级许可的范围或者以其他工程监理单位的名义承担工程监理业务。禁止工程监理单位允许其他单位或者个人以本单位的名义承担工程监理业务。

工程监理单位不得转让工程监理业务。

第三十五条　工程监理单位与被监理工程的施工承包单位以及建筑材料、建筑构配件和设备供应单位有隶属关系或者其他利害关系的，不得承担该项建设工程的监理业务。

第三十六条　工程监理单位应当依照法律、法规以及有关技术标准、设计文件和建设工程承包合同，代表建设单位对施工质量实施监理，并对施工质量承担监理责任。

第三十七条　工程监理单位应当选派具备相应资格的总监理工程师和监理工程师进驻施工现场。

未经监理工程师签字，建筑材料、建筑构配件和设备不得在工程上使用或者安装，施工单位不得进行

下一道工序的施工。未经总监理工程师签字，建设单位不拨付工程款，不进行竣工验收。

第三十八条　监理工程师应当按照工程监理规范的要求，采取旁站、巡视和平行检验等形式，对建设工程实施监理。

第六章　建设工程质量保修

第三十九条　建设工程实行质量保修制度。

建设工程承包单位在向建设单位提交工程竣工验收报告时，应当向建设单位出具质量保修书。质量保修书中应当明确建设工程的保修范围、保修期限和保修责任等。

第四十条　在正常使用条件下，建设工程的最低保修期限为：

（一）基础设施工程、房屋建筑的地基基础工程和主体结构工程，为设计文件规定的该工程的合理使用年限；

（二）屋面防水工程、有防水要求的卫生间、房间和外墙面的防渗漏，为 5 年；

（三）供热与供冷系统，为 2 个采暖期、供冷期；

（四）电气管线、给排水管道、设备安装和装修工程，为 2 年。

其他项目的保修期限由发包方与承包方约定。

建设工程的保修期，自竣工验收合格之日起计算。

第四十一条　建设工程在保修范围和保修期限内发生质量问题的，施工单位应当履行保修义务，并对造成的损失承担赔偿责任。

第四十二条　建设工程在超过合理使用年限后需要继续使用的，产权所有人应当委托具有相应资质等级的勘察、设计单位鉴定，并根据鉴定结果采取加固、维修等措施，重新界定使用期。

第七章　监督管理

第四十三条　国家实行建设工程质量监督管理制度。

国务院建设行政主管部门对全国的建设工程质量实施统一监督管理。国务院铁路、交通、水利等有关部门按照国务院规定的职责分工，负责对全国的有关专业建设工程质量的监督管理。

县级以上地方人民政府建设行政主管部门对本行政区域内的建设工程质量实施监督管理。县级以上地方人民政府交通、水利等有关部门在各自的职责范围内，负责对本行政区域内的专业建设工程质量的监督管理。

第四十四条　国务院建设行政主管部门和国务院铁路、交通、水利等有关部门应当加强对有关建设工程质量的法律、法规和强制性标准执行情况的监督检查。

第四十五条　国务院发展计划部门按照国务院规定的职责，组织稽察特派员，对国家出资的重大建设项目实施监督检查。

国务院经济贸易主管部门按照国务院规定的职责，对国家重大技术改造项目实施监督检查。

第四十六条　建设工程质量监督管理，可以由建设行政主管部门或者其他有关部门委托的建设工程质量监督机构具体实施。

从事房屋建筑工程和市政基础设施工程质量监督的机构，必须按照国家有关规定经国务院建设行政主管部门或者省、自治区、直辖市人民政府建设行政主管部门考核；从事专业建设工程质量监督的机构，必须按照国家有关规定经国务院有关部门或者省、自治区、直辖市人民政府有关部门考核。经考核合格后，方可实施质量监督。

第四十七条　县级以上地方人民政府建设行政主管部门和其他有关部门应当加强对有关建设工程质量的法律、法规和强制性标准执行情况的监督检查。

第四十八条　县级以上人民政府建设行政主管部门和其他有关部门履行监督检查职责时，有权采取下

列措施：

（一）要求被检查的单位提供有关工程质量的文件和资料；

（二）进入被检查单位的施工现场进行检查；

（三）发现有影响工程质量的问题时，责令改正。

第四十九条　建设单位应当自建设工程竣工验收合格之日起 15 日内，将建设工程竣工验收报告和规划、公安消防、环保等部门出具的认可文件或者准许使用文件报建设行政主管部门或者其他有关部门备案。

建设行政主管部门或者其他有关部门发现建设单位在竣工验收过程中有违反国家有关建设工程质量管理规定行为的，责令停止使用，重新组织竣工验收。

第五十条　有关单位和个人对县级以上人民政府建设行政主管部门和其他有关部门进行的监督检查应当支持与配合，不得拒绝或者阻碍建设工程质量监督检查人员依法执行职务。

第五十一条　供水、供电、供气、公安消防等部门或者单位不得明示或者暗示建设单位、施工单位购买其指定的生产供应单位的建筑材料、建筑构配件和设备。

第五十二条　建设工程发生质量事故，有关单位应当在 24 小时内向当地建设行政主管部门和其他有关部门报告。对重大质量事故，事故发生地的建设行政主管部门和其他有关部门应当按照事故类别和等级向当地人民政府和上级建设行政主管部门和其他有关部门报告。

特别重大质量事故的调查程序按照国务院有关规定办理。

第五十三条　任何单位和个人对建设工程的质量事故、质量缺陷都有权检举、控告、投诉。

第八章　罚　则

第五十四条　违反本条例规定，建设单位将建设工程发包给不具有相应资质等级的勘察、设计、施工单位或者委托给不具有相应资质等级的工程监理单位的，责令改正，处 50 万元以上 100 万元以下的罚款。

第五十五条　违反本条例规定，建设单位将建设工程肢解发包的，责令改正，处工程合同价款 0.5%以上 1%以下的罚款；对全部或者部分使用国有资金的项目，并可以暂停项目执行或者暂停资金拨付。

第五十六条　违反本条例规定，建设单位有下列行为之一的，责令改正，处 20 万元以上 50 万元以下的罚款：

（一）迫使承包方以低于成本的价格竞标的；

（二）任意压缩合理工期的；

（三）明示或者暗示设计单位或者施工单位违反工程建设强制性标准，降低工程质量的；

（四）施工图设计文件未经审查或者审查不合格，擅自施工的；

（五）建设项目必须实行工程监理而未实行工程监理的；

（六）未按照国家规定办理工程质量监督手续的；

（七）明示或者暗示施工单位使用不合格的建筑材料、建筑构配件和设备的；

（八）未按照国家规定将竣工验收报告、有关认可文件或者准许使用文件报送备案的。

第五十七条　违反本条例规定，建设单位未取得施工许可证或者开工报告未经批准，擅自施工的，责令停止施工，限期改正，处工程合同价款 1%以上 2%以下的罚款。

第五十八条　违反本条例规定，建设单位有下列行为之一的，责令改正，处工程合同价款 2%以上 4%以下的罚款；造成损失的，依法承担赔偿责任：

（一）未组织竣工验收，擅自交付使用的；

（二）验收不合格，擅自交付使用的；

（三）对不合格的建设工程按照合格工程验收的。

第五十九条　违反本条例规定，建设工程竣工验收后，建设单位未向建设行政主管部门或者其他有关

部门移交建设项目档案的，责令改正，处1万元以上10万元以下的罚款。

第六十条　违反本条例规定，勘察、设计、施工、工程监理单位超越本单位资质等级承揽工程的，责令停止违法行为，对勘察、设计单位或者工程监理单位处合同约定的勘察费、设计费或者监理酬金1倍以上2倍以下的罚款；对施工单位处工程合同价款2%以上4%以下的罚款，可以责令停业整顿，降低资质等级；情节严重的，吊销资质证书；有违法所得的，予以没收。

未取得资质证书承揽工程的，予以取缔，依照前款规定处以罚款；有违法所得的，予以没收。

以欺骗手段取得资质证书承揽工程的，吊销资质证书，依照本条第一款规定处以罚款；有违法所得的，予以没收。

第六十一条　违反本条例规定，勘察、设计、施工、工程监理单位允许其他单位或者个人以本单位名义承揽工程的，责令改正，没收违法所得，对勘察、设计单位和工程监理单位处合同约定的勘察费、设计费和监理酬金1倍以上2倍以下的罚款；对施工单位处工程合同价款2%以上4%以下的罚款；可以责令停业整顿，降低资质等级；情节严重的，吊销资质证书。

第六十二条　违反本条例规定，承包单位将承包的工程转包或者违法分包的，责令改正，没收违法所得，对勘察、设计单位处合同约定的勘察费、设计费25%以上50%以下的罚款；对施工单位处工程合同价款0.5%以上1%以下的罚款；可以责令停业整顿，降低资质等级；情节严重的，吊销资质证书。

工程监理单位转让工程监理业务的，责令改正，没收违法所得，处合同约定的监理酬金25%以上50%以下的罚款；可以责令停业整顿，降低资质等级；情节严重的，吊销资质证书。

第六十三条　违反本条例规定，有下列行为之一的，责令改正，处10万元以上30万元以下的罚款：

（一）勘察单位未按照工程建设强制性标准进行勘察的；

（二）设计单位未根据勘察成果文件进行工程设计的；

（三）设计单位指定建筑材料、建筑构配件的生产厂、供应商的；

（四）设计单位未按照工程建设强制性标准进行设计的。

有前款所列行为，造成工程质量事故的，责令停业整顿，降低资质等级；情节严重的，吊销资质证书；造成损失的，依法承担赔偿责任。

第六十四条　违反本条例规定，施工单位在施工中偷工减料的，使用不合格的建筑材料、建筑构配件和设备的，或者有不按照工程设计图纸或者施工技术标准施工的其他行为的，责令改正，处工程合同价款2%以上4%以下的罚款；造成建设工程质量不符合规定的质量标准的，负责返工、修理，并赔偿因此造成的损失；情节严重的，责令停业整顿，降低资质等级或者吊销资质证书。

第六十五条　违反本条例规定，施工单位未对建筑材料、建筑构配件、设备和商品混凝土进行检验，或者未对涉及结构安全的试块、试件以及有关材料取样检测的，责令改正，处10万元以上20万元以下的罚款；情节严重的，责令停业整顿，降低资质等级或者吊销资质证书；造成损失的，依法承担赔偿责任。

第六十六条　违反本条例规定，施工单位不履行保修义务或者拖延履行保修义务的，责令改正，处10万元以上20万元以下的罚款，并对在保修期内因质量缺陷造成的损失承担赔偿责任。

第六十七条　工程监理单位有下列行为之一的，责令改正，处50万元以上100万元以下的罚款，降低资质等级或者吊销资质证书；有违法所得的，予以没收；造成损失的，承担连带赔偿责任：

（一）与建设单位或者施工单位串通，弄虚作假、降低工程质量的；

（二）将不合格的建设工程、建筑材料、建筑构配件和设备按照合格签字的。

第六十八条　违反本条例规定，工程监理单位与被监理工程的施工承包单位以及建筑材料、建筑构配件和设备供应单位有隶属关系或者其他利害关系承担该项建设工程的监理业务的，责令改正，处5万元以上10万元以下的罚款，降低资质等级或者吊销资质证书；有违法所得的，予以没收。

第六十九条　违反本条例规定，涉及建筑主体或者承重结构变动的装修工程，没有设计方案擅自施工的，责令改正，处50万元以上100万元以下的罚款；房屋建筑使用者在装修过程中擅自变动房屋建筑主体和承重结构的，责令改正，处5万元以上10万元以下的罚款。

有前款所列行为，造成损失的，依法承担赔偿责任。

第七十条　发生重大工程质量事故隐瞒不报、谎报或者拖延报告期限的，对直接负责的主管人员和其他责任人员依法给予行政处分。

第七十一条　违反本条例规定，供水、供电、供气、公安消防等部门或者单位明示或者暗示建设单位或者施工单位购买其指定的生产供应单位的建筑材料、建筑构配件和设备的，责令改正。

第七十二条　违反本条例规定，注册建筑师、注册结构工程师、监理工程师等注册执业人员因过错造成质量事故的，责令停止执业1年；造成重大质量事故的，吊销执业资格证书，5年以内不予注册；情节特别恶劣的，终身不予注册。

第七十三条　依照本条例规定，给予单位罚款处罚的，对单位直接负责的主管人员和其他直接责任人员处单位罚款数额5%以上10%以下的罚款。

第七十四条　建设单位、设计单位、施工单位、工程监理单位违反国家规定，降低工程质量标准，造成重大安全事故，构成犯罪的，对直接责任人员依法追究刑事责任。

第七十五条　本条例规定的责令停业整顿，降低资质等级和吊销资质证书的行政处罚，由颁发资质证书的机关决定；其他行政处罚，由建设行政主管部门或者其他有关部门依照法定职权决定。

依照本条例规定被吊销资质证书的，由工商行政管理部门吊销其营业执照。

第七十六条　国家机关工作人员在建设工程质量监督管理工作中玩忽职守、滥用职权、徇私舞弊，构成犯罪的，依法追究刑事责任；尚不构成犯罪的，依法给予行政处分。

第七十七条　建设、勘察、设计、施工、工程监理单位的工作人员因调动工作、退休等原因离开该单位后，被发现在该单位工作期间违反国家有关建设工程质量管理规定，造成重大工程质量事故的，仍应当依法追究法律责任。

第九章　附　则

第七十八条　本条例所称肢解发包，是指建设单位将应当由一个承包单位完成的建设工程分解成若干部分发包给不同的承包单位的行为。

本条例所称违法分包，是指下列行为：

（一）总承包单位将建设工程分包给不具备相应资质条件的单位的；

（二）建设工程总承包合同中未有约定，又未经建设单位认可，承包单位将其承包的部分建设工程交由其他单位完成的；

（三）施工总承包单位将建设工程主体结构的施工分包给其他单位的；

（四）分包单位将其承包的建设工程再分包的。

本条例所称转包，是指承包单位承包建设工程后，不履行合同约定的责任和义务，将其承包的全部建设工程转给他人或者将其承包的全部建设工程肢解以后以分包的名义分别转给其他单位承包的行为。

第七十九条　本条例规定的罚款和没收的违法所得，必须全部上缴国库。

第八十条　抢险救灾及其他临时性房屋建筑和农民自建低层住宅的建设活动，不适用本条例。

第八十一条　军事建设工程的管理，按照中央军事委员会的有关规定执行。

第八十二条　本条例自发布之日起施行。

附刑法有关条款

第一百三十七条　建设单位、设计单位、施工单位、工程监理单位违反国家规定，降低工程质量标准，

造成重大安全事故的，对直接责任人员处五年以下有期徒刑或者拘役，并处罚金；后果特别严重的，处五年以上十年以下有期徒刑，并处罚金。

（四）建设工程安全生产管理条例

建设工程安全生产管理条例

（2003 年 11 月 24 日中华人民共和国国务院令第 393 号公布）

第一章　总　则

第一条　为了加强建设工程安全生产监督管理，保障人民群众生命和财产安全，根据《中华人民共和国建筑法》、《中华人民共和国安全生产法》，制定本条例。

第二条　在中华人民共和国境内从事建设工程的新建、扩建、改建和拆除等有关活动及实施对建设工程安全生产的监督管理，必须遵守本条例。

本条例所称建设工程，是指土木工程、建筑工程、线路管道和设备安装工程及装修工程。

第三条　建设工程安全生产管理，坚持安全第一、预防为主的方针。

第四条　建设单位、勘察单位、设计单位、施工单位、工程监理单位及其他与建设工程安全生产有关的单位，必须遵守安全生产法律、法规的规定，保证建设工程安全生产，依法承担建设工程安全生产责任。

第五条　国家鼓励建设工程安全生产的科学技术研究和先进技术的推广应用，推进建设工程安全生产的科学管理。

第二章　建设单位的安全责任

第六条　建设单位应当向施工单位提供施工现场及毗邻区域内供水、排水、供电、供气、供热、通信、广播电视等地下管线资料，气象和水文观测资料，相邻建筑物和构筑物、地下工程的有关资料，并保证资料的真实、准确、完整。

建设单位因建设工程需要，向有关部门或者单位查询前款规定的资料时，有关部门或者单位应当及时提供。

第七条　建设单位不得对勘察、设计、施工、工程监理等单位提出不符合建设工程安全生产法律、法规和强制性标准规定的要求，不得压缩合同约定的工期。

第八条　建设单位在编制工程概算时，应当确定建设工程安全作业环境及安全施工措施所需费用。

第九条　建设单位不得明示或者暗示施工单位购买、租赁、使用不符合安全施工要求的安全防护用具、机械设备、施工机具及配件、消防设施和器材。

第十条　建设单位在申请领取施工许可证时，应当提供建设工程有关安全施工措施的资料。

依法批准开工报告的建设工程，建设单位应当自开工报告批准之日起 15 日内，将保证安全施工的措施报送建设工程所在地的县级以上地方人民政府建设行政主管部门或者其他有关部门备案。

第十一条　建设单位应当将拆除工程发包给具有相应资质等级的施工单位。

建设单位应当在拆除工程施工 15 日前，将下列资料报送建设工程所在地的县级以上地方人民政府建设行政主管部门或者其他有关部门备案：

（一）施工单位资质等级证明；

（二）拟拆除建筑物、构筑物及可能危及毗邻建筑的说明；

（三）拆除施工组织方案；

（四）堆放、清除废弃物的措施。

实施爆破作业的，应当遵守国家有关民用爆炸物品管理的规定。

第三章　勘察、设计、工程监理及其他有关单位的安全责任

第十二条　勘察单位应当按照法律、法规和工程建设强制性标准进行勘察，提供的勘察文件应当真实、

准确，满足建设工程安全生产的需要。

勘察单位在勘察作业时，应当严格执行操作规程，采取措施保证各类管线、设施和周边建筑物、构筑物的安全。

第十三条　设计单位应当按照法律、法规和工程建设强制性标准进行设计，防止因设计不合理导致生产安全事故的发生。

设计单位应当考虑施工安全操作和防护的需要，对涉及施工安全的重点部位和环节在设计文件中注明，并对防范生产安全事故提出指导意见。

采用新结构、新材料、新工艺的建设工程和特殊结构的建设工程，设计单位应当在设计中提出保障施工作业人员安全和预防生产安全事故的措施建议。

设计单位和注册建筑师等注册执业人员应当对其设计负责。

第十四条　工程监理单位应当审查施工组织设计中的安全技术措施或者专项施工方案是否符合工程建设强制性标准。

工程监理单位在实施监理过程中，发现存在安全事故隐患的，应当要求施工单位整改；情况严重的，应当要求施工单位暂时停止施工，并及时报告建设单位。施工单位拒不整改或者不停止施工的，工程监理单位应当及时向有关主管部门报告。

工程监理单位和监理工程师应当按照法律、法规和工程建设强制性标准实施监理，并对建设工程安全生产承担监理责任。

第十五条　为建设工程提供机械设备和配件的单位，应当按照安全施工的要求配备齐全有效的保险、限位等安全设施和装置。

第十六条　出租的机械设备和施工机具及配件，应当具有生产（制造）许可证、产品合格证。

出租单位应当对出租的机械设备和施工机具及配件的安全性能进行检测，在签订租赁协议时，应当出具检测合格证明。

禁止出租检测不合格的机械设备和施工机具及配件。

第十七条　在施工现场安装、拆卸施工起重机械和整体提升脚手架、模板等自升式架设设施，必须由具有相应资质的单位承担。

安装、拆卸施工起重机械和整体提升脚手架、模板等自升式架设设施，应当编制拆装方案、制定安全施工措施，并由专业技术人员现场监督。

施工起重机械和整体提升脚手架、模板等自升式架设设施安装完毕后，安装单位应当自检，出具自检合格证明，并向施工单位进行安全使用说明，办理验收手续并签字。

第十八条　施工起重机械和整体提升脚手架、模板等自升式架设设施的使用达到国家规定的检验检测期限的，必须经具有专业资质的检验检测机构检测。经检测不合格的，不得继续使用。

第十九条　检验检测机构对检测合格的施工起重机械和整体提升脚手架、模板等自升式架设设施，应当出具安全合格证明文件，并对检测结果负责。

第四章　施工单位的安全责任

第二十条　施工单位从事建设工程的新建、扩建、改建和拆除等活动，应当具备国家规定的注册资本、专业技术人员、技术装备和安全生产等条件，依法取得相应等级的资质证书，并在其资质等级许可的范围内承揽工程。

第二十一条　施工单位主要负责人依法对本单位的安全生产工作全面负责。施工单位应当建立健全安全生产责任制度和安全生产教育培训制度，制定安全生产规章制度和操作规程，保证本单位安全生产条件所需资金的投入，对所承担的建设工程进行定期和专项安全检查，并做好安全检查记录。

施工单位的项目负责人应当由取得相应执业资格的人员担任，对建设工程项目的安全施工负责，落实安全生产责任制度、安全生产规章制度和操作规程，确保安全生产费用的有效使用，并根据工程的特点组织制定安全施工措施，消除安全事故隐患，及时、如实报告生产安全事故。

第二十二条　施工单位对列入建设工程概算的安全作业环境及安全施工措施所需费用，应当用于施工安全防护用具及设施的采购和更新、安全施工措施的落实、安全生产条件的改善，不得挪作他用。

第二十三条　施工单位应当设立安全生产管理机构，配备专职安全生产管理人员。

专职安全生产管理人员负责对安全生产进行现场监督检查。发现安全事故隐患，应当及时向项目负责人和安全生产管理机构报告；对违章指挥、违章操作的，应当立即制止。

专职安全生产管理人员的配备办法由国务院建设行政主管部门会同国务院其他有关部门制定。

第二十四条　建设工程实行施工总承包的，由总承包单位对施工现场的安全生产负总责。

总承包单位应当自行完成建设工程主体结构的施工。

总承包单位依法将建设工程分包给其他单位的，分包合同中应当明确各自的安全生产方面的权利、义务。总承包单位和分包单位对分包工程的安全生产承担连带责任。

分包单位应当服从总承包单位的安全生产管理，分包单位不服从管理导致生产安全事故的，由分包单位承担主要责任。

第二十五条　垂直运输机械作业人员、安装拆卸工、爆破作业人员、起重信号工、登高架设作业人员等特种作业人员，必须按照国家有关规定经过专门的安全作业培训，并取得特种作业操作资格证书后，方可上岗作业。

第二十六条　施工单位应当在施工组织设计中编制安全技术措施和施工现场临时用电方案，对下列达到一定规模的危险性较大的分部分项工程编制专项施工方案，并附具安全验算结果，经施工单位技术负责人、总监理工程师签字后实施，由专职安全生产管理人员进行现场监督：

（一）基坑支护与降水工程；

（二）土方开挖工程；

（三）模板工程；

（四）起重吊装工程；

（五）脚手架工程；

（六）拆除、爆破工程；

（七）国务院建设行政主管部门或者其他有关部门规定的其他危险性较大的工程。

对前款所列工程中涉及深基坑、地下暗挖工程、高大模板工程的专项施工方案，施工单位还应当组织专家进行论证、审查。

本条第一款规定的达到一定规模的危险性较大工程的标准，由国务院建设行政主管部门会同国务院其他有关部门制定。

第二十七条　建设工程施工前，施工单位负责项目管理的技术人员应当对有关安全施工的技术要求向施工作业班组、作业人员作出详细说明，并由双方签字确认。

第二十八条　施工单位应当在施工现场入口处、施工起重机械、临时用电设施、脚手架、出入通道口、楼梯口、电梯井口、孔洞口、桥梁口、隧道口、基坑边沿、爆破物及有害危险气体和液体存放处等危险部位，设置明显的安全警示标志。安全警示标志必须符合国家标准。

施工单位应当根据不同施工阶段和周围环境及季节、气候的变化，在施工现场采取相应的安全施工措施。施工现场暂时停止施工的，施工单位应当做好现场防护，所需费用由责任方承担，或者按照合同约定执行。

第二十九条　施工单位应当将施工现场的办公、生活区与作业区分开设置，并保持安全距离；办公、生活区的选址应当符合安全性要求。职工的膳食、饮水、休息场所等应当符合卫生标准。施工单位不得在尚未竣工的建筑物内设置员工集体宿舍。

施工现场临时搭建的建筑物应当符合安全使用要求。施工现场使用的装配式活动房屋应当具有产品合格证。

第三十条　施工单位对因建设工程施工可能造成损害的毗邻建筑物、构筑物和地下管线等，应当采取专项防护措施。

施工单位应当遵守有关环境保护法律、法规的规定，在施工现场采取措施，防止或者减少粉尘、废气、废水、固体废物、噪声、振动和施工照明对人和环境的危害和污染。

在城市市区内的建设工程，施工单位应当对施工现场实行封闭围挡。

第三十一条　施工单位应当在施工现场建立消防安全责任制度，确定消防安全责任人，制定用火、用电、使用易燃易爆材料等各项消防安全管理制度和操作规程，设置消防通道、消防水源，配备消防设施和灭火器材，并在施工现场入口处设置明显标志。

第三十二条　施工单位应当向作业人员提供安全防护用具和安全防护服装，并书面告知危险岗位的操作规程和违章操作的危害。

作业人员有权对施工现场的作业条件、作业程序和作业方式中存在的安全问题提出批评、检举和控告，有权拒绝违章指挥和强令冒险作业。

在施工中发生危及人身安全的紧急情况时，作业人员有权立即停止作业或者在采取必要的应急措施后撤离危险区域。

第三十三条　作业人员应当遵守安全施工的强制性标准、规章制度和操作规程，正确使用安全防护用具、机械设备等。

第三十四条　施工单位采购、租赁的安全防护用具、机械设备、施工机具及配件，应当具有生产（制造）许可证、产品合格证，并在进入施工现场前进行查验。

施工现场的安全防护用具、机械设备、施工机具及配件必须由专人管理，定期进行检查、维修和保养，建立相应的资料档案，并按照国家有关规定及时报废。

第三十五条　施工单位在使用施工起重机械和整体提升脚手架、模板等自升式架设设施前，应当组织有关单位进行验收，也可以委托具有相应资质的检验检测机构进行验收；使用承租的机械设备和施工机具及配件的，由施工总承包单位、分包单位、出租单位和安装单位共同进行验收。验收合格的方可使用。

《特种设备安全监察条例》规定的施工起重机械，在验收前应当经有相应资质的检验检测机构监督检验合格。

施工单位应当自施工起重机械和整体提升脚手架、模板等自升式架设设施验收合格之日起 30 日内，向建设行政主管部门或者其他有关部门登记。登记标志应当置于或者附着于该设备的显著位置。

第三十六条　施工单位的主要负责人、项目负责人、专职安全生产管理人员应当经建设行政主管部门或者其他有关部门考核合格后方可任职。

施工单位应当对管理人员和作业人员每年至少进行一次安全生产教育培训，其教育培训情况记入个人工作档案。安全生产教育培训考核不合格的人员，不得上岗。

第三十七条　作业人员进入新的岗位或者新的施工现场前，应当接受安全生产教育培训。未经教育培训或者教育培训考核不合格的人员，不得上岗作业。

施工单位在采用新技术、新工艺、新设备、新材料时，应当对作业人员进行相应的安全生产教育培训。

第三十八条　施工单位应当为施工现场从事危险作业的人员办理意外伤害保险。

意外伤害保险费由施工单位支付。实行施工总承包的，由总承包单位支付意外伤害保险费。意外伤害保险期限自建设工程开工之日起至竣工验收合格止。

第五章　监督管理

第三十九条　国务院负责安全生产监督管理的部门依照《中华人民共和国安全生产法》的规定，对全国建设工程安全生产工作实施综合监督管理。

县级以上地方人民政府负责安全生产监督管理的部门依照《中华人民共和国安全生产法》的规定，对本行政区域内建设工程安全生产工作实施综合监督管理。

第四十条　国务院建设行政主管部门对全国的建设工程安全生产实施监督管理。国务院铁路、交通、水利等有关部门按照国务院规定的职责分工，负责有关专业建设工程安全生产的监督管理。

县级以上地方人民政府建设行政主管部门对本行政区域内的建设工程安全生产实施监督管理。县级以上地方人民政府交通、水利等有关部门在各自的职责范围内，负责本行政区域内的专业建设工程安全生产的监督管理。

第四十一条　建设行政主管部门和其他有关部门应当将本条例第十条、第十一条规定的有关资料的主要内容抄送同级负责安全生产监督管理的部门。

第四十二条　建设行政主管部门在审核发放施工许可证时，应当对建设工程是否有安全施工措施进行审查，对没有安全施工措施的，不得颁发施工许可证。

建设行政主管部门或者其他有关部门对建设工程是否有安全施工措施进行审查时，不得收取费用。

第四十三条　县级以上人民政府负有建设工程安全生产监督管理职责的部门在各自的职责范围内履行安全监督检查职责时，有权采取下列措施：

（一）要求被检查单位提供有关建设工程安全生产的文件和资料；

（二）进入被检查单位施工现场进行检查；

（三）纠正施工中违反安全生产要求的行为；

（四）对检查中发现的安全事故隐患，责令立即排除；重大安全事故隐患排除前或者排除过程中无法保证安全的，责令从危险区域内撤出作业人员或者暂时停止施工。

第四十四条　建设行政主管部门或者其他有关部门可以将施工现场的监督检查委托给建设工程安全监督机构具体实施。

第四十五条　国家对严重危及施工安全的工艺、设备、材料实行淘汰制度。具体目录由国务院建设行政主管部门会同国务院其他有关部门制定并公布。

第四十六条　县级以上人民政府建设行政主管部门和其他有关部门应当及时受理对建设工程生产安全事故及安全事故隐患的检举、控告和投诉。

第六章　生产安全事故的应急救援和调查处理

第四十七条　县级以上地方人民政府建设行政主管部门应当根据本级人民政府的要求，制定本行政区域内建设工程特大生产安全事故应急救援预案。

第四十八条　施工单位应当制定本单位生产安全事故应急救援预案，建立应急救援组织或者配备应急救援人员，配备必要的应急救援器材、设备，并定期组织演练。

第四十九条　施工单位应当根据建设工程施工的特点、范围，对施工现场易发生重大事故的部位、环节进行监控，制定施工现场生产安全事故应急救援预案。实行施工总承包的，由总承包单位统一组织编制建设工程生产安全事故应急救援预案，工程总承包单位和分包单位按照应急救援预案，各自建立应急救援组织或者配备应急救援人员，配备救援器材、设备，并定期组织演练。

第五十条　施工单位发生生产安全事故，应当按照国家有关伤亡事故报告和调查处理的规定，及时、

如实地向负责安全生产监督管理的部门、建设行政主管部门或者其他有关部门报告；特种设备发生事故的，还应当同时向特种设备安全监督管理部门报告。接到报告的部门应当按照国家有关规定，如实上报。

实行施工总承包的建设工程，由总承包单位负责上报事故。

第五十一条　发生生产安全事故后，施工单位应当采取措施防止事故扩大，保护事故现场。需要移动现场物品时，应当做出标记和书面记录，妥善保管有关证物。

第五十二条　建设工程生产安全事故的调查、对事故责任单位和责任人的处罚与处理，按照有关法律、法规的规定执行。

第七章　法律责任

第五十三条　违反本条例的规定，县级以上人民政府建设行政主管部门或者其他有关行政管理部门的工作人员，有下列行为之一的，给予降级或者撤职的行政处分；构成犯罪的，依照刑法有关规定追究刑事责任：

（一）对不具备安全生产条件的施工单位颁发资质证书的；

（二）对没有安全施工措施的建设工程颁发施工许可证的；

（三）发现违法行为不予查处的；

（四）不依法履行监督管理职责的其他行为。

第五十四条　违反本条例的规定，建设单位未提供建设工程安全生产作业环境及安全施工措施所需费用的，责令限期改正；逾期未改正的，责令该建设工程停止施工。

建设单位未将保证安全施工的措施或者拆除工程的有关资料报送有关部门备案的，责令限期改正，给予警告。

第五十五条　违反本条例的规定，建设单位有下列行为之一的，责令限期改正，处 20 万元以上 50 万元以下的罚款；造成重大安全事故，构成犯罪的，对直接责任人员，依照刑法有关规定追究刑事责任；造成损失的，依法承担赔偿责任：

（一）对勘察、设计、施工、工程监理等单位提出不符合安全生产法律、法规和强制性标准规定的要求的；

（二）要求施工单位压缩合同约定的工期的；

（三）将拆除工程发包给不具有相应资质等级的施工单位的。

第五十六条　违反本条例的规定，勘察单位、设计单位有下列行为之一的，责令限期改正，处 10 万元以上 30 万元以下的罚款；情节严重的，责令停业整顿，降低资质等级，直至吊销资质证书；造成重大安全事故，构成犯罪的，对直接责任人员，依照刑法有关规定追究刑事责任；造成损失的，依法承担赔偿责任：

（一）未按照法律、法规和工程建设强制性标准进行勘察、设计的；

（二）采用新结构、新材料、新工艺的建设工程和特殊结构的建设工程，设计单位未在设计中提出保障施工作业人员安全和预防生产安全事故的措施建议的。

第五十七条　违反本条例的规定，工程监理单位有下列行为之一的，责令限期改正；逾期未改正的，责令停业整顿，并处 10 万元以上 30 万元以下的罚款；情节严重的，降低资质等级，直至吊销资质证书；造成重大安全事故，构成犯罪的，对直接责任人员，依照刑法有关规定追究刑事责任；造成损失的，依法承担赔偿责任：

（一）未对施工组织设计中的安全技术措施或者专项施工方案进行审查的；

（二）发现安全事故隐患未及时要求施工单位整改或者暂时停止施工的；

（三）施工单位拒不整改或者不停止施工，未及时向有关主管部门报告的；

（四）未依照法律、法规和工程建设强制性标准实施监理的。

第五十八条　注册执业人员未执行法律、法规和工程建设强制性标准的，责令停止执业3个月以上1年以下；情节严重的，吊销执业资格证书，5年内不予注册；造成重大安全事故的，终身不予注册；构成犯罪的，依照刑法有关规定追究刑事责任。

第五十九条　违反本条例的规定，为建设工程提供机械设备和配件的单位，未按照安全施工的要求配备齐全有效的保险、限位等安全设施和装置的，责令限期改正，处合同价款1倍以上3倍以下的罚款；造成损失的，依法承担赔偿责任。

第六十条　违反本条例的规定，出租单位出租未经安全性能检测或者经检测不合格的机械设备和施工机具及配件的，责令停业整顿，并处5万元以上10万元以下的罚款；造成损失的，依法承担赔偿责任。

第六十一条　违反本条例的规定，施工起重机械和整体提升脚手架、模板等自升式架设设施安装、拆卸单位有下列行为之一的，责令限期改正，处5万元以上10万元以下的罚款；情节严重的，责令停业整顿，降低资质等级，直至吊销资质证书；造成损失的，依法承担赔偿责任：

（一）未编制拆装方案、制定安全施工措施的；

（二）未由专业技术人员现场监督的；

（三）未出具自检合格证明或者出具虚假证明的；

（四）未向施工单位进行安全使用说明，办理移交手续的。

施工起重机械和整体提升脚手架、模板等自升式架设设施安装、拆卸单位有前款规定的第（一）项、第（三）项行为，经有关部门或者单位职工提出后，对事故隐患仍不采取措施，因而发生重大伤亡事故或者造成其他严重后果，构成犯罪的，对直接责任人员，依照刑法有关规定追究刑事责任。

第六十二条　违反本条例的规定，施工单位有下列行为之一的，责令限期改正；逾期未改正的，责令停业整顿，依照《中华人民共和国安全生产法》的有关规定处以罚款；造成重大安全事故，构成犯罪的，对直接责任人员，依照刑法有关规定追究刑事责任：

（一）未设立安全生产管理机构、配备专职安全生产管理人员或者分部分项工程施工时无专职安全生产管理人员现场监督的；

（二）施工单位的主要负责人、项目负责人、专职安全生产管理人员、作业人员或者特种作业人员，未经安全教育培训或者经考核不合格即从事相关工作的；

（三）未在施工现场的危险部位设置明显的安全警示标志，或者未按照国家有关规定在施工现场设置消防通道、消防水源、配备消防设施和灭火器材的；

（四）未向作业人员提供安全防护用具和安全防护服装的；

（五）未按照规定在施工起重机械和整体提升脚手架、模板等自升式架设设施验收合格后登记的；

（六）使用国家明令淘汰、禁止使用的危及施工安全的工艺、设备、材料的。

第六十三条　违反本条例的规定，施工单位挪用列入建设工程概算的安全生产作业环境及安全施工措施所需费用的，责令限期改正，处挪用费用20%以上50%以下的罚款；造成损失的，依法承担赔偿责任。

第六十四条　违反本条例的规定，施工单位有下列行为之一的，责令限期改正；逾期未改正的，责令停业整顿，并处5万元以上10万元以下的罚款；造成重大安全事故，构成犯罪的，对直接责任人员，依照刑法有关规定追究刑事责任：

（一）施工前未对有关安全施工的技术要求作出详细说明的；

（二）未根据不同施工阶段和周围环境及季节、气候的变化，在施工现场采取相应的安全施工措施，或者在城市市区内的建设工程的施工现场未实行封闭围挡的；

（三）在尚未竣工的建筑物内设置员工集体宿舍的；

（四）施工现场临时搭建的建筑物不符合安全使用要求的；

（五）未对因建设工程施工可能造成损害的毗邻建筑物、构筑物和地下管线等采取专项防护措施的。

施工单位有前款规定第（四）项、第（五）项行为，造成损失的，依法承担赔偿责任。

第六十五条　违反本条例的规定，施工单位有下列行为之一的，责令限期改正；逾期未改正的，责令停业整顿，并处 10 万元以上 30 万元以下的罚款；情节严重的，降低资质等级，直至吊销资质证书；造成重大安全事故，构成犯罪的，对直接责任人员，依照刑法有关规定追究刑事责任；造成损失的，依法承担赔偿责任：

（一）安全防护用具、机械设备、施工机具及配件在进入施工现场前未经查验或者查验不合格即投入使用的；

（二）使用未经验收或者验收不合格的施工起重机械和整体提升脚手架、模板等自升式架设设施的；

（三）委托不具有相应资质的单位承担施工现场安装、拆卸施工起重机械和整体提升脚手架、模板等自升式架设设施的；

（四）在施工组织设计中未编制安全技术措施、施工现场临时用电方案或者专项施工方案的。

第六十六条　违反本条例的规定，施工单位的主要负责人、项目负责人未履行安全生产管理职责的，责令限期改正；逾期未改正的，责令施工单位停业整顿；造成重大安全事故、重大伤亡事故或者其他严重后果，构成犯罪的，依照刑法有关规定追究刑事责任。

作业人员不服管理、违反规章制度和操作规程冒险作业造成重大伤亡事故或者其他严重后果，构成犯罪的，依照刑法有关规定追究刑事责任。

施工单位的主要负责人、项目负责人有前款违法行为，尚不够刑事处罚的，处 2 万元以上 20 万元以下的罚款或者按照管理权限给予撤职处分；自刑罚执行完毕或者受处分之日起，5 年内不得担任任何施工单位的主要负责人、项目负责人。

第六十七条　施工单位取得资质证书后，降低安全生产条件的，责令限期改正；经整改仍未达到与其资质等级相适应的安全生产条件的，责令停业整顿，降低其资质等级直至吊销资质证书。

第六十八条　本条例规定的行政处罚，由建设行政主管部门或者其他有关部门依照法定职权决定。

违反消防安全管理规定的行为，由公安消防机构依法处罚。

有关法律、行政法规对建设工程安全生产违法行为的行政处罚决定机关另有规定的，从其规定。

第八章　附　则

第六十九条　抢险救灾和农民自建低层住宅的安全生产管理，不适用本条例。

第七十条　军事建设工程的安全生产管理，按照中央军事委员会的有关规定执行。

第七十一条　本条例自 2004 年 2 月 1 日起施行。

（五）建设工程勘察设计管理条例

建设工程勘察设计管理条例

（2000 年 9 月 25 日中华人民共和国国务院令第 293 号公布，根据 2015 年 6 月 12 日《国务院关于修改〈建设工程勘察设计管理条例〉的决定》和 2017 年 10 月 7 日《国务院关于修改部分行政法规的决定》修订）

第一章　总　则

第一条　为了加强对建设工程勘察、设计活动的管理，保证建设工程勘察、设计质量，保护人民生命和财产安全，制定本条例。

第二条　从事建设工程勘察、设计活动，必须遵守本条例。

本条例所称建设工程勘察，是指根据建设工程的要求，查明、分析、评价建设场地的地质地理环境特征和岩土工程条件，编制建设工程勘察文件的活动。

本条例所称建设工程设计，是指根据建设工程的要求，对建设工程所需的技术、经济、资源、环境等

条件进行综合分析、论证，编制建设工程设计文件的活动。

第三条　建设工程勘察、设计应当与社会、经济发展水平相适应，做到经济效益、社会效益和环境效益相统一。

第四条　从事建设工程勘察、设计活动，应当坚持先勘察、后设计、再施工的原则。

第五条　县级以上人民政府建设行政主管部门和交通、水利等有关部门应当依照本条例的规定，加强对建设工程勘察、设计活动的监督管理。

建设工程勘察、设计单位必须依法进行建设工程勘察、设计，严格执行工程建设强制性标准，并对建设工程勘察、设计的质量负责。

第六条　国家鼓励在建设工程勘察、设计活动中采用先进技术、先进工艺、先进设备、新型材料和现代管理方法。

第二章　资质资格管理

第七条　国家对从事建设工程勘察、设计活动的单位，实行资质管理制度。具体办法由国务院建设行政主管部门商国务院有关部门制定。

第八条　建设工程勘察、设计单位应当在其资质等级许可的范围内承揽建设工程勘察、设计业务。

禁止建设工程勘察、设计单位超越其资质等级许可的范围或者以其他建设工程勘察、设计单位的名义承揽建设工程勘察、设计业务。禁止建设工程勘察、设计单位允许其他单位或者个人以本单位的名义承揽建设工程勘察、设计业务。

第九条　国家对从事建设工程勘察、设计活动的专业技术人员，实行执业资格注册管理制度。

未经注册的建设工程勘察、设计人员，不得以注册执业人员的名义从事建设工程勘察、设计活动。

第十条　建设工程勘察、设计注册执业人员和其他专业技术人员只能受聘于一个建设工程勘察、设计单位；未受聘于建设工程勘察、设计单位的，不得从事建设工程的勘察、设计活动。

第十一条　建设工程勘察、设计单位资质证书和执业人员注册证书，由国务院建设行政主管部门统一制作。

第三章　建设工程勘察设计发包与承包

第十二条　建设工程勘察、设计发包依法实行招标发包或者直接发包。

第十三条　建设工程勘察、设计应当依照《中华人民共和国招标投标法》的规定，实行招标发包。

第十四条　建设工程勘察、设计方案评标，应当以投标人的业绩、信誉和勘察、设计人员的能力以及勘察、设计方案的优劣为依据，进行综合评定。

第十五条　建设工程勘察、设计的招标人应当在评标委员会推荐的候选方案中确定中标方案。但是，建设工程勘察、设计的招标人认为评标委员会推荐的候选方案不能最大限度满足招标文件规定的要求的，应当依法重新招标。

第十六条　下列建设工程的勘察、设计，经有关主管部门批准，可以直接发包：

（一）采用特定的专利或者专有技术的；

（二）建筑艺术造型有特殊要求的；

（三）国务院规定的其他建设工程的勘察、设计。

第十七条　发包方不得将建设工程勘察、设计业务发包给不具有相应勘察、设计资质等级的建设工程勘察、设计单位。

第十八条　发包方可以将整个建设工程的勘察、设计发包给一个勘察、设计单位；也可以将建设工程的勘察、设计分别发包给几个勘察、设计单位。

第十九条　除建设工程主体部分的勘察、设计外，经发包方书面同意，承包方可以将建设工程其他部

分的勘察、设计再分包给其他具有相应资质等级的建设工程勘察、设计单位。

第二十条　建设工程勘察、设计单位不得将所承揽的建设工程勘察、设计转包。

第二十一条　承包方必须在建设工程勘察、设计资质证书规定的资质等级和业务范围内承揽建设工程的勘察、设计业务。

第二十二条　建设工程勘察、设计的发包方与承包方，应当执行国家规定的建设工程勘察、设计程序。

第二十三条　建设工程勘察、设计的发包方与承包方应当签订建设工程勘察、设计合同。

第二十四条　建设工程勘察、设计发包方与承包方应当执行国家有关建设工程勘察费、设计费的管理规定。

第四章　建设工程勘察设计文件的编制与实施

第二十五条　编制建设工程勘察、设计文件，应当以下列规定为依据：

（一）项目批准文件；

（二）城乡规划；

（三）工程建设强制性标准；

（四）国家规定的建设工程勘察、设计深度要求。

铁路、交通、水利等专业建设工程，还应当以专业规划的要求为依据。

第二十六条　编制建设工程勘察文件，应当真实、准确，满足建设工程规划、选址、设计、岩土治理和施工的需要。

编制方案设计文件，应当满足编制初步设计文件和控制概算的需要。

编制初步设计文件，应当满足编制施工招标文件、主要设备材料订货和编制施工图设计文件的需要。

编制施工图设计文件，应当满足设备材料采购、非标准设备制作和施工的需要，并注明建设工程合理使用年限。

第二十七条　设计文件中选用的材料、构配件、设备，应当注明其规格、型号、性能等技术指标，其质量要求必须符合国家规定的标准。

除有特殊要求的建筑材料、专用设备和工艺生产线等外，设计单位不得指定生产厂、供应商。

第二十八条　建设单位、施工单位、监理单位不得修改建设工程勘察、设计文件；确需修改建设工程勘察、设计文件的，应当由原建设工程勘察、设计单位修改。经原建设工程勘察、设计单位书面同意，建设单位也可以委托其他具有相应资质的建设工程勘察、设计单位修改。修改单位对修改的勘察、设计文件承担相应责任。

施工单位、监理单位发现建设工程勘察、设计文件不符合工程建设强制性标准、合同约定的质量要求的，应当报告建设单位，建设单位有权要求建设工程勘察、设计单位对建设工程勘察、设计文件进行补充、修改。

建设工程勘察、设计文件内容需要做重大修改的，建设单位应当报经原审批机关批准后，方可修改。

第二十九条　建设工程勘察、设计文件中规定采用的新技术、新材料，可能影响建设工程质量和安全，又没有国家技术标准的，应当由国家认可的检测机构进行试验、论证，出具检测报告，并经国务院有关部门或者省、自治区、直辖市人民政府有关部门组织的建设工程技术专家委员会审定后，方可使用。

第三十条　建设工程勘察、设计单位应当在建设工程施工前，向施工单位和监理单位说明建设工程勘察、设计意图，解释建设工程勘察、设计文件。

建设工程勘察、设计单位应当及时解决施工中出现的勘察、设计问题。

第五章　监督管理

第三十一条　国务院建设行政主管部门对全国的建设工程勘察、设计活动实施统一监督管理。国务院

铁路、交通、水利等有关部门按照国务院规定的职责分工，负责对全国的有关专业建设工程勘察、设计活动的监督管理。

县级以上地方人民政府建设行政主管部门对本行政区域内的建设工程勘察、设计活动实施监督管理。县级以上地方人民政府交通、水利等有关部门在各自的职责范围内，负责对本行政区域内的有关专业建设工程勘察、设计活动的监督管理。

第三十二条　建设工程勘察、设计单位在建设工程勘察、设计资质证书规定的业务范围内跨部门、跨地区承揽勘察、设计业务的，有关地方人民政府及其所属部门不得设置障碍，不得违反国家规定收取任何费用。

第三十三条　“施工图设计文件审查机构应当对房屋建筑工程、市政基础设施工程施工图设计文件中涉及公共利益、公众安全、工程建设强制性标准的内容进行审查。县级以上人民政府交通运输等有关部门应当按照职责对施工图设计文件中涉及公共利益、公众安全、工程建设强制性标准的内容进行审查。”

施工图设计文件未经审查批准的，不得使用。

第三十四条　任何单位和个人对建设工程勘察、设计活动中的违法行为都有权检举、控告、投诉。

第六章　罚　则

第三十五条　违反本条例第八条规定的，责令停止违法行为，处合同约定的勘察费、设计费 1 倍以上 2 倍以下的罚款，有违法所得的，予以没收；可以责令停业整顿，降低资质等级；情节严重的，吊销资质证书。

未取得资质证书承揽工程的，予以取缔，依照前款规定处以罚款；有违法所得的，予以没收。

以欺骗手段取得资质证书承揽工程的，吊销资质证书，依照本条第一款规定处以罚款；有违法所得的，予以没收。

第三十六条　违反本条例规定，未经注册，擅自以注册建设工程勘察、设计人员的名义从事建设工程勘察、设计活动的，责令停止违法行为，没收违法所得，处违法所得 2 倍以上 5 倍以下罚款；给他人造成损失的，依法承担赔偿责任。

第三十七条　违反本条例规定，建设工程勘察、设计注册执业人员和其他专业技术人员未受聘于一个建设工程勘察、设计单位或者同时受聘于两个以上建设工程勘察、设计单位，从事建设工程勘察、设计活动的，责令停止违法行为，没收违法所得，处违法所得 2 倍以上 5 倍以下的罚款；情节严重的，可以责令停止执行业务或者吊销资格证书；给他人造成损失的，依法承担赔偿责任。

第三十八条　违反本条例规定，发包方将建设工程勘察、设计业务发包给不具有相应资质等级的建设工程勘察、设计单位的，责令改正，处 50 万元以上 100 万元以下的罚款。

第三十九条　违反本条例规定，建设工程勘察、设计单位将所承揽的建设工程勘察、设计转包的，责令改正，没收违法所得，处合同约定的勘察费、设计费 25%以上 50%以下的罚款，可以责令停业整顿，降低资质等级；情节严重的，吊销资质证书。

第四十条　违反本条例规定，勘察、设计单位未依据项目批准文件，城乡规划及专业规划，国家规定的建设工程勘察、设计深度要求编制建设工程勘察、设计文件的，责令限期改正；逾期不改正的，处 10 万元以上 30 万元以下的罚款；造成工程质量事故或者环境污染和生态破坏的，责令停业整顿，降低资质等级；情节严重的，吊销资质证书；造成损失的，依法承担赔偿责任。

第四十一条　违反本条例规定，有下列行为之一的，依照《建设工程质量管理条例》第六十三条的规定给予处罚：

（一）勘察单位未按照工程建设强制性标准进行勘察的；

（二）设计单位未根据勘察成果文件进行工程设计的；

（三）设计单位指定建筑材料、建筑构配件的生产厂、供应商的；

（四）设计单位未按照工程建设强制性标准进行设计的。

第四十二条　本条例规定的责令停业整顿、降低资质等级和吊销资质证书、资格证书的行政处罚，由颁发资质证书、资格证书的机关决定；其他行政处罚，由建设行政主管部门或者其他有关部门依据法定职权范围决定。

依照本条例规定被吊销资质证书的，由工商行政管理部门吊销其营业执照。

第四十三条　国家机关工作人员在建设工程勘察、设计活动的监督管理工作中玩忽职守、滥用职权、徇私舞弊，构成犯罪的，依法追究刑事责任；尚不构成犯罪的，依法给予行政处分。

第七章　附　则

第四十四条　抢险救灾及其他临时性建筑和农民自建两层以下住宅的勘察、设计活动，不适用本条例。

第四十五条　军事建设工程勘察、设计的管理，按照中央军事委员会的有关规定执行。

第四十六条　本条例自公布之日起施行。

（六）北京市招标投标条例

北京市招标投标条例

（2002 年 9 月 6 日北京市第十一届人大常委会第三十六次会议通过）

第一章　总　则

第一条　为了规范招标投标活动，保护国家利益、社会公共利益和招标投标活动当事人的合法权益，根据《中华人民共和国招标投标法》（以下简称《招标投标法》）和其他有关法律、法规的规定，结合本市实际情况，制定本条例。

第二条　本市的工程建设、货物和服务采购以及其他项目的招标投标活动，适用本条例。

第三条　招标投标活动遵循公开、公平、公正和诚实信用的原则。

第四条　下列工程建设项目包括项目的勘察、设计、施工、监理以及与工程建设有关的重要设备、材料等的采购，符合市人民政府按照国家规定制定的招标范围和规模标准的，必须进行招标：

（一）基础设施和公用事业等关系社会公共利益、公众安全的项目；

（二）全部或者部分使用国有资金投资或者政府融资的项目；

（三）使用国际组织或者外国政府贷款、援助资金的项目。

法律、法规或者市人民政府对必须进行招标的货物和服务采购以及其他项目有规定的，依照其规定。

第五条　任何单位和个人不得将依法必须进行招标的项目化整为零或者以其他任何方式规避招标。

第六条　市和区、县人民政府及其所属部门不得对招标投标活动实行地区封锁和部门限制。

第七条　市发展计划部门指导和协调全市招标投标工作，会同有关行政主管部门拟定有关招标投标规定，报市人民政府批准后实施。

市和区、县人民政府有关行政主管部门按照各自职责对招标投标活动实施监督。

有关行政主管部门对招标投标活动实施监督的具体职权划分，由市人民政府规定。

第二章　招标和投标

第八条　招标项目依照国家有关规定需要履行项目审批手续的，应当先履行审批手续，取得批准。

依法必须进行招标的项目，需要履行项目审批手续的，招标人应当同时将招标范围和方式等有关招标的内容报送项目审批部门核准。项目审批后，审批部门应当在 5 个工作日内向有关行政主管部门通报所确定的招标范围和方式等情况。

招标人对经核准的招标范围和方式等作出改变的，应当到原项目审批部门重新办理核准手续。

第九条　招标人应当有进行招标项目的相应资金或者资金来源已经落实，并应当在招标文件中如实载

明，但是选择投资主体、经营主体等不需要落实资金来源的招标项目除外。

第十条　招标分为公开招标和邀请招标。

第十一条　依法必须进行招标的项目中，全部使用国有资金投资或者国有资金投资占控股或者主导地位的，以及国务院发展计划部门确定的国家重点项目和市人民政府确定的地方重点项目，应当依法公开招标。其中有下列情形之一的，经批准，可以邀请招标：

（一）技术复杂或者有特殊要求，只有少数潜在投标人可供选择的；

（二）受资源和环境条件限制，只有少数潜在投标人可供选择的；

（三）其他不适宜公开招标的。

有前款规定情形之一，招标人拟邀请招标的，应当经项目审批部门批准；其中国务院发展计划部门确定的国家重点项目和市人民政府确定的地方重点项目，应当经国务院发展计划部门或者市人民政府批准。

第十二条　招标人可以委托招标代理机构办理招标事宜或者依法自行办理招标事宜。

依法必须进行招标的项目，招标人自行办理招标事宜的，应当具有编制招标文件和组织评标的能力，并应当向有关行政监督部门备案。

第十三条　招标代理机构的资格认定按照国家有关规定执行。本市有关行政主管部门应当将通过资格认定的招标代理机构名单向社会公布。

招标代理机构与行政机关和其他国家机关不得存在任何隶属关系或者其他利益关系。

第十四条　招标代理机构应当在招标人委托的范围内办理招标事宜，并遵守《招标投标法》和本条例关于招标人的规定。未经招标人同意，招标代理机构不得转让代理业务。

招标代理机构不得为投标人提供其所代理的招标项目的咨询服务。

第十五条　招标人公开招标的，应当发布招标公告。

依法必须进行招标项目的招标公告，应当按照国家有关规定在国家或者本市指定的报刊、信息网络或者其他媒介发布。

第十六条　招标人对投标人进行资格预审的，应当根据招标项目的性质、特点和要求，编制资格预审的条件和方法，并在招标公告或者资格预审公告中载明。

招标人拟限制投标人数量的，应当在招标公告或者资格预审公告中载明预审后投标人的数量，并按照招标公告或者资格预审公告中载明的资格预审的条件和方法选择投标人。招标公告或者资格预审公告中没有载明预审后投标人数量的，招标人不得限制达到资格预审标准的投标人进行投标。

第十七条　招标人应当根据招标项目的特点和需要编制招标文件。招标文件一般由下列部分组成：

（一）投标人须知：包括评标方法和标准、编制投标文件的要求、投标方式、投标截止时间、开标地点和投标有效期；

（二）合同主要条款及协议书格式；

（三）要求投标人提供的资格和资信证明、投标函及附件、履约担保证件、授权委托书的格式和说明；

（四）投标价格要求及其计算方法；

（五）技术条款：包括招标项目范围、性质、规模、数量、标准和主要技术要求及交货或者提供服务时间；

（六）图纸或者其他应当提供的资料；

（七）其他应当说明的问题。

国际招标的项目，招标文件可以规定投标文件使用多种语言文字。投标文件不同文本之间有歧义的，应当以中文文本为准。

第十八条　政府投资和政府融资项目的招标人，应当严格按照批准的初步设计方案和投资总额编制招

标文件。

第十九条　招标项目设置标底的，标底应当保密；在开标前，任何单位和个人不得以任何形式审查标底。

政府投资和政府融资的项目一般不设置标底。

第二十条　招标人不得以获得本地区、本行业奖项作为投标条件或者以不合理的地域、行业、所有制等条件限制、排斥潜在投标人投标；不得强制投标人组成联合体共同投标；不得向他人透露可能影响公平竞争的有关招标投标的情况。

第二十一条　投标人在投标截止时间之前撤回投标的，应当书面通知招标人。招标人接到通知后，收取投标保证金的，应当返还其投标保证金。

第二十二条　投标截止时间届满时，投标人少于 3 个的，招标人应当依法重新招标。

第二十三条　投标人不得相互约定抬高或者压低投标报价；不得与招标人串通投标；不得以向招标人或者评标委员会成员行贿的手段谋取中标；不得以他人名义投标或者以投标报价低于成本价等方式弄虚作假，骗取中标。

第三章　开标、评标和中标

第二十四条　开标应当在招标文件确定的提交投标文件截止时间的同一时间公开进行；开标地点应当为招标文件中预先确定的地点。

第二十五条　评标活动应当遵循公平、公正、科学和择优的原则依法进行。任何单位和个人不得非法干预、影响评标过程及结果。

第二十六条　评标由招标人依法组建的评标委员会负责。

依法必须进行招标项目的评标委员会，由招标人的代表和有关技术、经济等方面的专家组成，成员人数为 5 人以上单数，其中技术、经济等方面的专家不得少于成员总数的三分之二。

前款专家应当由招标人从国务院有关部门或者市人民政府有关部门提供的评标专家名册或者招标代理机构的专家库内的相关专业的专家名单中采取随机抽取方式确定；技术特别复杂、专业性要求特别高或者国家有特殊要求的招标项目，采取随机抽取方式确定的专家难以胜任的，可以由招标人直接确定。

评标委员会成员的名单在中标结果确定前应当保密。

本市逐步建立全市统一的评标专家名册。

第二十七条　评标委员会设负责人的，评标委员会负责人由评标委员会成员推举产生或者由招标人直接确定。评标委员会负责人与评标委员会其他成员有同等的表决权。

第二十八条　有下列情形之一的，不得担任相关项目的评标委员会成员：

（一）投标人或者投标人的主要负责人的近亲属；

（二）与投标人有利害关系的；

（三）与投标人有其他关系，可能影响公正评审的。

评标委员会成员有前款规定情形之一的，应当主动提出回避。

招标人发现评标委员会成员有本条第一款规定情形之一的，应当予以更换。

第二十九条　评标可以采用经评审的最低投标价法或者综合评估法以及法律、法规允许的其他评标方法。

采用招标方式确定基础设施和公用事业项目的投资主体、经营主体以及政府投资和政府融资项目的项目法人的，应当采用综合评估法评标。

第三十条　评标委员会应当按照招标文件确定的评标标准和方法，对投标文件进行评审和比较。招标项目设置标底的，标底作为评标参考。评标委员会完成评标后，应当向招标人提出书面评标报告，并推荐 1

至3名合格的中标候选人。

招标人根据评标委员会提出的书面评标报告和推荐的中标候选人确定中标人。招标人也可以授权评标委员会直接确定中标人。

评标委员会不得改变招标文件确定的评标标准和方法。

第三十一条 中标人的投标应当符合下列条件之一：

（一）能够最大限度地满足招标文件中规定的各项综合评价标准；

（二）能够满足招标文件的实质性要求，并且经评审的投标价格最低；但是投标价格低于成本的除外。

第三十二条 在评标过程中，有下列情形之一的，评标委员会可以认定为废标：

（一）投标人的报价明显低于其他投标报价或者在设有标底时明显低于标底，投标人不能合理说明或者不能提供相关证明材料证明其投标报价不低于其成本的；

（二）投标文件未能在实质上响应招标文件提出的所有实质性要求和条件的；

（三）符合招标文件规定的其他废标条件的。

投标人以他人的名义投标、串通投标、以行贿手段谋取中标或者以其他弄虚作假方式投标的，应当作废标处理。

第三十三条 投标人资格条件不符合国家有关规定和招标文件要求的，或者不按照要求对投标文件进行澄清和说明的，评标委员会可以否决其投标。

第三十四条 评标委员会根据本条例第三十二条、第三十三条规定否决不合格投标或者认定为废标后，有效投标不足3个的，可以否决全部投标。

依法必须进行招标的项目所有投标被否决的，招标人应当依法重新招标。

第三十五条 依法必须进行招标的项目，招标人应当自确定中标人之日起15日内，向有关行政监督部门提交招标投标情况的书面报告。

提交书面报告时，应当同时附送下列文件或者文件的复制件：

（一）招标文件；

（二）招标公告及发布媒介或者投标邀请书；

（三）实行资格预审的，资格预审文件和资格预审结果；

（四）评标委员会成员和评标报告；

（五）中标结果及中标人的投标文件。

第三十六条 中标人确定后，招标人应当向中标人发出中标通知书，同时将中标结果书面通知所有未中标的投标人。中标通知书对招标人和中标人具有法律效力。

政府投资和政府融资项目的中标结果应当向社会公告。

第三十七条 招标人和中标人应当在规定时间内，按照招标文件和中标人的投标文件订立书面合同，不得再行订立背离合同实质性内容的其他协议。

政府投资和政府融资的项目签订合同后，招标人应当向有关行政监督部门备案。

第三十八条 招标人收取投标保证金的，在与中标人签订合同后5个工作日内，应当向中标人和未中标的投标人退还投标保证金。

第三十九条 中标人应当按照合同约定履行义务，完成中标项目。中标人不得向他人转让中标项目，也不得将中标项目肢解后转让。

中标人按照合同约定或者经招标人同意，可以将中标项目的部分非主体、非关键性工作分包给他人完成。接受分包的人应当具备相应的资格条件，并不得再次分包。

中标人应当就分包项目向招标人负责，接受分包的人就分包项目承担连带责任。

第四章　监　督

第四十条　市和区、县人民政府有关行政监督部门应当加强对招标投标活动的监督检查，市发展计划部门应当加强对政府投资和政府融资项目招标投标活动的监督，协调有关监督检查工作。

第四十一条　行政监督部门应当依法履行监督职责，不得任意增加招标投标审批事项，不得非法干涉或者侵犯招标人选择招标代理机构、编制招标文件、组织投标资格审查、确定开标的时间和地点、组织评标、确定中标人等事项的自主权。

第四十二条　有关行政监督部门可以采取执法专项检查、重点抽查、成立调查组进行专项调查等方式对招标投标活动监督检查，依法查处违法行为。

有关行政监督部门进行执法监督检查时，有权调取和查阅有关文件，调查、核实有关情况。

第四十三条　本市对地方重点项目和第 29 届奥林匹克运动会场馆建设项目建设过程中的招标投标活动进行专项稽察。专项稽察包括以下内容：

（一）招标投标当事人和行政监督部门有关招标投标的行为是否符合法律、法规规定的权限和程序；

（二）对招标投标的有关文件、资料的合法性、真实性进行核实；

（三）对资格预审、开标、评标、定标过程是否合法和符合招标文件、资格审查文件规定进行调查核实；

（四）招标投标结果的执行情况；

（五）其他需要专项稽查的内容。

第四十四条　任何单位和个人认为招标投标活动违反《招标投标法》和本条例规定的，可以向有关行政监督部门举报。有关行政监督部门应当及时调查处理，将处理情况告知举报人，并为举报人保密。

投标人和其他利害关系人认为招标投标活动违反《招标投标法》和本条例规定的，有权向有关行政监督部门投诉。有关行政监督部门应当在收到投诉后 10 个工作日内，作出是否受理的决定；决定受理的，应当及时调查处理，并将处理情况告知投诉人。投诉人对有关行政监督部门逾期未作出受理决定或者对投诉处理决定不服的，可以依法申请行政复议或者提起行政诉讼。

第四十五条　本市建立招标投标活动违法行为记录系统，记载招标人、招标代理机构、投标人、评标委员会成员等招标投标活动当事人的违法行为及处理结果。

单位和个人有权查询违法行为处理结果记录。

第五章　法律责任

第四十六条　违反本条例的行为，法律、行政法规有规定的，依照其规定追究法律责任；没有法律、行政法规规定的，适用本条例规定。

第四十七条　本章规定的行政处罚，由市人民政府规定的有关行政监督部门决定。

第四十八条　招标人违反本条例第十一条规定，应当公开招标的项目未经批准擅自邀请招标的，由项目审批部门责令限期改正，可以处 1 万元以上 5 万元以下罚款；有关部门可以对单位直接负责的主管人员和其他责任人员依法给予行政处分；其中使用政府投资的项目，可以暂停项目执行或者暂停资金拨付。

第四十九条　招标人违反本条例第十五条第一款规定，对依法必须进行招标的项目，应当发布招标公告而不发布的，由有关行政监督部门责令限期改正，可以处项目合同金额 5‰以上 10‰以下罚款；违反本条例第十五条第二款规定，对依法必须进行招标的项目不在指定媒介发布招标公告的，或者违反本条例第二十条规定，在招标公告中以不合理的条件限制或者排斥潜在投标人的，由有关行政监督部门责令限期改正，可以处 1 万元以上 5 万元以下罚款。

第五十条　违反本条例第二十三条规定，政府投资和政府融资项目的投标人以投标报价低于成本价的方式骗取中标，导致合同不能全部履行的，取消其 3 年至 5 年参加政府投资和政府融资项目的投标资格并

予以公告。

第五十一条　违反本条例第四十一条、第四十四条规定，有关行政监督部门擅自增加审批事项和非法干涉或者侵犯招标人自主权的，对于举报或者投诉不及时处理，或者不为举报人保密的，由有关部门对单位直接负责的主管人员和其他直接责任人员依法给予警告、记过、记大过的处分；情节较重的，依法给予降级、撤职、开除的处分。

行政监督部门的工作人员利用职权，非法干涉或者侵犯招标人自主权的，依照前款规定追究责任。

第六章　附　则

第五十二条　本条例自2002年11月1日起施行。

（七）北京市建设工程施工现场管理办法

北京市建设工程施工现场管理办法

（北京市人民政府令第247号公布）

第一章　总　则

第一条　为加强建设工程施工现场管理，保障安全生产和绿色施工，依据《建设工程安全生产管理条例》以及有关法律、法规，结合本市实际情况，制定本办法。

第二条　在本市行政区域内的建设工程施工现场（以下简称“施工现场”）进行施工活动以及对施工活动的管理，适用本办法。

本办法所称施工活动包括房屋建筑和市政基础设施工程的新建、改建、扩建和拆除活动，抢险救灾工程除外。

水利、铁路、公路、园林绿化、电信等专业工程的施工活动，法律、法规另有规定的，从其规定。

第三条　市建设行政主管部门负责本市施工现场监督管理工作，区县建设行政主管部门负责本辖区内施工现场监督管理工作。

城市管理综合执法部门负责有关施工现场扬尘污染、施工噪声污染行政执法工作。

规划、交通、市政市容、公安、安全生产、环境保护、质量监督、水务等部门按照各自职责对施工现场进行监督管理。

第四条　农民自建低层住宅施工活动的监督管理由乡镇人民政府、街道办事处参照本办法进行管理，建设行政主管部门负责对农民自建低层住宅施工活动的技术指导工作。

第五条　建设行政主管部门及相关部门应当加强对施工现场的监督管理工作，建立施工现场监督检查工作制度，组织开展绿色安全工地创建活动。

建设单位、施工单位、监理单位应当根据施工现场管理要求，按照各方主体责任，做好施工现场管理工作。

第六条　任何单位和个人都有权举报施工现场违法行为。建设行政主管部门及相关部门应当建立举报制度，并根据职责对举报及时调查、处理。

第二章　安全施工

第七条　施工现场安全管理应当坚持安全第一、预防为主，建设单位、施工单位、监理单位应当建立健全安全生产责任制，加强施工现场安全管理，消除事故隐患，防止伤亡和其他事故发生。

第八条　建设单位应当加强施工现场管理，履行下列责任：

（一）依法选定施工单位和监理单位；

（二）组织协调建设工程参建各方的施工现场管理工作；

（三）设立专门安全管理机构；

（四）按照国家有关规定及时支付安全防护、文明施工措施费，并督促施工单位落实安全防护和绿色施

工措施。

第九条　施工现场的安全管理由施工单位负责。建设工程实行总承包和分包的，由总承包单位负责对施工现场统一管理，分包单位负责分包范围内的施工现场管理。

建设单位直接发包的专业工程，专业承包单位应当接受总承包单位的现场管理，建设单位、专业承包单位和总承包单位应当签订施工现场管理协议，明确各方责任。因总承包单位违章指挥造成事故的，由总承包单位负责；分包单位或者专业承包单位不服从总承包单位管理造成事故的，由分包单位或者专业承包单位承担主要责任。

第十条　施工单位的主要负责人全面负责施工单位安全生产。施工单位的项目负责人负责施工现场的安全生产，履行现场管理职责。

施工单位应当根据规定在施工现场设置安全生产管理机构或者配备专职安全生产管理人员。

第十一条　监理单位应当按照规定在施工现场配备与工程相适应并具备安全管理知识和能力的安全监理人员。

监理单位应当核验施工单位资质、安全生产许可证和特种作业人员上岗资格证书等，并依法审核施工组织设计中的安全技术措施和专项施工方案。

第十二条　进入施工现场的管理人员和施工作业人员应当达到岗位管理和技能操作的要求，按照规定持证上岗，并应当经过安全生产培训，未经培训的，不得上岗作业。

第十三条　施工单位应当严格按照建筑业安全作业规程和标准、施工方案以及设计要求进行施工，并按照本市有关施工现场消防安全管理的规定，建立健全用火用电管理制度。

施工中需要高处作业和动火作业的，施工单位应当按照本市规定和国家标准进行，出现五级以上风力时，应当停止作业。

第十四条　施工单位应当建立施工现场安全生产、环境保护等管理制度，在施工现场公示，并应当制定应急预案，定期组织应急演练。

第十五条　施工单位应当按照规定编制施工组织设计文件，并按照施工组织设计文件进行施工。施工组织设计文件应当包括安全生产和绿色施工现场管理措施。

施工单位应当编制拆除施工方案，并按照拆除施工方案进行施工。

第十六条　建设单位应当在建设工程施工前向施工单位提供相关的地下管线、相邻建筑物和构筑物、地下工程的有关资料。建设单位因建设工程需要，向有关部门或者单位查询有关资料时，有关部门或者单位应当及时提供。

建设工程施工前，施工单位应当会同地下管线权属单位制定管线专项防护方案，确保地下管线、相邻建筑物和构筑物、地下工程和特殊作业环境的安全。施工中施工单位应当采取相应的地下管线防护措施，仍不能确保管线安全或者施工安全的，建设单位应当会同地下管线权属单位对管线进行改移或者采取其他措施。

第十七条　危险性较大的分部分项工程施工前，施工单位应当按照规定编制专项施工方案并按照方案组织实施；达到国家规定规模标准的，专项施工方案应当经专家论证。按照规定需要验收的，施工单位应当组织进行验收，验收合格的，方可进入下一道工序。

第十八条　总承包单位负责对进入施工现场的大型施工机械进行统一管理，依法审核相关企业资质、人员资格、检测报告和专项方案。提供大型施工机械的单位应当对进入施工现场的设备做好日常维护保养，按照规定进行检测，每月进行不少于一次的检查，并做好记录。大型施工机械应当按照作业标准和规程要求进行施工作业，任何单位不得违章指挥。

第十九条　建筑起重机械租赁单位应当向市建设行政主管部门进行备案，并提交下列材料：

（一）营业执照；

（二）建筑起重机械设备登记编号；

（三）建筑起重机械司机特种作业操作资格证书；

（四）符合作业要求的设备维修、存放场地证明；

（五）机械设备管理人员情况；

（六）安全生产管理制度和岗位责任制度。

市建设行政主管部门应当建立本市建筑起重机械租赁单位信用信息管理平台，对租赁单位备案情况及其信用信息进行公示，并实行动态管理。

施工单位应当在施工中选择租赁信用良好的租赁单位的建筑起重机械。

第二十条　施工现场发生事故时，施工单位应当采取紧急措施减少人员伤亡和财产损失，并按照规定及时向有关部门报告。

施工现场发现文物、古化石或者爆炸物以及放射性污染源等，施工单位应当保护好现场并按照规定及时向有关部门报告。

第三章　绿色施工

第二十一条　施工单位应当按照国家和本市有关绿色施工管理规定，做好节地、节水、节能、节材以及保护环境工作。

第二十二条　新建、改建、扩建建设项目严格限制施工降水。确需要进行降水的，施工单位应当按照规定组织专家论证审查，取得排水许可，并依法缴纳地下水资源费。

第二十三条　施工现场应当根据绿色施工规程的要求，采取下列措施：

（一）建设工程开工前，建设单位应当按照标准在施工现场周边设置围挡，施工单位应当对围挡进行维护。市政基础设施工程因特殊情况不能进行围挡的，应当设置警示标志，并在工程危险部位采取防护措施。

（二）施工单位应当对施工现场主要道路和模板存放、料具码放等场地进行硬化，其他场地应当进行覆盖或者绿化；土方应当集中堆放并采取覆盖或者固化等措施。建设单位应当对暂时不开发的空地进行绿化。

（三）施工单位应当做好施工现场洒水降尘工作，拆除工程进行拆除作业时应当同时进行洒水降尘。

（四）施工单位对可能产生扬尘污染的建筑材料应当在库房存放或者进行严密遮盖；油料存放应当采取防止泄漏和防止污染措施。

第二十四条　施工现场出入口应当设置冲洗车辆设施。车辆清洗处及搅拌机前台应当设置沉淀池，清洗搅拌机和运输车辆的污水，应当综合循环利用，或者经沉淀处理并达标后排入公共排水设施以及河道、水库、湖泊、渠道。

第二十五条　施工现场应当设置密闭式垃圾站用于存放建筑垃圾，建筑垃圾清理应当搭设密闭式专用垃圾通道或者采用容器吊运，严禁随意抛撒。施工现场建筑垃圾的消纳和运输按照本市有关垃圾管理的规定处理。

第二十六条　本市禁止现场搅拌混凝土。由政府投资的建设工程以及在本市规定区域内的建设工程，禁止现场搅拌砂浆；其中，砌筑、抹灰以及地面工程砂浆应当使用散装预拌砂浆。其他建设工程在施工现场设置砂浆搅拌机的，应当配备降尘防尘装置。

第二十七条　在噪声敏感建筑物集中区域内，夜间不得进行产生环境噪声污染的施工作业。因重点工程或者生产工艺要求连续作业，确需在22时至次日6时期间进行施工的，建设单位应当在施工前到建设工程所在地的区县建设行政主管部门提出申请，经批准后方可进行夜间施工，并公告施工期限。未经批准或者超过批准期限，施工单位不得进行夜间施工。

第二十八条　进行夜间施工的，建设单位应当会同施工单位做好周边居民工作，并采取有效的噪声污

染防治措施，减少对周边居民生活影响。进行夜间施工产生噪声超过规定标准的，对影响范围内的居民由建设单位给予经济补偿。具体补偿办法由建设行政主管部门会同发展改革、环境保护等部门制定，补偿办法应当包括补偿范围、补偿标准的确定原则、争议救济途径等内容。

建设单位应当委托环境保护监测机构测定夜间施工噪声影响范围，并会同相关居民委员会或者物业服务单位确定应当给予补偿的户数。建设单位应当与居民签订补偿协议。

第二十九条　施工现场的各类生活设施，应当符合消防、通风、卫生、采光等要求，安全使用燃气，防止火灾、煤气中毒、食物中毒和各种疫情的发生。

热水锅炉、炊事炉灶、取暖设施等禁止使用燃煤。

第四章　法律责任

第三十条　违反本办法第十二条规定，未经安全生产培训上岗作业的，由建设行政主管部门依据《中华人民共和国安全生产法》和《建设工程安全生产管理条例》进行处理。

第三十一条　违反本办法第十三条规定，未严格按照建筑业安全作业规程或者标准进行施工，造成事故隐患的，由建设行政主管部门责令改正，可处1 000元以上1万元以下罚款；情节严重的，处1万元以上3万元以下罚款。未严格按照规定和标准要求进行动火作业的，由公安机关消防机构责令改正，处1万元以上3万元以下罚款。

第三十二条　违反本办法第十五条第一款规定，施工组织设计文件未包括安全生产或者绿色施工现场管理措施的，由建设行政主管部门责令改正，处1 000元以上5 000元以下罚款。

违反本办法第十五条第二款规定，未编制拆除施工方案或者未按照拆除施工方案进行施工的，由建设行政主管部门责令改正，处1 000元以上5 000元以下罚款；情节严重造成严重后果的，处1万元以上3万元以下罚款。

第三十三条　违反本办法第十六条第二款规定，未采取专项防护措施的，由建设行政主管部门依据《建设工程安全生产管理条例》进行处理；因未采取改移或者其他措施，造成管线损坏的，由建设行政主管部门对建设单位处1万元以上5万元以下罚款，情节严重的，处5万元以上10万元以下罚款。

第三十四条　违反本办法第十七条第二款规定，未按照规定组织验收的，由建设行政主管部门责令改正，处1万元以上3万元以下罚款。

第三十五条　违反本办法第十八条第二款规定，未按照规定进行检查和维护保养的，由建设行政主管部门责令改正，处1 000以上5 000元以下罚款。

第三十六条　违反本办法第二十三条规定，未按照规定采取措施或者采取措施不当的，由城市管理综合执法部门责令改正，处2 000元以上1万元以下罚款；情节严重的，处1万元以上2万元以下罚款。

第三十七条　违反本办法第二十四条规定，未设置冲洗车辆设施的，由城市管理综合执法部门责令改正，处1 000元以上1万元以下罚款。

第三十八条　违反本办法第二十五条规定，未设置密闭式垃圾站、未搭设密闭式专用垃圾通道或者未采用容器吊运的，由城市管理综合执法部门责令改正，处1 000元以上1万元以下罚款。

第三十九条　违反本办法第二十六条第一款、第二款规定，现场搅拌混凝土、砂浆或者未按照规定使用散装预拌砂浆的，由建设行政主管部门责令改正，处1万元以上5万元以下罚款；情节严重的，处5万元以上10万元以下罚款。违反本办法第二十六条第三款规定，未配备降尘防尘装置的，由城市管理综合执法部门责令改正，处1 000元以上1万元以下罚款；情节严重的，处1万元以上3万元以下罚款。

第四十条　违反本办法第二十七条规定，施工单位未经批准或者超过批准期限进行夜间施工的，由城市管理综合执法部门责令改正，处1万元以上3万元以下罚款。

第五章　附　则

第四十一条　本办法自2013年7月1日起施行。2001年4月5日市人民政府发布的《北京市建设工程施工现场管理办法》同时废止。

（八）北京市建设工程施工现场消防安全管理规定

北京市建设工程施工现场消防安全管理规定

（2001年8月29日北京市人民政府令第84号公布）

第一条　为加强建设工程施工现场消防管理，保障施工现场的消防安全，根据有关法律、法规，结合本市实际情况，制定本规定。

第二条　本规定适用于本市行政区域内新建、改建、扩建以及装饰、装修和房屋修缮等建设工程施工现场（以下简称施工现场）的消防安全管理。

第三条　本市各级公安消防机构负责施工现场消防安全监督管理工作。

城市规划、建设、市政管理等部门应当按照各自的职责权限，对施工现场进行监督管理。

第四条　施工现场的消防安全由施工单位负责。

建设工程施工实行总承包和分包的，由总承包单位对施工现场的消防安全实行统一管理，分包单位负责分包范围内施工现场的消防安全，并接受总承包单位的监督管理。

第五条　施工单位应当落实防火安全责任制，确定一名施工现场负责人，具体负责施工现场的防火工作，配备或者指定防火工作人员，负责日常防火安全管理工作。

第六条　除铁路铺轨、桥涵施工，输电线路架设、地下管线铺设、较小规模的房屋修缮工程和乡村建设工程外，施工单位应当在建设工程开工前将施工组织设计、施工现场消防安全措施和保卫方案（以下简称施工组织设计和方案）报送公安消防机构。

第七条　下列建设工程的施工组织设计和方案，由施工单位报送市级公安消防机构：

（一）国家重点工程；

（二）建筑面积在2万平方米以上的公共建筑工程；

（三）建筑总面积10万平方米以上的居民住宅工程；

（四）基建投资1亿元人民币以上的工业建设项目。

上述范围以外和市级公安消防机构指定监督管理的建设工程的施工组织设计和方案，由施工单位报送建设工程所在地的区、县级公安消防机构。

第八条　公安消防机构应当及时对施工单位报送的施工组织设计和方案进行审查，并在收到施工组织设计和方案之日起7个工作日内作出答复；发现存在问题的，应当明确告知，并提出整改要求。

第九条　施工暂设和施工现场使用的安全网、围网和保温材料应当符合消防安全规范，不得使用易燃或者可燃材料。

第十条　施工单位应当按照仓库防火安全管理规则存放、保管施工材料。

第十一条　建设工程内不准存放易燃易爆化学危险物品和易燃可燃材料。对易燃易爆化学危险物品和压缩可燃气体容器等，应当按其性质设置专用库房分类存放。

施工中使用易燃易爆化学危险物品时，应当制订防火安全措施；不得在作业场所分装、调料；不得在建设工程内使用液化石油气；使用后的废弃易燃易爆化学危险物料应当及时清除。

第十二条　施工单位应当建立健全用火管理制度。施工作业用火时，应当经施工现场防火负责人审查批准，领取用火证后，方可在指定的地点、时间内作业。施工现场内禁止吸烟。

第十三条　施工单位应当建立健全用电管理制度，并采取防火措施。安装电气设备和进行电焊、气焊作业等，必须由经培训合格的专业技术人员操作。

第十四条　施工单位不得在建设工程内设置宿舍。

在建设工程外设置宿舍的，禁止使用可燃材料做分隔和使用电热器具。设置的应急照明和疏散指示标志应当符合有关消防安全的要求。

第十五条　施工单位应当在施工现场设置临时消防车道，并保证临时消防车道的畅通。禁止在临时消防车道上堆物、堆料或者挤占临时消防车道。

第十六条　施工单位应当在施工现场配置消防器材，设置临时消防给水系统。对建筑高度超过 24 米的建设工程，应当安装临时消防竖管，在正式消防给水系统投入使用前，不得拆除或者停用临时消防竖管。

第十七条　公安消防机构应当加强对施工现场消防安全工作的日常监督检查，发现问题及时督促有关单位改正。

第十八条　施工单位违反本规定，有下列情形之一的，由公安消防机构对施工单位处警告或者 2 000 元以上 2 万元以下罚款；可对单位直接负责的主管人员和其他直接责任人员并处 200 元以上 2 000 元以下罚款：

（一）未按规定期限向公安消防机构报送施工组织设计和方案的；

（二）施工暂设和施工现场使用的安全网、围网和保温材料不符合消防安全规范，或者使用易燃、可燃材料的；

（三）违反本规定存放、保管施工材料的；

（四）设置宿舍不符合本规定要求的；

（五）未设置临时消防车道，或者影响临时消防车道畅通的；

（六）未按本规定配置消防器材或者设置、使用临时消防给水系统的。

第十九条　施工单位违反本规定，属违反国家和本市有关施工现场管理的其他法律、法规和规章的，由有关部门依法处理。

第二十条　公安消防机构工作人员有下列行为之一的，由所在单位或者其上级机关给予行政处分；构成犯罪的，依法追究刑事责任：

（一）对施工单位报送的施工组织设计和方案不予答复或者故意拖延的；

（二）对检查中发现的问题不及时指出并督促有关单位改正的；

（三）其他滥用职权、玩忽职守、徇私舞弊的行为。

第二十一条　本规定自 2001 年 12 月 1 日起施行。

1989 年 7 月 18 日市人民政府第 20 号令发布的《北京市建设工程施工现场消防安全管理办法》同时废止。

参考文献

[1] 赵顺福. 项目法施工管理实用手册[M]. 北京：中国建筑工业出版社，2001.

[2] 国家文物局. 文物保护工程管理法规选编[M]. 北京：文物出版社，2003.

[3] 中国建筑设计研究院建筑历史研究所，故宫博物院. 故宫保护总体规划大纲（2003—2020）. [R]. 北京：故宫博物院，2004.

[4] 章先仲. 建筑项目建设程序实务手册[M]. 修订版，北京：知识产权出版社，2005.

[5] 孟繁兴，陈国莹. 古建筑保护与研究[M]. 北京：知识产权出版社，2006.

[6] 杨璐，黄建华. 考古发掘现场文物保护技术[M]. 北京：科学出版社，2012.

[7] [美]Project Management Institute. 项目管理知识体系指南（PMBOK 指南）[M]. 5 版. 北京：电子工业出版社，2013.

[8] 盖卫东. 建筑工程甲方代表工作手册[M]. 北京：化学工业出版社，2014.

[9] 史晨暄. 世界遗产四十年：文化遗产“突出普遍价值”评价标准的演变[M]. 北京：科学出版社，2019.

[10] 国家古迹遗址理事会中国国家委员会. 中国文物古迹保护准则（2015 年修订）[M]. 北京：文物出版社，2015.

[11] 吴东风. 文物影响评估[M]. 北京：科学出版社，2016.

[12] 王江容. 业主方的项目管理[M]. 南京：东南大学出版社，2015.

[13] 中国建筑设计研究院建筑历史研究所，故宫博物院. 故宫保护总体规划（2013—2025）[R]. 北京：故宫博物院，2016.

[14] 韩国波，崔彩云. 建设工程项目管理[M]. 重庆：重庆大学出版社，2017.

[15] 本书编委会. 建设工程项目管理规范实施指南[M]. 北京：中国建筑工业出版社，2017.

[16] 北京市建筑工程资料管理规程编制组，北京市建设监理协会. 北京市建筑工程资料管理规程释义[M]. 北京：中国建材工业出版社，2018.

[17] 朱光亚，等. 建筑遗产保护学[M]. 南京：东南大学出版社，2019.